髮型設計

實用剪髮數位教學

第二版

黃思恒．楊淑雅．李品軒．王財仁．孫中平．吳碧瓊．黃賢文．胡秀蘭
編著

全華圖書股份有限公司

推薦序

教育翻轉，產業也一樣跟著翻轉！在數位科技迅速發展的時代，人類的學習習慣也被快速改變。

「剪髮數位化」藉由技藝操作知識（動態精湛技術）結合科技工具運用（QR Code）讓學習者可以跳脫師資及時空的限制，成為髮型設計界的紫領階級－擁有藍領技術、白領智慧、進而在自己的專業領域上紅得發紫，也將是指日可待。

高雄市政府 教育局長

范巽綠

2016.6.21

推薦序

新世代科技的發展已經全面改變人類的生活，各類產業唯有傳承、轉型與創新才能在變動大環境中開創新局，美髮的傳統教育更應如此。

黃思恒碩士任教於技職體系科技大學端、美髮業界專業教師多年，為美髮業界名師，係本校時尚美妝設計研究所碩士班專技助理教授，教學認真且治學嚴謹，強調專業技術本位，其技術專精、創新，深受學生歡迎與業界肯定。黃思恒老師所帶領的「數位美學教學」研究團隊八位老師，在美髮實務職場及教學加總累計有 215 年的工作經驗，堪稱為美髮業界的尖兵，歷經彙整多時編著出版此書「髮型設計－實用剪髮數位教學」，其內容有完整的文獻考究，在技術內容上更有詳細的基礎論述，更值得推薦其創新的教學模式－美髮、數位、學習、生活融為一體，數位教學即將翻轉傳統美髮教育者與學習者的新理念，本人予以極力肯定與推崇。

此書編輯十款經典時尚髮型，將剪髮造型應用系統化構成，更將傳統幾何剪髮技法創新融入數位結構圖，開啓剪髮數位化的幾何科學，每款髮型的裁剪過程分段採用 QR Code 條碼連結雲端播放操作影片，以先理解再操作的數位化理念翻轉傳統美髮教學，此書教學內容傳承美髮、創新美髮，黃思恒老師足以堪稱為我國美髮數位教育的「先驅者」，本人極力樂予推薦此一用心的革新專書巨著。

東方設計大學：民生設計學群長（院長）
時尚美妝設計研究所創所長
時尚美妝設計系創系主任
化妝品應用與管理系創系主任

許德茂

2016 年 9 月 1 日

推薦序

21 世紀的美髮產業全球發展趨勢，走向兩極化與多元需求的傾向已逐漸明朗，為因應各類族群的不同需求，美髮設計師基礎技能的紮根更顯重要；同時在結合數位化與雲端資訊科技，對教育事業所帶來的便利性與效益，可讓實務技能教學更能符合學習者的需求，也翻轉了美髮技能的傳統教學方法。

本書作者群黃思恒等八位老師，均具有相當豐富與完整的職場實務經驗、教學培訓熱忱及學術涵養，因此不論是在文字內容的撰寫與編排、圖像影音的處理與製作，以及理論建構與實務演練的表現上，都相當的細膩、豐富且具邏輯性。本書從各種剪髮技術的理論談起，先建構讀者的剪髮基礎理論，再列舉十款經典與時尚髮型為例，應用前述理論技法，從設計概念的說明，到操作過程的完整解析，讓讀者能更清楚容易及精準的掌握與學習到美髮技術的精髓，實為一本美髮技術紮根的難得著作。相信應用於教師教學與學生自學上，都會是一本相當具有參考價值的寶典，擁有此書對美髮技術的養成與持續精進，必能收事半功倍之效。

黃思恒老師在實務教學與人才培訓方面是相當的認真積極與投入，對美髮教育懷有極高的熱忱與理想，如今由黃老師整合美髮領域菁 英師資團隊，將大家數十年的專業知能集結成書，時為我美髮產業之福！謹推薦此新書「髮型設計－實用剪髮數位教學」于各位美髮界的先進。

樹德科技大學 研發長
樹德科技大學流行設計系 教授
米維玫 博士
2016 年 8 月 2 日

推薦序

當大眾在討論台灣技職教育問題時，已經有人默默的把一生經驗作傳承。更可貴的是，這本著作除了文字與圖像呈現外，更結合新媒體 QR Code，讓學習者可以從動態影像中獲得精湛技術，這本「剪髮數位化」是髮型設計界將流傳千古的葵花寶典。

高雄市政府 新聞局主任秘書
林智鴻
2016 年 7 月 1 日

推薦序

智慧型手機帶來的便利性、快速性、豐富性，改變了人類的生活，也打破了很多的商業模式。順應潮流、趕上潮流，運用現代網路的發達，能夠把生活型態與商業模式結合成一體，善用網路、社群網站，將會爆發新商機。

拜讀黃思恒老師與楊淑雅、李品軒、王財仁、孫中平、吳碧瓊、黃賢文、胡秀蘭等八位名師，合著的「髮型設計－實用剪髮數位教學」大作，真的非常佩服各位老師的認真精神，以及迎合潮流，把剪髮數位化。

這是講求數位化、科技化、智慧化的快速時代，黃老師等讓剪髮與髮型設計可以更科學性的學習，還有數位化的便利學習，說明改變與迎合時代的腳步很快。但也不得不佩服他們的勇氣，在消費型態改變與網路搜尋資料的便利下，書籍銷售和書店生存不易之下，還有勇氣出書？不知道應該說是很有錢還是說很勇敢？但我相信黃老師等，應該是出於使命感，為後代美髮學習者，建立一個快速學習剪髮、科學化的好方法。

明佳麗國際股份有限公司

戴明勲 總經理 謹序于

2016 年 8 月 8 日

作者序

本書編輯製作之目的在於建構剪髮技術基礎理論，將剪髮操作技法及過程導入數位化教材之製作，讓新世代的教育與學習者，能融合傳統一對一操作過程的示範概念，並建構 剪髮技術對照數位化結構圖的幾何科學模式，進而使用「QR Code 條碼」掃描器，導入最具體詳實的數位化「微電影」教材，開創無時無刻可以瀏覽的數位化教、學模式。

整個製作過程皆引用關聯性的文獻來源，彙整形成本書編輯的概念與架構，例如：「剪髮的幾何學與圖形」、「剪髮的結構與構成」、「剪髮數位化整合的新思維」等，讓本書的創意概念更具基礎性、多樣性、科學性、系統性、教育性、實用性與完整性。本教材製作的構面總共導入「文字」敘述、幾何「圖形」、操作「圖像」、雲端「微電影」四個內容，使剪髮教材形成一門跨領域的數位化應用科學。

本書操作技法及過程導入數位化教材，其製作的本質在於應用剪髮技術基礎理論，透過「結構」與「構成」概念，可以達成以下結果：

1. 剪髮基礎技術的具象化、圖型化、科學化、數位化、結構化、系統化。
2. 結合「文字」、「圖形」、「圖像」、「微電影」跨領域的製作內容，建構剪髮教材導入數位化的模式。
3. 提升剪髮基礎技術成為有意義的學習教材。
4. 讓隨身手機成為導入剪髮數位化教材最棒的學習工具。

作者與網友、書友 facebook 互動平台

本書宗旨以剪髮設計為主體，「數位」、「美學」、「教學」之應用為目標。

想多了解本書更多訊息者，歡迎掃瞄 QR Code 在此留言互動。

歡迎掃瞄 QR Code 條碼。並在臉書（facebook）粉絲專頁「發訊息」給我。

作者經歷

技術證書：

1. 中華民國教育部審定合格講師（講字第 111008 號）
2. 行政院勞委會女子美髮技術士技能檢定監評人員
3. 女子美髮乙、丙級技術士技能檢定合格
4. 雙軌訓練旗艦計畫專業職能認證試務中心術科監評人員

已發表之研究：

1. 2009，“電熱性紡織產品應用於溫熱燙髮之可行性研究”，第 25 屆纖維紡織科技研討會論文集，PA-22
2. 2011，“剪髮結構圖數位化建構之研究－以髮型均等層次剪法為例”，2011 造形與文創設計國際學術研討會論文暨作品集，頁 492 ～ 508，6 月
3. 2011，“剪髮數位結構圖與實體髮型創意概念關聯性之研究”樹德科技大學應用設計研究所，碩士論文
4. 2014，“女子美髮乙級技能檢定學術科教本 2015”，全華圖書，臺北市，ISBN978-957-21-9664-9
5. 2015，“女子美髮乙級技能檢定學術科教本 2016”，全華圖書，臺北市，ISBN978-986-463-095-0
6. 2016，“剪髮數位化教材應用之研究－以不對稱 Bob 髮型為例”，2016 全國資訊科技應用研討會暨專題競賽，頁 64 ～ 78，5 月
7. 2016，“剪髮教材數位化製作與應用之研究－以刺蝟剪髮為例”，2016 時尚美妝設計暨化妝品科技研討會，頁 85 ～ 92，12 月

學經歷：

1. 卡登美髮屋－負責人（1983.05 ～ 至今）
2. 樹德科技大學－應用設計研究所（100）畢業
3. 東方設計大學時尚美妝設計研究所－兼任專技助理教授（2016.02 ～ 至今）
4. 中華醫事科技大學化妝品應用與管理系－美髮兼任講師（2009.09 ～ 至今）
5. 中國文化大學高雄推教中心－快速剪髮初階及進階課程－講師（2015.03 ～ 至今）
6. 樹德科技大學流行設計系－美髮兼任講師（2002.02 ～ 2013.07）
7. 嶺東科技大學流行設計系－美髮兼任講師（2007.08 ～ 2011.07）
8. 高雄市勞工局訓練就業中心－美髮兼任講師（1994.10 ～ 2012.08）
9. 嘉南藥理科技大學化妝品應用與管理系－美髮兼任講師
10. 大仁科技大學時尚美容應用系－美髮兼任講師

11. 慈惠護理專科學校－時尚造型設計實務人才培訓學程－美髮兼任講師（2015.08 ～ 2016.08）
12. 遠東科技大學－職訓美髮兼任講師
13. 高雄市女子美容商業同業公會－女子美髮數位教材製作研習－講師（2013）
14. ART101 美髮沙龍剪髮技術培訓－講師（2009）
15. JIT 快速剪髮－技術顧問及設計師培訓班－講師（2010 ～ 至今）
16. 美樂美髮連鎖設計師培訓班－講師（2015）
17. 國際技能競賽中華民國委員會 34 屆全國技能競賽南區初賽－美髮類裁判（2004）
18. 麥偉髮藝教育學苑－經典剪髮及進階剪髮技術培訓－講師（1998.05 ～ 至今）
19. 麥偉髮藝教育學苑－編梳造型設計研習－講師（2014.01 ～ 至今）
20. OMC 中華台北國際美髮競賽－裁判（2004、2006）
21. 2015 年第三屆國際盃美容美髮大賽－國際裁判（2015）
22. 高雄市立高級中等學校聯合教師甄選複試－實作評審委員（2012）

作者經歷

技術證書：

1. 女子美髮乙、丙級技術士技能檢定合格
2. 男子理髮乙、丙級技術士技能檢定合格

學經歷：

1. JIT 快速剪髮國際連鎖－創辦人兼總店長
2. 精剪達人（中國大陸）－創辦人兼技術總監
3. IS AUSSIE PTY LTD（澳洲）－ DIRECTOR
4. JIT STYLE CUTS（加拿大）－ DIRECTOR
5. 美和技術學院美容系－理學學士學位畢業（2009）
6. 美和技術學院美容系－兼任講師
7. 2007 中華民國第 37 屆全國技能競賽南區初賽（男女美髮）國際技能競賽第二名
8. 2010 OMC 世界盃國手選拔賽暨第二屆市長盃美容美髮技藝競賽－全國組女子美髮－裁判
9. 2015 第三屆國際盃美容美髮大賽、流行時尚演示會－國際裁判
10. 社團法人中華民國美容美髮學術暨技術世界交流協會－會務顧問（2015 ～ 2019）
11. 中華美髮技能發展協會－常務理事

技術證書：

1. 行政院勞委會美容技術士技能檢定監評人員
2. 女子 . 美容 . 美髮乙、丙級技術士技能檢定合格
3. 雙軌訓練旗艦計畫專業職能認證試務中心術科監評人員

學經歷：

1. 輔英科技大學 / 健康美容系 / 系主任（2018.01~ 至今）
2. 輔英科技大學 / 健康美容系 / 專技助理教授（2016.08 ～ 2017.12）
3. 和春技術學院 / 流行時尚造型系 / 專技助理教授兼系主任（2015.08 ～ 2016.07）
4. 樹德科技大學 / 應用設計研究所（103）畢業
5. 高苑科技大學 / 香妝與養生保健系 / 講師（兼任）
6. 2014OMC 世界美容美髮組織 / 世界盃法蘭克福 / 藝術類男子剪吹 / 裁判
7. 2008OMC 世界美容美髮組織 / 亞洲盃 / 女子美髮裁判長
8. 2008OMC 世界美容美髮組織 / 亞洲盃 / 美容裁判
9. 品軒整體造型美學－負責人（1988.05 ～ 至今）

10. 2011 第六屆新世紀全國盃美容美髮競技大會評審團擔任評審
11. 2010 年高雄市樂活美體學會第一屆專業美容技能訓練教育擔任講師
12. 2009 高雄市美容美髮飾品發展協會理事
13. 2009 慈惠醫護管理學校－新娘祕書造型班兼任講師
14 2009 高雄市育英醫護管理專科學校－妝管科美容兼任講師
15. 2009 中華民國歌舞藝能服務人員職業工會聯合總工會特約舞台造型化粧師
16. 2009 議長盃美容美髮技藝競賽最佳傑出名師獎及評審長
17. 2009 擔任中華民國台灣無障礙協會第 16 屆全國十大傑出愛心媽媽慈暉獎表揚音樂會之整體造型師
18. 2009 年－第二屆全國精英盃髮藝美容婚禮造型競技大賽會暨第一屆全國理燙髮美容技能競賽擔任大會副總監察長
19. 2009 茉莉髮型雜誌－第 29、30 期刊登頂尖造型師
20. 2008 高雄市阮綜合醫院擔任整體造型師
21. 2008 高雄市市長盃美容美髮暨衛生技能競賽監察官
22. 2008 OMC 亞洲盃國手選拔賽全國組美髮評審長及美容評審
23. 2008 台灣區精英盃美容美髮技藝競賽評審團監查長兼裁判及美容裁判
24. 2008 台灣區台灣盃美容美髮競賽技術暨模特兒選拔大會美髮裁判
25. 2008 第三屆新世紀全國盃美容美髮競技大會美容評審長

國際獲獎紀錄

1. 2013 THE 7th K-BEAUTY DESLGN WORLD CONTEST 首爾美容設計競技大會 榮獲女士時尚剪吹組 金牌
2. 2013 THE 7th K-BEAUTY DESLGN WORLD CONTEST 首爾美容設計競技大會 榮獲晚宴梳髮組 金牌
3. 2011 台灣區精英盃美容美髮技藝競賽榮獲 創意包頭設計組 冠軍
4. 2011 第六屆新世紀全國盃美容美髮競技大會榮獲 K 創意邊梳髮組 冠軍
5. 2011 參加樹德科技大學流行設計系二技進修部 100 級畢業成果展榮獲 第一名

作者經歷

技術證書：

1. 勞動部勞動力發展署高屏澎東分署「委外訓練師資教學專業知能培訓實施計劃」結訓
2. 雙軌訓練旗艦計畫專業職能認證試務中心術科監評人員
3. 女子美髮丙級技術士技能檢定合格

已發表之研究：

1. 2014，“女子美髮乙級技能檢定學術科教本 2015”，全華圖書，臺北市，ISBN 978-957-21-9664-9
2. 2015，“女子美髮乙級技能檢定學術科教本 2016”，全華圖書，臺北市，ISBN 978-986-463-095-0

學經歷：

1. 國立高雄應用科技大學文化創意產業學系（103）碩士班
2. 彩色鹿文創設計工作坊執行長（1993 ～ 迄今）
3. 高雄醫學大學推廣教育－講師（2013 ～ 迄今）
4. 慈惠醫護專科管理學校－專業講師（2010 ～ 迄今）
5. 屏南社區大學課程－講師（2014 ～ 迄今）
6. 高雄市政府社會局婦女館女人空間 創造力課程－講師（2016 ～ 迄今）
7. 慈濟大學 高雄推廣教育中心「種子盆栽 DIY」課程－講師
8. 亞洲大學三品書苑「書苑日」『當我們宅在森林』品德課程－講師
9. 高雄市政府公務人力發展中心「打造幸服家園－營造低碳社區研習班」－講師
10. 高雄市林園區公所「生命植栽樂生活－共同攜手愛地球研習班」－講師
11. 教育部技職院校南區區域教學資源中心 提升學生數位證照計畫－講師（2012 年）
12. 中華民國第一屆市長杯美容美髮技術競賽大會－美髮評審委員
13. 第一屆台北國際美容藝術暨校際杯技能競賽大會－美髮評審委員
14. 第一屆飛躍杯美髮競技大賽－美髮裁判委員
15. 第十屆曼都杯美髮創意大賽－美髮評審

作者經歷

技術證書：

1. 中華民國教育部審定合格講師（講字第 143479 號）
2. 行政院勞動部女子美髮乙、丙級技能檢定監評委員
3. 女子美髮乙、丙級技術士技能檢定合格
4. 男子理髮乙、丙級技術士技能檢定合格
5. 雙軌訓練旗艦計畫專業職能認證試務中心術科監評人員

已發表之研究：

1. 2014，“律動形成創意髮型之研究”，南台灣健康照護暨健康產業學術研討會
2. 2015，“高職學生美髮消費行為現況與影響因素之研究”國立屏東科技大學技術及職業教育研究所，碩士論文
3. 2013，“時尚整體設計－以施華洛世奇水晶之研究探討”，南台灣健康照護暨健康產業國際學術研討會。

學經歷：

1. 芙蓉坊髮型店－美髮造型技術總監（1988.12 ～ 迄今）
2. 比爾專業髮型－負責人（2015.5 ～ 迄今）
3. 國立屏東科技大學技術及職業教育研究所（2015.6）畢業
4. 美和科技大學－美髮兼任講師（2009.09 ～ 迄今）
5. 國立台南護理專科學校－專業技術講師（2011.08 ～ 2016.01）
6. 樹德家商美髮社團－美髮講師（2004.09 ～ 2016.06）
7. 三信家商進修學校－美髮講師（2008.09 ～ 2014.06）
8. 美樂美髮連鎖設計師培訓班－講師（2015）
9. 高雄市立瑞豐國中－美髮技藝講師（2008）
10. 高雄市立立德國中－美髮技藝講師（2010）
11. 台灣區菁英盃美容美髮技藝競賽大會－籌備委員暨 執行裁判（2007 ～ 迄今）
12. 中華盃全國美容美髮美儀技術競賽大會－美髮裁判（2007 ～ 迄今）
13. 新世紀全國盃美容美髮技藝大會－美髮裁判（2007 ～ 2010）
14. 曼都盃暨校際盃美髮美容大會－裁判（2011）
15. 福爾摩莎美髮美容全國大會－評審（2010）
16. 台灣盃美容美髮技術暨模特兒選拔大會－美髮裁判（2008）
17. 議長盃全國盃美容美髮技藝競賽大會－美髮裁判長（2008）
18. 台灣區市長盃美容美髮暨衛生技能競賽大會－裁判長（2004 ～ 2006）
19. 第一、二屆台灣小姐選拔大會髮型－造型師（2000 ～ 2003）

作者經歷

技術證書：

1. 女子美髮乙、丙級技術士技能檢定合格
2. VIDAL SASSOON 全球沙宣美髮學院 ABC 剪髮課程
3. VIDAL SASSOON 全球沙宣美髮學院當代剪髮課程
4. VIDAL SASSOON 全球沙宣美髮學院 ABC 染髮課程

已發表之研究：

1. 2012，"美髮沙龍經營文化核心－以設計師能力課程之研究"，「東方時尚文創產業」推廣與實務研討會論文集，P270
2. 2013，"宋江陣民俗風貌－創意臉譜研究"，2013「名揚視海·東風再現」華文國際研討會論文集暨研習營，P95
3. 2013，"畫蛇添福 . 蛇來運轉"二零壹三話蛇添福 · 迎春藝術創作暨國際海報展作品專輯，P36
4. 2015，"美髮沙龍設計師核心競爭力之研究－以經營者與髮型設計師之觀點"，東方設計學院文化創意設計研究所，碩士學位論文

學經歷：

1. 伊姿造型沙龍技術總監 / 負責人（1992.07 ～ 至今）
2. 東方設計學院文化創意設計研究所（104）畢業
3. 日本東京山野美容藝術短期大學「美容特別講座」結業
4. 和春技術學院時尚流行設計系－業師（2015.10 － 2016.1）
5. 高雄市女子美容商業同業公會第 12 屆－理事
6. 高雄市女子美容商業同業公會－女子美髮數位教材製作研習－講師（2013）
7. 協助實踐大學參加內門國際藝術宋江陣比賽－彩妝造型師（2012）
8. 國泰人壽指定整體造型講師
9. 克麗緹娜彩妝造型講師（2002.10 － 12）
10. 全台首創（入場人數）單店發表會於侏儸紀 pub（2001）
11. 多次參與總統候選人選舉辯論－造型師
12. 高雄市市長候選人選舉辯論－造型師
13. 高雄市立法委員候選人選舉辯論－造型師
14. 高雄市原住民市議員選舉辯論－造型師

作者經歷

1. 2018 第二屆桃園市市長盃國際時尚美學技藝競賽－評審長
2. 2017 弘光科技大學美髮造型設計系『剪燙染進階實務』協同教學課程－講師
3. 全國高級中等學校 106 學年度家事技藝競賽－評判委員
4. 明佳麗國際股份有限公司教育部－副理（2009 ～ 至今）
5. 日本 FORD 臺灣明佳麗－全省技術總監（2009 ～ 至今）
6. 明佳麗髮品全省經銷商沙龍基礎剪髮、進階、高階課程－講師（2010 ～ 至今）
7. 明佳麗髮品『水晶燙、髮妝燙』全省發表演出
8. 2015 受邀前往新加坡－水晶燙髮發表演出
9. 2015 弘光科技大學美髮系美髮競賽－裁判
10. 2015 AHMA 亞洲髮型藝術協會美髮競賽－監察委員
11. 麥偉髮藝教育學苑『高階商業髮型剪燙染設計課程』－講師
12. 高雄市女子美容商業同業公會『女子美髮商業剪燙染』－講師（2004）
13. 2016 弘光科技大學美髮造型設計系－業界協同教學－講師
14. 2016 台北市女子美容商業同業公會【2016 台北時尚美容節－我型我塑 風格台北】競賽－評審

技術證書：

1. 行政院勞委會女子美髮技術士技能檢定監評人員
2. 女子美髮乙、丙級技術士技能檢定合格課程

學經歷：

1. 卡登美髮屋－技術總監（1983.05 ～ 至今）
2. 麥偉髮藝教育學苑－設計師剪燙染吹培訓班－講師（1998.05 ～ 2000.04）
3. 麥偉髮藝教育學苑－編梳造型設計研習－講師（2002.01 ～ 2003.12）
4. 1982 高雄市美容美髮技術協會梅花盃梳髮創意組 冠軍（1982.09.26）
5. 1982 高雄市美容美髮技術協會春季美容美髮自由式吹風組 冠軍（1982.04.11）
6. 1993 World federation of supreme hairdressing schools 結業（1993.08.01）
7. 1993 MORRIS MASTERCLASS INTERNATIONAL 結業（1993.07.26 ～ 08.01）
8. 1993 MORRIS MASTERCLASS INTERNATIONAL-CUTTING 課程結業（1993.08.01）
9. 1993 MORRIS MASTERCLASS INTERNATIONAL-SETTING 課程結業（1993.08.01）
10. 1993 MORRIS MASTERCLASS INTERNATIONAL-COLOURING 課程結業（1993.08.01）
11. 1993 MORRIS MASTERCLASS INTERNATIONAL-PERMANENT WAVING 課程結業（1993.08.01）

目錄

目錄

第一章

緒論

1-1 數位環境的應用趨勢

由於網際網路的興起，以及無線傳輸和數位化載具的普及，已改變了人們獲取資訊的方式，與此同時生活步調也起了變化，其影響層面更及於未來的教育與學習。數位科技應用已成爲時代進步的重要推手，教育與學習者藉由數位內容、工具和技術的導入，可於未來創造更多的可能性與競爭力，就如同數位革命一書中提到：「當一個個產業都攬鏡自問，我在數位化的世界中有什麼前途時，其實百分之百端看他們的產品或服務能不能轉換爲數位形式」（Nicholas Negroponte 尼葛洛龐帝，齊若蘭譯，1995）。

數位科技的出現必然帶來多元性的影響，無論站著、坐著、躺著、靠著、走著、等著、吃飯時、上課時、工作時、睡覺前，生活中人手一機的滑呀滑！點呀點！已形成無時無刻、無奇不有的低頭族，無形當中你是否也成爲重度使用者呢？可見數位環境的使用者已具備完整的網絡、軟體、硬體，反映國人漸漸成爲「數位素養」的未來公民。任何導入數位化的內容都潛力無窮，以剪髮技術來說，這畢竟是一項專業領域，但現有的資訊傳遞中缺乏誇領域的結合，尤其國內的學術研究對於導入實際教學，或落實到教育和產業應用上仍有很大改善空間（行政院國家科學委員會，2008，p4），意即現在的剪髮供應者，必須突破傳統一對一的教育思維及經驗傳承模式，進而結合數位化製作教材，因此如何將教材數位化，讓教材變成有意義的學習內容，都是本書編輯製作的目標，更是剪髮教育及學習導入數位應用的主軸。

1-2 剪髮的幾何學與圖形

引述 Vidal Sassoon 於 1992 年出版的髮型作品集中就曾說過：「I dreamt hair in geometry; squares, triangles, oblongs and trapezoids.」及「1964 創意設計的 Five point cut 是一款原創的髮型，其靈感是來至於幾何剪髮」（Vidal Sassoon，1992，p9、p48），可見從 20 世紀 60 年代以來剪髮就是一門「幾何學 geometry」的應用技法，這個幾何應用概念後來更影響了數十個年代，至今仍受剪髮教育與學習者的承襲引用。從不同領域的應用科學上也可看見，幾何學 Geometry 一詞的拉丁文，原意就是土地測量，研究物體形狀、大小、位置以及它們互相關係的學科，也是一種應用圖形線條描述一個目標物的形狀及特徵，更是表達平面或空間的一門「圖形」科學，透過點、線、面、體、形狀、大小、位置、方向、角度等元素的結構，即可在二度空間表達出三度空間的幾何科學。

幾何概念應用於造型而言，賈克 ‧ 瑪奎在「美感特質」文章也指出，「Form」就是幾何形狀之間的關聯，它們是一個以方形和圓形、方體和圓柱體、角和平行線所組成的系統（Jacques Maquet，2003）。綜合以上文獻導入本書數位化教材之製作，將剪髮造型的基礎技術理論以幾何圖形分類：可擬出正方形、圓形、三角形、長方形、梯形、角、平行線等，若再從中微觀，其結構就是由幾何元素的點、線、面、體所組成，因此應用幾何學建構剪髮技術的圖形，就是本書要將幾何剪髮基礎技術轉化爲數位化教材之過程，同時也必將提升剪髮技術形成一門圖形化、視覺化、數位化的幾何科學，我曾在以前「剪髮數位構圖」的研究中提到，剪髮是將幾何學的理論概念轉化，然後應用於剪髮的方法和過程（黃思恒、朱維政，2011），所以常稱為「幾何剪法」或「幾何剪髮」，前者是表徵剪髮技術的科學原理，後者是表徵剪髮的過程。換言之本書剪髮數位化教材之製作，就是整合剪髮專業技術、幾何學理論、數位構圖、數位教材製作、數位微電影剪輯所形成的總體方法，這項跨領域整合將是剪髮供應者在現況必須面對的思維與挑戰。

綜合以上「幾何」觀點歸納為三項：1. 剪髮、2. 幾何、3. 數位化圖形，納入本書編輯論述的架構，因為這些內容的互相關係、如何應用於實務的操作過程，這將是未來為提供剪髮教育與學習即將觸及的課題。所以「準備、理解再操作」是本書編輯幾何剪髮數位化的概念，以及剪髮創意設計的流程。

1. 準備－意指瀏覽本書「緒論」的章節內容，這是在論述跨領域數位化的概念思維。
2. 理解－意指瀏覽本書「剪髮專業技術名詞圖解」的章節內容，這是在論述操作過程章節中所涵蓋的剪髮基礎技術理論，也可稱為剪髮造型設計的基本技法，或稱為剪髮數位構圖的基本元素。
3. 操作－意指瀏覽本書各個「髮型設計概論及操作過程解析」的章節內容，這個論述將『剪髮專業技術名詞圖解』各項剪髮基礎技術理論，以髮型設計為導向的聯結構成，這種有設計導向的聯結構成概念，就如同一位教育學者所言：「有意義的學習就是將新學習的概念聯結或關聯到原有認知的概念上，以統整成為一個更龐大的認知結構」（余民寧，1997，P61），這正是本書要呈現有意義的教學及數位化教材的製作目標。

1-3 剪髮的結構與構成

「結構 -Structure」與「構成 -Construction」這兩個用詞在應用科學領域是最常被引用的，例如：平面構成、立體構成、價格構成、色彩構成、產品結構設計、建築結構設計、網站結構設計、結構化程式設計、道路結構設計、語言結構等，雖然「結構」與「構成」這兩個用詞都泛指兩種以上的事物相互作用的組合，但是不同科學領域引用的事務各有不同，本書以結構、構成、結構與構成三類語彙，整理各領域的應用概念，再分析其內容涵意統整表，如表一本書以剪髮數位化教材應用設計的概念，提出數位化教材、幾何圖形繪製，作為建構教材「系統化」的邏輯架構，其分析如下：

1. 結構：是泛指設計「元素」與「元素」相互之間產生作用的組合，元素是設計過程的第 1 層（最底層）單位，也是剪髮基礎理論之技術，因「結構」的作用而產生設計過程的第 2 層單位，這個第 2 層單位本書稱為剪髮設計「區塊」，所以「結構」是髮型「區塊」內，「剪髮基礎技術」相互之間的作用。
2. 構成：是泛指設計「區塊」與「區塊」相互之間產生作用的組合，因「構成」的作用而產生設計過程的結果，所以本書稱「構成」是髮型的「區塊」，為達成髮型造型目標相互之間的作用。

表一　結構與構成在各領域的應用概念

語彙	編號	各領域的應用概念	內容涵意
結構	1	「布龍菲爾德」用結構一詞描述材料的分佈，將此材料切分爲其組成成分，並用其在整體中的位置和在同一位置上可能的變異和置換來規定這些成分中的每一個（李幼蒸，1997）。	元素之間的作用
	2	面的周圍即爲線所佔有的地方，所以面有時與線的結構，在視覺效果土有極其難於分辨的情形（林書堯，1996）。	元素之間的作用
	3	結構是藝術家運用媒材表現意蘊的形式架構，有些可以很清楚的分析出規則，有些卻渾雜不清，完形心理學史要求必須整體的看待形式（張忠明，2007）。	元素之間的作用
	4	結構 - 沿著頭部曲線的長度安排（Pivot Point，1992）。	元素之間的作用
構成	5	形態可謂是圖紋的延伸，是平面或曲面所構成的一種形狀（李薦宏，1997）。	區塊之間的作用
	6	色彩構成是一門涉及物理、化學、數學、生理學、視覺、心理學、美學、邏輯學等相關學科理論的多學科交叉的藝術設計基礎造型（張玉祥，2002）。	區塊之間的作用
	7	美學的構成條件，是一種融合感性的領悟與理性的判斷得來的（林崇宏，2006）。	區塊之間的作用
	8	基礎構成在設計教育中，是以形態、色彩、質感等基本要素所做的構成練習，來提高學習者的組織、造形及評賞分析能力（葉國松，1995）。	區塊之間的作用
	9	平面構成的目的在於創造藝術或設計上所需的有趣形態，在於把各種形態巧妙地配置在指定的空間之中（朝倉直巳、呂清夫 譯，1993）。	區塊之間的作用
	10	造形的構成法則：1 分割 2 位移 3 重疊 4 重複 5 錯視 6 反置（丘永福，1992）。	區塊之間的作用
結構與構成	11	語言作爲一個等級層次結構即由音位、詞、句、句組等主要層次構成（李幼蒸，1997）。	元素及區塊之間的作用
	12	在應用平面構成法則前，應先瞭解各項組成結構所必備的造形要素，掌握不同的造形與色彩，再經不同的設計組合才能創造出視覺上特殊的效果（葉國松，1995）。	元素及區塊之間的作用

美國一位教育心理學家 Bruner 認爲，掌握一個主題的「結構」，就是有意義的使許多其他事物與該學科發生相關作用，藉由這種作用我們能瞭解該主題。簡言之，學習結構就是學習事物彼此的關聯（Jerome Bruner，1977）（如表二編號 1）。而結構也是藝術家運用媒材表現意蘊的形式架構（張忠明，2007）（如表二編號 2）。

表二　結構概念轉化模式

編號	概念	=	元素	+	元素	+	元素	+	元素
1	主題	=	事物	+	事物	+	事物	+	事物
2	形式	=	媒材	+	媒材	+	媒材	+	媒材
3	剪髮區塊設計	=	基礎技術	+	基礎技術	+	基礎技術	+	基礎技術
4	數位化結構圖	=	圖形	+	圖形	+	圖形	+	圖形

本書轉化以上編號 1、2 結構概念之文獻，應用於剪髮區塊設計及數位化結構圖教材（如表二編號 3、4），意即任何概念（剪髮區塊設計）成果是由 2 個元素（剪髮基礎技術）以上，互相之間彼此有意義的關聯發生相關作用來完成（如表二編號 3），並且藉由元素組合概念了解每個元素都是有意義的學習教材，更可了解由加入新元素來達成不同的設計需求，這就如同一位教育學者所言，有意義的學習就是「將新學習的概念聯結或關聯到原有認知的概念上，以統整成爲一個更龐大的認知結構」（余民寧，1997）。

若以「結構」來論述剪髮設計的元素圖形，一位剪髮設計師可以依個別設計的需求，將頭部劃分爲不同的設計區塊，再由個別設計區塊將適合應用的剪髮技術元素圖形互相組合，如圖 1-1 爲第 2 設計區塊在不同面向呈現，由剪髮基礎技術元素－縱髮片圖形、移動式引導圖形、等腰三角型圖形、提拉 0 度圖形、切口 90 度圖形互相組合的結構圖。

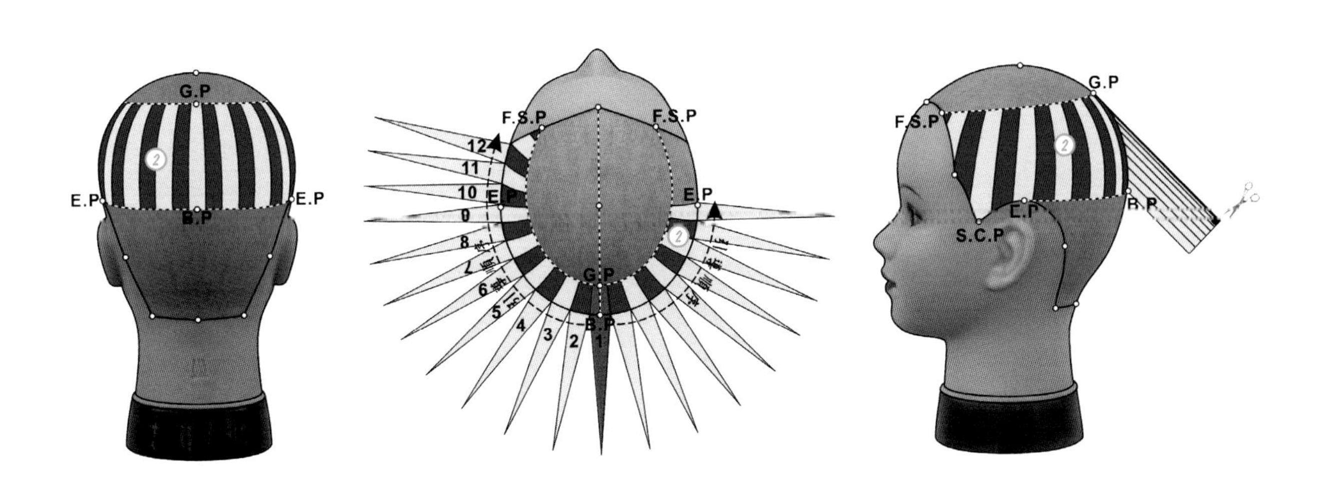

圖 1-1　第 2 設計區塊，透過剪髮基礎技術元素互相組合的數位化結構圖

如圖 1-1 這即是剪髮數位化結構圖的應用法則（如表二編號 4），此法則也可以引發教育與學習者，對剪髮技術基礎理論、幾何圖形科學、角度應用、方向、層次、立體弧度等得到更多的理解，並因應設計區塊的需求，再進行剪髮技術反向思維，也就是分解再重新互相組合，如圖 1-2 第 2 設計區塊在不同面向呈現，由剪髮技術元素圖形－縱髮片圖形（圖 1-2 左）、移動式引導圖形及等腰三角型圖形（圖 1-2 中）、提拉 45 度圖形及切口 90 度圖形（圖 1-2 右）互相組合的結構圖。

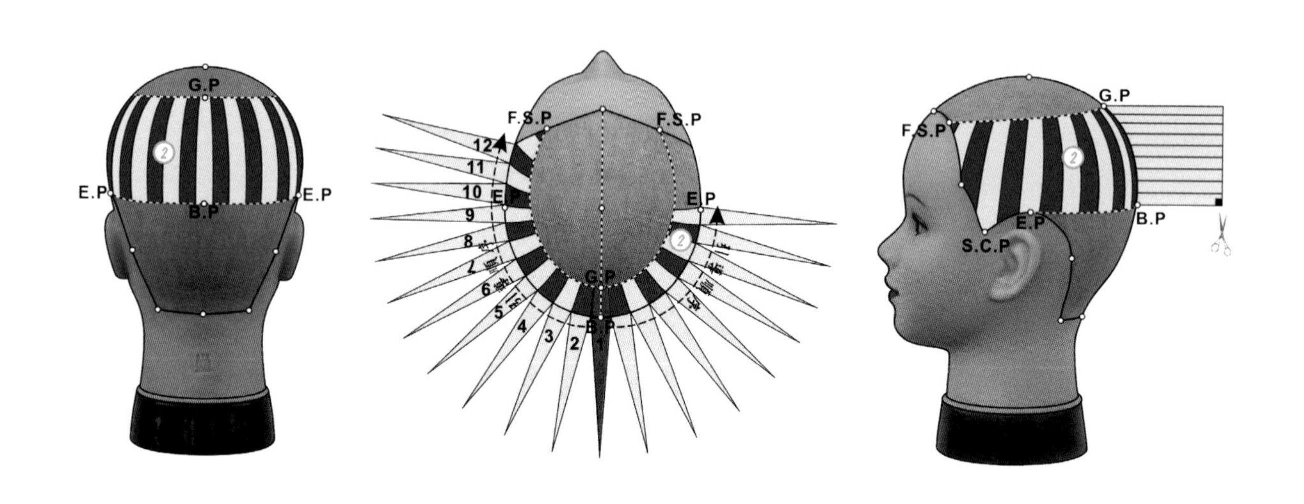

圖 1-2　第 2 設計區塊，透過剪髮基礎技術元素分解再從新互相組合的數位化結構圖

如圖 1-3 不同設計區塊在相同面向呈現，由剪髮技術元素圖形－縱髮片（或定點放射髮片如圖 1-3 右）圖形、移動式引導圖形、提拉 45 度圖形、切口 90 度圖形互相組合的結構圖。

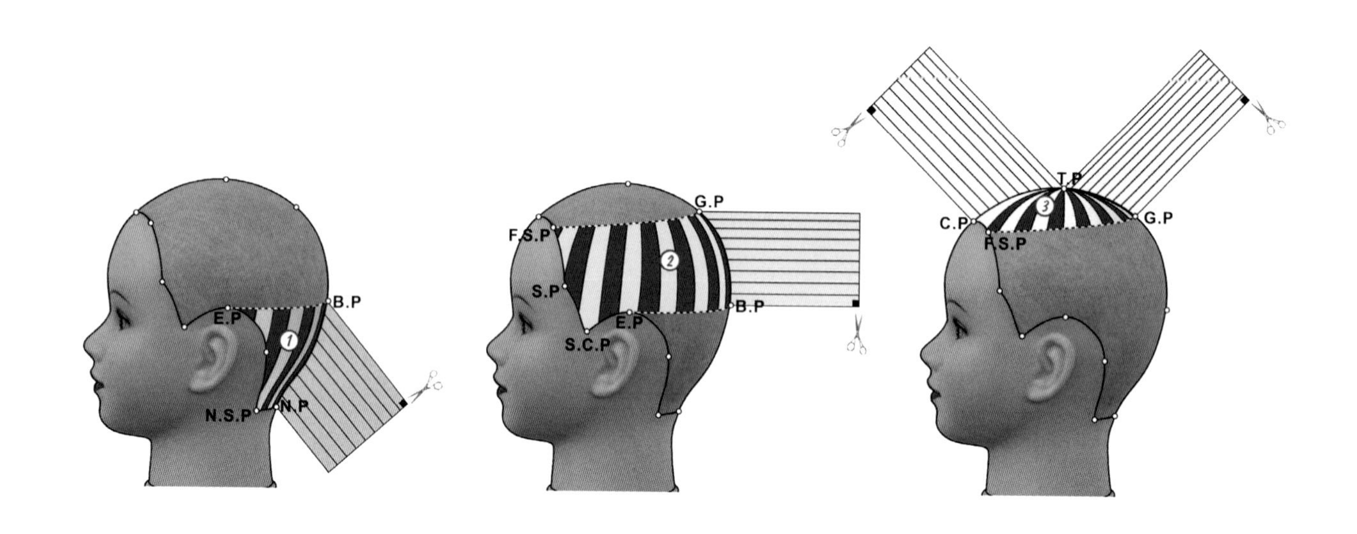

圖 1-3　每個設計區塊，透過剪髮基礎技術元素互相組合的數位化結構圖

將圖 1-1 和圖 1-2 數位化結構圖的元素圖形，整理比較如表三，即可了解藉由抽換新元素圖形之概念，是可以達成剪髮不同設計需求的結構。

表三　剪髮技術元素圖形的比較

編號	元素圖形	元素圖形	元素圖形	元素圖形	元素圖形
	縱髮片	移動式引導	等腰三角型	提拉 0 度	切口 90 度
	縱髮片	移動式引導	等腰三角型	提拉 45 度	切口 90 度

「構成」是藝術設計的方法，所研究的是形態的創造規律，更偏重於創作過程，而通過構成方法所設計出的作品稱之爲「造型」，故構成更強調造型的過程，而造型則爲結果（趙芳、張強，2008）（如表四編號 1）。以造型的整體概念而言，賈克 ‧ 瑪奎在「美感特質」文章指出：「構成」即形式 Form 與形式 Form 之間和諧共存的情形，就是使不同的視覺形式產生關聯，從而構成一個有組織的整體（Jacques Maquet，2003）（如表四編號 2）。

本書轉化以上 2 項「構成」概念之文獻，應用於剪髮造型或數位化結構圖、數位影片（如表四），意即任何構成（剪髮造型）之成果是由 2 個結構（區塊）以上，彼此有意義的關聯發生相關作用來完成，若由剪髮造型來看「構成」的意涵，意即爲各個設計區塊的層次間互相組合的應用，從而構成一個有結構組織的剪髮造型（如表四編號 3）。「結構」的更換可達成不同的造型變化，因此數位化教材亦可由多種結構來達成不同的構成目的（如表四編號 4）。

表四　構成概念轉化模式

編號	構成	=	結構	+	結構	+	結構	+	結構
1	造型	=	過程	+	過程	+	過程	+	過程
2	美感特質	=	Form	+	Form	+	Form	+	Form
3	剪髮造型	=	第 1 區塊	+	第 2 區塊	+	第 3 區塊	+	第 4 區塊
4	數位化教材	=	文字	+	圖形	+	圖像	+	數位影片

若以「構成」來論述宏觀的剪髮設計，實質即是在研究一門剪髮「系統化」的邏輯架構，「構成」是髮型設計區塊間互相作用的方式，如此即成爲剪髮造型不斷創新的概念法則，因此可以引發教育與學習者，對髮型的創新造型不斷進行探索、深入思考、模擬推理、解決問題。髮型結構的四大類型爲：1 零層次、2 均等層次、3 高層次、4 低層次，剪髮造型時即由此四大結構，透過多樣化的區塊架構互相組合來完成，如圖 1-4 在不同面向呈現，透過 2 個區塊架構由高層次、低層次 2 大結構互相組合的造型構成圖，如圖 1-5 在不同面向呈現，透過 3 個區塊架構由剃髮區、推剪區、平頂區 3 大結構互相組合的造型構成圖，如圖 1-6 在相同面向呈現 3 個設計區塊互相組合的造型構成圖。

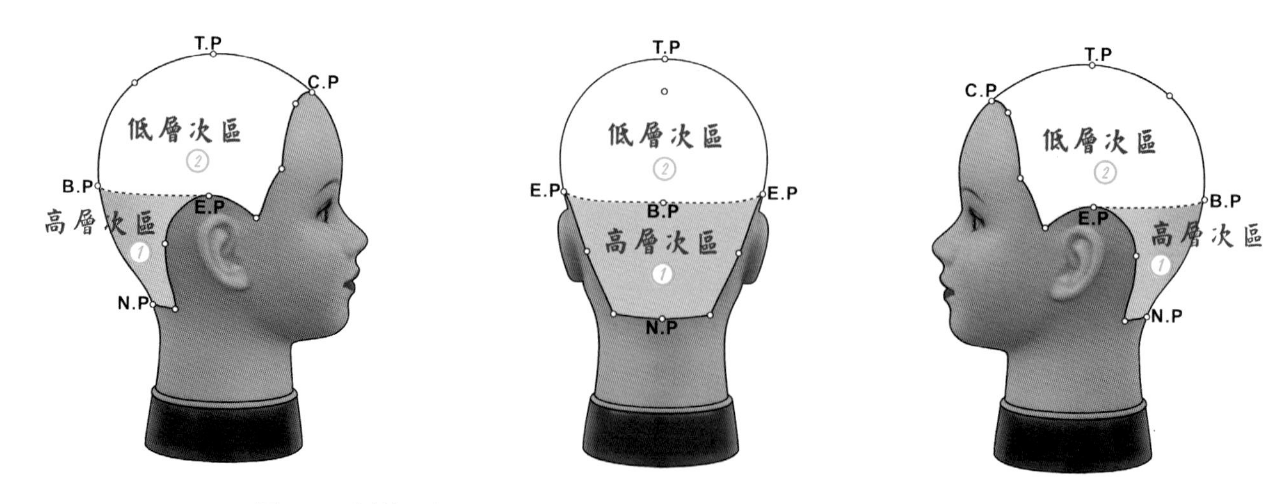

圖 1-4　劃分 2 個設計區塊，透過高層次與低層次互相組合的構成圖

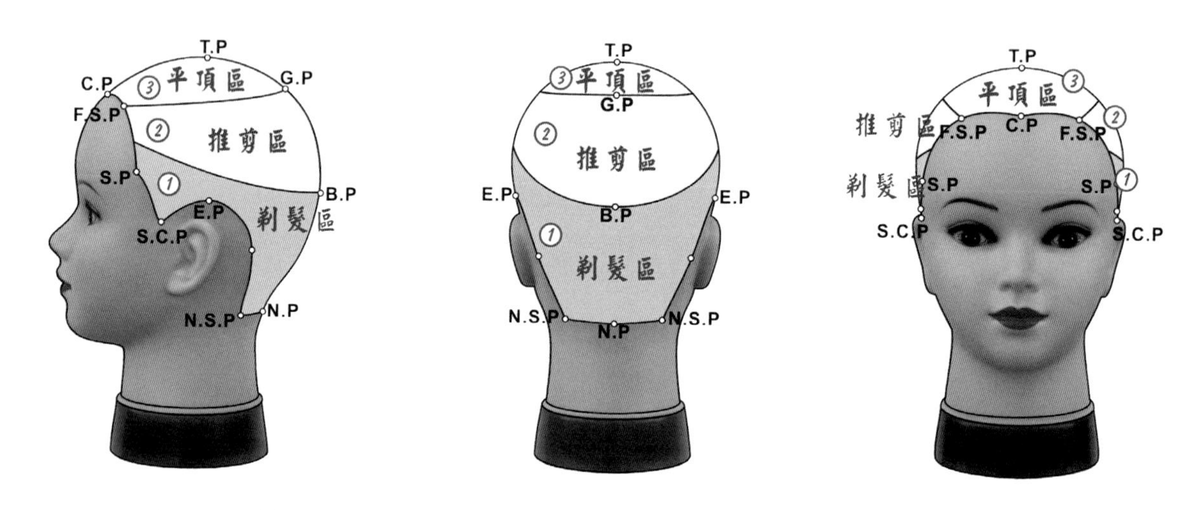

圖 1-5　劃分 3 個設計區塊，透過剃髮區、推剪區、平頂區互相組合的構成圖

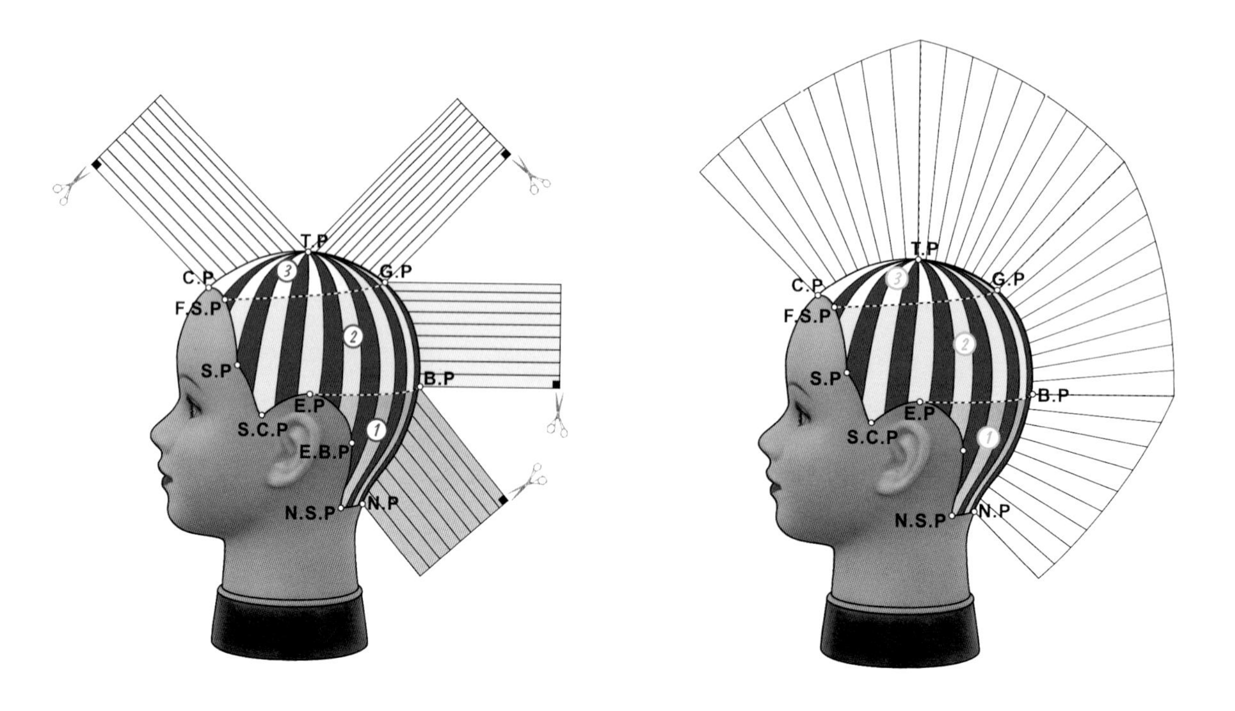

圖 1-6　不同設計區塊互相組合的構成圖

換言之，「結構」就如同大樓的每一樓層是由各式建築元件，如窗戶、梁柱、屋頂、陽台、牆面等所組成，每一樓層元件的改變可微幅改變大樓造型，「構成」也如同大樓各樓層組合起來的造型，各樓層的對調或樓層數量的改變，即可大幅改變大樓造型。

由髮型的設計區塊而言，「結構」是表徵剪髮設計區塊內，基礎技法互相組合的應用法則，以數位圖形呈現即成爲數位化結構圖，「結構」的成果能對照並瞭解區塊的輪廓與層次效果。

由髮型的設計造型而言，「構成」是表徵剪髮設計區塊互相組合的應用法則，因此「構成」能正確、合理、具象、清晰、完整地表達剪髮造型的設計邏輯，若剪髮的結構與構成的應用法則同時進行變化，即可對髮型進行強烈的改造，這也就是本書將剪髮技術系統化的概念。

1-4 剪髮數位化整合的新思維

筆者從 1994 年開始從事美髮教學，經常在黑板以手繪「剪髮技術結構圖」的模式呈現輔助教學內容，近年來隨著數位科技的進展，轉而嘗試以數位圖型的幾何概念應用於剪髮技術教學與實務，這是因應時代趨勢的自我提升，誠如一位美國學者所言，一旦科技或藝術的溝通方式發生改變時，作爲專業人員須據以調整（安德魯 ‧ 菲南，2006）。但是現況的美髮業較爲偏重實務的操作技巧，仍然忽略科技化之下應該調整的教育與學習內容，例如剪髮技術的呈現及傳承模式、教材數位化模式、剪髮理論的具象思考方式、髮型的創意思維等。

自從矽谷新創公司 Udacity 和 Coursera 成立，開始提供大量免費線上課程（Massive Open Online Course, MOOCs）後，《經濟學人》（The Economist）報導，這股免費教育風潮正衝擊高等教育的象牙塔。（史書華 編譯，2013）。面對雲端數位教材與翻轉教學、翻轉學習概念的變革，2013 年 2 月教育部資訊與科技教育司也公布「磨課師推動計畫」，編列 4 億元經費在臺灣推廣 MOOCs，期待 2014 年底前能開發 100 門 MOOCs 課程（鄭志凱，2013），因此從翻轉教學、翻轉學習的概念而言，國內大學教學卓越計畫就曾提出，以微電影數位學習教材朝向雲端的使用環境發展是必然的趨勢（教育部獎勵大學教學卓越計畫，2014），綜合以上文獻本書引用這個翻轉概念如下：

1. 教材影片上傳雲端可無限人次的瀏覽。
2. 每一個教材單元提供一個學習概念就如同「結構」的應用法則。
3. 教材設計呈現分段課程的模式就如同「構成」的應用法則。

因此本書各個「髮型設計概論及操作過程解析」的章節內容，是採取剪髮圖形化、系統化、數位化、科學化、影片化的編輯模式呈現，除具備詳細的文字敘述外，更朝以下的概念編寫：

1. 首先將本書內容所涵蓋的剪髮基礎技術理論進行系統化的整合，設立剪髮專業技術名詞圖解單元，我個人常稱此項專業技術名詞是剪髮數位化的基礎技術元素。
2. 再將剪髮數位化的基礎技術元素銜接各個單元的創意髮型及操作過程，這種教材內容的編輯順序有助於教育與學習者，感受到何謂「有意義的學習」或「有意義的教材」，因此有益於未來轉化活用「基礎技術理論」對應創意髮型「思維邏輯」的關聯性。
3. 各單元的剪髮過程或專業技術名詞更應用數位化的幾何圖型，輔助說明並強化剪髮科學化的技術結構和造型構成。
4. 無論專業技術名詞圖解或創意髮型操作過程，皆在適時小段落之內配置 QR-Code，可透過智慧手機的 QR-Code 掃碼器，連結到雲端直接播放操作影片，穿插影片於小段落中就是數位化的「導入模式」，也是剪髮基礎理論的「數位化教材」。
5. 每款創意髮型都有簡介其背景淵源，可理解髮型可變及不可變的創意元素，並且以剪髮設計三要素「型 Form」、「結構 Structure」、「質感 Texture」，說明操作過程對應區塊內部的結構及設計思維。
6. 剪髮操作過程排除使用眞人 model 的思維，完全選用相同連座頭顱假髮進行操作設計，如此完成的教材內容，可在後續不同的剪髮造型導入數位化的比較分析時（如圖 1-7），都具備相同的臉型、頭形、毛流、髮質、色彩、化妝等素材，可以排除研究主題以外的影響因素，當然容易取得同一髮型延續研究所需的髮長也是考量的因素。

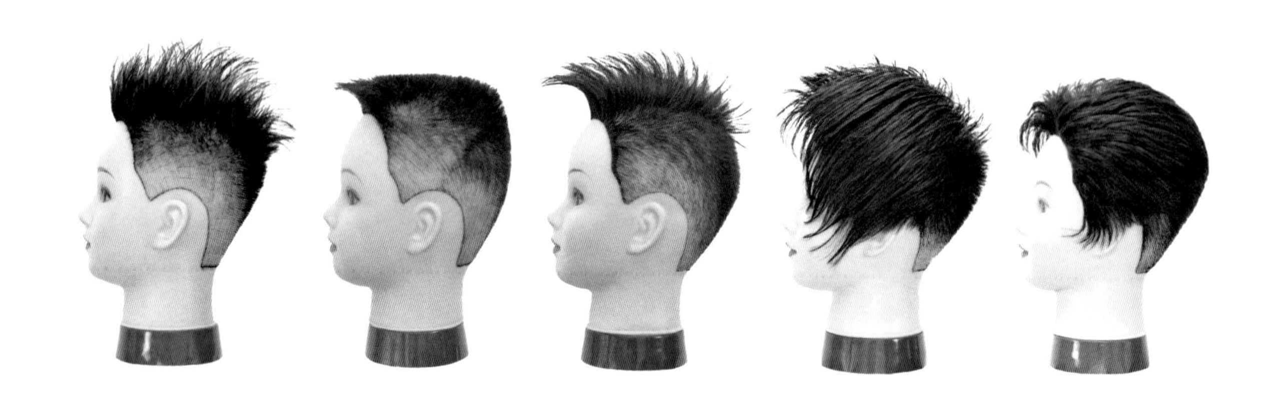

圖 1-7　相同頭顱同規格大小的尺寸，不同剪髮造型之比較

以教育與學習者的觀點而言，數位化的教材內容更方便於瀏覽、學習、分享、傳遞、儲存、複製。因此將幾何剪髮導入數位模式的方法和過程，並不在改變現有的剪髮實務操作流程，而是導入數位化概念的新內容、新方法、新過程，在新世代教育與學習的數位環境中，它是一項跨領域的整合工程，將有待新世代的教學者來引領突破。

剪髮數位化教材製作說明

綜合表二結構概念及表四構成概念的轉化模式，由此導入本書剪髮數位化教材製作，其製作內容及方法如下流程：

1. 「文字」是建構教材最基本的模式，可書面化也可數位化，由文字內容可敘述各個髮型的歷史背景或時代沿革、流行現況、介紹「型、質感、結構」特徵，亦可說明剪髮操作過程的理論法則及剪髮專業技術名詞，更能串連髮操作過程的延續性輔助圖形、圖像、微電影的內容。
2. 「圖形」是建構剪髮基礎技術理論成爲視覺化、具象化、幾何科學的模式，可書面化、平面立體化也可製作成數位動畫，由剪髮基礎技術理論建構數位化圖型，其類型如同我以前研究的內容，數位化圖型的六大參數幾何構圖類型爲：1. 髮片劃分；2. 髮片引導；3. 髮片型態；4. 髮片提拉角度；5. 髮片切口角度；6. 髮片長度（黃思恒，2011），（詳細圖形及文字說明請參考本書第二章剪髮專業技術名詞），數位化的幾何圖形不僅呈現剪髮基礎技術理論的科學化，亦可模擬技術操作的方向（如圖 1-8），呈現髮型的區塊結構與造型構成（如圖 1-1）。

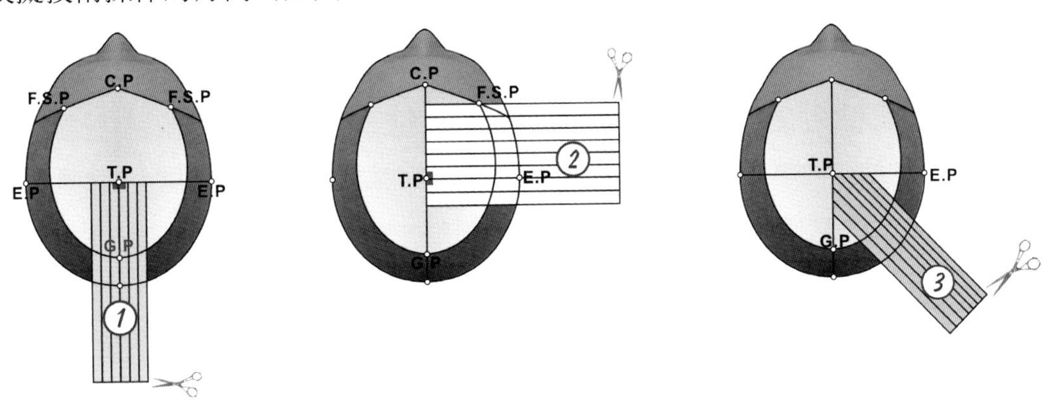

圖 1-8　髮片提拉方向的幾何結構圖

3. 「圖像」是經由數位相機拍攝，建構剪髮過程最能凍結關鍵操作技法之畫面，可呈現技術傳承的教材內容，也可作爲剪髮操作技法前後造型效果之對照（如圖 1-9），亦可在不同的剪髮完成作品之間做對照比較分析（如圖 1-7）。圖像也可和文字或圖形結合強調剪髮操作的細部內容（如圖 1-10），將內容架設成網頁或部落格。

圖 1-9　操作前後對照圖

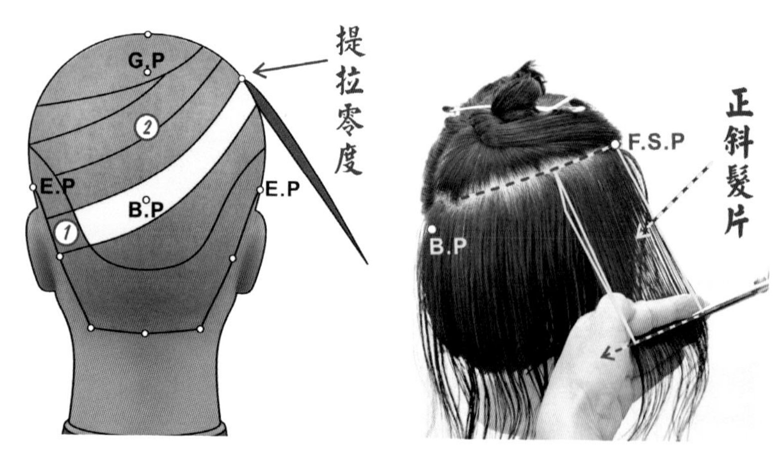

圖 1-10 文字、圖形、圖像結合之教材模式

4. 「微電影」是建構剪髮過程最鉅細靡遺的模式，在後製剪輯影片時就可依教學重點，讓內容停格、重播、快、慢播或加入聲音、字幕、幾何結構圖形等，本書製作影片屬性有三類：
   (1) 剪髮基礎技術影片，以技法解釋專業名詞的技術概念，這類影片集中編寫於第二章第二節，「剪髮專業技術名詞的理論內容與圖解」這個單元內，這類影片適用於任何髮型。
   (2) 剪髮區塊操作影片，基礎技術結合應用的結構概念。
   (3) 造型完成影片，360 度環繞展示成品各個面向的效果（如圖 1-11）。
5. 「QR Code」是數位化教材傳播的介質，用於連結雲端自建的微電影、網頁、部落格，讓隨身手機成爲導入數位化教材最棒的學習工具（如圖 1-11）。

QR1-11
對稱短刺蝟頭+推剪 -12（片長:1分47秒）

圖 1-11 360 度環繞展示成品各個面向的效果

因此本研書導入數位化的「構圖」及「微電影」，即在於呈現幾何剪髮基礎技術理論的意象，轉化爲數位化、圖形化、科學化、系統化的具象形式，以上製作內容及方法流程，就如同是在建構剪髮基礎技法（元素）彼此的關聯，藉由這種彼此關聯產生的作用，使剪髮基礎技術、文字、圖形元素、操作圖像、微電影等內容，各都成爲一項有意義的學習及數位教材。

第二章

剪髮專業技術名詞圖解

2-1 剪髮理論與技法的概念

本單元是以後續十款髮型設計爲基準，從中彙整裁剪操作過程中必須應用的基礎理論及剪髮技法，這些內容就如同「設計原理」一書所言：「設計理念既是從思維角度起源探討，一切的設計內容都得論証爲理論與方法」（林崇宏，2001，p259），這就是本單元強調剪髮的「理論」與「技法」都需併行兼顧的概念，掌握基礎理論會強化剪髮操作技法的效果與精準度、提升對錯的敏銳度、思維能力、設計邏輯、美感能力。一位英國美髮教育者對「剪髮基礎」的教育提出以下看法：「沒有基礎訓練你不可能創造先進的裁剪，接受扎實的訓練才有擴展的可能，並且你能增加其它立體創造獨特的觀點及表達個人的風格。」（Jane Goldsbro、Elaine White，2007），本單元導入這些概念，讓剪髮數位化建構系統的基礎理論並擴增宏觀思維。

此單元的剪髮專業技術名詞，我也常稱之爲剪髮數位化的技術元素，其主要是強調幾何剪髮的結構與構成，都是經由最基本的點、線、面、角度、曲線、三角型、長方形、正方形、梯形、平行、垂直等幾何元素所構成，因此瀏覽後續十款髮型設計裁剪過程中，若有專業技術名詞不甚理解，亦可反向回來印證每個專業技術的基礎理論內容，當然可先從本單元專業技術基礎理論內容中，了解如何活用於後續十款髮型裁剪的操作過程。

每項專業技術名詞皆配置 QR-Code，可透過智慧手機的 QR-Code 掃碼器，連結到雲端直接播放操作影片，以教育與學習者而言，這些數位化影片即是理解剪髮基礎理論最棒的數位化教材，也是剪髮數位化「因人因時因地制宜」的絕佳教具。

2-2 剪髮專業技術名詞的理論內容與圖解

2-2-1 幾何剪法 Geometric haircut

QR2-1
幾何剪法
（片長：2 分 39 秒）

「幾何剪法」一詞，就是將幾何學的理論概念轉化，然後應用於剪髮的方法和過程，亦稱爲「幾何剪髮」，前者是表徵剪髮的方法，後者是表徵剪髮的過程（黃思恒，2011，p29）。所以剪髮的理論基礎和技術法則皆可由科學化的「幾何學」概念轉化成點、線、面、髮片三角立體型態、提拉角度、切口角度、平行、垂直等，這是最底層的技術元素，相互組合成區塊結構，然後再透過不同的區塊互相組合構成，進而成爲一款剪髮創意造型的成果（如圖 2-1）。

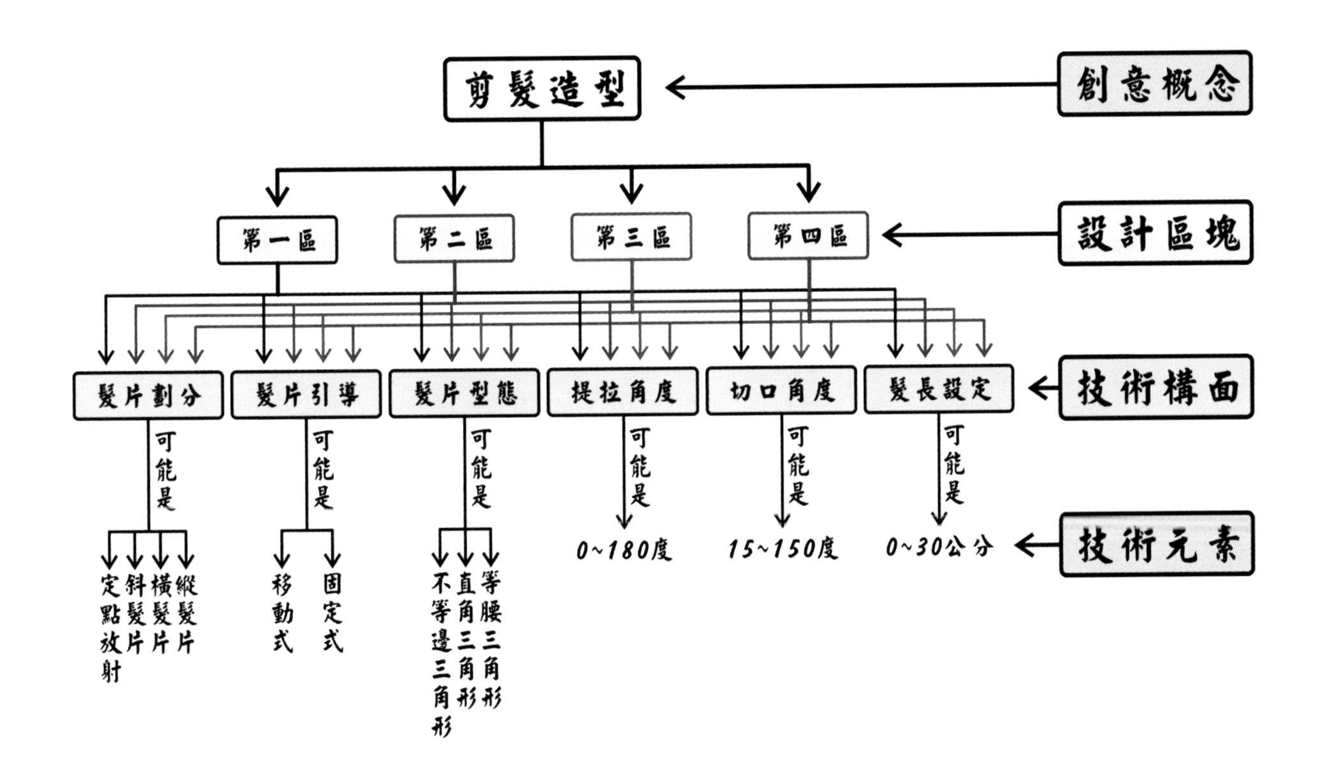

圖 2-1 基礎技法結構圖

2-2-2 剪髮結構圖 Structure Graphics

從「技術」觀點分析；剪髮過程大都將髮型劃分爲數個設計區塊，每個設計區塊再細分由剪髮基本技法：髮長設定、髮片劃分、髮片引導、髮片型態、提拉角度、切口角度之間的互相混搭，來完成造型的過程，這就是剪髮的結構 Structure，因此從認識剪髮的結構到基本技法，更透徹理解如何應用於創意造型，透過以下二種創意模式融會貫通，一定可以讓您體會何謂「創意式」的學習，當然「模仿式」的學習就缺乏如此的內涵。

模式 1：剪髮基本技法→結構的順向工程→區塊形式→創意造型
模式 2：創意造型→區塊形式→結構的逆向工程→剪髮基本技法

從「髮長」觀點分析；「剪髮結構」是由整個頭型各點之間的髮長由下而上堆疊組合而成，以四款最經典髮型的髮長來說明剪髮結構如下：

1. 零層次（Blunt or One Length Haircut）：髮長結構爲上長下短，髮尾下垂在相同的高度。
2. 低層次（Graduated Haircut）：髮長結構爲上長下短，髮尾下垂在不同的高度。
3. 均等層次（Uniform Layered Haircut）：髮長結構爲上下等長。
4. 高層次（Long Layered Haircut）：髮長結構爲上短下長。

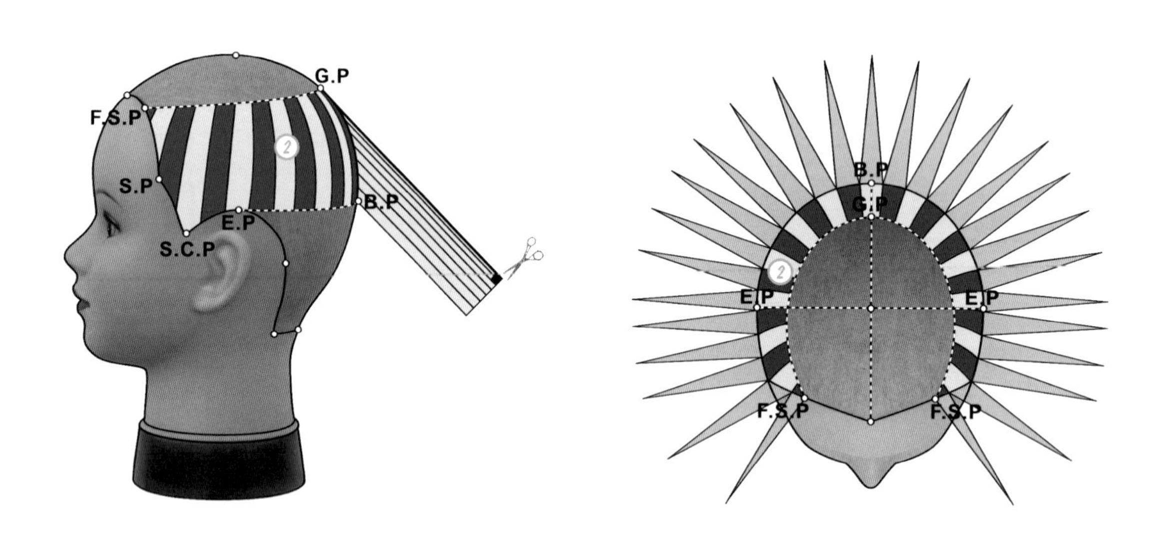

圖 2-2 第 2 設計區塊幾何剪髮結構圖

「幾何科學」是呈現形狀、大小、圖形的相對位置、空間區域關係及空間形式的度量所以剪髮結構也是呈現剪髮的幾何科學，不但可以呈現剪髮的技法、髮長的變化，更可以應用多面向圖型並列，構成二度空間（Second Dimension）的形式，並模擬三度空間（Three Dimension）呈現剪髮設計的裁剪步驟及造型過程。因此將剪髮結構模擬成三度空間的設計圖（如圖 2-2），將可以呈現剪髮基本技法在 3D 立體空間（縱向、橫向、斜向）如何相互作用，本書全部的內容即是以此概念呈現剪髮步驟的技術理論、剪髮區塊結構圖、創意造形的設計構想。

2-2-3 數位化結構圖 Structure Graphics of Digital

QR2-3
數位化結構圖的各種範例

「數位化結構圖」是將剪髮技術以數位化呈現的一門「設計圖學」，這是將剪髮設計結構圖應用數位影像處理及繪圖軟體製作，轉化成爲數位化的幾何圖形元件，讓剪髮技術成爲數位化圖像及結構式的幾何科學，此項跨領域的應用概念，將剪髮技術建構成「系統化」的教育與學習架構，其優點如下（如圖 2-3）：

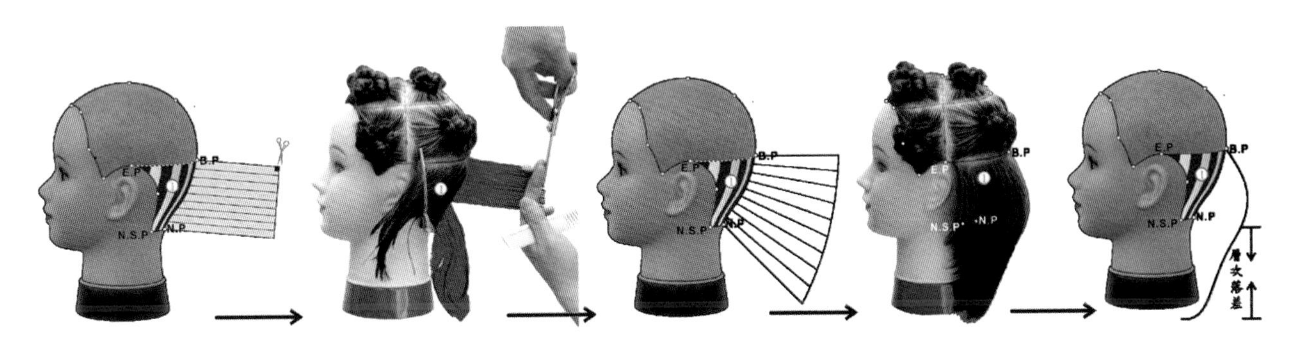

圖 2-3　第 1 設計區塊提拉 90 度 - 剪髮技術具象的數位化結構圖科學模式

1. 使剪髮基礎理論技術的傳承成爲具象的幾何科學模式。
2. 彌補口述並強化剪髮過程及技術步驟的可視性。
3. 數位化結構圖關連基礎技術理論互相組合的法則，使剪髮基礎技術理論成爲一項有義意的訓練教材與模式。
4. 應用各個設計區塊互相混搭之「構成」模式，可預先模擬剪髮創意的思考邏輯及操作過程。
5. 剪髮技術易於分類、保存、大量傳送。

本書全部的內容即是以此概念，將剪髮各項操作技法轉爲數位化的圖形元件，應用行動載具掃描 QR Code，讓影教學內容製作成垂手可得的教材。

2-2-4 十五個基準點 Basis point

這是頭部 15 個設計基準點的簡稱，基準點對剪髮的方法和過程具有定位、定向、劃分剪髮設計區塊的功能，更是幾何剪髮在圓弧頭型上很重要的量測點（黃思恒，2011，p66 ～ p72）。

圖 2-4 左：髮片在 G.P 提拉 45 度（G.P 爲量測點）

圖 2-4 右：髮片在 B.P 提拉 45 度（B.P 爲量測點）

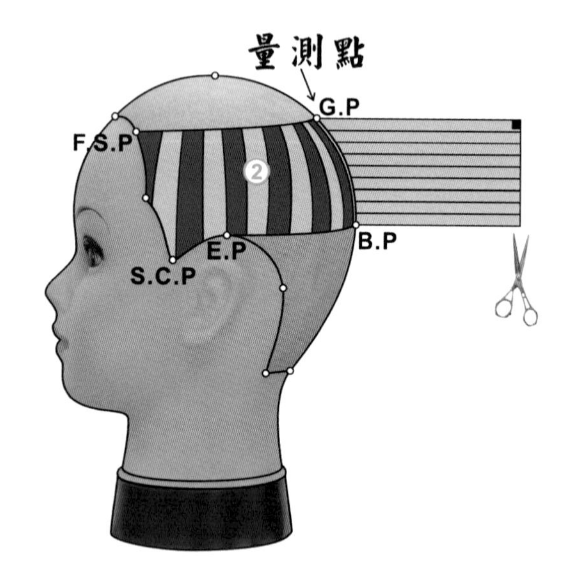

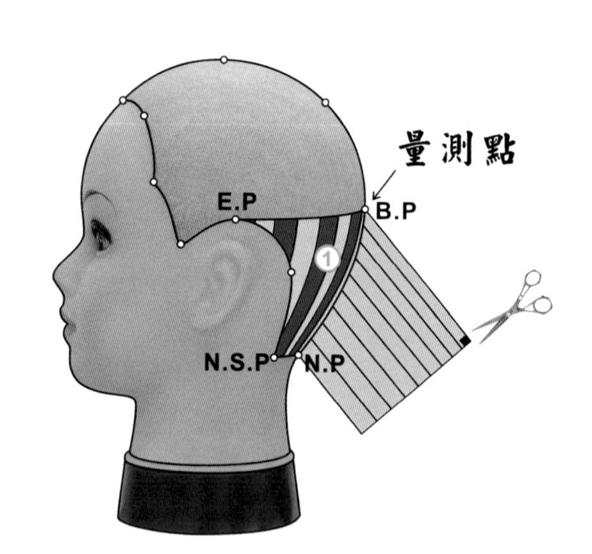

圖 2-4　髮片提拉角度的量測點

「點」Point，是物體的基本元素，在幾何學「點」只是在表示位置。以造型結構而言，點與面積有相對的關係，一個點若放大數倍之後，視覺上便形成圓形的面，一個點單獨存在的時後它是呈現靜止的，若二個大、小的點並排在一起時，就形成動向的感覺，二點連成「線」，三點組成「面」，面與面之間的三度空間關係即構成幾何的具象形狀。

任何髮型的進化，都在於將髮片應用各點位置間的移動與髮長的改變而產生，所以想要精準的控制幾何剪法的基本元素，對點、線、面的原理必須透徹瞭解，如此就更能有效掌握髮型基本架構與美感。

剪髮造型設計其理論基礎的引進常源自於國外，因此國內專有名詞的翻譯敘述，就形成百家爭鳴各有論述，無法有統一的表達模式，因此學習的過程中常使學習者無所遵循或猶疑不決，更何況在國內學習的過程中，經常會遇見外國知名講師透過各種管道在國內各處作秀或教學，甚至國內的技術者遠至歐美國家進修，都已是常有之事，因此專有名詞的英文名稱已是國際通用語，在未來趨勢與國際觀之下，每位技術學習者必須瞭解與熟記。

2-2-5 正中線 Central Line

正中線是頭部7條基準線之1，爲連接「C.P」－＞「T.P」－＞「G.P」－＞「B.P」－＞「N.P」的連線，以鼻爲中心，作整個頭部之垂直線，其功能將頭分爲「左頭部」與「右頭部」，可控制頭部左右兩邊對稱之髮量（如圖2-5）。

說明：以鼻爲中心，作整個頭部之垂直線。先把頭髮全部向後貼頭皮垂直梳順，才能快速又順利的劃分出正中線（直線），由C.P，T.P，G.P，B.P，N.P依順序一次完成連接。區分出左右兩大區塊。

QR2-5-1
水平零層次剪髮 -
正中線劃分
（片長：1分17秒）

QR2-5-2
正中線將頭分為「左頭部」與「右頭部」

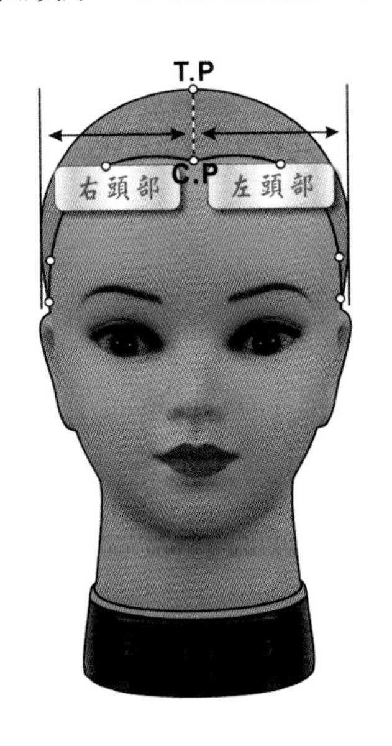

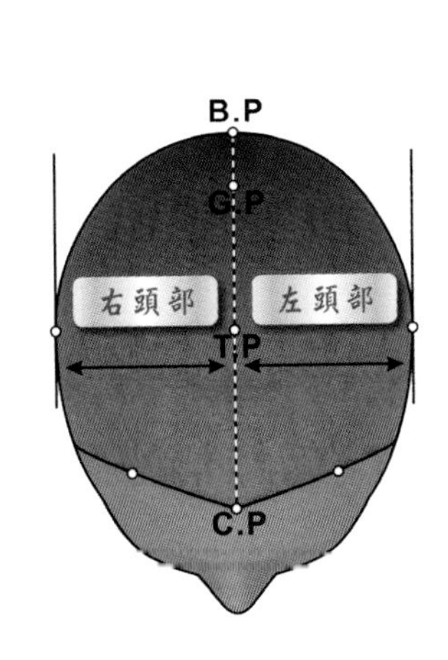

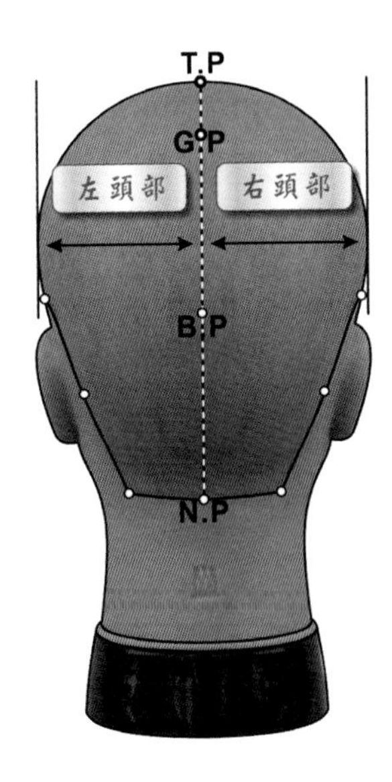

圖2-5 正中線將頭分為「左頭部」與「右頭部」

2-2-6 側中線 Side Central Line

側中線是頭部 7 條基準線之 2，爲連接左「E.P」－＞「T.P」－＞右「E.P」的連線，以耳朵爲中心，作整個頭部之垂直線，其功能將頭分爲「前頭部」與「後頭部」，可控制頭部前後分區之髮量（如圖 2-6）。

QR2-6
側中線將頭分為「前頭部」與「後頭部」

說明：以耳朵爲中心，作整個頭部之垂直線。側部頭髮全部向左右兩側貼頭皮垂直梳順，定出分區點（T.P），再左右兩側順毛流劃分出垂直分區線，連接（E.P）。

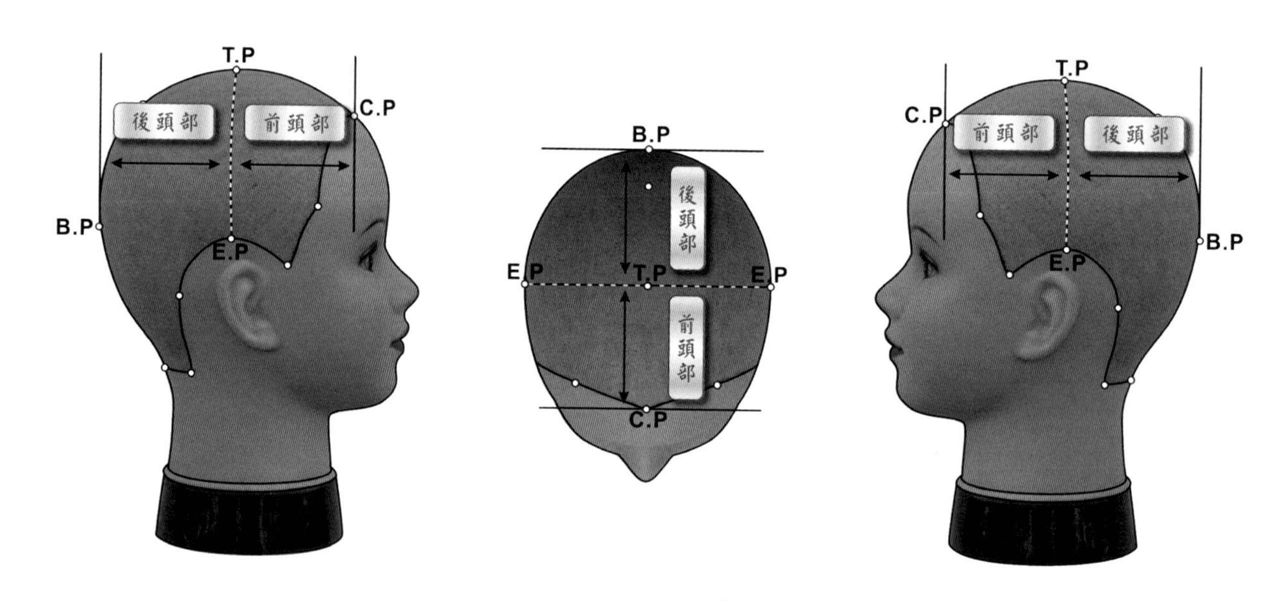

圖 2-6 側中線將頭分為「前頭部」與「後頭部」

2-2-7 水平線 Horizontal Line

水平線是頭部 7 條基準線之 3，爲連接左 E.P －＞ B.P －＞右 E.P 的連線，其功能將頭分爲「上頭部」與「下頭部」，可控制頭部上下分區之髮量（如圖 2-7）。

QR2-7-1
水平零層次剪髮 -
水平線劃分
（片長：1 分 34 秒）

QR2-7-2
水平線將頭分為「上頭部」與「下頭部」

說明：較耳點稍高至髮際邊緣的水平線。由正中線將側部頭髮全部向前貼頭皮水平梳順，定出分區點（B.P），再向前順毛流劃分出水平分區線，連接（E.P）。

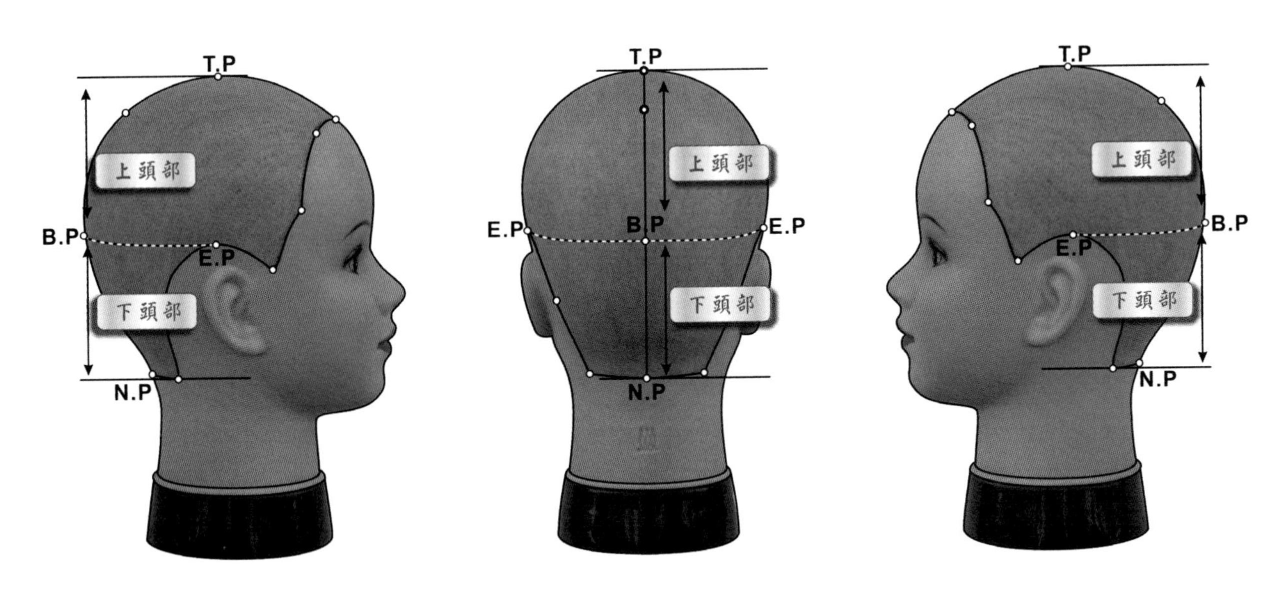

圖 2-7　水平線將頭分為「上頭部」與「下頭部」

2-2-8　U 型線 Front Side Line

U型線是頭部 7 條基準線之 4，亦稱爲「側頭線」因形狀如英文字母「U」而稱之，爲連接左「F.S.P」－＞「G.P」－＞右「F.S.P」的連線，其功能將「上頭部」區分爲「頭頂部」、「側頭部」、「後頭部」（如圖2-8）。

說明：左前側點連至黃金點再連至右前側點。側部頭髮全部向前貼頭皮弧型梳順，定出分區點 G.P，再向前順毛流劃分出U型分區線，連接 F.S.P。

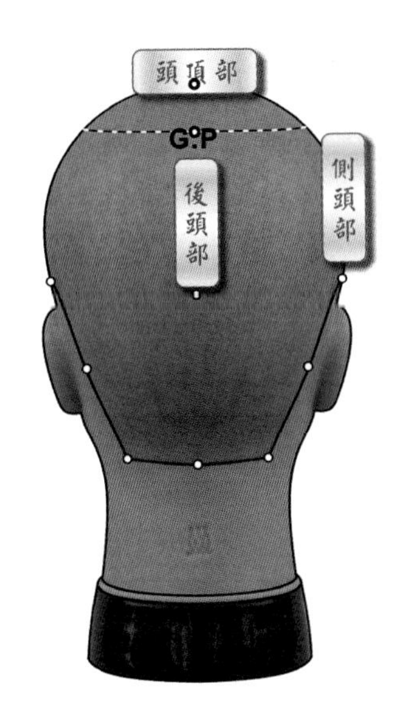

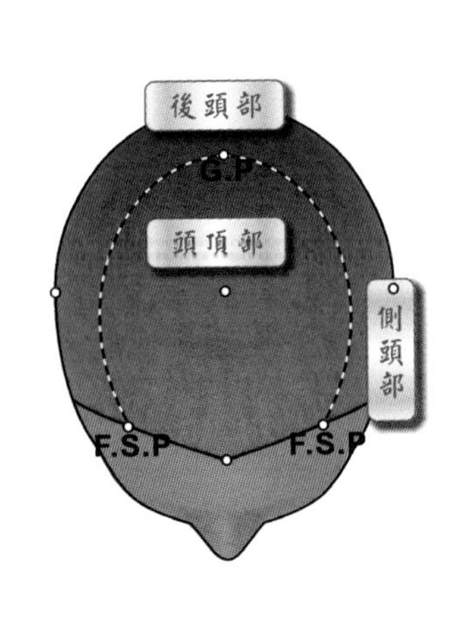

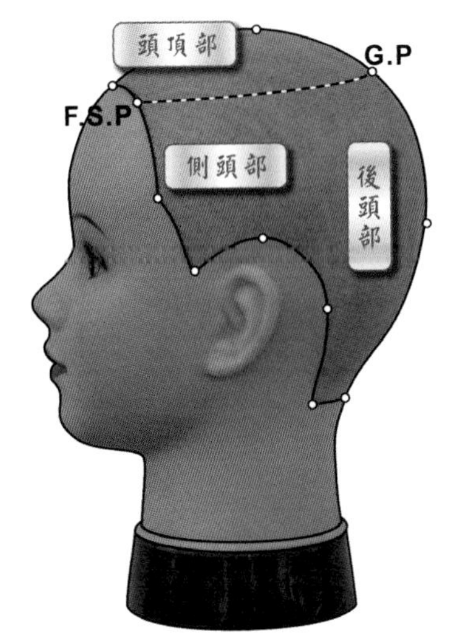

圖 2-8　U 型線將「上頭部」區分為「頭頂部」、「側頭部」、「後頭部」

2-2-9 臉際線 Face Side Line

臉際線是頭部7條基準線之5，為連接右「S.C.P」－>、右「S.P」－>右「F.S.P」－>「C.P」－>左「F.S.P」－>左「S.P」－>左「S.C.P」的連線，其功能將表現整個臉部之髮際（如圖 2-9）。

QR2-9
頭部 7 條基準線 - 臉際線

說明：右側的側角點連線至左側的側角點。

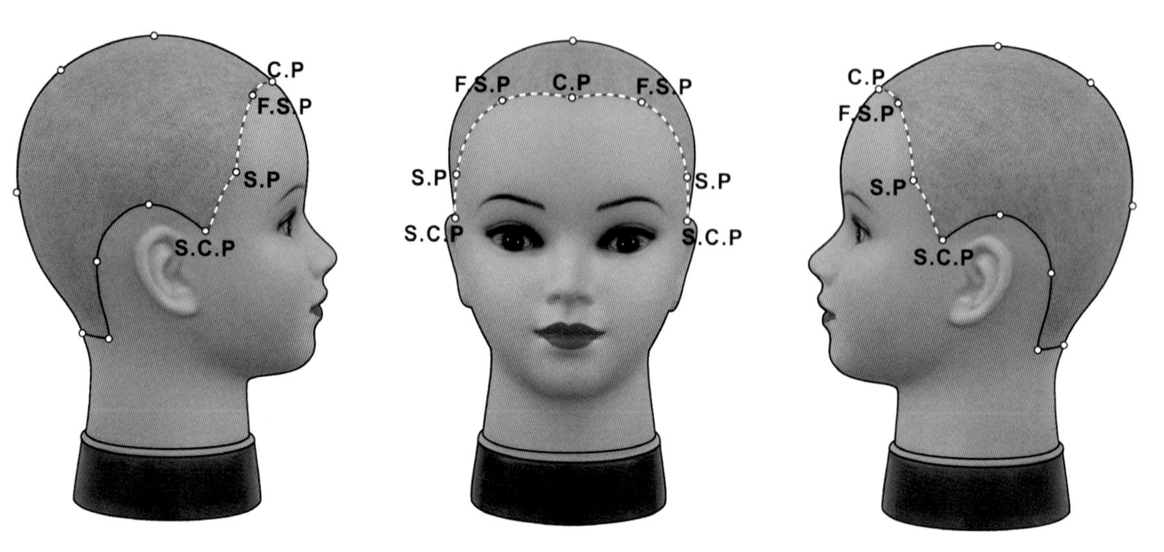

圖 2-9 臉際線表現整個臉部之髮際

2-2-10 頸側線 Neck Side Line

頸側線是頭部7條基準線之6，為連接左「E.P」－>左「E.B.P」－>左「N.S.P」。右「E.P」－>右「E.B.P」－>右「N.S.P」的連線，其功能將表現整個後側部之髮際。

QR2-10
頭部 7 條基準線 - 頸側線

說明：耳點連至頸側點（如圖 2-10）。

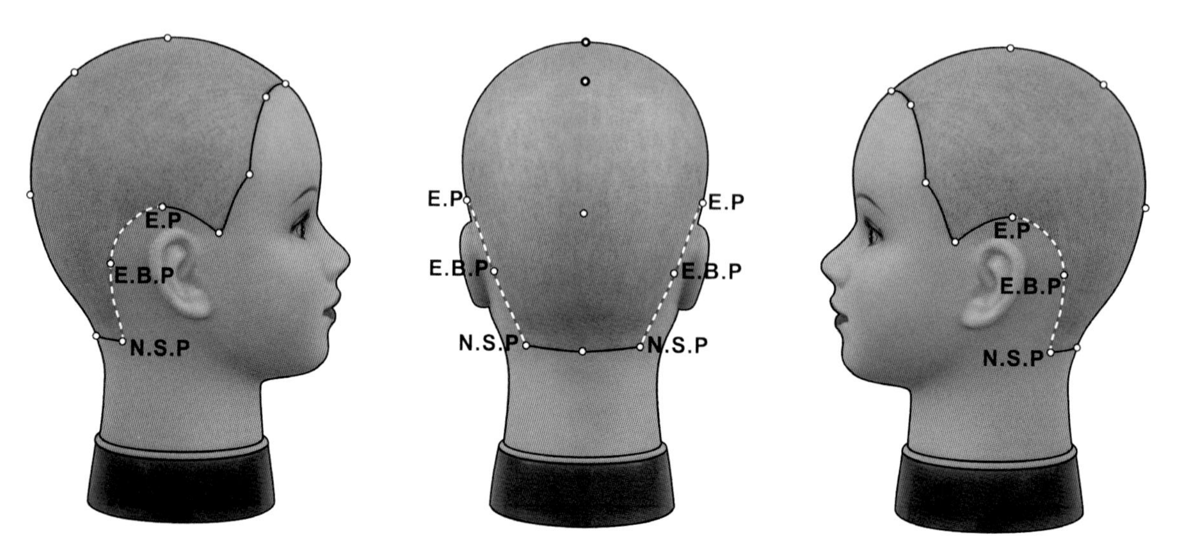

圖 2-10 頸側線表現整個後側部之髮際

2-2-11 頸背線 Neck Back Line

頸背線是頭部 7 條基準線之 7，為連接左「N.S.P」－>「N.P」－>右「N.S.P」的連線，其功能將表現整個頸背部之髮際（如圖 2-11）。

說明：右頸側點連至左頸側點。

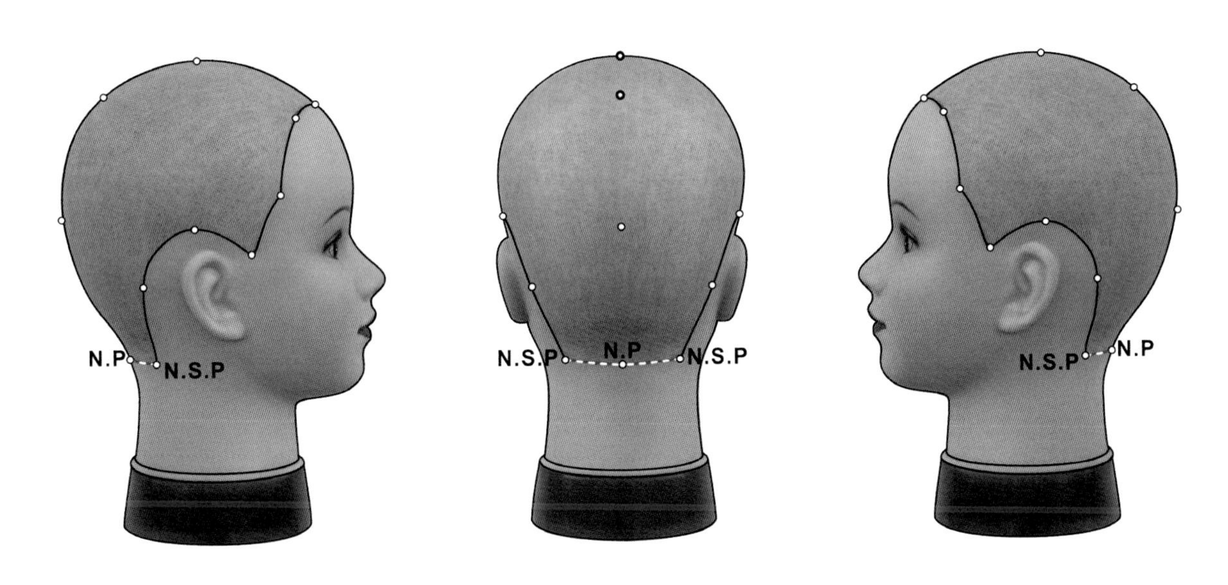

圖 2-11 頸背線表現整個頸背部之髮際

2-2-12 垂直劃分 Vertical parting

垂直劃分的髮量稱為「垂直髮片」或「縱髮片」，其劃分線則稱為「垂直劃分線」。如圖 2-12 以不同區塊及面向，呈現垂直劃分的幾何結構圖。

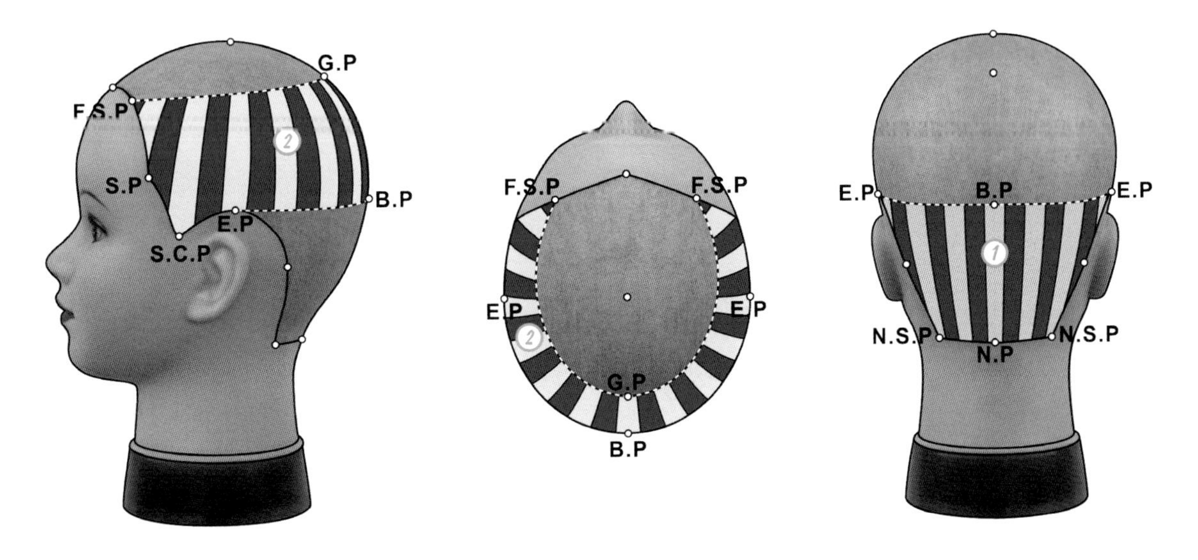

圖 2-12 不同區塊縱髮片的幾何結構圖

這是髮片劃分線的方向和地平線成 90 度的方法，可應用於頭部任何設計區塊，其目的在使裁剪後同等寬區域的頭髮產生如下的變化：

1. 在髮片上到下，產生髮長改變的層次落差，「縱髮片」經常是以髮片的提拉角度、切口角度、髮長做結構式的混搭應用（如圖 2-13），其結果將可產生非常豐富的層次變化效果。

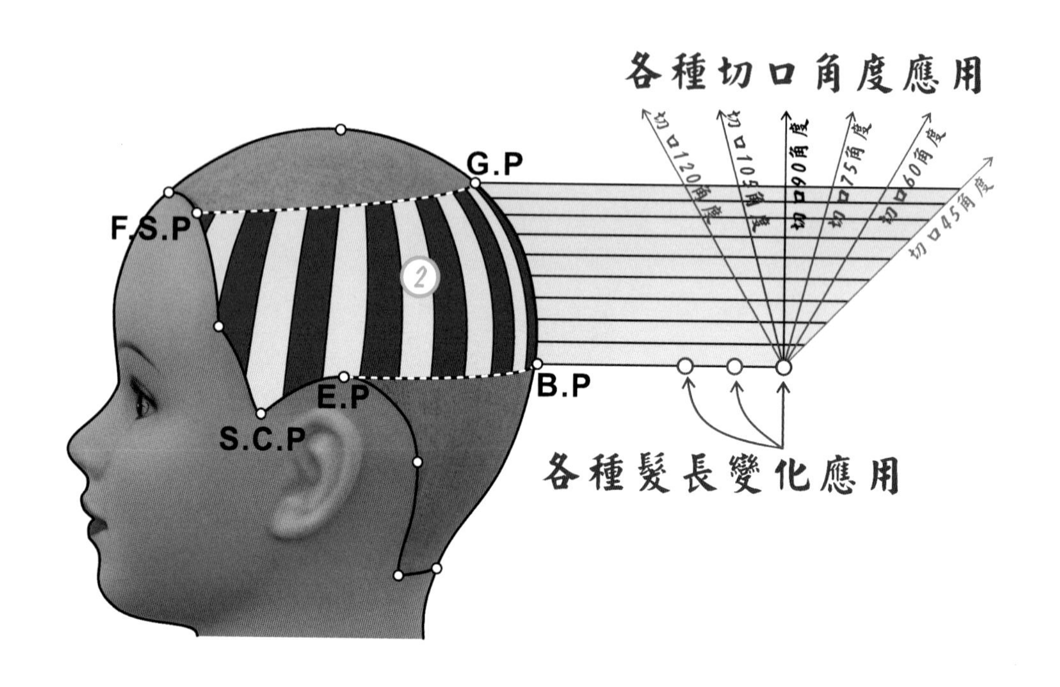

圖 2-13 縱髮片混搭各類切口角度的應用

2. 在前到後或橫向，產生前長後短、前短後長、前後等長的「毛流變化」，其變化效果和髮片三角幾何型態有關，其效果更能使技術者在髮型的設計上更廣泛的應用（如圖 2-14）。
   圖 2-14 左：前後等長 - 髮片型態應用移動式引導、等腰三角型髮片裁剪的結構實例。
   圖 2-14 中：前短後長 - 髮片型態應用固定式引導、前直角三角型髮片裁剪的結構實例。
   圖 2-14 右：前長後短 - 髮片型態應用固定式引導、後直角三角型髮片裁剪的結構實例。

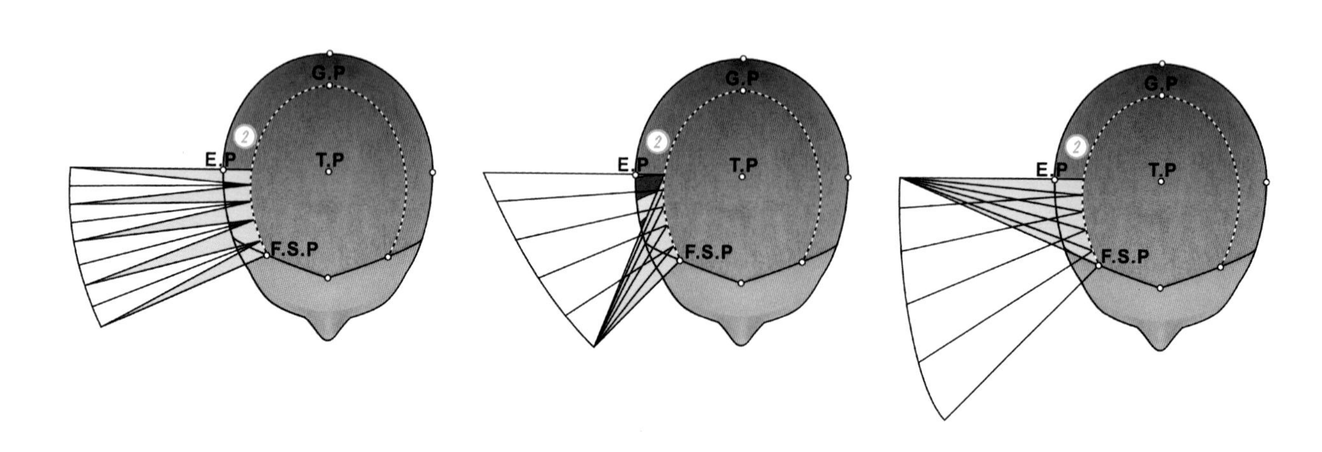

圖 2-14 縱髮片使髮長前後變化的幾何結構圖

2-2-13 水平劃分 Horizontal parting

水平劃分的髮量稱爲「水平髮片」或「橫髮片」，其劃分線稱爲「水平劃分線」，這是髮片劃分線的方向和地平線成平行的方法，可應用於頭部任何設計區塊，如圖 2-15 以不同面向及區塊呈水平直劃分的幾何結構圖，其目的在使裁剪後同等高區域的頭髮產生如下的變化：

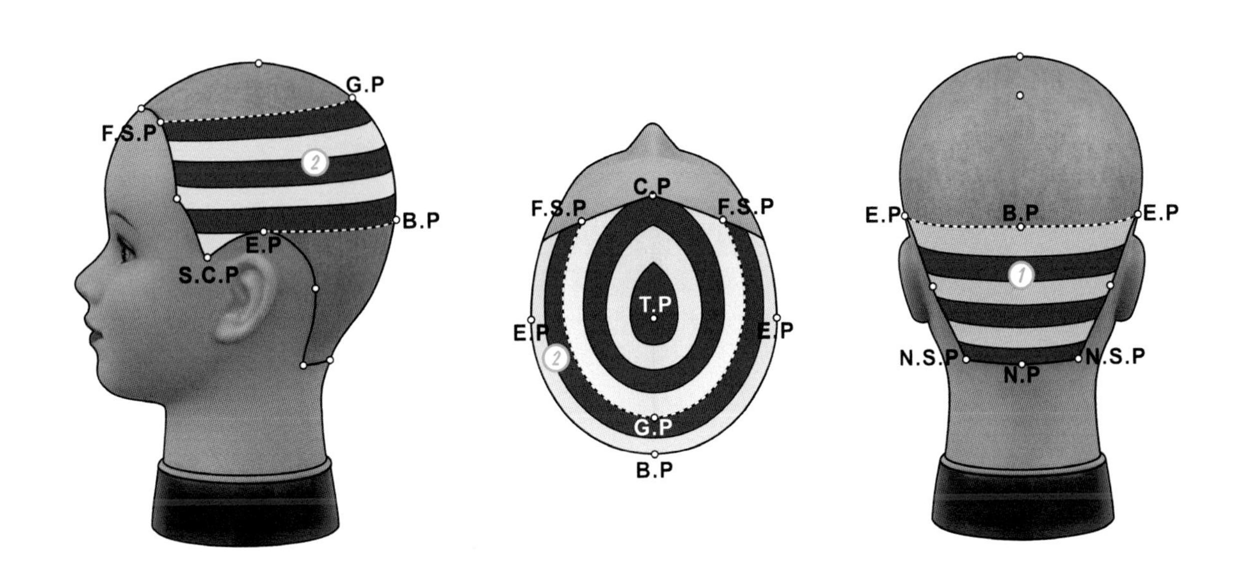

圖 2-15 不同設計區塊劃分橫髮片的幾何結構圖

1. 在髮片上到下產生長短改變的「層次落差」，「橫髮片」經常是以髮片的提拉角度做變化應用，其結果將可產生非常豐富的層次變化效果。

   圖 2-16 左：上短下長 - 髮片提拉 90 度的應用實例。

   圖 2-16 右：上長下短 - 髮片提拉 15 度的應用實例。

   圖 2-17 右：上長下短 - 髮片提拉 0 度的應用實例。

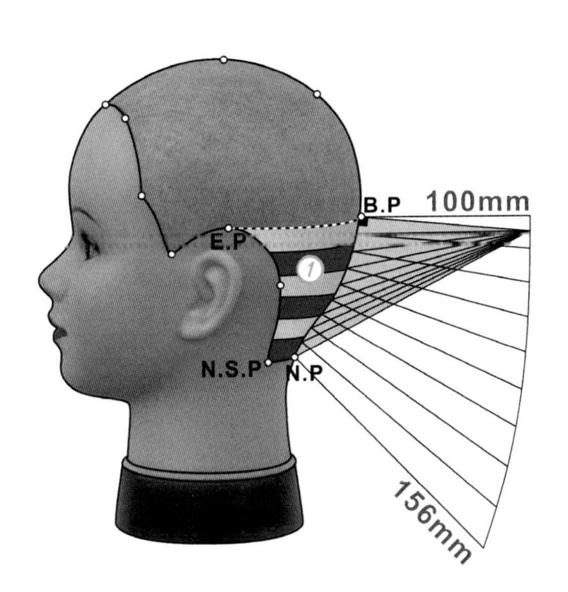

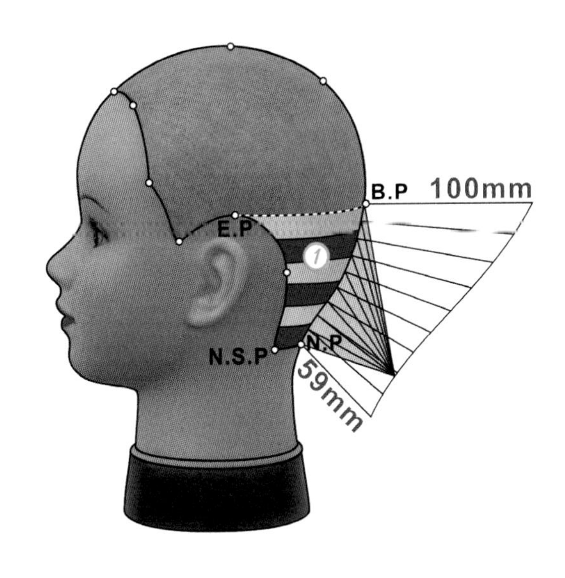

圖 2-16 橫髮片在層次變化的幾何結構圖

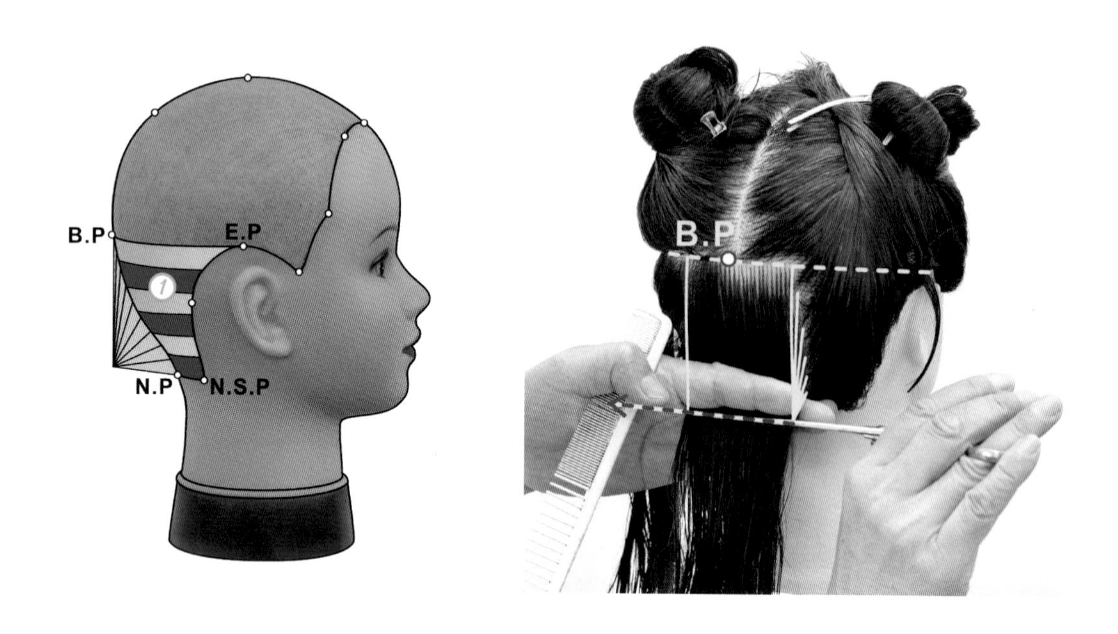

圖 2-17　橫髮片在層次變化的幾何結構圖及實務應用

2. 在前到後或橫向，產生等長的「毛流變化」，其效果一般常應用「平行裁剪」技法進行髮型的控制。

圖 2-18 左：橫向等長 - 髮片提拉自然下垂、平行裁剪的幾何結構圖。

圖 2-18 右：橫向等長 - 髮片提拉向上、平行裁剪的幾何結構圖。

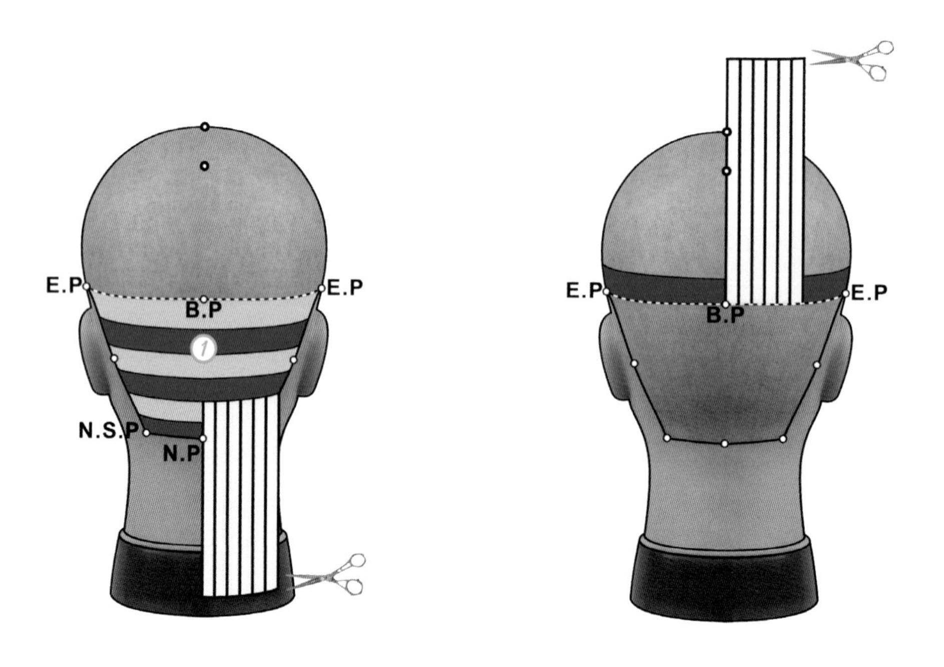

圖 2-18　橫髮片在毛流變化的幾何結構圖

2-2-14　斜向劃分 Diagonal parting

斜向劃分的髮量稱爲「斜髮片」，其劃分線稱爲「斜向劃分線」，這是髮片劃分線介於水平劃分和垂直劃分之間位置的方法。斜髮片分爲「正斜髮片」與「逆斜髮片」：

1. 「正斜髮片 Diagonal Back」是前高後低的劃分線（如圖 2-19），其最主要功能在使同等高區域的頭髮形成「前短後長」。髮尾的流向（毛流）形成自然向後，頭髮重量在視覺效果爲後面重而前面輕。

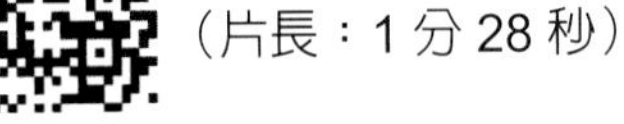

QR2-19-1
正斜劃分
（片長：1 分 28 秒）

QR2-19-2
正斜髮片分段平行剪裁

QR2-20
逆斜劃分
（片長：1 分 19 秒）

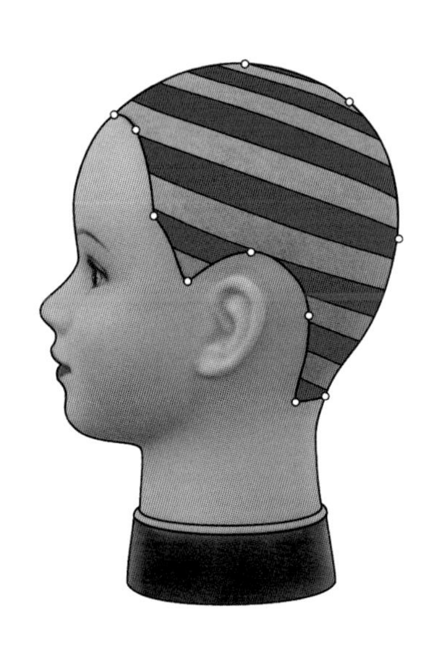

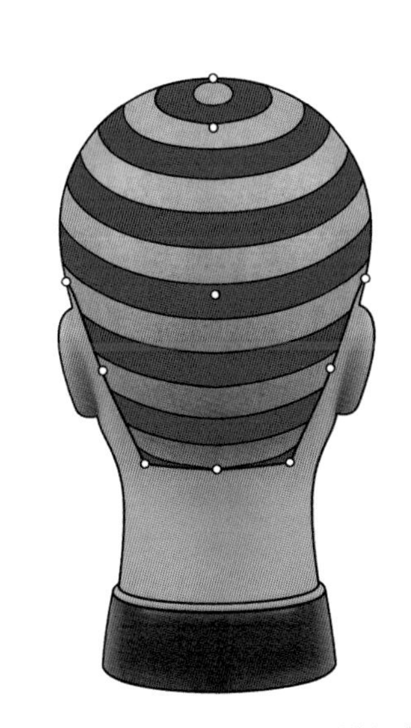

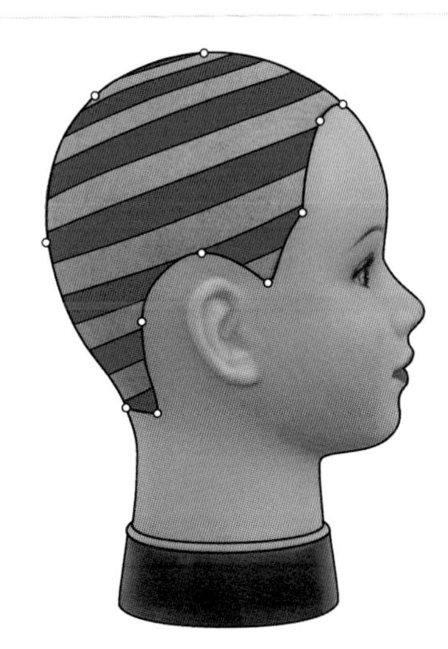

圖 2-19　劃分正斜髮片的幾何結構圖

2. 「逆斜髮片 Diagonal forward」是後高前低的劃分線（如圖 2-20），其最主要功能在使同等高區域的頭髮形成「後短前長」。髮尾的流向（毛流）形成自然向前，頭髮重量在視覺效果爲後面輕而前面重。除非特殊設計之需求，否則仍然是以髮片的「劃分線」與「裁剪線」形成平行關係的技巧，來設計斜向的造型輪廓角度。

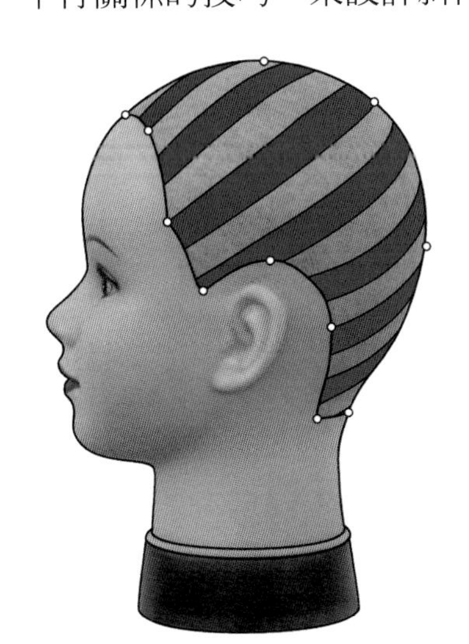

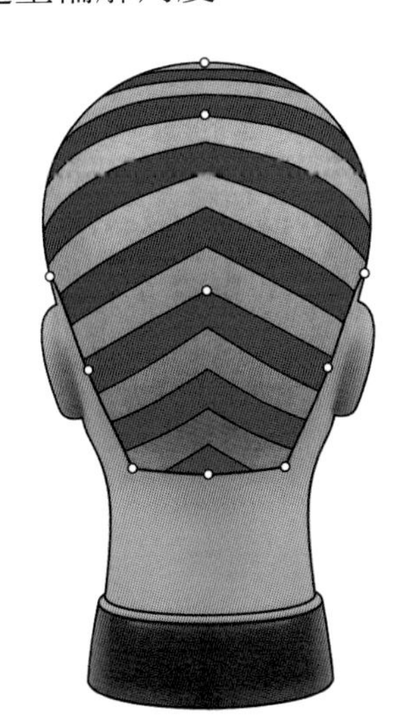

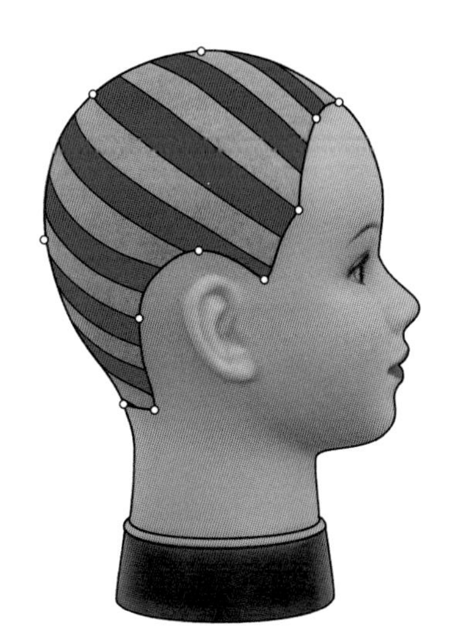

圖 2-20　劃分逆斜髮片的幾何結構圖

2-2-15　定點放射劃分 Pivotal parting;Radia parting

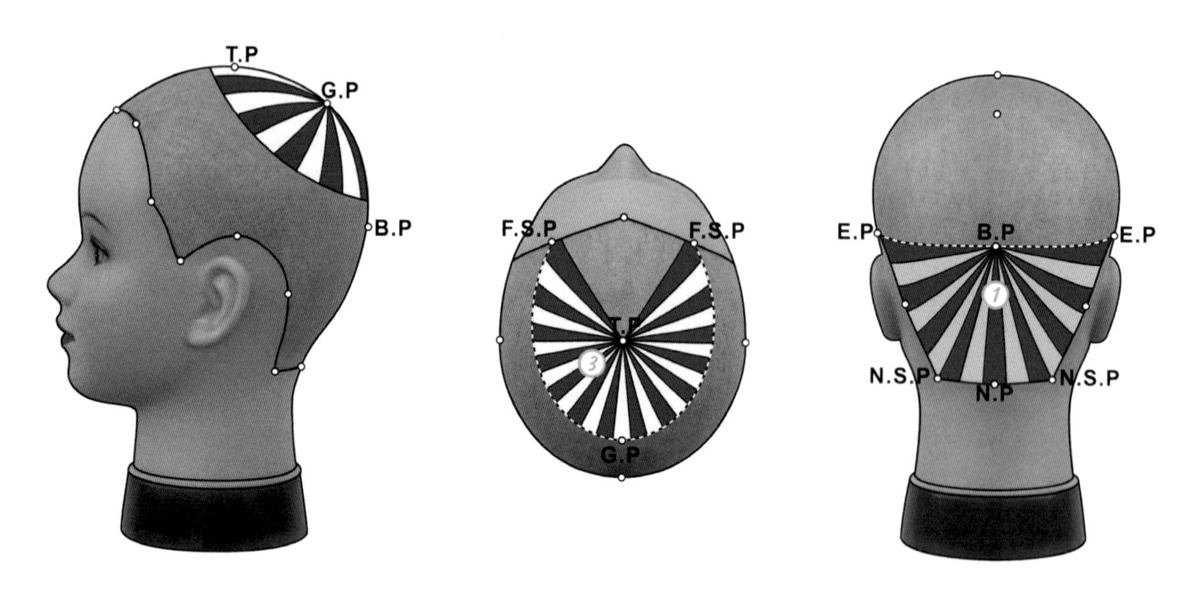

圖 2-21　劃分定點放射髮片的幾何結構圖

裁剪髮型過程中，在頭部任選一點爲軸心，以放射狀的形式符合頭部曲線劃分出髮量的模式，製造髮型均勻分散的重量感，使環繞頭部曲線產生三角形分區。所謂「定點」並非位置一成不變，而是因設計的需求來設計定點的位置後，然後再以此定點完成整個設計區的裁剪，如圖 2-21 以不同面向及區塊呈現定點放射劃分的幾何結構圖。

QR2-21
定點放射髮片
（片長：2 分 14 秒）

2-2-16　移動式引導 Traveling guide

所謂「移動式引導」，即設計區塊在第一次裁剪完成的髮片以後，就以第一髮片長度分出少許髮量，做爲第二次髮片的裁剪引導線，在第二裁剪髮片完成以後，再以第二髮片長度分出少許髮量，做爲第三次髮片的裁剪引導線，依此類推循序裁剪把整個設計區的髮片裁剪完成（如圖 2-22）。

QR2-22
移動式引導

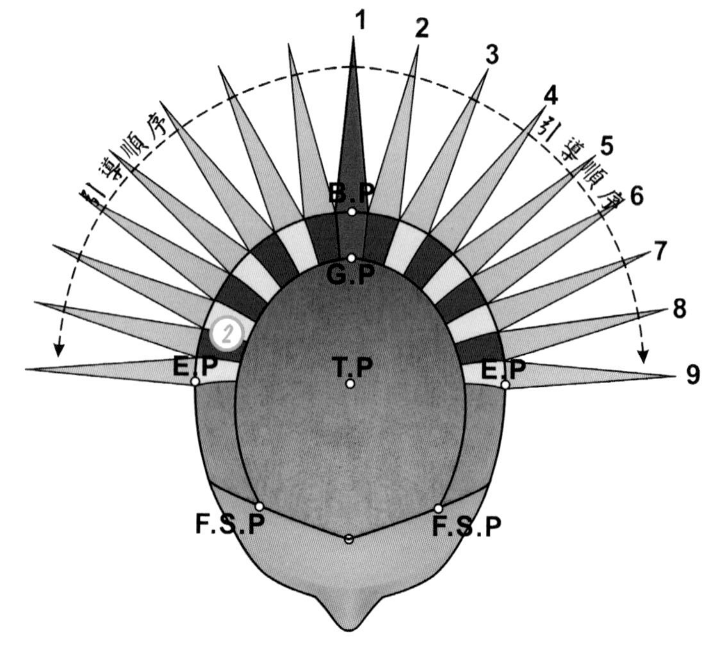

圖 2-22　綜合縱髮片、移動式引導、等腰三角型髮片的幾何結構圖

所以「移動式引導」的引導線在剪髮過程中是移動的，而且每次裁剪後都會創造出新的引導線，這個引導線就如同接力賽跑過程中的接力棒，一棒接一棒不得漏接而且要順暢，到最後結合每一髮片的裁剪效果即成爲設計區塊的裁剪效果。除非另有特殊設計，一般而言，設計區塊之內若以「移動式引導」裁剪後，髮片和銜接的引導髮片大都會有相同的髮片劃分、髮片型態、提拉角度、切口角度，如此將使剪髮區塊的結構更有規則性。

2-2-17 固定式引導 Stationary guide

所謂「固定式引導」，其功能在裁剪區塊的頭髮具有主導方向之目的，所以設計區塊在第一次裁剪完成的髮片以後，就以第一次裁剪完成的髮片長度，然後當作整個裁剪設計區髮片的裁剪引導線，在裁剪過程中相對於設計區塊的髮量，引導線是保持位置固定不動。如圖 2-23 是縱髮片固定式引導裁剪後，前短後長及外輪廓的結構變化，一般而言，設計區塊之內以縱髮片固定式引導裁剪，不僅可因提拉角度表現出高或低的層次效果，更能呈現髮流方向快速變化的綜合設計效果。

如圖 2-24 爲整體髮長垂落在相同高度的水平零層次髮型，即是橫髮片以固定式引導裁剪的應用實例。

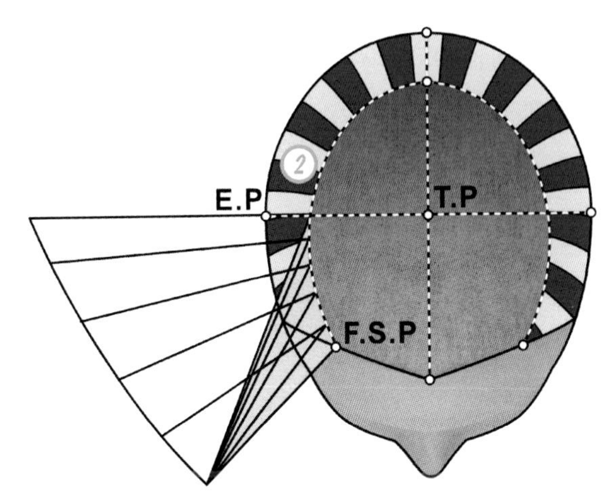

圖 2-23　綜合縱髮片、固定式引導、前直角三角型髮片的幾何結構圖

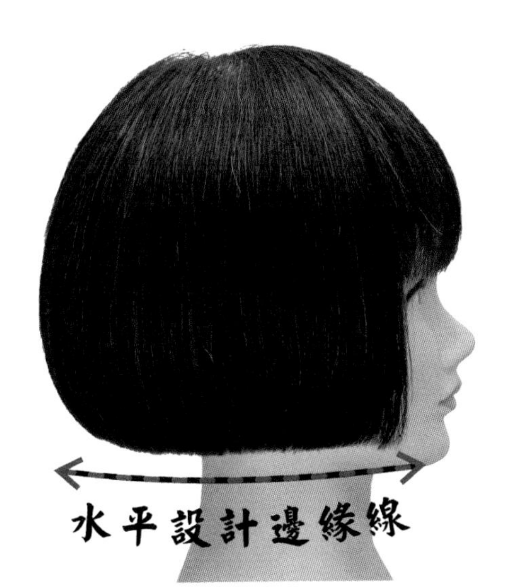

圖 2-24　固定式引導應用實例

2-2-18 等腰三角型髮片 Isosceles Triangle

QR2-25
等腰三角形髮片結構圖

這是裁剪髮片在挾剪法之下所形成的三角幾何立體型態之一，其操作技法是在髮片厚度（髮根）的中間點位置，由頭皮向外提拉 90 度裁剪，換言之就是裁剪結合點位在髮片厚度中間的正上方（如圖 2-25-1），這就是從立體幾何 90 度角的延伸應用。

裁剪後髮片展開效果會形成兩側斜面最長並等長，然後向中間微微變短，所以此技法可應用於髮片需要兩側相同長度的設計，如圖 2-25-2 為縱髮片等腰三角型的實務應用。

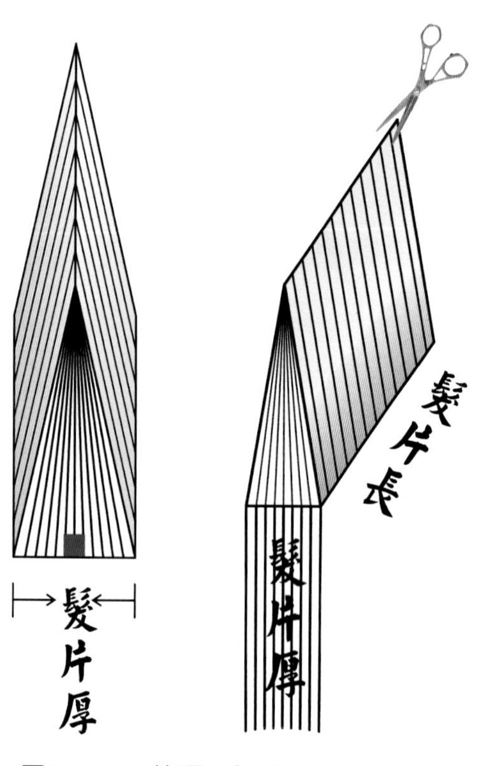

圖 2-25-1 等腰三角型的幾何結構圖

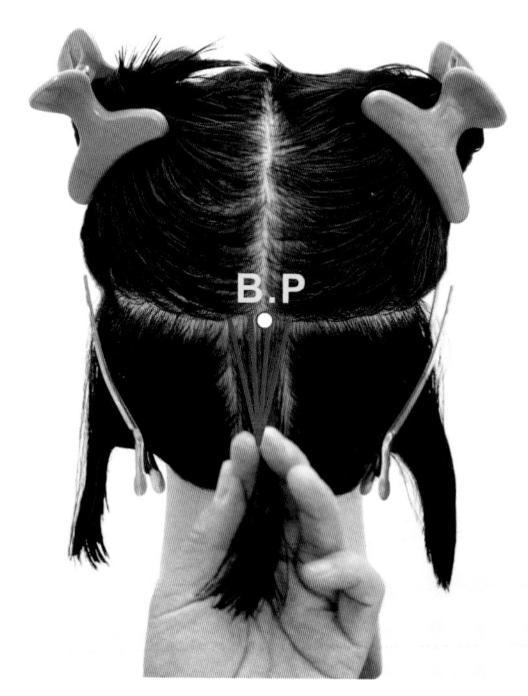

圖 2-25-2 縱髮片等腰三角型的實務應用

2-2-19 直角三角型髮片 Right-angled Triangle

QR2-26
直角三角形幾何結構圖

這是裁剪髮片在挾剪法之下所形成的三角幾何立體型態之二，其操作技法是在髮片厚度（髮根）的劃分線位置，由頭皮向外提拉 90 度裁剪，若以縱髮片而言；就是直角點位在髮片厚度的左側或右側，在左側稱為左直角三角型髮片，在右側稱為右直角三角型髮片（如圖 2-26 左）。若以橫髮片而言；就是直角點位在髮片厚度的上側或下側，在上側稱為上直角三角型髮片，在下側稱為下直角三角型（如圖 2-26 右），這也是從立體幾何 90 度角的延伸應用。

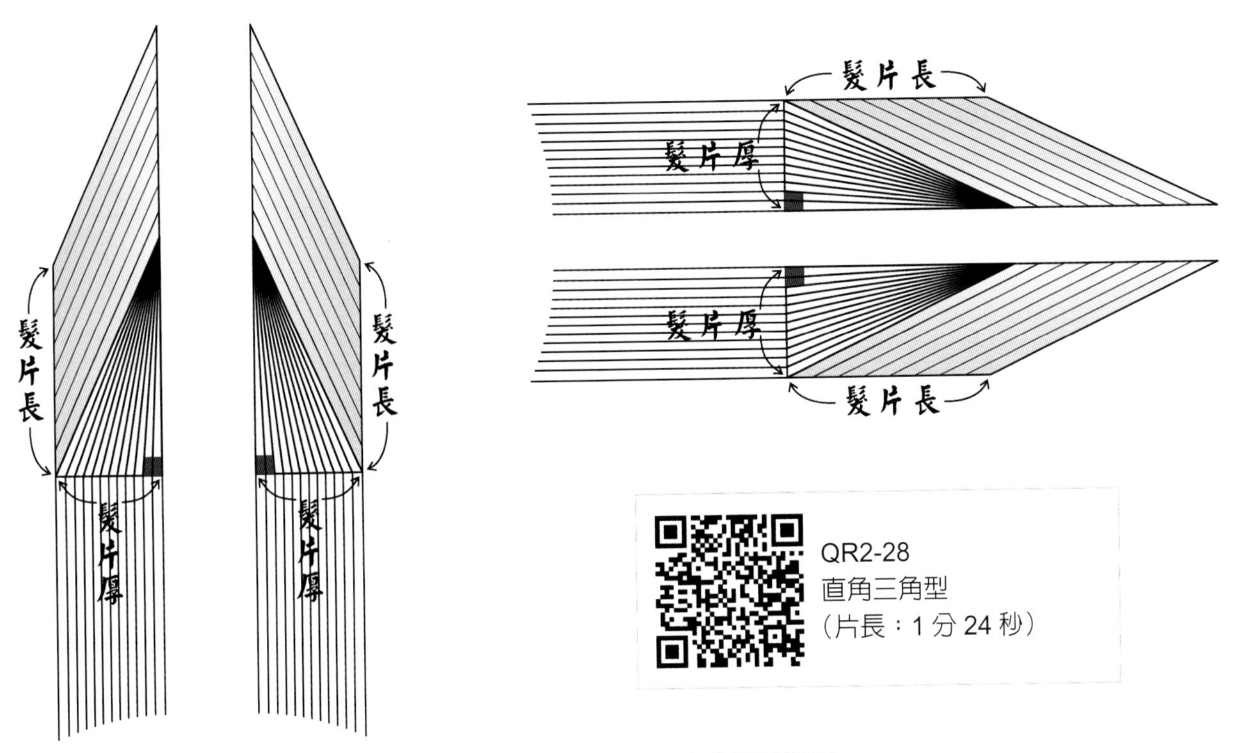

圖 2-26　直角三角型的幾何結構圖

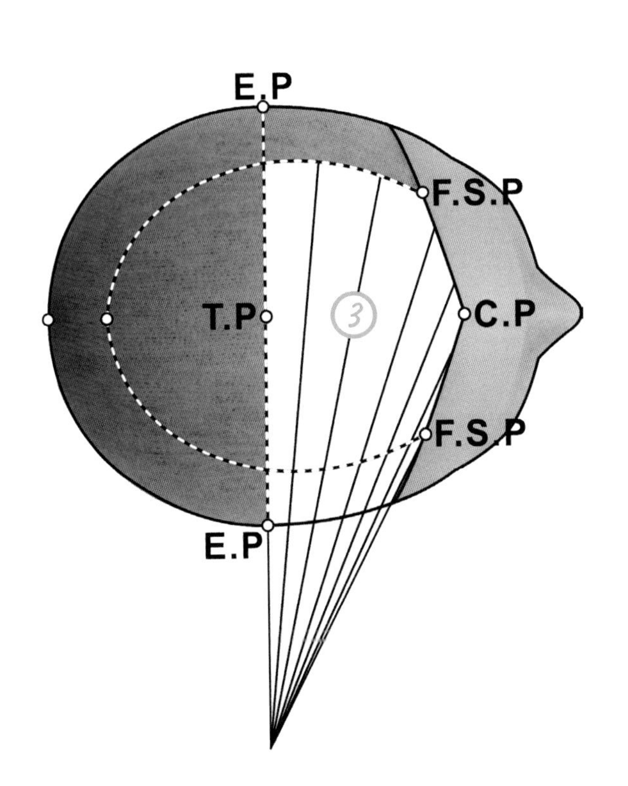

圖 2-27　後直角三角型的幾何結構圖

圖 2-28　後直角三角型的實務應用

裁剪後髮片展開效果會形成垂直面的頭髮最短，斜面的頭髮最長，頭髮由垂直面往斜面逐漸變長，所以此技法可應用於髮片需要兩側不同長度的設計，如圖 2-27 爲縱髮片後直角三角型的幾何結構圖，如圖 2-28 爲縱髮片後直角三角型的實務應用。

2-2-20 外傾梳髮片 Scalene Triangle；Off Base

這是裁剪髮片在挾剪法之下所形成的三角幾何立體型態之三，其操作技法是在裁剪時將髮片梳順並提拉到劃分線以外，也就是裁剪接合點就在劃分線以外，因此在髮片厚度以外作爲裁剪結合點的髮片都統稱爲「外傾梳髮片」（如圖 2-29）。

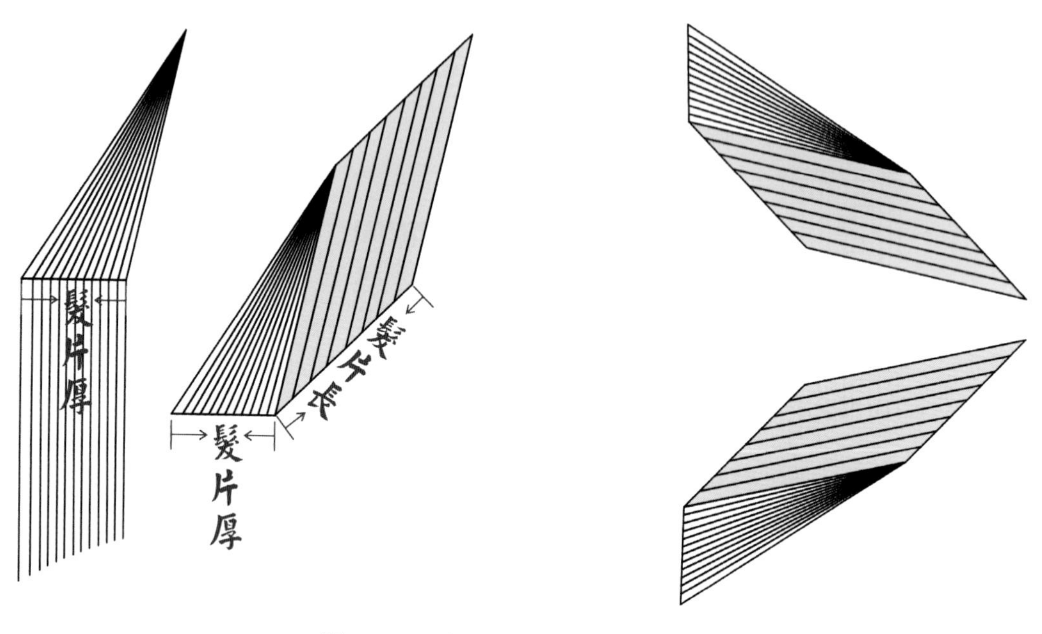

圖 2-29 外傾梳髮片的幾何結構圖

QR2-30
外傾梳髮片
（片長：1 分 50 秒）

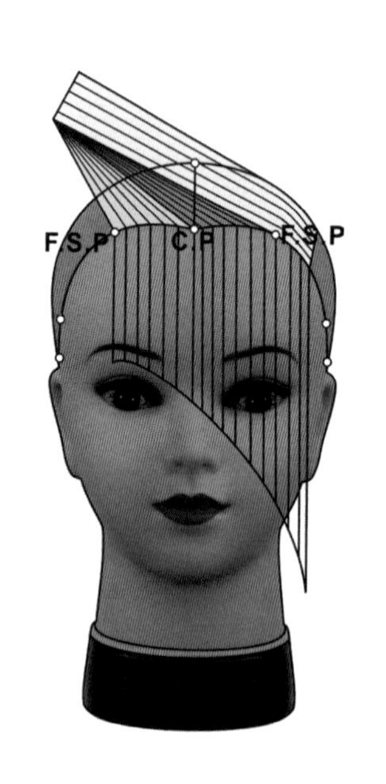

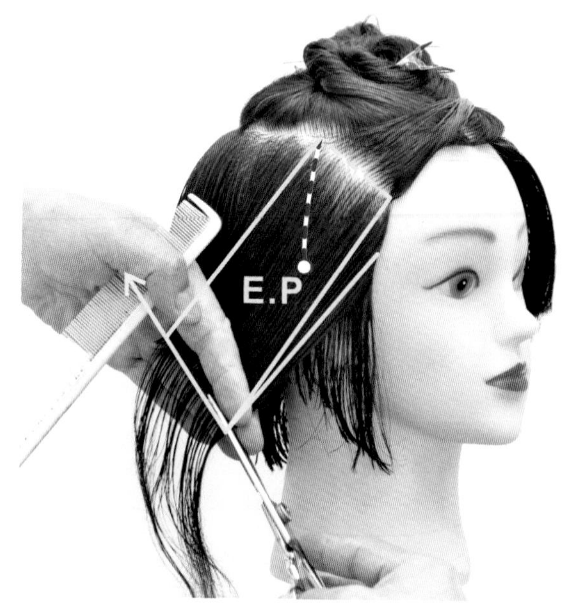

圖 2-30 外傾梳髮片的幾何結構圖

圖 2-31 斜髮片外傾梳髮片的實務應用

裁剪後髮片展開效果會形成傾梳面往斜面產生大效果的頭髮漸長變化，或由斜面往傾梳面產生大效果的漸短變化，所以此技法可應用於髮片需要兩側、前後、橫向差異極大化的設計，如圖 2-30 兩側不對稱斜瀏海之應用設計，或低層次的髮型設計，如圖 2-31 爲斜髮片外傾梳的實務應用。

2-2-21 提拉角度 Elevation angle

QR2-32
第 1 區塊提拉角度動作程式

「提拉」是說明髮片上和下（垂直）動向的高低，在剪髮時通常以「提拉角度」稱之，而通過頭型圓弧某一點的垂直線在幾何學上稱為「法線 Normal line」（如圖 2-32），若此點為 A，則稱此線在 A 點提拉 90 度（黃思恒、朱維政，2011，p504）。簡言之「提拉角度」是頭髮從頭部 A 點被拉出和切線之間的夾角，也就是從髮根觀測頭髮與頭形所形成的角度（黃思恒，2014，p23）。（如圖 2-32 左）

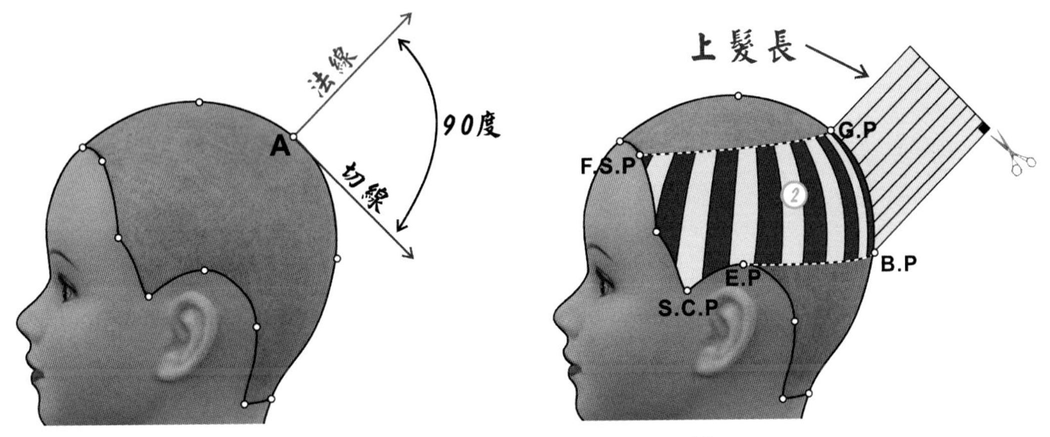

圖 2-32 髮片提拉角度的幾何結構圖

QR2-34
縱髮片提拉 0 度
（片長：1 分 01 秒）

因此髮片提拉角度是一項剪髮設計常用的變數之一，無論設計區塊內劃分水平、垂直或斜向髮片，經由提拉角度的控制可改變上、下髮長所形成之層次效果，本書內容所應用的結構圖型，都以髮片的上髮長作為提拉角度的量測點，如圖 2-32 右稱為髮片在 G.P 提拉 90 度，如圖 2-33 為橫髮片在劃分線提拉 0 度，如圖 2-34 為縱髮片在 G.P 提拉 0 度。

圖 2-33 橫髮片提拉 0 度的實務應用

圖 2-34 縱髮片提拉 0 度的實務應用

2-2-22　切口角度 Cutting Angle

「切口角度」是髮片提拉方向和裁剪線（Cutting line）或手指角度（Finger angle）、手指位置（Finger position），所形成的夾角度數（degree），也就是剪髮時手指控制裁剪線的角度，如圖 2-35 稱爲切口 90 度的幾何結構圖，如圖 2-36 稱爲縱髮片切口 90 度的實務應用。

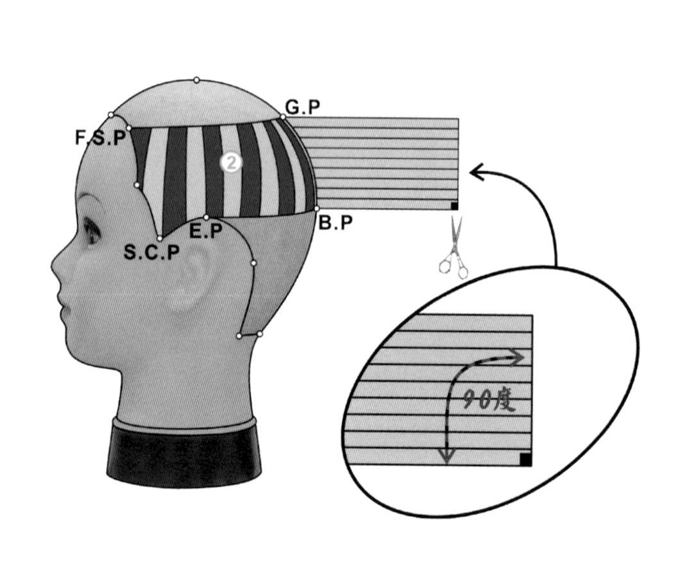

圖 2-35　切口 90 度的幾何結構圖

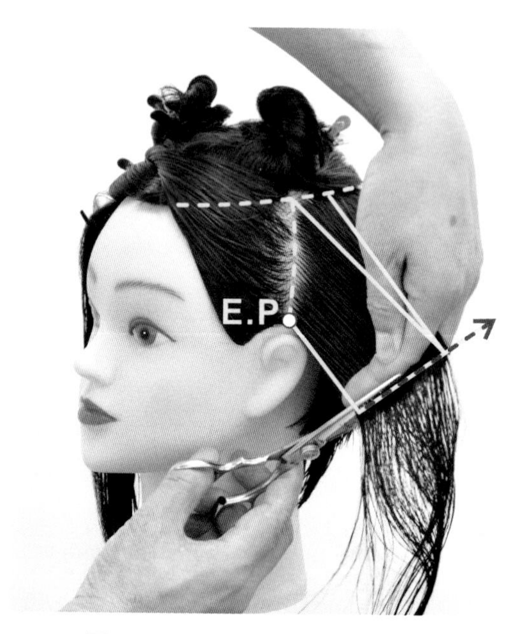

圖 2-36　切口 90 度的實務應用

就層次設計而言，髮片的「提拉角度」和「切口角度」這兩種技法，只要其中任何一個技法的角度增加就可以增加頭髮的層次，如圖 2-37 左爲髮片提拉 45 度組合切口 90 度，創造出低層次的造型（如圖 2-37 中）及層次展開圖（如圖 2-37 右）。

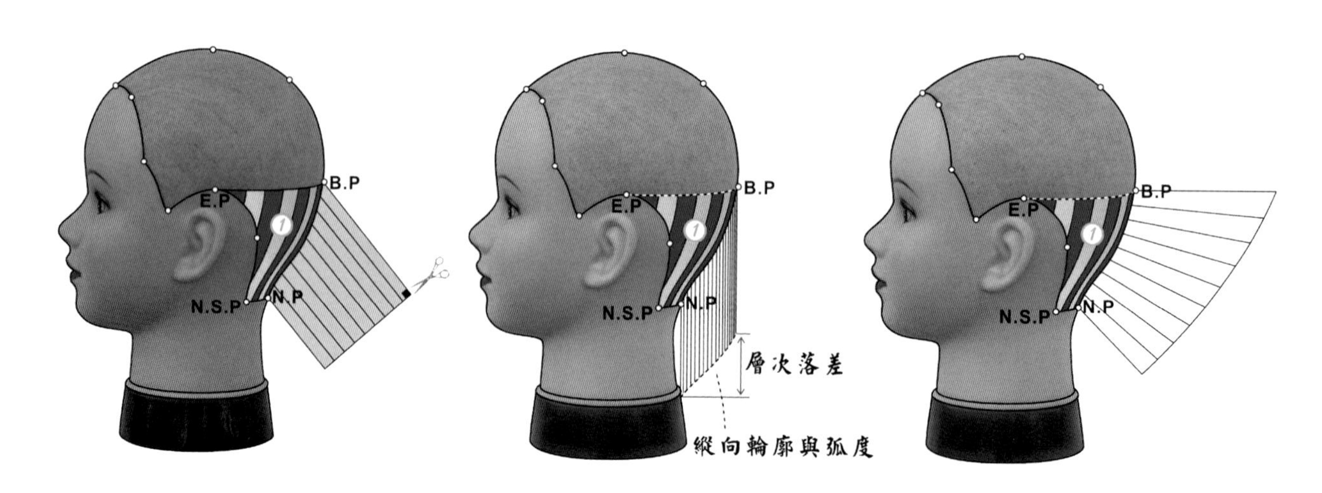

圖 2-37　縱髮片提拉 45 度切口 90 度的幾何結構圖

若「提拉角度」和「切口角度」這兩種技法同時以不同的角度增減相互作用，可幫助造型師創建更豐富的造型，但卻需要更多的時間來理解這種相互作用結果對剪髮造形的影響，如圖 2-38 為髮片提拉 45 度低角度切口 120 度的幾何結構圖，卻創造出高層次的造型。

所以一般實務裁剪皆以切口角度固定為 90 度，再與「提拉角度」之變化作結合，應用於創建剪髮的造型，如此將有益於理解提拉角度漸增對層次漸增，有正相關之連結性。

綜合而言，在劃分「縱髮片」模式之下，切口角度的大小會影響上下層次高低，在劃分「橫髮片」或「斜髮片」模式之下，切口角度的大小會影響前後毛流走向，例如滑剪及削髮的技法及即為應用斜向切口，以增加髮尾流向的造型設計。

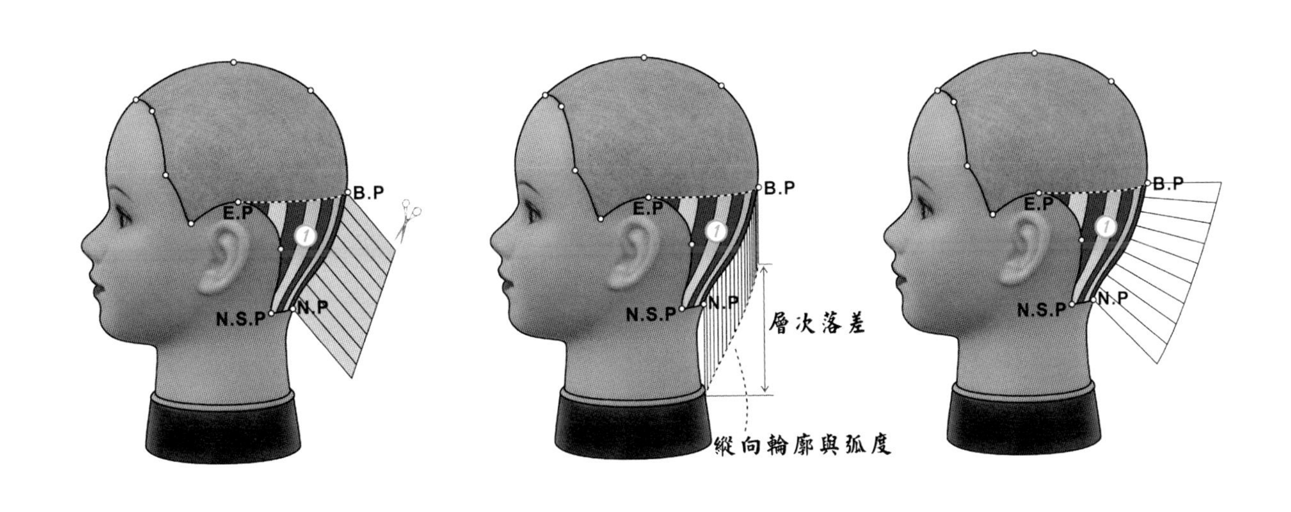

圖 2-38 縱髮片提拉 45 度切口 120 度的幾何結構圖

2-2-23 平行裁剪 Sculpt parallel

QR2-39
平行裁剪

在幾何學所謂平行的定義就是，平行線是在同平面內的直線，向兩個方向無限延長，不論哪個方向它們都不相交，就如同火車之鐵軌。平面上兩直線，若可找到一條共同垂直的線，就稱這兩直線是平行線，L1 及 L2 兩條線是相互平行（如圖 2-39），而且這兩條直線永不相交），兩平行線共同垂直之間的線段長度稱為平行線間的距離，兩平行線間的距離處處相等。

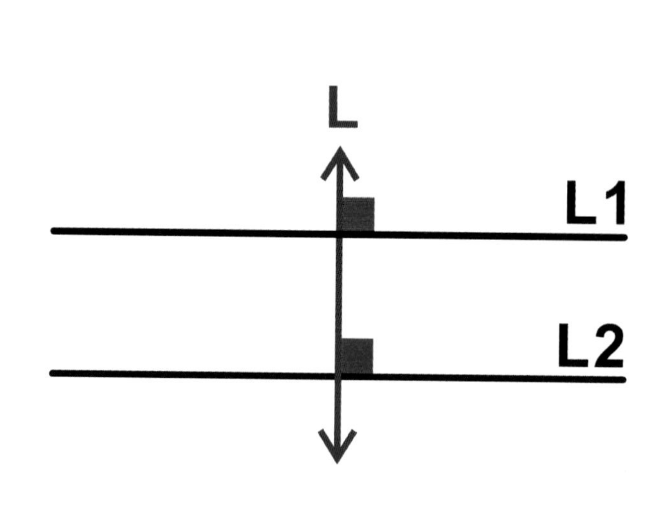

圖 2-39　平行的幾何結構圖

圖 2-40　平行裁剪實務應用

QR2-40
平行裁剪
（片長：1 分 16 秒）

將幾何學「平行」的概念（如圖 2-39）轉化爲剪髮應用（如圖 2-40）

1. L1 就是實體剪髮的劃分線（Parting line），它可以是垂直線、水平線、斜線。

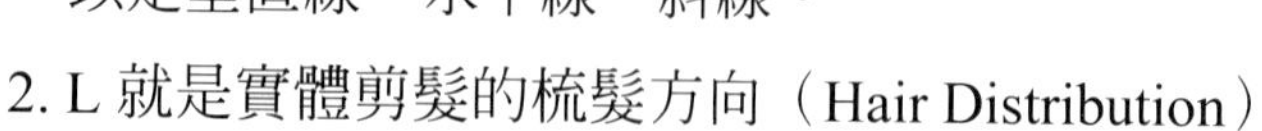

2. L 就是實體剪髮的梳髮方向（Hair Distribution）
3. L2 就是實體剪髮的裁剪線（Cutting line）

因此，轉化平行的幾何理論，從任何起點開始裁剪與結束點的髮長處處都可以相同，這平行的概念因此讓剪髮時時掌握實務剪髮的過程，所以「平行裁剪」是剪髮應用的幾何基礎理論之一，也是連結劃分線、梳子、手指、剪刀、裁剪線、輪廓線之間互動關係的平行幾何裁剪技法，如圖 2-40 即爲正斜髮片和劃分線平行裁剪。運用平行幾何裁剪的優點如下：

1. 劃分線的髮長 - 前後等長，設計時容易掌握前後設定點的變化關聯性與影響性，因爲（如圖 2-41 的 1、2、3 綠色線）不同髮長設定，對整體造型有不同的影響性。
2. 等高線的髮長 - 水平爲前後等長（如圖 2-41 左的綠色線），正斜爲前短後長（如圖 2-41 中的褐色線），逆斜爲前長後短（如圖 2-41 右的褐色線），運用水平、正斜、逆斜劃分線的角度平行裁剪，即可掌握髮型的水平、正斜、逆斜輪廓線的造型角度（如圖 2-41 的 1、2、3 紅色線）。

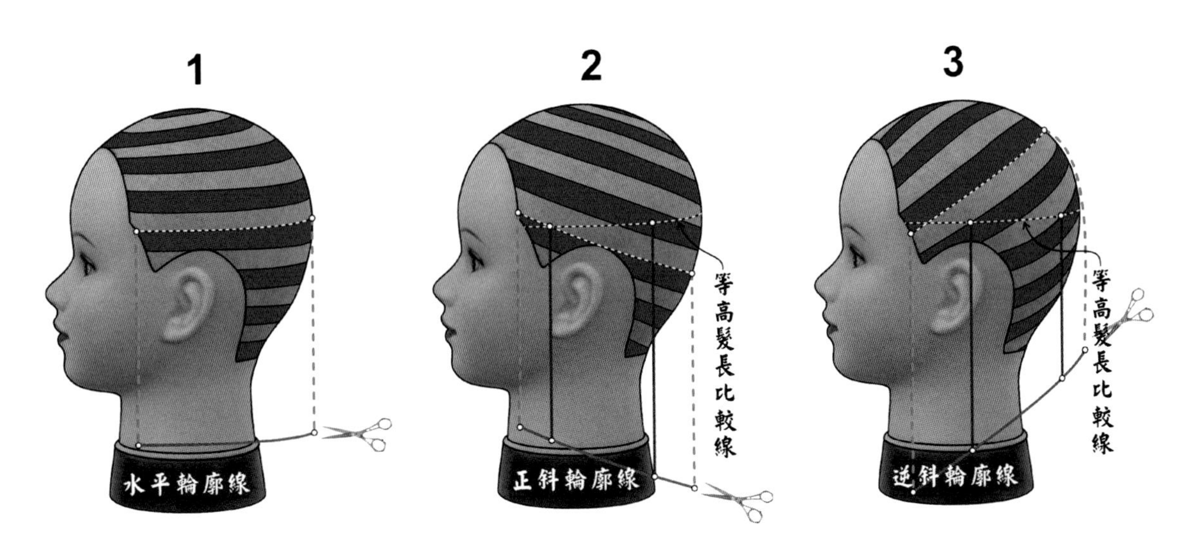

圖 2-41　平行裁剪的幾何結構圖

3. 髮片分段裁剪時，可精確掌握圓弧頭形每段正確的切口角度（如圖 2-42）。

4. 可精密掌握層次的漸變及造型的弧度與結構（如圖 2-43），常應用於 Bob 式髮型的裁剪過程。

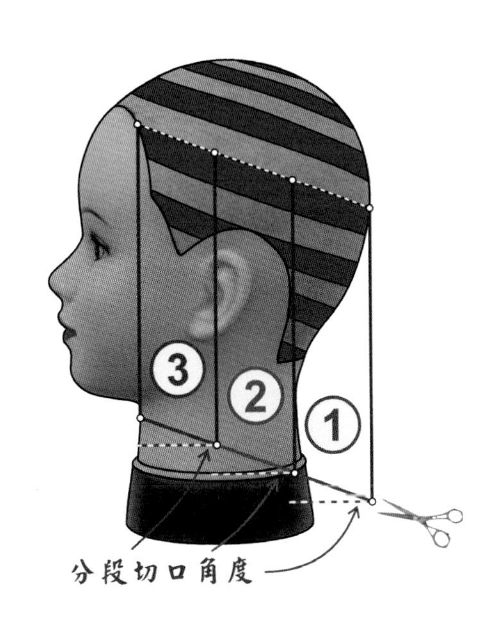

圖 2-42　分段平行裁剪的幾何結構圖

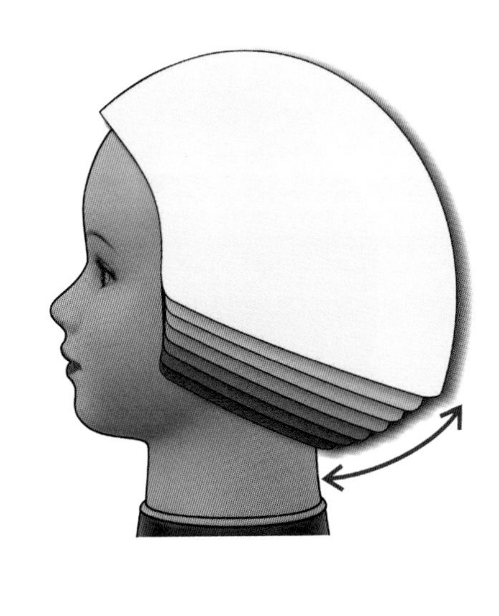

圖 2-43　平行裁剪的弧度結構圖

2-2-24 分配 Distribution

「分配」是有關於髮片從髮基 base parting 提拉梳理的方向和方法，其類型有以下 4 類：

1. 自然分配法 Natural Distribution：髮片從髮基開始梳理的方向不論是水平髮片、正斜髮片、逆斜髮片都是受地心吸力因素，在頭型的曲線之上而自然下垂，在梳理的過程，其劃分線、剪髮梳、裁剪線都保持平行的（如圖 2-44），常應用於零層次髮型的操作過程（如圖 2-45、圖 2-46）。

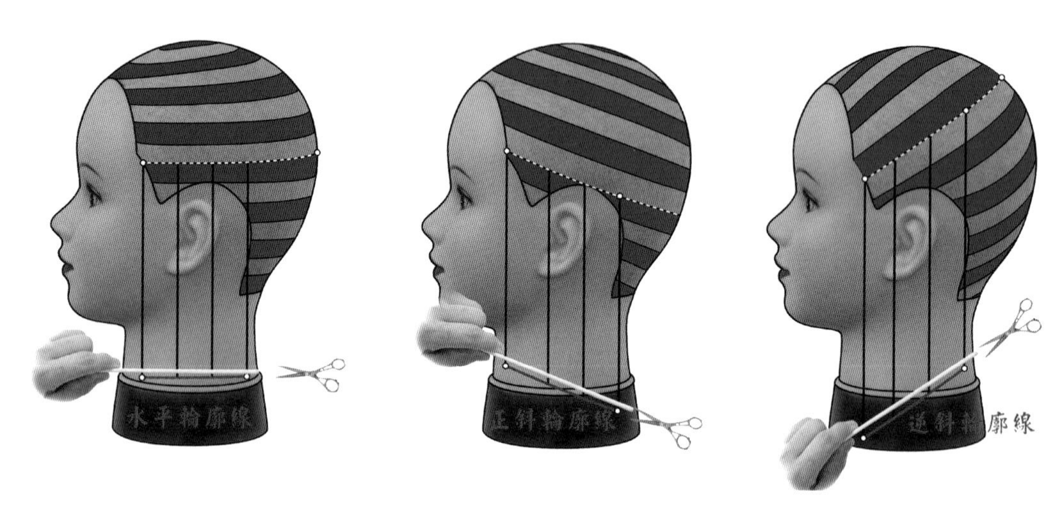

圖 2-44　自然分配法的幾何結構圖

圖 2-45　自然分配法實務應用

圖 2-46　自然分配法實務應用

QR2-45
第 1 區自然分配分段裁剪
（片長：1 分 46 秒）

QR2-46
自然分配
（片長：1 分 19 秒）

2. 垂直分配法 Perpendicular Distribution：例如水平髮片、正斜髮片、逆斜髮片，從髮基開始梳理的方向都是和髮片劃分線呈垂直，在梳理的過程中劃分線、剪髮梳、裁剪線三項都保持平行（如圖 2-47），因其操作形式有如「工」字型（如圖 2-48），因此亦稱為「工字型裁剪法」，常應用於 Bob 低層次髮型的操作過程（如圖 2-49）。

QR2-47
垂直分配平行裁剪的層次效果

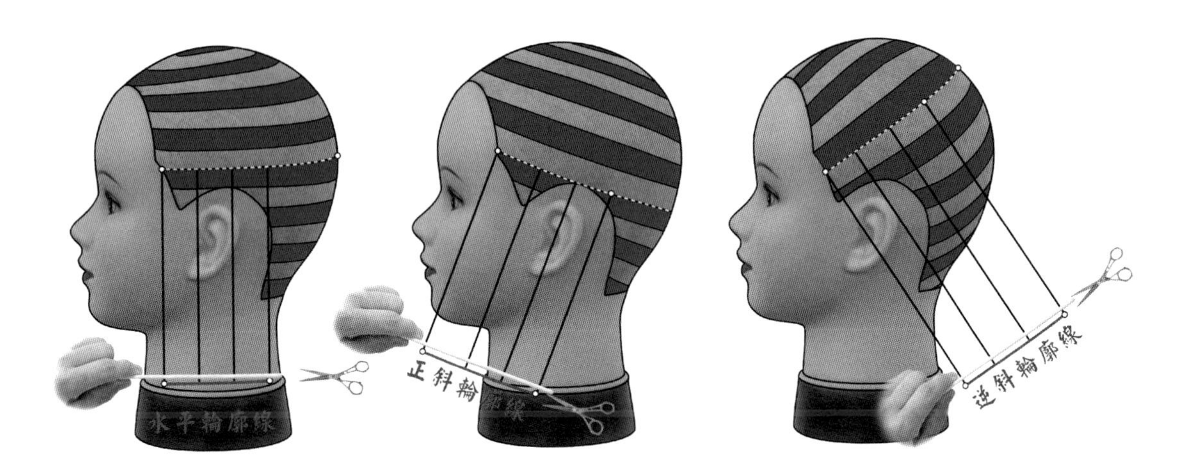

圖 2-47 垂直分配法的幾何結構圖

圖 2-48 垂直分配法的實務應用

圖 2-49 垂直分配法的實務應用

QR2-48
垂直分配 - 左側
（片長：1 分 31 秒）

QR2-49
垂直分配平行裁剪
（片長：1 分 01 秒）

3. 偏移分配法 Shifted Distribution：髮片從髮基開始梳理的方向及過程，都不屬於自然分配法或垂直分配法，常應用於高層次剪髮、髮型快速增加髮長、外輪廓髮長之設定（如圖 2-50）或不同設計區塊的髮長連接、修飾。

QR2-50
偏移分配
（片長：2 分 05 秒）

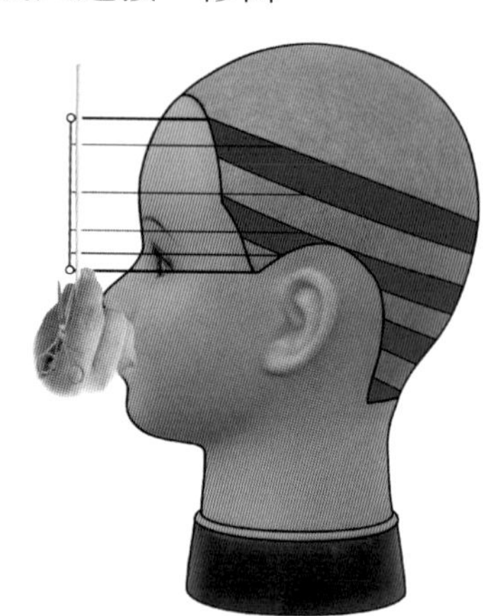

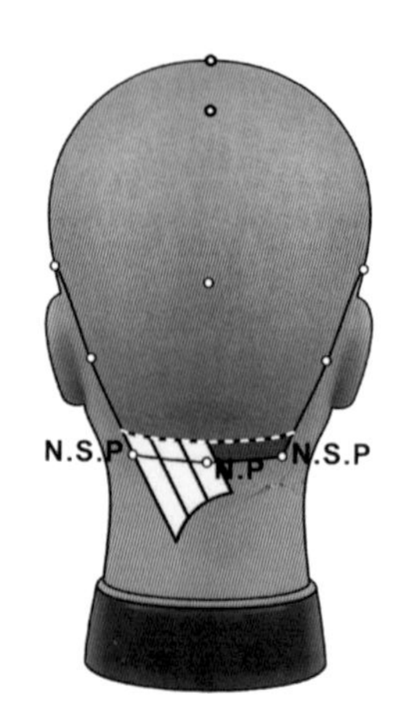

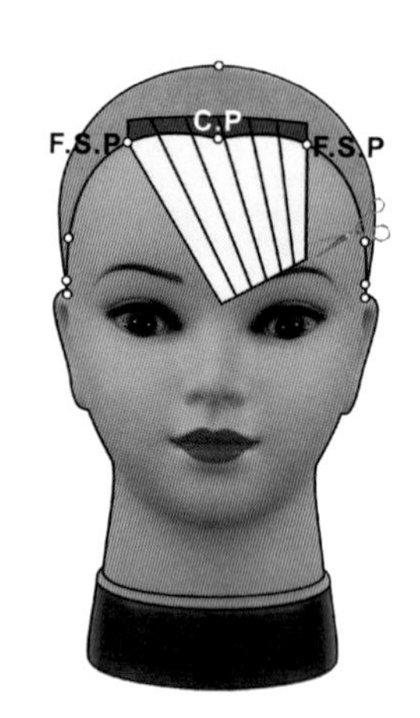

圖 2-50　偏移分配法的幾何結構圖

4. 定向分配法 Directional Distribution：髮片是直接從髮基開始梳理，直接向外呈水平或直接向上呈垂直（如圖 2-51），因爲全部髮根是在頭型的曲線上，所以這種分配會給你增加頭髮的長度。最經典的應用是方型剪髮 Square haircut（如圖 2-52）或平頭剪髮 flat top haircut（如圖 2-53），在外輪廓可設計成平面。

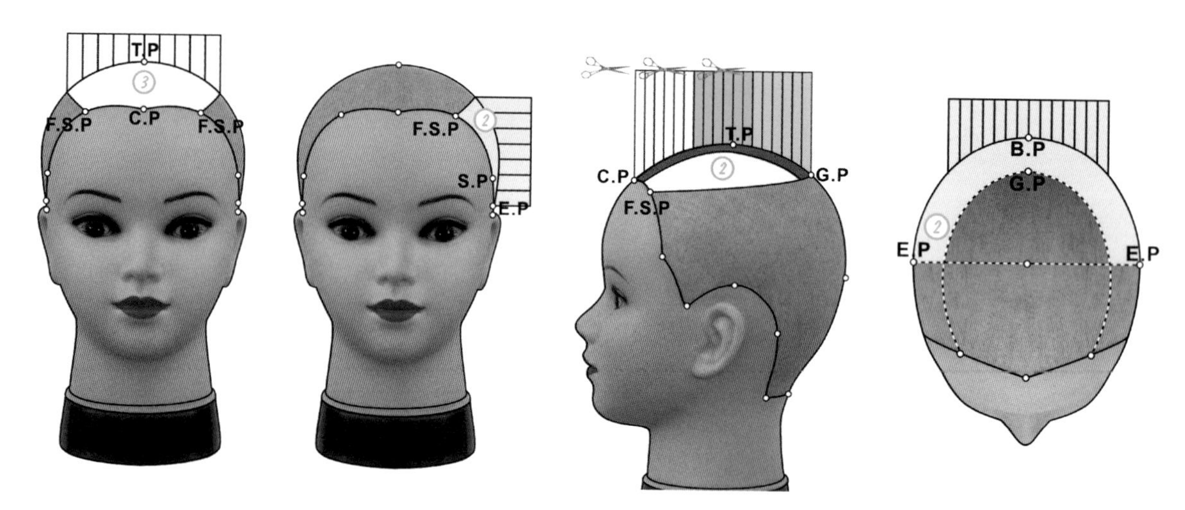

圖 2-51　定向分配法的幾何結構圖

QR2-52
定向分配
（片長：1 分 28 秒）

圖 2-52　定向分配法的實務應用

圖 2-53　定向分配法的實務應用

2-2-25 十字交叉檢查 Cross-check

這是剪髮過程一項自我檢測的機制，也就是在頭部設計區塊完成連續髮片裁剪以後，即以十字交叉技法檢查髮型的設計區，其目的在針對此設計區塊連續裁剪髮片外輪廓形狀及連接的精密度，進行檢查、調整、修飾或確認（如圖 2-54）。

QR2-54
十字交叉檢查

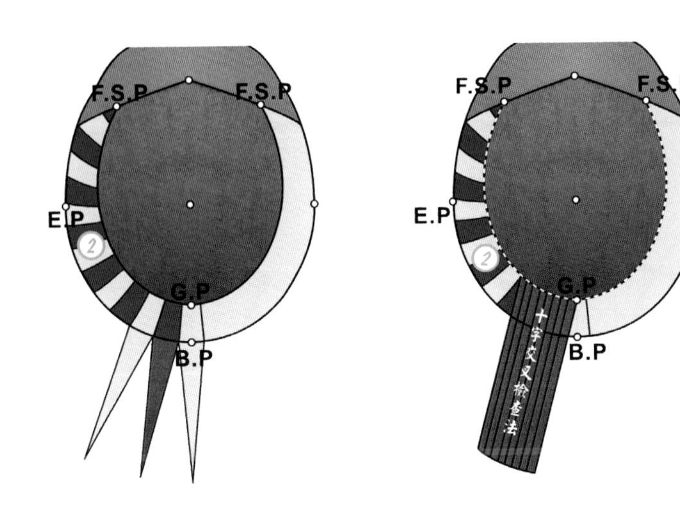

圖 2-54 十字交叉檢查的幾何結構圖

所以檢查過程中不應該修剪很多髮長，如果發覺設計區需要修剪很多髮長，那就要先回去確認引導線是否正確。十字交叉檢查的技法如下說明：

1. 以裁剪髮片相反的劃分進行檢查，如果以垂直髮片裁剪頭髮，即以水平髮片檢查（如圖 2-55 縱剪橫查），若以水平髮片裁剪頭髮，則是垂直髮片檢查（橫剪縱查）。
2. 任何層次的髮型，一定要牢記原來設計區裁剪髮片的提拉角度，因爲髮片的「剪」和「查」都須保持原來相同的提拉角度（如圖 2-55），如此才能正確達成檢查之目的。

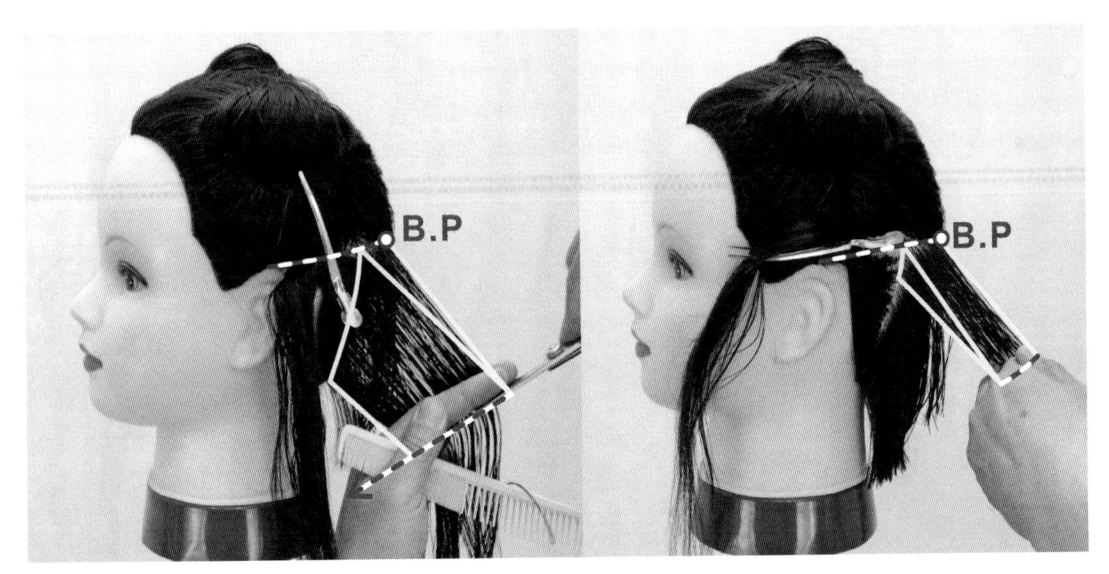

圖 2-55 十字交叉檢查的實務應用

2-2-26 外形：輪廓 Outline

當頭髮從頭部直接夾住拉緊裁剪，其裁剪線 Cutting lines 或周圍邊緣線 perimeter lines 會產生輪廓的形狀，因此頭部的曲線、提拉角度、切口角度將影響剪髮設計的形狀。也就是一個剪髮整體的輪廓，是應用多重剪髮技術構成後的組合體（黃思恒，2014，p22）。

QR2-56
外型輪廓

圖 2-56 造型的輪廓

就數位構圖而言，多個物件各有其輪廓（如圖 2-56 左），若將多個物件構成在一起，取其外形的曲線即成爲新物件的輪廓（如圖 2-56 中），就幾何造形學而言，輪廓一詞指的是造型的形狀（如圖 2-56 右）。

在剪髮造型設計過程，單一設計區塊結合多個裁剪髮片之後的輪廓，會呈現出髮型縱向及橫向的弧度，數個設計區塊的輪廓結構在一起，即成爲剪髮造型的形狀（如圖 2-57）。

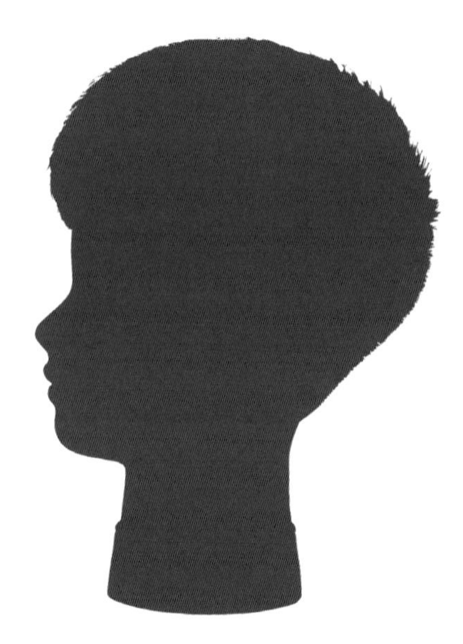

圖 2-57 造型的輪廓

2-2-27 側影圖 Silhouette

「側影圖」是針對髮型造型作品（如圖 2-58 左），以近景拍攝之影像再應用數位影像處理，由影像輪廓萃取之影像模式（如圖 2-58 右），因此側影圖會幾乎完整呈現作品的輪廓或稱為剪影、外形、剖面等。

QR2-58
均等層次剪髮、3 款輪廓與造型之比較

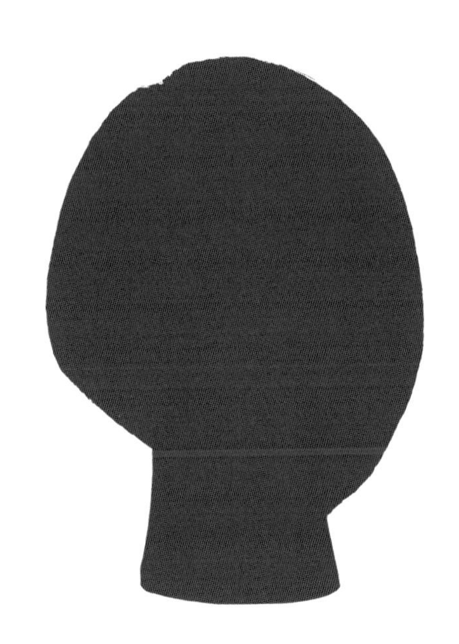

圖 2-58 造型的側影圖

「側影圖」應用於髮型造型設計，是數位科技導入美髮教學的模式之一，亦可在視覺上對造型成果進行客觀分析和比較，如圖 2-59 是「水平零層次」髮型在同一顆頭顱裁剪設計成三類不同的髮長，並個別以正面拍攝完成作品之影像，再取其側影圖調整為同比例的尺寸大小排列在一起比較，如此就可以在視覺上很客觀分析，髮長的設定對髮型造形設計的影響性。

圖 2-59 側影圖的分析應用

如圖 2-60 是「短髮推剪刺蝟」髮型在裁剪設計造型完成後，並個別以正面、後面、左側、右側拍攝完成作品之影像，再取其側影圖調整為同比例的尺寸大小排列在一起比較，如此就可以在視覺上很客觀分析，推剪技法可在後頭部形成很乾淨弧形曲線的造型設計（如圖 2-60 右 1、右 2），若能取得造型前及造型後的對比效果，更能突顯後頭部從頸線至黃金點，修剪適度的髮長可對弧度造形設計產生很強烈的影響性。

在上頭部則形成輕柔又透光弧形曲線的造型設計（如圖 2-60 皆可），可分析其頭髮消除量感多寡及應用髮量調整技法對髮型質感設計的影響性。

在圖 2-60 左 1、左 2 兩圖都可分析左右兩側輪廓的美感形式，可探討應用何種裁剪技法能讓對稱設計的精密度更完整。

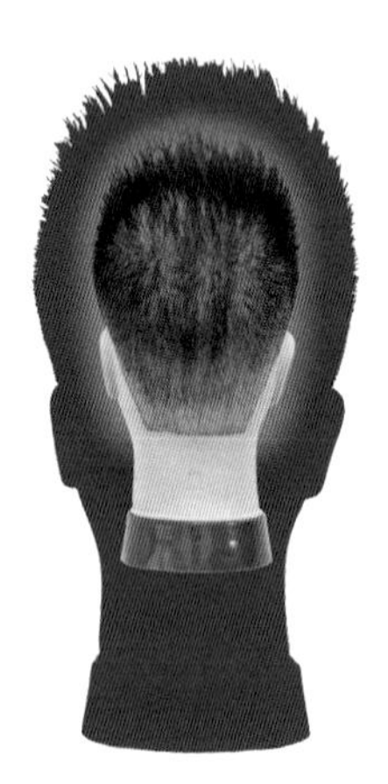

圖 2-60　側影圖的分析應用

如圖 2-61 是「短髮推剪部龐克」髮型在裁剪設計造型完成後，並個別以正面、後面、左側、右側拍攝完成作品之影像，再取其側影圖調整為同比例的尺寸大小排列在一起比較，如此就可以在視覺上很客觀分析，推剪技法可在後頭部形成很乾淨弧形曲線的造型設計（如圖 2-61 右 1、右 2），若能取得造型前及造型後的對比效果，更能突顯後頭部從頸線至黃金點，修剪適度的髮長可對弧度造形設計產生很強烈的影響性。

在圖 2-61 左 1、左 2 都可分析左右兩側輪廓的美感形式，可探討應用何種裁剪技法能讓不對稱設計能取得更為平衡的量感及弧度，也可凸顯左右兩側輪廓漸近改變，從右側乾淨弧形曲線、右上輕柔又透光弧形曲線、左側服貼弧形曲線，不同質感的設計造型。

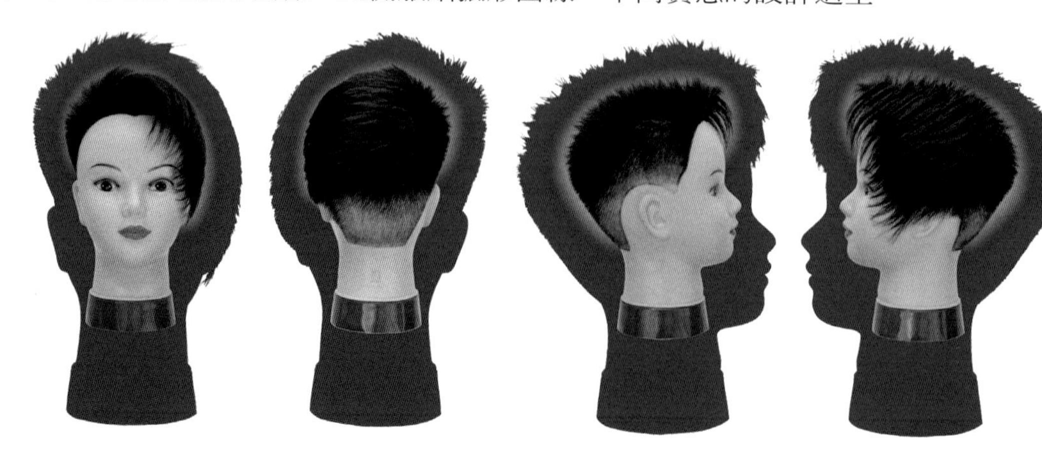

圖 2-61　側影圖的分析應用

不稱設計剪髮設計，側影圖在不同角度更能同時分析不同的設計美感。以上案例分析是在說明側影圖是可在多元的髮型設計，在視覺上對造型成果進行多元的客觀分析和比較。

2-2-28 層次 Layer

將髮片從頭顱以各種的角度向上提拉裁剪，當髮片自然下垂以後，即會形成髮量由下往上堆疊 Stack 的結構型態，稱之爲「層次」。

QR2-62
從髮型區塊及層次堆疊之結構關係來對照髮型的類型

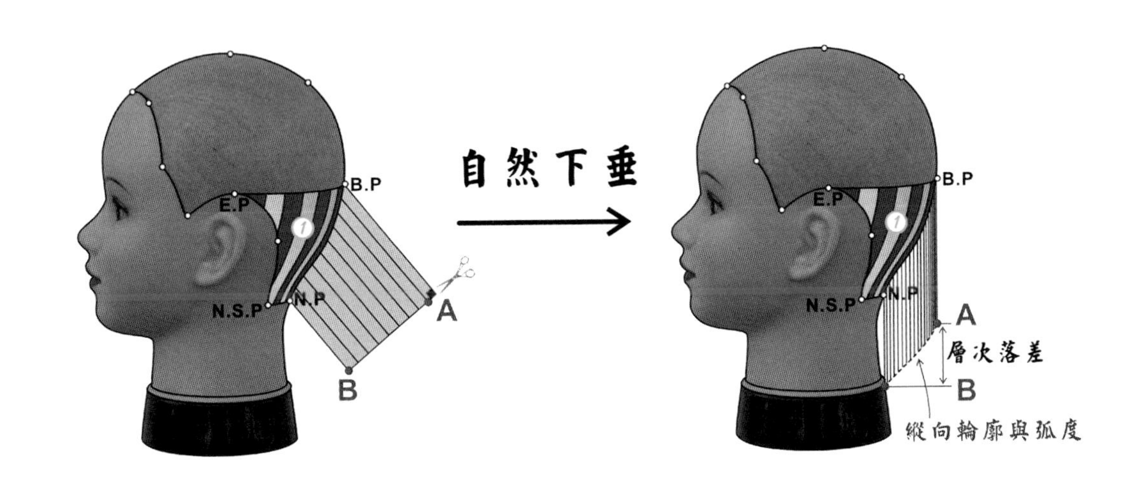

圖 2-62 層次的幾何結構圖

如圖 2-62 左爲縱髮片提拉 45 度連接 A 點、B 點裁剪，當髮量自然下垂後如圖 2-62 右，A 點（B.P 的髮尾）、B 點（N.P 的髮尾）之間的高度稱爲「層次落差」簡稱爲「層次」，A 點、B 點之間髮量堆疊的外形則稱爲「縱向外輪廓」或「縱向弧度」。層次的結構型態一般區分爲四種：

1. 零層次 One length：設計區塊髮量在上、下之間形成上長下短，並且上下髮量的髮尾落在相同高度。
2. 低層次 Graduated：設計區塊髮量在上、下之間形成上長下短，但上下髮量的髮尾落在不同高度。
3. 均等層次 Uniform：設計區塊髮量在上、下之間形成上下均長。
4. 高層次 Layered：設計區塊髮量在上、下之間形成上短下長。

2-2-29 展開圖 Normal projection

展開圖是用來提供髮型師另一種分析剪髮結構（Structure）或髮長排列的方式，一般是將頭髮由頭形向外以 90 度拉出，呈現放射狀線條的圖形結構（如圖 2-63-1 中），因此有「縱向展開圖」及「橫向展開圖」兩種模式。

QR2-63
縱髮片提拉裁剪之展開圖及層次落差

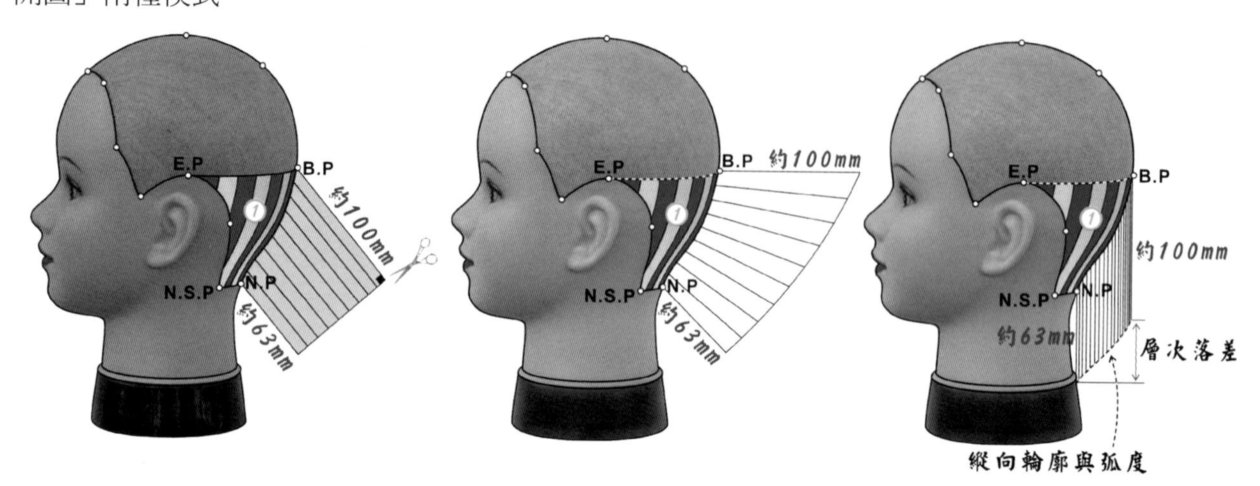

圖 2-63-1 縱向展開圖的幾何結構圖

以縱向展開圖而言，可從縱向設計區塊各自的頭形曲線，分析各種裁剪技法對髮長上、下結構之間髮量的堆疊及層次、輪廓的變化，如圖 2-63-1 左爲下頭部縱髮片結合提拉 45 度裁剪技法的幾何結構圖，如圖 2-63-1 中爲髮長上、下之間漸層變化的展開結構圖，如圖 2-63-1 右爲髮量自然下垂後髮量由下往上堆疊，形成的弧度、層次、外輪廓的幾何結構圖。

以橫向展開圖而言，可從橫向設計區塊各自的頭形曲線，分析各種裁剪技法對髮長前、後結構之間外輪廓、量感的變化及毛流的動向。如圖 2-63-2 左爲側前頭部縱髮片結合前直角三角型裁剪技法的幾何結構圖，如圖 2-63-2 中在等高線的髮長，前、後之間漸層變化的展開圖，如圖 2-63-2 右在等高線的髮長，髮量自然下垂髮尾的外輪廓形成正斜、毛流自然向後的幾何結構圖，頭髮重量在視覺效果爲前面輕而後面重。

因此剪髮結構圖可再細分爲裁剪結構圖、展開結構圖、自然下垂結構圖，這即是幾何剪髮過程和結果的對照關係。

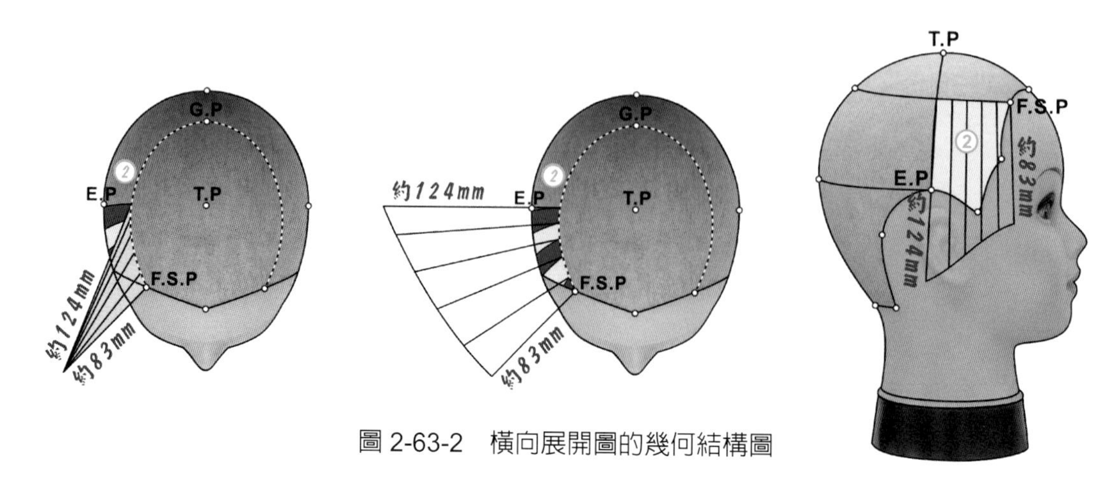

圖 2-63-2 橫向展開圖的幾何結構圖

2-2-30 自然下垂剪髮 Natural fall haircut

如果頭髮梳理時受重力因素從頭部自然的落下，這時完全沒有從頭部提拉頭髮，應用此種自然垂落的方式剪髮即稱爲「自然下垂剪髮」（如圖 2-64）。

QR2-64
自然下垂剪髮
（片長：1 分 20 秒）

圖 2-64 自然下垂剪髮的實務應用

無論劃分橫髮片或斜髮片，自然下垂剪髮裁剪後都會在髮型的邊緣（Perimeter）產生最大的重量和密度，因爲裁剪髮片上、下頭髮的髮尾剛好都落在相同的高度（如圖 2-65）。

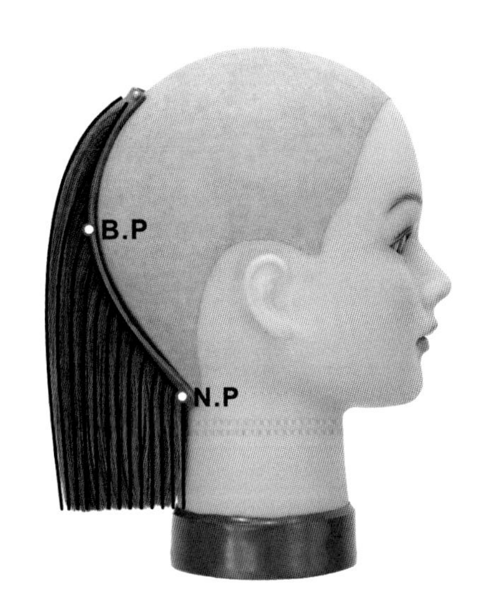

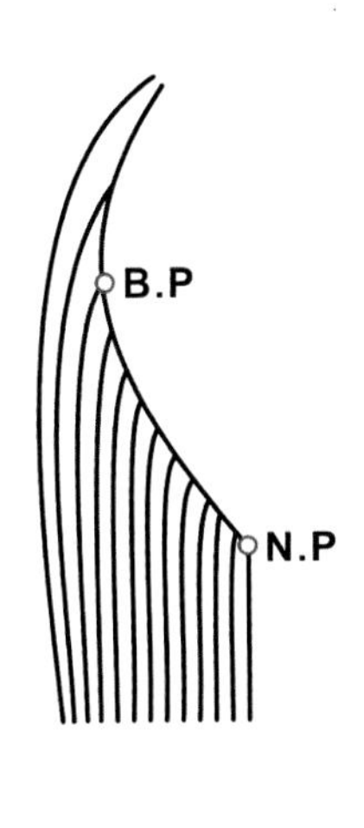

圖 2-65 自然下垂剪髮的幾何結構圖

髮片「提拉 0 度」和「自然下垂」這兩類剪髮的效果是有所不同，如圖 2-66 左 T.P ～ B.P 裁剪區塊以劃分橫髮片爲例：

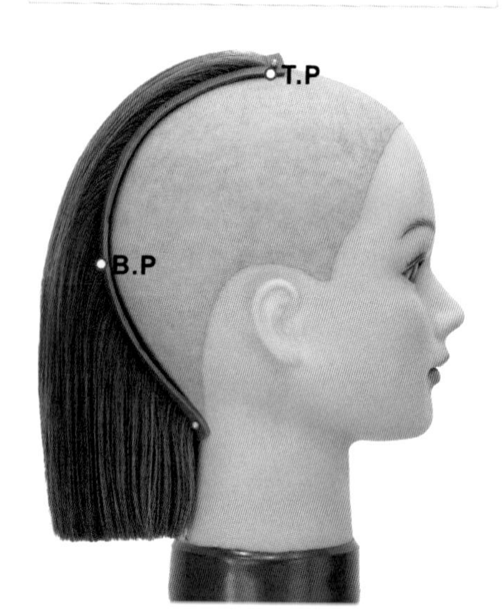

圖 2-66　髮片「提拉 0 度」和「自然下垂」之比較

1. 提拉 0 度：如圖 2-66 左，每一片橫髮片都提 0 度，髮片上、下裁剪的髮尾都會落在不同的高度。
2. 自然下垂：如圖 2-66 右，髮量完全從頭形曲線自然下垂，整個區塊上、下裁剪的髮尾全部都落在相同的高度。

由於頭形是屬於弧形的曲線，因此頭部以水平線分成上頭部、下頭部兩種設計區塊類型，任何髮型裁剪後髮量自然下垂時都要考量會受以下這兩種類型的影響。

1. 下頭部：設計區塊的髮量由頸背線至水平線依序自然下垂由頸線至水平線排列，髮量不會黏貼於頭皮。
2. 上頭部：設計區塊的髮量會受毛流生長的特定方及髮重的因素，所以髮量自然下垂時會沿著頭形弧度緊貼於頭皮（scalp），由水平線至頂部點逐漸堆疊排列。

2-2-31　電推剪法 Clipper Over Comb

「電推剪法」是同時使用梳子與電推剪工具的剪髮技術，也就是使用梳子控制頭髮長度、弧度、輪廓、方向、髮量，再用電推剪工具剪去突出於梳齒的頭髮。這是最廣泛使用於裁剪髮型，對設計師更是一項十分重要的技術，此種剪法類似於「梳剪法 Scissor Over Comb」，僅在於使用剪髮工具之不同而已，前者爲電推剪後者爲剪刀。

「推剪法」由於使用電動式的推剪工具，因此提供了一個快速、平滑、一致的裁剪，非常適合去除大量又濃密的頭髮，選擇電推剪不同尺寸規格的護套（guard）也可以完成不同的設計變化，正確的護套尺寸取決於設計裁剪的頭部區域，以及頭髮的長度和髮質。裁剪時通常在乾或微濕的頭髮之下來進行，因爲濕髮可能會形成髮量堆疊（聚）導致裁剪不均勻。

「推剪法」需要決定一個裁剪角度，並且在髮型周圍保持平穩的修剪，所以剪髮梳的角度控制法，對推剪法裁剪效果具有很重要的作用，因為它決定了頭髮會被裁剪多少長度，剪成甚麼樣子的弧度，更可以完成很多種不同的髮型風格，所以裁剪時要穩定梳子，以避免髮長裁剪不均勻。

以梳子及電推剪操作方向來分類，電推剪法可分為以下類型：

2-2-31-1 縱梳縱推

以垂直的方向控制剪髮梳的梳面，並決定垂直髮量上下的髮長，此時穩定剪髮梳再用電推剪以垂直的方向剪去突出於梳齒的頭髮（如圖 2-67），此時應用剪髮梳縱向角度的變化，對產生各類外輪廓效果具有重要的影響，重複此操作步驟環繞整個設計區塊。

QR2-67-1
縱梳縱推
（片長：1 分 29 秒）

QR2-67-2
縱梳縱推
（片長：2 分 04 秒）

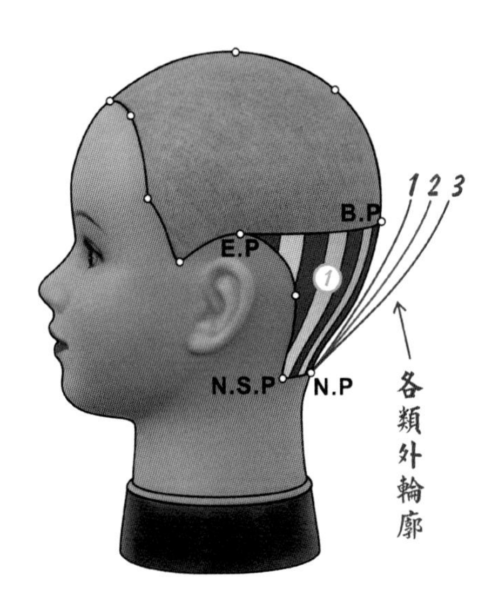

圖 2-67 縱梳縱推

2-2-31-2 橫梳縱推

以水平的方向控制剪髮梳的梳面，並決定垂直髮量的髮長，再用電推剪以垂直的方向剪去突出於梳齒的頭髮，此時剪髮梳和電推剪同時以垂直的方向移動（如圖 2-68），移動過程之中梳面的穩定度及角度的控制，對髮型的外輪廓效果具有重要的影響，重複此操作步驟將設計區塊分段完成。

QR2-68
橫梳縱推
（片長：1 分 48 秒）

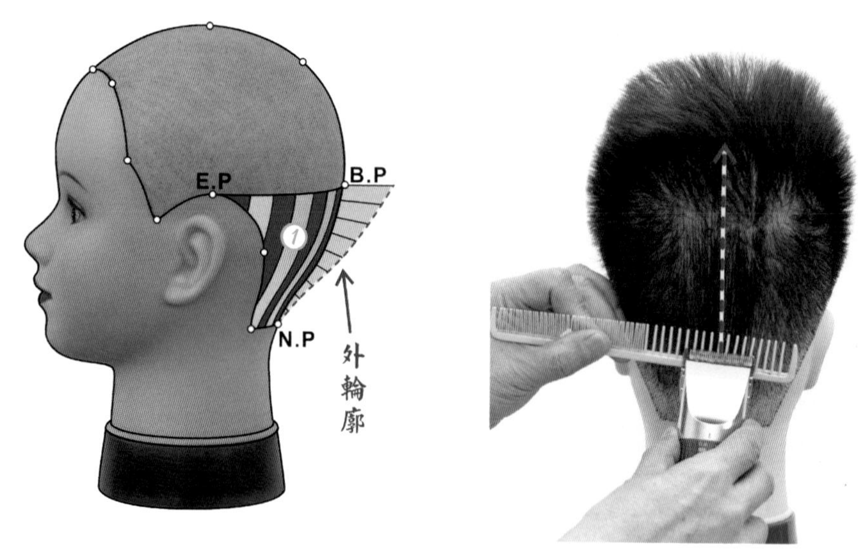

圖 2-68　橫梳縱推

2-2-31-3　橫梳橫推

圖 2-69　橫梳橫推

以水平的方向控制剪髮梳的梳面，並決定水平髮量的髮長，此時剪髮梳不動再用電推剪以水平的方向剪去突出於梳齒的頭髮（如圖 2-69），重複此操作步驟將設計區塊完成，此技法常用於控制女性零層次髮型的裁剪，若初學者將此技法用於男性短髮推剪髮型，控制設計區塊外輪廓的難度最高。

QR2-69-1
橫梳橫推
（片長：1 分 06 秒）

QR2-69-2
橫梳橫推
（片長：1 分 27 秒）

2-2-31-4　斜梳斜推

以斜向（正斜或逆斜的方向）控制剪髮梳的梳面，並決定斜向髮量的髮長，此時剪髮梳穩定不動再用電推剪以斜向的方向剪去突出於梳齒的頭髮（如圖 2-70），重複此操作步驟將設計區塊完成，此技法常用於小區塊外輪廓修飾去角。

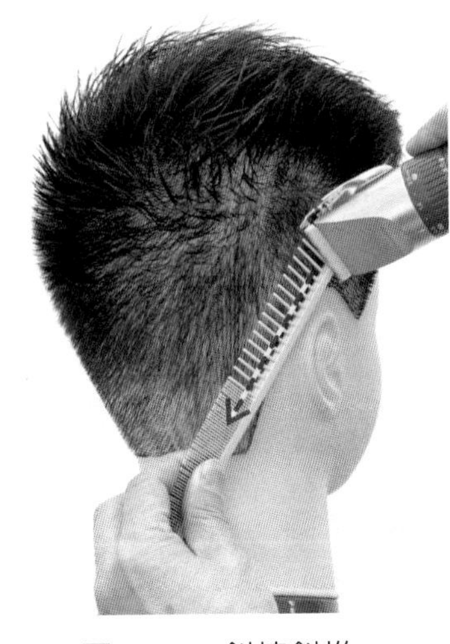

QR2-70-1
梳斜斜推
（片長：1 分 28 秒）

QR2-70-2
斜梳斜推
（片長：1 分 02 秒）

圖 2-70　斜梳斜推

2-2-31-5　斜梳弧推

以斜向（正斜或逆斜的方向）控制剪髮梳的梳面，並決定斜向髮量的髮長，再用電推剪以弧形的方向剪去突出於梳齒的頭髮，此時剪髮梳和電推剪同時以弧形的方向移動，如圖 2-71 三圖即爲「剪髮梳」和「電推剪」同時以弧形方向移動的連續步驟，重複此操作步驟將設計區塊完成，此技法常用於大區塊外輪廓修飾去角。

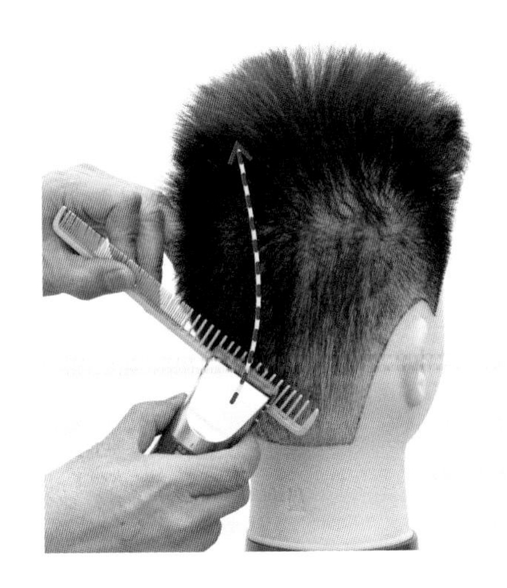

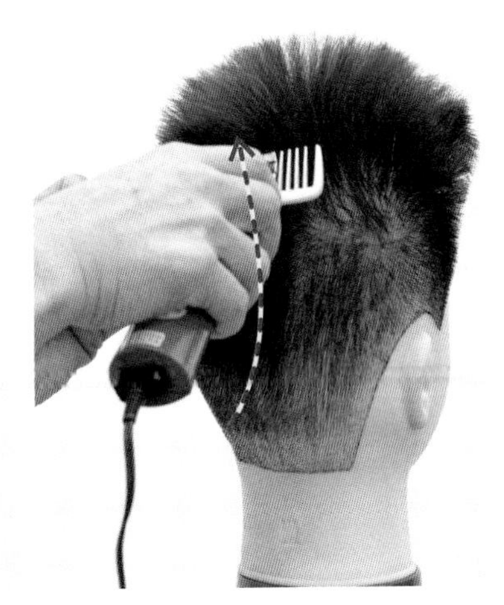

圖 2-71　斜梳弧推

QR2-71-1
斜梳弧推
（片長：1 分 30 秒）

QR2-71-2
斜梳弧推
（片長：1 分 17 秒）

QR2-71-3
斜梳弧推
（片長：1 分 33 秒）

2-2-31-6 自由式推剪 Free hand clipper

通常的意思就是推剪時不使用剪髮梳控制髮型的造型角度，也就是手持電推剪不使用任何輔助工具，直接在設計區塊操作推剪，其操作時以手腕爲軸心，動作有如鐘擺一樣的擺動 -Pendulum-like swinging action（如圖 2-72），確保向上形成曲線弧度漸長的髮長。

QR2-72
自由式推剪
（片長：1 分 53 秒）

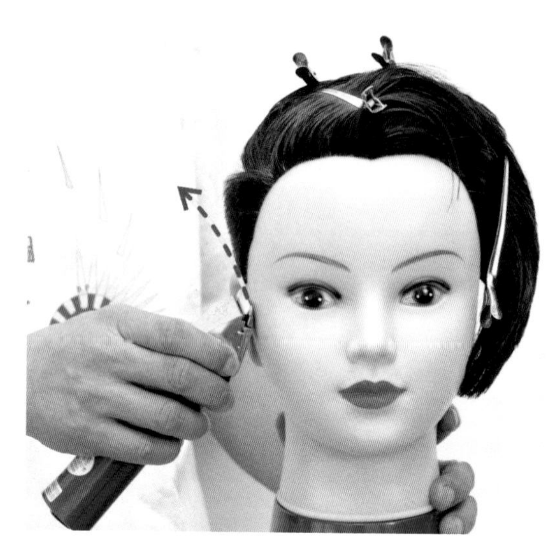

圖 2-72 自由式推剪

2-2-31-7 托式推剪

「托式推剪」是推剪時以手指托住電推剪（如圖 2-73），進行修剪的一種基本技法，使操作的過程確保電推剪能維持穩定。一般應用於前額髮際、鬢角及耳際頭髮，修剪精確乂乾淨的輪廓。

QR2-73
托式推剪
（片長：1 分 17 秒）

圖 2-73 托式推剪

2-2-32　點剪 Point Cutting

QR2-74
Point cut 點剪
（片長：1 分 42 秒）

這是一種創造質感樣式的剪髮技法，使用剪刀控制在一個低角度（大約 15 ～ 30 度），讓頭髮在髮尾產生一個如鋸齒的效果，所以又稱爲「鋸齒狀剪法」。其目的可讓裁剪線更爲柔和（消除裁剪線）、帶走大部分濃厚的髮量、增加紋理（線條）。

點剪操作時是由手指挾住髮片，依設計需求決定控制在近髮尾稍許的長度（如圖 2-74 左），並將剪刀的尖頭朝向髮尾的內部，每次剪去如鋸齒狀少量的頭髮（如圖 2-74 右），根據剪刀在髮尾裁剪鋸齒的角度、寬度、深度之大小將和去除髮量成正比，即可完成柔和或 choppy 不同層次的效果。操作時髮尾只要微濕或乾髮亦可，不可太濕以免髮尾無法鬆散或產生下垂。

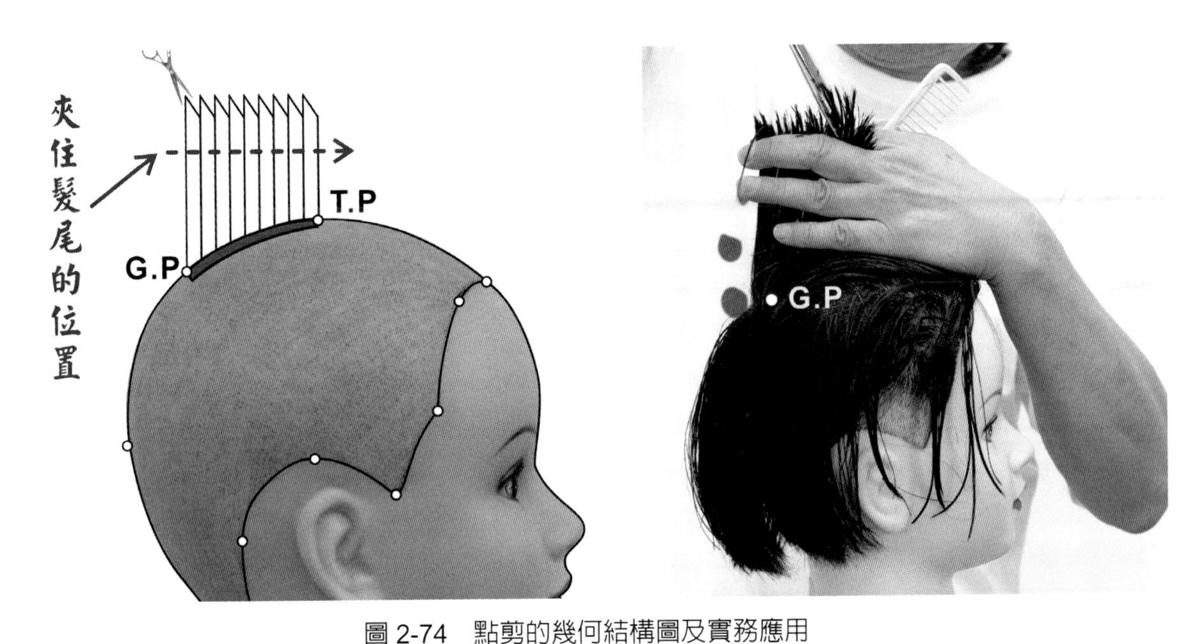

圖 2-74　點剪的幾何結構圖及實務應用

T.P
G.P
E.P
F.S.P

QR2-75
Point cut 點剪
（片長：1 分
38 秒）

圖 2-75　點剪的幾何結構圖及實務應用

2-2-33　鋸齒狀調量

這是一種快速大量調整髮量結構的技法，使用打薄剪刀控制在一個低角度（大約 15 ～ 30 度），讓頭髮在髮長中間產生一個如鋸齒的效果（如圖 2-76 左），類似於「鋸齒狀剪法」。其目的在不改變髮型長度及層次，又可平衡髮量或降低髮型外輪廓弧度的技法，適用於中、長髮型的造型。

QR2-76
鋸齒狀調量
（片長：1 分 39 秒）

操作時是由手指挾住髮片的髮尾，並將打薄剪刀的尖頭朝向髮長中間的內部，由髮片下方每次剪去（抽拉）少量的髮束（如圖 2-76 右），根據打薄剪刀在髮片裁剪位置之高（髮根方向）、低（髮尾方向）將和去除髮量成正比，即可修飾成不同外輪廓弧度的效果，此技法乾、濕髮皆可操作。

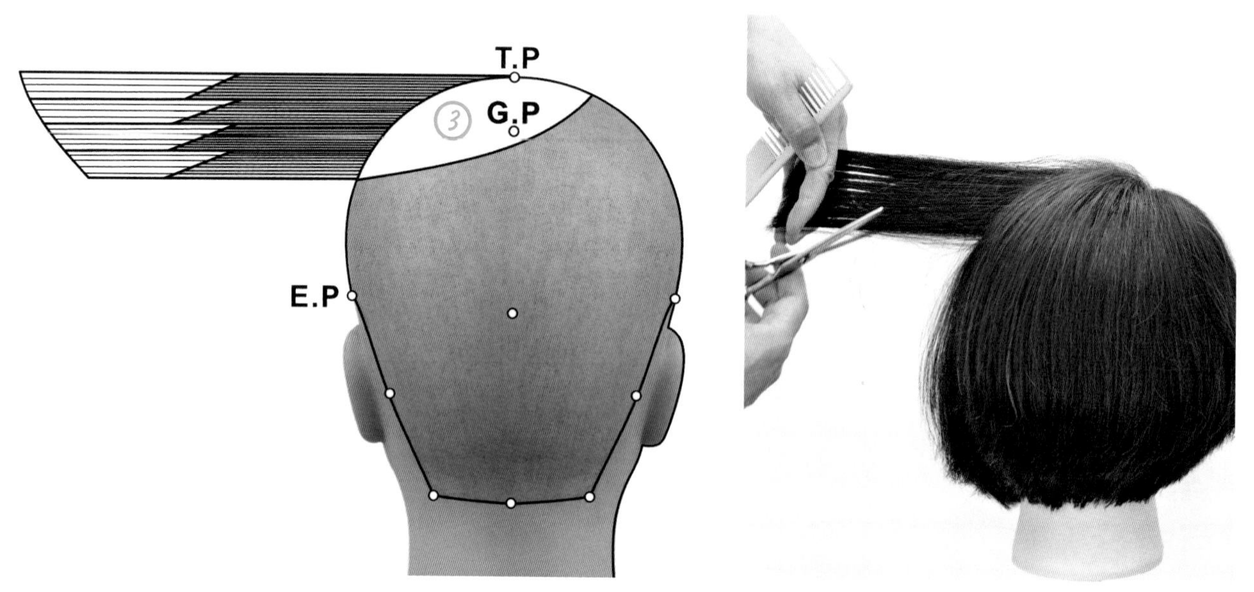

圖 2-76　鋸齒狀調量的幾何結構圖及實務應用

2-2-34 挑剪式調量

QR2-77
鋸齒狀挑剪式調量
（片長：1 分 15 秒）

這是一種微量調整髮量的技法，使用打薄剪刀控制在一個近似垂直於頭形的挑剪角度，讓頭髮在髮根產生一個如鋸齒的效果（如圖 2-77 左）。這是在髮根產生參差不齊的短髮，以支撐長髮創造出獨特質感很重要的剪法，一般適用於短髮型的造型，例如要設計刺蝟或凌亂的造型。

「挑剪式調量」操作時打薄剪刀與梳子要密切結合，當剪髮梳從髮根以高角度將髮束挑起，打薄剪刀隨後即在髮束下方以鐘擺一樣的擺動模式，將打薄剪刀的尖頭朝向近髮根的內部挑剪去少量的頭髮（如圖 2-77 右），挑起髮束的角度要對應於該髮束的頭形，每次挑剪的髮量不宜太多，也要注意前後左右頭髮的延續銜接，不能有跳脫現象。

一般操作時的方向是朝毛流相反的方向（反毛流）挑剪，髮量濃密的部位挑剪次數較多，髮量稀疏的部位則較少，要隨時觀察髮量外輪廓是否達到均勻的透光性，挑剪時毛髮要微濕或乾髮，便於衡量豎狀造型效果。

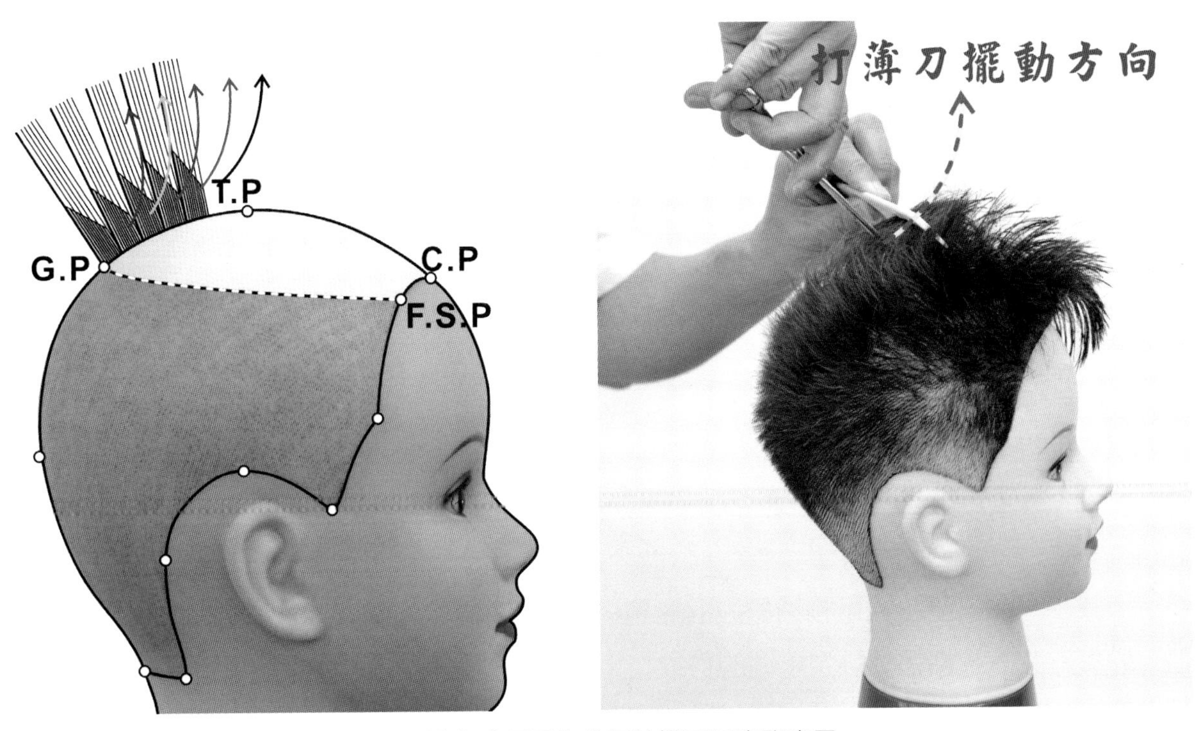

圖 2-77 挑剪式調量的幾何結構圖及實務應用

2-2-35 梳剪式調量

「梳剪式調量」相同於「挑剪式調量」的操作原理，使用打薄剪刀讓頭髮在髮根附近產生一個如鋸齒狀的效果，本技法最主要適用於極短髮的造型區塊，並且使造型外輪廓達到更加透光性，因此常和挑剪式調量技法綜合應用。

QR2-78
梳剪式調量
（片長：1 分 50 秒）

梳剪式調量操作時，剪髮梳面和頭形成垂直並朝毛流相反的方向（反毛流）梳起髮量，打薄剪刀則執於剪髮梳下方大約和頭形垂直，將打薄剪刀的尖頭朝向近髮根的內部剪去少量的頭髮（如圖 2-78），並隨時觀察髮量外輪廓是否達到均勻的透光性。

圖 2-78 梳剪式調量實務應用

2-2-36 剪髮創意概念圖 Concept Map

剪髮創意是依髮型設計需求，將頭部劃分爲不同的設計區塊（如圖 2-79），就如同一棟房子依使用需求是劃分爲 3 房 2 廳 2 衛的結構，或劃分爲 4 房 2 廳 3 衛的結構概念雷同，然後每一個設計區塊因應不同消費者的喜好需求、剪髮素材的條件、臉型五官的差異，再從技術構面（俗稱爲剪髮技術的類型）挑選適合的剪髮技術元素來執行。（元素是構成剪髮系統最基礎的技術）。

一款相同的髮型可採用相同的設計區塊，卻常常面對不同消費者的喜好需求、剪髮素材條件、臉型五官，這即需要挑選不同的剪髮技術元素來執行，如圖 2-80 是在相同的設計區塊，互相混搭相同劃分髮片、相同切口角度的幾何結構圖，則可應用不同的提拉角度來對應不同消費者的喜好需求，剪髮素材的條件。

一款髮型亦可在不同的設計區塊，採用相同的剪髮技術元素來設計髮型，如圖 2-81，皆以相同的縱髮片、相同 45 度提拉角度，應用在不同的設計區塊，確可產生不同的層次效果。

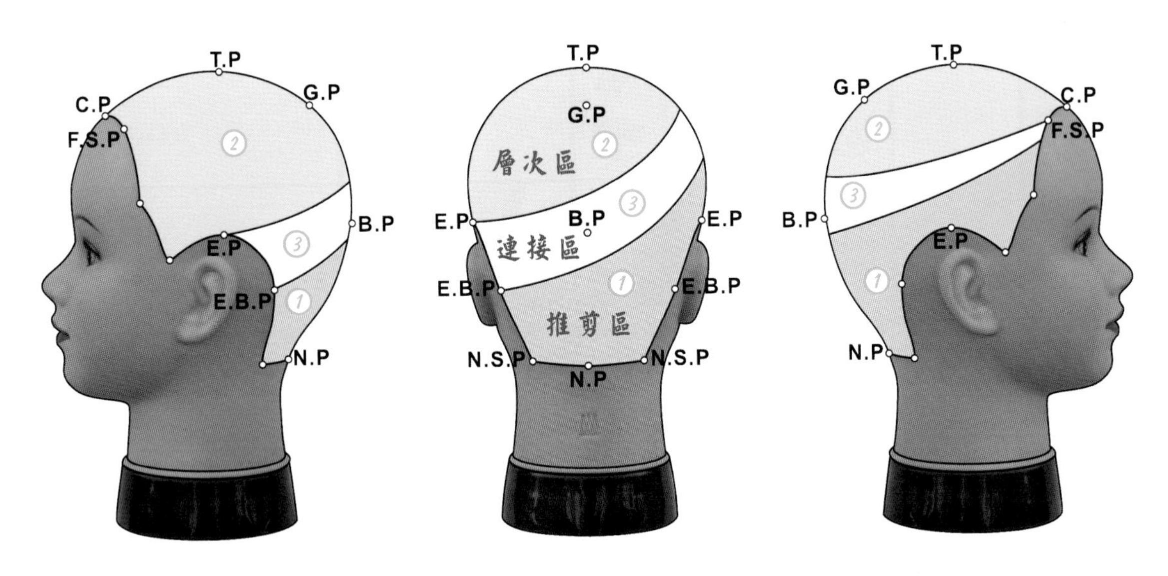

圖 2-79　頭部劃分的設計區塊

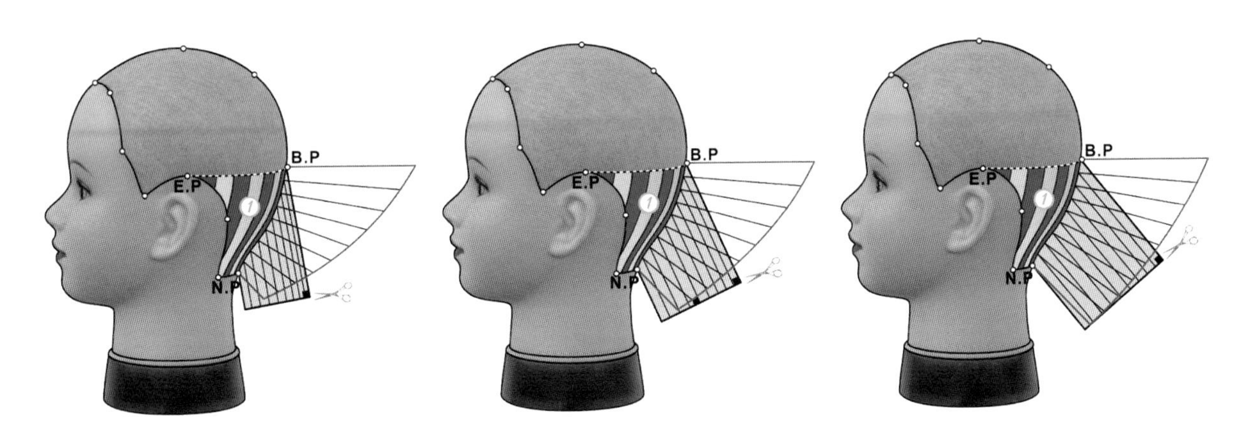

圖 2-80　相同的設計區塊 - 不同的提拉角度

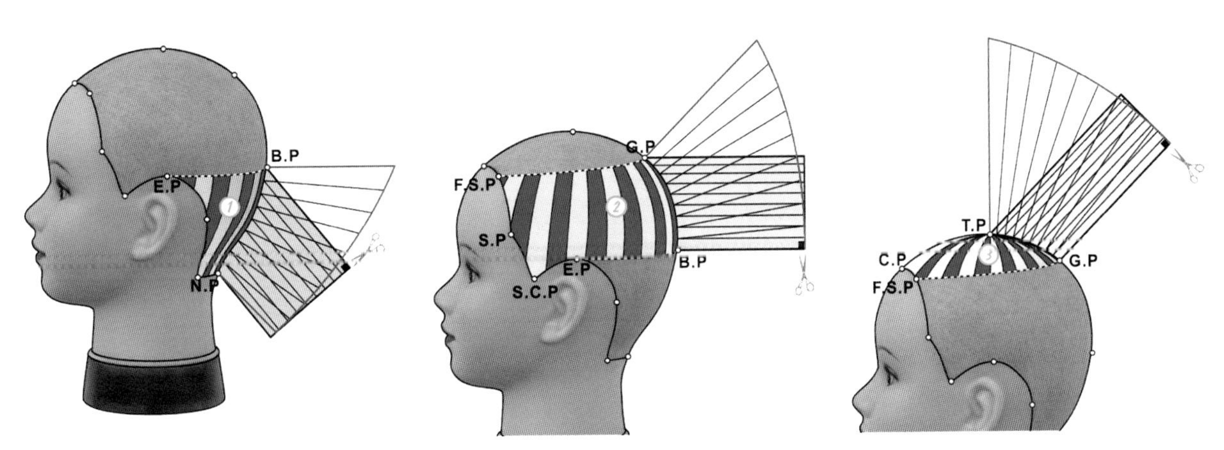

圖 2-81　不同的設計區塊 - 相同的提拉角度

因此學習剪髮技術元素就是掌握髮型的基礎技術，而「剪髮創意概念圖」（如圖 2-82）就是學習如何組合基礎技術，也理解剪髮技術元素是如何縱、橫構成，更能掌握髮型創意的構成模式。

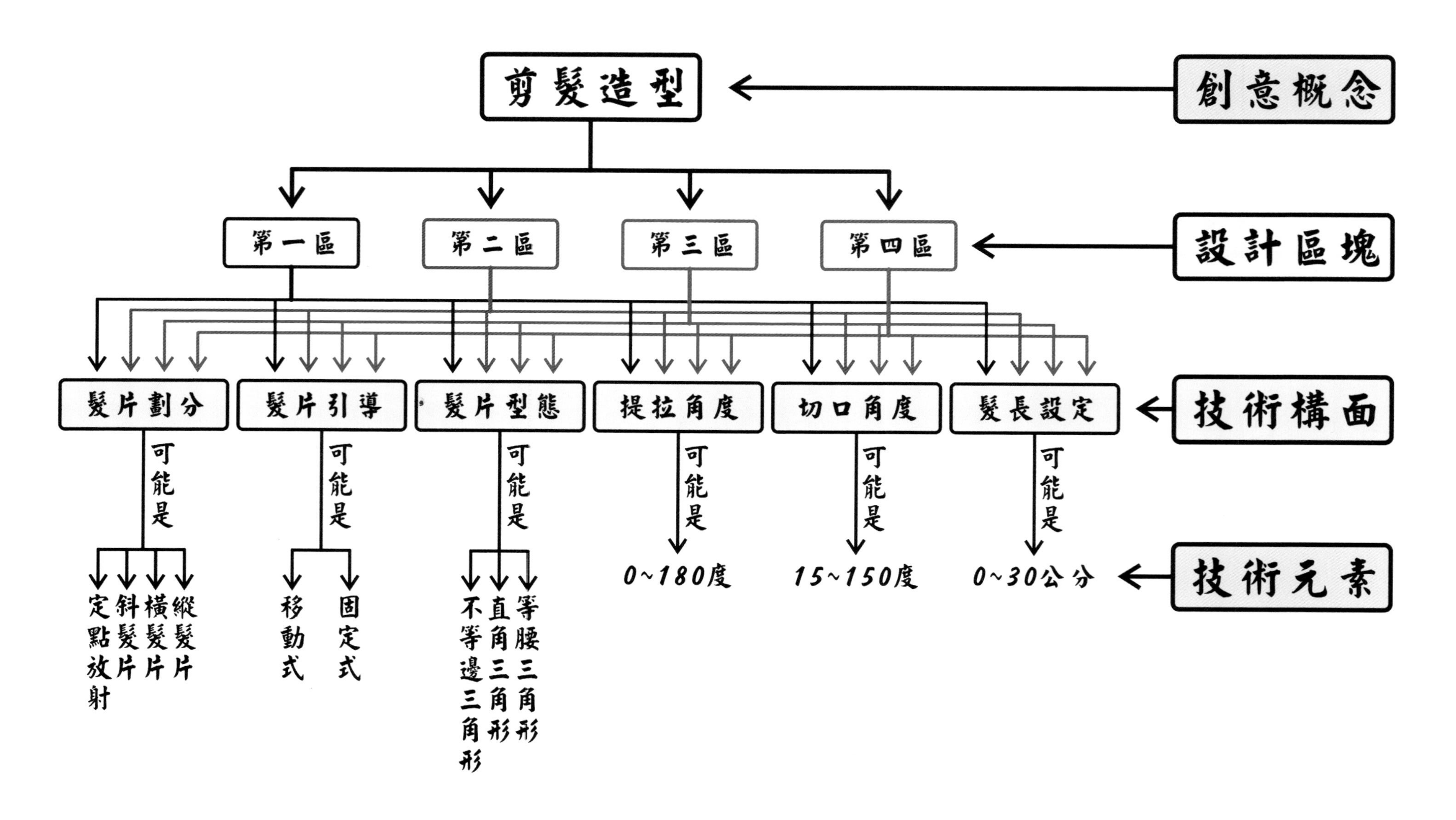

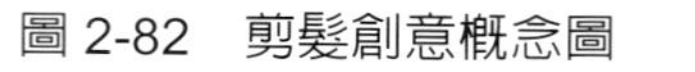
圖 2-82 剪髮創意概念圖

3

第三章

經典 A-Line 水平零層次

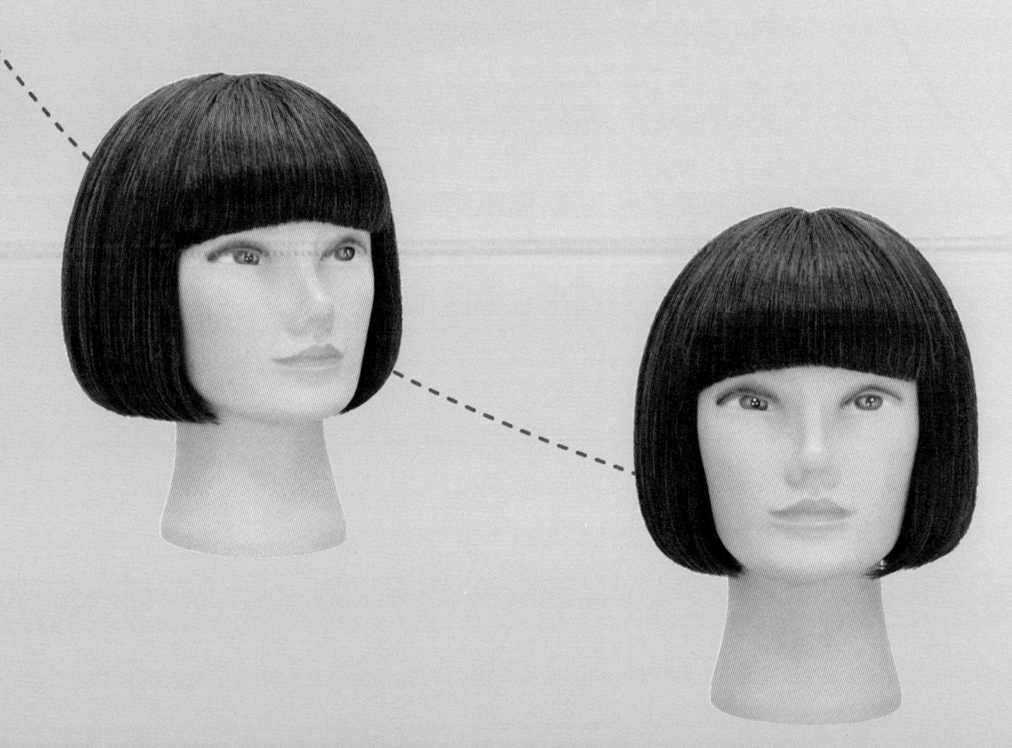

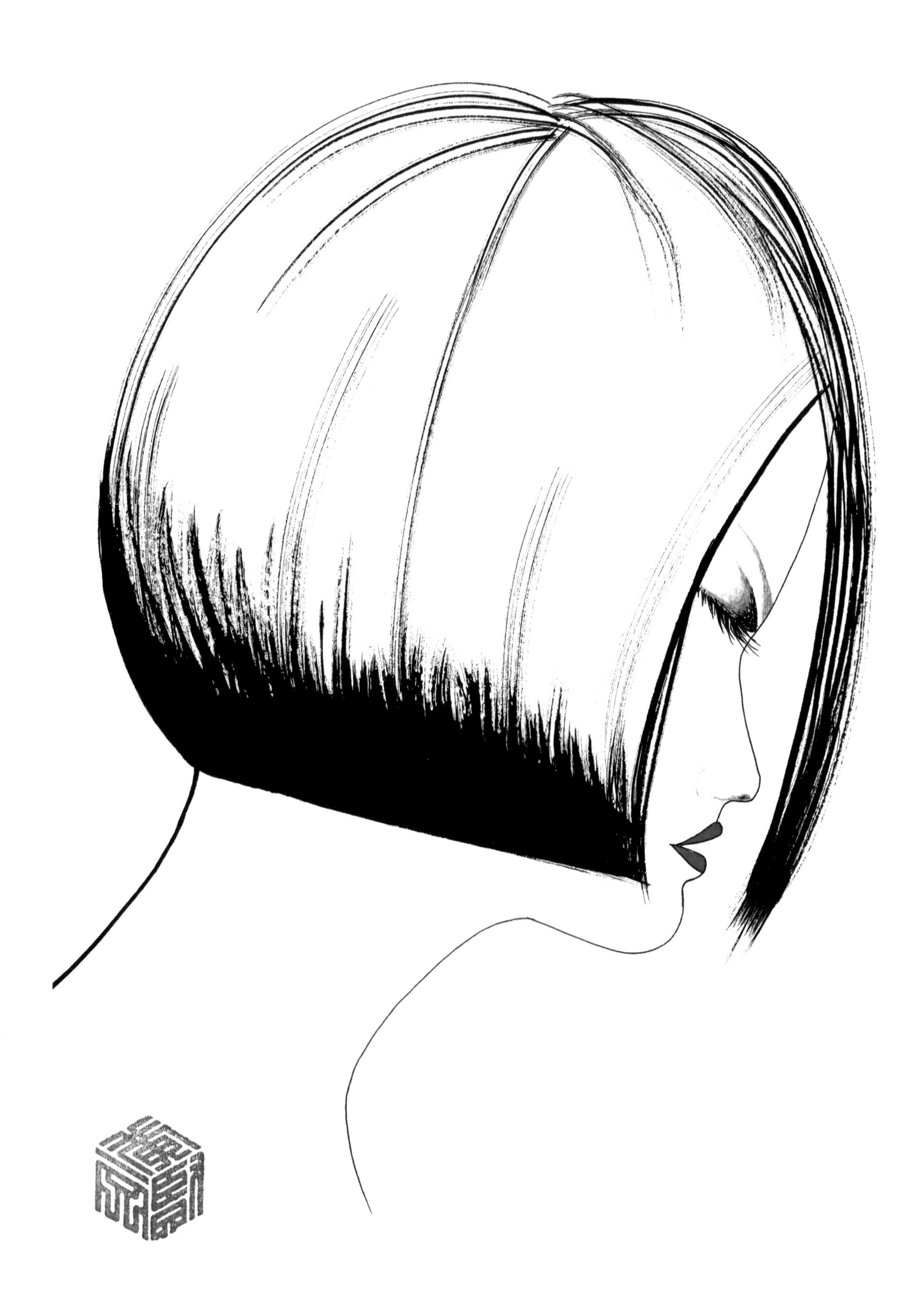

水平零層次剪髮－設計概論

水平零層次 One length 的髮型也稱爲鮑勃 A-line、固體型 Solid form、齊剪法 blunt cut、自然下垂剪髮 Natural fall haircut。

1. 形狀－ Form：

觀察零層次的髮型，你會發現髮型的形狀和頭形的輪廓有許多相似之處，尤其在直髮造型中最明顯，接近頂部髮根時由於髮重的因素使髮量緊貼於頭部，因此其形狀與頭部曲線相似，而髮型的底部由於周圍邊緣 -Perimeter 的髮重則可看到近似直角的形狀（如圖 3-1）。

QR3-1
水平零層次吹風造型完成 3
（片長：1 分 20 秒）

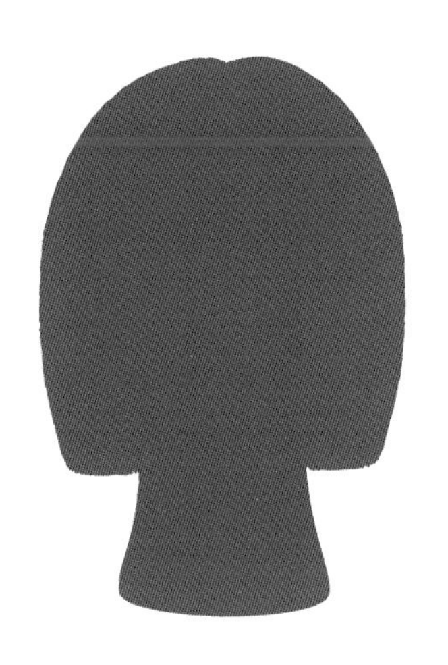

圖 3-1

從幾何學之圖型形狀、大小、位置相互關係來分析（如圖 3-2），水平零層次的髮型是由一個圓型 -Round 或橢圓形 -Oval 在上，及一個長方型 -Rectangular 在下相互堆疊構成的形狀，因此水平零層次髮型的形狀兼具以上兩種幾何形狀的特徵：上圓下方，髮重落在「型」的周圍邊緣。

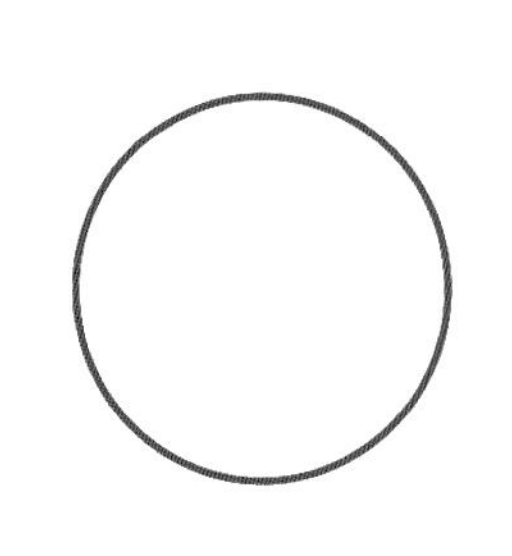

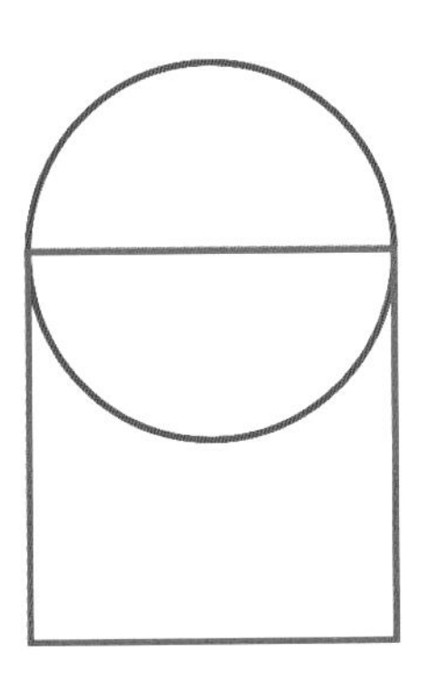

圖 3-2

2. 結構－ Structure：

水平零層次是一款髮長由下短而上長漸增變化的髮型，最短的是在頸背線，最長的是在頂部點（如圖 3-3 右），全部髮長落在相同高度的位置，因此在周圍邊緣形成厚重的髮型（如圖 3-3 中），也就是頭髮的縱軸輪廓形成上長下短，橫軸輪廓形成前後等長（如圖 3-3 左），整體長度都是不活潑的、平穩的、光滑的。

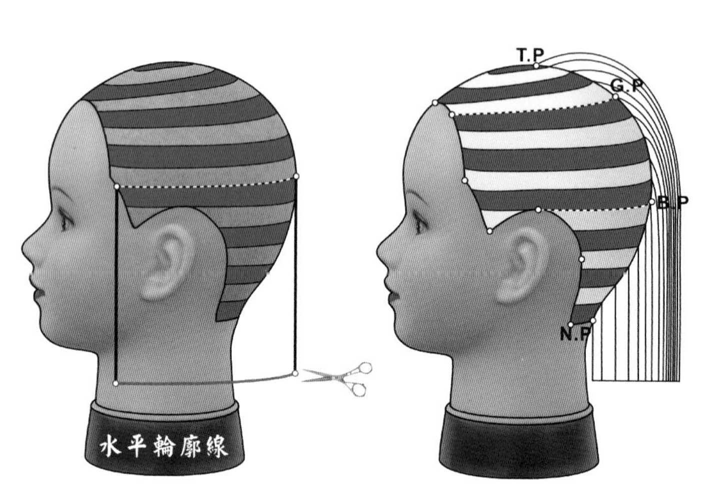

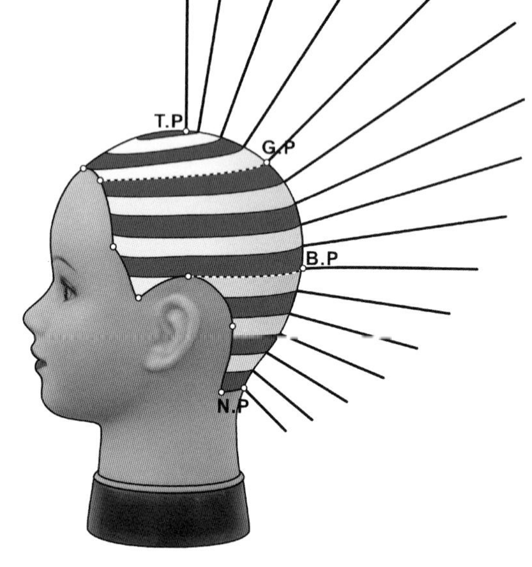

圖 3-3

裁剪時為了讓髮長落在相同高度的位置，避免產生張力最有效的技法，通常是應用「梳剪法 Scissor Over Comb」或「推剪法 Clipper-over-comb」，以自然分配技法將頭髮自然下垂 -Natural Fall 梳順（如圖 3-4-1），裁剪時以裁剪梳固定髮片（如圖 3-4-2），頭部位置必須保持直立，在裁剪過程中裁剪梳總是平行於劃分線（平行裁剪 Sculpt parallel）進行裁剪（如圖 3-4-3）。

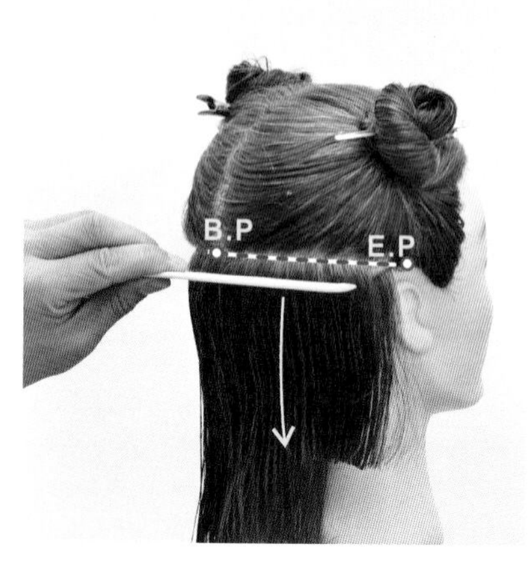

圖 3-4-1　梳面向下和劃分線平行，從髮根開始將頭髮自然下垂向下梳順。

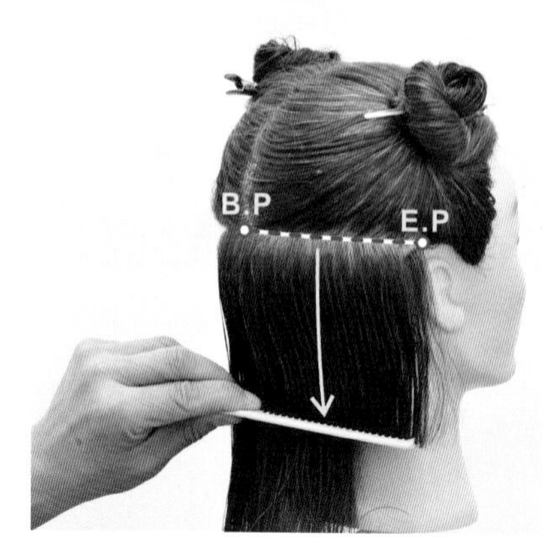

圖 3-4-2　向下梳順至引導髮長，過程都保持和劃分線平行。

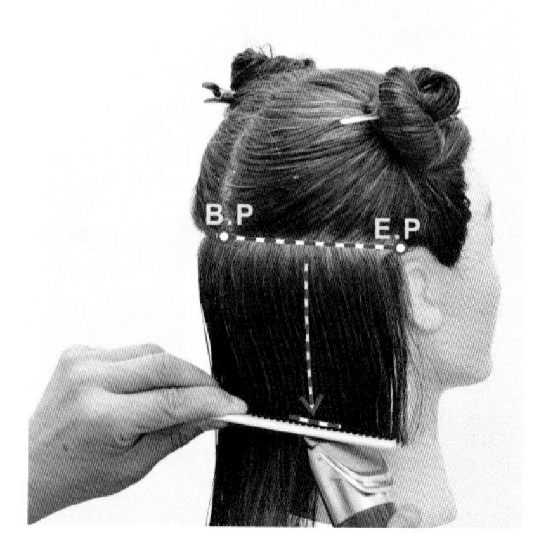

圖 3-4-3　梳面要向下保持水平並且和劃分線平行，然後使用裁剪工具裁剪多出梳面的頭髮。

3. 紋理－ Texture：

QR3-5
水平零層次吹風造型完成 3-2
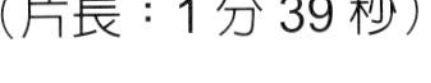
（片長：1 分 39 秒）

因為最高頂部點及最低頸背線，全部髮長落在相同高度的位置，所以髮重會集中於髮尾，頸背線髮量由下往頂部點逐漸堆疊，頂部點最長頭髮蓋住其他頭髮的緣故，所以水平零層次髮型會有一個不活潑的 -Un-activated 表面外觀，及光滑沒有間斷的線條（如圖 3-5），如果頭髮有設計成波浪或捲曲的造型時，表面也會因此而呈現活潑的表面，但線條仍是不間斷的。

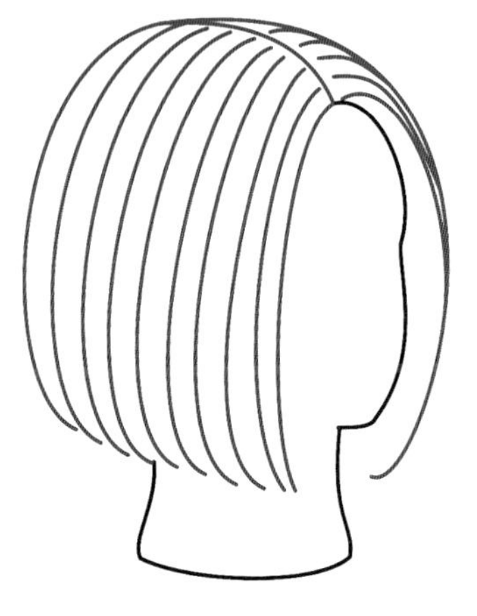

圖 3-5

從 20 年代以來至今，A-line 鮑伯仍未退流行，因為造型類似於大寫英文字母「A」因此而得名，也是年輕女性最受歡迎的的裁剪設計，所以 A-line 鮑伯髮型是一款象徵時尚、別緻、優雅、簡潔的經典風格。這造型的設計通常搭配一款裁剪成水平線的瀏海，這個瀏海類似英文字母 A 上的橫樑，臉頰兩側的頭髮類似英文字母 A 兩側的柱子，T.P 是字母的頂部（如圖 3-6）。就瀏海的創意設計而言，A-line 鮑伯瀏海的設計可依客人的愛好與條件，透過厚、重、輕、薄、長、中、短、寬、窄、形狀來進行組構式的設計變化。

QR3-6
水平零層次吹風造型完成 3-3
（片長：58 秒）

圖 3-6

3-2 水平零層次剪髮－操作過程解析

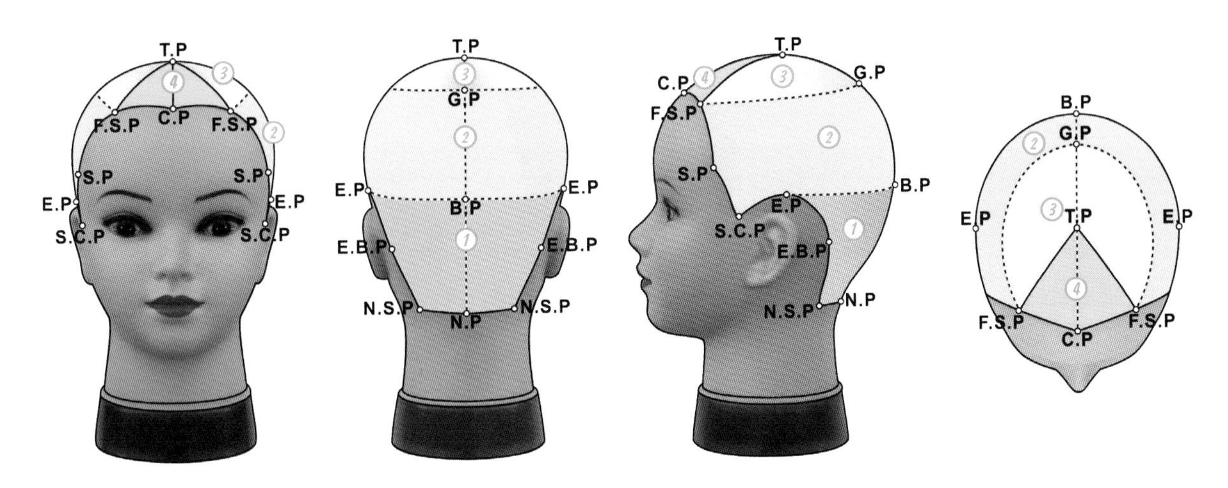

1 整體結構設計圖總共分爲 3 個設計區塊，各區塊範圍如上圖 15 個基準點的連線內容，其 1、2、3、4 編號也代表其剪髮操作順序。

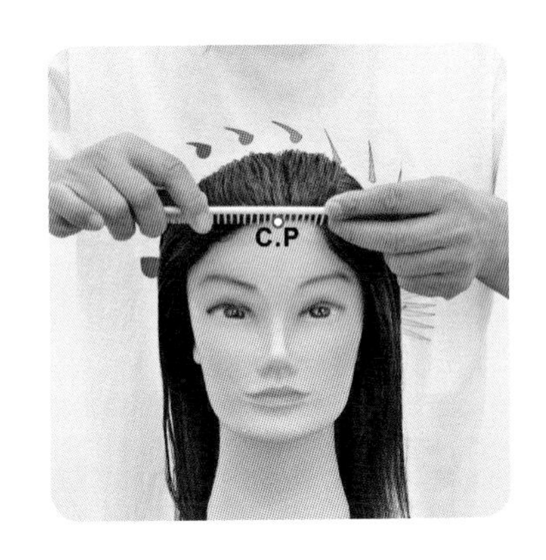

2 將剪髮梳持水平，從 C.P 點開始梳順髮量。

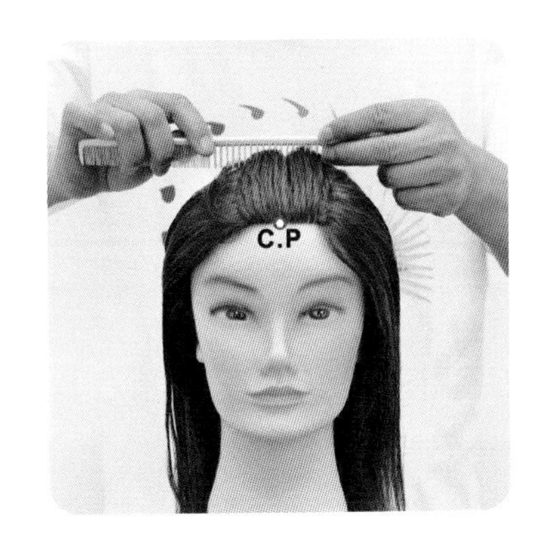

3 將正中線兩側約 2～3 公分範圍內的髮量，向後貼頭皮梳順。

4 從 C.P 點爲起點

5 順毛流向後劃分連接 T.P 點

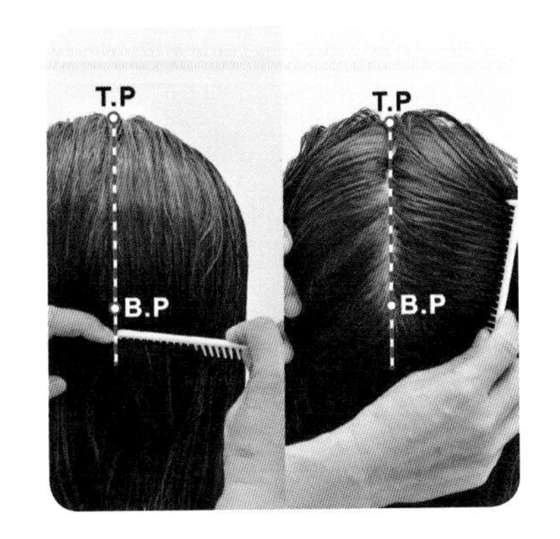

6 再順毛流向後劃分連接 G.P～B.P～N.P，再將髮量向左右兩側梳開，即完成正中線的劃分

7 水平零層次剪髮 - 正中線劃分（片長：1 分 05 秒）

8 依將剪髮梳持垂直，從 B.P 點開始，將水平線上下兩側約 2～3 公分範圍內的髮量，向前貼頭皮水平梳順。

9 從 B.P 點爲起點向前順毛流劃分連接左 E.P 點

10 即完成水平線的劃分，再固定左上頭部的髮量

11 再從 B.P 點爲起點

12 向前順毛流劃分連接右 E.P 點

13 水平零層次剪髮 - 水平線劃分（片長：1 分 00 秒）

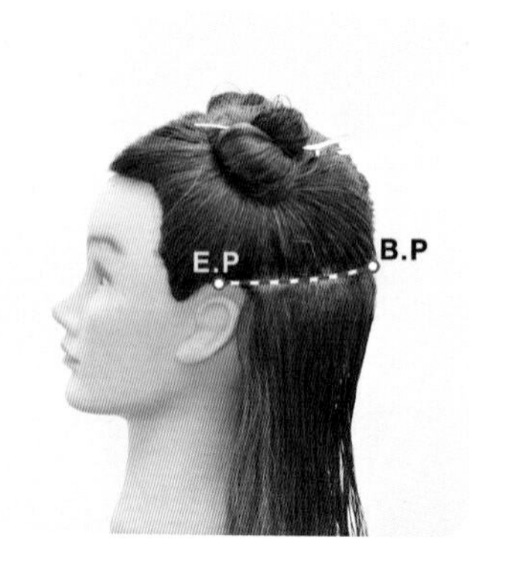

14 完成水平線劃分 - 頭部左側

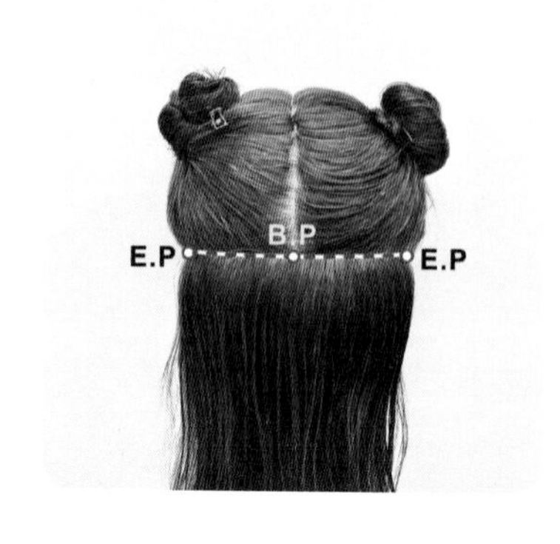

15 完成水平線劃分 - 頭部背面

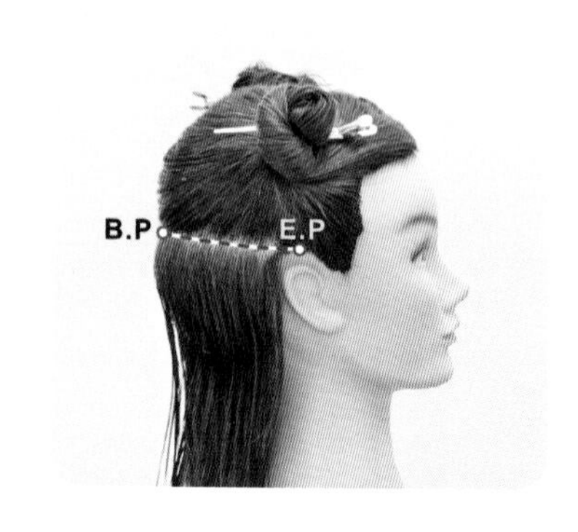

16 完成水平線劃分 - 頭部右側

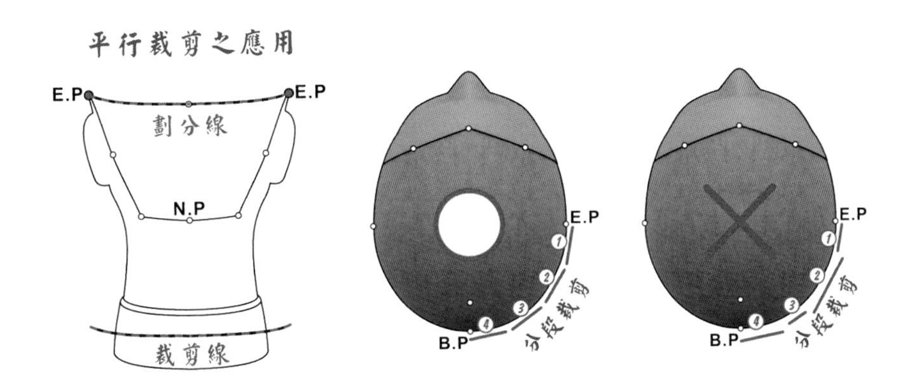

17 外輪廓（outline shape）的長度是水平零層次裁剪的引導線或裁剪線，裁剪的過程應用裁剪線與劃分線平行裁剪的技法（如上圖左），髮片被平均分段依序裁剪（如上圖中），分段的髮片盡可能靠近頭部自然下垂，髮片切勿分段不均、離頭部忽近忽遠（如上圖右）。

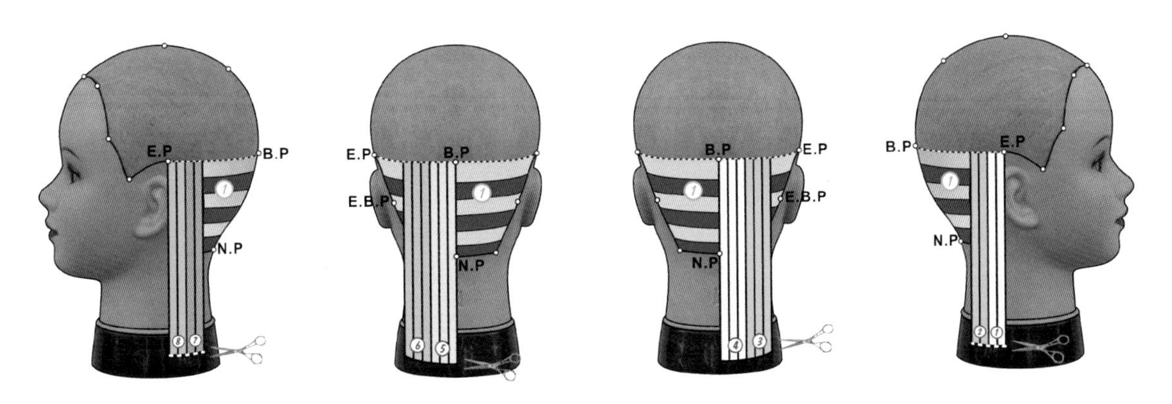

18 第 1 設計區塊依此裁剪構想的幾何結構設計圖，慣用右手剪髮者，從右側開使分段裁剪，慣用左手剪髮者則反之，再依設計髮長與劃分線平行剪線的技法裁剪，其他後續的分段髮片都依引導線或裁剪線繼續裁剪。

19 第 1 分段，將剪髮梳的梳面持水平並且和水平劃分線平行，髮片自然下垂向下梳順至引導髮長。

20 將剪髮梳水平穩固於設計髮長，再以「橫梳橫推」技法將突出於剪髮梳的髮尾去除。

21 第 1 分段推剪完成後效果

22 第 2 分段，將剪髮梳的梳面和水平劃分線平行，髮片自然下垂向下梳順至引導髮長，再以「橫梳橫推」技法將突出於剪髮梳的髮尾去除。

23 第 2 分段推剪完成後效果

24 第 3 分段，將剪髮梳的梳面和水平劃分線平行，髮片自然下垂向下梳順至引導髮長，再以「橫梳橫推」技法將突出於剪髮梳的髮尾去除。

25 第 3 分段推剪完成後效果

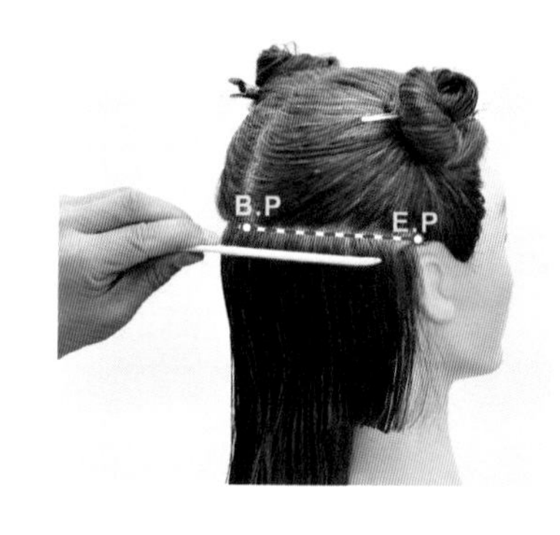

26 第 4 分段，將剪髮梳的梳面和水平劃分線平行。

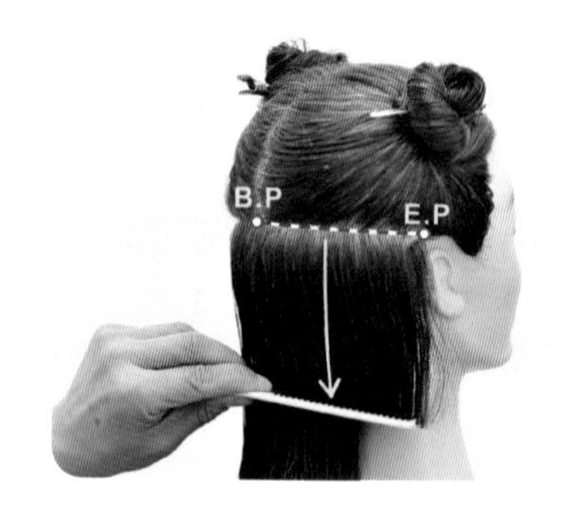

27 髮片自然下垂向下梳順至引導髮長

28 再以「橫梳橫推」技法將突出於剪髮梳的髮尾去除

29 第 4 分段推剪完成後效果

30 第 5 分段，將剪髮梳的梳面和水平劃分線平行。

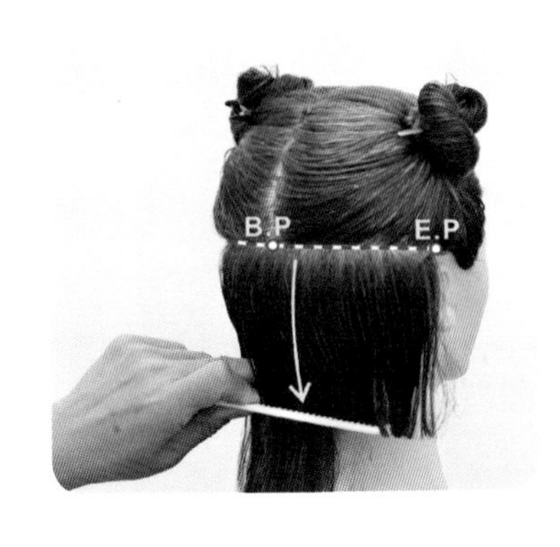

31 髮片自然下垂向下梳順至引導髮長

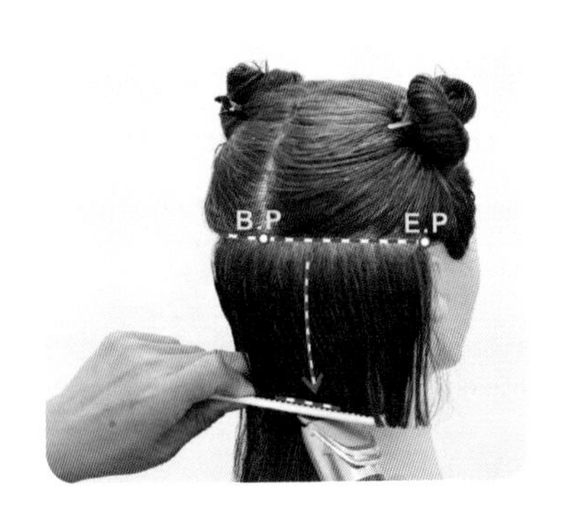

32 再以「橫梳橫推」技法將突出於剪髮梳的髮尾去除

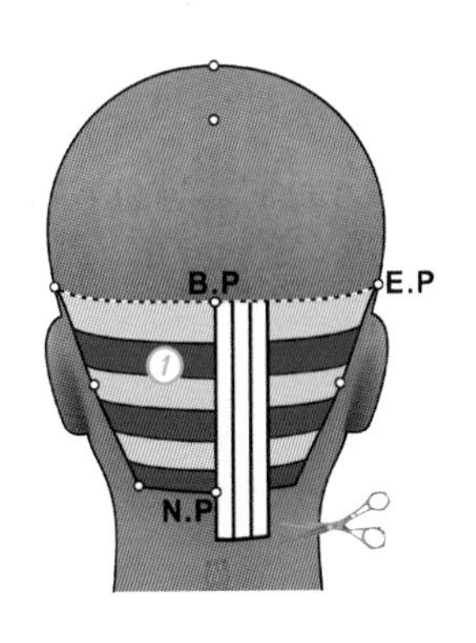

33 髮片自然下垂、分段、平行裁剪，結構設計圖。

34 第 1 區塊右側，分段推剪後效果。

35 第 6 分段，將剪髮梳的梳面和水平劃分線平行。

36 髮片自然下垂向下梳順至引導髮長，再以「橫梳橫推」技法將突出於剪髮梳的髮尾去除。

37 後續各分段都以相同技法模式，將剪髮梳的梳面和水平劃分線平行向下，髮片自然下垂向下梳順至引導髮長。

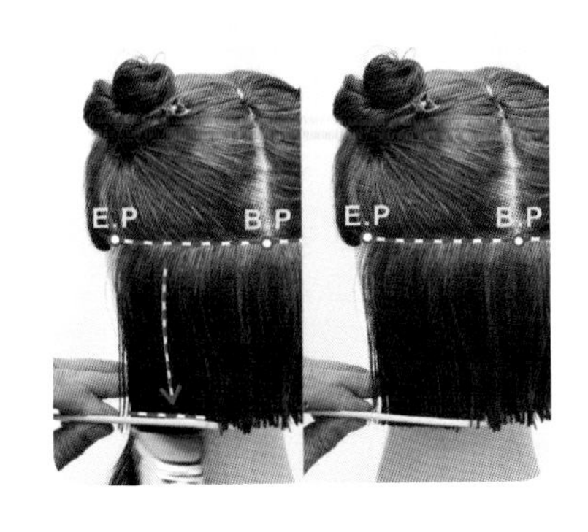

38 再以「橫梳橫推」技法將突出於剪髮梳的髮尾去除。

39 水平零層次剪髮第 1 區裁剪（片長：2 分 32 秒）

40 第 1 區塊，分段推剪完成 - 前面。

41 第 1 區塊，分段推剪完成 - 後面。

42 第 1 區塊，分段推剪完成 - 左側。

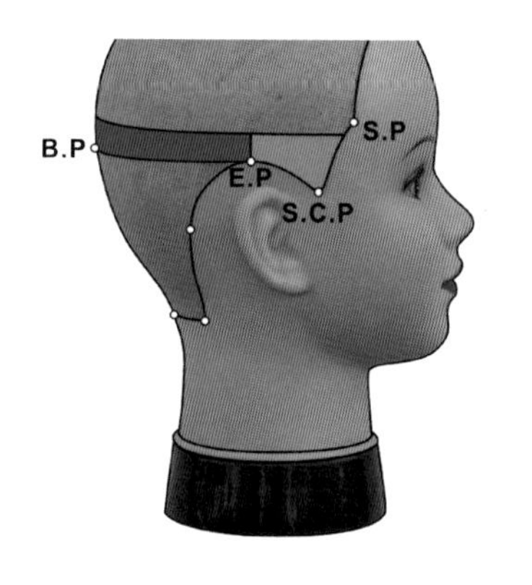

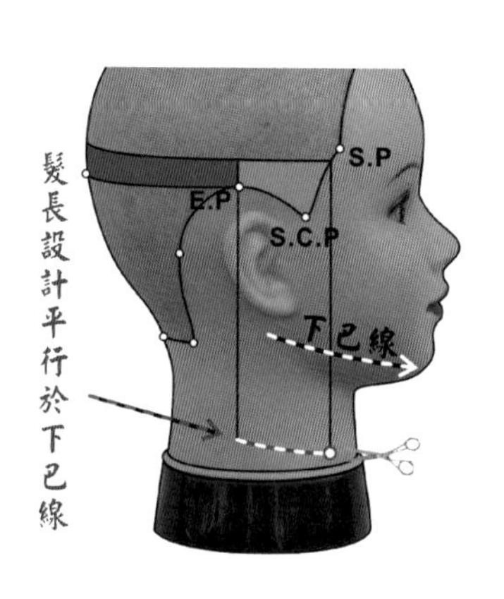

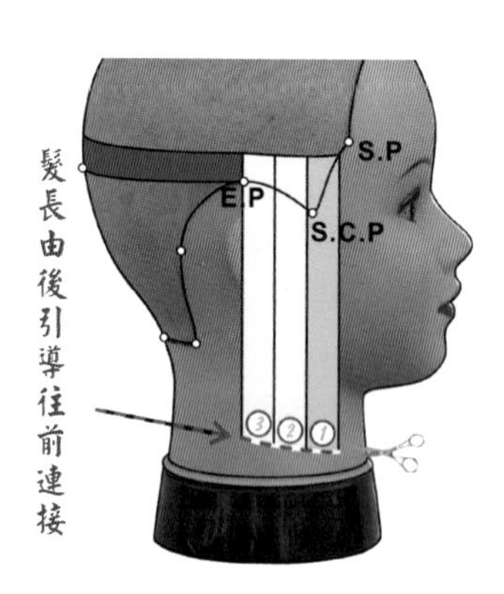

43 第 2 設計區塊依此結構設計圖的裁剪構想，髮片仍被平均分段裁剪，髮長設計平行於下巴線，以第 1 設計區塊引導髮長往前連接裁剪。

44 第 2 設計區塊右側將水平線以上的髮量，向後貼頭皮水平梳順。

45 劃分約 2 ～ 3 公分厚度的橫髮片

46 劃分約 2 ～ 3 公分厚度橫髮片完成效果

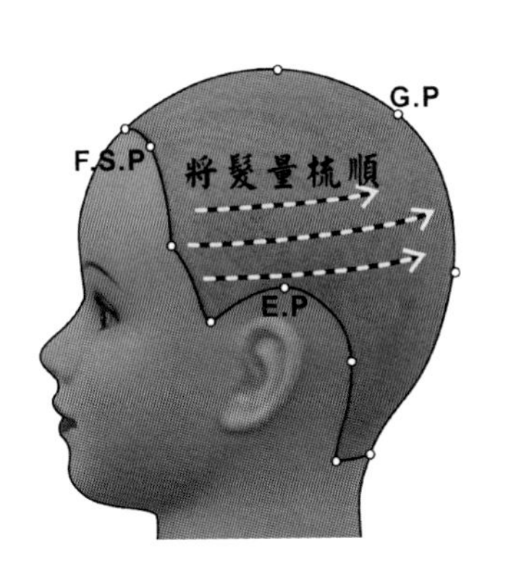

47 第 2 設計區塊左側劃分橫髮片的幾何結構設計圖

48 第 2 設計區塊左側將水平線以上的髮量，向後貼頭皮水平梳順。

49 劃分約 2 ～ 3 公分厚度的橫髮片

50 第 2 設計區塊，劃分第 1 層橫髮片 - 左側。

51 第 2 設計區塊，劃分第 1 層橫髮片 - 後面。

52 第 2 設計區塊，劃分第 1 層橫髮片 - 右側。

53 第 1 分段，將剪髮梳的梳面和水平劃分線平行，髮片自然下垂向下梳順至引導髮長。

54 將剪髮梳水平穩固於設計髮長

55 再以「橫梳橫推」技法將突出於剪髮梳的髮尾去除

56 第 2 分段，將剪髮梳的梳面和水平劃分線平行，髮片自然下垂向下梳順至引導髮長。

57 將剪髮梳水平穩固於設計髮長，再以「橫梳橫推」技法將突出於剪髮梳的髮尾去除。

58 第 3 分段，將剪髮梳的梳面和水平劃分線平行向下梳順。

59 髮片自然下垂向下梳順至引導髮長，將剪髮梳水平穩固於設計髮長。

60 再以「橫梳橫推」技法將突出於剪髮梳的髮尾去除

61 第 3 分段剪後效果

62 第 4 分段，將剪髮梳的梳面和水平劃分線平行向下梳順。

63 髮片自然下垂向下梳順至引導髮長，將剪髮梳水平穩固於設計髮長。

64 再以「橫梳橫推」技法將突出於剪髮梳的髮尾去除

65 第 4 分段橫髮片裁剪後效果

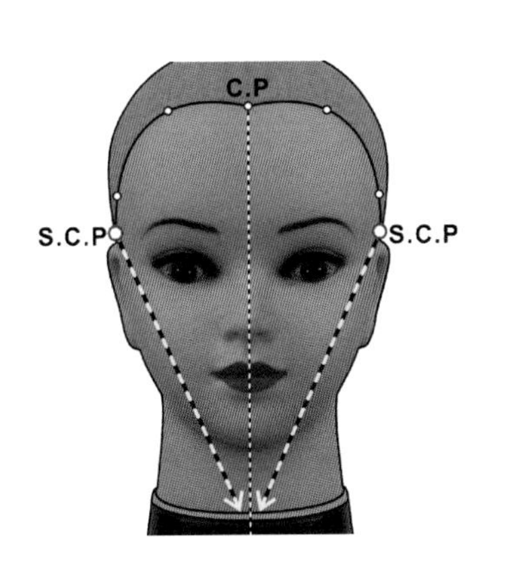

66 在髮根相同高度，以右前側髮長設定左前側髮長的等腰三角幾何結構設計圖。

67 在左、右兩前側髮根相同高度，各分取小束髮量。

68 再將左、右兩前側小束髮量合併於鼻樑正前方。

69 依右前側引導髮長裁剪左前側髮束

70 裁剪後左、右兩前側髮長等長的效果

71 等腰三角型兩側髮長設定法（片長：1 分 10 秒）

72 第 5 分段橫髮片，將剪髮梳的梳面和水平劃分線平行向下梳順。

73 髮片自然下垂向下梳順至引導髮長，將剪髮梳水平穩固於設計髮長。

74 再以「橫梳橫推」技法將突出於剪髮梳的髮尾去除

75 第 5 分段橫髮片裁剪後效果

76 第 6 分段橫髮片，剪髮梳向下，髮片自然下垂向下梳順至引導髮長，將剪髮梳水平穩固於設計髮長，再以「橫梳橫推」技法將突出於剪髮梳的髮尾去除。

77 第 6 分段橫髮片裁剪後效果

78 第 6 分段橫髮片裁剪後髮長和左前側髮長，兩髮長之相對效果。

79 第 7 分段橫髮片，剪髮梳向下，髮片自然下垂向下梳順至引導髮長，將剪髮梳水平穩固於連接前、後兩髮長之位置。

80 再以「橫梳橫推」技法將突出於剪髮梳的髮尾去除

81 第 7 分段橫髮片裁剪後，前、後兩髮長連接效果。

82 第 2 設計區塊第 1 層橫髮片裁剪後，左側整體髮量堆疊效果。

83 第 2 設計區塊第 1 層橫髮片裁剪後，前面整體髮量堆疊效果。

84 第 2 設計區塊第 1 層橫髮片裁剪後，後面整體髮量堆疊效果。

85 第 2 設計區塊第 1 層橫髮片裁剪後，右側整體髮量堆疊效果。

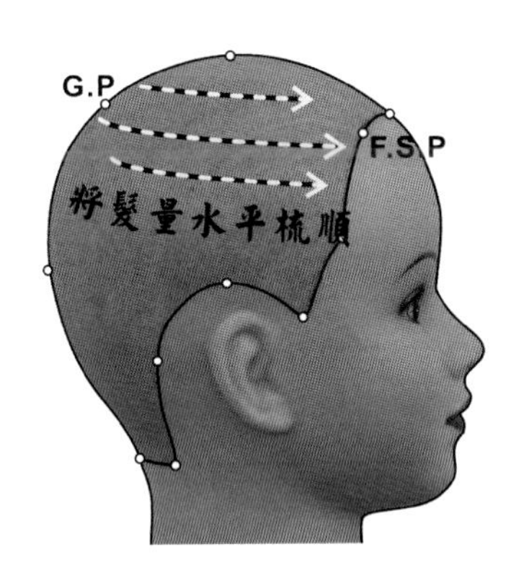

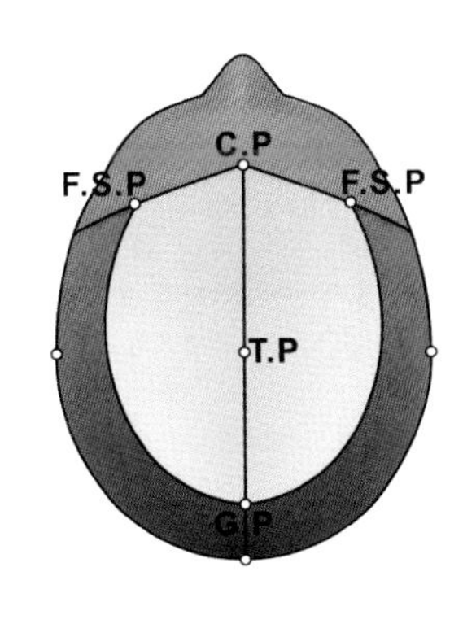

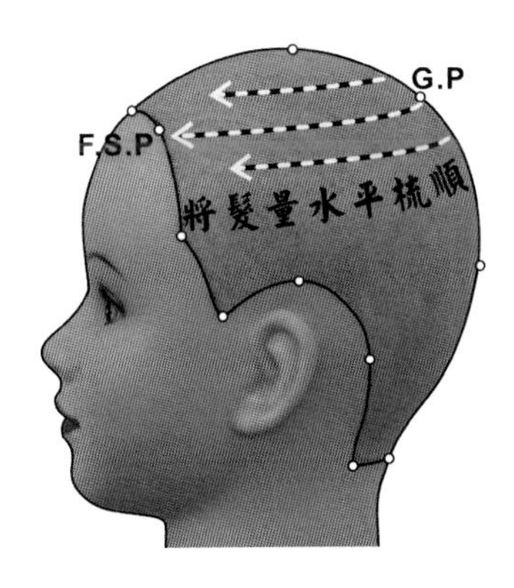

86 第 2 設計區塊依此結構設計圖的裁剪構想，將在左右兩側劃分 U 型線，所以要先將冠頂區髮量向前貼頭皮水平梳順。

87 將剪髮梳持垂直，從正中線開始向前梳順髮量。

88 將 U 型線上下兩側約 2 ～ 3 公分範圍內的髮量，向前貼頭皮水平梳順。

89 將剪髮梳持垂直，從 G.P 點開始劃分。

90 順毛流向前水平劃分

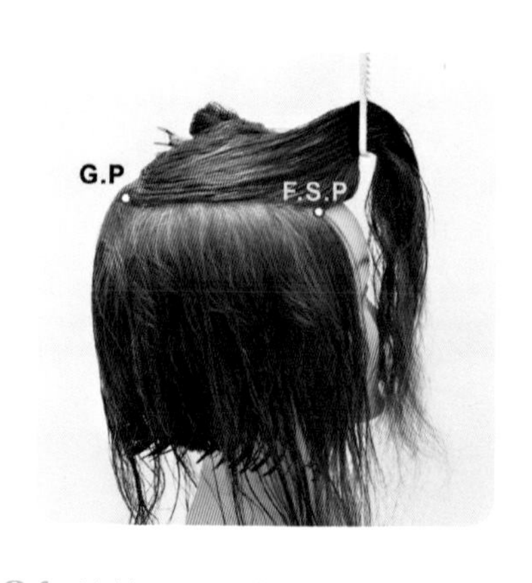

91 連接 F.S.P 點

92 水平零層次剪髮 - 劃分 U 型線（片長：1 分 25 秒）

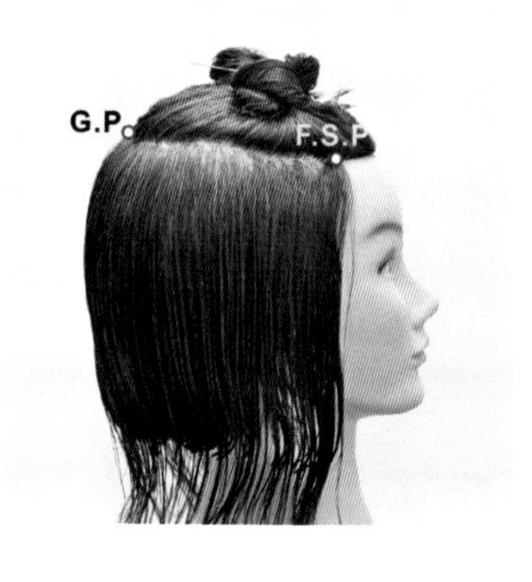

93 從 G.P 點向前連接 F.S.P 點，完成劃分右側 U 型線，左側 U 型線依此模式進行劃分。

94 完成劃分兩側 U 型線，前面效果。

95 完成劃分兩側 U 型線，後面效果。

96 第 1 分段橫髮片，將剪髮梳的梳面和水平劃分線平行，髮片自然下垂向下梳順。

97 將剪髮梳水平穩固於設計髮長，再以「橫梳橫推」技法將突出於剪髮梳的髮尾去除。

98 第 2 分段橫髮片，剪髮梳和水平劃分線平行將髮片自然下垂向下梳順至引導髮長，再以「橫梳橫推」技法將突出於剪髮梳的髮尾去除

99 第 3 分段，將剪髮梳的梳面和水平劃分線平行，髮片自然下垂向下梳順至引導髮長。

100 將剪髮梳水平穩固於設計髮長，再以「橫梳橫推」技法將突出於剪髮梳的髮尾去除。

101 第 3 分段橫髮片裁剪後效果

102 第 4 分段，將剪髮梳的梳面和水平劃分線平行，髮片自然下垂向下梳順至引導髮長。

103 將剪髮梳水平穩固於設計髮長，再以「橫梳橫推」技法將突出於剪髮梳的髮尾去除。

104 水平零層次剪髮 7（片長：1 分 17 秒）

105 第 7 分段，將剪髮梳的梳面和水平劃分線平行，髮片自然下垂向下梳順至引導髮長。

106 將剪髮梳水平穩固於設計髮長，再以「橫梳橫推」技法將突出於剪髮梳的髮。

107 第 8 分段，將剪髮梳的梳面和水平劃分線平行，髮片自然下垂向下梳順至引導髮長。

108 將剪髮梳水平穩固於設計髮長，再以「橫梳橫推」技法將突出於剪髮梳的髮尾去除。

109 第 8 分段橫髮片裁剪後效果

110 第 2 設計區塊第 2 層橫髮片裁剪後，左側整體髮量堆疊效果。

111 第 2 設計區塊第 2 層橫髮片裁剪後，前面整體髮量堆疊效果。

112 第 2 設計區塊第 2 層橫髮片裁剪後，後面整體髮量堆疊效果。

113 第 2 設計區塊第 2 層橫髮片裁剪後，右側整體髮量堆疊效果。

114 第 3 設計區塊依瀏海設計需求，先將前額兩側髮量梳順。

115 劃分出前額右側瀏海分區線

116 瀏海設計區劃分完成，此區即爲第 4 設計區塊。

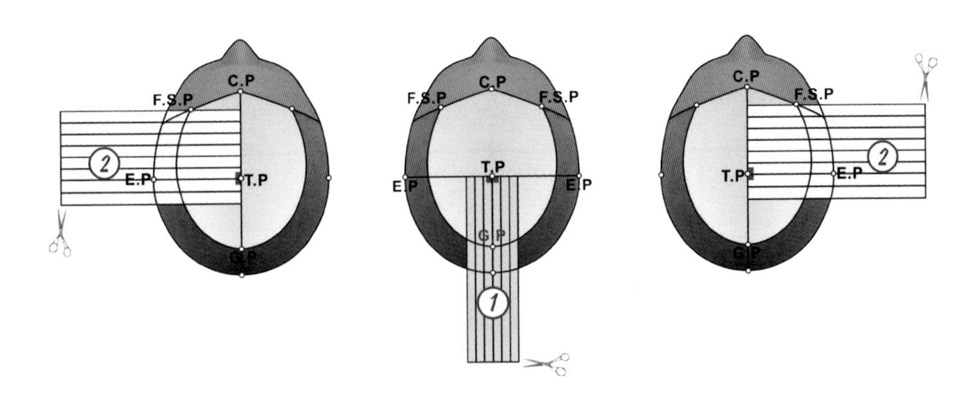

117 第 3 設計區塊依此結構設計圖的裁剪構想，將髮量以「三向交叉裁剪」技法，讓髮長從冠頂平均散落於髮型邊緣。

第 1 步驟 - 梳向後的髮流和側中線呈垂直（如上圖中）。

第 2 步驟 - 梳向左、右的髮流和正中線呈垂直（如上圖左、右）。

118 第 1 步驟 - 第 3 設計區以正中線爲中心，寬約 4 ～ 5 公分的髮片向後貼頭皮梳順，髮流和側中線呈垂直。

119 在正中線以等寬平行的模式，將髮片自然下垂向下梳順至引導髮長。

120 將剪髮梳水平穩固於引導髮長

121 再以「橫梳橫推」技法將突出於剪髮梳的髮尾去除

122 第 1 步驟 - 向後裁剪完成

123 第 2 步驟 - 第 3 設計區以側中線爲中心，寬約 4 ～ 5 公分的髮片。

124 梳向右側的髮流和正中線呈垂直

125 在側中線之前，以等寬平行的模式，將髮片自然下垂向下梳順至引導髮長。

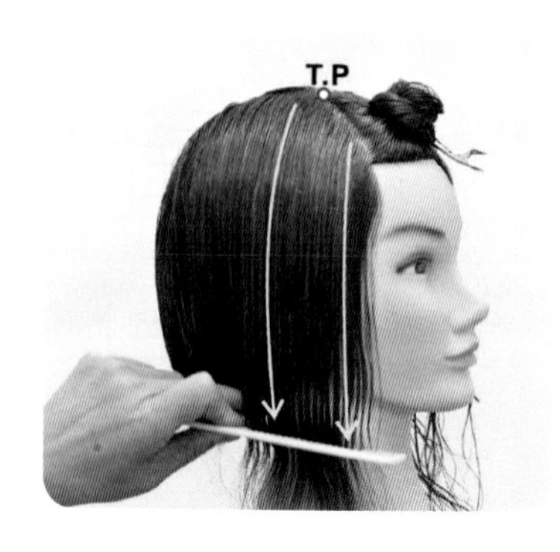

126 將剪髮梳水平穩固於設計髮長

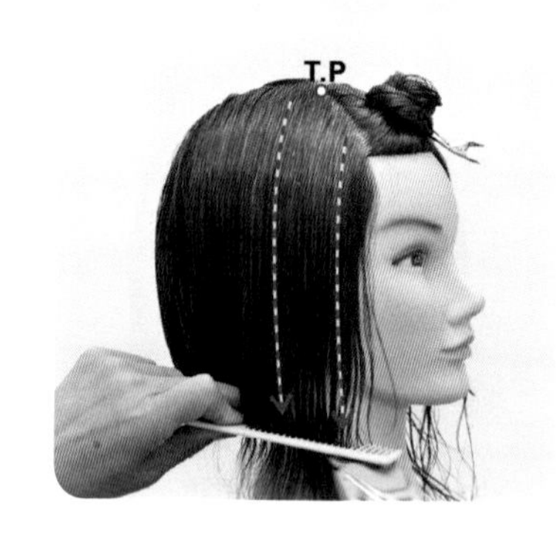

127 再以「橫梳橫推」技法將突出於剪髮梳的髮尾去除

128 第 2 步驟 - 向右裁剪完成

129 第 1、2 步驟操作後，第 3 設計區右後側剩下尚未裁剪的髮量

130 第 2 步驟 - 將第 3 設計區左側約 4 ～ 5 公分寬的髮片

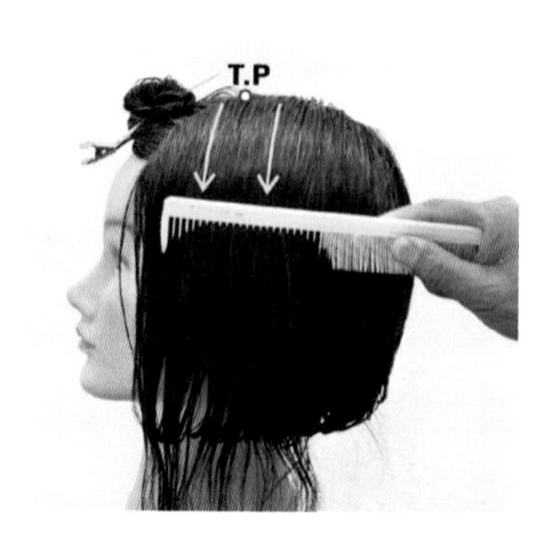

131 梳向左側的髮流和正中線呈垂直

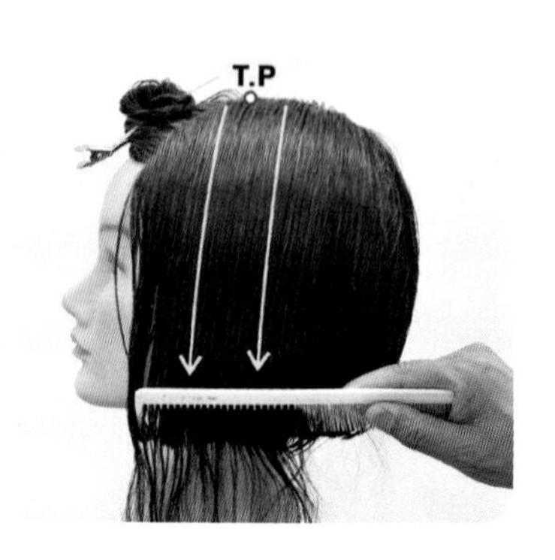

132 在側中線之前以等寬平行的模式，將髮片自然下垂向下梳順至引導髮長。

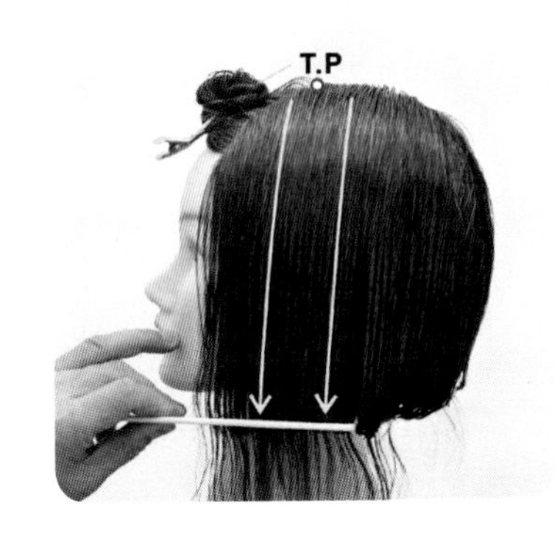

133 將剪髮梳水平穩固於設計髮長

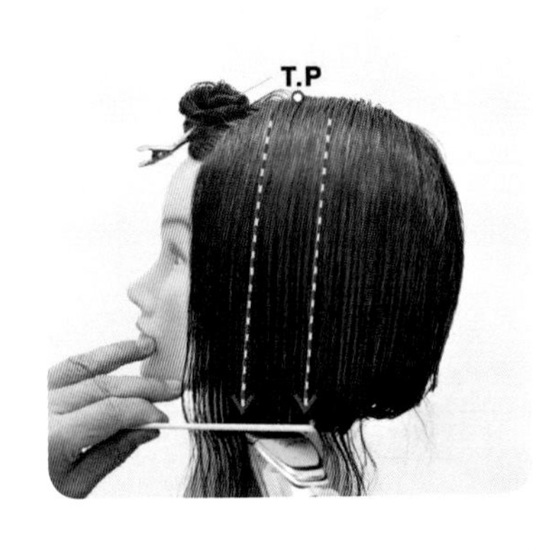

134 再以「橫梳橫推」技法將突出於剪髮梳的髮尾去除

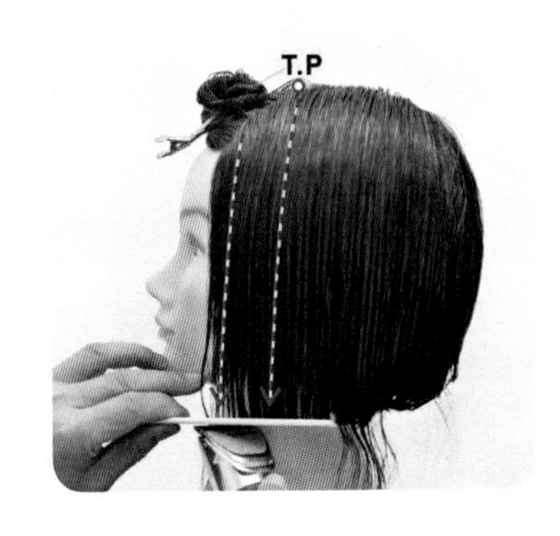

135 再以「橫梳橫推」技法將突出於剪髮梳的髮尾去除

136 第 2 步驟 - 向左裁剪完成

137 「三向交叉裁剪」第 1、2 步驟操作後，第 3 設計區左後側剩下尚未裁剪的髮量

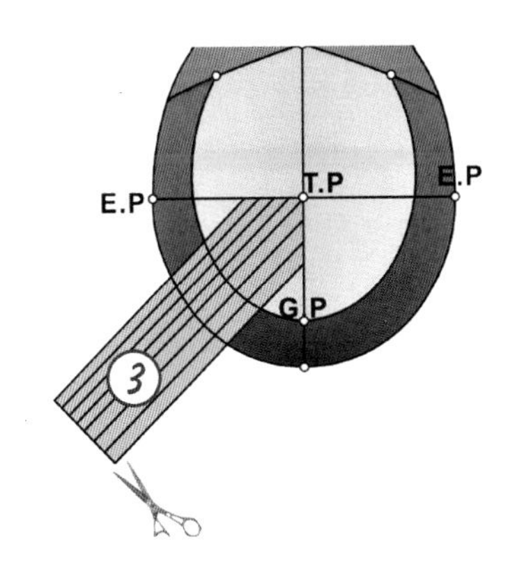

138 第 3 步驟 - 梳向左後側的髮流和正中線或側中線成 45 度，裁剪構想的幾何結構設計圖。

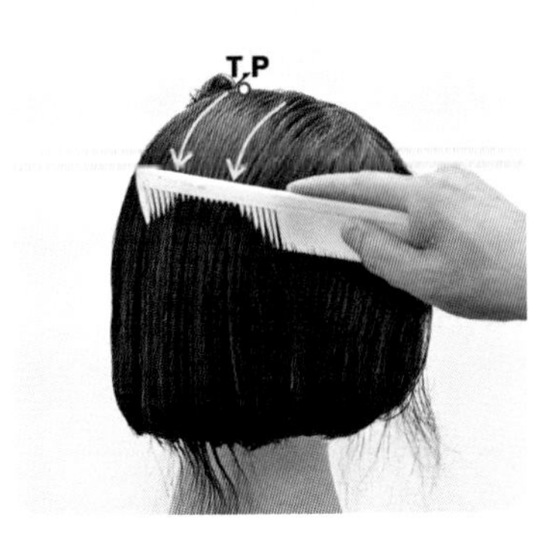

139 第 3 步驟 - 將第 3 設計區左後側剩下尚未裁剪的髮量，梳向左後側的髮流和正中線或側中線成 45 度。

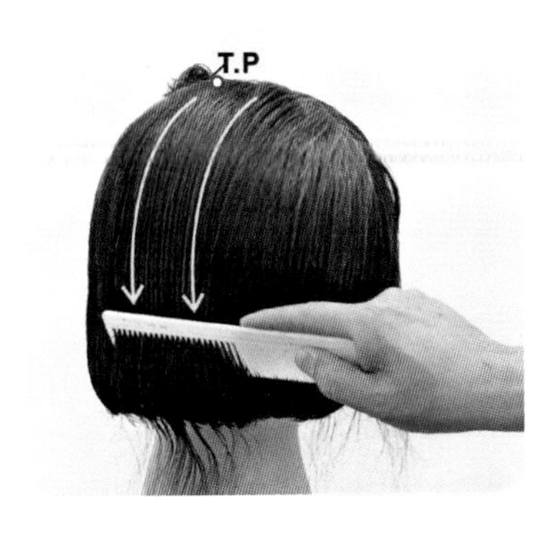

140 以等寬平行的模式，將髮片自然下垂向下梳順至引導髮長。

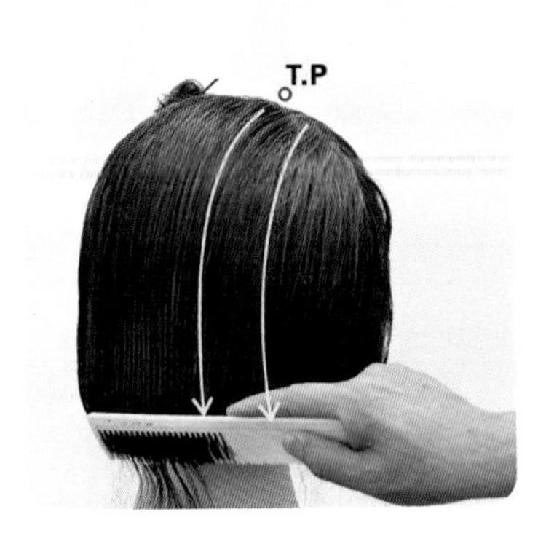

141 將剪髮梳水平穩固於設計髮長

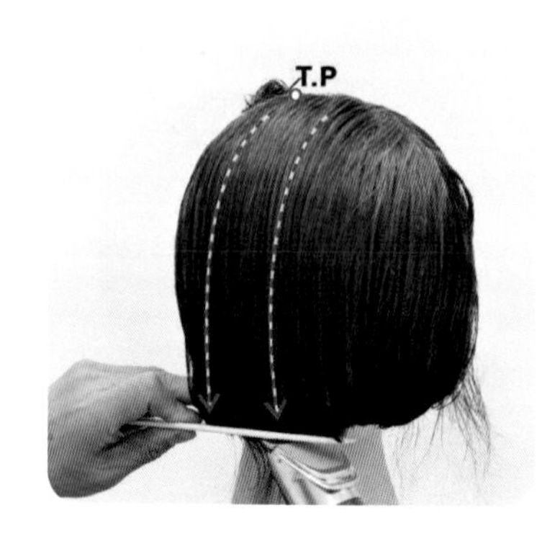

142 再以「橫梳橫推」技法將突出於剪髮梳的髮尾去除

143 第 3 步驟 - 向左後側裁剪完成

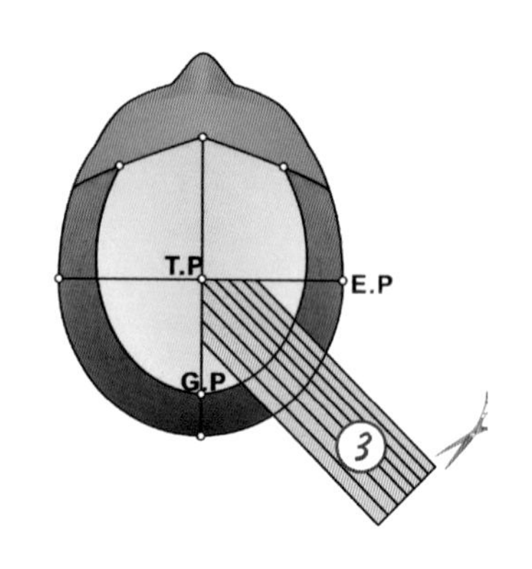

144 第 3 步驟 - 梳向右後側的髮流和正中線或側中線成 45 度，結構設計圖的裁剪構想。

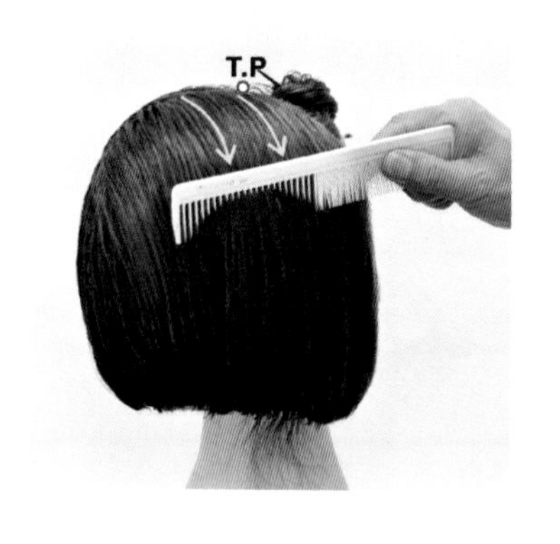

145 第 3 步驟 - 將第 3 設計區右後側剩下尚未裁剪的髮量，梳向右後側的髮流和正中線或側中線成 45 度。

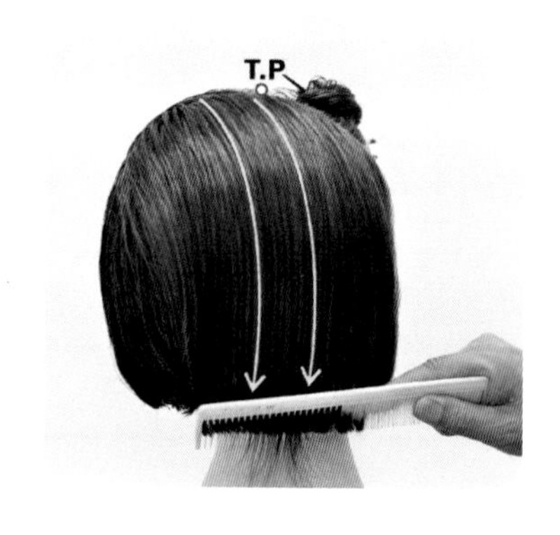

146 以等寬平行的模式，將髮片自然下垂向下梳順至引導髮長。

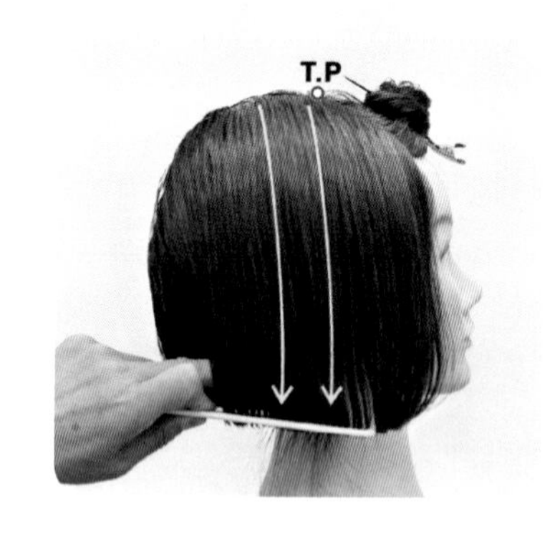

147 將剪髮梳水平穩固於設計髮長

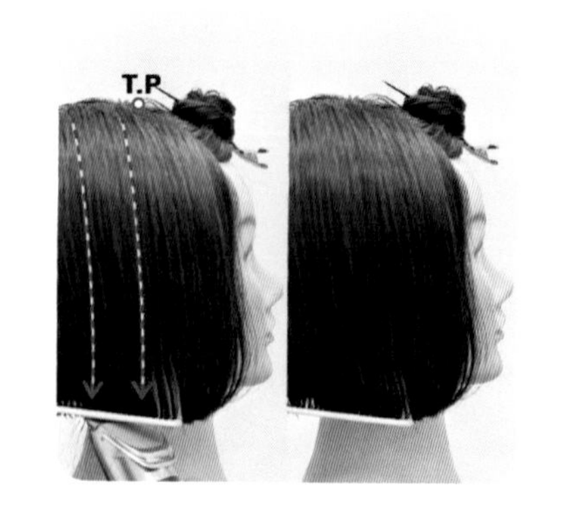

148 再以「橫梳橫推」技法將突出於剪髮梳的髮尾去除，第 3 步驟 - 向右後側裁剪完成。

149 水平零層次剪髮 - 三向交叉裁剪（片長：1 分 40 秒）

150 第 1、2、3 設計區塊裁剪完成，整體髮量堆疊效果 - 右側。

151 第 1、2、3 設計區塊裁剪完成，整體髮量堆疊效果 - 前面。

152 第 1、2、3 設計區塊裁剪完成，整體髮量堆疊效果 - 後面。

153 第 1、2、3 設計區塊裁剪完成，整體髮量堆疊效果 - 左側。

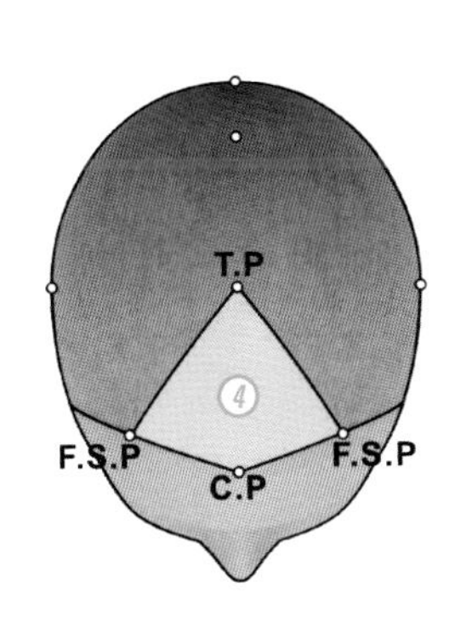

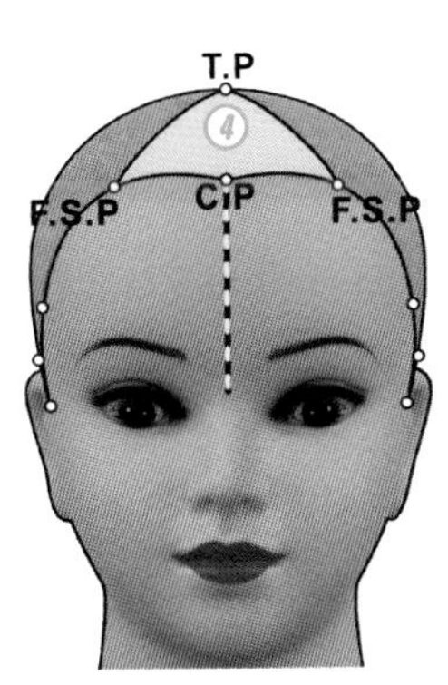

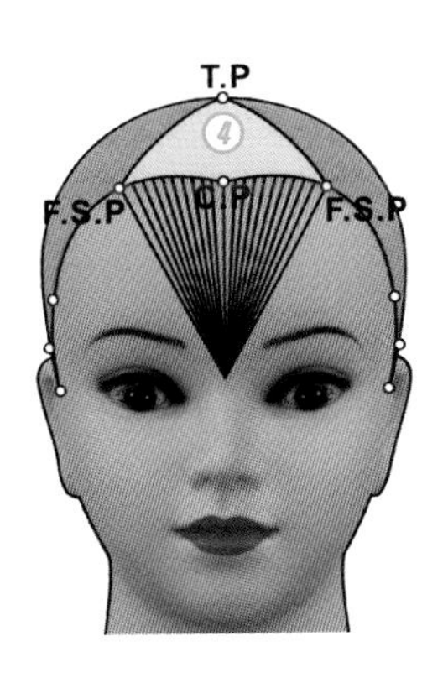

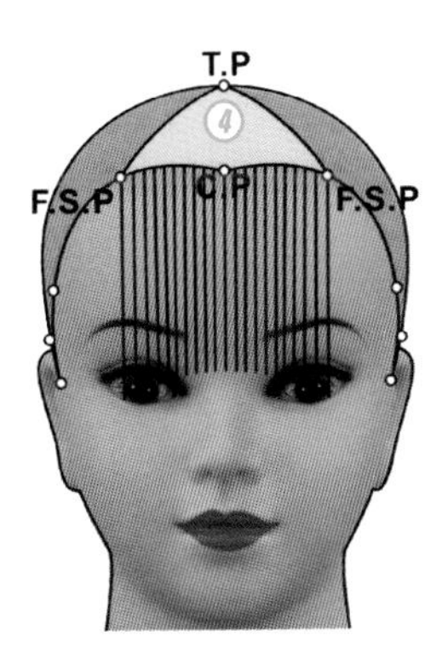

154 第 4 設計區塊依此結構設計圖的裁剪構想，先設定 C.P 點 1 小束髮量髮長（如上圖左 2），再把髮量梳順集中於鼻樑前端，形成「等腰三角型」的幾何型態（如上圖右 2），裁剪後將形成對稱圓弧形瀏海造型（如上圖右 1）。

155 由 C.P 點分出小髮束，在自然下垂狀態設定瀏海髮長，可避免頭髮張力或髮流之影響。

156 設定瀏海髮長完成

157 在第 4 設計區塊臉際，劃分一層薄的橫髮片。

158 把髮片梳順集中於設定瀏海髮長（鼻樑前端）

159 髮片不提拉角度，依設定瀏海髮長水平裁剪。

160 瀏海髮片裁剪完成

161 瀏海髮片裁剪展開後，形成對稱圓弧形外輪廓。

162 劃分第 2 層左側瀏海橫髮片，將髮片上壓可易於分離出引導髮長。

163 髮片提拉自然下垂，依引導髮長裁剪。

164 劃分第 2 層右側瀏海橫髮片

165 髮片提拉自然下垂，依引導髮長裁剪。

166 第 2 層右側髮片裁剪完成

167 第 1、2 層瀏海髮片堆疊效果

168 劃分第 3 層瀏海橫髮片

169 第 3 層左側瀏海橫髮片

170 髮片提拉自然下垂，依引導髮長裁剪

171 第 3 層左側髮片裁剪完成

172 第 3 層右側瀏海橫髮片，提拉自然下垂，依引導髮長裁剪

173 第 3 層右側髮片裁剪完成

174 第 1、2、3 層瀏海髮片堆疊效果

175 水平零層次剪髮 9- 弧形瀏海裁剪（片長：3 分 12 秒）

176 吹風造型完成，髮型周圍爲水平輪廓零層次，瀏海周圍爲對稱弧形輪廓零層次，髮尾未調量。

177 吹風造型完成，髮型周圍爲水平輪廓零層次，髮尾經局部調量形成更輕柔的縱向外輪廓弧度，瀏海以鋸齒狀打薄形成水平輕柔輪廓。

178 吹風造型完成，相同的水平輪廓零層次不同的髮長設計，相同的水平瀏海不同的輕柔輪廓。

179 吹風造型完成，相同的水平輪廓零層次，更多元的變化設計。

第四章

經典鮑伯－正斜邊緣層次

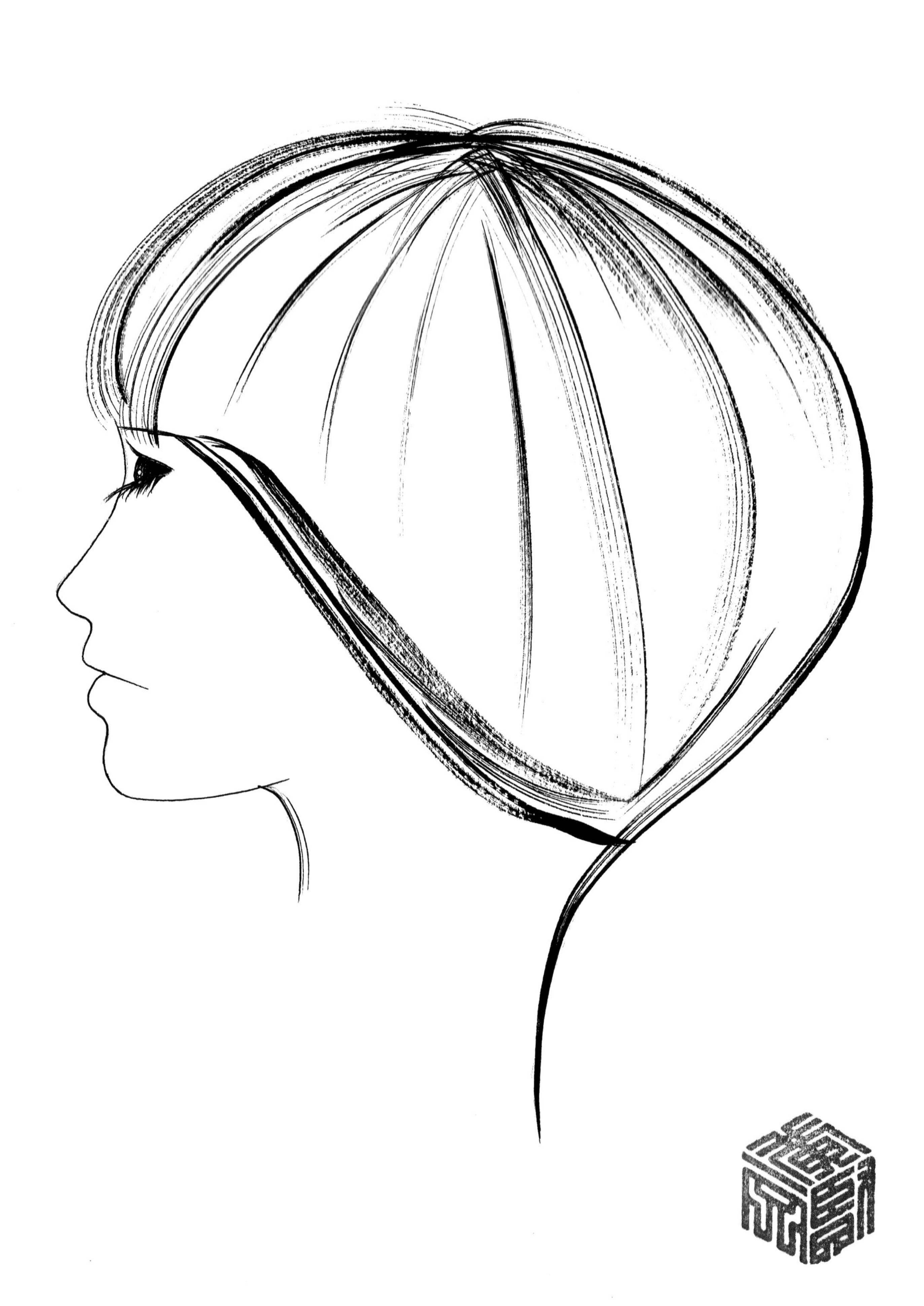

4-1 正斜邊緣層次剪髮－設計概論

正斜邊緣層次剪髮 -Diagonal Back Haircut 亦稱「斜向後」剪髮，本單元應用幾何圖型解剖髮型的結構，裁剪過程總共分爲三個設計區塊，主要在瞭解三大設計區塊架構：重量區、層次區、調量區（如圖 4-1），熟悉頭部十五個基準點的正確位置與設計應用，裁剪的操作順序如編號 1、2、3，並分析設計區塊架構如何結合 -Combination 或構成 -Construction。在三大設計區塊綜合應用如下的幾何剪髮技法：正斜分區的角度、自然分配、垂直分配、正斜平行、提拉 0 度、鋸齒狀裁剪 -Point cut、鋸齒調量等裁剪的技法，使裁剪前即可掌握裁剪設計目標 - 形 -Form 的外輪廓 -Outline。

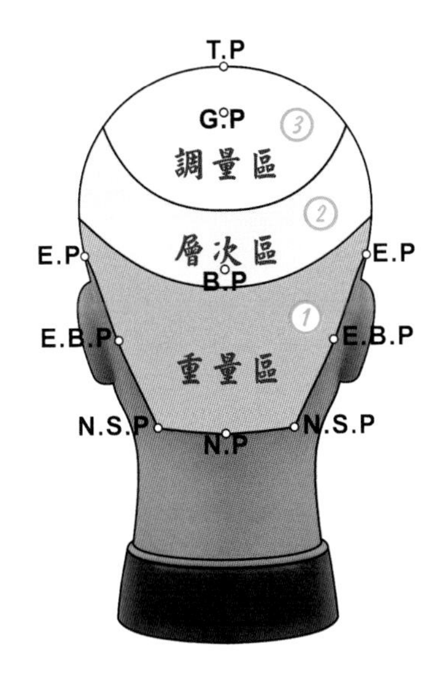

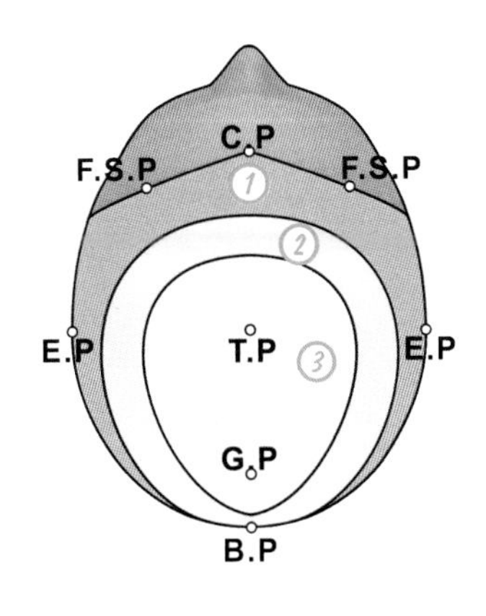

圖 4-1

1. 形狀－ Form：

這是一款裁剪到耳後（下）而髮尾邊緣是弧形內彎的經典髮型，非常適合直髮及中長到短髮設計的造型，通常也很好搭配一款豐厚瀏海造型在前面，整款髮型使用水平和圓弧正斜線的組合，兩側及後頭部都具有豐厚的外輪廓。這種風格造型非常容易維護，流行於 20 世紀 50 年代末和 60 年代，也有人稱之爲「鍋蓋頭」或「布丁盆式剪髮 -pudding- basin haircut」或「pageboy haircut」，在華人地區常稱爲「娃娃頭」。

圖 4-2

2. 結構－ Structure：

正斜邊緣層次是一款長度由上而下快速變化的髮型，最長的是在頂部點，最短的是在頸背線（如圖 4-3 右），全部髮長落在不同高度的位置，因此在髮尾周圍形成稍許的層次、內彎的弧形（如圖 4-3 左），也就是頭髮的縱軸輪廓形成上長下短（如圖 4-3 右），橫軸輪廓形成前短後長（如圖 4-3 左），整體長度都是不活潑的、平穩光滑的。

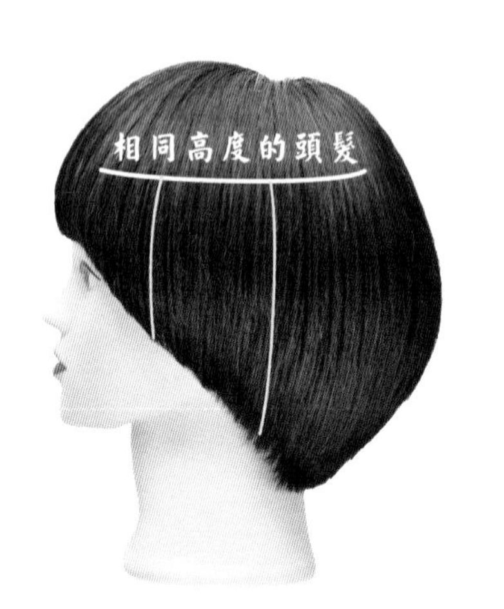

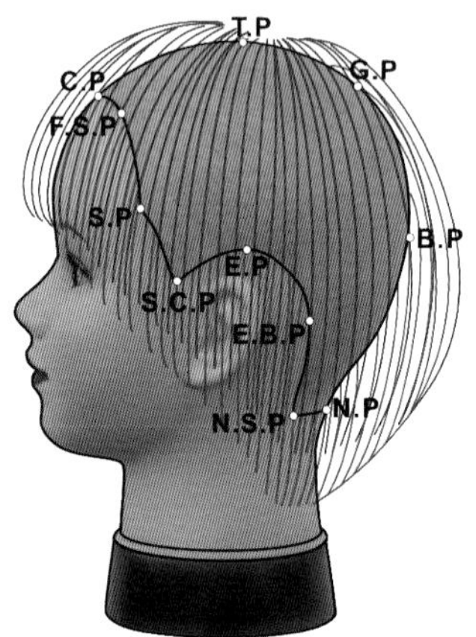

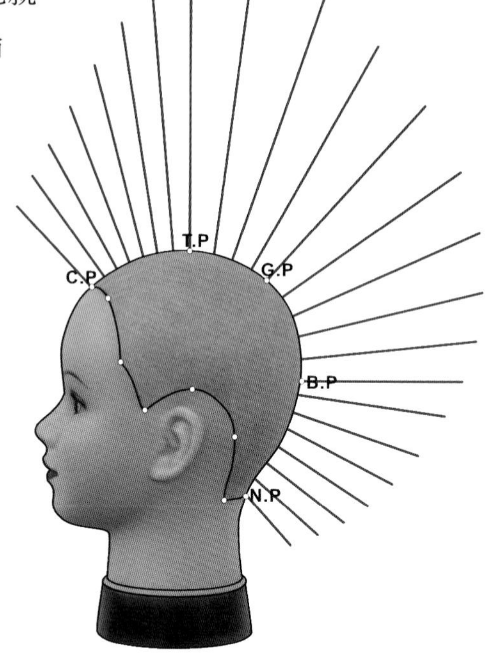

圖 4-3

第一設計區裁剪時爲了讓髮尾落在正斜輪廓的位置，避免產生張力最有效的技法，通常是應用「自然分配」，裁剪時以裁剪梳正斜固定髮片（如圖 4-4-1）。第二設計區裁剪時爲了在髮尾創造弧形內彎的邊緣層次，應用垂直分配、正斜平行裁剪、髮片提拉 0 度幾何剪髮的綜合技法（如圖 4-4-2）。第三設計區裁剪時爲了在髮尾不活潑的紋理創造柔順的弧形內彎，應用「定點放射髮片」、「鋸齒狀裁剪」（如圖 4-4-3）。

圖 4-4-1　髮片自然分配梳順，裁剪梳依設計輪廓之正斜角度固定髮片，本操作以電推剪裁剪。

圖 4-4-2　髮片垂直分配梳順挾緊並提拉 0 度，手指、剪刀、正斜劃分線平行，然後進行裁剪。

圖 4-4-3　劃分出定點放射髮片、提拉 0 度，以鋸齒狀技法裁剪，讓髮尾產生柔順切口。

3. 紋理－ Texture：

正斜邊緣層次是一款長度由上（最長）而下（最短）快速變長的髮型，每一髮片的縱向髮長落在不同高度的位置，在髮尾周圍形成稍許的層次、內彎的弧形（如圖 4-5 左 1），整體而言也就是縱軸輪廓的髮長形成上長下短（如圖 4-5 左 2），正斜劃分線的髮長則形成前後等長的結構（如圖 4-5 右 2），所以髮量會集中於髮尾輪廓線由下往頂部點逐漸堆疊，形成規則性平行的邊緣層次（如圖 4-5 右 1）。

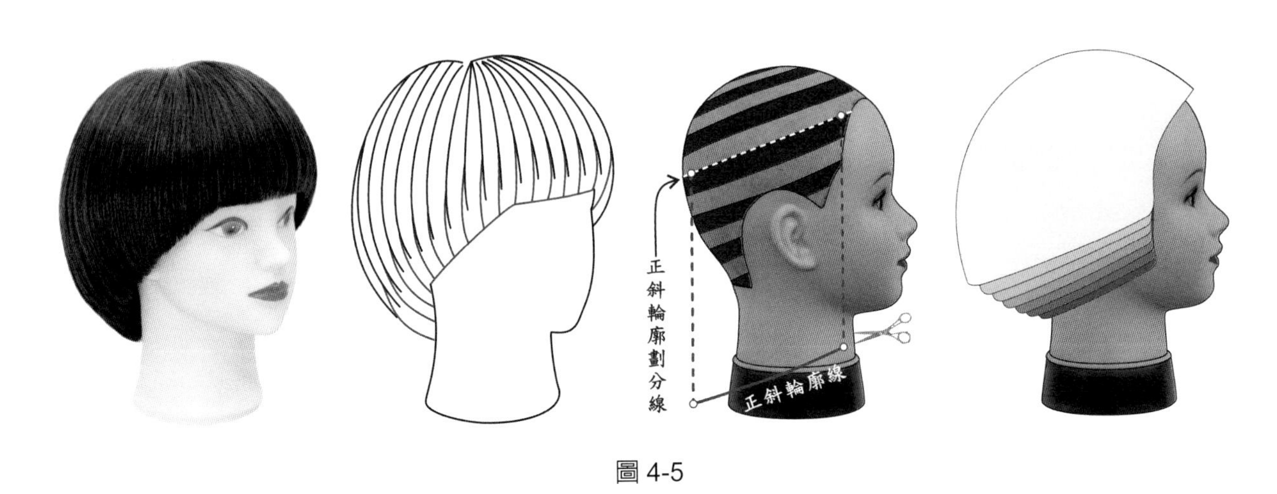

圖 4-5

正斜邊緣層次髮型，明顯以女性對象爲主，但也受到一些年輕男性和男孩的喜好，如國內秀場巨星豬哥亮、早期獨立學生歌手盧廣仲，此款髮型最適合搭配的臉型爲：橢圓形、心形，但也可以改變髮長之設計以適合其他的臉型，圓形臉或方形臉則應該避免設計此款髮型。

一般此款髮型其大部分是直髮造型，若有設計須要也可以使用電棒使髮尾形成內彎，爲維持整潔的邊緣造型還需要定期的修剪，水平瀏海的造型則有益於高或窄的額頭。

圖 4-6

圖 4-7

圖 4-8

QR4-6
經典鮑伯正斜邊緣層次剪髮影片 - 水平瀏海造型完成

QR4-7
經典鮑伯正斜邊緣層次剪髮影片 - 圓弧瀏海造型完成

QR4-8
經典鮑伯正斜邊緣層次剪髮影片 - 圓弧瀏海耳際有角造型完成

正斜邊緣層次剪髮－操作過程解析

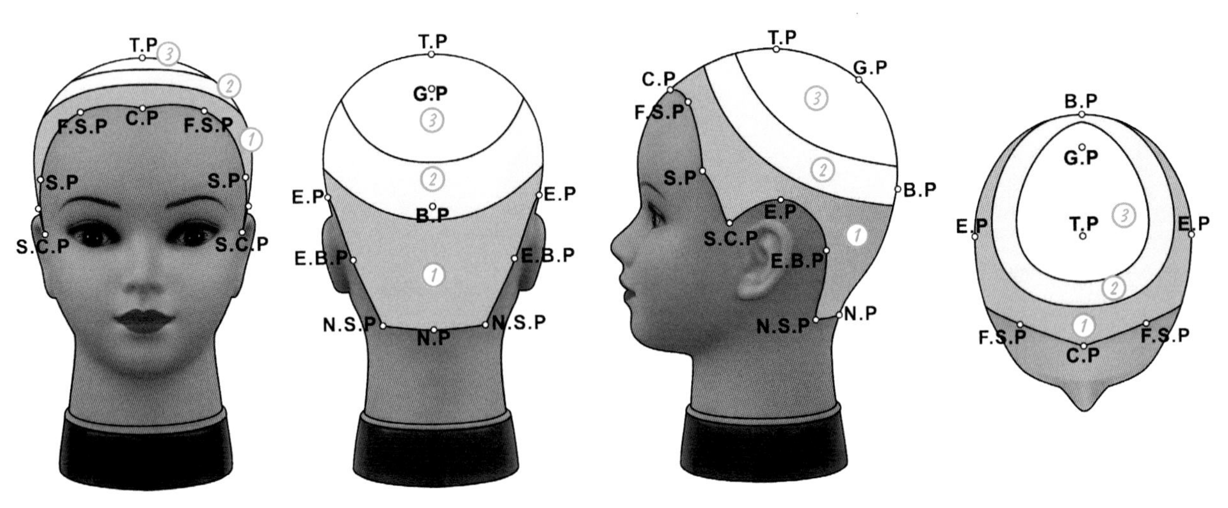

1 分區結構設計圖總共劃分爲3個設計區塊（如上圖編號），各區塊範圍如上圖15個基準點的連線內容，其1、2、3、編號也代表其剪髮操作順序，各區塊設計的結構如下：

第 1 設計區塊爲重量區 - 零層次

第 2 設計區塊爲層次區 - 邊緣層次

第 3 設計區塊爲調量區 - 低層次

2 將剪髮梳持水平，從 C.P 點爲起點。

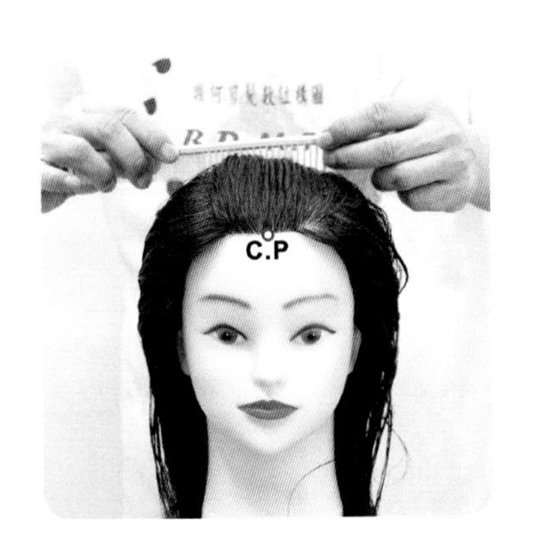

3 將正中線兩側約 2 ～ 3 公分範圍內的髮量，向後貼頭皮梳順。

4 以 C.P 點爲起點

5 順毛流向後劃分連接 T.P 點

6 再順毛流向後劃分連接 G.P ～ B.P ～ N.P

7 再將髮量向左右兩側梳開，即完成正中線的劃分。

8 將左側前頭部髮量沿臉際線平行梳順

9 順毛流沿臉際線平行約 2 公分向下劃分

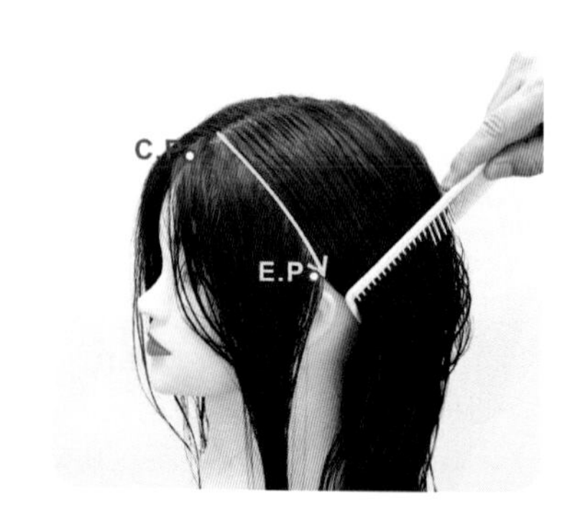

10 沿臉際線平行向下劃分連接 E.P 點

11 再將左側後頭部髮量沿頸側線平行梳順

12 設定約 2 公分厚度的髮片

13 順毛流沿頸側線平行約 2 公分向下劃分

14 沿頸側線平行劃分至頸背線

15 再將頸背髮量沿頸背線平行梳順，設定約 2 公分厚度的髮片。

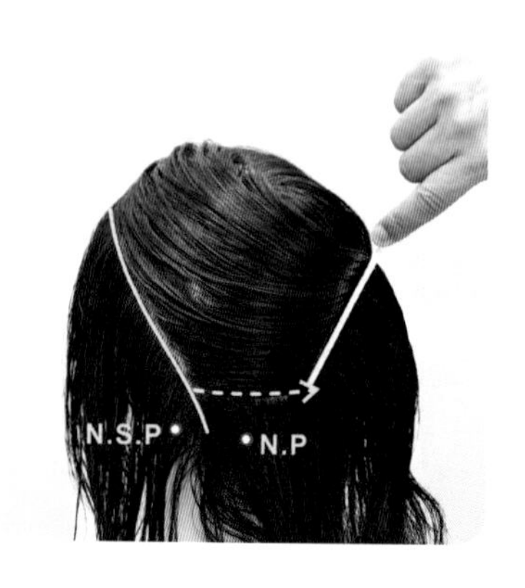

16 順毛流沿頸背線劃分至正中線

17 第 1 設計區塊左側劃分完成

18 將右側前頭部髮量沿臉際線平行梳順，設定約 2 公分厚度的髮片。

19 順毛流沿臉際線平行約 2 公分正斜劃分

20 沿臉際線平行正斜劃分連接 E.P 點

21 再將右側後頭部髮量沿頸側線平行梳順，設定約 2 公分厚度的髮片。

22 順毛流沿頸側線平行約 2 公分，正斜劃分至頸背線。

23 再將頸背髮量沿頸背線平行梳順，設定約 2 公分厚度的髮片。

24 順毛流沿頸背線劃分至正中線

25 正斜 Bob 邊緣層次剪髮 0-第一設計區劃分（片長：3 分 03 秒）

26 第 1 設計區塊劃分完成 - 前面

27 第 1 設計區塊劃分完成 - 後側

28 第 1 設計區塊劃分完成 - 左側

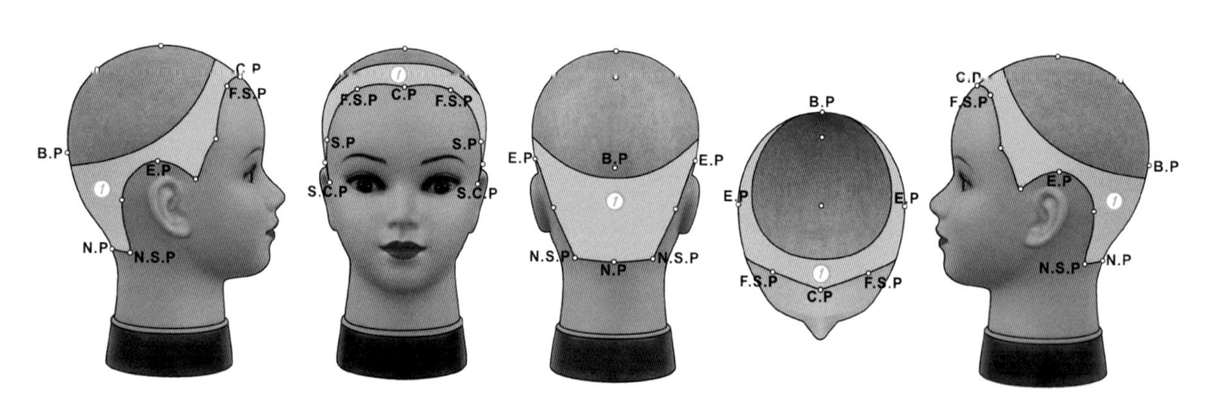

29 第 1 設計區塊劃分結構圖，區塊範圍如圖 15 個基準點的連線內容。

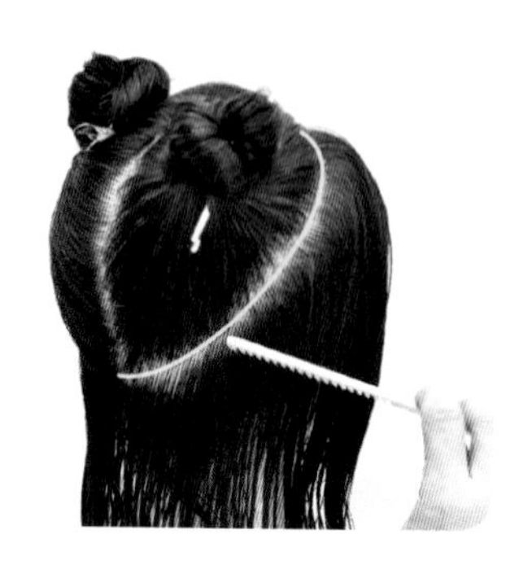

30 第 1 設計區塊，設定水平零層次的右側範圍。

31 劃分 E.B.P 為水平零層次的右側範圍

32 第 1 設計區塊，設定水平零層次的左側範圍。

33 劃分 E.B.P 爲水平零層次的左側範圍

34 水平零層次的裁剪範圍，劃分完成

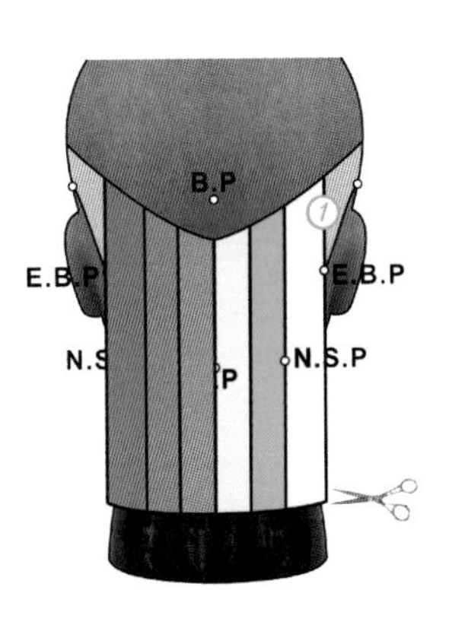

35 水平零層次的裁剪範圍，每段髮片劃分寬約 3 公分，裁剪的幾何結構設計圖。

36 將第 1 設計區的髮量，自然下垂向下梳順，並將剪髮梳水平穩定於設計髮長位置。

37 再以「橫梳橫推」技法將第 1 分段突出於剪髮梳的髮尾去除

38 第 2 分段，繼續將髮量自然下垂向下梳順，並將剪髮梳水平穩定於引導髮長位置，再以「橫梳橫推」技法將突出於剪髮梳的髮尾去除。

39 第 2 分段裁剪完成

40 第 3 分段，繼續將髮量自然下垂向下梳順，並將剪髮梳水平穩定於引導髮長位置，再以「橫梳橫推」技法將突出於剪髮梳的髮尾去除。

41 第 3 分段裁剪完成

42 第 4 分段，繼續將髮量自然下垂向下梳順，並將剪髮梳水平穩定於引導髮長位置。

43 再以「横梳横推」技法將突出於剪髮梳的髮尾去除

44 第 4 分段裁剪完成

45 第 5 分段，繼續將髮量自然下垂向下梳順，並將剪髮梳水平穩定於引導髮長位置。

46 再以「横梳横推」技法將突出於剪髮梳的髮尾去除

47 正斜 Bob 邊緣層次剪髮 0-1 第一設計區水平零層次推剪（片長：2 分 41 秒）

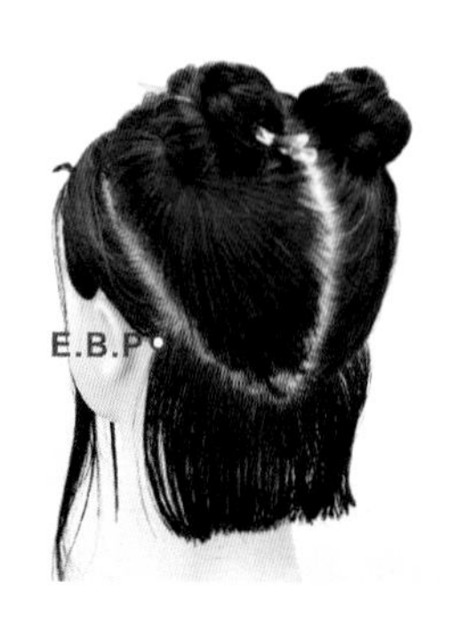

48 水平零層次的設計範圍裁剪完成 - 左側

49 水平零層次的設計範圍裁剪完成 - 後面

50 水平零層次的設計範圍裁剪完成 - 右側

51 將第 1 設計區塊，前額的髮量向下梳順。

52 劃分「水平瀏海」的裁剪範圍（可由設計需求彈性調整範圍寬度）

53 第 1 設計區塊，在 C.P 分出小量髮束

54 讓髮束自然下垂避免毛髮張力，再依設計需求設定瀏海髮長。

55 第 1 設計區塊，瀏海髮長設定完成。

56 再將「水平瀏海」裁剪範圍的髮量，和設定髮長一起貼頭皮梳順。

57 以「水平零層次」技法分段裁剪瀏海範圍的髮片

58 第 1 設計區塊，水平瀏海裁剪完成

59 正斜 Bob 邊緣層次剪髮 0-2 水平瀏海設定與裁剪（片長：2 分 43 秒）

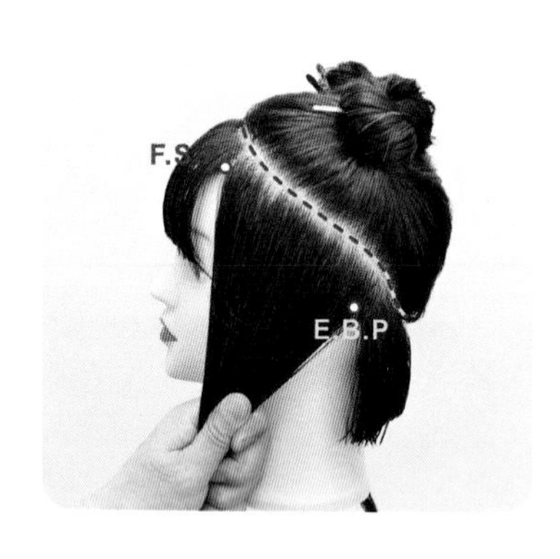

60 第 1 設計區塊左側，「正斜零層次」裁剪範圍的髮量。

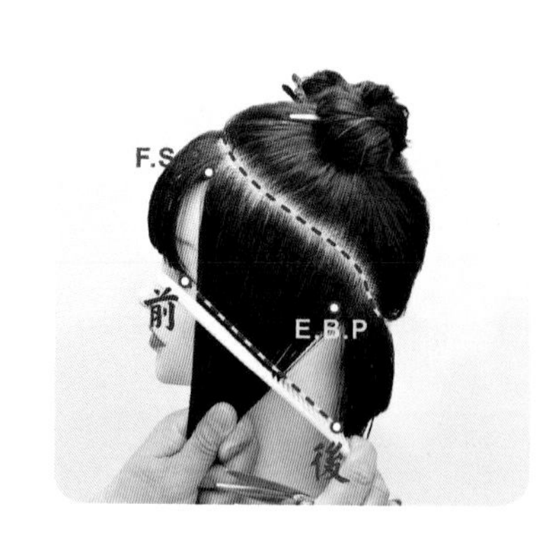

61 第 1 設計區塊左側，前到後預計連接的髮長及正斜切口角度。

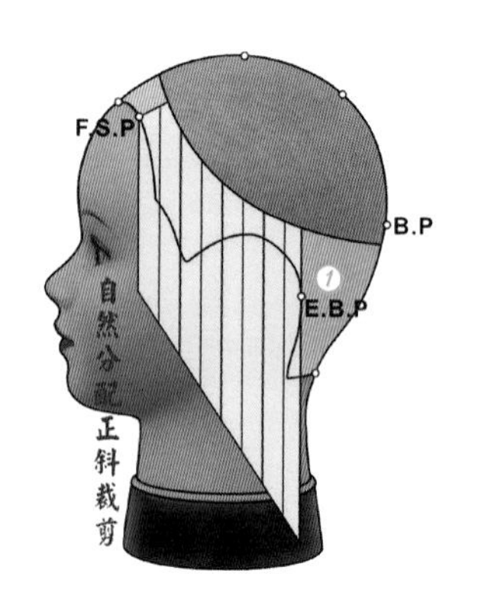

62 第 1 設計區塊左側，前到後連接的髮長，應用自然分配正斜裁剪之幾何結構圖。

63 以剪髮梳從劃分線的髮根開始將髮量梳順

64 應用自然分配，將髮量正斜梳順至前到後預計連接的髮長。

65 將剪髮梳正斜穩定於前到後連接髮長的位置，再以「斜梳斜推」技法將突出於剪髮梳的髮尾去除。

66 第 1 設計區塊，第 1 分段裁剪完成。

67 應用自然分配，將髮量正斜梳順至前到後預計連接的髮長並穩定剪髮梳，再以「斜梳斜推」技法將突出於剪髮梳的髮尾去除。

68 第 1 設計區塊，第 2 分段裁剪完成。

69 應用自然分配，將髮量正斜梳順至前到後預計連接的髮長並穩定剪髮梳，再以「斜梳斜推」技法將突出於剪髮梳的髮尾去除。

70 第 1 設計區塊，第 3 分段裁剪完成。

71 應用自然分配，將髮量正斜梳順至前到後預計連接的髮長並穩定剪髮梳，再以「斜梳斜推」技法將突出於剪髮梳的髮尾去除。

72 正斜 Bob 邊緣層次剪髮 0-3 前～後連接的髮長及正斜切口角度（片長：2 分 29 秒）

73 第 1 設計區塊右側，「正斜零層次」裁剪範圍的髮量。

74 第 1 設計區塊右側，前到後預計連接的髮長及正斜切。

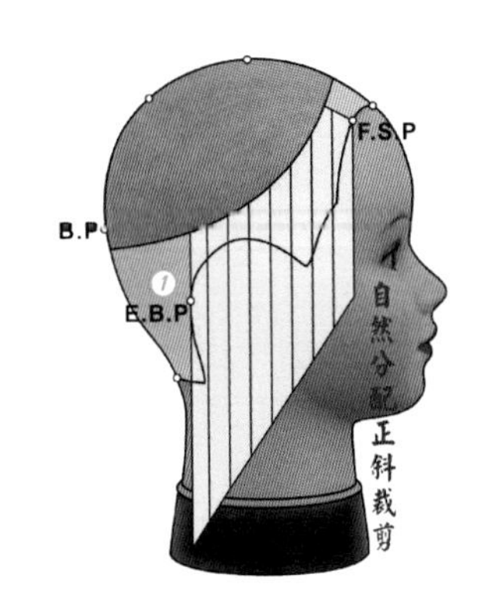

75 第 1 設計區塊右側，前到後連接的髮長，應用自然分配正斜裁剪的幾何結構圖。

76 應用自然分配，將髮量正斜梳順至前到後預計連接的髮長並穩定剪髮梳，再以「斜梳斜推」技法將突出於剪髮梳的髮尾去除。

77 第 1 設計區塊，第 1 分段裁剪完成。

78 應用自然分配，將髮量正斜梳順至前到後預計連接的髮長並穩定剪髮梳，再以「斜梳斜推」技法將突出於剪髮梳的髮尾去除。

79 第 1 設計區塊，第 2 分段裁剪完成。

80 應用自然分配，將髮量正斜梳順至前到後預計連接的髮長並穩定剪髮梳，再以「斜梳斜推」技法將突出於剪髮梳的髮尾去除。

81 第 1 設計區塊，第 3 分段裁剪完成。

82 應用自然分配，將髮量正斜梳順至前到後預計連接的髮長並穩定剪髮梳，再以「斜梳斜推」技法將突出於剪髮梳的髮尾去除。

83 正斜 Bob 邊緣層次剪髮 0-4 前～後連接的髮長及正斜切口角度（片長：2 分 02 秒）

84 第 1 設計區塊，正斜輪廓雛形裁剪完成 - 左後側。

85 第 1 設計區塊，正斜輪廓雛形裁剪完成 - 後面。

86 第 1 設計區塊，正斜輪廓雛形裁剪完成 - 右後側。

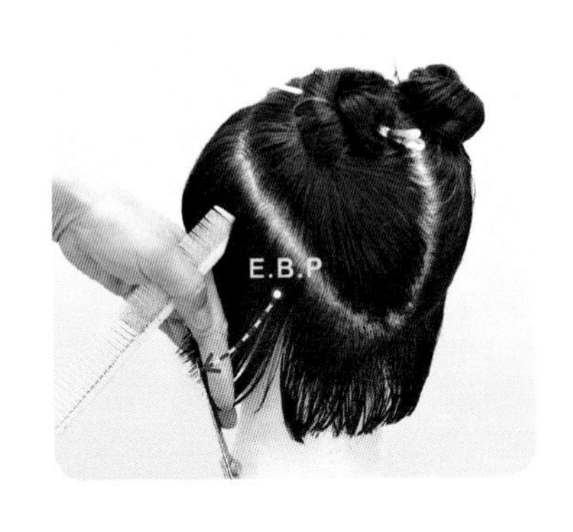

87 左後側外輪廓 - 修飾去角前

88 左後側外輪廓 - 修飾去角後

89 左後側外輪廓 - 修飾去角形成橢圓

90 右後側外輪廓 - 修飾去角前

91 右後側外輪廓 - 修飾去角後

92 右後側外輪廓 - 修飾去角形成橢圓

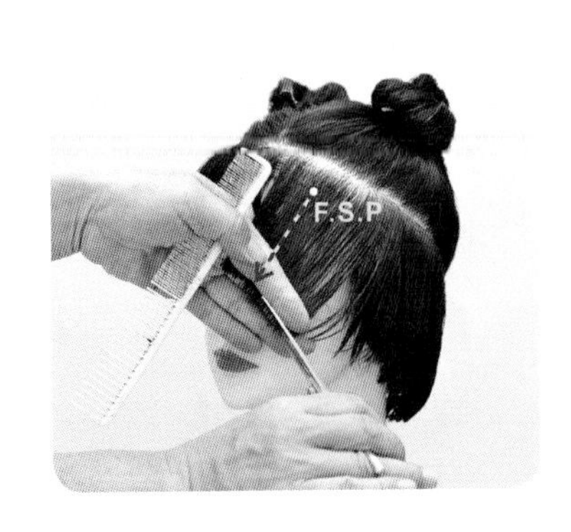

93 左前側外輪廓 - 修飾去角前

94 左前側外輪廓 - 修飾去角後

95 右前側外輪廓 - 修飾去角前

96 右前側外輪廓 - 修飾去角後

97 第 1 設計區塊，正斜橢圓零層次裁剪完成 - 左右兩側。

98 第 1 設計區塊，正斜橢圓零層次裁剪完成 - 後面。

99 第 1 設計區塊，正斜橢圓零層次裁剪完成 - 前面。

100 正斜 Bob 邊緣層次剪髮 0-5-4 個連接點修飾去角（片長：2 分 48 秒）。

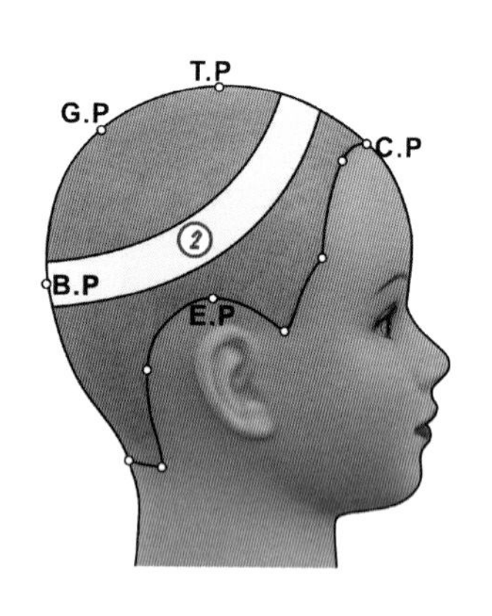

101 第 2 設計區塊右側，劃分正斜髮片之幾何結構圖。

102 第 2 設計區塊髮量，大約沿正斜外輪廓平行梳順。

103 設定約 2 公分髮片厚度，順毛流沿正斜外輪廓平行劃分。

104 第 2 設計區塊，第 1 層正斜髮片劃分線完成，和外輪廓形成平行。

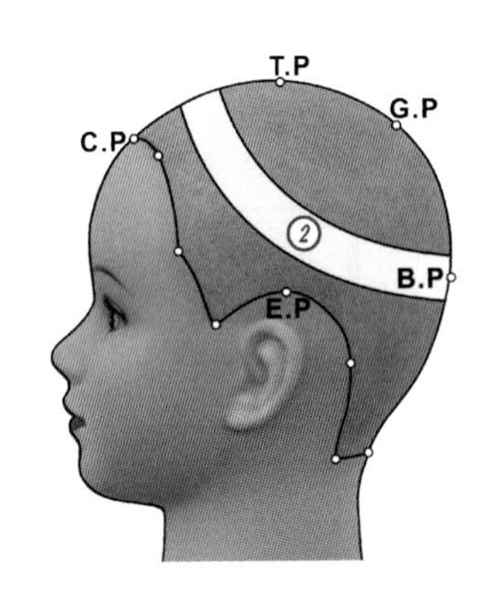

105 第 2 設計區塊左側，劃分正斜髮片之結構圖。

106 第 2 設計區塊髮量，大約沿正斜外輪廓平行梳順。

107 設定約 2 公分髮片厚度，順毛流沿正斜外輪廓平行劃分。

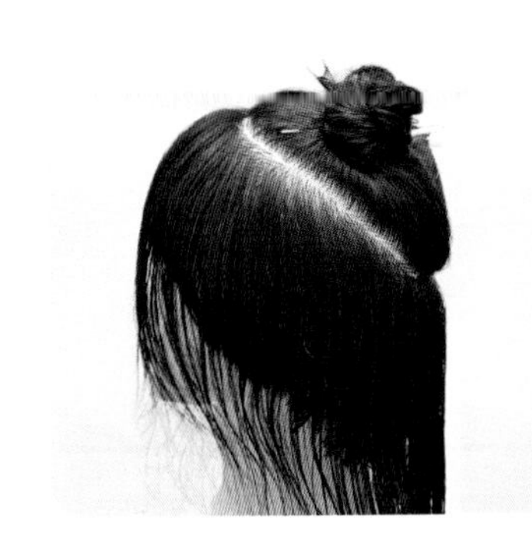

108 第 2 設計區塊，第 1 層正斜髮片劃分線完成 - 左側。

109 第 2 設計區塊，第 1 層正斜髮片劃分線完成 - 後面。

110 第 2 設計區塊，第 1 層正斜髮片劃分線完成 - 前面。

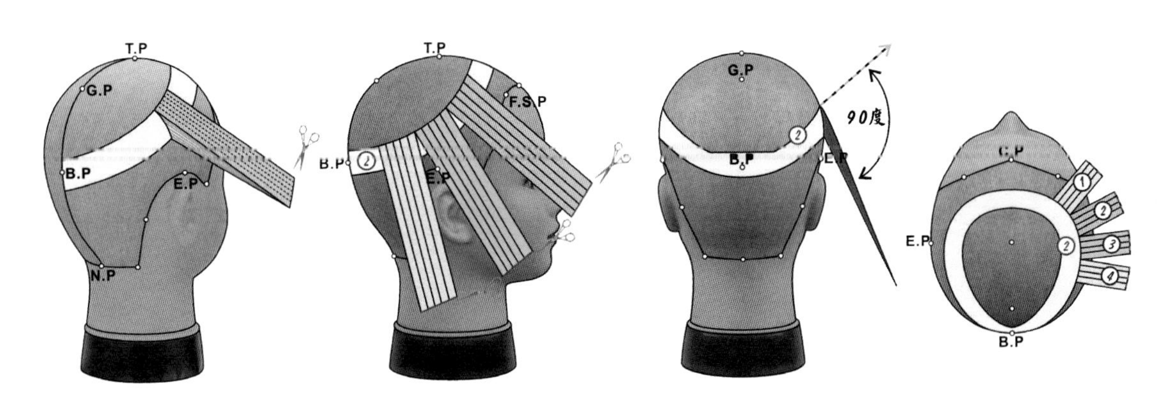

111 第2設計區塊依此結構設計圖的裁剪構想，將髮量以正斜髮片（如上圖左1）、垂直分配（如上圖左2）、提拉 0 度（如上圖右 2）、分段平行裁剪（如上圖右 1）。

112 將剪髮梳持正斜和劃分線成平行

113 再沿正斜劃分線，平行向右劃分約2公分髮片厚度。

114 將正斜髮片以垂直分配、提拉0度、第1分段平行於劃分線裁剪。

115 將正斜髮片以垂直分配、提拉0度、第2分段平行於劃分線裁剪。

116 第2分段平行於劃分線裁剪完成

117 繼續將剪髮梳持正斜和劃分線成平行，正斜劃分約2公分髮片厚度。

118 將正斜髮片以垂直分配、提拉0度、第3分段平行於劃分線裁剪。

119 第3分段平行於劃分線裁剪完成

120 正斜Bob邊線層次剪髮2-第2設計區左側，正斜髮片、垂直分配、提拉0度，平行於劃分線裁剪（片長：1分20秒）。

121 將剪髮梳持正斜和劃分線成平行

122 再沿正斜劃分線，平行向右劃分約 2 公分髮片厚度。

123 將正斜髮片以垂直分配、提拉 0 度、第 1 分段平行於劃分線裁剪。

124 第 1 分段平行於劃分線裁剪完成

125 將剪髮梳持正斜和劃分線成平行

126 再沿正斜劃分線，平行向右劃分約 2 公分髮片厚度。

127 將正斜髮片以垂直分配、提拉 0 度、第 2 分段平行於劃分線裁剪。

128 第 2 分段平行於劃分線裁剪完成。

129 將剪髮梳持正斜和劃分線成平行，向右劃分約 2 公分髮片厚度。

130 將正斜髮片以垂直分配、提拉 0 度、第 3 分段平行於劃分線裁剪。

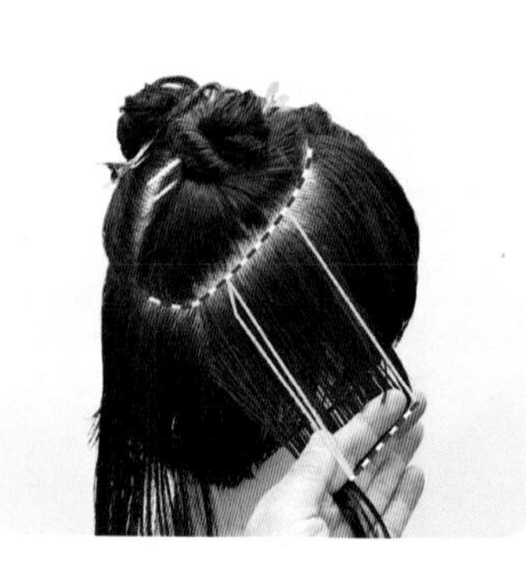

131 第 3 分段平行於劃分線裁剪完成

132 第 2 設計區塊，右側外輪廓及層次堆疊效果。

133 正斜 Bob 邊緣層次剪髮 1-第 2 設計區右側，正斜髮片、垂直分配、提拉 0 度，平行於劃分線裁剪（片長：1 分 46 秒）。

134 將剪髮梳持水平和劃分線成平行

135 再沿水平劃分線，平行向右劃分約 2 公分髮片厚度。

136 同時將手指置於髮根之下

137 將水平髮片以垂直分配、提拉約 15 度、第 1 分段平行於劃分線裁剪。

138 水平髮片以垂直分配、提拉約 15 度。

139 水平髮片以垂直分配、提拉約 15 度，第 1 分段平行於劃分線裁剪。

140 第 1 分段平行於劃分線裁剪完成

141 將剪髮梳持正斜和劃分線成平行

142 再沿正斜劃分線，平行向右劃分約 2 公分髮片厚度。

143 第 2 分段在左後側修飾去角

144 第 2 分段在左後側修飾去角完成

145 將剪髮梳持正斜和劃分線成平行，向右劃分約 2 公分髮片厚度。

146 第 3 分段在右後側修飾去角

147 正斜 Bob 邊緣層次剪髮 3-第 2 設計區後面以水平髮片、垂直分配、提拉約 15 度、分段平行於劃分線裁剪（片長：1 分 56 秒）

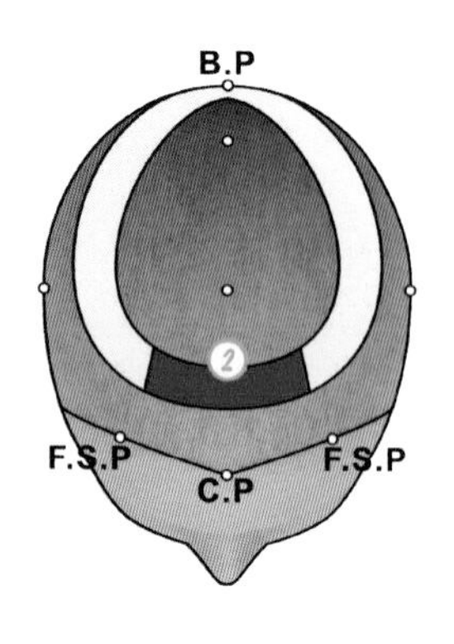

148 第 2 設計區塊，分段裁剪瀏海範圍的幾何結構圖。

149 將第 2 設計區塊，瀏海範圍的髮片梳順。

150 將剪髮梳持水平和劃分線成平行

151 向右劃分約 2 公分髮片厚度，分取第 1 設計區塊引導髮長。

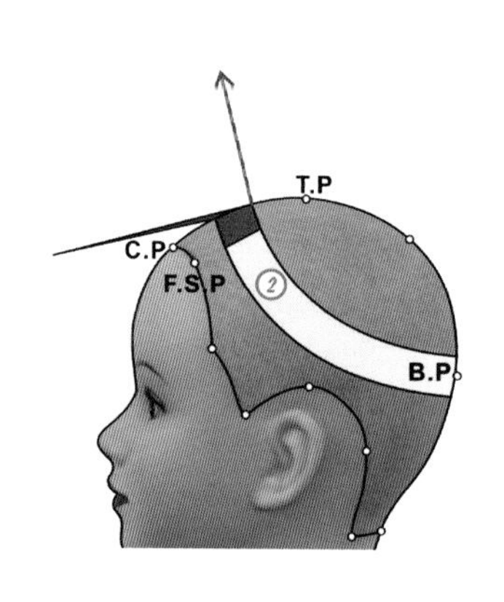

152 水平髮片以垂直分配、提拉約 0 度的幾何結構圖。

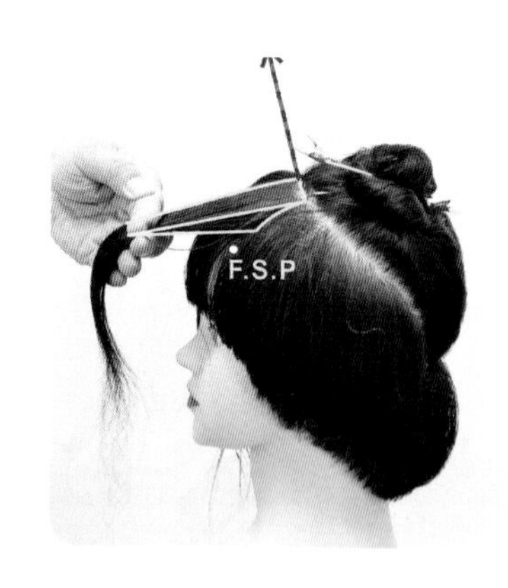

153 水平髮片以垂直分配、提拉約 0 度。

154 水平髮片以垂直分配、提拉約 0 度

155 第 1 分段平行於劃分線裁剪及裁剪完成

156 將剪髮梳持正斜和右前側劃分線成平行向右劃分，第 2 分段分取引導髮長。

157 第 2 分段分取引導髮長

158 水平髮片以垂直分配、提拉約 0 度，平行於劃分線裁剪。

159 第 2 分段平行於劃分線裁剪完成

160 第 2 設計區塊第 1 層裁剪完成 - 前面

161 第 2 設計區塊第 1 層裁剪完成 - 後面

162 第 2 設計區塊第 1 層裁剪完成 - 左側

163 第 2 設計區塊第 2 層裁剪髮片劃分完成 - 前面

164 第 2 設計區塊第 2 層裁剪髮片劃分完成 - 後面

165 正斜 Bob 邊緣層次剪髮 4- 前面以水平髮片、垂直分配、提拉約 0 度、分段平行於劃分線裁剪（片長：1 分 15 秒）。

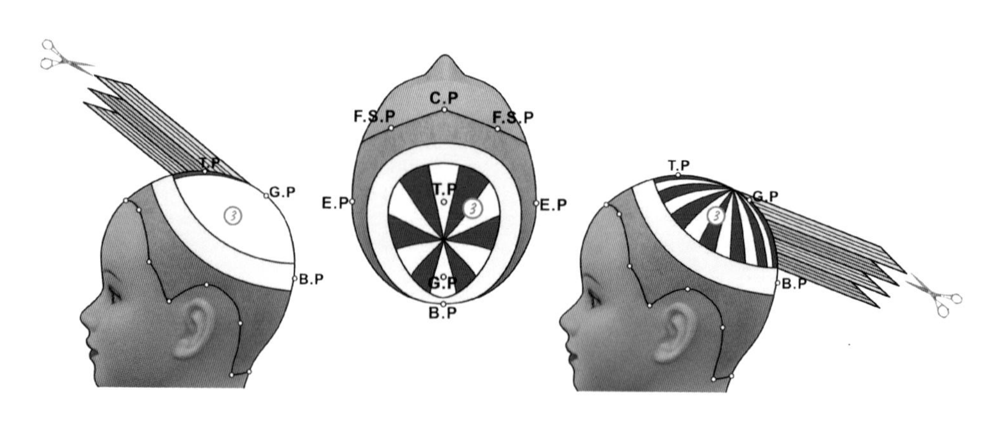

166 第 3 設計區塊依此結構設計圖的裁剪構想，以 T.G.M.P 爲定點放射、移動式引導、等腰三角型、提拉 0 度、鋸齒狀裁剪。

167 以 T.G.M.P 爲定點放射，在正中線劃分出髮束做爲引導髮片。

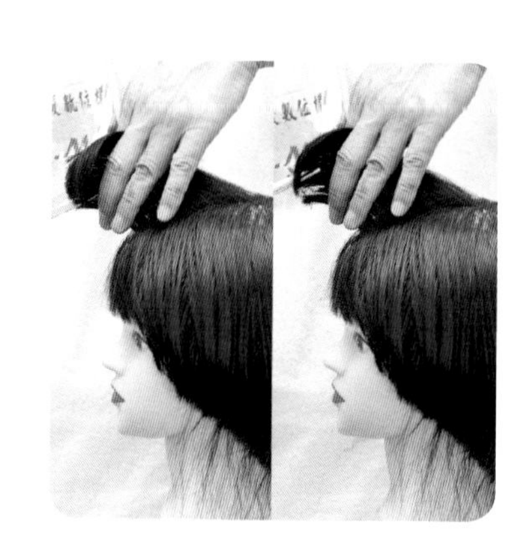

168 髮片型態爲等腰三角型、提拉 0 度、以鋸齒狀裁剪。

169 髮片以鋸齒狀裁剪後效果

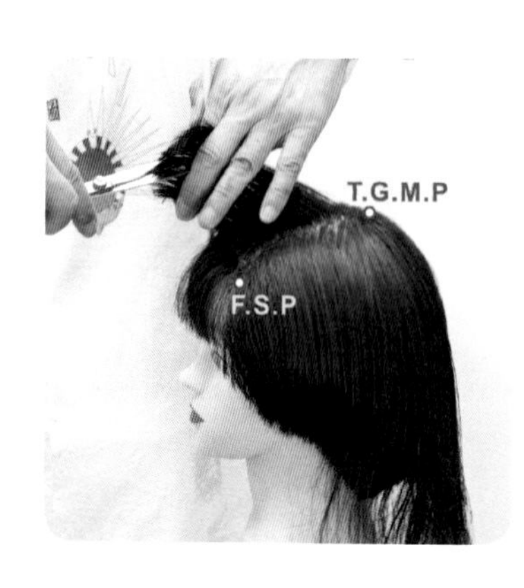

170 以 T.G.M.P 爲定點放射，繼續劃分出裁剪髮片，髮片型態爲等腰三角型、提拉 0 度、以鋸齒狀裁剪

171 髮片以鋸齒狀裁剪後效果

172 以 T.G.M.P 爲定點放射，繼續劃分出裁剪髮片，髮片型態爲等腰三角型、提拉 0 度、以鋸齒狀裁剪。

173 以 T.G.M.P 為定點放射，繼續劃分出裁剪髮片，髮片型態為等腰三角型、提拉 0 度、以鋸齒狀裁剪。

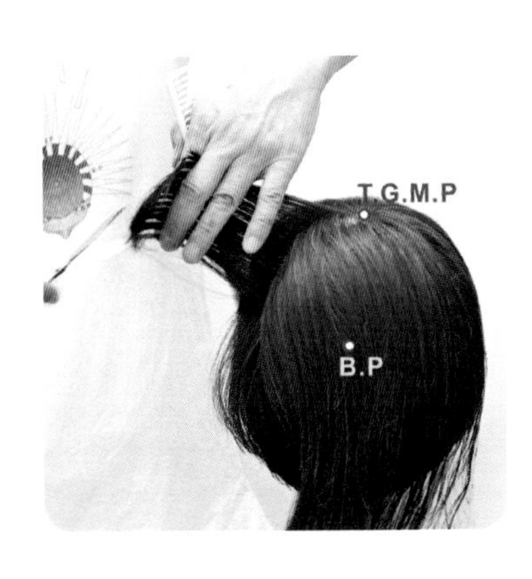

174 以 T.G.M.P 為定點放射，繼續劃分出裁剪髮片，髮片型態為等腰三角型、提拉 0 度、以鋸齒狀裁剪。

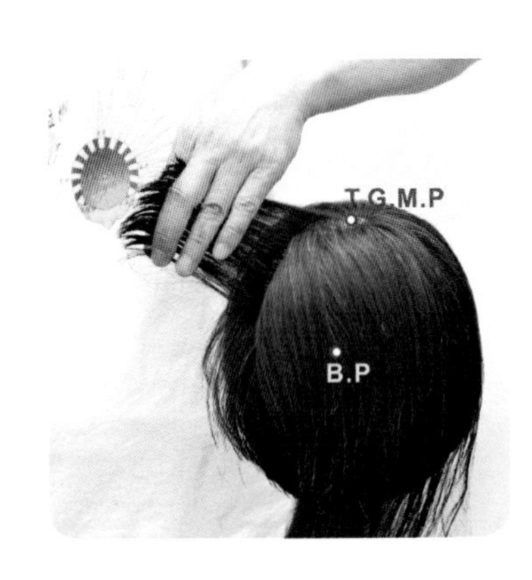

175 髮片以鋸齒狀裁剪後效果

176 以 T.G.M.P 為定點放射，繼續劃分出裁剪髮片。

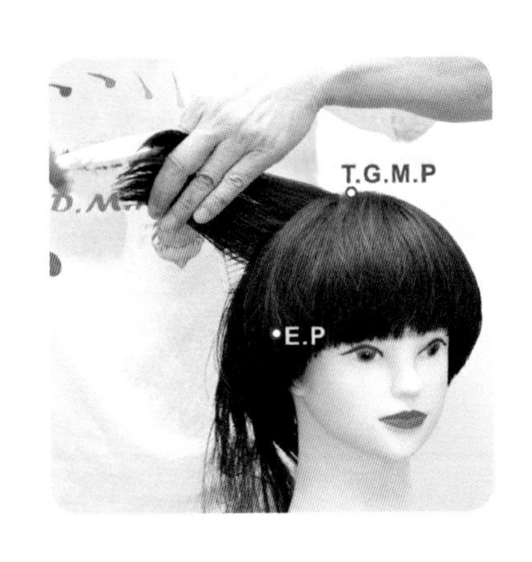

177 髮片型態為等腰三角型、提拉 0 度、以鋸齒狀裁剪。

178 髮片以鋸齒狀裁剪後效果

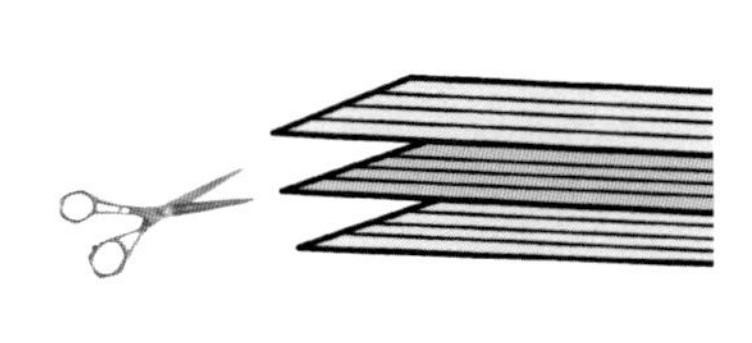

179 髮片以鋸齒狀裁剪的結構設計圖

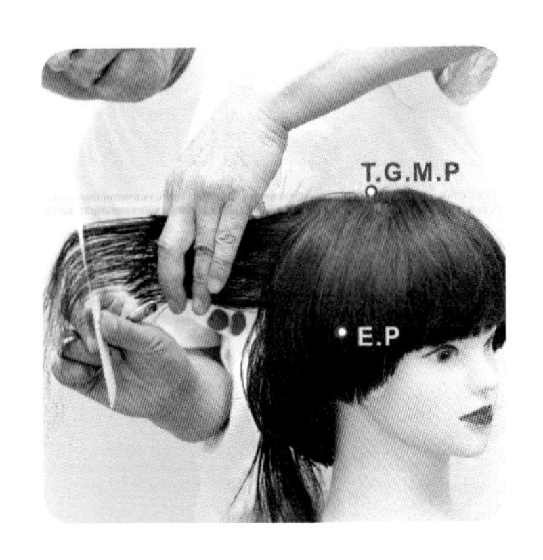

180 以 T.G.M.P 為定點放射，繼續劃分出裁剪髮片，髮片型態為等腰三角型、提拉 0 度、以鋸齒狀裁剪。

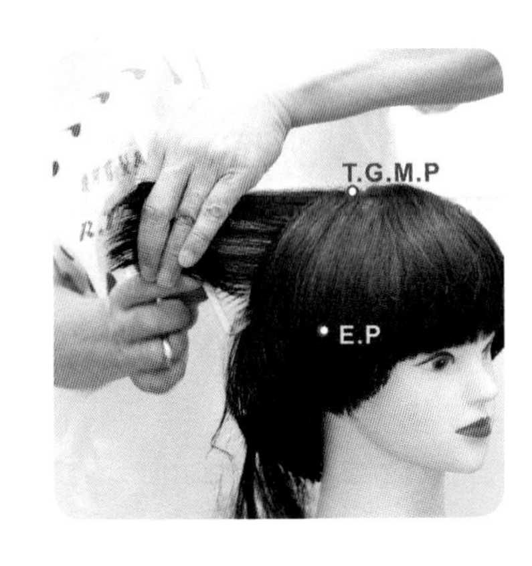

181 髮片以鋸齒狀裁剪後效果

182 十字交叉檢查，將剪髮梳持正斜。

183 向後劃分出斜髮片

184 梳順髮片，檢查斜向外輪廓連接的精密度。

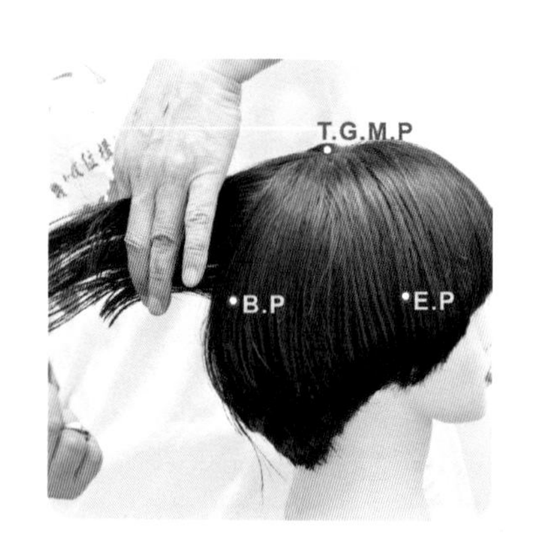

185 以 T.G.M.P 爲定點放射，繼續劃分出裁剪髮片，髮片型態爲等腰三角型、提拉 0 度、以鋸齒狀裁剪。

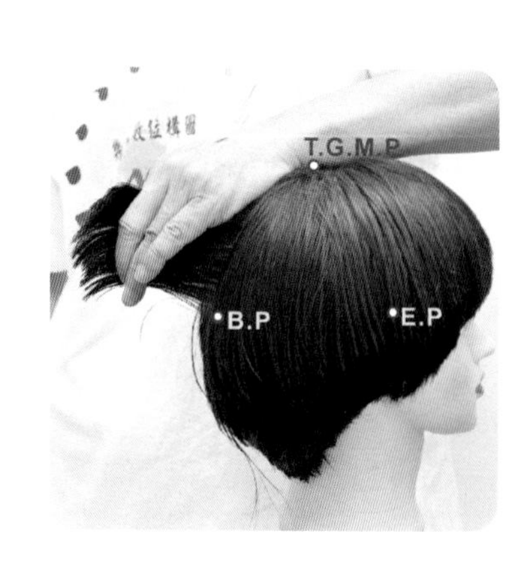

186 髮片以鋸齒狀裁剪後效果

187 十字交叉檢查，將剪髮梳持正斜，向後劃分出斜髮片。

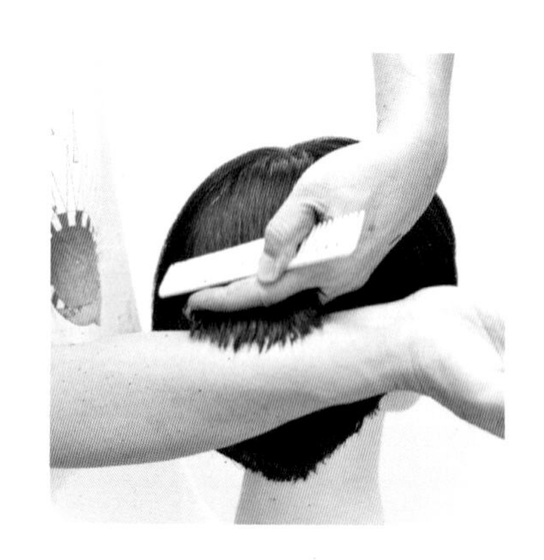

188 梳順髮片，檢查斜向外輪廓連接的精密度。

189 正斜 Bob 邊緣層次剪髮 5-鋸齒狀裁剪（片長：2 分 10 秒）。

190 髮型裁剪完成

第五章

經典鮑伯－不對稱邊緣層次

QR5-1
不對稱邊緣層次 Bob 剪髮 13 造型完成（片長：1 分 26 秒）

QR5-2
不對稱邊緣層次 Bob 剪髮 12 造型完成（片長：1 分 37 秒）

5-1 不對稱邊緣層次－設計概論

本單元鮑伯不對稱邊緣層次剪髮，是一款應用不對稱設計區塊、對比式的斜向裁剪組合而成，沿著邊緣輪廓以幾何式裁剪，形成精細圓弧又豐厚的輪廓。

應用幾何圖型解剖髮型的結構，裁剪過程總共分為三個設計區塊，主要在瞭解髮型三大設計區塊：輪廓區、層次區、調量區（如圖 5-1），裁剪的操作順序如編號 1、2、3，從熟悉頭部十五個基準點的正確位置，藉以分析設計區塊如何結合（Combination）或構成（Construction）之應用模式。在三大設計區塊綜合應用如下的幾何剪髮技法：斜向分區的角度、自然分配、垂直分配、斜向平行、提拉 0 度、鋸齒狀裁剪（Point cut）、鋸齒調量等裁剪的技法，使裁剪前即可掌握裁剪設計目標 - 形（Form）的外輪廓（Outline）。

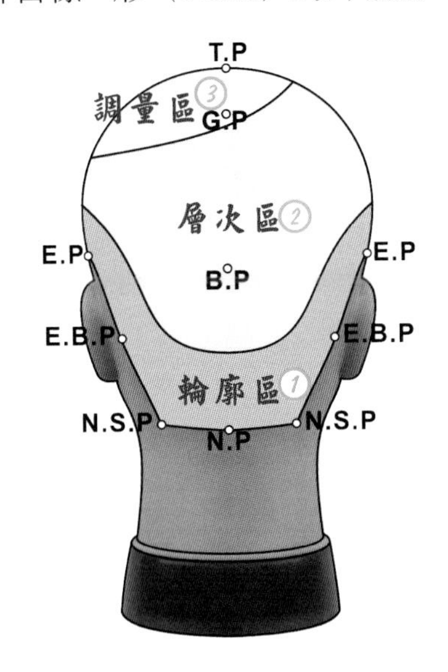

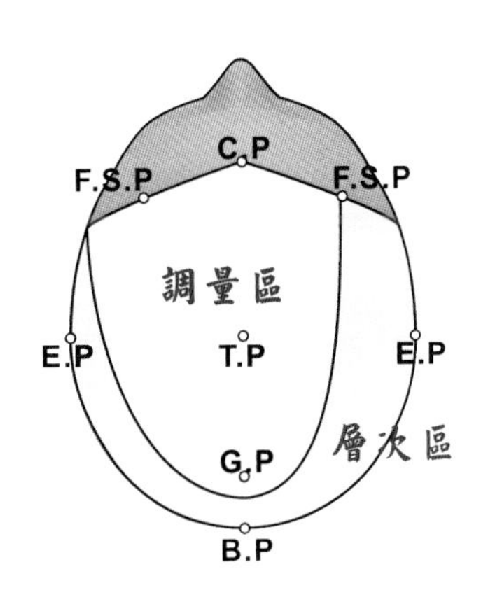

圖 5-1

1. 形狀－ Form：

這是一款不對稱輪廓及幾何形狀裁剪的經典髮型，非常適合直髮及中長到短髮設計的造型。解構本單元鮑伯髮型的造型元素為；簡單俐落的幾何形狀、圓弧又豐厚的外輪廓、對比式的長短髮，通常也可搭配一款豐厚瀏海造型在前面，整款髮型由右至左使用斜向沿著輪廓裁剪的線條，因此兩側形成髮長不對稱、造型重心偏移的邊緣輪廓，這種風格造型非常容易自行梳理，不祇改變了傳統的對稱設計，並且顯得有型更前衛。

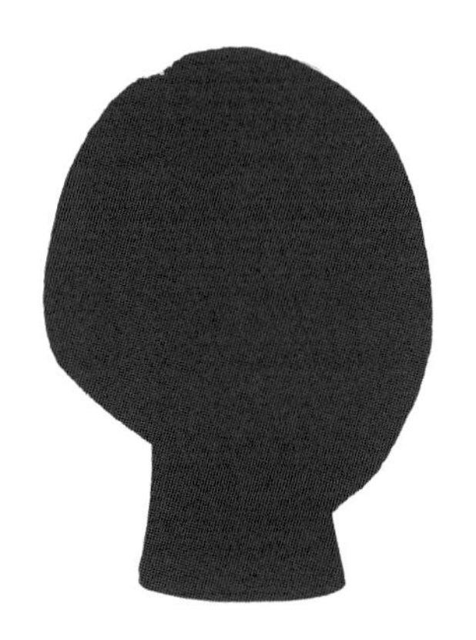

圖 5-2

2. 結構 － Structure：

鮑伯不對稱邊緣層次是一款長度由右（最短）至左（最長），成螺旋環狀斜向逐漸變長的髮型，右側以劃分正斜髮片的垂直分配技法裁剪，形成前短後長的髮長結構（如圖 5-3 左），左側則以劃分逆斜髮片的垂直分配技法裁剪，形成後短前長的髮長結構（如圖 5-3 右），因此左右兩側髮長結構的對比及左右兩側劃分髮片正斜逆斜的對比，添增本款髮型同時具有不對稱又對比 Contrast 的造型美學。

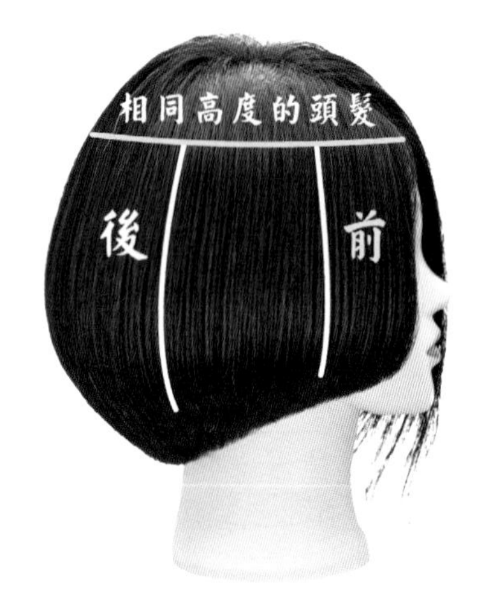

圖 5-3

第一設計區裁剪時爲了讓髮尾落在正斜輪廓的位置，避免產生張力最有效的技法，通常是髮片以自然分配法梳順，裁剪梳依設計輪廓之髮長，以斜向角度固定髮片，本操作以電推剪裁剪（如圖 5-4 左）。

第二設計區裁剪時爲了在髮尾創造弧形內彎的邊緣層次，右側應用正斜髮片、垂直分配、裁剪線和劃分線平行裁剪、髮片提拉 0 度幾何剪髮組合技法（如圖 5-4 中），因此等高線的髮長會形成前短後長。左側應用逆斜髮片、垂直分配、裁剪線和劃分線平行裁剪、髮片提拉 0 度，幾何剪髮綜合技法（如圖 5-4 右），因此等高線的髮長會形成後短前長。（請參閱專業技術名詞：平行裁剪）

QR5-4
不對稱邊緣層次 Bob 剪髮 9-2 垂直分配平行裁剪（片長：1 分 01 秒）

圖 5-4

3. 紋理－ Texture：

正由於本款髮型右短左長並採右側三七分線，所以髮量會集中於左側髮尾輪廓線，因此為了平衡不對稱造型重心偏移至左前側的邊緣輪廓，組合應用以下兩種裁剪技法：

1. 在第三設計區塊採用低層次鋸齒狀裁剪技法（又稱點剪髮 Point cutting），以去除髮量及平衡設計區中可能太厚的髮尾（如圖 5-5 左）。
2. 在第三設計區塊採用內部高層次鋸齒狀調量技法，以快速去除髮量平衡設計區的外輪廓及弧度（如圖 5-5 中、右）。

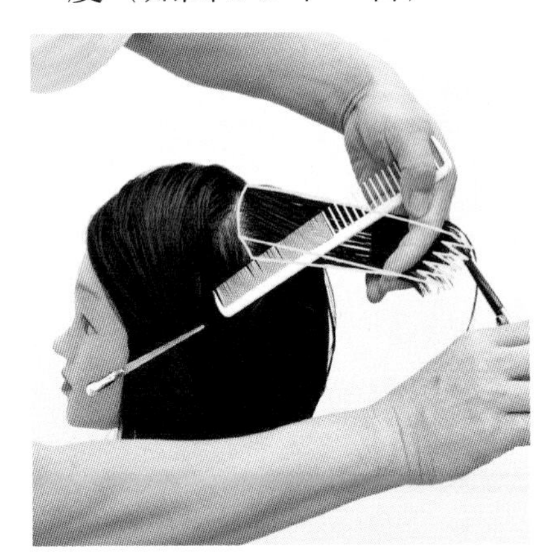

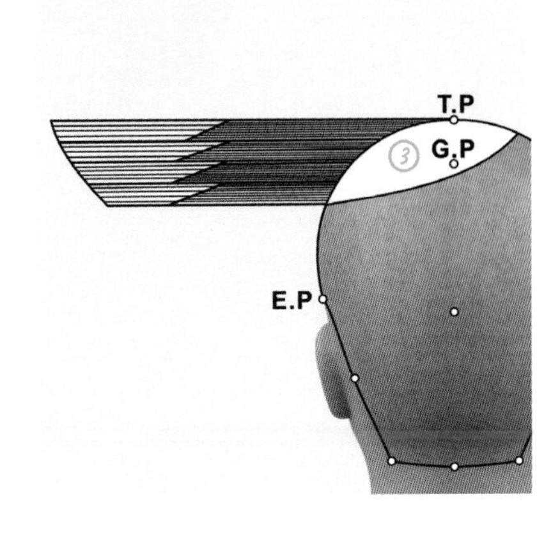

圖 5-5

「Bob- 鮑伯」髮型首次推出於第一次世界大戰期間，當時只是將頭部耳朵底部周圍的頭髮剪成水平線之形狀稱為「齊剪 -blunt cut」，前額搭配瀏海或斜梳，這是由 Gibson 和 Marcel 從女性長時期的樣貌大幅改變進而創造為簡單的風格，1921 年在時裝設計師 Coco Chanel 及女演員 Louise Brooks 引領下，使得 Bob 成為 1920s 年代最有名的短髮標誌。

在後來 1960s 年代，Vidal Sassoon 的風格改變了造型師的剪髮方式，並重新推出了一款更新的 Bob，使它成為一項更時尚的簡潔髮型，由於樣式很容易整理及維護因此再度引起流行，沙宣最初的經典風格為 Five-point cut，後來又開發出一系列的幾何 Bob 包括 Box Bob、Inverted Bob、Long Bob、Asymmetrical Bob，所以鮑伯至今仍是時尚歷史最流行的髮型，它的多功能性可以容易創意設計孩子的神韻與活力，一個年輕人的叛逆個性，或一個成熟女人的魅力。

圖 5-6

5-2 不對稱邊緣層次剪髮－操作過程解析

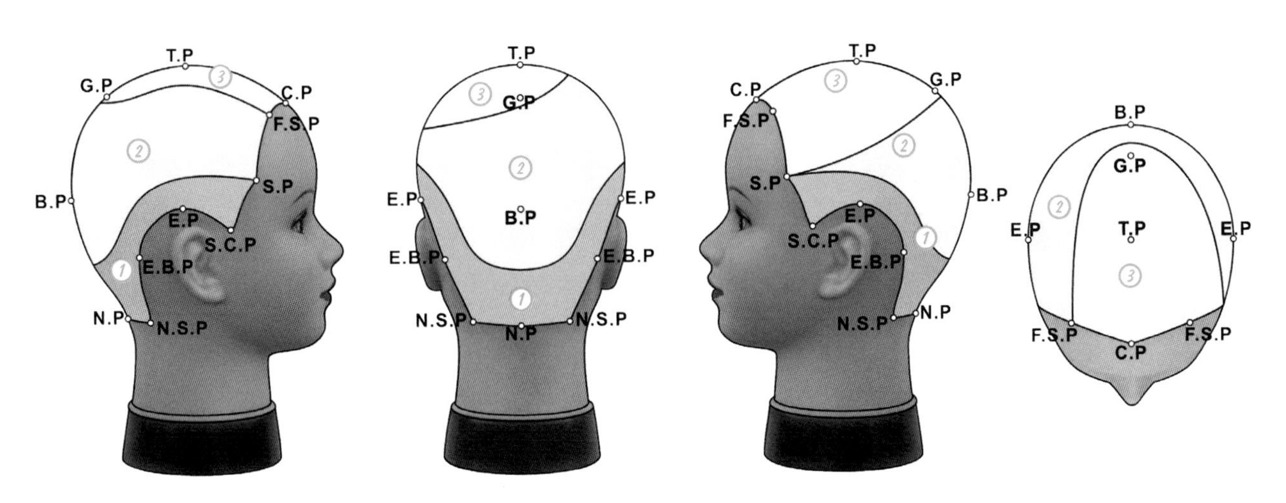

1 分區結構設計圖總共劃分爲3個設計區塊（如圖編號），各區塊範圍如上圖15個基準點的連線內容，其1、2、3、編號也代表其剪髮操作順序，各區塊設計的結構如下：

第 1 設計區塊爲輪廓區 - 零層次

第 2 設計區塊爲層次區 - 邊緣層次

第 3 設計區塊爲調量區 - 低層次

2 將右側頭部髮量正斜梳順，設定約 S.P 爲起點。

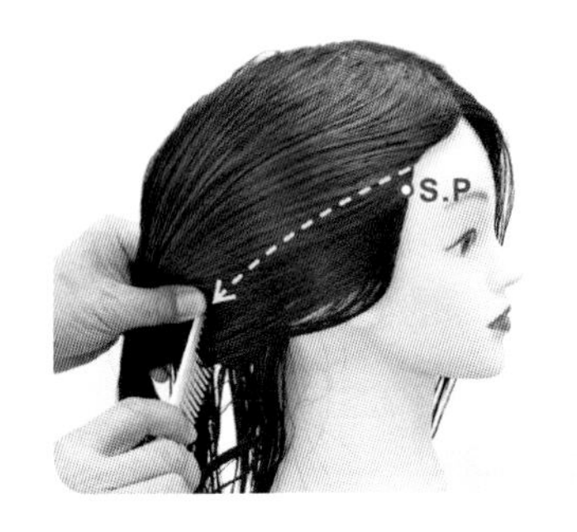

3 順毛流正斜劃分至頸背

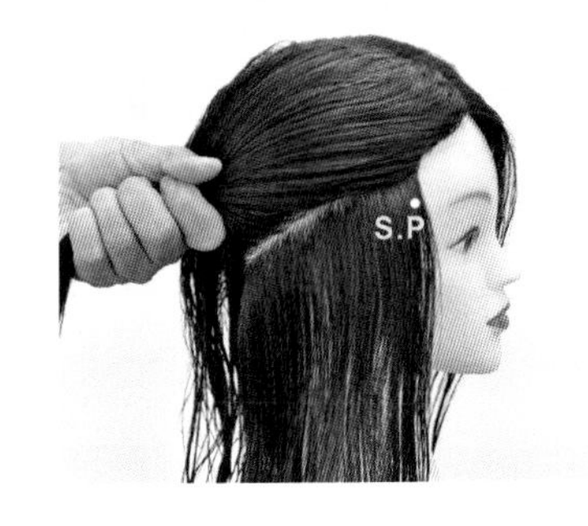

4 右側頭部正斜劃分線完成

5 將左側頭部髮量正斜梳順，設定約 S.P 爲起點。

6 順毛流正斜劃分至頸背

7 左側頭部正斜劃分線完成

8 第 1 設計區塊劃分完成 - 左側

9 第 1 設計區塊劃分完成 - 後面

10 第 1 設計區塊劃分完成 - 右側

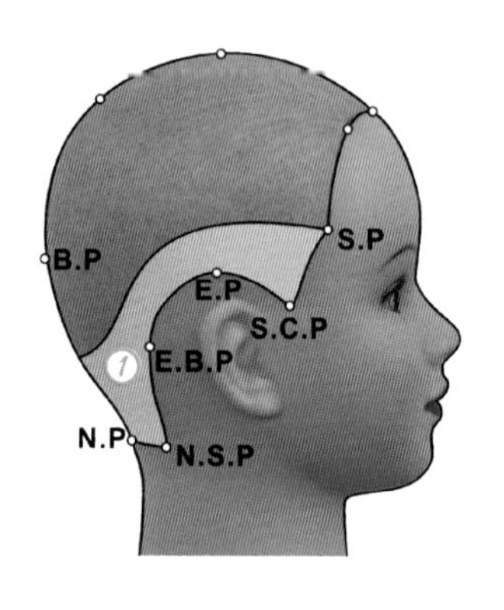

11 依結構設計圖的分區構想，從頭側及背部劃分第 1 設計區塊。

12 參點式髮長設定 : 設定右前側不對稱髮長（少許髮量即可）

13 右前側不對稱髮長設定完成

14 參點式髮長設定：設定左前側不對稱髮長（少許髮量即可）

15 右前側不對稱髮長設定完成

16 兩前側不對稱髮長對比設計之效果

17 參點式髮長設定：設定頸背部髮長（少許髮量即可）。

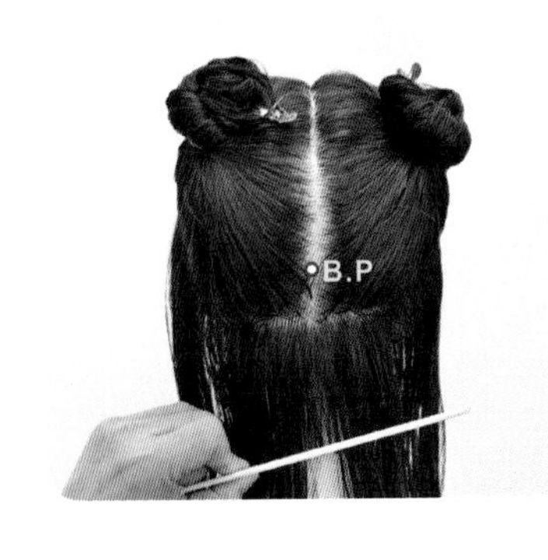

18 頸背部髮長設定完成

19 不對稱邊緣層次 Bob 剪髮 -1- 外輪廓參點式髮長設定（片長：1 分 12 秒）

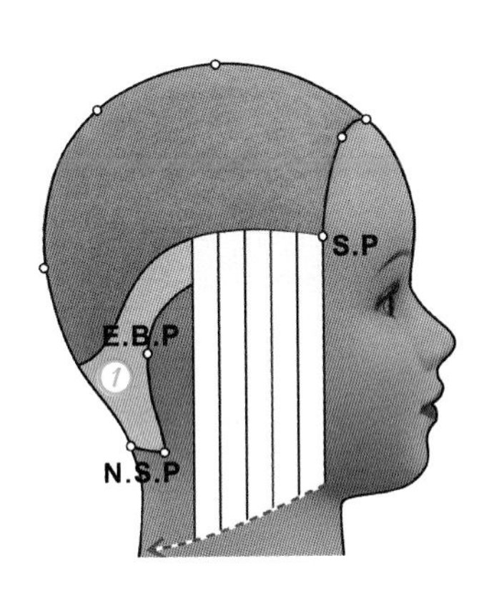

20 右側髮片自然分配，正斜輪廓裁剪結構設計圖。

21 以剪髮梳從劃分線的髮根開始將髮量梳順

22 應用自然分配，將髮量正斜梳順至右前側設定的髮長。

23 將剪髮梳正斜穩定於設定髮長的位置，再以「斜梳斜推」技法將突出於剪髮梳的髮尾去除。

24 第 1 設計區塊，右側第 1 分段裁剪完成。

25 應用自然分配，將髮量正斜梳順至第 1 分段裁剪的引導髮長並穩定剪髮梳，再以「斜梳斜推」技法將突出於剪髮梳的髮尾去除。

26 第 1 設計區塊，右側第 2 分段裁剪完成。

27 應用自然分配，將髮量正斜梳順至第 2 分段裁剪的引導髮長並穩定剪髮梳。

28 再以「斜梳斜推」技法將突出於剪髮梳的髮尾去除

29 第 1 設計區塊，右側第 3 分段裁剪完成。

30 應用自然分配，將髮量正斜梳順至前到頸背部設定連接的髮長並穩定剪髮梳。

31 再以「斜梳斜推」技法將突出於剪髮梳的髮尾去除

32 第 1 設計區塊，右側第 4 分段裁剪完成。

33 應用自然分配，將髮量正斜梳順至前到頸背部設定連接的髮長並穩定剪髮梳。

34 再以「斜梳斜推」技法將突出於剪髮梳的髮尾去除

35 第 1 設計區塊，右側第 5 分段裁剪完成。

36 第 1 設計區塊，左側逆斜輪廓設計裁剪範圍。

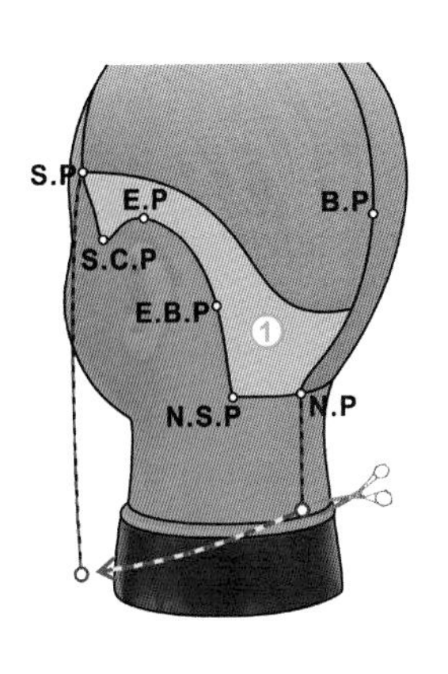

37 第 1 設計區塊，左側逆斜輪廓裁剪結構設計圖。

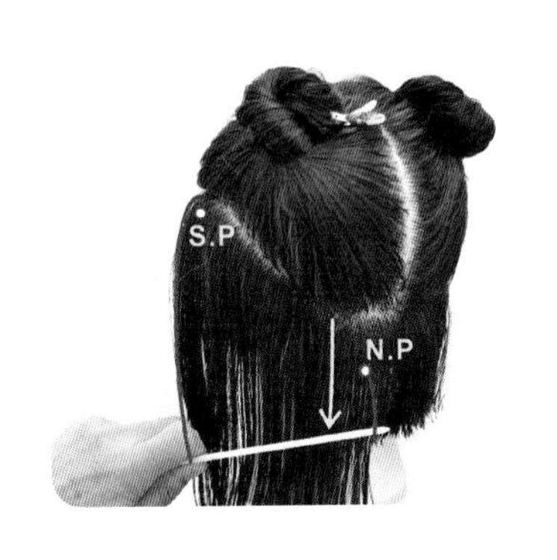

38 左側髮片自然分配，以剪髮梳從劃分線的髮根開始將髮量梳順至左前側設定的髮長。

39 將剪髮梳逆斜穩定於前到後設定髮長的位置，再以「斜梳斜推」技法將突出於剪髮梳的髮尾去除。

40 第 1 設計區塊，左側逆斜輪廓第 1 分段裁剪完成。

41 以剪髮梳從劃分線的髮根開始將髮量應用自然分配梳順

42 將髮量逆斜梳順至第 1 分段裁剪的引導髮長並穩定剪髮梳

43 再以「斜梳斜推」技法將突出於剪髮梳的髮尾去除

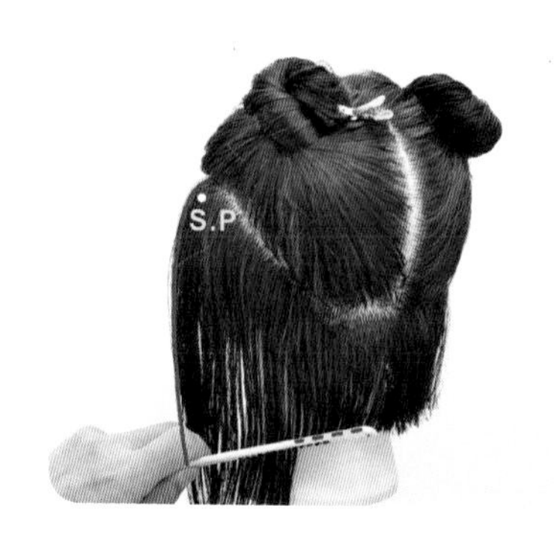

44 第 1 設計區塊，左側逆斜輪廓第 2 分段裁剪完成。

45 以剪髮梳從劃分線的髮根開始將髮量應用自然分配梳順

46 將髮量逆斜梳順至第 2 分段裁剪的引導髮長並穩定剪髮梳

47 再以「斜梳斜推」技法將突出於剪髮梳的髮尾去除

48 第 1 設計區塊，左側逆斜輪廓第 3 分段裁剪完成。

49 以剪髮梳從劃分線的髮根開始將髮量應用自然分配梳順

50 將髮量逆斜梳順至第 3 分段裁剪的引導髮長及左前側設定的髮長，並穩定剪髮梳，再以「斜梳斜推」技法將突出於剪髮梳的髮尾去除。

51 第 1 設計區塊，左側逆斜輪廓第 4 分段裁剪完成。

52 不對稱邊緣層次 Bob 剪髮 -2- 自然分配不對稱外輪廓裁剪（片長：2 分 20 秒）。

53 第 1 設計區塊，不對稱斜向零層次裁剪完成 - 前面。

54 第 1 設計區塊，不對稱斜向零層次裁剪完成 - 左側。

55 第 1 設計區塊，不對稱斜向零層次裁剪完成 - 右側。

56 第 1 設計區塊，不對稱斜向零層次裁剪完成 - 後面。

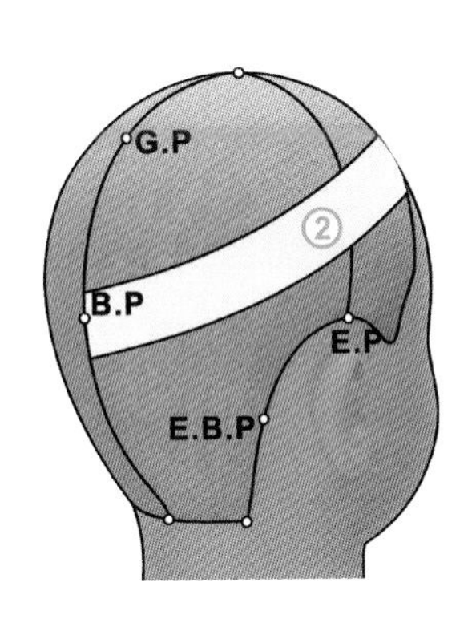

57 第 2 設計區塊右側，劃分正斜髮片結構設計圖。

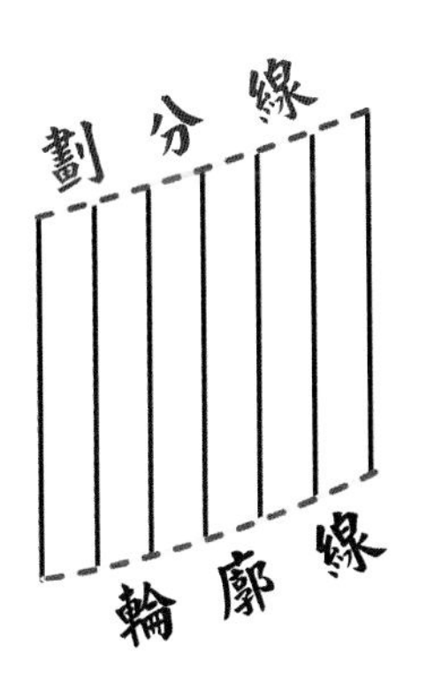

58 斜髮片劃分線和外輪廓平行的幾何結構設計圖

59 將右側髮量和外輪廓正斜平行梳順，然後從臉際線開始分取約 2 公分厚髮片。

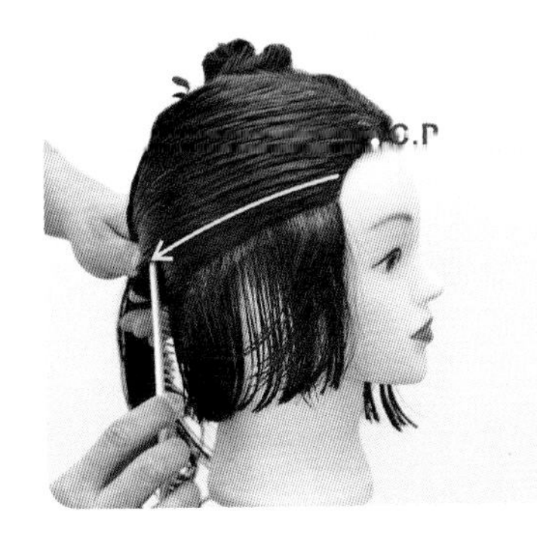

60 順毛流和外輪廓平行劃分出約 2 公分厚髮片

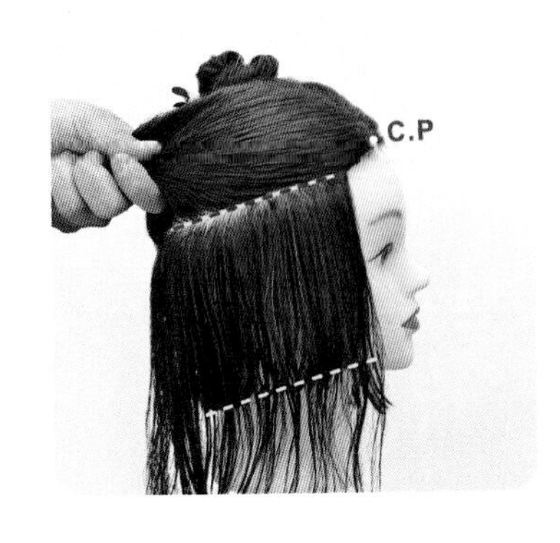

61 髮片劃分完成，劃分線和外輪廓形成平行。

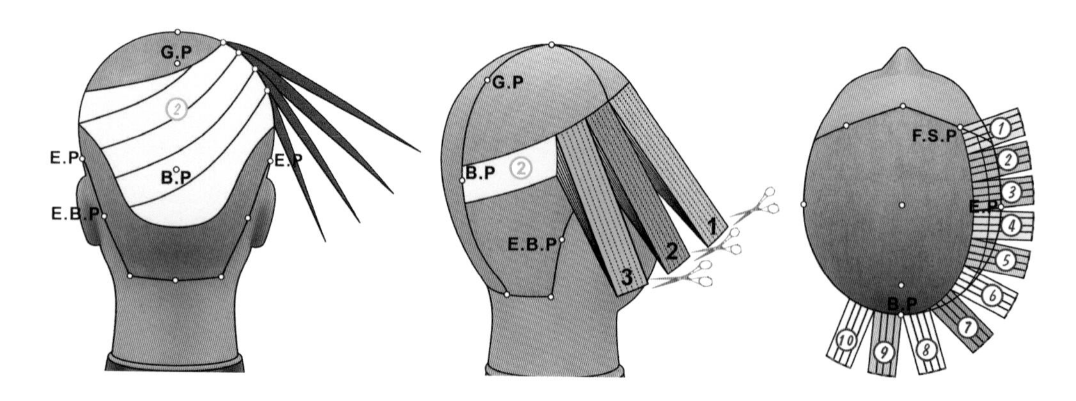

62 第 2 設計區塊的幾何結構設計圖，劃分為若干層斜髮片，每層斜髮片大約提拉 0 度、垂直分配、分段斜向式平行裁剪。

63 將剪髮梳持正斜，和劃分線形成平行，分取到下層引導髮片的厚度。

64 剪髮梳和劃分線形成平行，向右正斜劃分。

65 將手指放置於髮片下方髮根處

66 髮片大約提拉 0 度、垂直分配、和劃分線平行分段裁剪。

67 第 2 設計區塊，第 1 分段裁剪完成。

68 再次重覆將剪髮梳持正斜，和劃分線形成平行，分取到下層引導髮片的厚度。

69 剪髮梳和劃分線形成平行，向右正斜劃分，並分取到下層引導髮片的厚度。

70 髮片大約提拉 0 度、垂直分配、和劃分線平行分段裁剪。

71 不對稱邊緣層次 Bob 剪髮 5-垂直分配平行裁剪（片長：1 分 52 秒）。

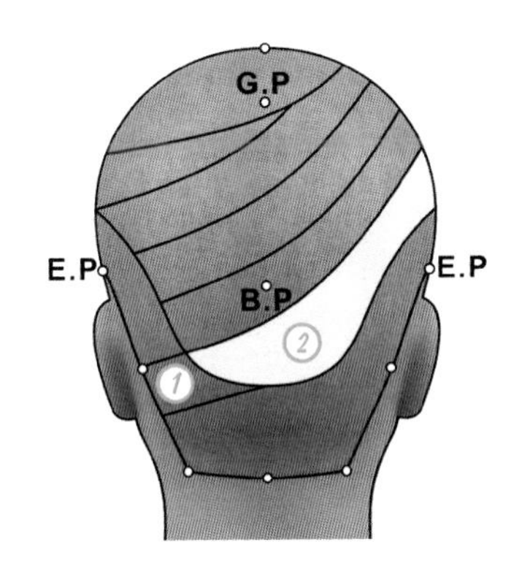

72 第 2 設計區塊和第 1 設計區塊左側外輪廓，髮片劃分連接的幾何結構設計圖。

73 第 2 設計區塊髮片劃分和左側外輪廓髮長連接

74 和左側外輪廓髮長連接，完成髮片劃分。

75 髮片大約提拉 0 度、垂直分配、和劃分線平行分段裁剪。

76 第 2 設計區塊，第 3 分段裁剪完成。

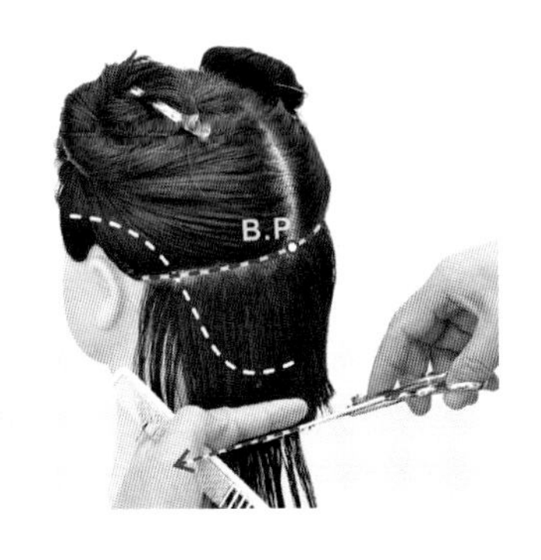

77 髮片大約提拉 0 度、垂直分配、和劃分線平行分段裁剪。

78 第 2 設計區塊，第 4 分段裁剪完成。

79 髮片大約提拉 0 度、垂直分配、和劃分線平行分段裁剪。

80 第 2 設計區塊，第 5 分段裁剪完成。

81 第 2 設計區塊，第 1 層髮片不對稱邊緣層次裁剪完成 - 左側。

82 第 2 設計區塊，第 1 層髮片不對稱邊緣層次裁剪完成 - 後面。

83 第 2 設計區塊，第 1 層髮片不對稱邊緣層次裁剪完成 - 右側。

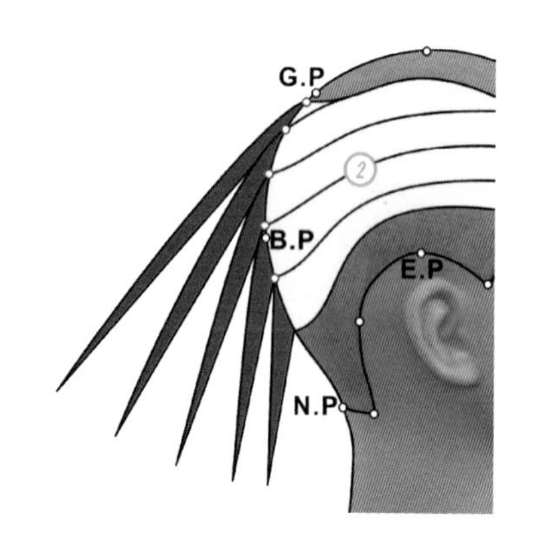

84 第 2 設計區塊，劃分爲若干層斜髮片，每層斜髮片大約提拉 0 度的幾何結構設計圖。

85 第 2 設計區塊，劃分第 2 層斜向髮片，劃分線和外輪廓形成平行。

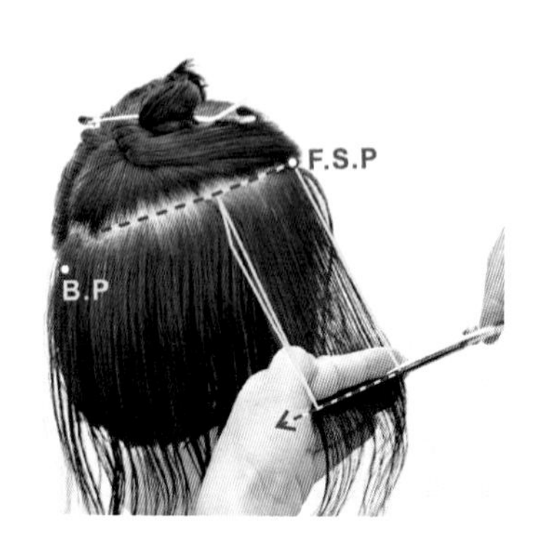

86 分取到下層引導髮片的厚度，髮片大約提拉 0 度、垂直分配、和劃分線平行分段裁剪。

87 第 2 分段再次重覆分取到下層引導髮片的厚度，髮片大約提拉 0 度、垂直分配、和劃分線平行分段裁剪。

88 第 3 分段再次重覆分取到下層引導髮片的厚度，髮片大約提拉 0 度、垂直分配、和劃分線平行分段裁剪。

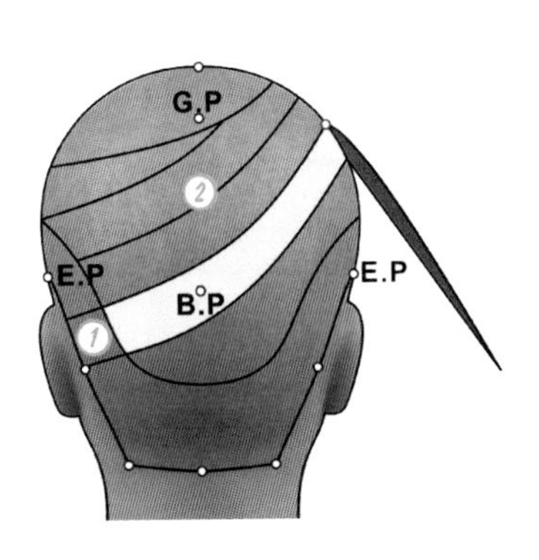

89 第 2 設計區塊，第 2 層髮片大約提拉 0 度的幾何結構設計圖。

90 第 2 設計區塊髮片劃分和左側外輪廓髮長連接

91 第 4 分段再次重覆分取到下層引導髮片的厚度，髮片大約提拉 0 度、垂直分配、和劃分線平行分段裁剪。

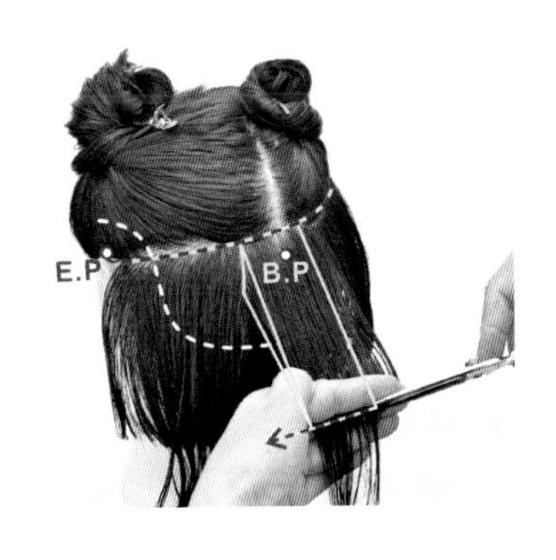

92 第 5 分段再次重覆分取到下層引導髮片的厚度，髮片大約提拉 0 度、垂直分配、和劃分線平行分段裁剪。

93 第 6 分段再次重覆分取到下層引導髮片的厚度，髮片大約提拉 0 度、垂直分配、和劃分線平行分段裁剪。

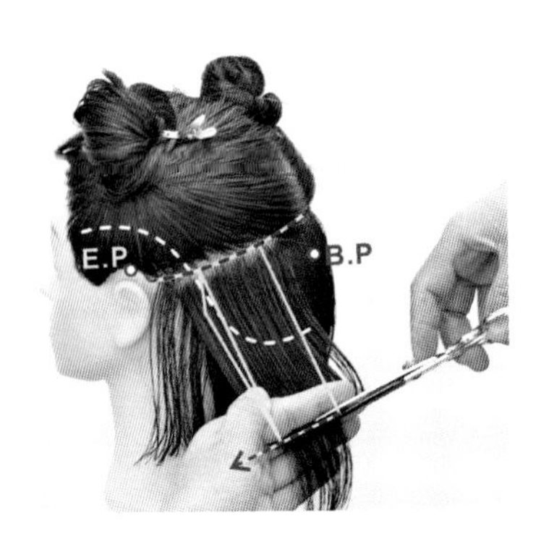

94 第 7 分段再次重覆分取到下層引導髮片的厚度，髮片大約提拉 0 度、垂直分配、和劃分線平行分段裁剪。

95 不對稱邊緣層次 Bob 剪髮 7-垂直分配平行裁剪（片長：2 分 47 秒）。

96 第 2 設計區塊，第 2 層髮片不對稱邊緣層次裁剪完成 - 左側。

97 第 2 設計區塊，第 2 層髮片不對稱邊緣層次裁剪完成 - 後面。

98 第 2 設計區塊，第 2 層髮片不對稱邊緣層次裁剪完成 - 右側。

99 第 2 設計區塊，第 3 層髮片從 F.S.P 劃分。

100 從 F.S.P 劃分不對稱髮型的側分線

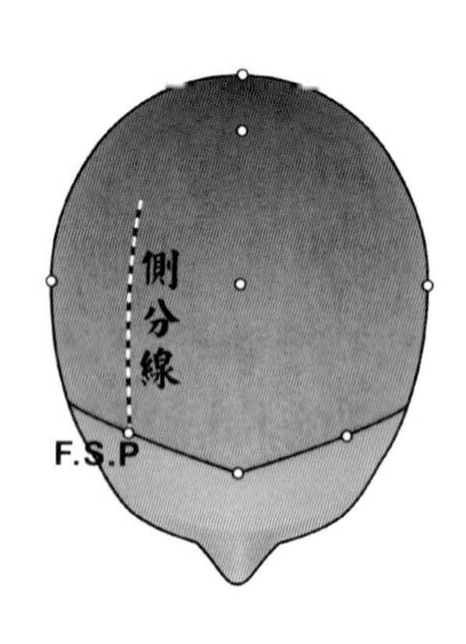

101 從 F.S.P 劃分不對稱髮型的側分線的結構設計圖

102 從 F.S.P 劃分不對稱髮型的側分線

103 將剪髮梳持正斜，和外輪廓成平行。

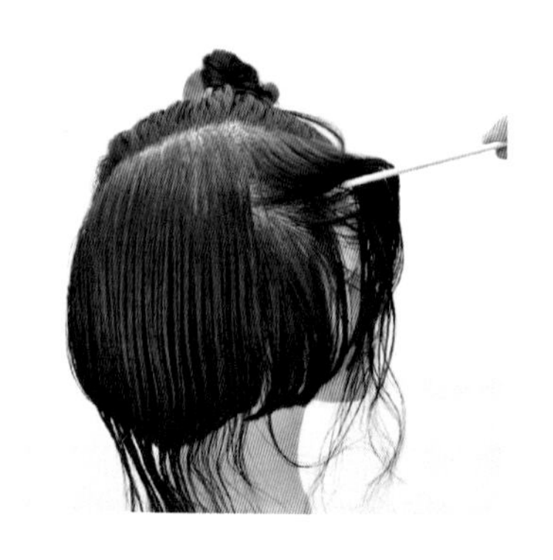

104 分取到下層引導髮片的厚度，剪髮梳和外輪廓形成平行，向右正斜劃分。

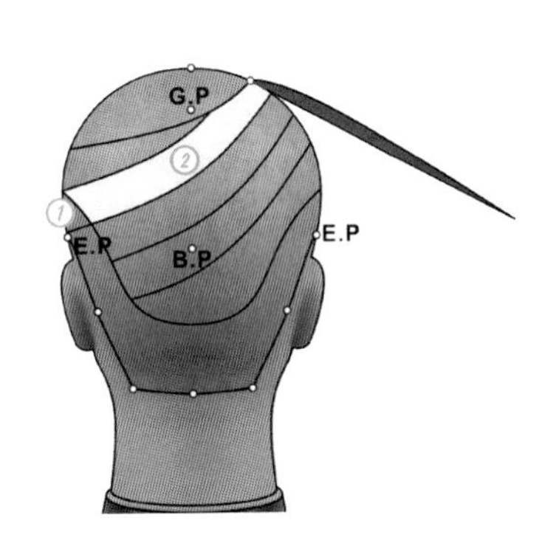

105 第2設計區塊，髮片大約提拉0度的幾何結構設計圖。

106 髮片大約提拉0度、垂直分配、和外輪廓平行分段裁剪。

107 第1分段裁剪完成

108 將剪髮梳持正斜，和外輪廓成平行。

109 分取到下層引導髮片的厚度，剪髮梳和外輪廓形成平行，向右正斜劃分。

110 髮片大約提拉0度、垂直分配、和外輪廓平行分段裁剪。

111 第2分段裁剪完成

112 將剪髮梳持正斜，和外輪廓成平行。

113 分取到下層引導髮片的厚度，剪髮梳和外輪廓形成平行，向右正斜劃分。

114 髮片大約提拉 0 度、垂直分配、和外輪廓平行分段裁剪。

115 第 3 分段裁剪完成

116 和臉際線平行劃分出縱髮片

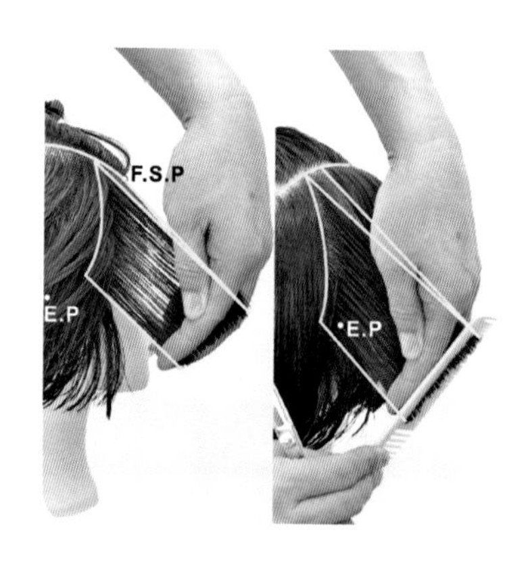

117 在不同部位以等腰三角型髮片提拉零度，應用十字交叉法檢查右側髮量裁剪後，縱向輪廓的精密度。

118 不對稱邊緣層次 Bob 剪髮 8- 垂直分配平行裁剪（片長：2 分 55 秒）。

119 第 2 設計區塊髮片和左側外輪廓成平行劃分

120 將剪髮梳持逆斜，和劃分線或外輪廓成平行。

121 分取到下層引導髮片的厚度，剪髮梳和外輪廓形成平行，向右逆斜劃分。

122 髮片大約提拉 0 度、垂直分配、和外輪廓平行分段裁剪。

123 第 4 分段裁剪完成，完成的裁剪線和劃分線形成平行。

124 將剪髮梳持逆斜，和劃分線或外輪廓成平行。

125 分取到下層引導髮片的厚度，剪髮梳和劃分線或外輪廓形成平行，向右逆斜劃分。

126 髮片大約提拉 0 度、垂直分配，和劃分線平行分段裁剪。

127 第 5 分段裁剪完成，完成的剪線和劃分線形成平行。

128 將剪髮梳持逆斜，和劃分線或外輪廓成平行並和左側外輪廓髮長連接。

129 分取到下層引導髮片的厚度，剪髮梳和劃分線或外輪廓形成平行，向右逆斜劃分。

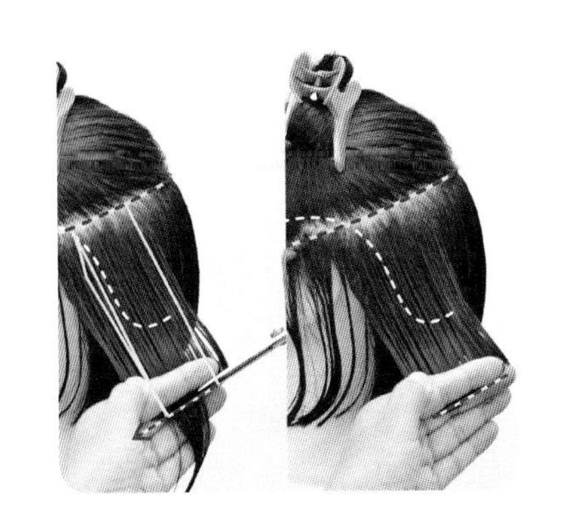

130 髮片大約提拉零度、垂直分配，和劃分線平行分段裁剪，完成的裁剪線和劃分線形成平行。

131 不對稱邊緣層次 Bob 剪髮 8- 垂直分配平行裁剪 2（片長：2 分 56 秒）

132 第 2 設計區塊，分層髮片不對稱邊緣層次裁剪完成 - 左側。

133 第 2 設計區塊，分層髮片不對稱邊緣層次裁剪完成 - 後面

134 第 2 設計區塊，分層髮片不對稱邊緣層次裁剪完成 - 右側。

135 第 2 設計區塊髮量和左側外輪廓成平行梳順

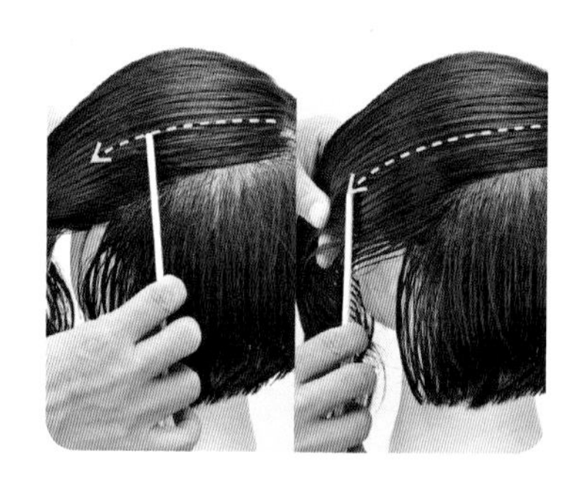

136 依毛流劃分約 2 公分厚度的髮片

137 劃分線和外輪廓成平行並和左側外輪廓髮長連接

138 將剪髮梳持逆斜，和劃分線或外輪廓成平。

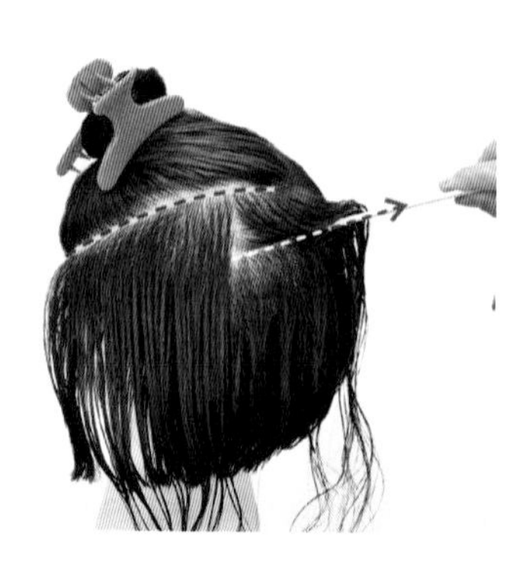

139 分取到下層引導髮片的厚度，剪髮梳和劃分線或外輪廓形成平行，向右逆斜劃分。

140 髮片大約提拉 0 度、垂直分配，和劃分線平行分段裁剪。

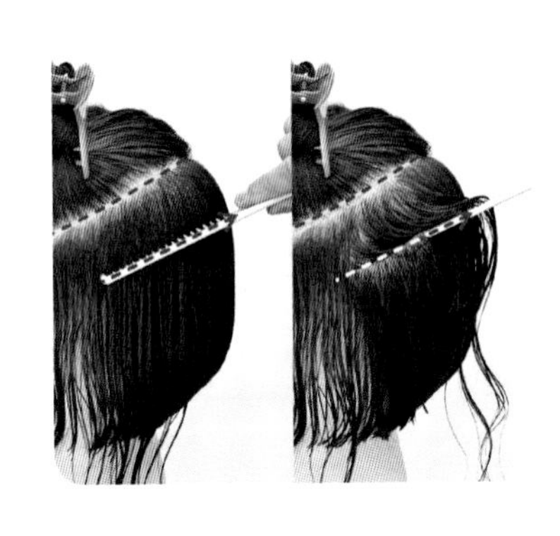

141 將剪髮梳持逆斜，和劃分線或外輪廓成平行，分取到下層引導髮片的厚度，向右逆斜劃分。

142 髮片大約提拉 0 度、垂直分配，和劃分線平行分段裁剪。

143 將剪髮梳持逆斜，和劃分線或外輪廓成平行，分取到下層引導髮片的厚度，並和左側外輪廓髮長連接。

144 髮片大約提拉 0 度、垂直分配，和劃分線平行分段裁剪。

145 分段裁剪完成，完成的裁剪線和劃分線形成平行。

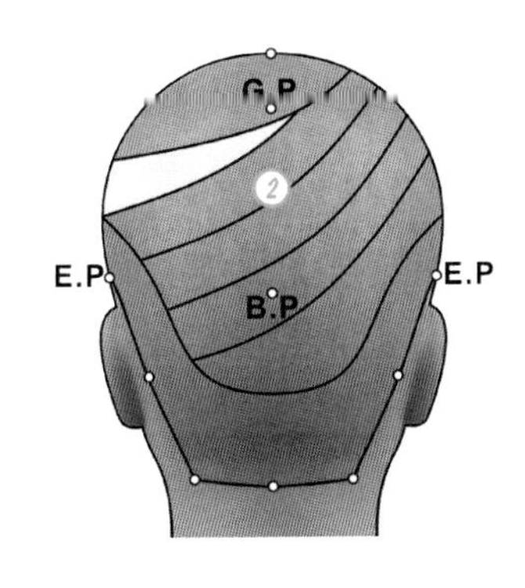

146 第 2 設計區塊，最後分層髮片的幾何結構設計圖。

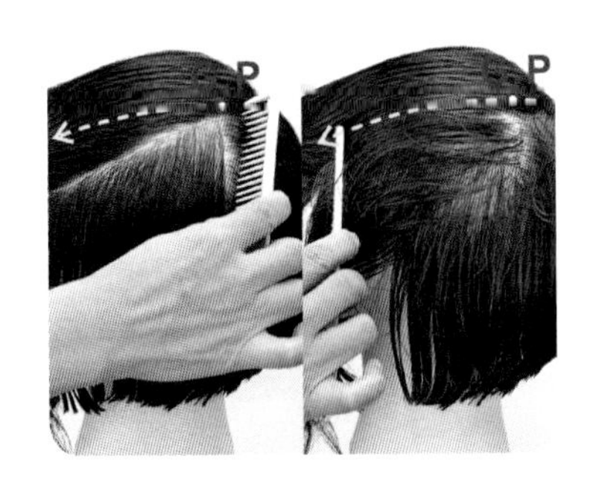

147 第 2 設計區塊左側髮量和外輪廓成平行梳順，然後劃分線和外輪廓成平行劃分。

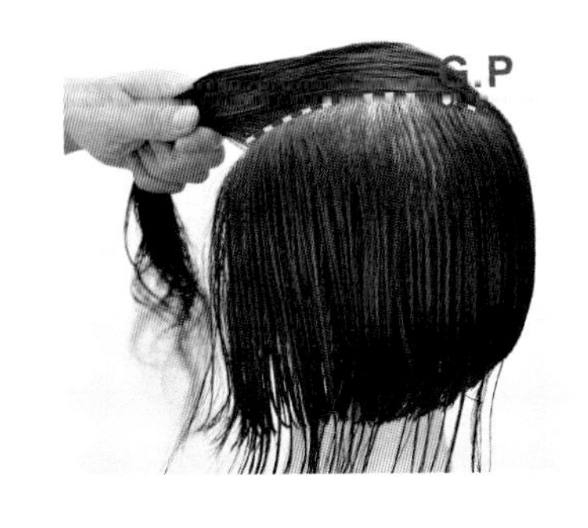

148 完成的劃分線和外輪廓成平行劃分

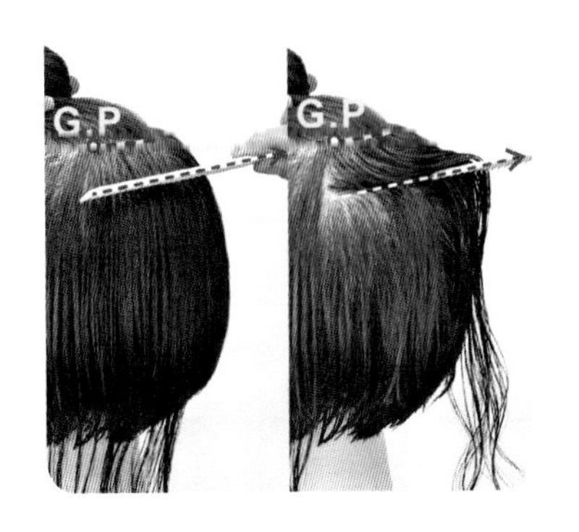

149 將剪髮梳持逆斜，和劃分線或外輪廓成平行，分取到下層引導髮片的厚度，向右逆斜劃分。

150 髮片大約提拉 0 度、垂直分配，和劃分線平行分段裁剪，完成的裁剪線和劃分線形成平行。

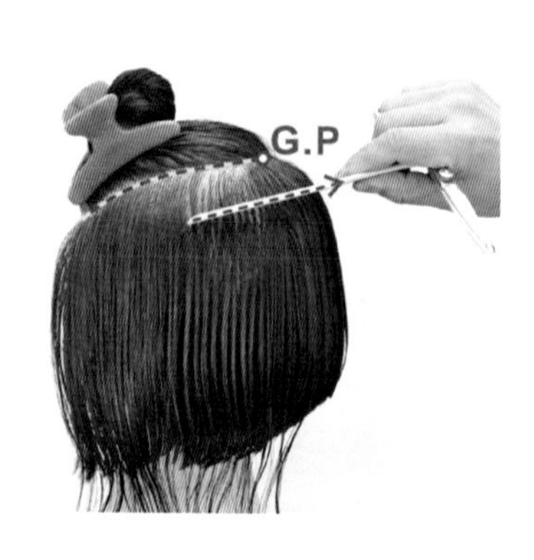

151 將剪髮梳持逆斜，和劃分線或外輪廓成平行，分取到下層引導髮片的厚度，向右逆斜劃分。

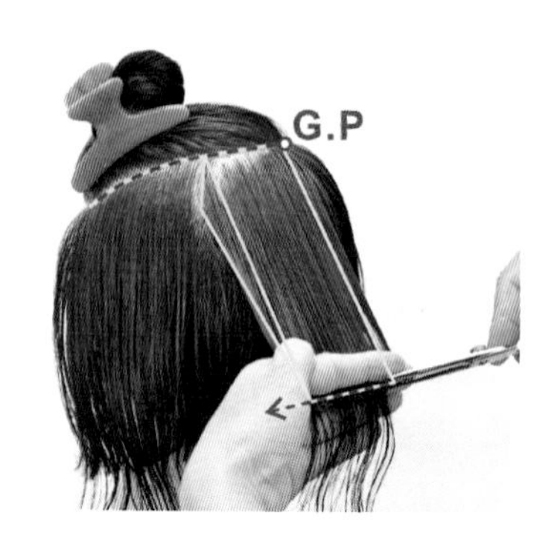

152 髮片大約提拉 0 度、垂直分配，和劃分線平行分段裁剪。

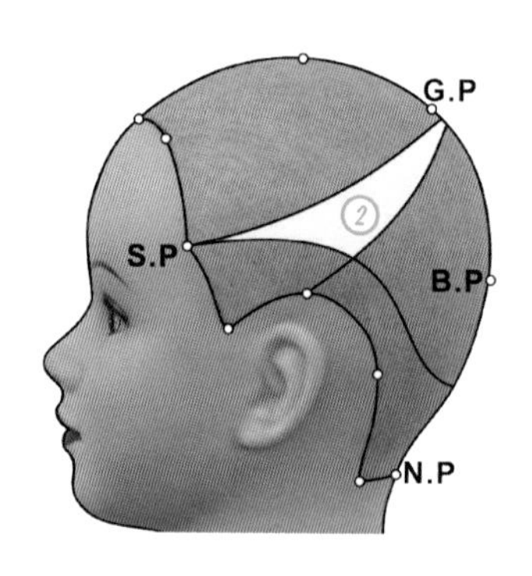

153 左側髮量和外輪廓髮長連接的幾何結構設計圖

154 將剪髮梳持逆斜，和劃分線或外輪廓成平行，分取到下層引導髮片的厚度，向右逆斜劃分。

155 髮片大約提拉 0 度、垂直分配。

156 和劃分線平行分段裁剪

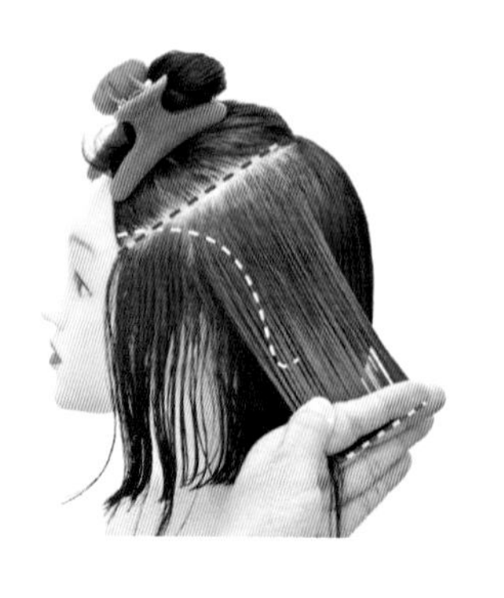

157 完成的裁剪線和劃分線形成平行

158 將剪髮梳持逆斜，和劃分線或外輪廓成平行並和左側外輪廓髮長連接。

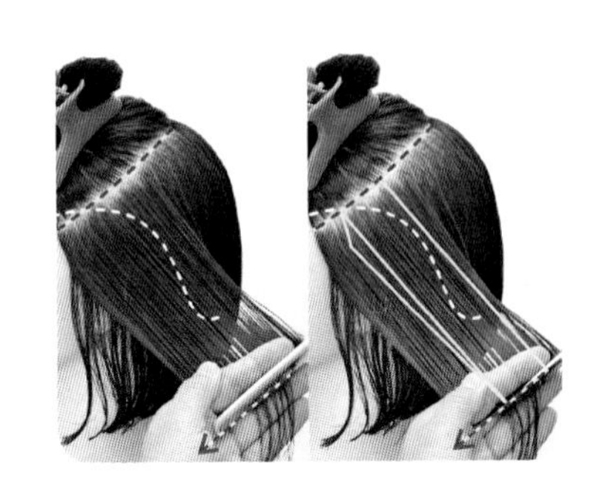

159 髮片大約提拉 0 度、垂直分配，和劃分線平行分段裁剪。

160 完成的裁剪線和劃分線形成平行

161 不對稱邊緣層次 Bob 剪髮 9- 垂直分配平行裁剪（片長：2 分 47 秒）。

162 第 2 設計區塊，不對稱邊緣層次裁剪完成 - 左側。

163 第 2 設計區塊，不對稱邊緣層次裁剪完成 - 後面。

164 第 2 設計區塊，不對稱邊緣層次裁剪完成 - 右側。

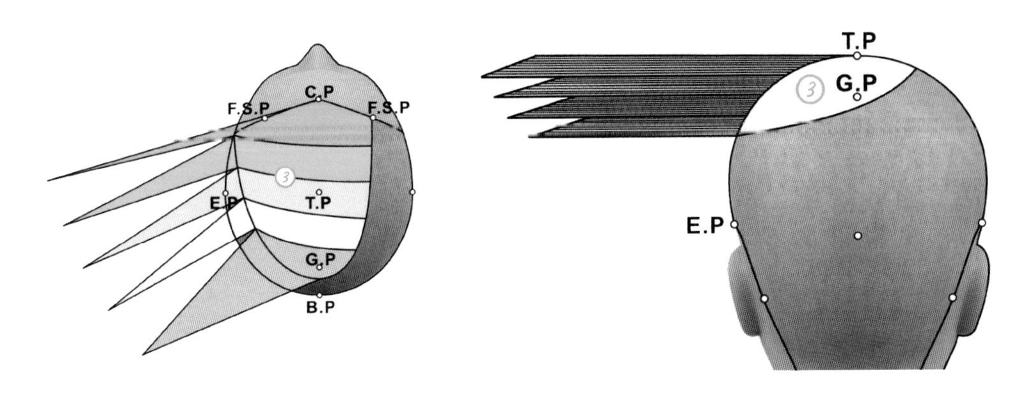

165 第 3 設計區塊的幾何結構設計圖，劃分爲若干縱髮片、移動式引導、後直角三角形髮片、髮片大約提拉 0 度、鋸齒狀裁剪。

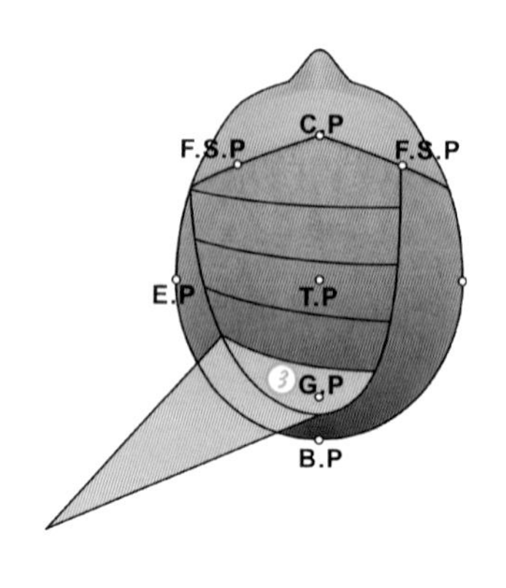

166 劃分縱髮片、後直角三角形的幾何結構設計圖。

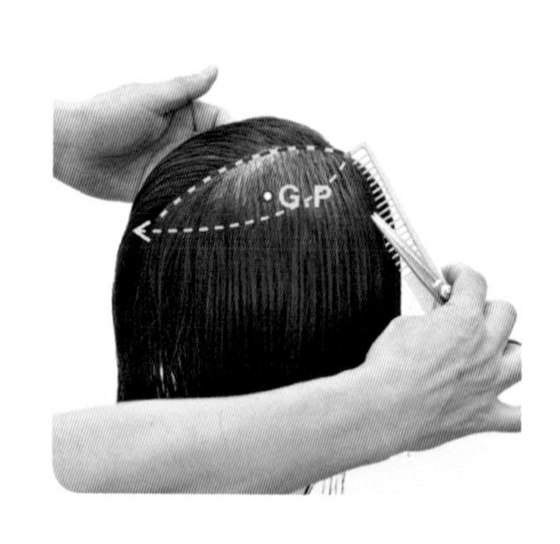

167 第 3 設計區塊，從後上頭部劃分縱髮片，並分取到下層引導髮片的厚度。

168 後直角三角形髮片、髮片大約提拉 0 度，依引導髮長裁剪。

169 以鋸齒狀裁剪（point cut）

170 裁剪後髮尾輕柔輪廓效果

171 劃分第 2 縱髮片

172 後直角三角形髮片、髮片大約提拉 0 度，依引導髮長裁剪。

173 以鋸齒狀裁剪（point cut）

174 裁剪後髮尾輕柔輪廓效果

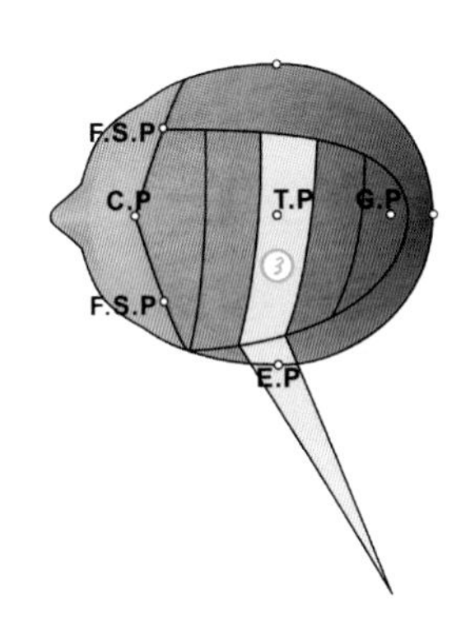

175 劃分第 3 縱髮片、後直角三角形的幾何結構設計圖。

176 劃分第 3 縱髮片、後直角三角形髮片、髮片大約提拉 0 度，依引導髮長以鋸齒狀裁剪。

177 鋸齒狀裁剪後，髮尾輕柔輪廓效果。

178 劃分第 4 縱髮片

179 後直角三角形髮片、髮片大約提拉 0 度，依引導髮長以鋸齒狀裁剪。

180 鋸齒狀裁剪後，髮尾輕柔輪廓效果

181 劃分臉際縱髮片、後直角三角形髮片、髮片大約提拉 0 度，依引導髮長以鋸齒狀裁剪。

182 鋸齒狀裁剪後，髮尾輕柔輪廓效果。

183 不對稱邊緣層次 Bob 剪髮 10- 縱髮片、移動式引導、後直角三角型、大約提拉零度，以鋸齒狀裁剪（point cut）（片長：3 分 57 秒）。

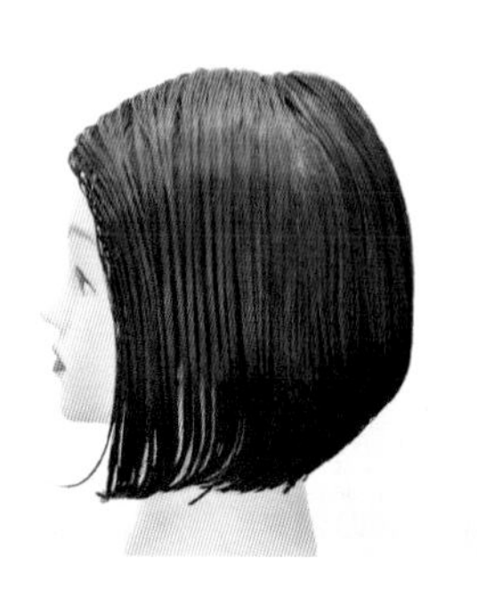

184 不對稱邊緣層次，3 個設計區塊全部裁剪完成 - 左側。

185 不對稱邊緣層次，3 個設計區塊全部裁剪完成 - 後面。

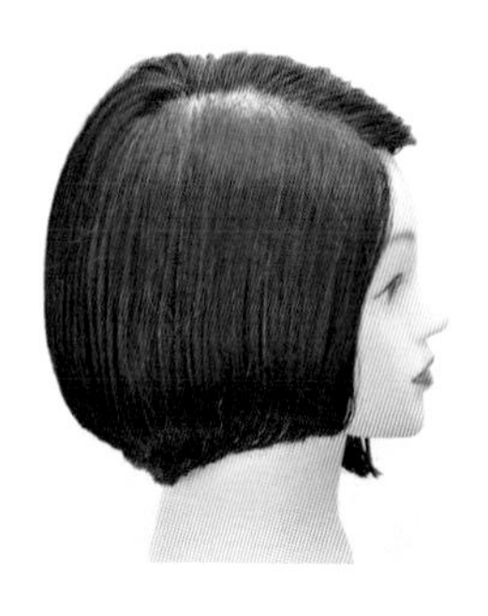

186 不對稱邊緣層次，3 個設計區塊全部裁剪完成 - 右側。

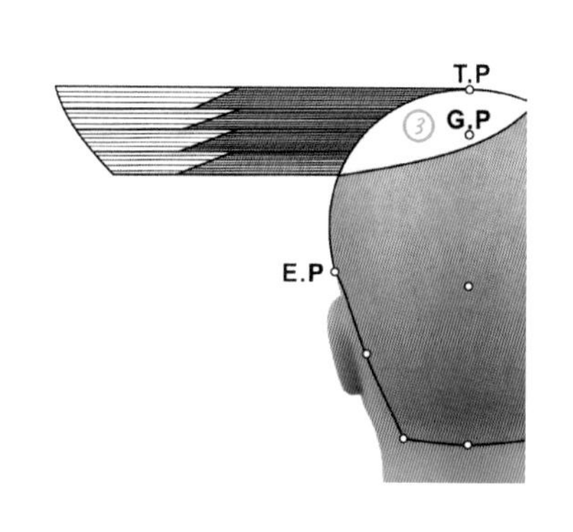

187 第 3 設計區塊採用內部高層次鋸齒狀調量技法的幾何結構設計圖

188 將頭髮吹 8 分乾，再以內部高層次鋸齒狀調量技法，在左側前頭部去除髮量，平衡左右兩側外輪廓髮重及弧度。

189 繼續以束狀髮量在左側前頭部，進行內部高層次鋸齒狀調量。

190 繼續以束狀髮量在左側前頭部，進行內部高層次鋸齒狀調量。

191 繼續以束狀髮量在左側前頭部，進行內部高層次鋸齒狀調量。

192 不對稱邊緣層次 Bob 剪髮 11- 左側前頭部進行內部高層次鋸齒狀調量（片長：1 分 31 秒）。

第六章

經典時尚－均等層次剪髮

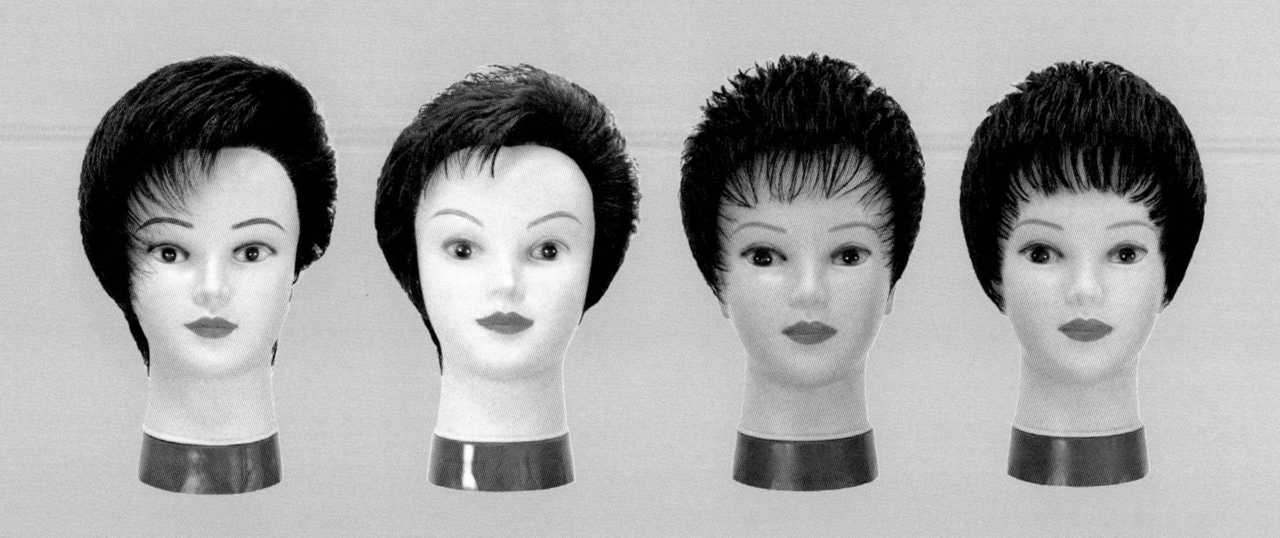

6-1 均等層次剪髮－設計概論

一款均等層次剪髮 -Uniform-Layered Cut 的髮型是沒有重量線，所有頭髮都會隨著頭形以提拉 90 度「垂直分配」被裁剪成相同的長度，因此創造出一個圓的形狀，這種髮型通常也稱爲「圓形層次 - Round Layer」。此款剪髮是設計師必備的經典技法，由於這款髮型是各類髮型很多部分技術的綜合應用，因此掌握均等層次剪髮的重點技術，將可建構後續各類髮型，進階剪髮幾何理論的延伸應用。

本款髮型裁剪前通常將頭部劃分爲三個區塊，使得髮型設計可以更容易規劃，然後再進一步劃分這些區塊以配合裁剪造型的設計需求。整體綜合應用如下的幾何剪髮技法：劃分縱髮片及橫髮片、移動式引導、等腰三角形髮片挾剪技法、提拉 90 度、控制手指及剪刀平行於頭形的曲線裁剪 - Curved Cutting Line，使裁剪前即可掌握裁剪設計目標 - 形（Form）的外輪廓（Outline）。

1. 形狀－ Form：

「均等層次」髮型的特徵是所有頭髮的長度是等長，形成和頭部曲線平行（Parallel）的圓形（Circular）（如圖 6-1），換句話說就是完成後的外輪廓與原來頭部的曲線形狀相同。

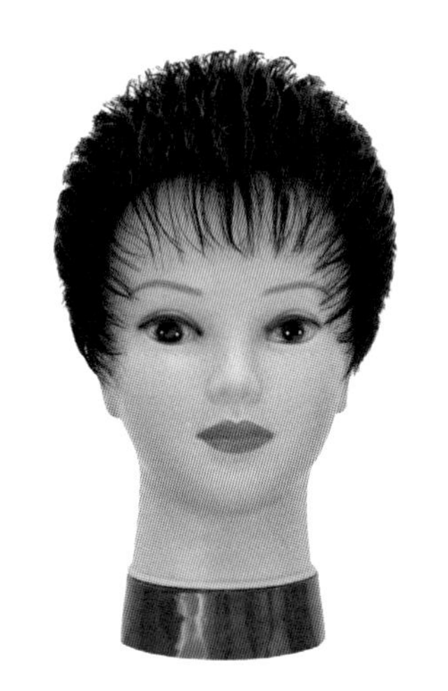

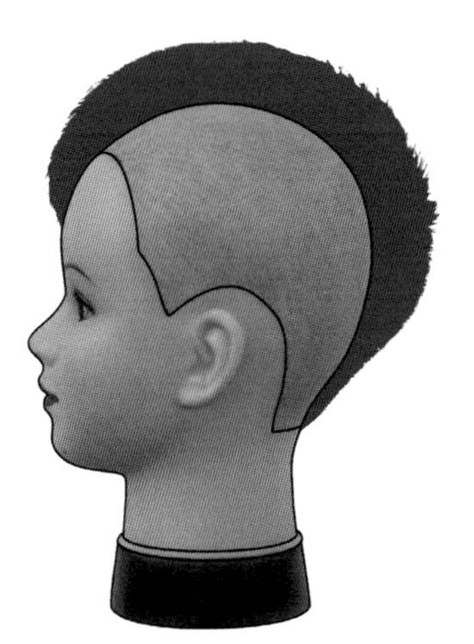

圖 6-1

2. 結構－ Structure：

「均等層次」髮型每一設計區塊的長度都是橫向「前後等長」（如圖 6-2），因此當髮片自然垂落（Natural fall）後，其臉際、頸側、頸背的外輪廓線與原來臉際、頸側、頸背線相同（如圖 6-3），但仍需考量毛流、髮質、蓬鬆度等因素的影響。

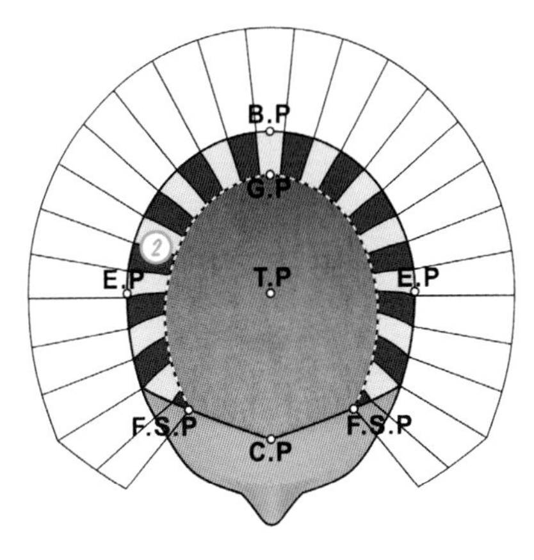

圖 6-2

QR6-3
均等層次剪髮
3 款輪廓與造型之比較

圖 6-3

均等層次髮型每一設計區塊的長度都是縱向上下等長（如圖 6-4 左、中），裁剪過程中將每一個設計區塊劃分爲垂直髮片，然後再細分成小分段髮片使手指易於挾髮操控，手指垂直將髮量挾髮成等腰三角形的髮片，手指控制成微彎和頭形平行裁剪（如圖 6-4 右），裁剪成和頭部曲線相同的圓形設計。

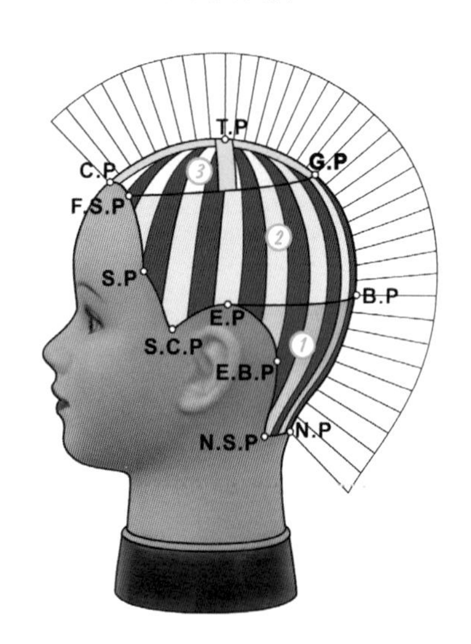

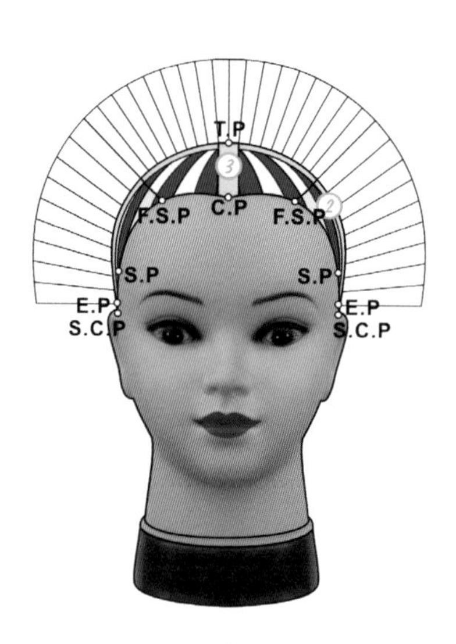

圖 6-4

均等層次髮型當髮片自然垂落後，其縱向輪廓線將與原來頭型「縱向」的弧度相同。如圖 6-5 第一設計區其裁剪後層次落差（B.P 髮尾與 N.P 髮尾的差距）和分區的大小相同，但仍需考量毛流、髮質、蓬鬆度、頭型等因素的影響。

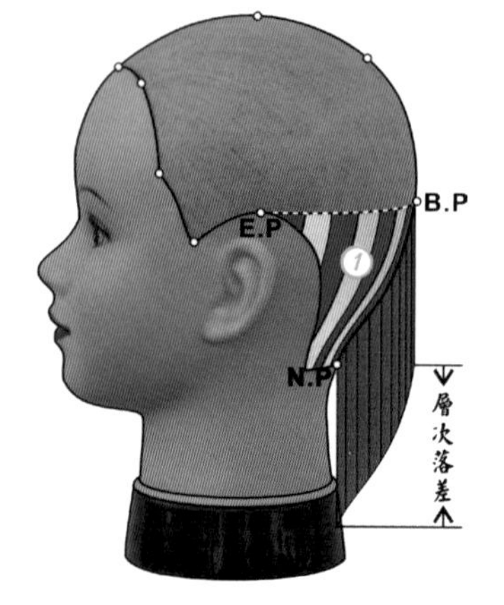

QR6-5
均等層次的層次落差

圖 6-5

3. 紋理－ Texture：

由於頭髮的縱向輪廓上下均長，形成頭髮有規則的由下往上堆疊，由於頭髮的橫向輪廓前後均長，形成頭髮有規則的前後排列，因此在造形時可在縱向、橫向或斜向形成規則性的活潑紋理 -Activated texture（如圖 6-6 左），若在髮尾進行髮量調整技法，更能顯現束狀線條感及輕柔活潑之造型（如圖 6-6 右）。自然捲曲或燙後捲曲的頭髮，更會加強紋理效果或髮量。

QR6-6-1 均等層次 11 剪髮調量前紋理（片長：1 分 22 秒）

QR6-6-2 均等層次 15 剪髮調量後紋理（片長：1 分 16 秒）

圖 6-6

有句話如此形容均等層次的剪法：「In the uniformly layered form, the shape of the design conforms to the curve of the head.」，字義中表達出均等層次的形狀與頭型的曲線是一致的，而且強調「形」是設計的要素，所以均等層次的剪法，其本質具有複製功能的特性，除了「形狀」複製於頭型的特性以外，臉際外輪廓線也複製於原來的臉際線、其縱向外輪廓線也複製於原來頭型「縱向」的弧度、橫向外輪廓線也複製於原來頭型「橫向」的弧度、鬢角外輪廓線也複製於原來鬢角形狀、裁剪後層次落差的高低也複製於原來分區的大小，就造型設計而言，顧客擁有完美或缺陷的條件都將在短髮（約 10 公分髮長以內）均等層次剪法之下被複製，所以均等層次剪法的技術可稱爲剪髮的基礎要素 -Basic Element，顧客若擁有完美的頭型條件將它複製即可，顧客若有缺陷的條件即需變換技術進行改善，也就是以人爲本的設計概念，所以建構基礎概念與訓練有其重要性。美髮教育者就提出以下看法：「沒有基礎訓練你不可能創造先進的裁剪，正確得到它，您的創造性才能擴展，並且更能增加其他獨特立體創造的觀點及表達個人的風格。」（Jane Goldsbro、Elaine White，2007），由此可見剪髮技術的基礎訓練對創意造型的展現有其重要性。

均等層次剪髮仍是當今全球最流行的一款經典髮型造型，原因就在於樣式容易保持、容易整理、適合大多數類型的頭髮（細、粗、直、鬈髮），而且更可以適用於所有年齡的男女。

QR6-7 均等層次 16- 造型變化（片長：1 分 24 秒）

均等層次剪髮－操作過程解析

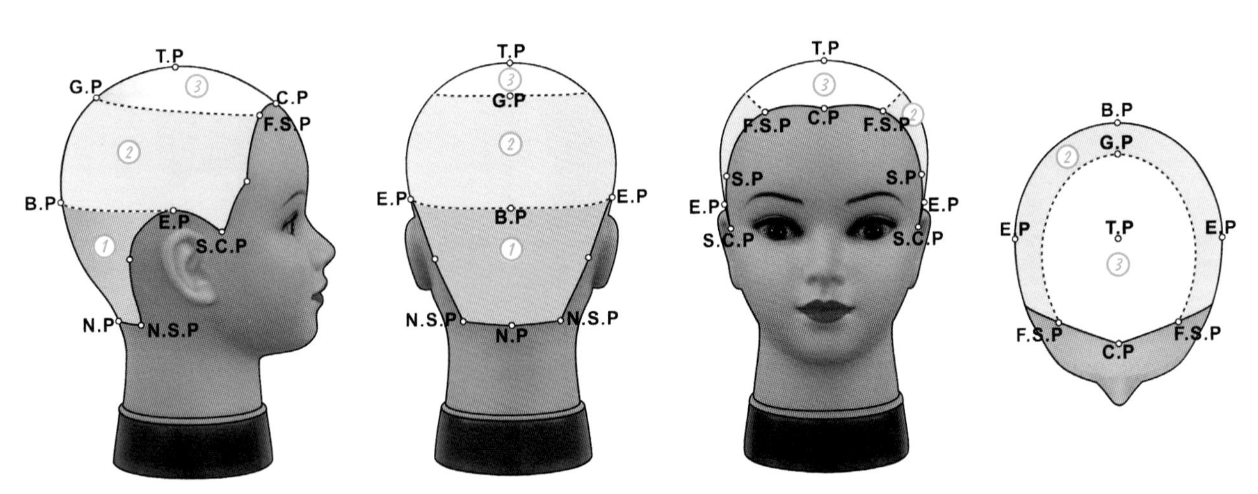

1 全部架構總共分為三區，主要在認識如何應用基本三大分區（Section），解剖髮型裁剪過程的結構（Structure），分析各區的設計架構如何運用垂直髮片（Vertical slice），掌握縱向與橫向的變化，使裁剪前即可掌握裁剪設計目標 - 形（Form）的外輪廓（Outline），並熟悉頭部 15 個基準點的正確位置與應用。各區塊範圍如上圖 15 個基準點的連線內容，其 1、2、3 編號也代表其剪髮操作順序。

2 將剪髮梳持垂直，從 B.P 點開始，將水平線上下兩側約 2 到 3 公分範圍內的髮量，向前貼頭皮水平梳順。

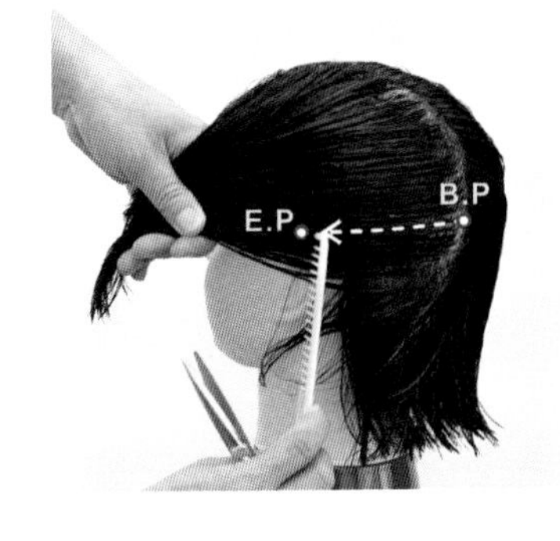

3 從 B.P 點為起點向前順毛流劃分連接左 E.P

4 完成左側水平線的劃分

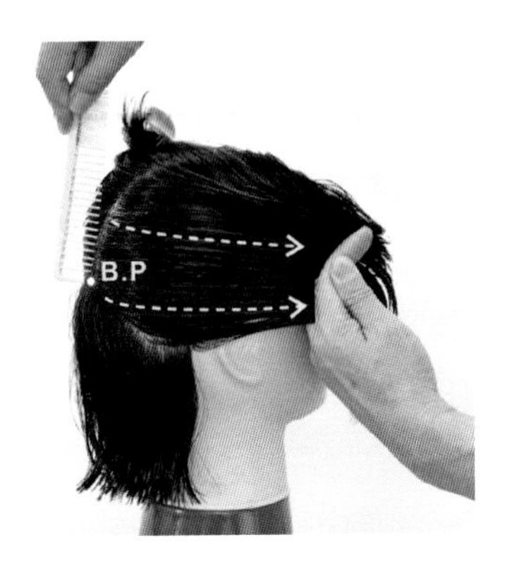

5 將水平線上下兩側約 2 到 3 公分範圍內的髮量，向前貼頭皮水平梳順，再從 B.P 點為起點。

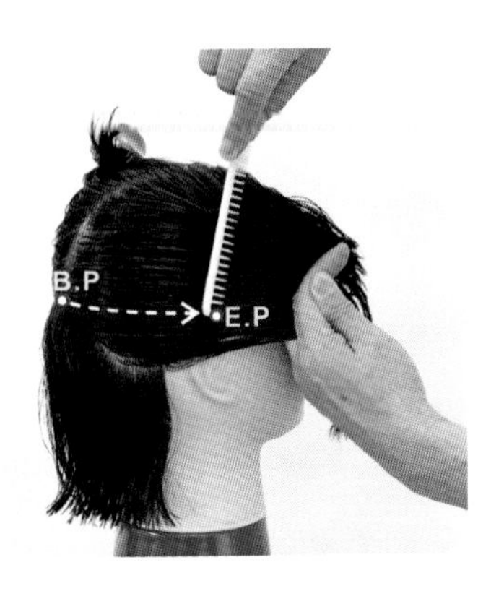

6 順毛流向前劃分連接右 E.P

7 完成右側水平線的劃分點

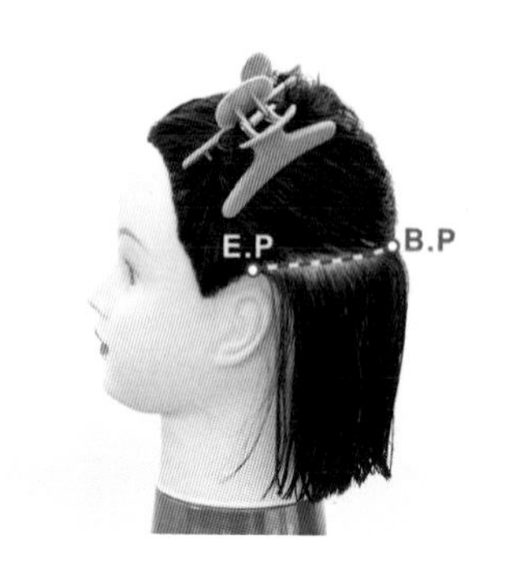

8 第 1 設計區塊劃分完成 - 左側

9 第 1 設計區塊劃分完成 - 後面

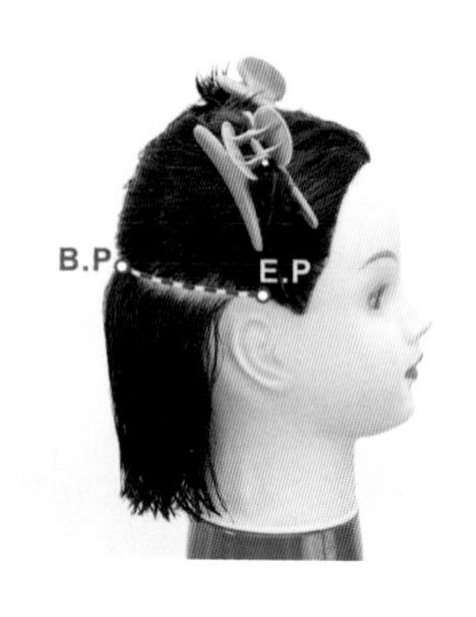

10 第 1 設計區塊劃分完成 - 右側

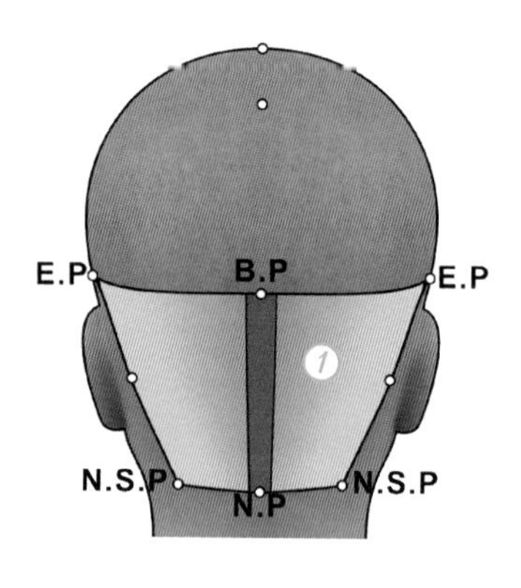

11 第 1 設計區塊在正中線劃分縱髮片裁剪結構設計圖

12 將剪髮梳持水平，從水平線髮根開始。

13 順毛流向下劃分出垂直線

14 再次將剪髮梳持水平，從水平線髮根開始。

15 順毛流向下劃分出垂直線

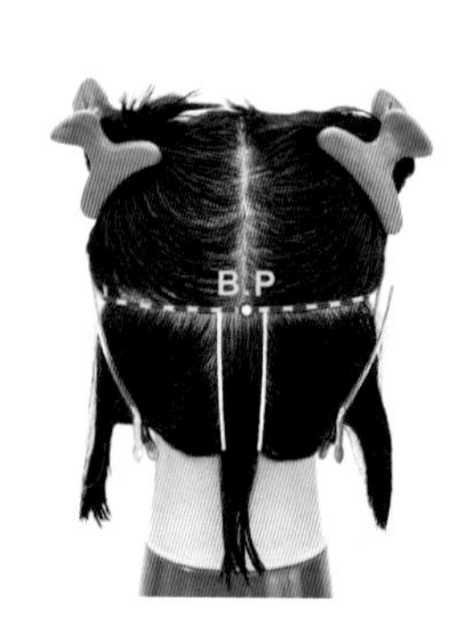

16 在正中線劃分縱髮片完成，作爲第 1 區塊裁剪設計的引導髮片。

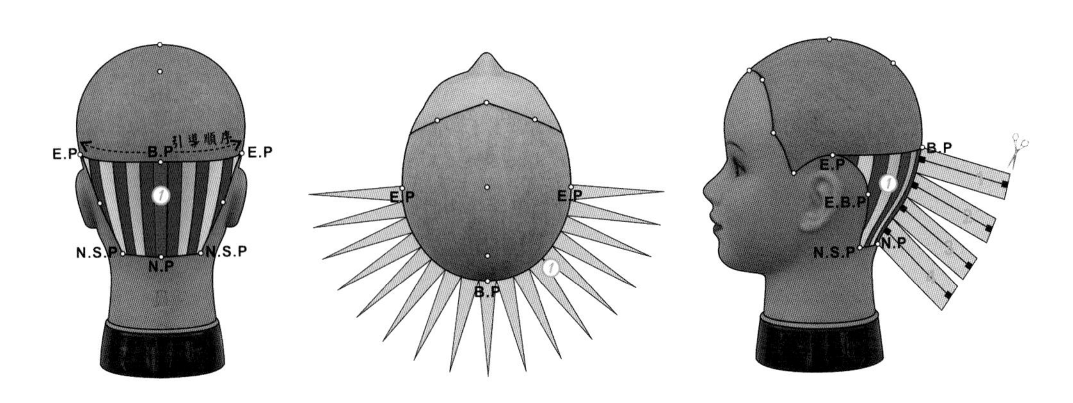

17 依設計構想劃分的幾何結構設計圖，劃分爲若干縱髮片（如上圖左）、移動式引導、等腰三角形髮片（如上圖中），髮片分段由上往下裁剪，提拉 90 度、切口 90 度（如上圖右）。

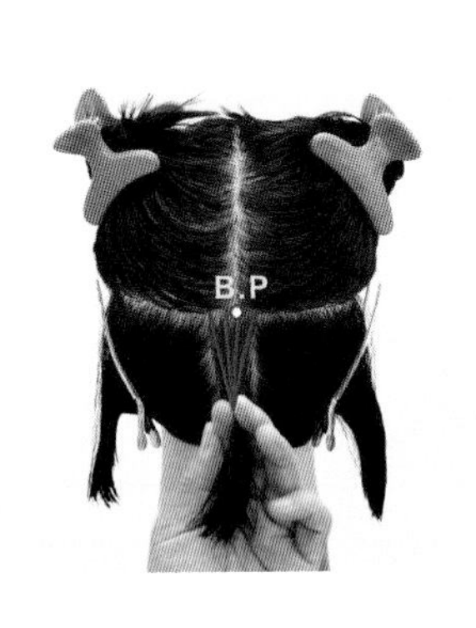

18 縱髮片挾爲等腰三角形的幾何結構

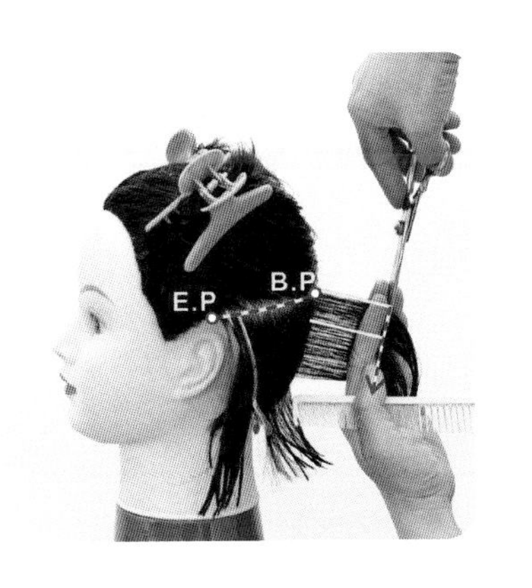

19 縱髮片第 1 分段由上往下裁剪裁剪，提拉 90 度、切口 90 度。

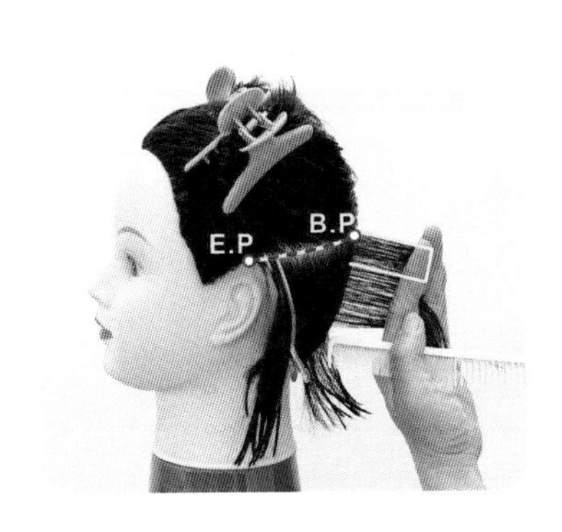

20 引導髮片第 1 分段裁剪完成

21 引導髮片第 2 分段提拉 90 度

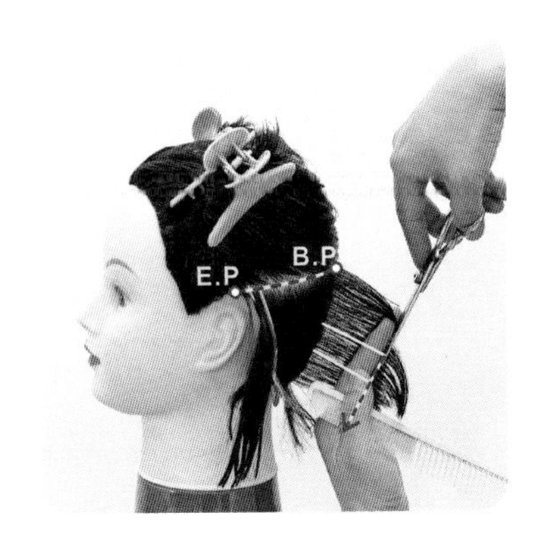

22 切口 90 度

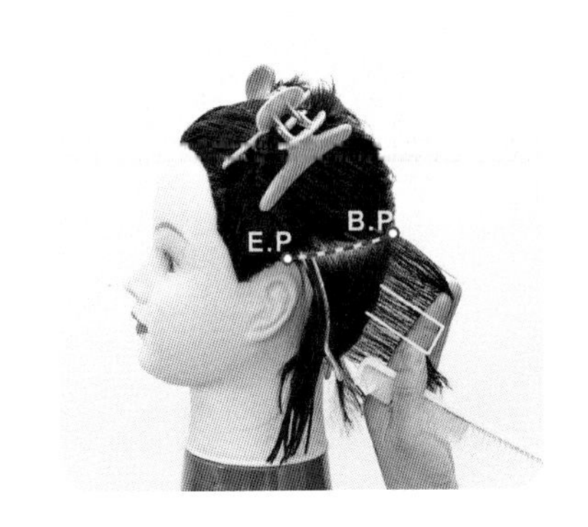

23 引導髮片第 2 分段裁剪完成

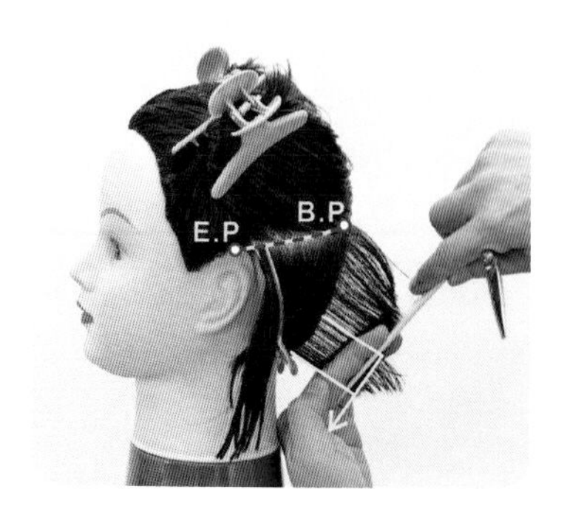

24 引導髮片第 3 分段提拉 90 度

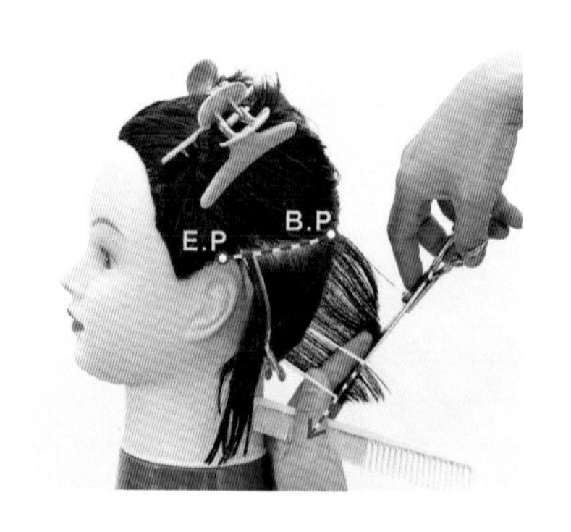

25 切口 90 度

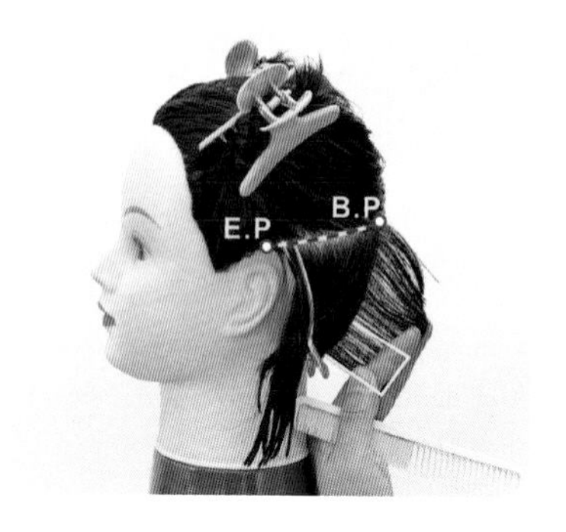

26 引導髮片第 3 分段裁剪完成

27 第 1 設計區塊引導髮片，裁剪完成的縱向外輪廓。

28 均等層次 - 第 1 區塊引導髮片分段裁剪（片長：1 分 49 秒）。

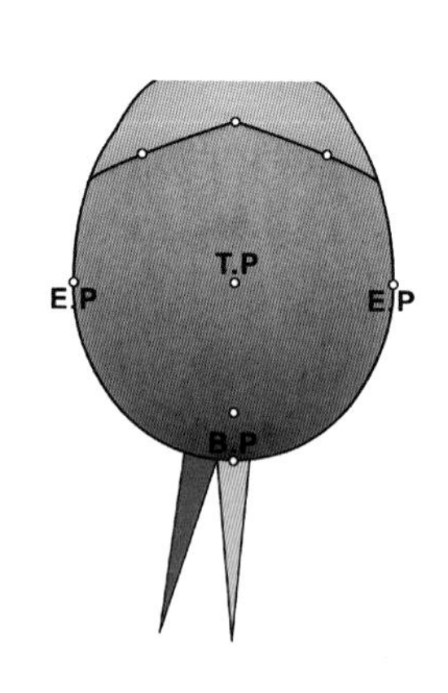

29 第 2 片縱髮片等腰三角形的幾何結構設計圖

30 將剪髮梳持水平，從水平線髮根開始順毛流向下劃分出垂直線。

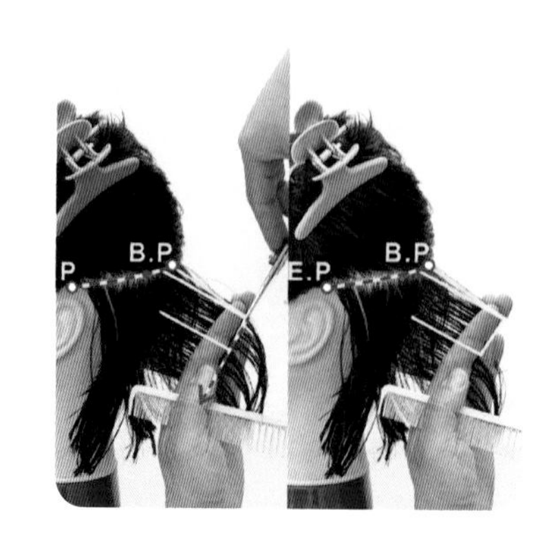

31 第 2 片縱髮片第 1 分段由上往下裁剪，提拉 90 度、切口 90 度。

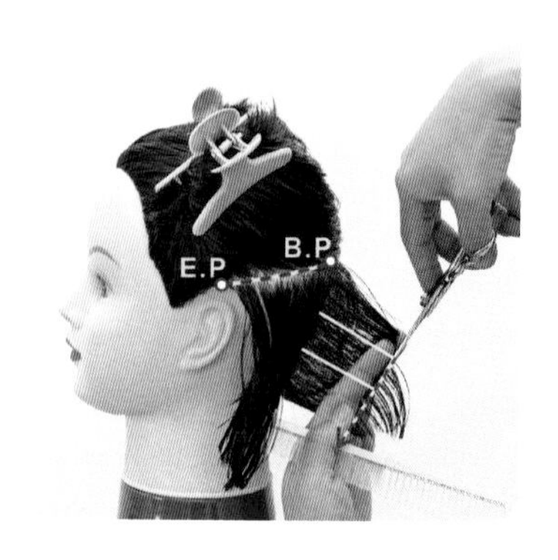

32 第 2 片縱髮片第 2 分段提拉 90 度

33 第 2 分段裁剪完成

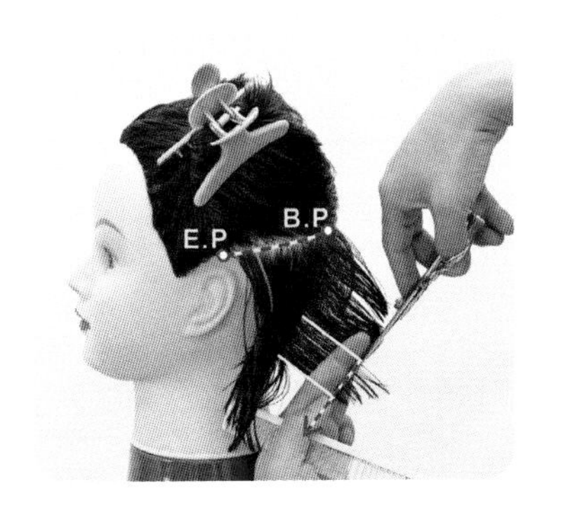

34 第 2 片縱髮片第 3 分段提拉 90 度

35 第 2 片縱髮片，裁剪完成的縱向外輪廓。

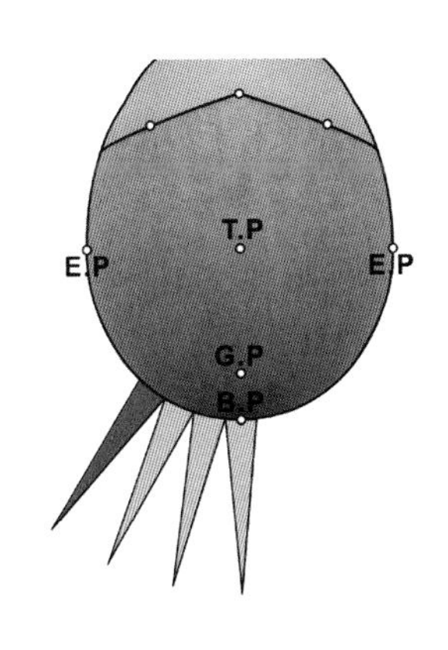

36 第 4 片縱髮片等腰三角形的幾何結構設計圖

37 將剪髮梳持水平，從水平線髮根開始順毛流向下劃分出垂直線。

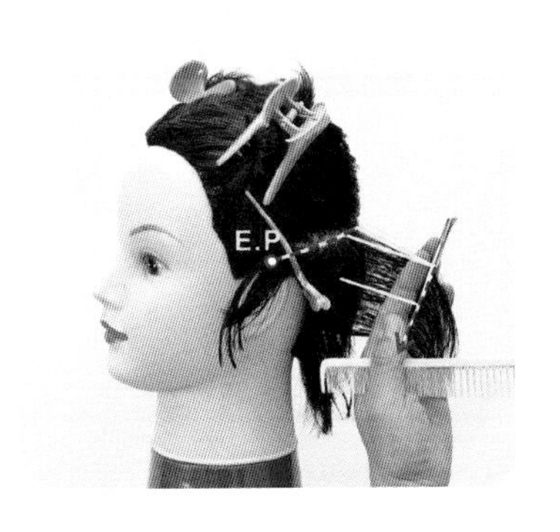

38 縱髮片第 1 分段由上往下裁剪，提拉 90 度、切口 90 度。

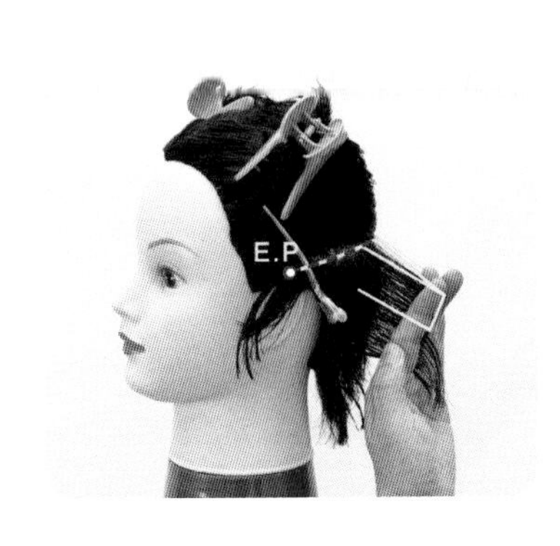

39 第 1 分段裁剪完成

40 縱髮片第 2 分段由上往下裁剪，提拉 90 度、切口 90 度。

41 第 2 分段裁剪完成

42 縱髮片第 3 分段由上往下裁剪，提拉 90 度、切口 90 度。

43 第 3 分段裁剪完成

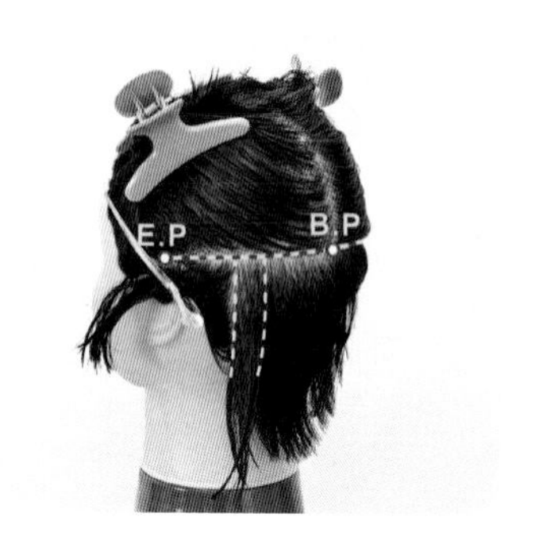

44 將剪髮梳持水平，從水平線髮根開始順毛流向下劃分出垂直線。

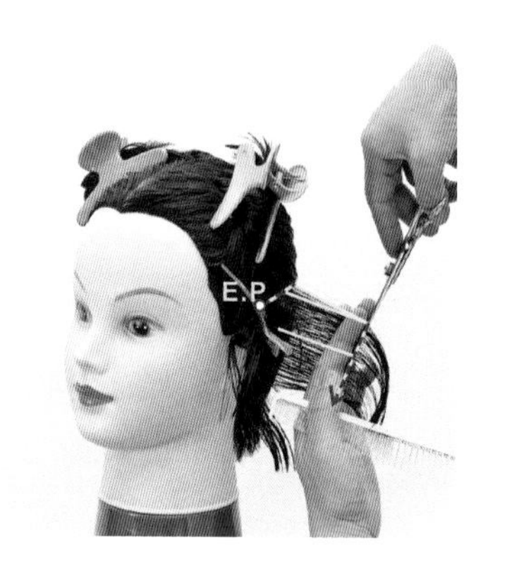

45 縱髮片第 1 分段由上往下裁剪，提拉 90 度、切口 90 度。

46 第 1 分段裁剪完成

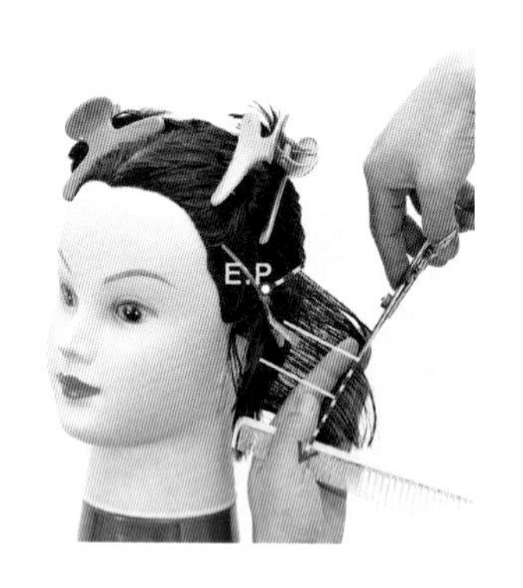

47 縱髮片第 2 分段由上往下裁剪，提拉 90 度、切口 90 度。

48 第 2 分段裁剪完成

49 縱髮片第 3 分段由上往下裁剪，提拉 90 度、切口 90 度。

50 第 3 分段裁剪完成

51 將剪髮梳持水平，和水平劃分線成平行，分取約 2 公分橫髮片的厚度，向右水平劃分。

52 以十字交叉法檢查連續縱髮片裁剪後，橫向外輪廓連接的精密度。

53 均等層次 3- 劃分縱髮片、移動式引導、提拉 90 度、切口 90 度由上往下分段裁剪（片長：3 分 19 秒）。

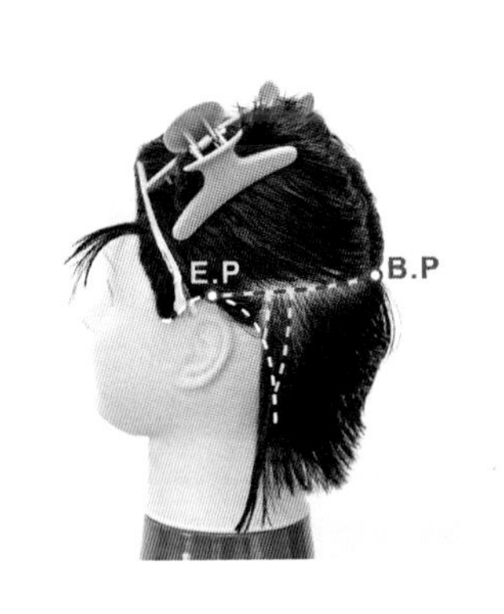

54 將剪髮梳持水平，從水平線髮根開始順毛流向下劃分出縱髮片。

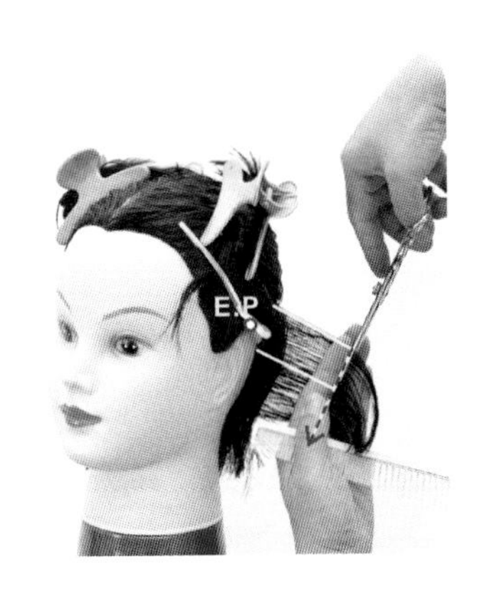

55 縱髮片第 1 分段由上往下裁剪，等腰三角形、提拉 90 度、切口 90 度。

56 第 1 分段裁剪完成

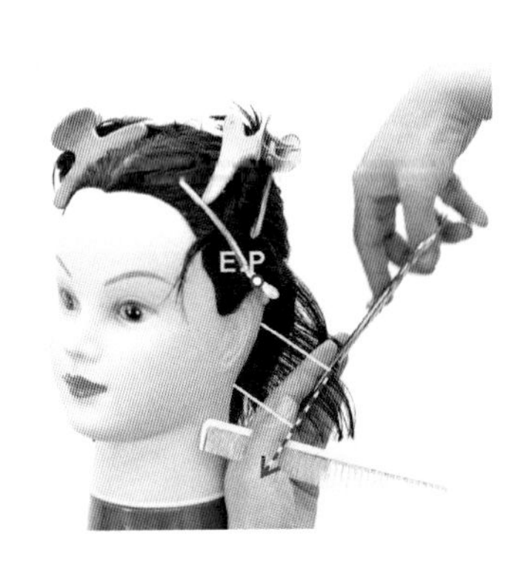

57 縱髮片第 2 分段由上往下裁剪，等腰三角形、提拉 90 度、切口 90 度。

58 第 2 分段裁剪完成

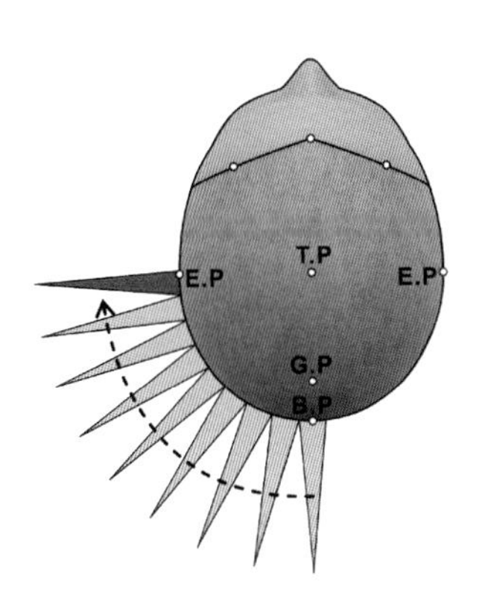

59 第 1 設計區塊最後縱髮片等腰三角形的幾何結構設計圖

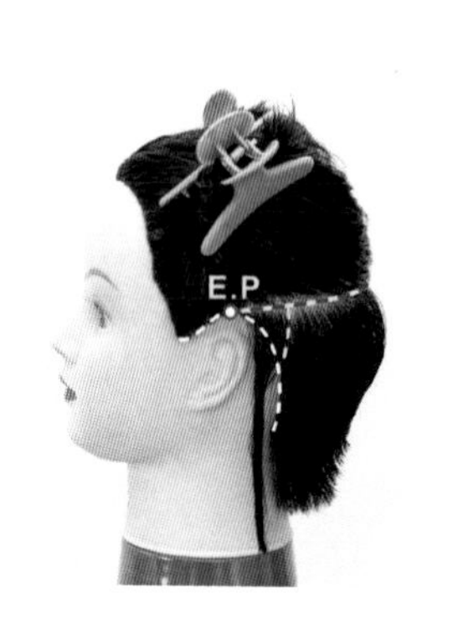

60 將剪髮梳持水平，從水平線髮根開始順毛流向下劃分出縱髮片。

61 縱髮片等腰三角形由上往下裁剪，提拉 90 度、切口 90 度。

62 縱髮片裁剪完成

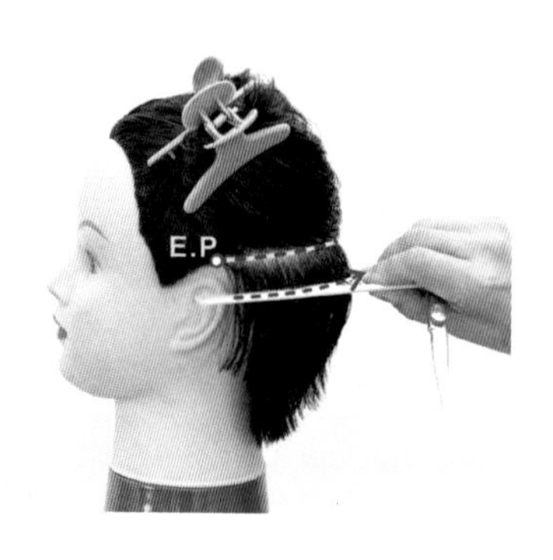

63 將剪髮梳持水平，和水平劃分線成平行，分取約 2 公分橫髮片的厚度。

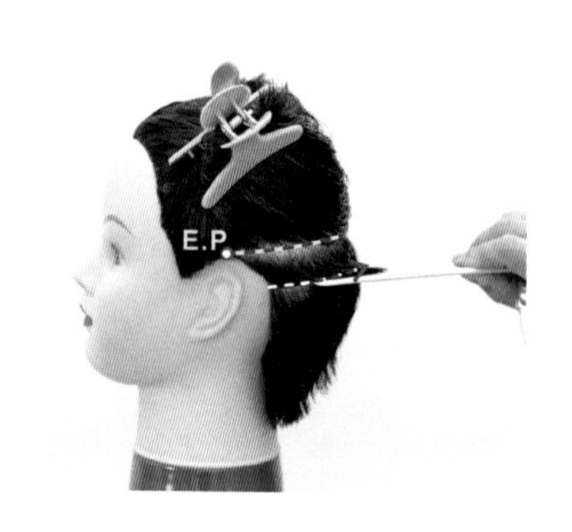

64 向右水平劃分

65 以十字交叉法檢查連續縱髮片裁剪後，橫向外輪廓連接的精密度。

66 第 1 設計區塊左頸側裁剪後，外輪廓的曲線效果。

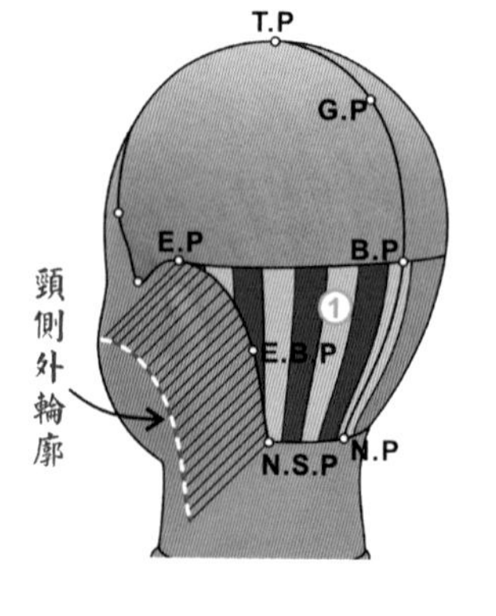

67 第 1 設計區塊左頸側裁剪後，外輪廓的幾何結構設計圖。

68 均等層次 - 左頸側外輪廓效果（片長：1 分 15 秒）

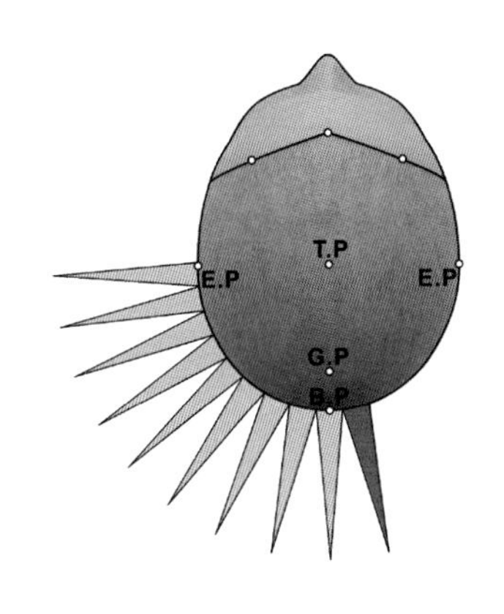

69 第 1 設計區塊右側，第 1 片縱髮片等腰三角形的幾何結構設計圖。

70 從水平線髮根開始順毛流向下劃分出縱髮片，等腰三角形由上往下裁剪，提拉 90 度、切口 90 度。

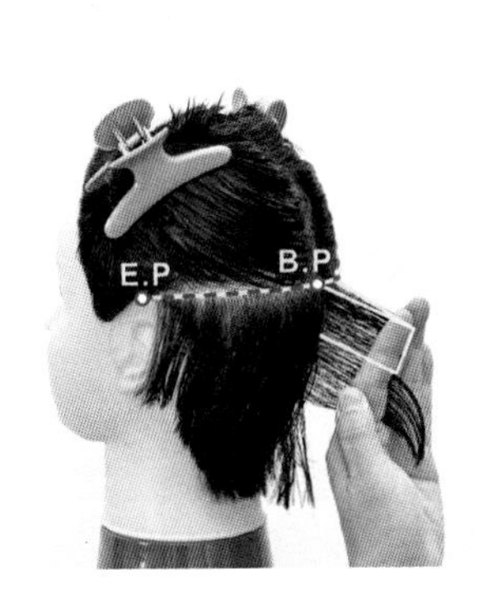

71 第 1 分段裁剪完成

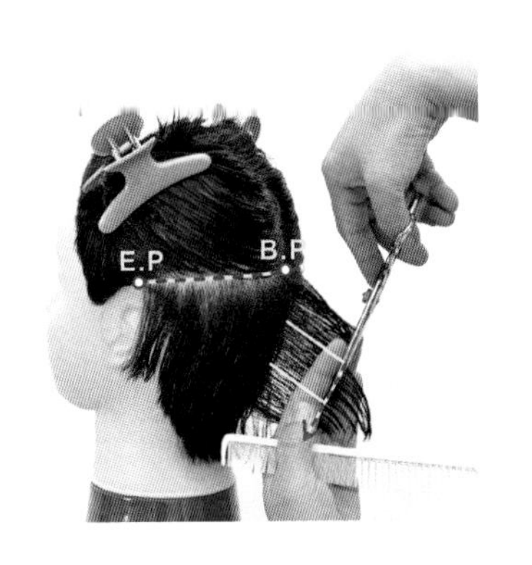

72 縱髮片第 2 分段由上往下裁剪，等腰三角形、提拉 90 度、切口 90 度。

73 第 2 分段裁剪完成

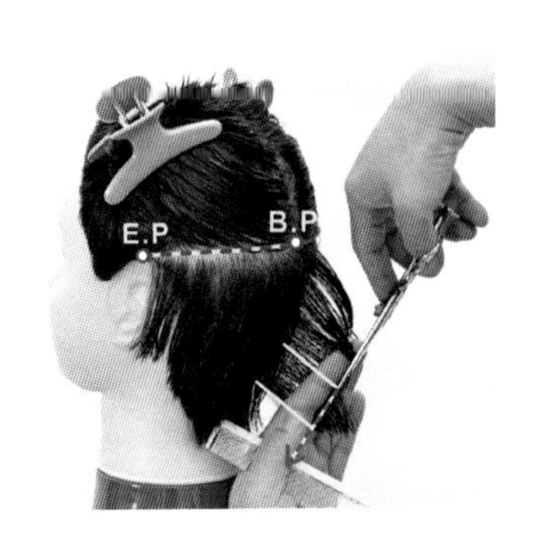

74 縱髮片第 3 分段由上往下裁剪，等腰三角形、提拉 90 度、切口 90 度。

75 第 3 分段裁剪完成

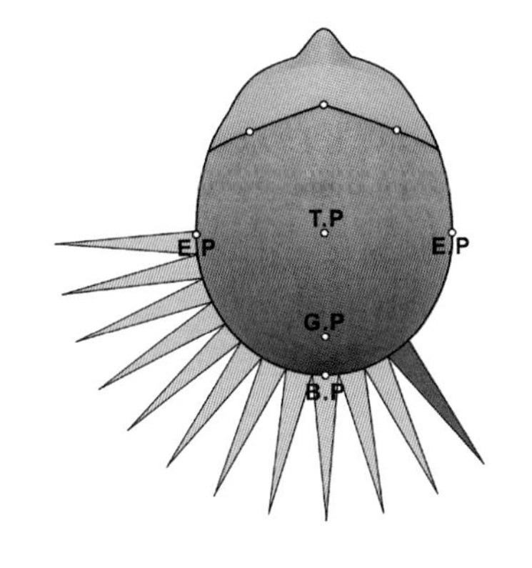

76 劃分縱髮片等腰三角形的幾何結構設計圖

77 從水平線髮根開始順毛流向下劃分出縱髮片

78 縱髮片第 1 分段，等腰三角形由上往下裁剪，提拉 90 度、切口 90 度。

79 第 1 分段裁剪完成

80 縱髮片第 2 分段，等腰三角形由上往下裁剪，提拉 90 度、切口 90 度。

81 第 2 分段裁剪完成

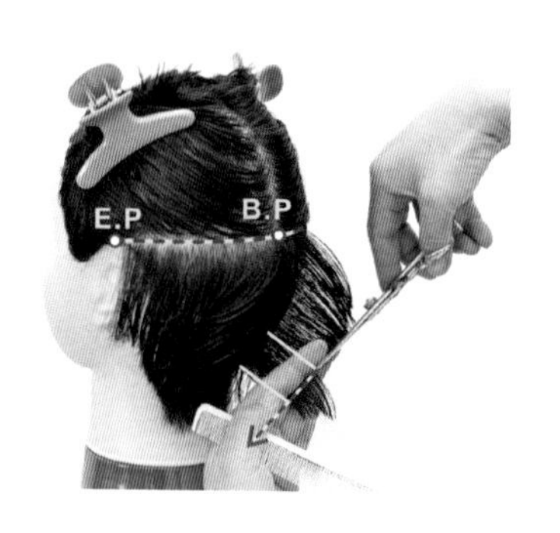

82 縱髮片第 3 分段，等腰三角形由上往下裁剪，提拉 90 度、切口 90 度。

83 第 3 分段裁剪完成

84 將剪髮梳持水平，和水平劃分線成平行，分取約 2 公分橫髮片的厚度。

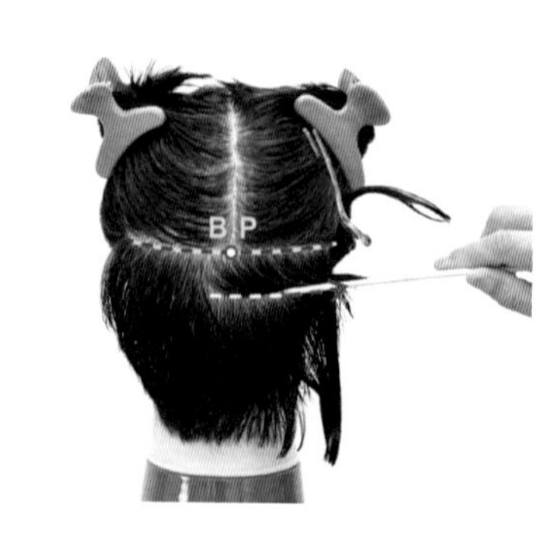

85 向右水平劃分

86 以十字交叉法檢查連續縱髮片裁剪後，橫向外輪廓連接的精密度。

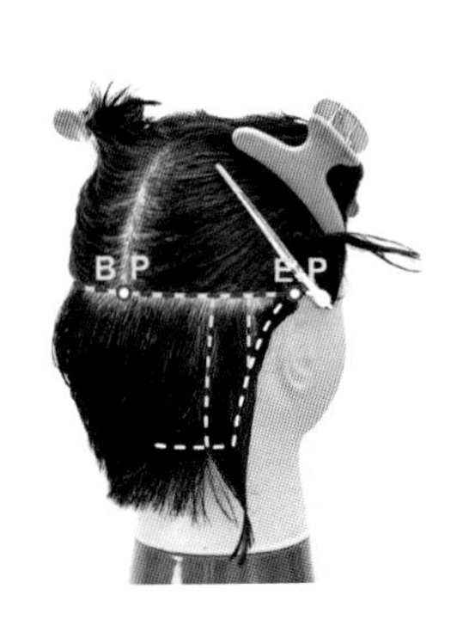

87 從水平線髮根開始，順毛流向下劃分出縱髮片。

88 縱髮片第 1 分段，等腰三角形由上往下裁剪，提拉 90 度、切口 90 度。

89 第 1 分段裁剪完成

90 縱髮片第 2 分段，等腰三角形由上往下裁剪，提拉 90 度、切口 90 度。

91 第 2 分段裁剪完成

92 縱髮片第 3 分段，等腰三角形由上往下裁剪，提拉 90 度、切口 90 度。

93 第 3 分段裁剪完成

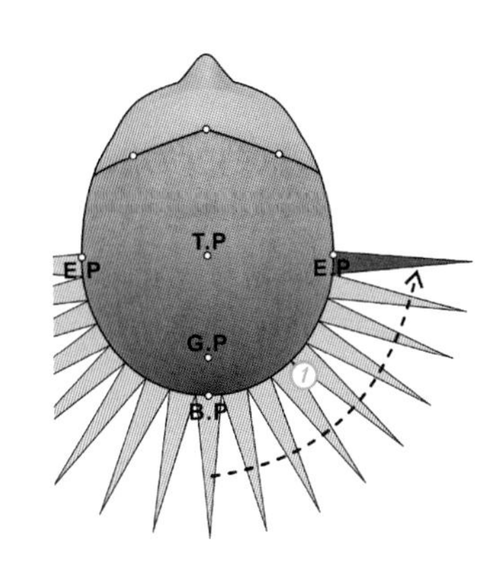

94 第 1 設計區塊右側最後縱髮片，等腰三角形的幾何結構設計圖。

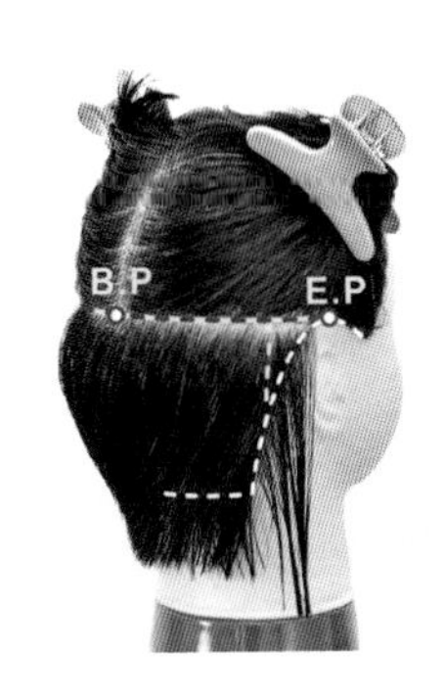

95 從水平線髮根開始，順毛流向下劃分出縱髮片。

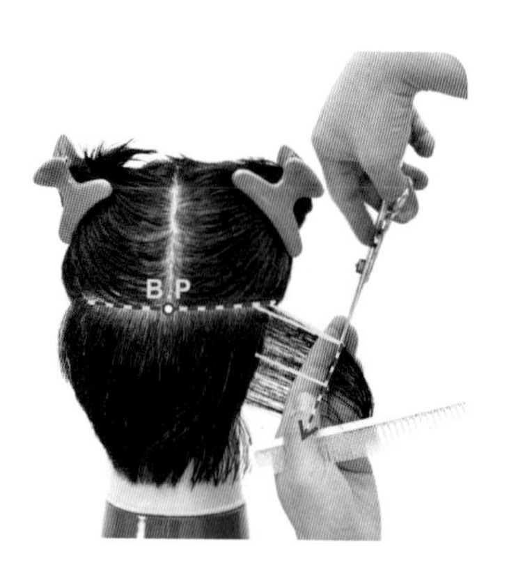

96 縱髮片第 1 分段，等腰三角形由上往下裁剪，提拉 90 度、切口 90 度。

97 第 1 分段裁剪完成

98 縱髮片第 2 分段，等腰三角形由上往下裁剪，提拉 90 度、切口 90 度。

99 第 2 分段裁剪完成

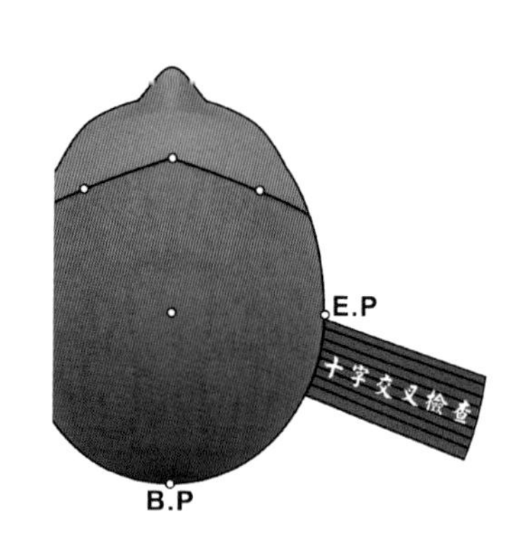

100 以十字交叉檢查連續縱髮片裁剪後，橫向外輪廓和頭型曲線是否平行的幾何結構設計圖。

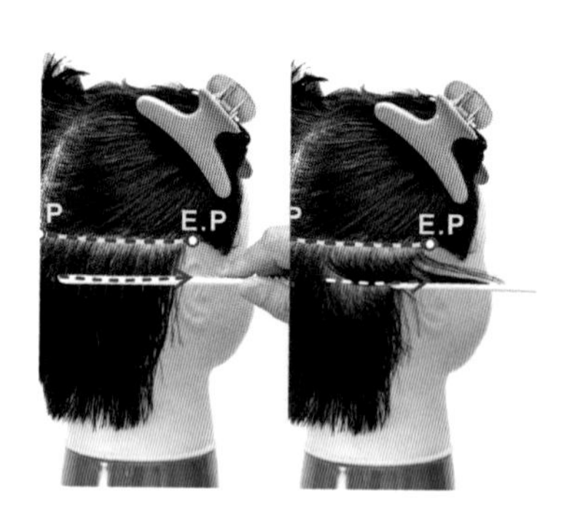

101 將剪髮梳持水平，和水平劃分線成平行，分取約 2 公分橫髮片的厚度，向右水平劃分。

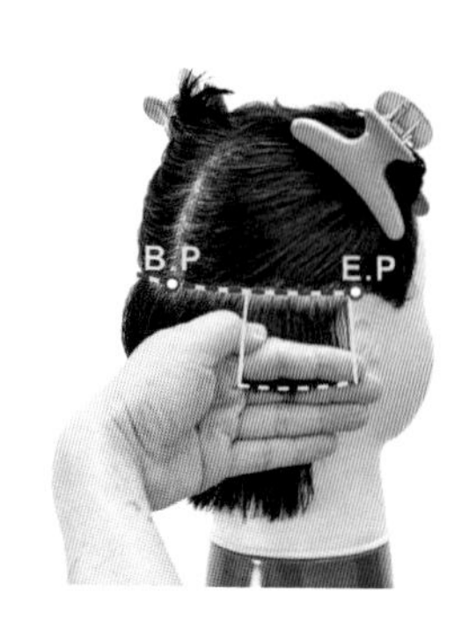

102 以十字交叉法檢查連續縱髮片裁剪後，橫向外輪廓連接的精密度。

103 第 1 設計區塊右頸側裁剪後，外輪廓的曲線效果。

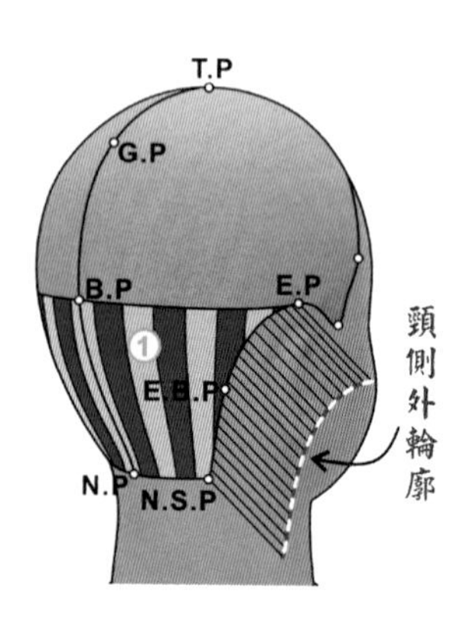

104 第 1 設計區塊右頸側裁剪後，外輪廓的幾何結構設計圖。

105 第 1 設計區塊裁剪完成 - 左側

106 第 1 設計區塊右側完成 - 後面

107 第 1 設計區塊右側完成 - 右側

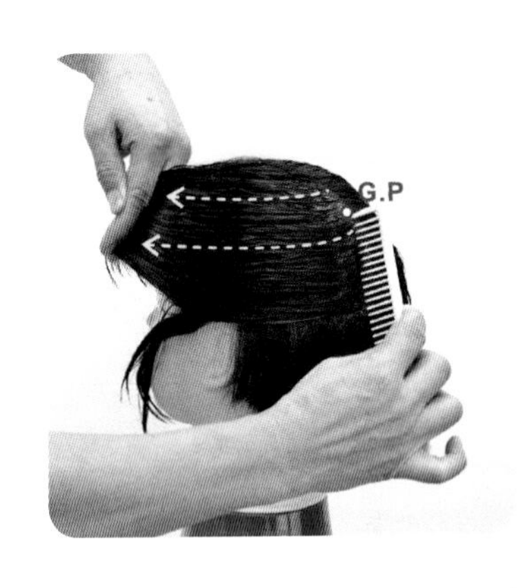

108 將剪髮梳持垂直，從正中線開始，將左側 U 型線上下約 2 ～ 3 公分範圍內的髮量，向前貼頭皮水平梳順。

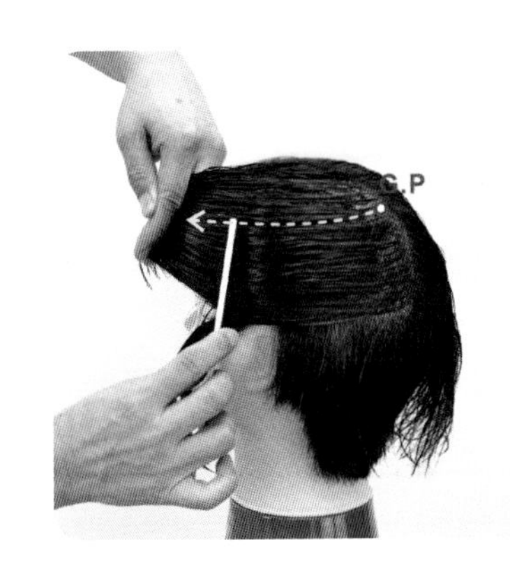

109 從 G.P 點開始，順毛流向前劃分連接左 F.S.P 點。

110 左側 U 型線劃分完成

111 將剪髮梳持垂直，從正中線開始，將右側 U 型線上下約 2 ～ 3 公分範圍內的髮量，向前貼頭皮水平梳順。

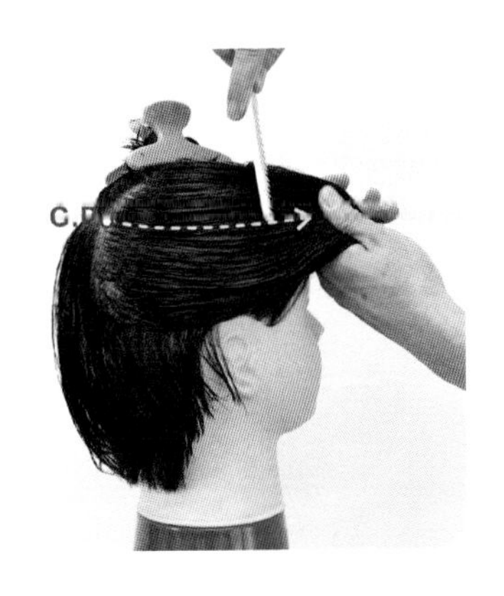

112 從 G.P 點開始，順毛流向前劃分連接右 F.S.P 點。

113 右側 U 型線劃分完成

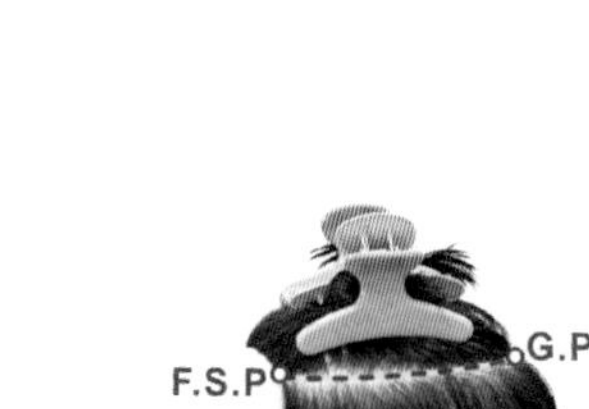

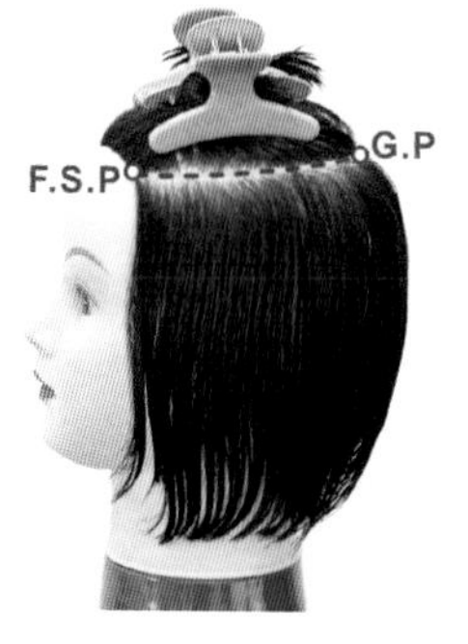

114 第 2 設計區塊劃分完成 - 左側

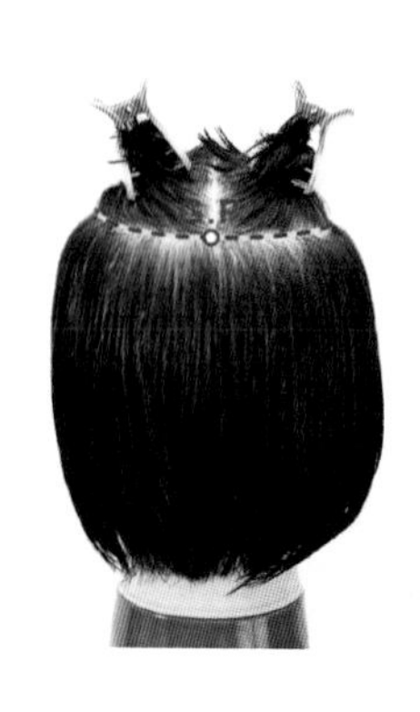

115 第 2 設計區塊劃分完成 - 後側

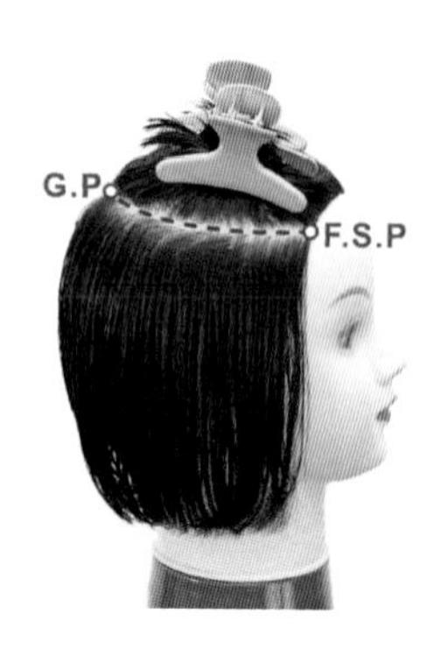

116 第 2 設計區塊劃分完成 - 右側

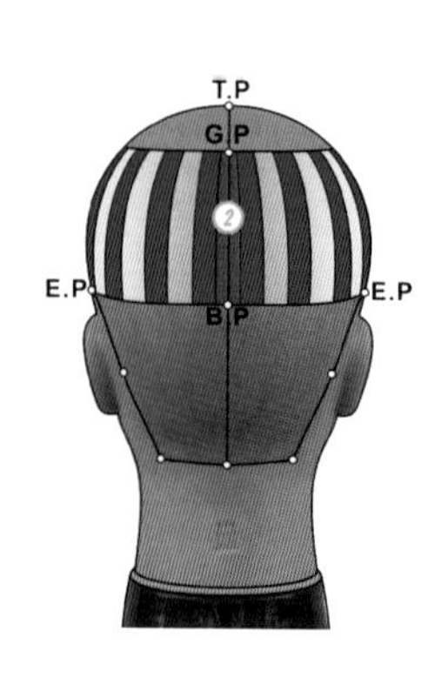

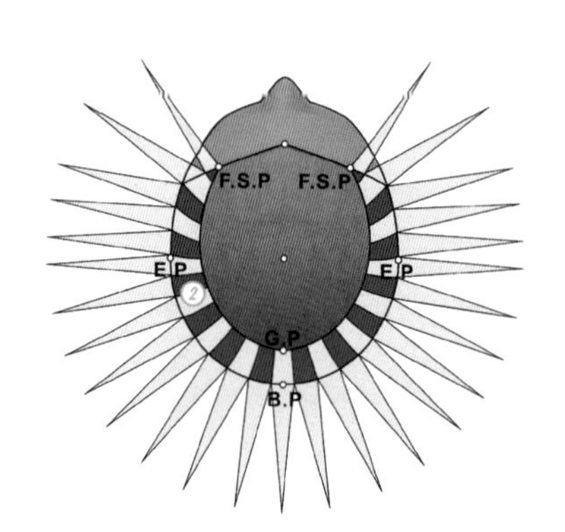

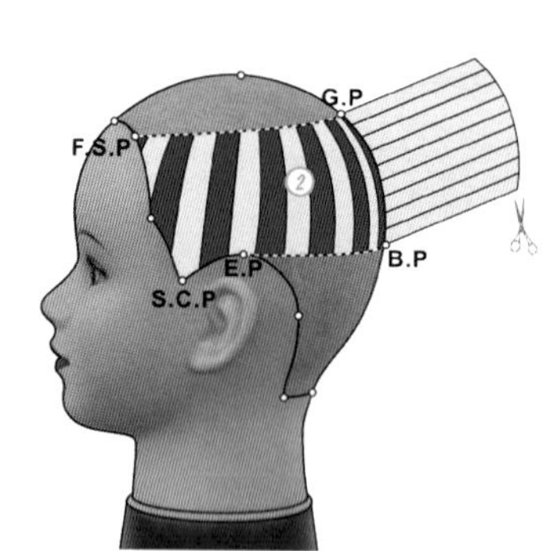

117 第 2 設計區塊依設計構想劃分的幾何結構設計圖，劃分爲若干縱髮片（如上圖左）、移動式引導、等腰三角形髮片（如上圖中），髮片由下往上裁剪，提拉 90 度、切口和頭型曲線平行裁剪（如上圖右）。

118 將剪髮梳持水平，從 U 型線髮根開始。

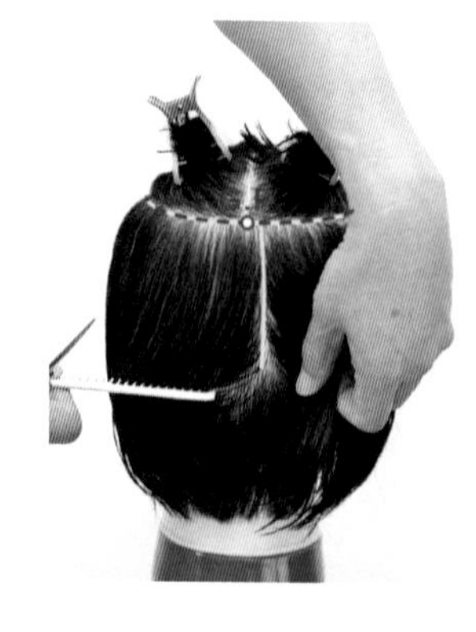

119 順毛流向下劃分出垂直線

120 再次將剪髮梳持水平，從 U 型線髮根開始。

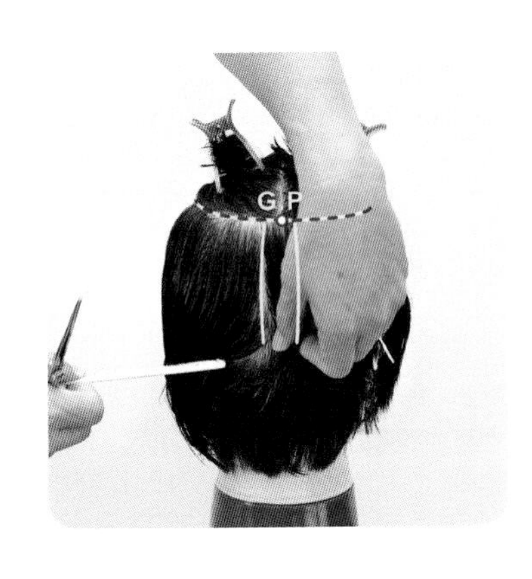

121 順毛流向下劃分出垂直線

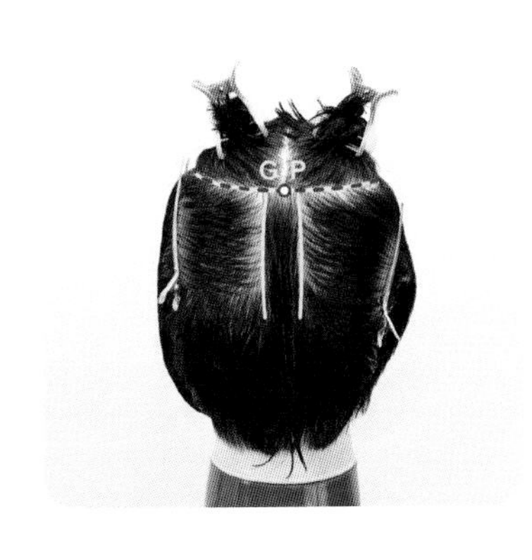

122 在正中線劃分縱髮片完成，作爲第 2 區塊裁剪設計的引導髮片。

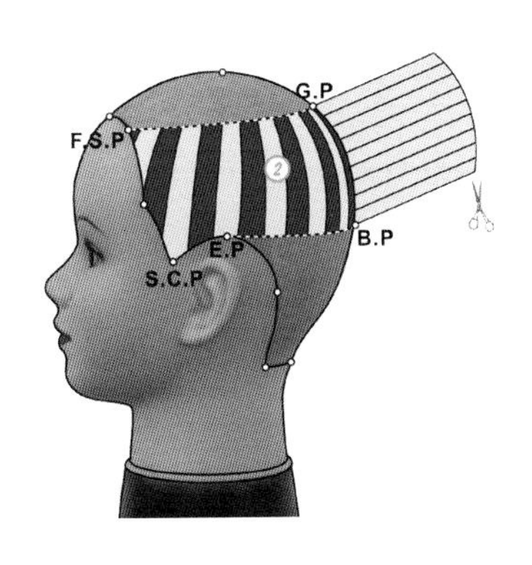

123 髮片由下往上裁剪，提拉 90 度、切口和頭型曲線平行裁剪的幾何結構設計圖。

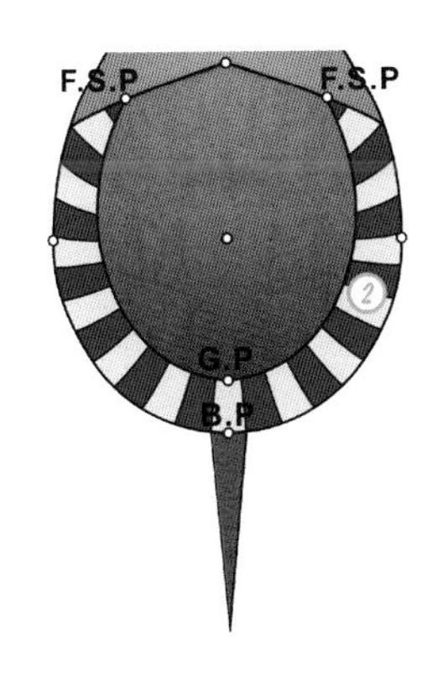

124 引導髮片挾拉成爲等腰三角形的幾何結構設計圖

125 縱髮片、等腰三角形、提拉 90 度，手指微彎保持和頭型曲線平行。

126 剪刀依手指微彎型態，一次完成裁剪。

127 第 1 片縱髮片一次完成裁剪，裁剪線會和頭型曲線平行。

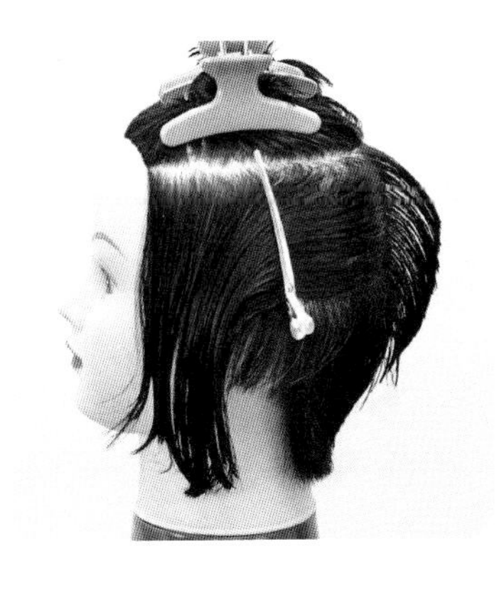

128 第 2 設計區塊髮量自然下垂堆疊時，縱向外輪廓會複製頭型曲線。

129 均等層次 - 第 2 區順頭圓裁剪（片長：2 分 00 秒）。

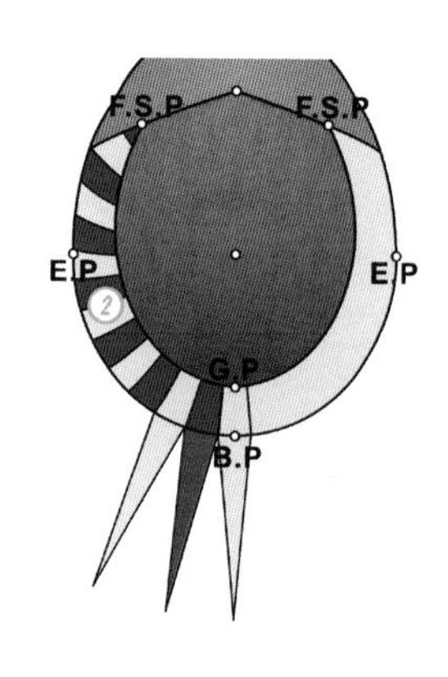

130 移動式引導、等腰三角形髮片裁剪的幾何結構設計圖。

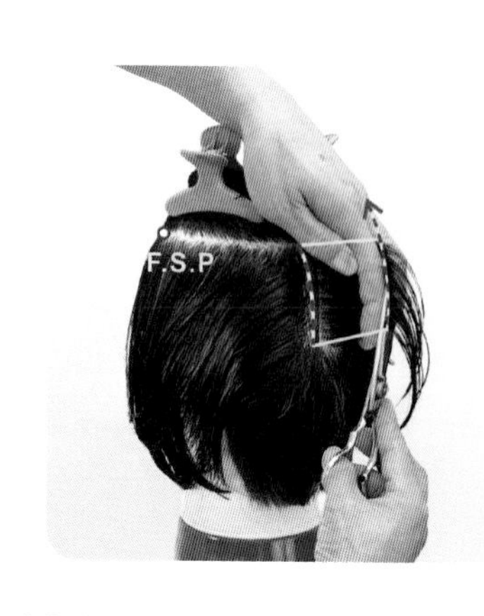

131 第 2 片縱髮片、等腰三角形、提拉 90 度，手指微彎保持和頭型曲線平行。

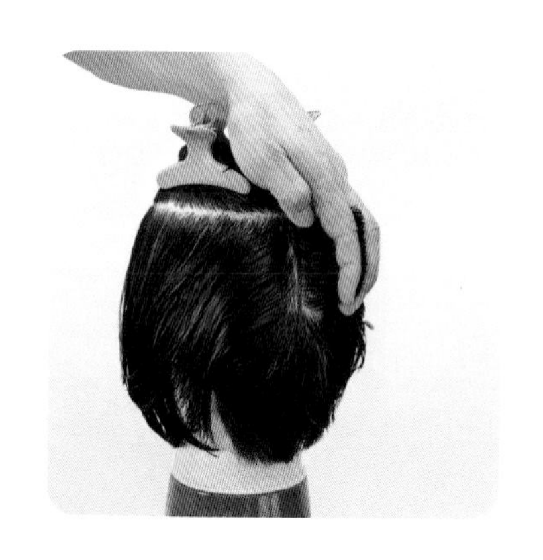

132 第 2 片縱髮片一次完成裁剪

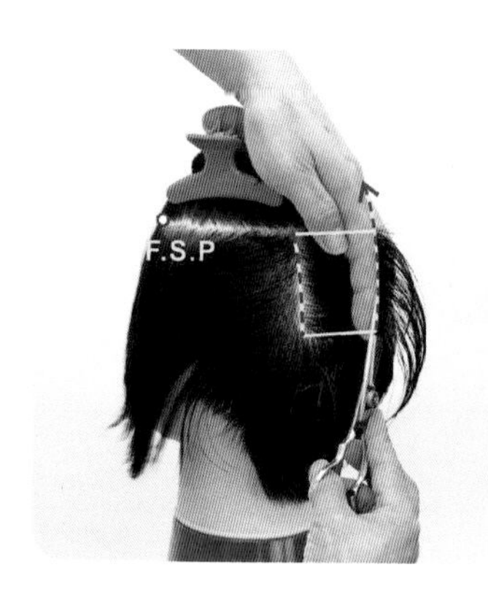

133 第 3 片縱髮片、等腰三角形、提拉 90 度，手指微彎保持和頭型曲線平行。

134 第 3 片縱髮片一次完成裁剪

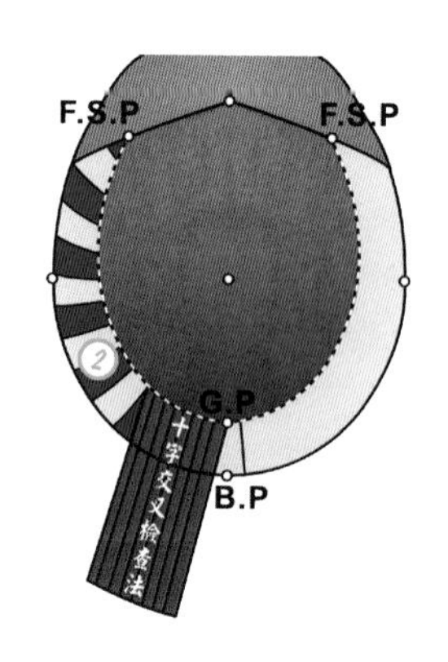

135 以十字交叉法檢查連續縱髮片裁剪後，橫向外輪廓連接幾何結構設計圖。

136 將剪髮梳持水平，和水平劃分線成平行，分取約 2 公分橫髮片的厚度，向右水平劃分。

137 以十字交叉法檢查連續縱髮片裁剪後，橫向外輪廓連接的精密度。

138 均等層次 - 第 2 區十字交叉檢查法（片長：1 分 24 秒）。

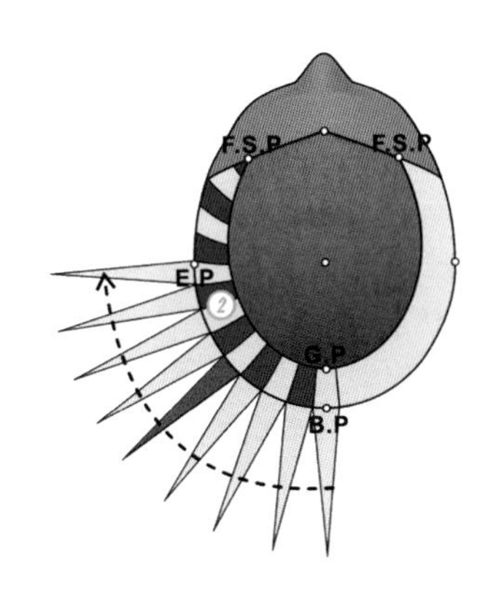

139 第 2 設計區塊後側頭部，移動式引導、等腰三角形髮片裁剪的幾何結構設計圖。

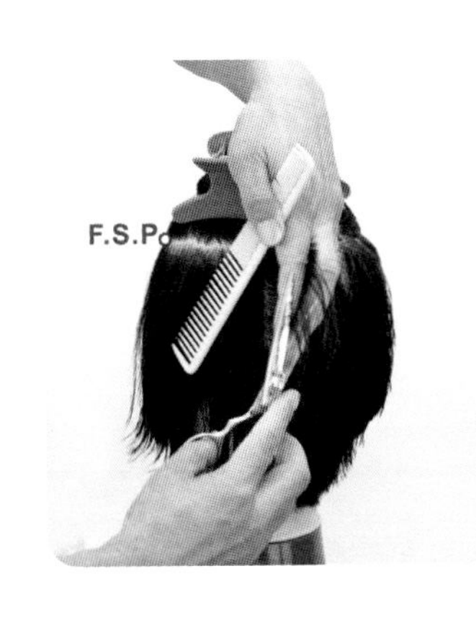

140 第 4 片縱髮片、等腰三角形、提拉 90 度，手指微彎保持和頭型曲線平行。

141 第 4 片縱髮片一次完成裁剪

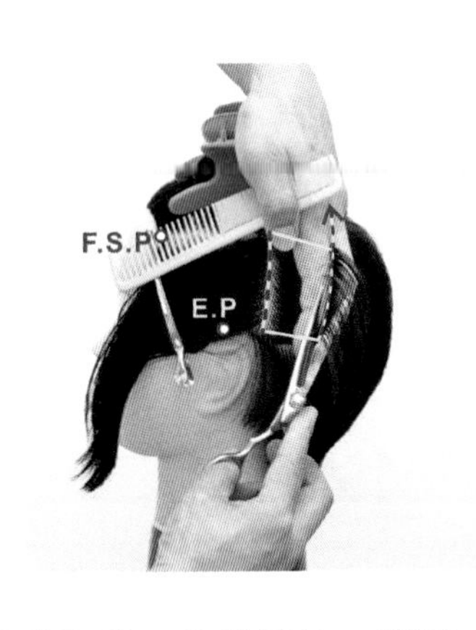

142 第 5 片縱髮片、等腰三角形、提拉 90 度，手指微彎保持和頭型曲線平行。

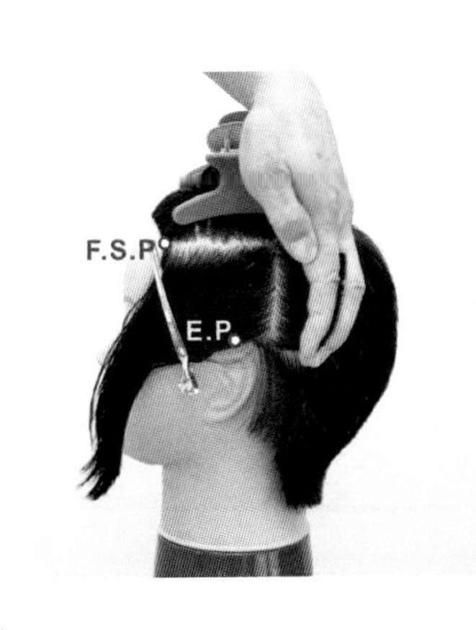

143 第 5 片縱髮片一次完成裁剪

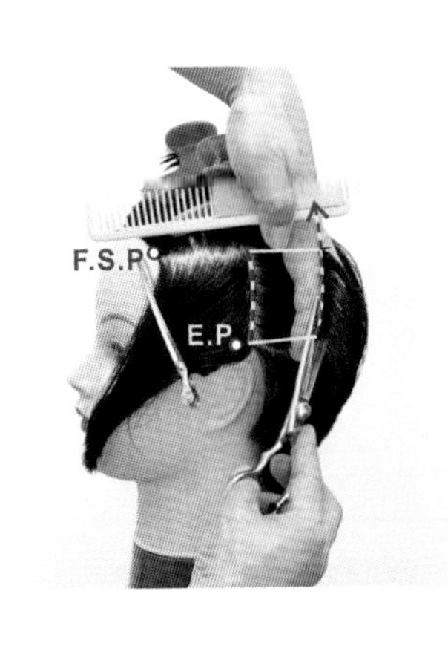

144 第 6 片縱髮片、等腰三角形、提拉 90 度，手指微彎保。

145 第 6 片縱髮片一次完成裁剪

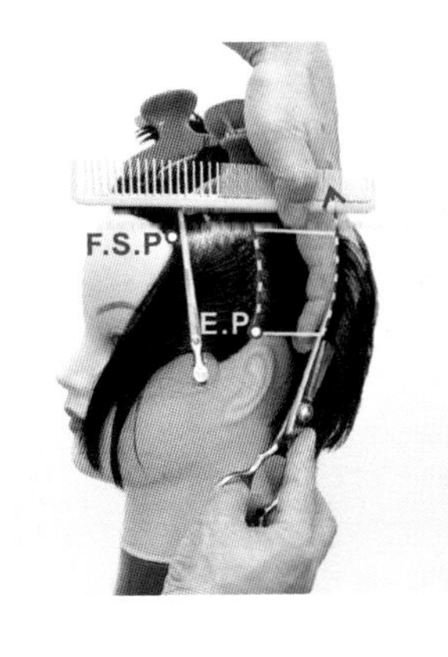

146 第 7 片縱髮片、等腰三角形、提拉 90 度，手指微彎保持和頭型曲線平行。

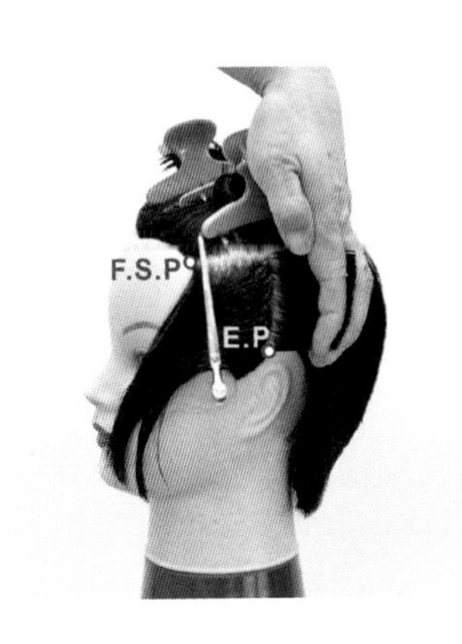

147 第 7 片縱髮片一次完成裁剪

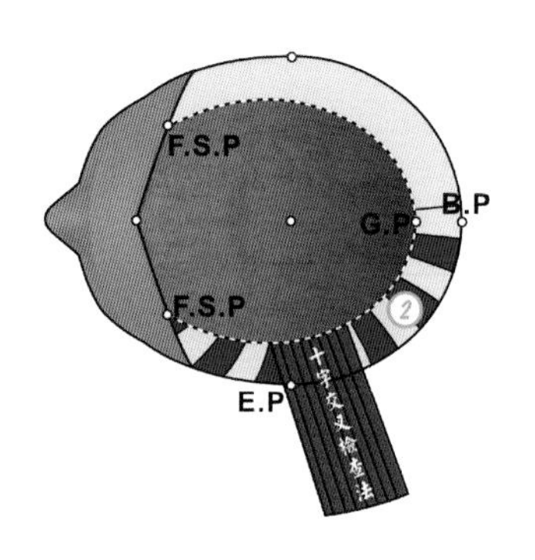

148 以十字交叉法檢查連續縱髮片裁剪後，橫向外輪廓連接幾何結構設計圖。

149 將剪髮梳持水平，和水平劃分線成平行，取約 2 公分橫髮片的厚度。

150 向前水平劃分

151 連續縱髮片裁剪後，以十字交叉法檢查橫向外輪廓連接的精密度。

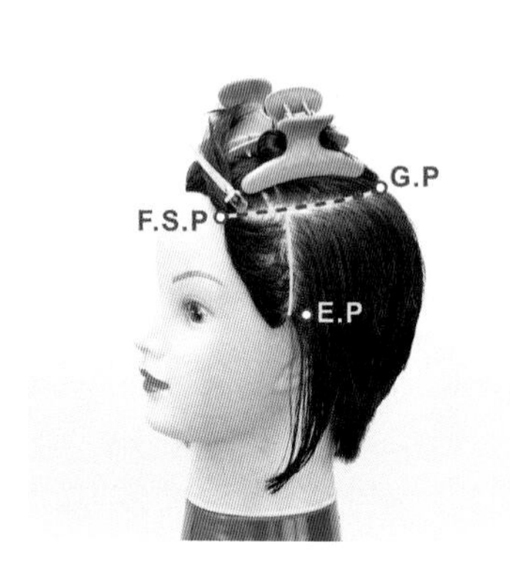

152 將剪髮梳持水平，從 U 型線髮根開始，順毛流向下劃分出垂直線。

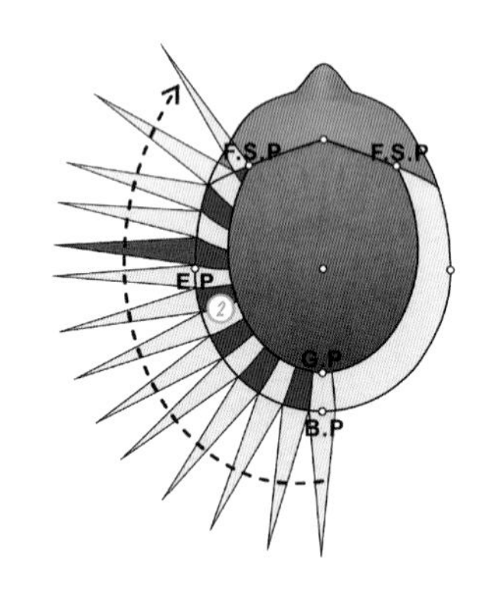

153 第 2 設計區塊前側頭部，移動式引導、等腰三角形髮片裁剪的幾何結構設計圖。

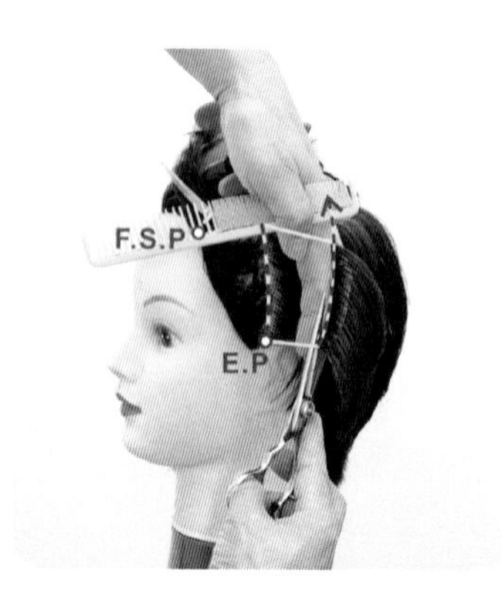

154 第 7 片縱髮片、等腰三角形、提拉 90 度，手指微彎保持和頭型曲線平行。

155 第 8 片縱髮片一次完成裁剪

156 將剪髮梳持水平，從 U 型線髮根開始，順毛流向下劃分出垂直線。

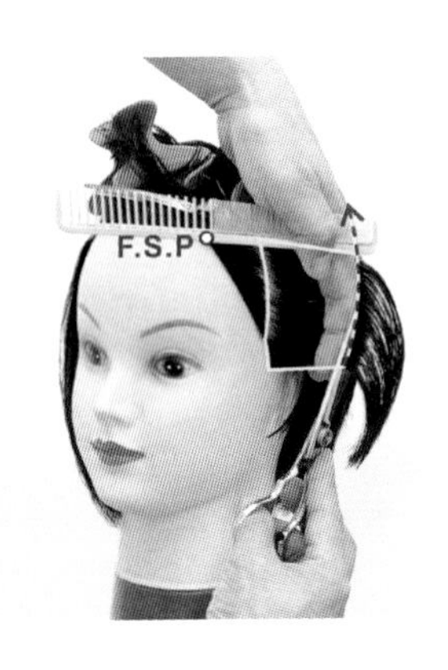

157 第 9 片縱髮片、等腰三角形、提拉 90 度，手指微彎保持和頭型曲線平行。

158 第 9 片縱髮片一次完成裁剪

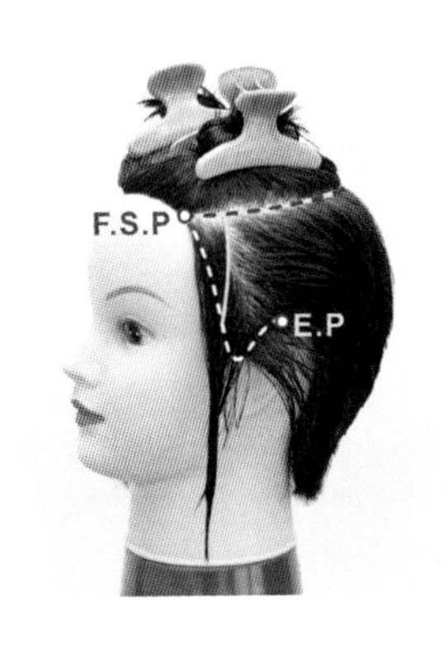

159 將剪髮梳持水平，從 U 型線髮根開始，順毛流向下劃分出垂直線。

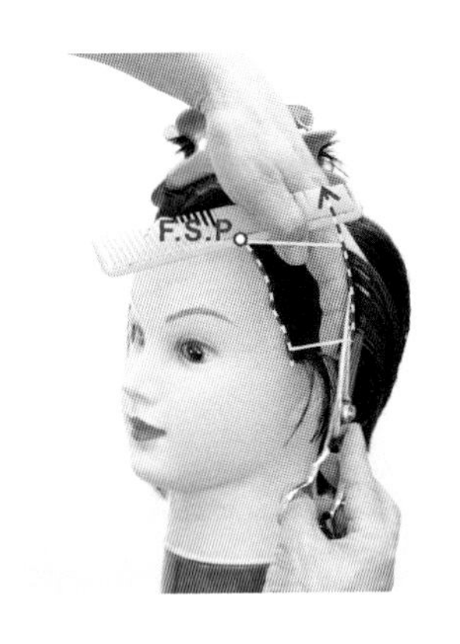

160 第 10 片縱髮片、等腰三角形、提拉 90 度，手指微彎保持和頭型曲線平行。

161 第 10 片縱髮片一次完成裁剪

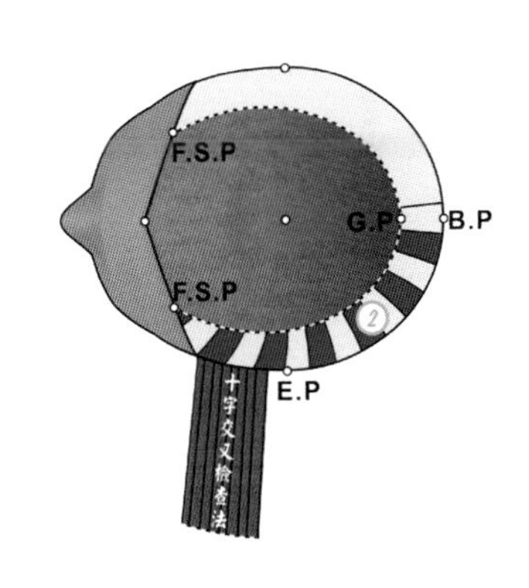

162 以十字交叉法檢查連續縱髮片裁剪後，橫向外輪廓連接的幾何結構設計圖。

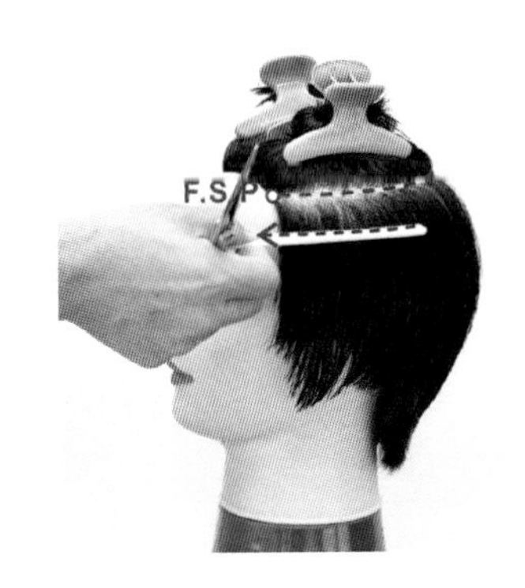

163 將剪髮梳持水平，和水平劃分線成平行，分取約 2 公分橫髮片的厚度。

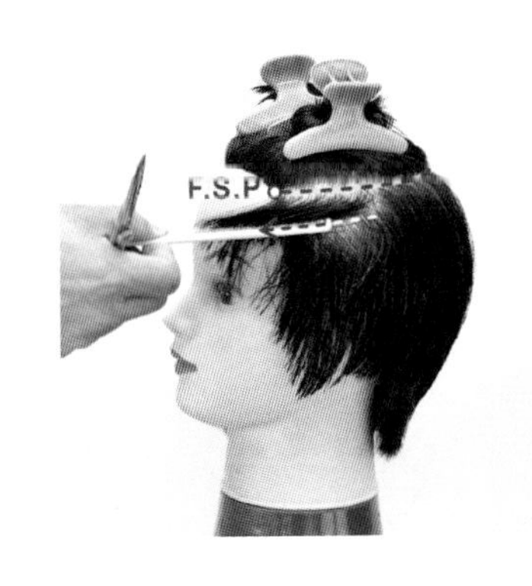

164 向前水平劃分

165 連續縱髮片裁剪後，以十字交叉法檢查橫向外輪廓連接的精密度。

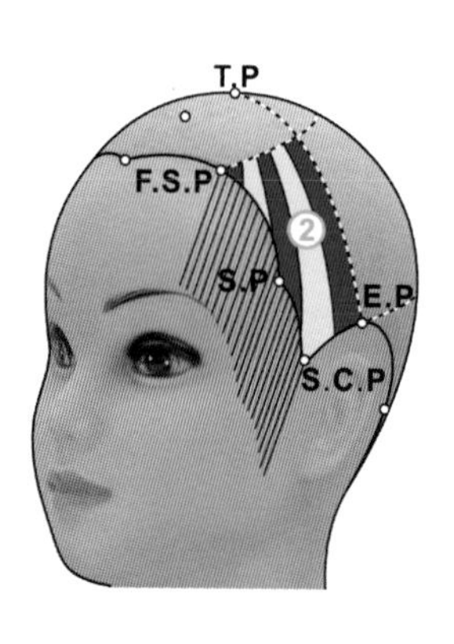

166 第 2 設計區塊左側臉際裁剪後，外輪廓的幾何結構設計圖。

167 第 2 設計區塊左側臉際裁剪後，外輪廓的曲線效果。

168 均等層次 - 第 2 區側頭部輪廓（片長：2 分 21 秒）。

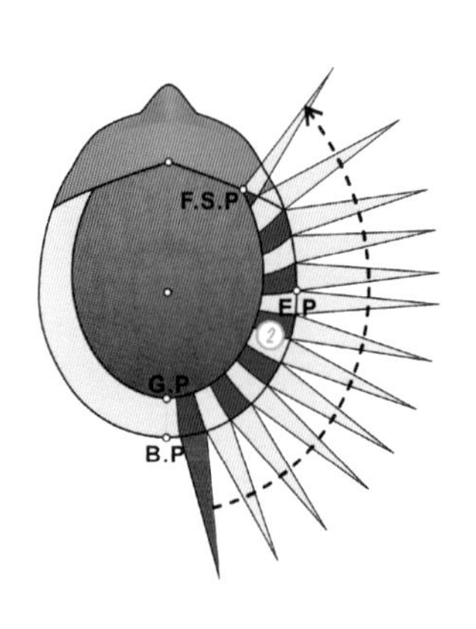

169 第 2 設計區塊右側頭部，移動式引導、等腰三角形髮片裁剪的幾何結構設計圖。

170 第 1 片縱髮片、等腰三角形、提拉 90 度，手指微彎保持和頭型曲線平行。

171 第 1 片縱髮片一次完成裁剪，右側其餘髮片和左側裁剪技法相同（請參考操作步驟 118 ～ 167）

172 第 1、2 設計區塊裁剪後，外輪廓的曲線效果和臉際線、頸側線相同。

173 頸背外輪廓和頸背線相同

174 第 1、2 設計區塊裁剪後，後頭部的縱向外輪廓和頭型曲線相同。

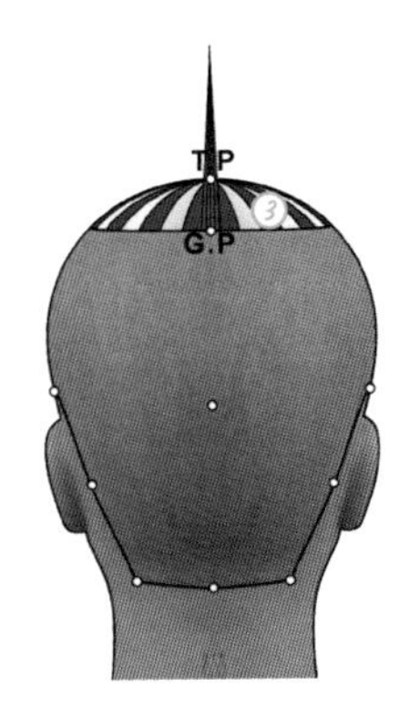

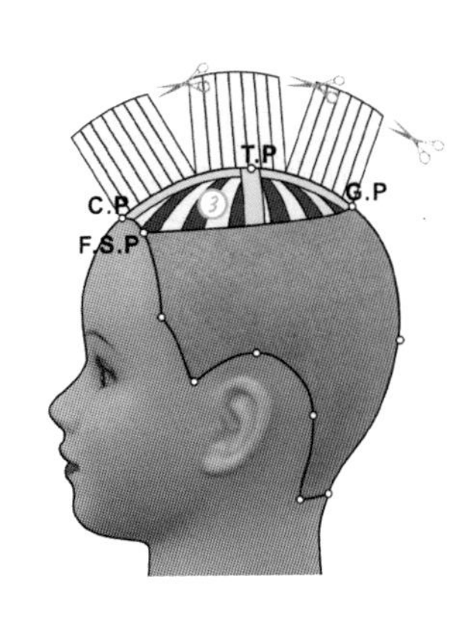

175 第 3 設計區塊依設計構想劃分的幾何結構設計圖，首先在正中線及側中線完成十字交叉裁剪，再劃分爲若干定點放射髮片（如上圖左）、移動式引導、等腰三角形髮片（如上圖左、中），髮片提拉 90 度、切口和頭型曲線平行裁剪（如上圖右）。

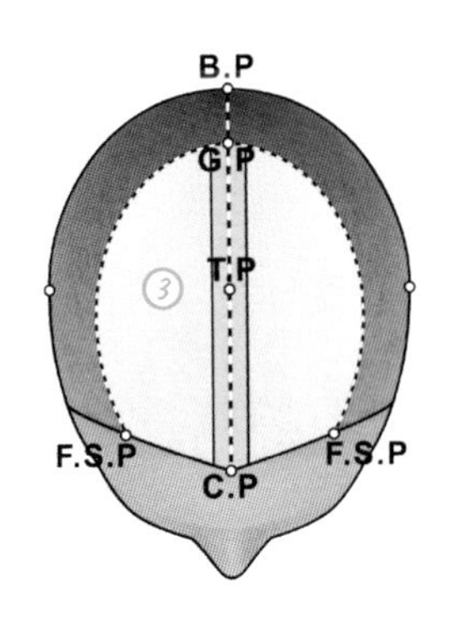

176 首先在正中線劃分約 2 公分厚度髮片的幾何結構設計圖

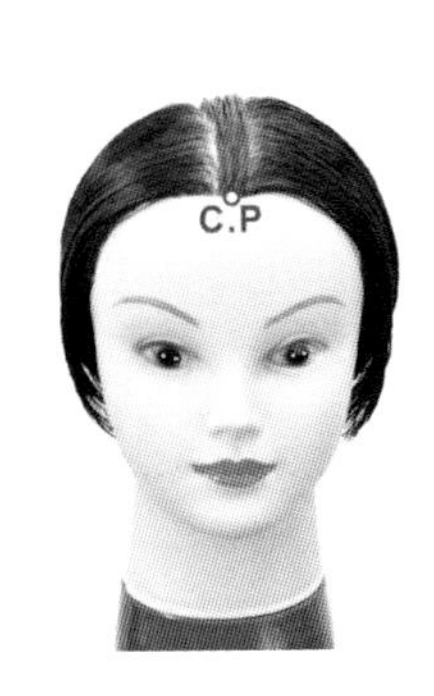

177 在正中線劃分約 2 公分厚度的髮片

178 縱髮片、等腰三角形、提拉 90 度、切口和頭型曲線平行裁剪。

179 縱髮片第 1 分段裁剪完成

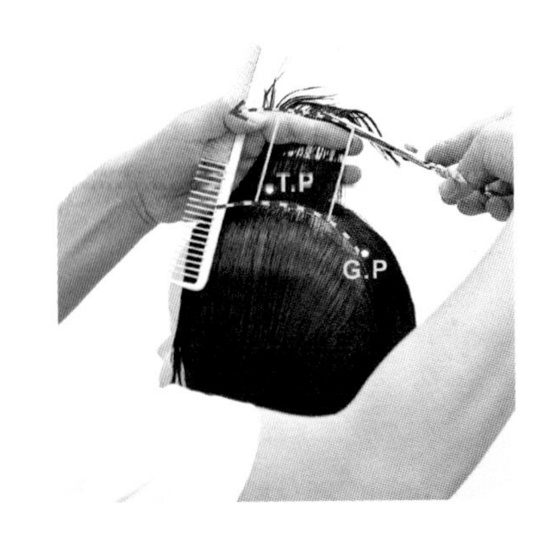

180 縱髮片、等腰三角形、提拉 90 度、切口和頭型曲線平行裁剪。

181 縱髮片第 2 分段裁剪完成

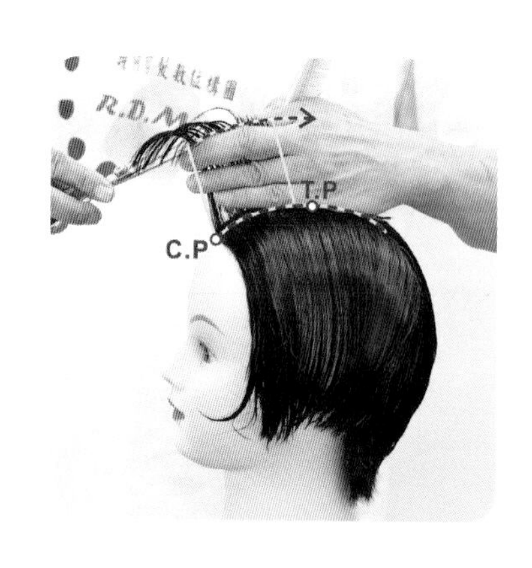

182 （由前往後裁剪）縱髮片、等腰三角形、提拉 90 度、切口和頭型曲線平行裁剪。

183 縱髮片第 3 分段裁剪完成

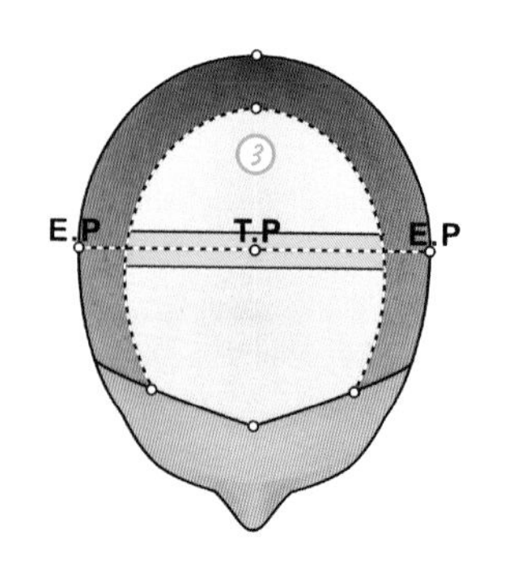

184 接續在側中線劃分約 2 公分厚度髮片的幾何結構設計圖

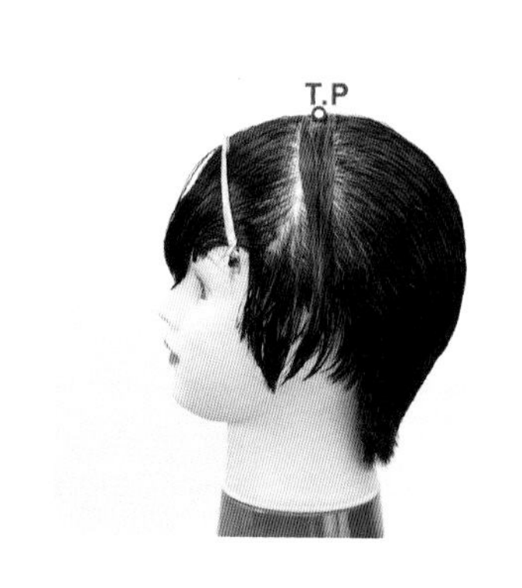

185 在左側側中線劃分約 2 公分厚度的髮片

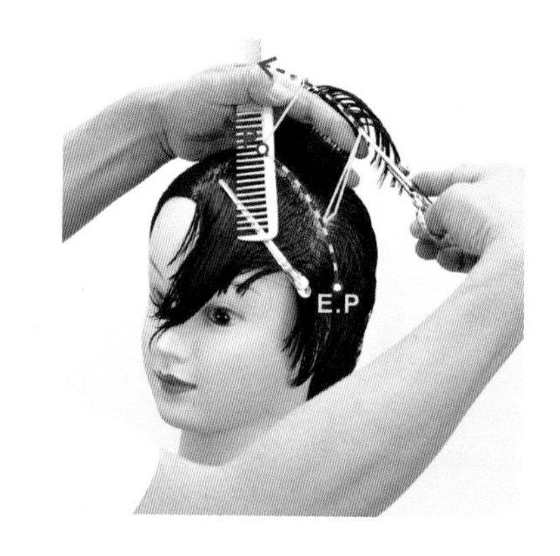

186 縱髮片、等腰三角形、提拉 90 度、切口和頭型曲線平行裁剪。

187 縱髮片裁剪完成

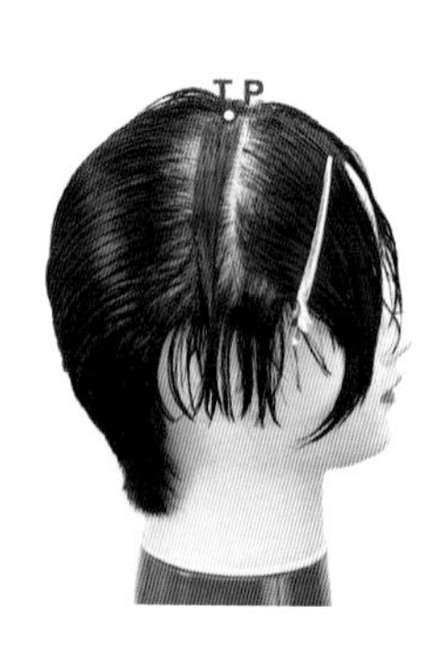

188 在右側側中線劃分約 2 公分厚度的髮片

189 縱髮片、等腰三角形、提拉 90 度、切口和頭型曲線平行裁剪及縱髮片裁剪完成。

190 均等層次 - 第 3 區十字交叉裁剪法（片長：2 分 51 秒）。

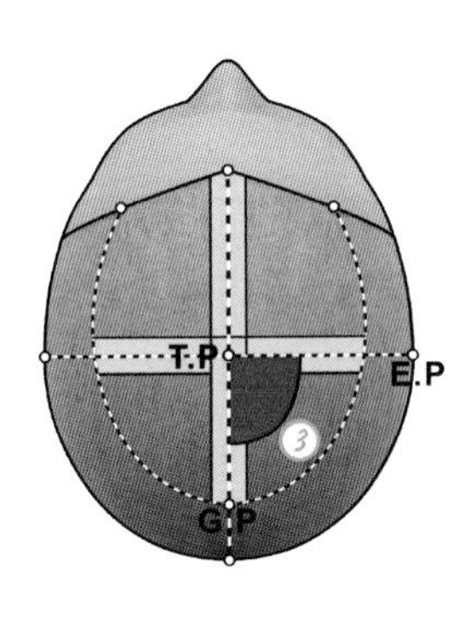

191 第 3 設計區塊右後側 4 分之 1 圓，髮片的幾何結構設計圖。

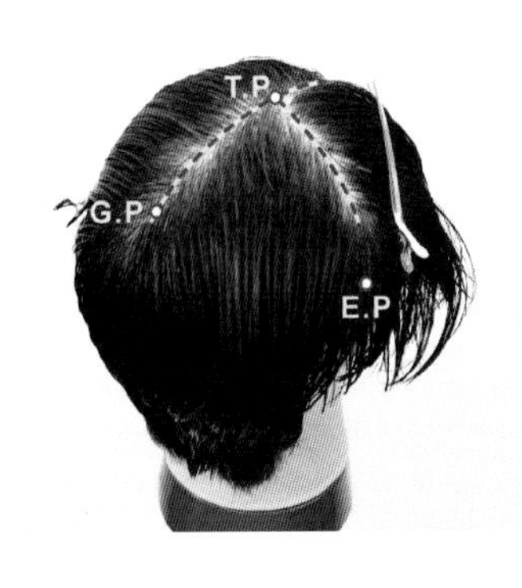

192 第 3 設計區塊，先劃分出右後側 4 分之 1 圓髮片。

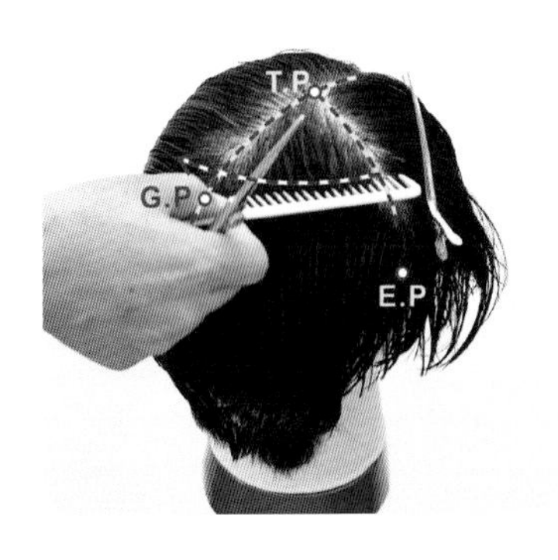

193 將剪髮梳持水平，分取約 3 公分橫髮片的厚度。

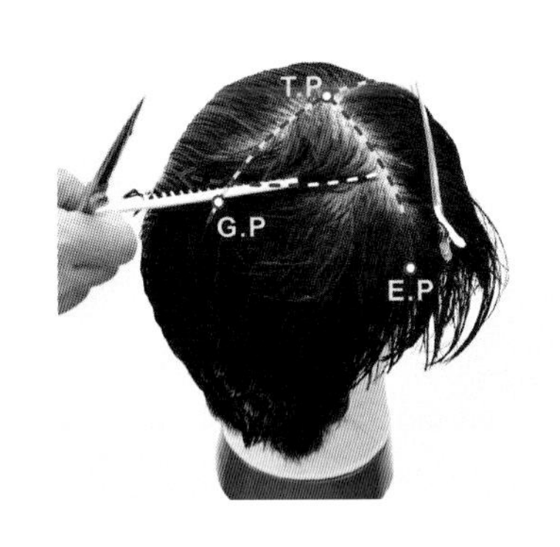

194 向後水平劃分

195 依據正中線及側中線的引導髮片，進行曲線輪廓裁剪。

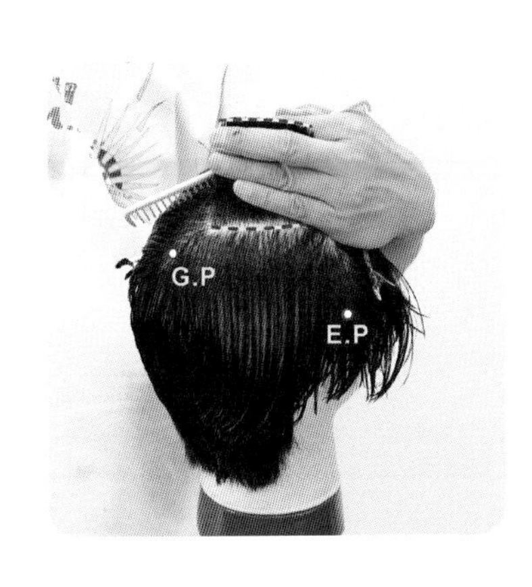

196 橫髮片裁剪完成，成爲第 3 設計區塊裁剪的上引導髮長。

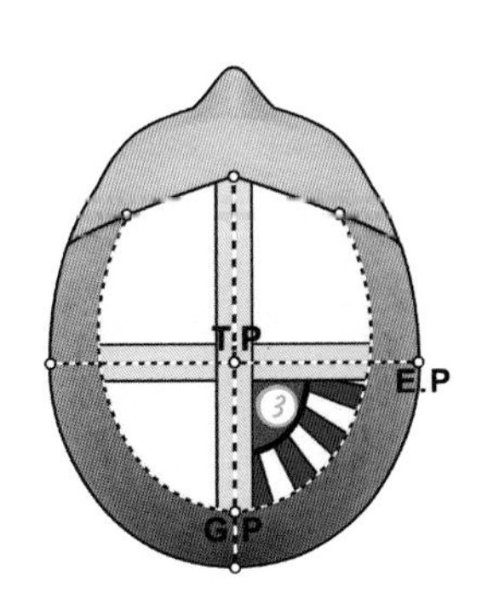

197 第 3 設計區塊劃分爲若干定點放射髮片，裁剪的幾何結構設計圖。

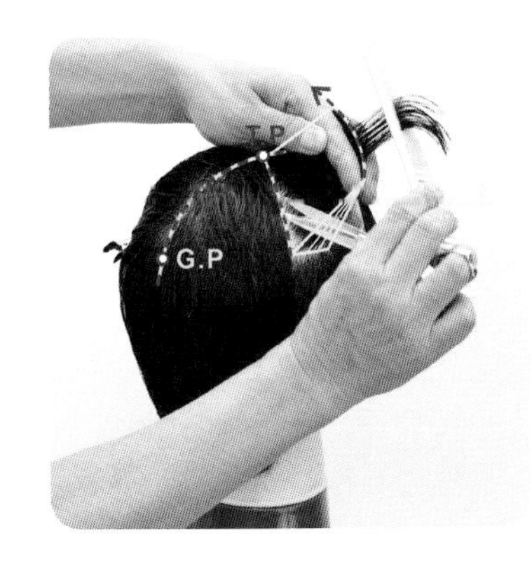

198 劃分第 1 片定點放射髮片、等腰三角形、提拉 90 度、連接第 2、3 設計區塊的引導髮長，進行曲線輪廓裁剪。

199 第 1 片定點放射髮片裁剪完成

200 劃分第2片定點放射髮片、等腰三角形、提拉 90 度、連接第 2、3 設計區塊的引導髮長，進行曲線輪廓裁剪。

201 第 2 片定點放射髮片裁剪完成

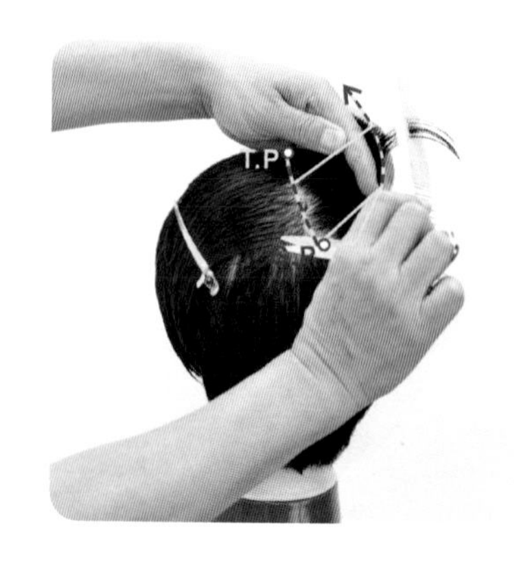

202 劃分第3片定點放射髮片、等腰三角形、提拉 90 度、連接第 2、3 設計區塊的引導髮長，進行曲線輪廓裁剪。

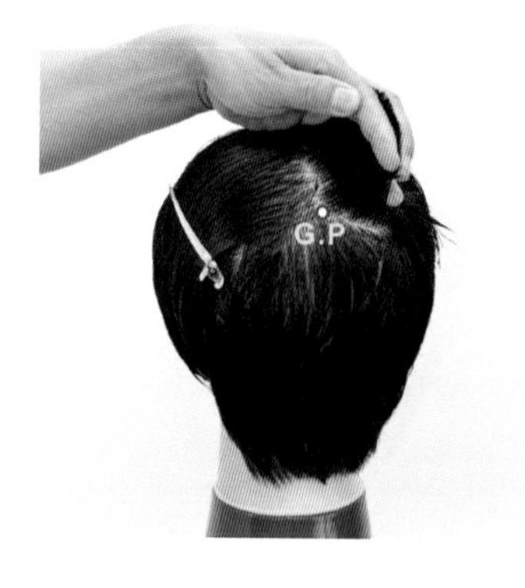

203 第 3 片定點放射髮片裁剪完成

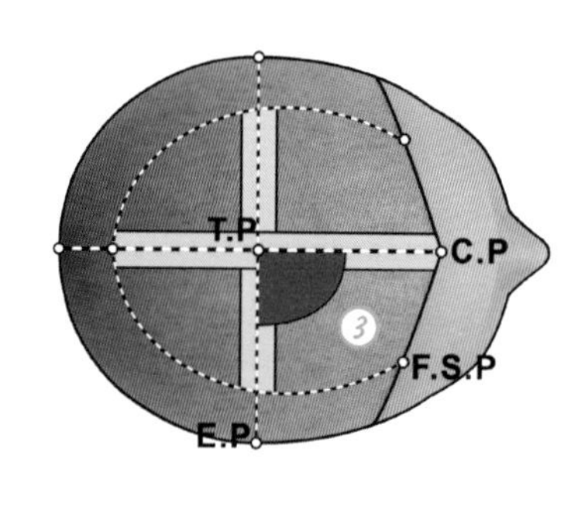

204 第 3 設計區塊右前側 4 分之 1 圓，髮片的幾何結構設計圖。

205 第 3 設計區塊，劃分出右前側 4 分之 1 圓髮片。

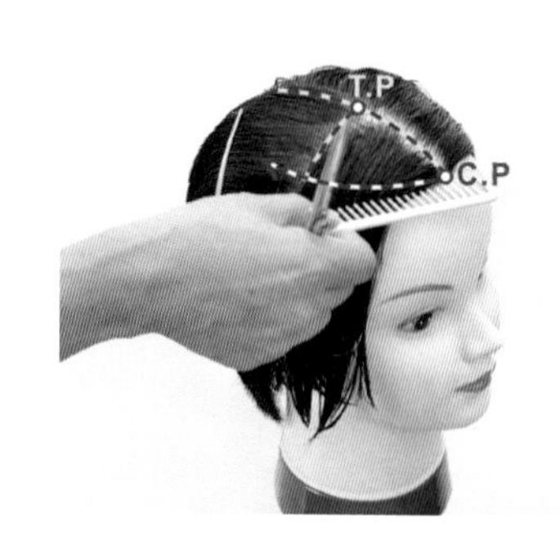

206 將剪髮梳持水平，分取約 3 公分橫髮片的厚度。

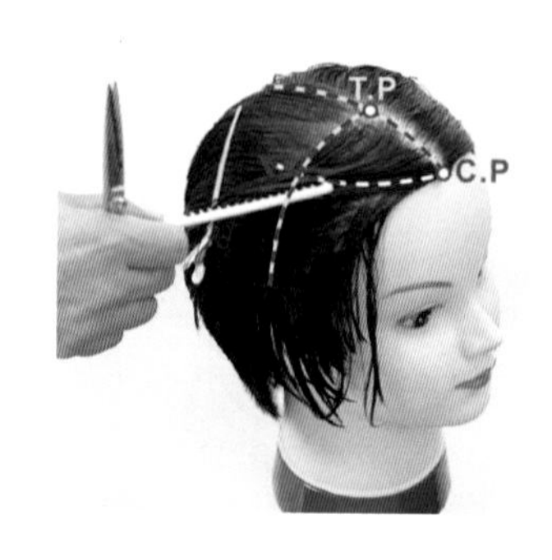

207 向後水平劃分

208 依據正中線及側中線的引導髮片，進行曲線輪廓裁剪。

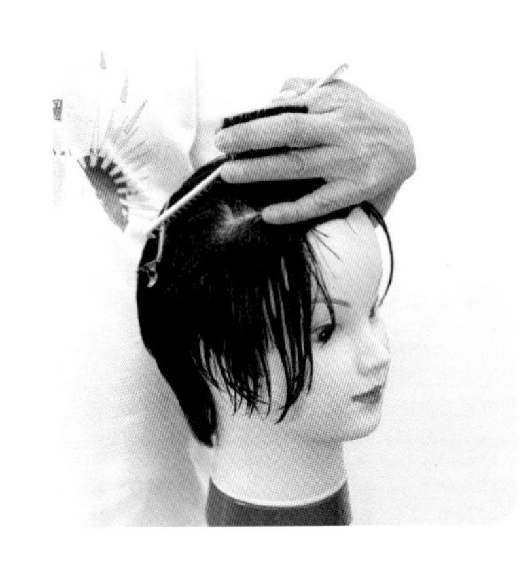

209 橫髮片裁剪完成，成為第3設計區塊裁剪的上引導髮長。

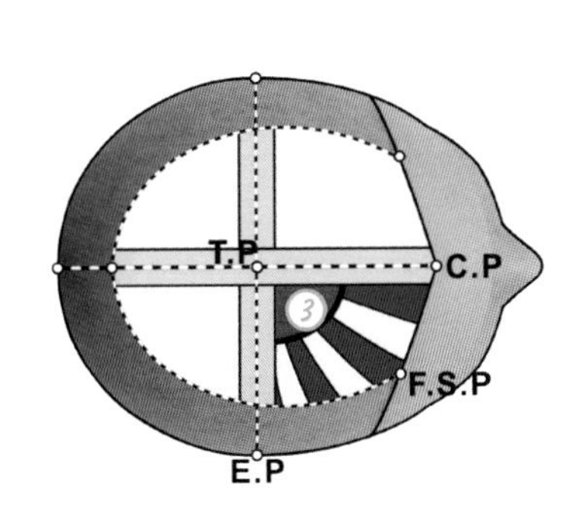

210 第3設計區塊右前側劃分為若干定點放射髮片，裁剪的幾何結構設計圖。

211 劃分第1片定點放射髮片、等腰三角形、提拉90度、連接第2、3設計區塊的引導髮長，進行曲線輪廓裁剪。

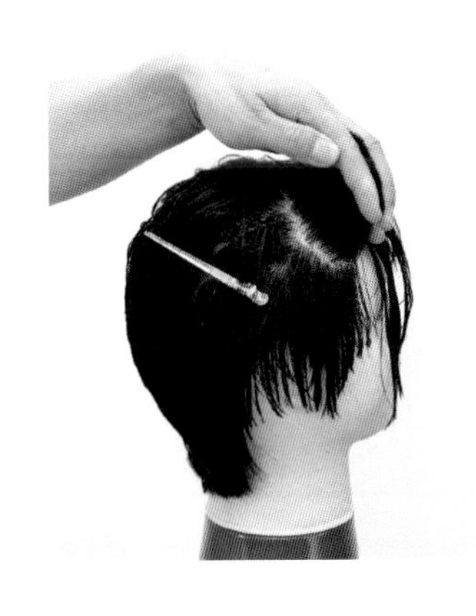

212 第1片定點放射髮片裁剪完成

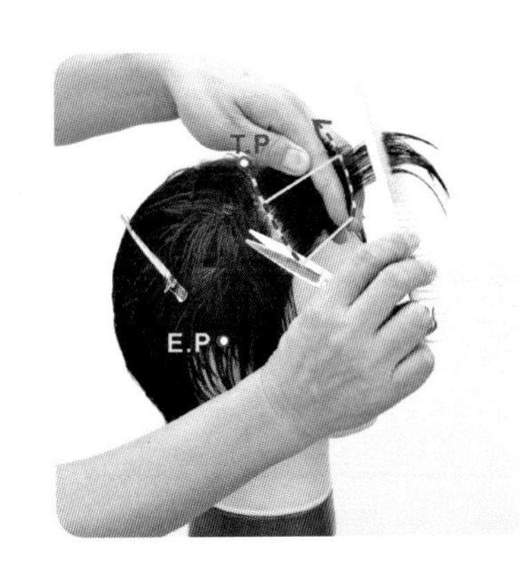

213 劃分第2片定點放射髮片、等腰三角形、提拉90度、連接第2、3設計區塊的引導髮長，進行曲線輪廓裁剪。

214 第2片定點放射髮片裁剪完成

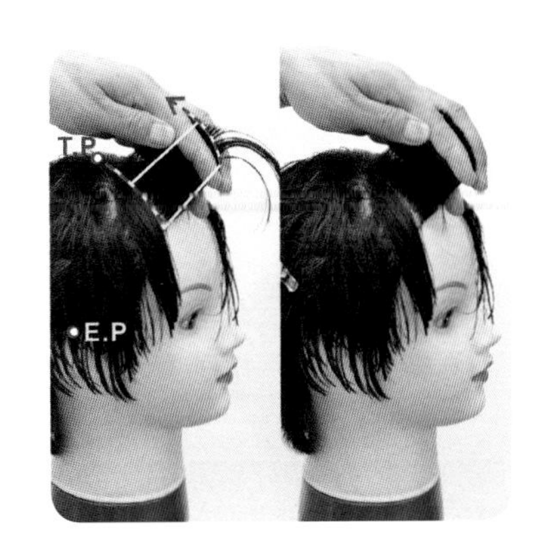

215 劃分第3片定點放射髮片、等腰三角形、提拉90度、連接第2、3設計區塊的引導髮長，進行曲線輪廓裁剪及裁剪完成效果。

216 均等層次 - 第3區右側頭部裁剪（片長：2分37秒）。

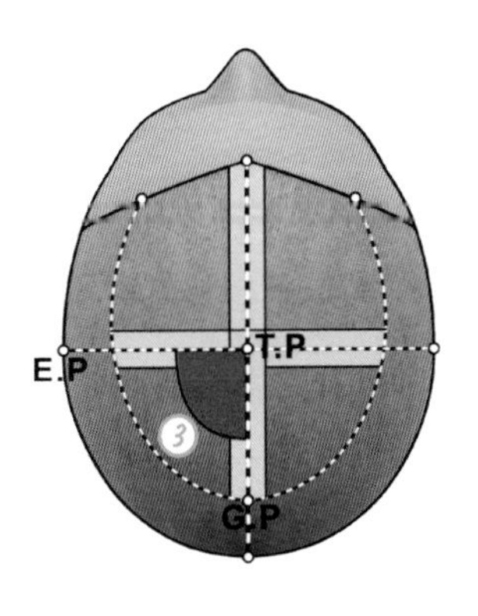

217 第3設計區塊左後側4分之1圓，髮片的幾何結構設計。

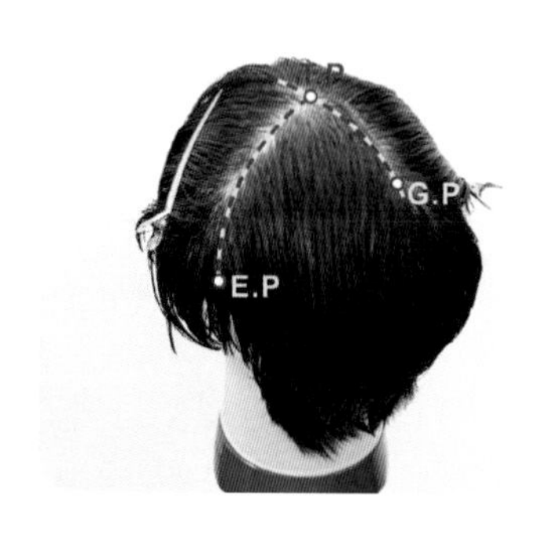

218 第 3 設計區塊，先劃分出左後側 4 分之 1 圓髮片。

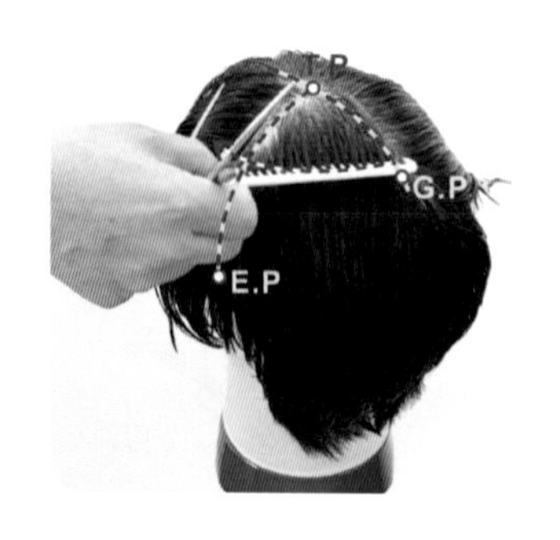

219 將剪髮梳持水平，分取約 3 公分橫髮片的厚度。

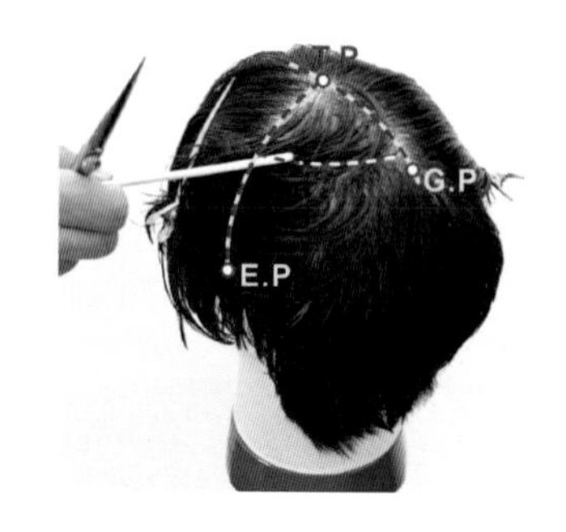

220 向前水平劃分

221 依據正中線及側中線的引導髮片，進行曲線輪廓裁剪。

222 橫髮片裁剪完成，成爲第 3 設計區塊裁剪的上引導髮長。

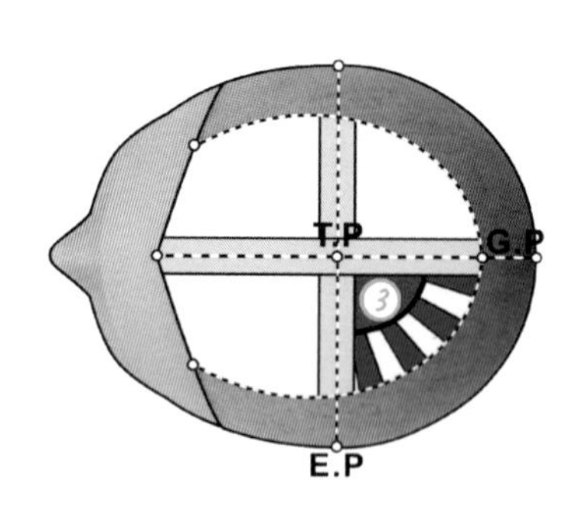

223 第 3 設計區塊左後側劃分爲若干定點放射髮片，裁剪的幾何結構設計圖。

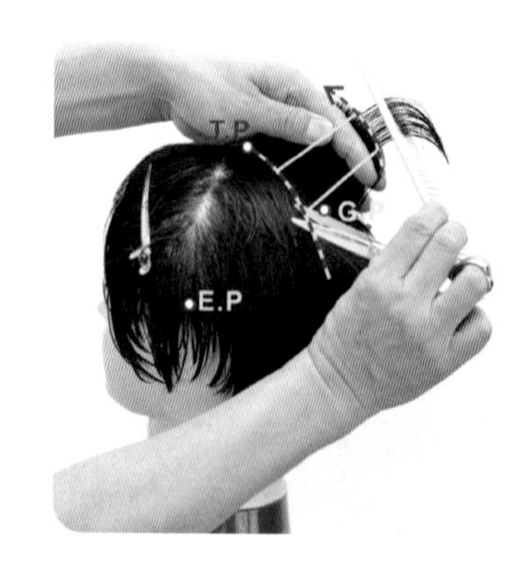

224 劃分第 1 片定點放射髮片、等腰三角形、提拉 90 度、連接第 2、3 設計區塊的引導髮長，進行曲線輪廓裁剪。

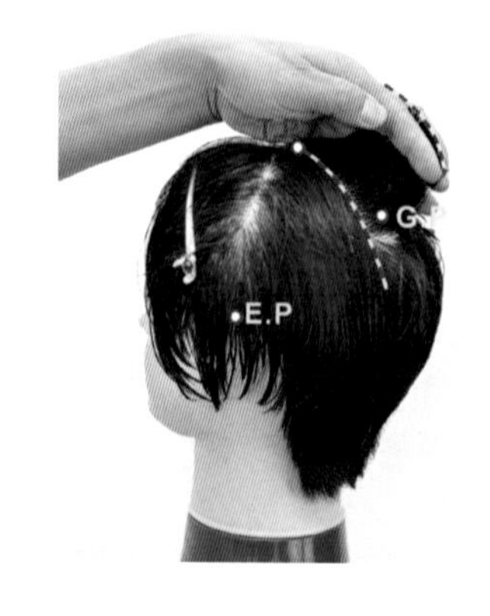

225 第 1 片定點放射髮片裁剪完成

226 劃分第 2 片定點放射髮片、等腰三角形、提拉 90 度、連接第 2、3 設計區塊的引導髮長，進行曲線輪廓裁剪。

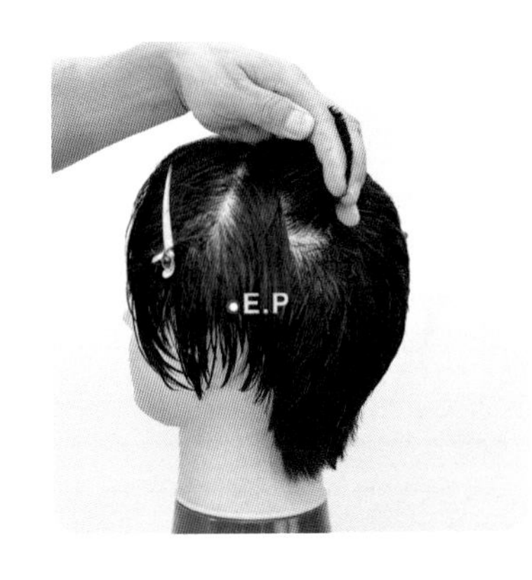

227 第2片定點放射髮片裁剪完成

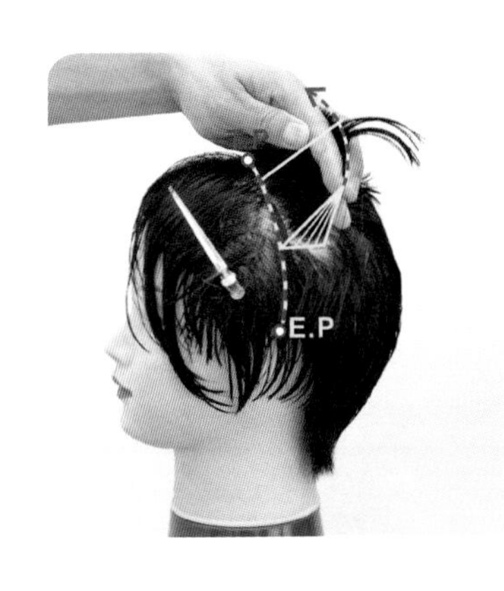

228 劃分第3片定點放射髮片、等腰三角形、提拉90度、連接第2、3設計區塊的引導髮長，進行曲線輪廓裁剪。

229 第3片定點放射髮片裁剪完成

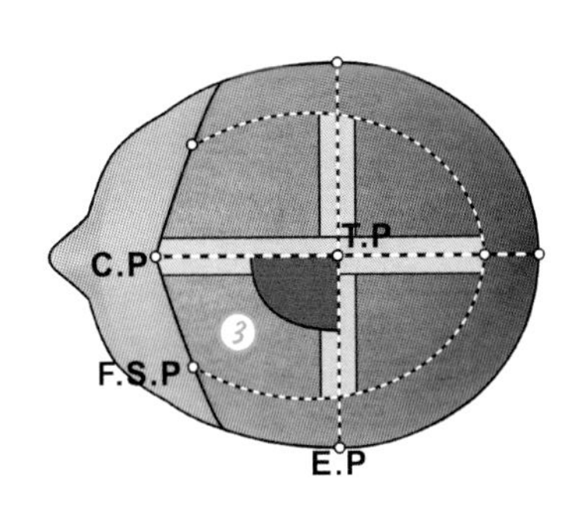

230 第3設計區塊左前側4分之1圓，髮片的幾何結構設計圖。

231 第3設計區塊，先劃分出左前側4分之1圓髮片。

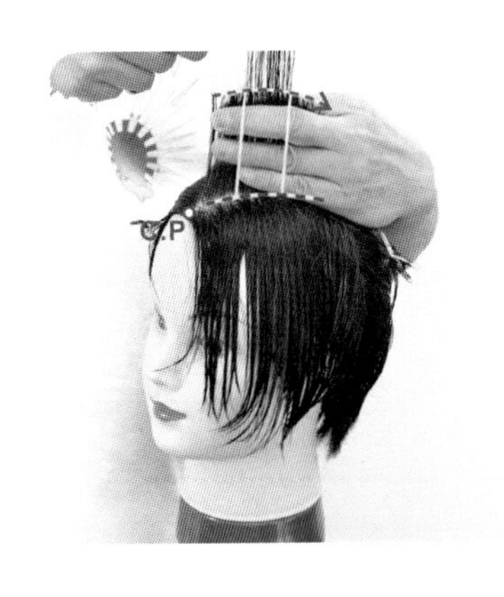

232 依據正中線及側中線的引導髮片，進行曲線輪廓裁剪。

233 橫髮片裁剪完成，成爲第3設計區塊裁剪的上引導髮長。

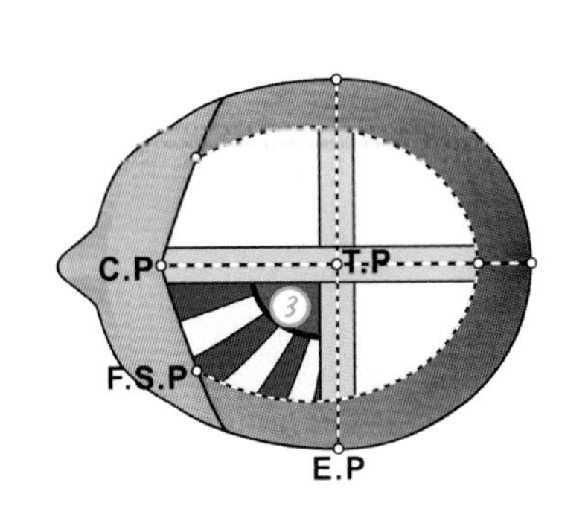

234 第3設計區塊左前側劃分爲若干定點放射髮片，裁剪的幾何結構設計圖。

235 劃分第1片定點放射髮片、等腰三角形、提拉90度、連接第2、3設計區塊的引導髮長，進行曲線輪廓裁剪。

236 第 1 片定點放射髮片裁剪完成

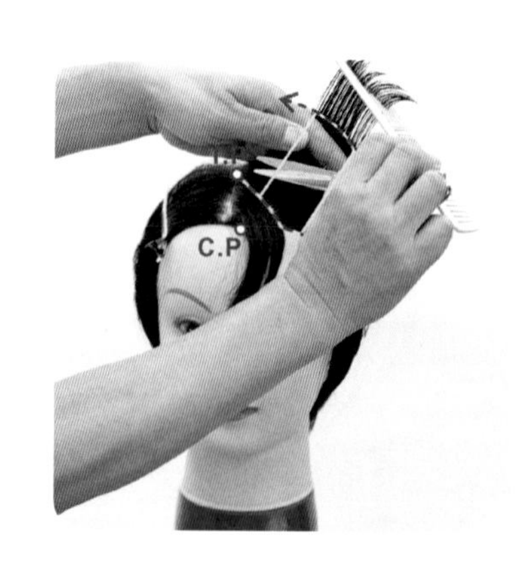

237 劃分第 2 片定點放射髮片、等腰三角形、提拉 90 度、連接第 2、3 設計區塊的引導髮長，進行曲線輪廓裁剪。

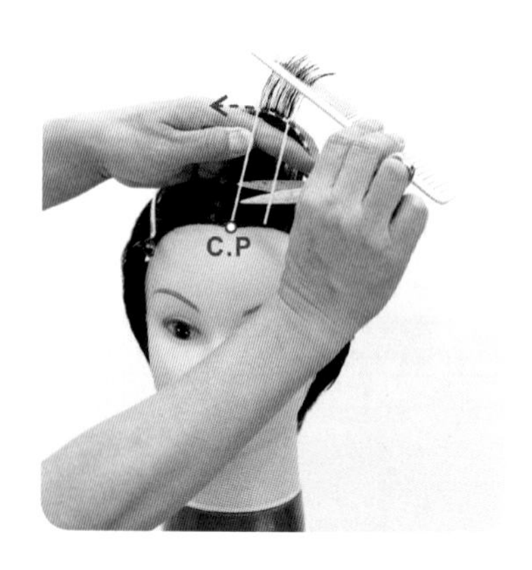

238 劃分第 3 片定點放射髮片、等腰三角形、提拉 90 度、連接第 2、3 設計區塊的引導髮長，進行曲線輪廓裁剪。

239 十字交叉檢查左右臉際輪廓

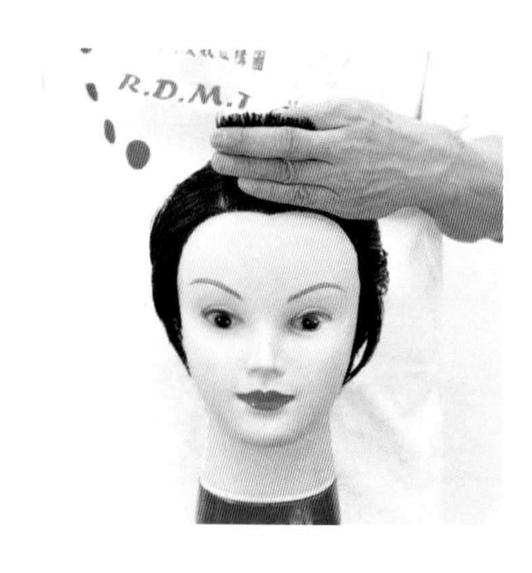

240 十字交叉檢查前臉際輪廓

241 均等層次 - 第 3 區左側頭部裁剪（片長：5 分 29 秒）

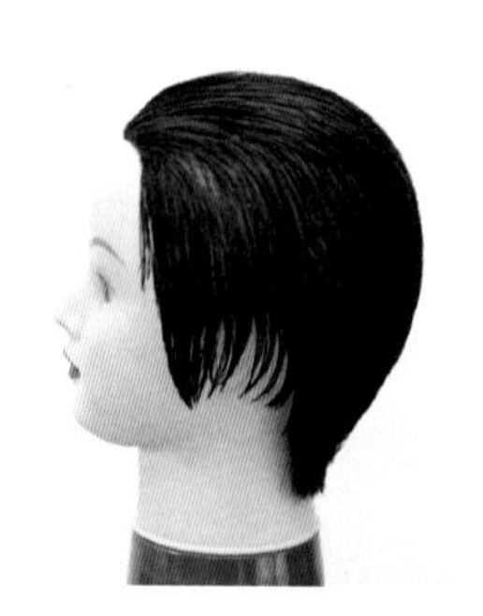

242 均等層次全部區塊裁剪完成 - 左側

243 均等層次全部區塊裁剪完成 - 後面

244 均等層次全部區塊裁剪完成 - 右側

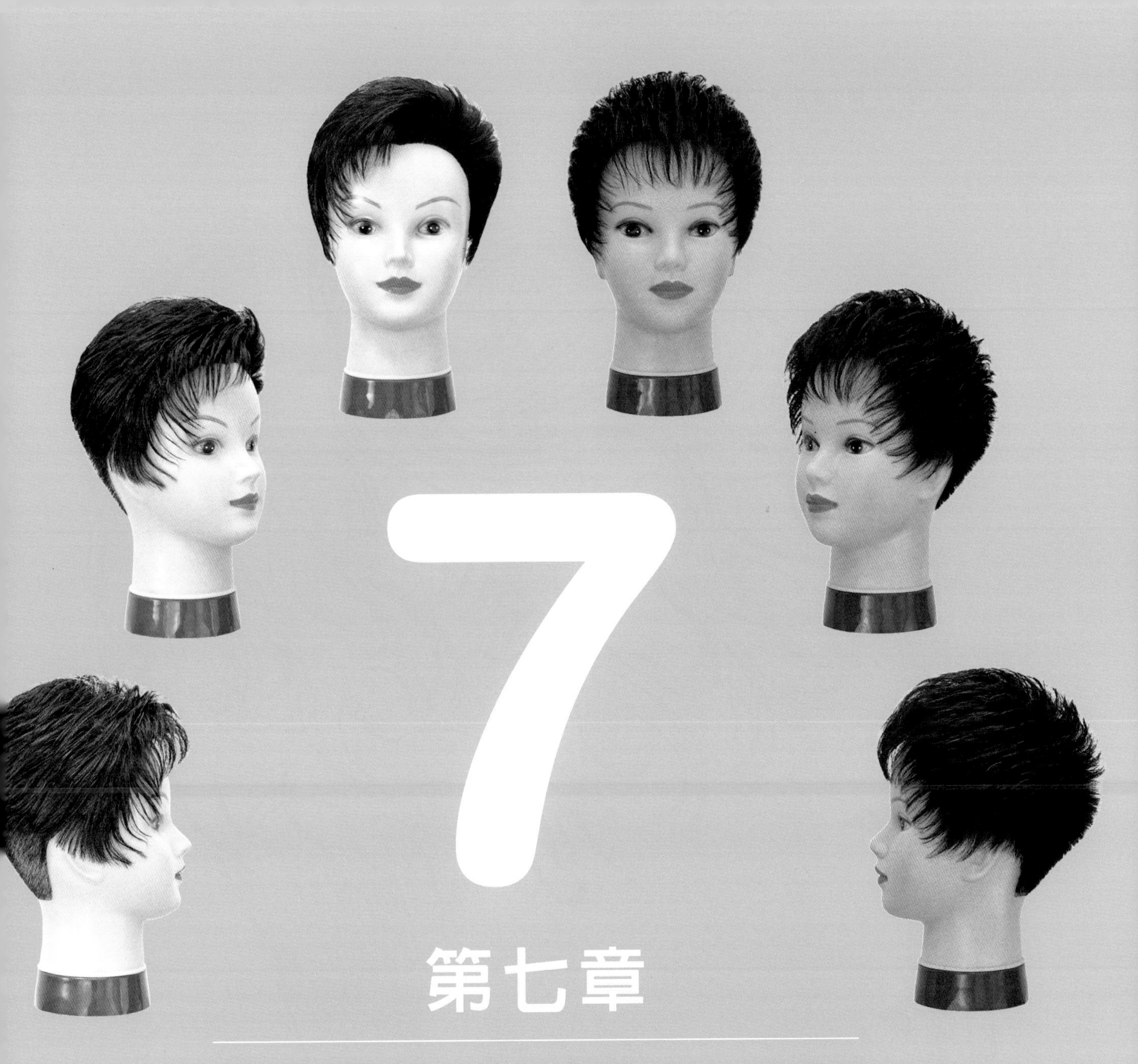

第七章

經典時尚－均等層次＋推剪

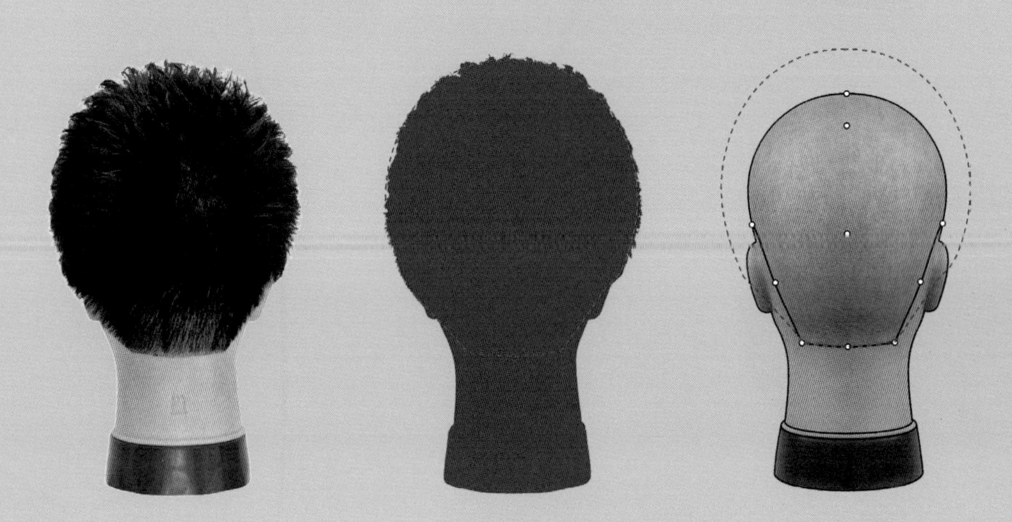

QR7-0-1
短髮均等層次 + 推剪 -8-
造型完成效果（片長：2 分 06 秒）

QR7-0-2
短髮均等層次 + 推剪 -7-
造型完成效果（片長：1 分 43 秒）

7-1 均等層次結合推剪－概論

本款髮型是均等層次剪法結合推剪技術的綜合髮型，除了擁有均等層次的形狀、結構、紋理，更在後頭部水平線耳下應用推剪技法「Clipper-Over-Comb techniques」裁剪，此項推剪對於兩側耳下至頸背之間區域的裁剪設計是一項很棒的技法，只要經由梳子角度控制推剪的髮長，就可以讓裁剪設計區髮長向底部（頸線）逐漸變成最短，並向頂部（水平線）逐漸變成最長，應用這種推剪技法裁剪梳就具有最重要的主導作用，因爲它決定要裁剪多少髮長。

推剪區的裁剪概略爲以下三步驟的技術流程：

(1) 劃分縱髮片以縱梳縱推快速裁剪縱向（上下）髮長。

(2) 以橫梳縱推從 0 公分裁剪頸線髮長。

(3) 以縱梳縱推在下外輪廓修飾去角。

1. 形狀－ Form：

圖 7-1 左一、二圖爲「均等層次」造型側面圖，其它右一、二圖則爲「均等層次」結合推剪造型側影圖及萃取輪廓外形圖，兩組對照比較下，上頭部仍保有均等層次之特徵，也就是本單元髮型完成後，在上頭部的外輪廓與原來頭部的曲線形狀相同，在下頭部推剪區則形成更豐厚的縱向弧度及曲線，可見推剪技術在設計區塊局部的應用，就可以使剪髮造型設計明顯的達成延伸髮型變化效果。

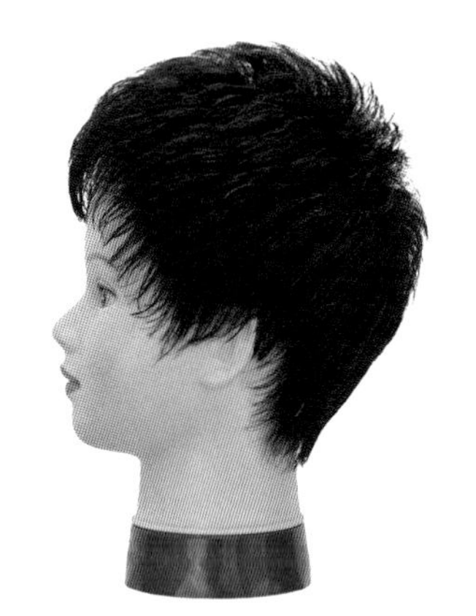

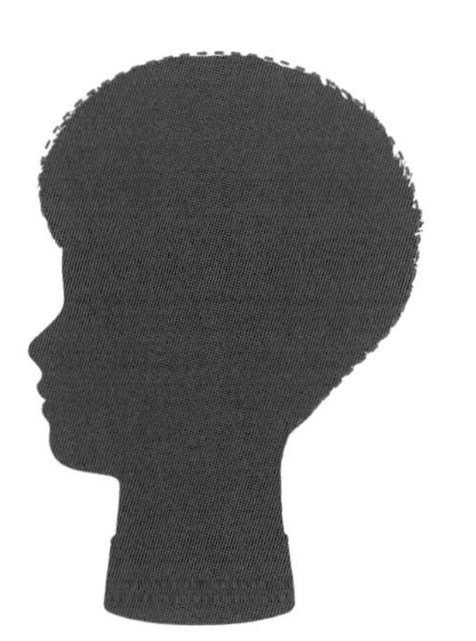
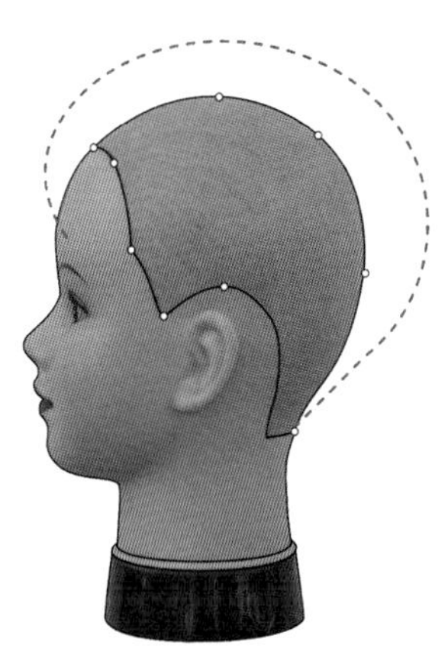

圖 7-1

QR7-1
黃思恒編製數位美髮影片 - 3 款均等層次剪髮造型 - 數位動畫之研究比較（片長：3 分 33 秒），本內容從 360 度動畫互動程式的影片中，比較三款髮型的造型特徵，「型、線條、曲線、輪廓、弧度、方向」一覽無遺，經由四個面向萃取的輪廓造型及科學化的融合比較，呈現出三款髮型的相同性及差異性，這個動畫可以體會剪髮技術與設計創意的關聯性或剪髮技術控制的細膩度。

2. 結構－ Structure：

爲了在後下頭部裁剪設計區形成由底部（頸線）髮長 0 公分開始，向頂部（水平線）逐漸達成不同的目標髮長（如圖 7-2 左），可經由裁剪梳以縱向來控制不同的角度，然後由底部的頸線向上推剪突出於梳齒的髮長（如圖 7-2 中），此技法則稱爲「縱梳縱推」。

因此穩定控制裁剪梳的角度（如圖 7-2 中），就會在後下頭部裁剪設計區快速完成平滑又精準的弧度和外輪廓（如圖 7-2 右），這就是推剪技法的第一步驟。

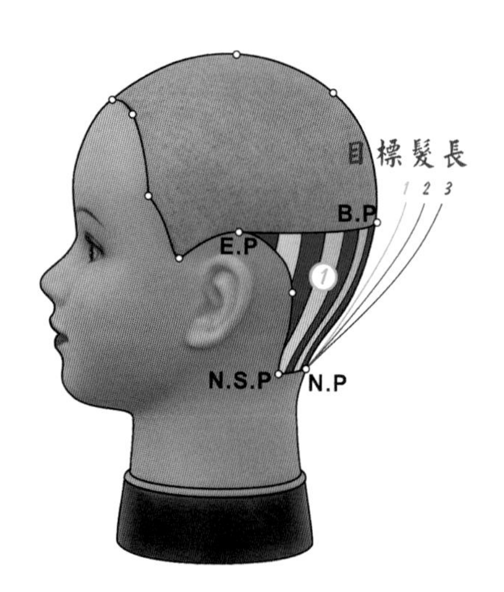

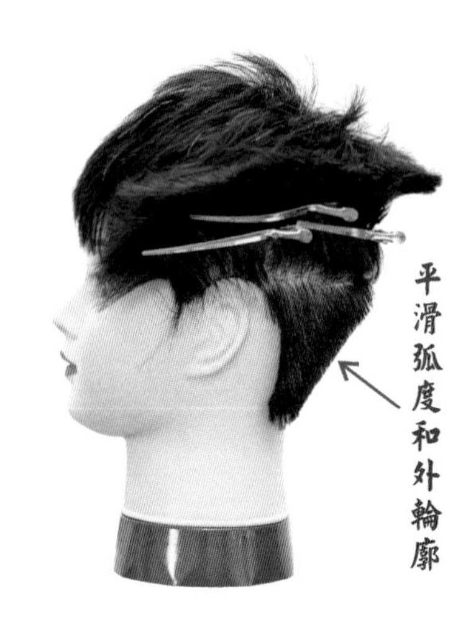

圖 7-2

由於縱梳縱推技法的步驟，推剪的過程中裁剪梳的厚度會使頸線留下稍長的髮長（如圖 7-3 左），因此推剪技法的第二步驟，即是更換細薄的裁剪梳，梳齒向下對準頸線，梳面和設計區的弧度略同，以橫梳順向縱推技法分段推剪突出於梳齒的髮長（如圖 7-3 中），然後橫向分段重覆操作此步驟，將形成很乾淨貼近皮膚的頸線髮長之效果（如圖 7-3 右）。

圖 7-3

由於推剪技法的第二步驟，梳面僅和設計區的弧度略同，所以會在頸線之上的縱向外輪廓出現稍許的三角形弧度（如圖 7-4 左），因此推剪技法的第三步驟，仍是以細薄的裁剪梳縱梳縱推，然後由底部的頸線向上推剪，修飾突出於梳齒的三角形弧度（如圖 7-4 中），然後重覆操作此步驟，讓推剪區下外輪廓形成很平滑的弧度（如圖 7-4 右）。

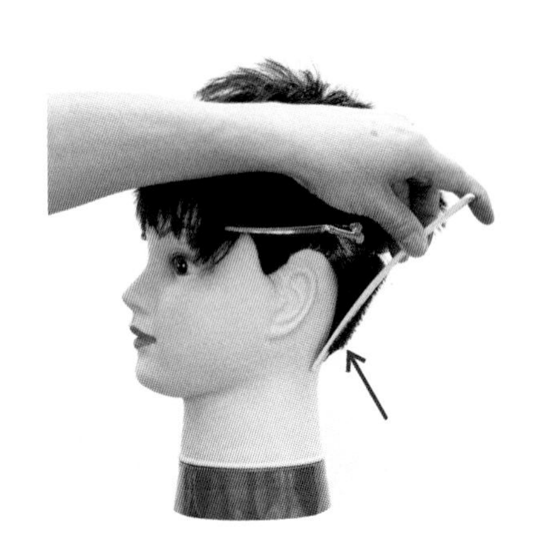

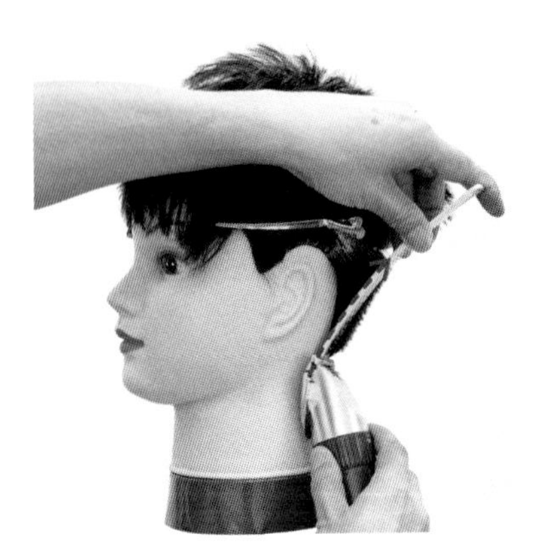

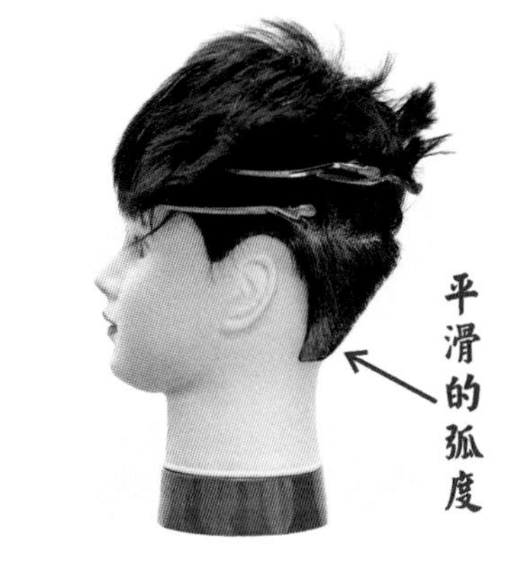

圖 7-4

均等層次區的縱向結構爲上下均長，推剪區的縱向結構爲上長下短，所以兩區外輪廓必將形成不連接的狀態，因此最後在兩區進行修飾去角的裁剪，將會使重量線的豐厚感形成往上推移的效果。

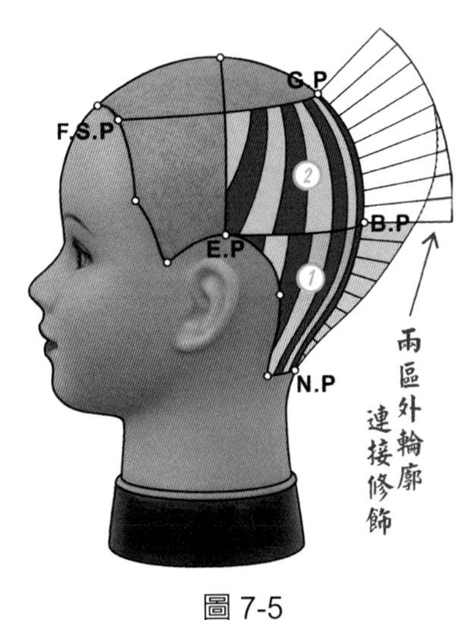

圖 7-5

3. 紋理－ Texture：

上頭部爲均等層次區，由於頭髮的縱向輪廓上下均長，形成頭髮有規則的由下往上堆疊，由於頭髮的橫向輪廓前後均長，形成頭髮有規則的前後排列，因此在造形時可在縱向、橫向或斜向形成規則性的活潑紋理（如圖 7-6 左）。

下頭部爲推剪區，從頸線髮長 0 公分開始裁剪，然後向上至水平線（目標）漸長，所以在整區形成乾淨的紋理、工整的外輪廓、平滑的弧度，使上下兩區形成對比式的紋理設計（如圖 7-6 右）。

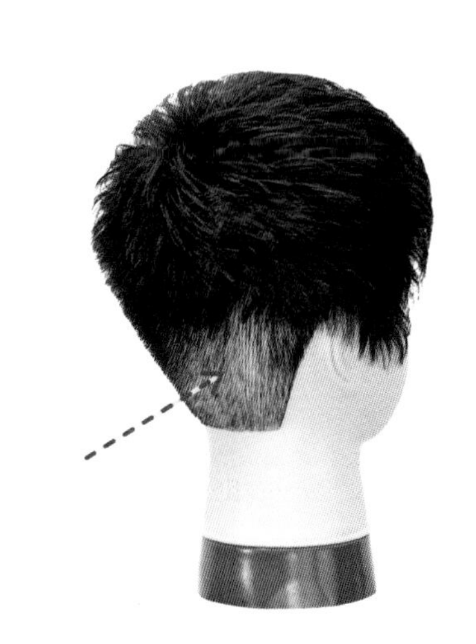

圖 7-6

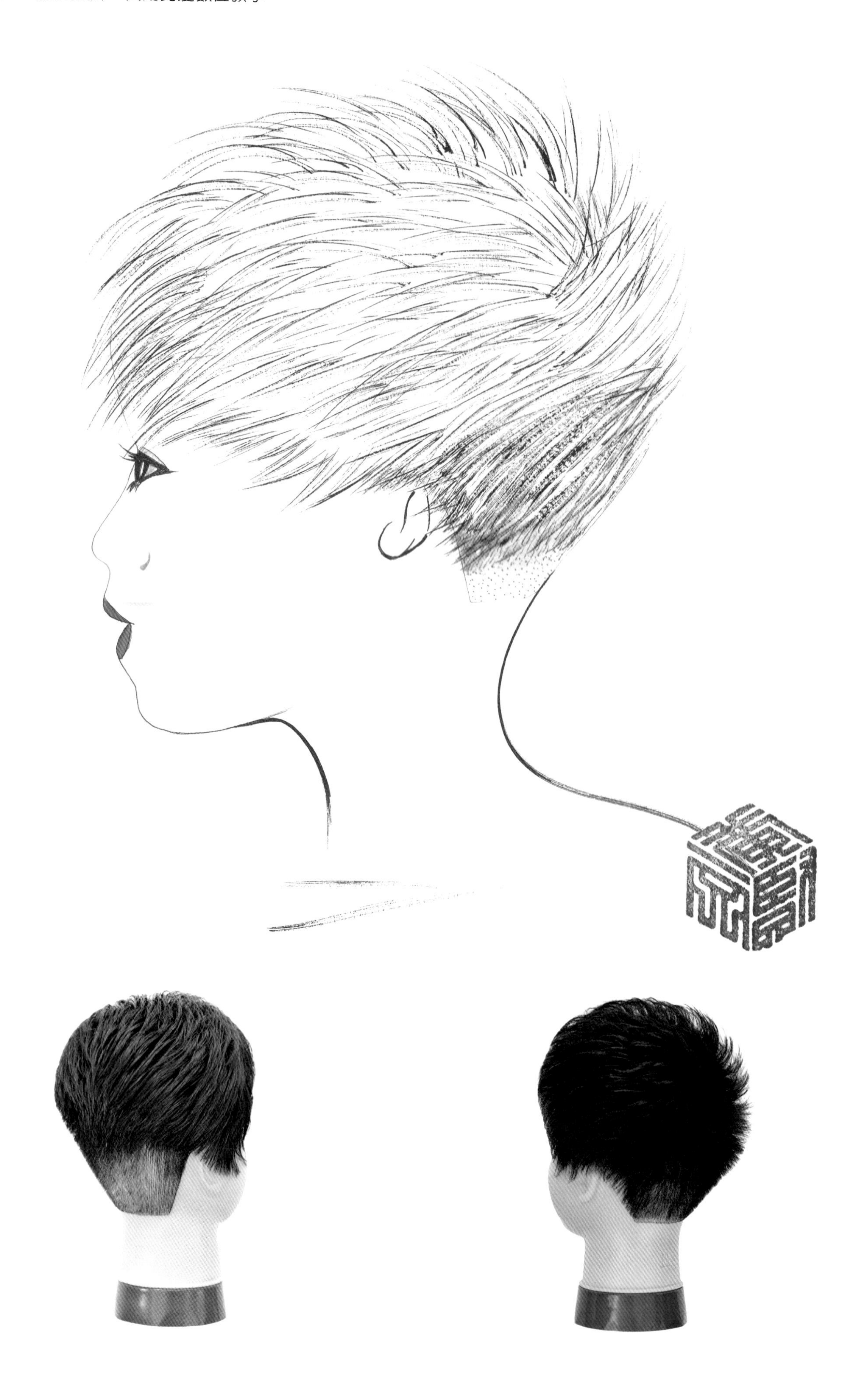

均等層次結合推剪－操作過程解析

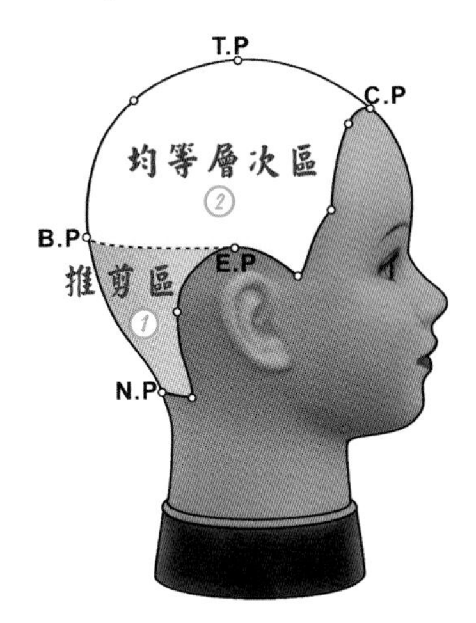

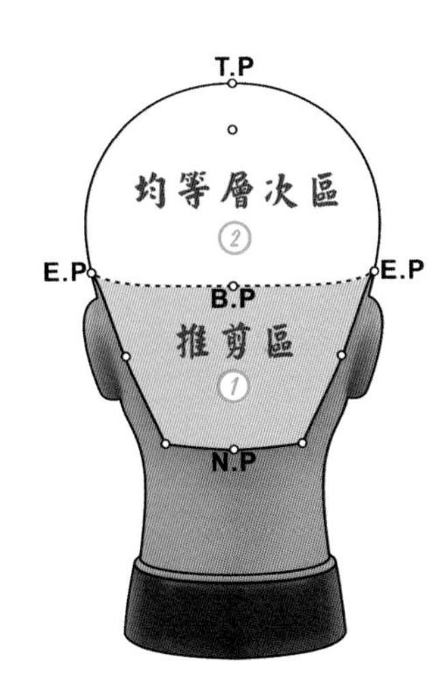

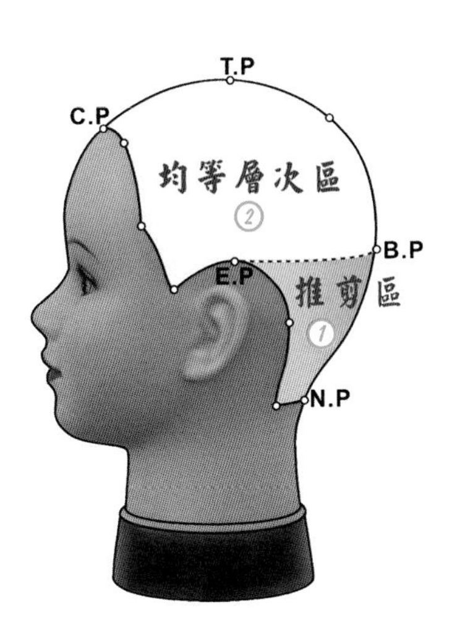

1 全部架構總共分爲兩區，主要在認識如何結合「均等層次區」及「推剪區」兩大分區（Section），解剖髮型裁剪過程的結構（Structure），分析各區的設計架構如何運用縱髮片（Vertical slice）及推剪技法，掌握「縱向」與「橫向」的變化，使裁剪前即可掌握裁剪設計目標 - 形（Form）的外輪廓（Outline），並熟悉頭部 15 個基準點的正確位置與應用。各區塊範圍如上圖 15 個基準點的連線內容，其 1、2 編號也代表其剪髮操作順序。

2 依結構設計圖的分區構想，從後頭部劃分第 1 設計區，完成水平線的劃分。

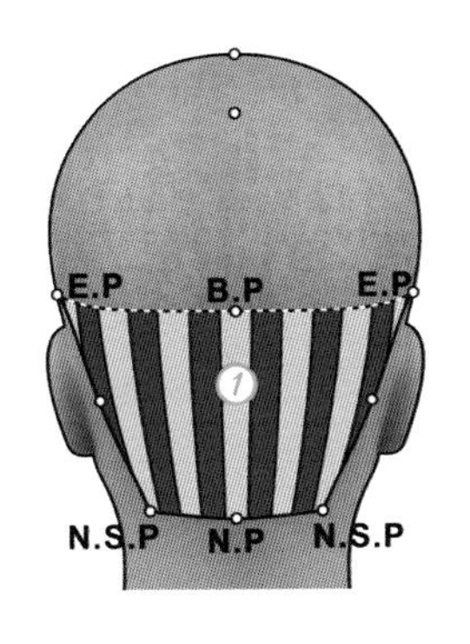

3 第 1 設計區塊劃分縱髮片的幾何結構設計圖

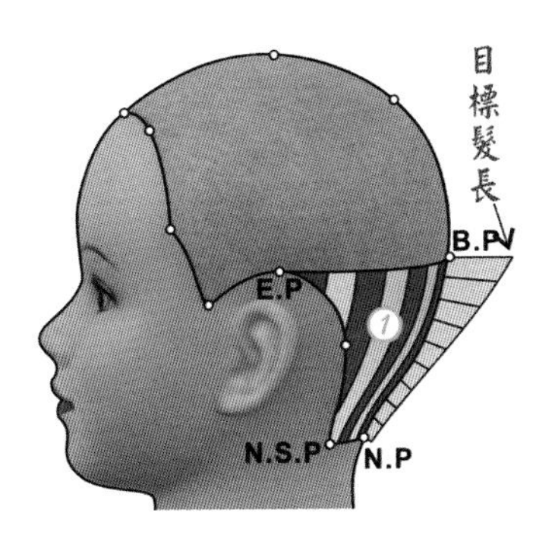

4 第 1 設計區塊，底部到頂部目標髮長縱向外輪廓的幾何結構設計圖。

5 從髮根將髮束梳成 90 度，以縱向控制剪髮梳的推剪角度，並穩住剪髮梳。

6 再以縱梳縱推技法將突出於剪髮梳的髮尾去除

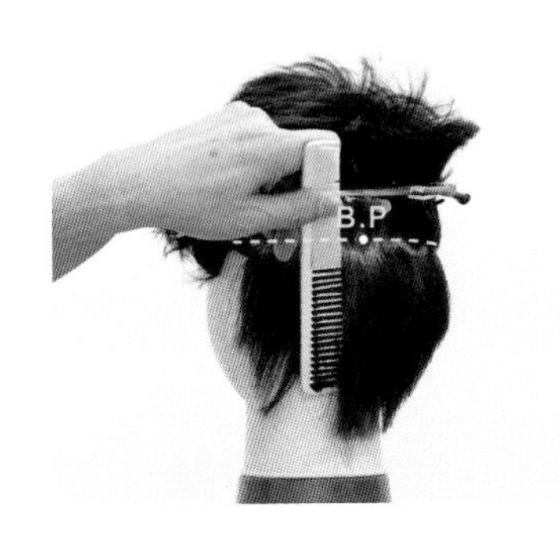

7 「縱梳縱推」髮尾去除後成爲第一髮片引導髮長之效果

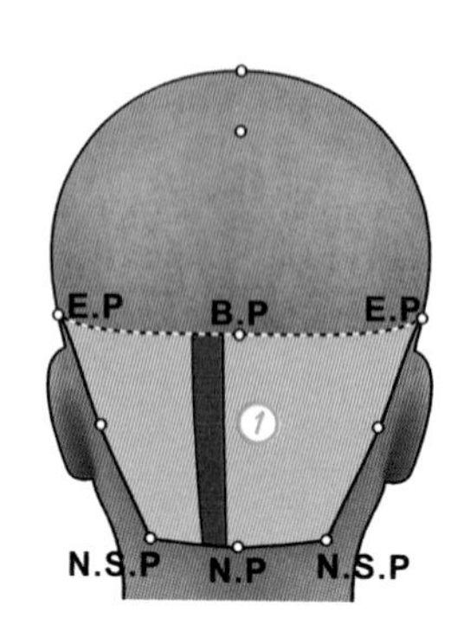

8 劃分縱髮片的幾何結構設計圖

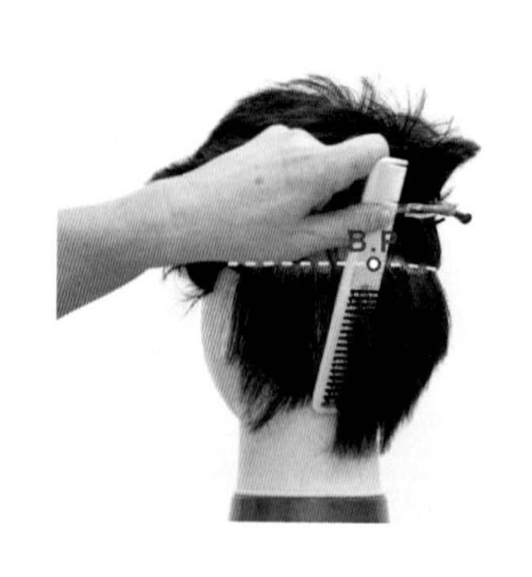

9 從髮根將髮束梳成 90 度，以縱向控制剪髮梳的推剪角度，並穩住剪髮梳。

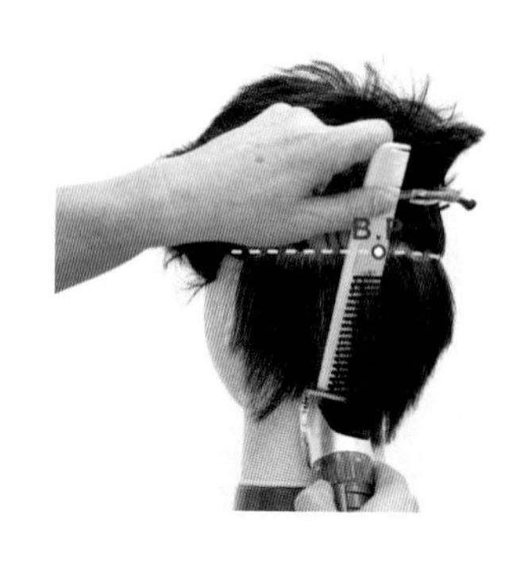

10 再依第一髮片引導髮長，以縱梳縱推技法將突出於剪髮梳的髮尾去除。

11 縱梳縱推髮尾去除後成爲第 2 髮片引導髮長之效果

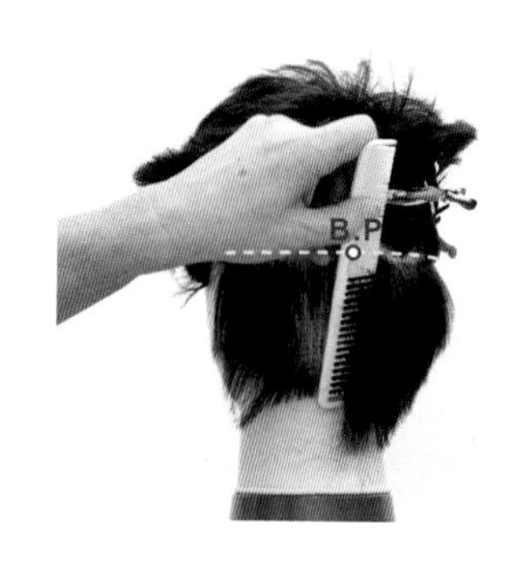

12 從髮根將髮束梳成 90 度，以縱向控制剪髮梳的推剪角度，並穩住剪髮梳。

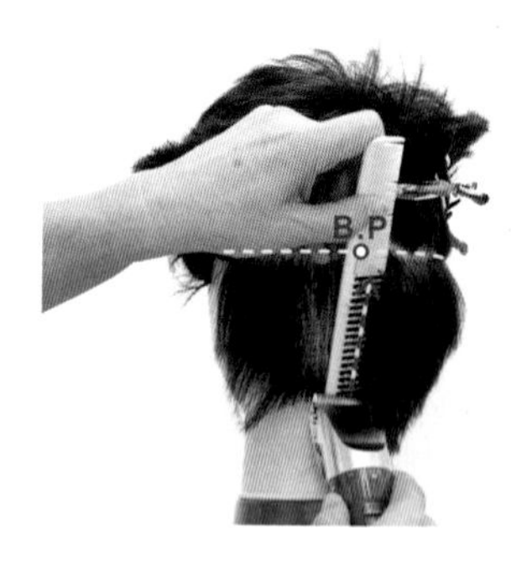

13 再依第 2 髮片引導髮長，以縱梳縱推技法將突出於剪髮梳的髮尾去除。

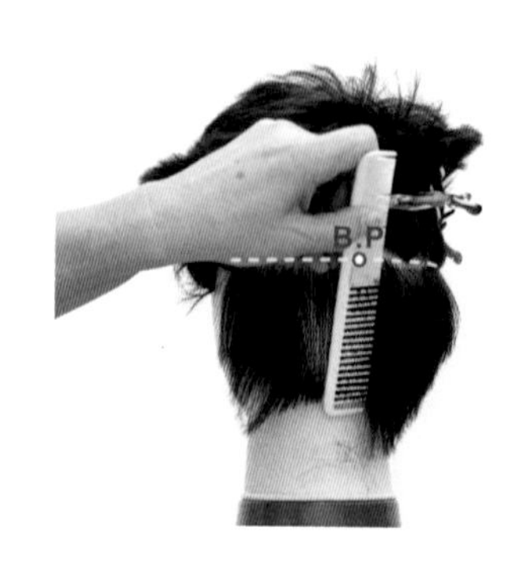

14 縱梳縱推髮尾去除後成爲第 3 髮片引導髮長之效果

15 3 片縱髮片推剪後之效果

16 從髮根將髮束梳成 90 度，以縱向控制剪髮梳的推剪角度，並穩住剪髮梳。

17 再依第 3 髮片引導髮長，以縱梳縱推技法將突出於剪髮梳的髮尾去除。

18 縱梳縱推髮尾去除後成爲第 4 髮片引導髮長之效果

19 1～4 片縱髮片推剪後之效果

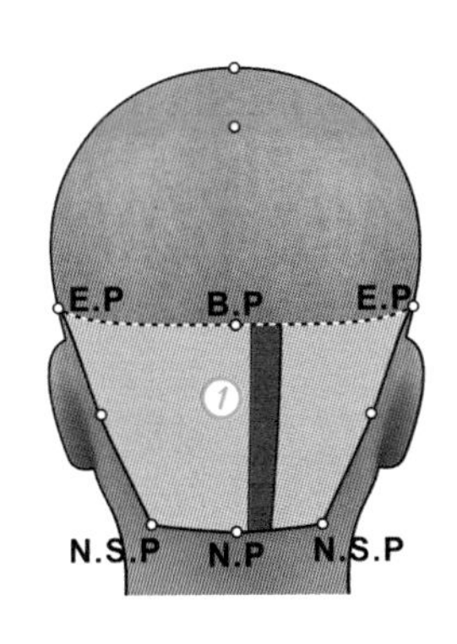

20 劃分第 5 片縱髮片的幾何結構設計圖

21 從髮根將髮束梳成 90 度，以縱向控制剪髮梳的推剪角度，並穩住剪髮梳。

22 再依第 4 髮片引導髮長，以縱梳縱推技法將突出於剪髮梳的髮尾去除。

23 縱梳縱推髮尾去除後成爲第 5 髮片引導髮長之效果

24 1～5 片縱髮片推剪後之效果

25 從髮根將髮束梳成 90 度，以縱向控制剪髮梳的推剪角度，並穩住剪髮梳。

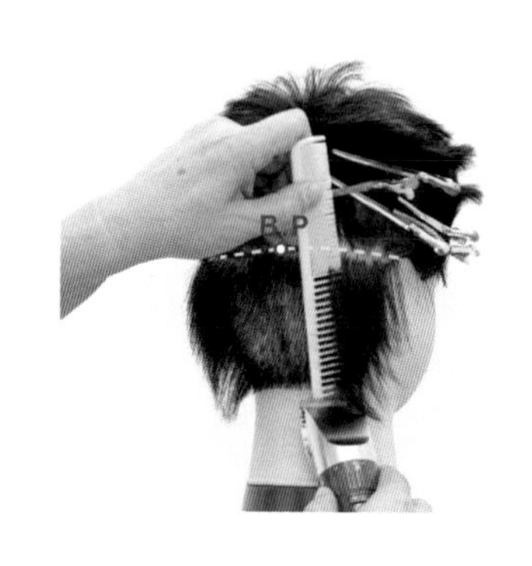

26 再依第 5 髮片引導髮長，以縱梳縱推技法將突出於剪髮梳的髮尾去除。

27 縱梳縱推髮尾去除後成爲第 6 髮片引導髮長之效果

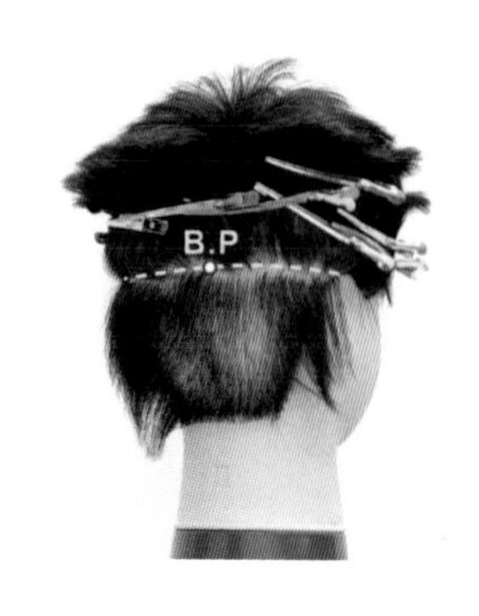

28 1～6 片縱髮片推剪後之效果

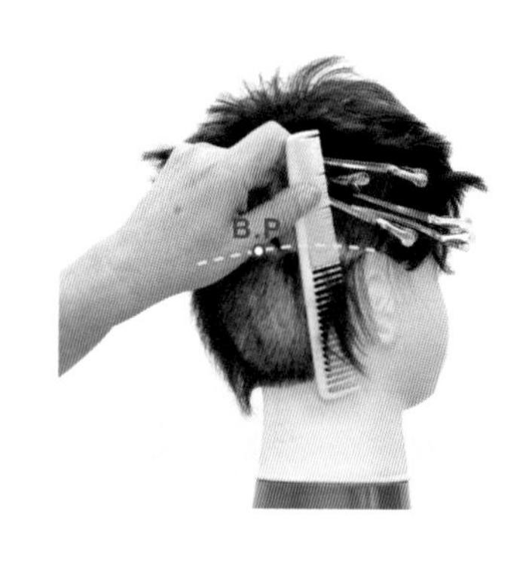

29 從髮根將髮束梳成 90 度，以縱向控制剪髮梳的推剪角度，並穩住剪髮梳。

30 再依第 6 髮片引導髮長，以縱梳縱推技法將突出於剪髮梳的髮尾去除。

31 縱梳縱推髮尾去除後之效果

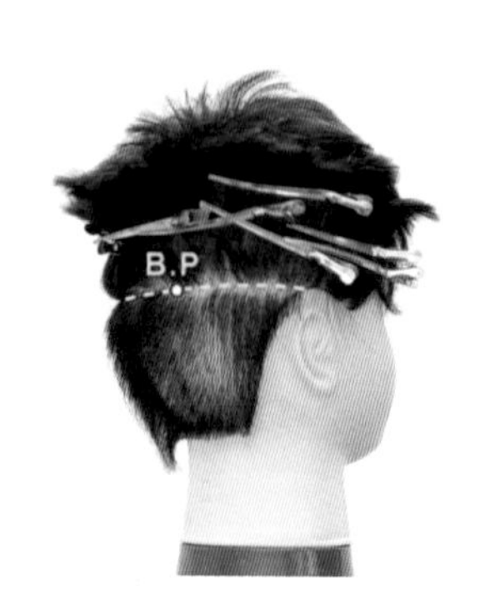

32 右側區縱髮片推剪後之效果

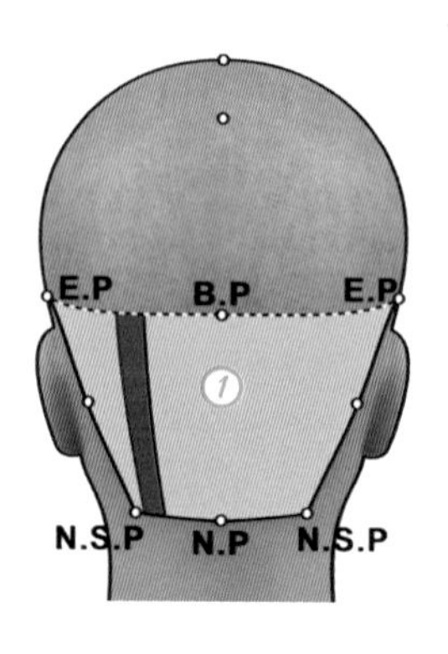

33 左側區劃分縱髮片的幾何結構設計圖

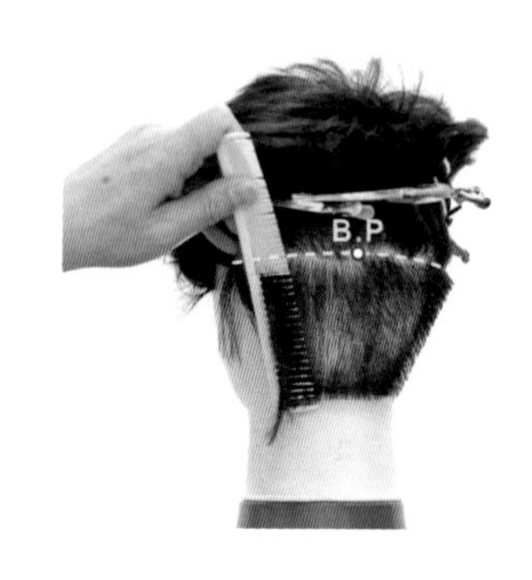

34 從髮根將髮束梳成 90 度，以縱向控制剪髮梳的推剪角度，並穩住剪髮梳。

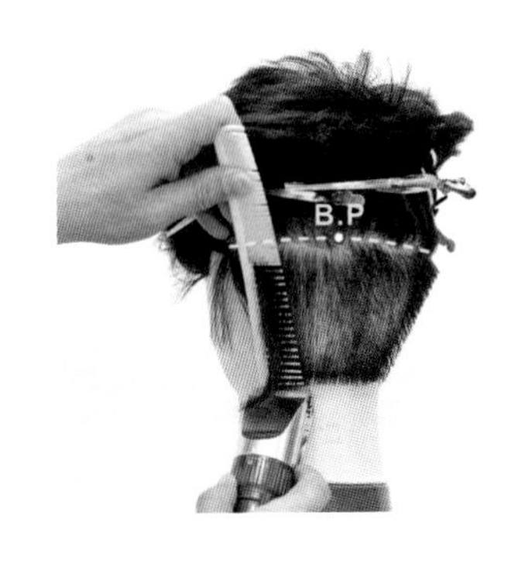

35 從髮根將髮束梳成 90 度，以縱向控制剪髮梳的推剪角度，並穩住剪髮梳。

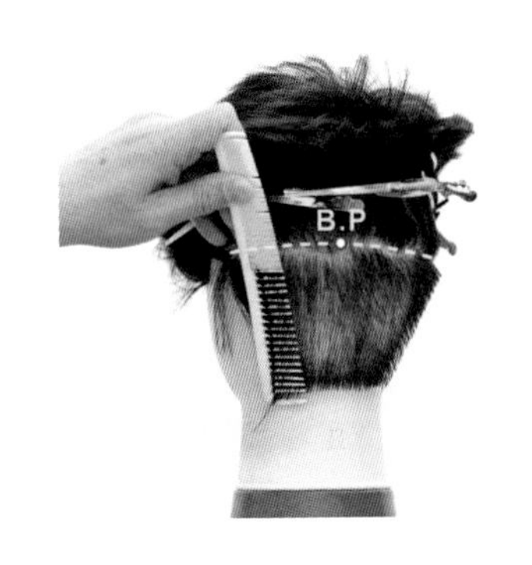

36 再依第 1 髮片引導髮長，以縱梳縱推技法將突出於剪髮梳的髮尾去除。

37 縱梳縱推髮尾去除後成爲第 2 髮片引導髮長之效果

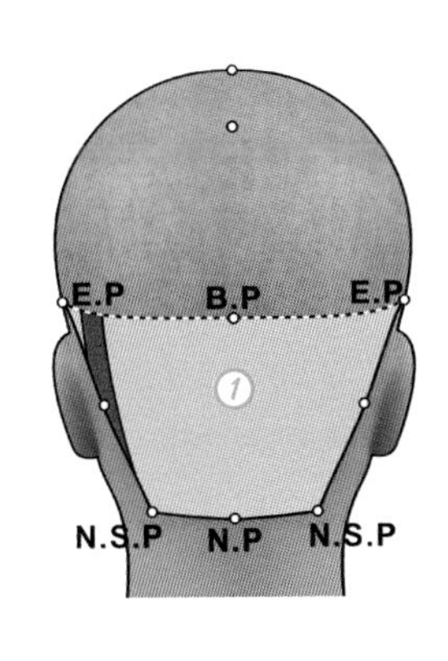

38 左側區劃分縱髮片的幾何結構設計圖

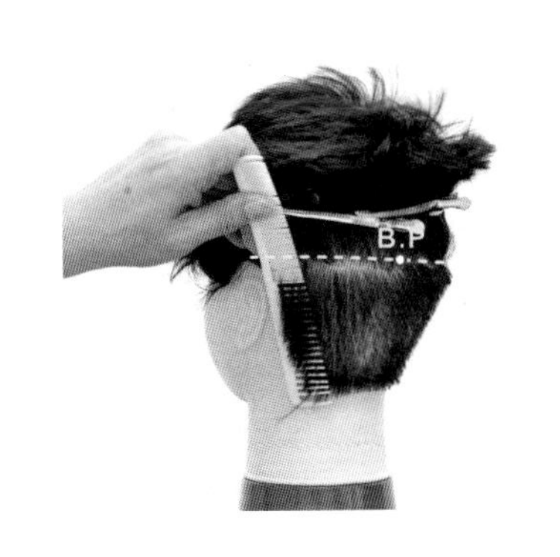

39 從髮根將髮束梳成 90 度，以縱向控制剪髮梳的推剪角度，並穩住剪髮梳。

40 再依第 2 髮片引導髮長，以縱梳縱推技法將突出於剪髮梳的髮尾去除。

41 縱梳縱推髮尾去除後成爲第 3 髮片引導髮長之效果

42 左側區 1 ～ 3 片縱髮片推剪後之效果

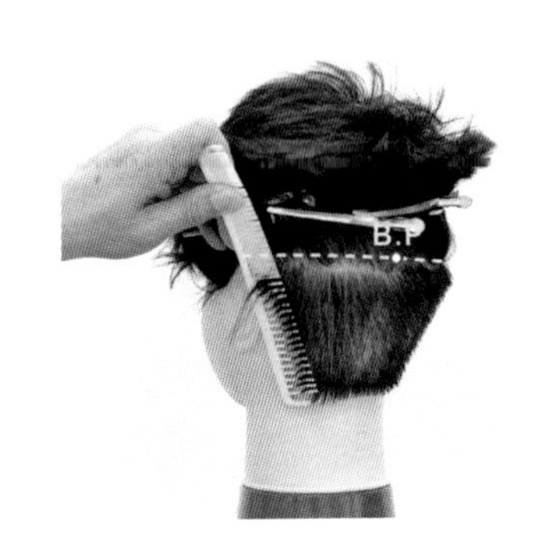

43 從髮根將髮束梳成 90 度，以縱向控制剪髮梳的推剪角度，並穩住剪髮梳。

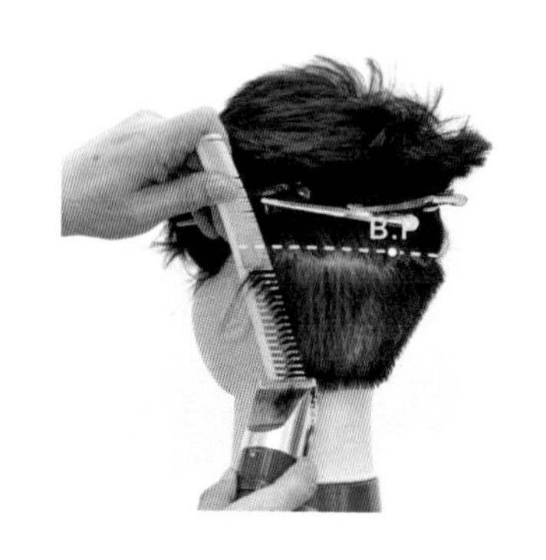

44 再依第 3 髮片引導髮長，以縱梳縱推技法將突出於剪髮梳的髮尾去除。

45 左側區 1 ～ 4 片縱髮片推剪後之效果

46 短髮均等層次 + 推剪 -1- 第一設計區塊劃分縱髮片，縱梳縱推（片長：2 分 31 秒）。

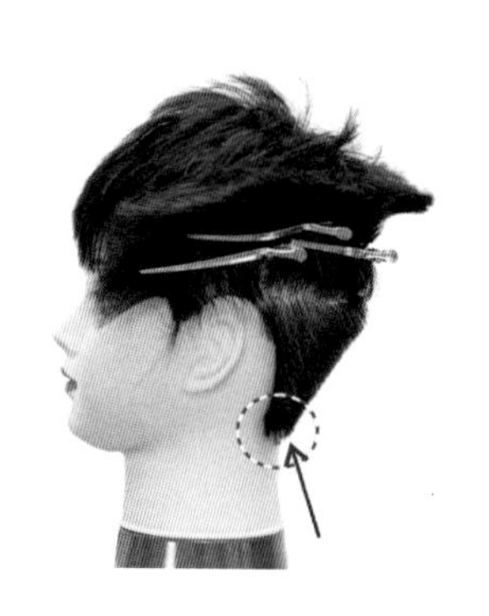

47 剪髮梳的厚度使頸線留下稍長的髮長

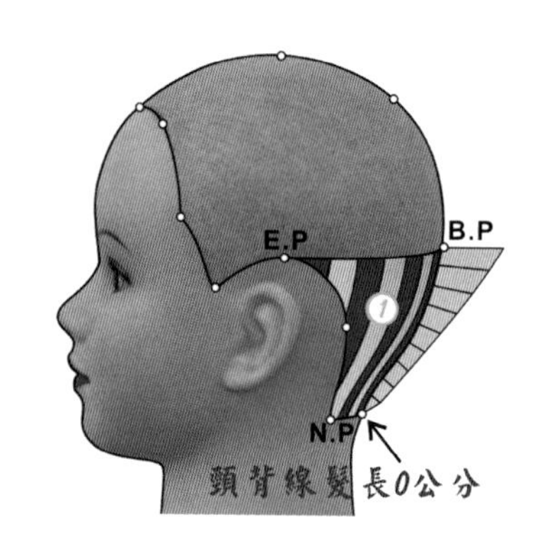

48 修飾頸線髮長從 0 公分開始向上漸長的幾何結構設計圖

49 換用細薄剪髮梳，梳齒向下對準頸線，梳面和設計區的弧度略同。

50 以橫梳順向縱推技法，橫向分段推剪突出於梳齒的髮長。

51 第 1 分段推剪後之效果

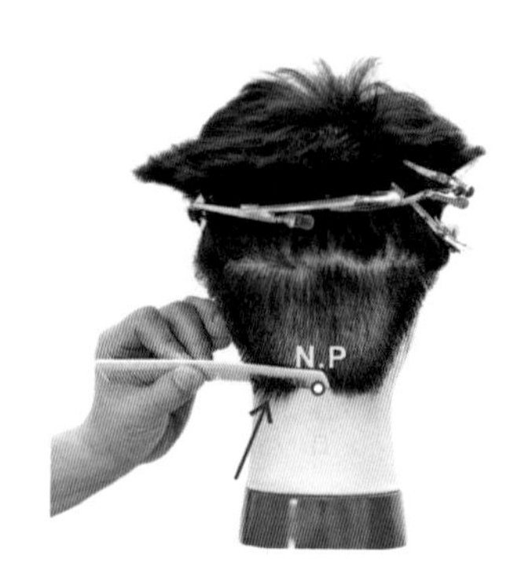

52 進行第 2 分段，剪髮梳梳齒向下對準頸線，梳面和設計區的弧度略同。

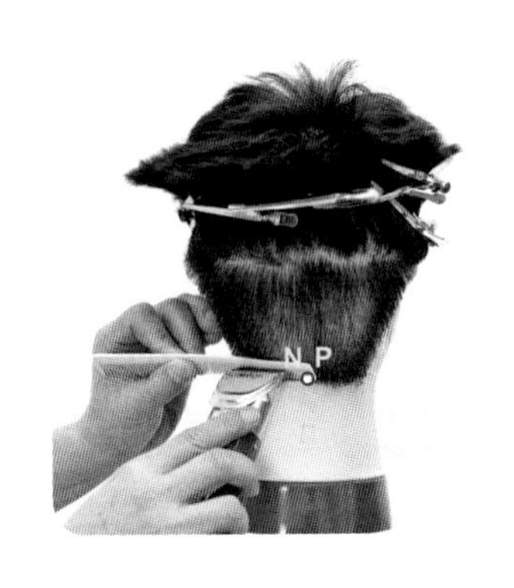

53 以橫梳順向縱推技法，橫向分段推剪突出於梳齒的髮。

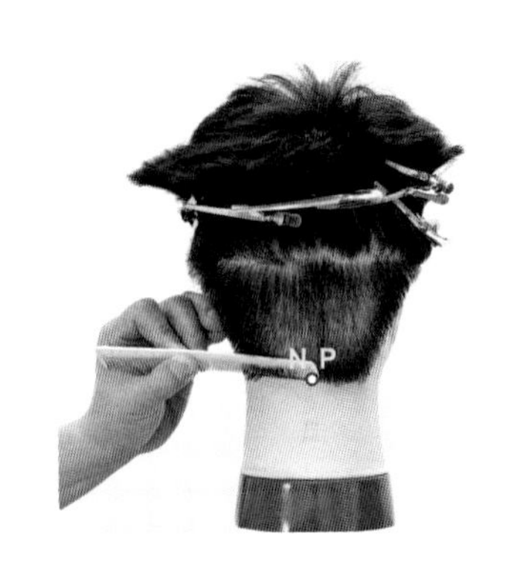

54 第 2 分段推剪後之效果

55 第 1 ～ 2 分段推剪後頸線之效果

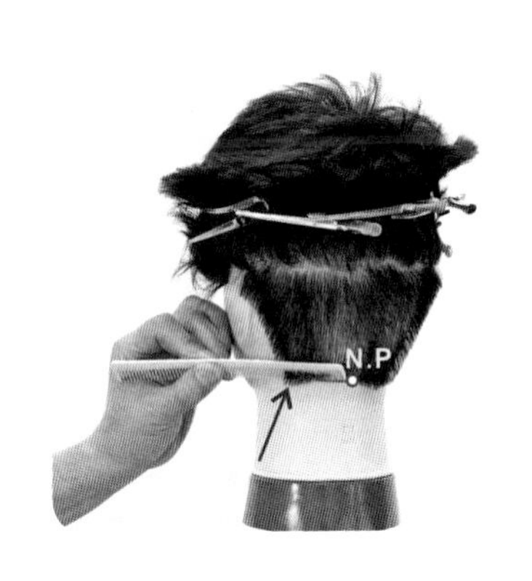

56 進行第 3 分段裁剪，梳齒向下對準頸線，梳面和設計區的弧度略同。

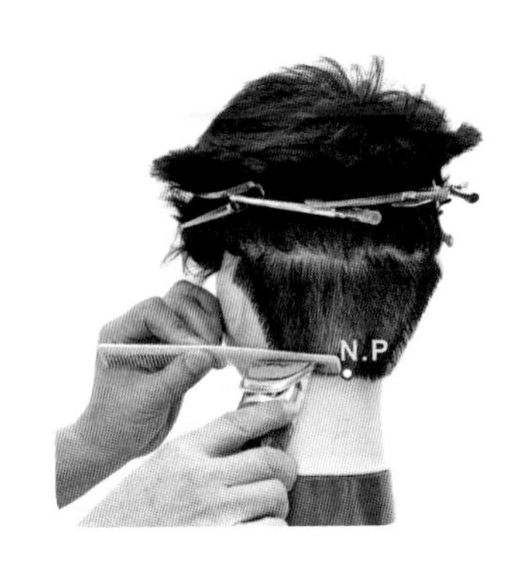

57 以橫梳順向縱推技法，橫向分段推剪突出於梳齒的髮長。

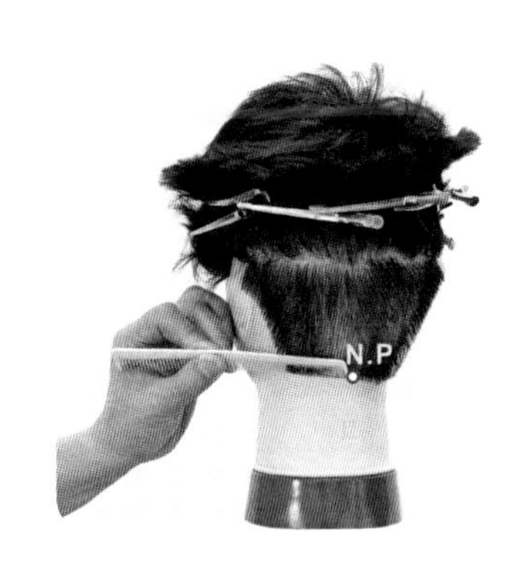

58 第 3 分段推剪後之效果

59 左側第 1 ～ 3 分段推剪完成後，頸線之效果。

60 進行右側第 2 分段裁剪，梳齒向下對準頸線，梳面和設計區的弧度略同。

61 以橫梳順向縱推技法，橫向分段推剪突出於梳齒的髮長。

62 右側第 2 分段推剪後之效果

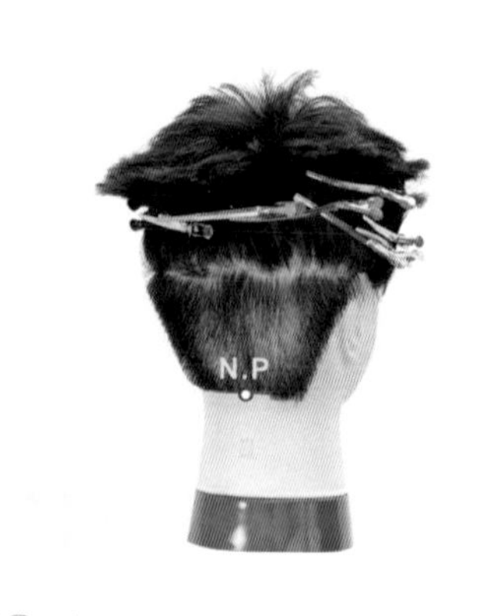

63 右側第 1 ～ 2 分段推剪完成後，頸線之效果。

64 進行右側第 3 分段裁剪，梳齒向下對準頸線，梳面和設計區的弧度略同。

65 以橫梳順向縱推技法，橫向分段推剪突出於梳齒的髮長。

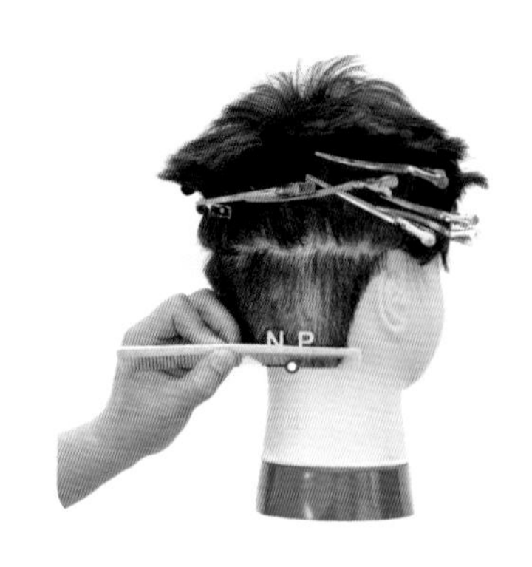

66 右側第 3 分段推剪後之效果

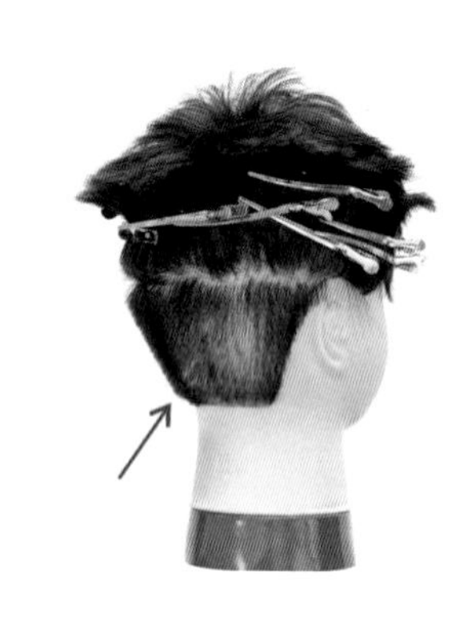

67 右側第 1 ～ 3 分段推剪完成後，頸線之效果。

68 頸背形成很乾淨貼近皮膚的頸線髮長

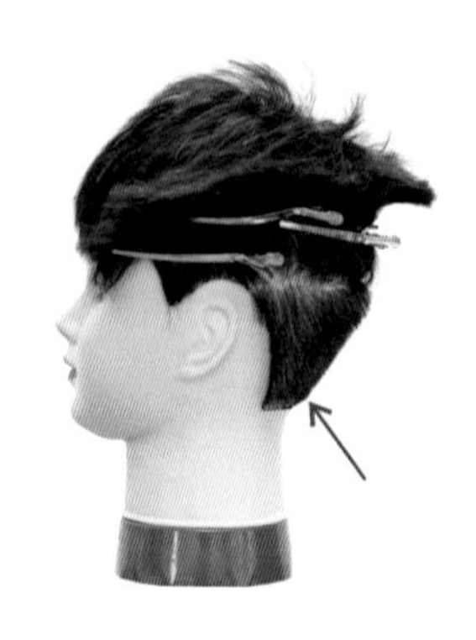

69 由於推剪梳面僅和設計區的弧度略同，頸線之上的縱向外輪廓會出現稍許的三角形弧度。

70 短髮均等層次＋推剪 -2- 第一設計區塊橫梳縱推（順向）（片長：1 分 37 秒）。

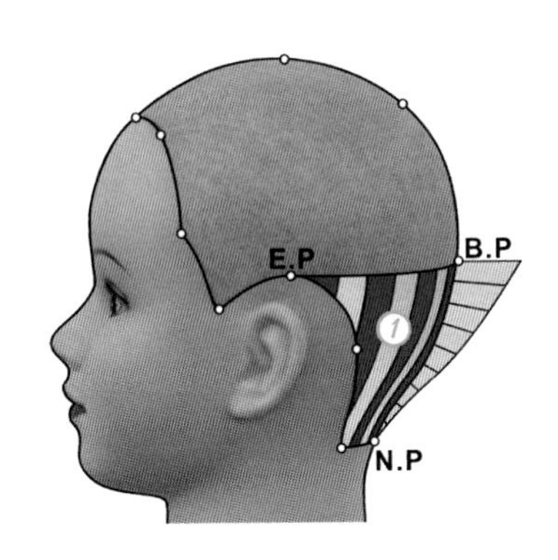

71 修飾第 1 設計區塊下外輪廓形成很平滑弧度的幾何結構設計圖

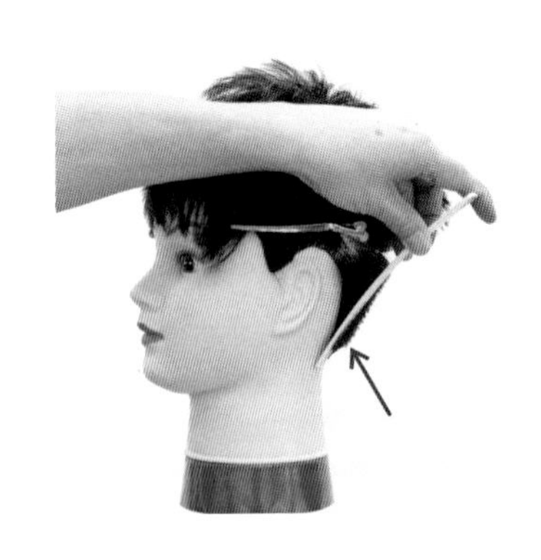

72 第 1 片 - 使用細薄剪髮梳，以縱向控制剪髮梳的推剪角度，並穩住剪髮梳。

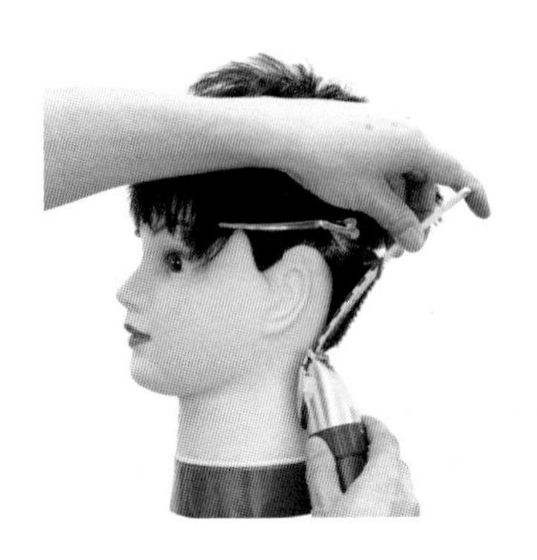

73 再以「縱梳縱推」技法將突出於剪髮梳的三角形弧度推剪去除

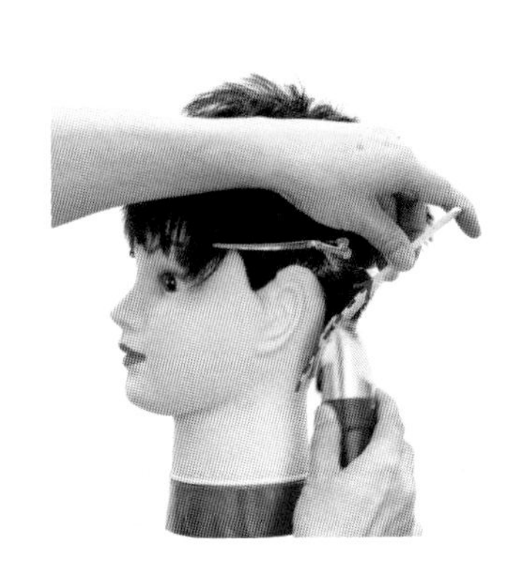

74 穩住剪髮梳，也可因設計之需求將剪髮梳控制成微凹的弧度。

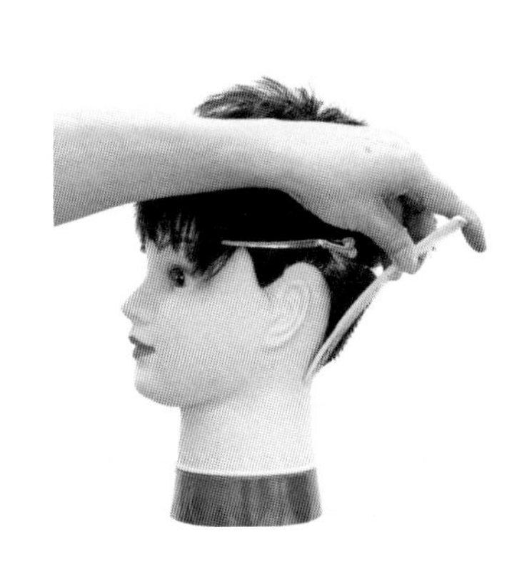

75 三角形弧度推剪修飾後之效果

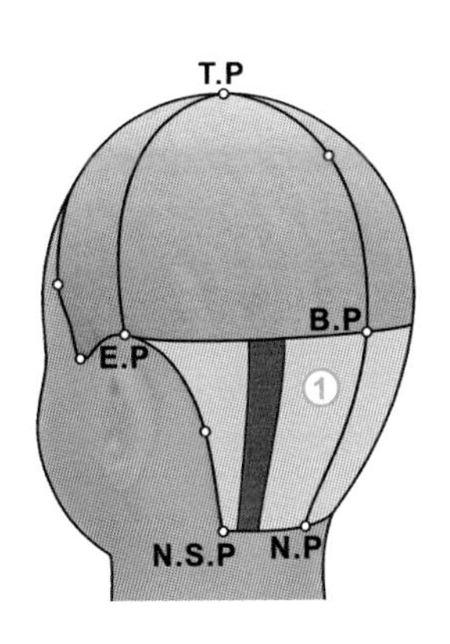

76 劃分修飾推剪縱髮片的幾何結構設計圖

77 第 2 片繼續使用細薄剪髮梳，以縱向控制剪髮梳的推剪角度，並穩住剪髮梳修飾三角形弧度。

78 三角形弧度推剪修飾後之效果

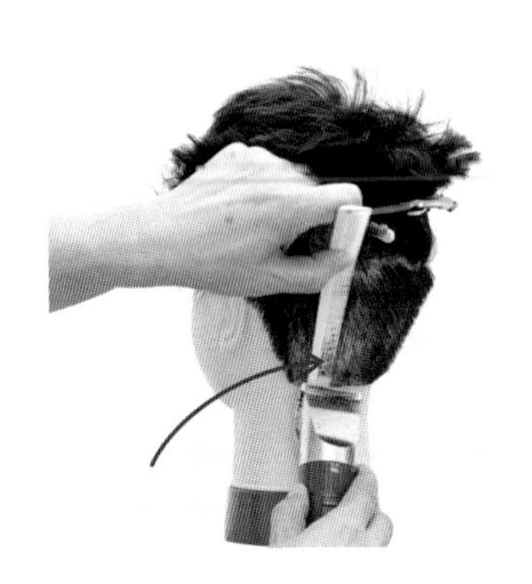

79 第 3 片 - 繼續使用細薄剪髮梳，以縱向控制剪髮梳的推剪角度，並穩住剪髮梳修飾三角形弧度。

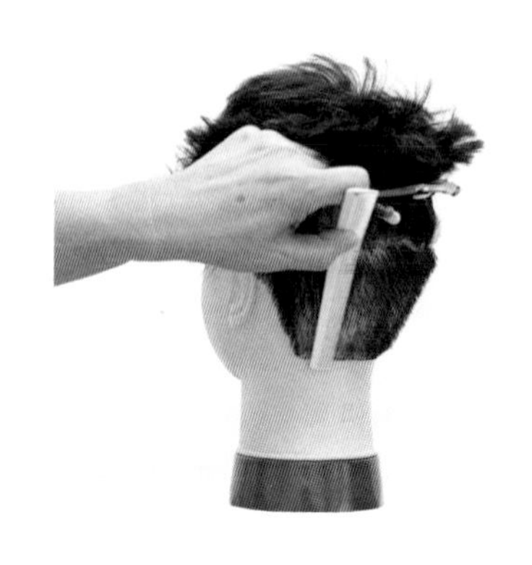

80 三角形弧度推剪修飾後之效果

81 第 4 片 - 繼續使用細薄剪髮梳，以縱向控制剪髮梳的推剪角度，並穩住剪髮梳修飾三角形弧度。

82 三角形弧度推剪修飾後之效果

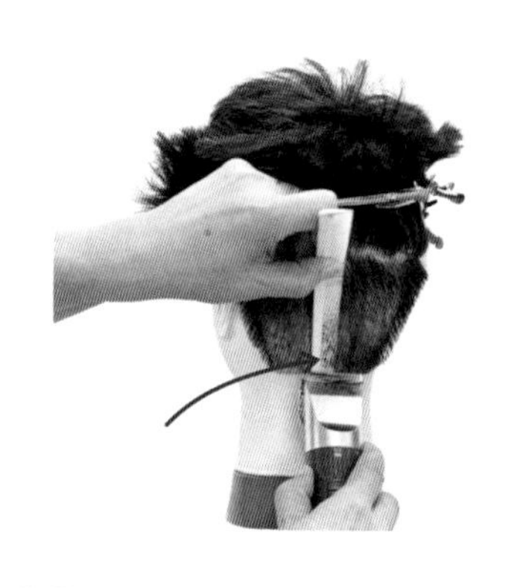

83 第 5 片 - 繼續使用細薄剪髮梳，以縱向控制剪髮梳的推剪角度，並穩住剪髮梳修飾三角形弧度。

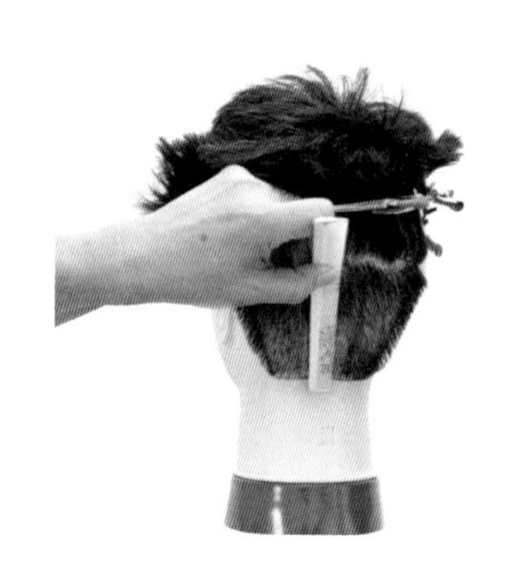

84 三角形弧度推剪修飾後之效果

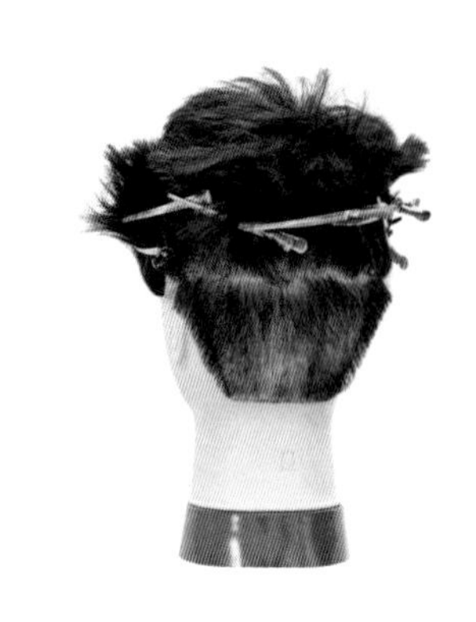

85 左側三角形弧度推剪修飾後之效果

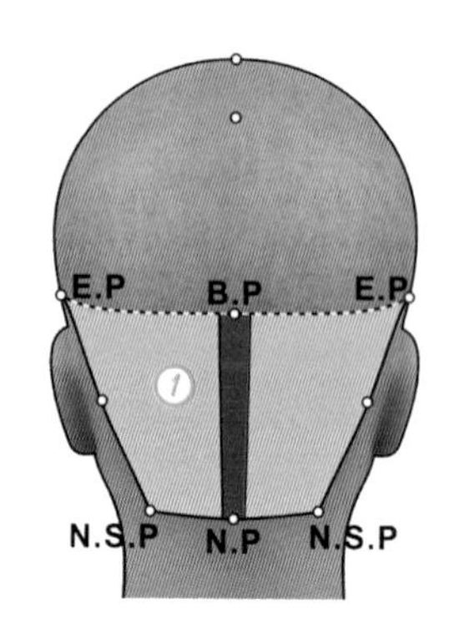

86 依結構設計圖的分區構想，從頸背部劃分第 1 設計區。

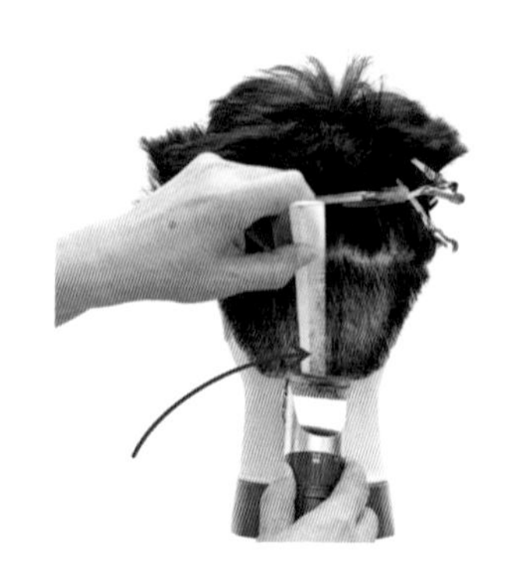

87 第 6 片 - 繼續使用細薄剪髮梳，以縱向控制剪髮梳的推剪角度，並穩住剪髮梳修飾三角形弧度。

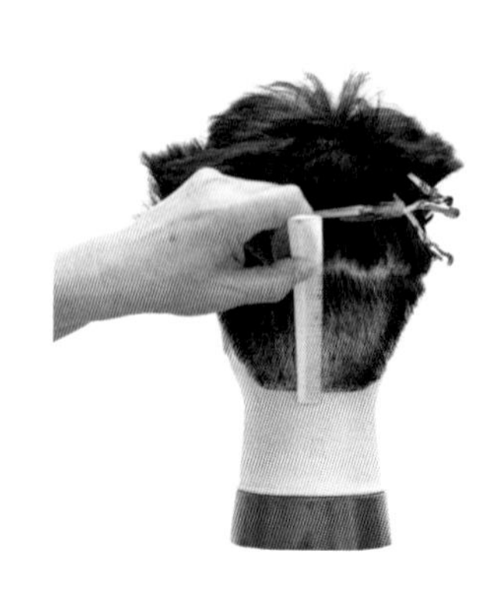

88 三角形弧度推剪修飾後之效果

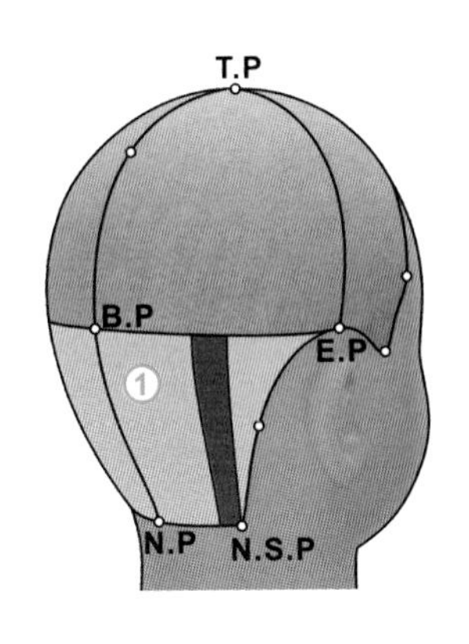

89 右側劃分修飾推剪縱髮片的幾何結構設計圖

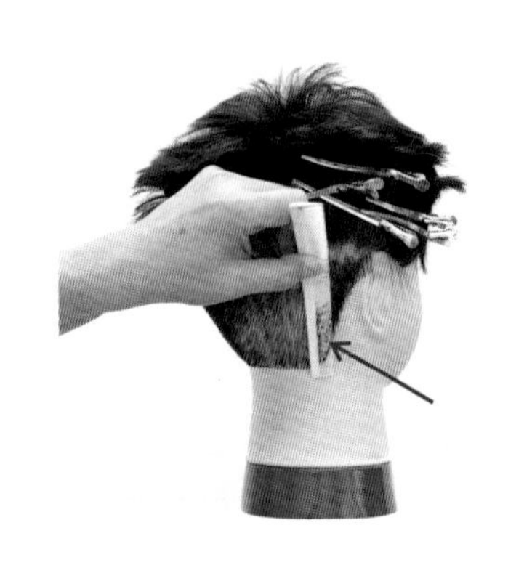

90 第 7 片 - 繼續使用細薄剪髮梳，以縱向控制剪髮梳的推剪角度，並穩住剪髮梳

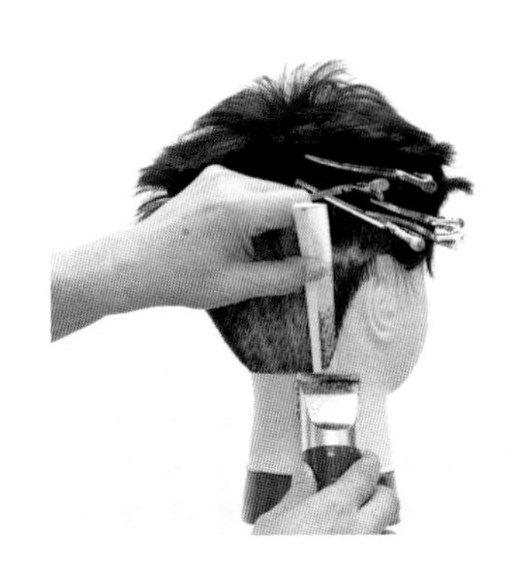

91 再以「縱梳縱推」技法將突出於剪髮梳的三角形弧度推剪去除。

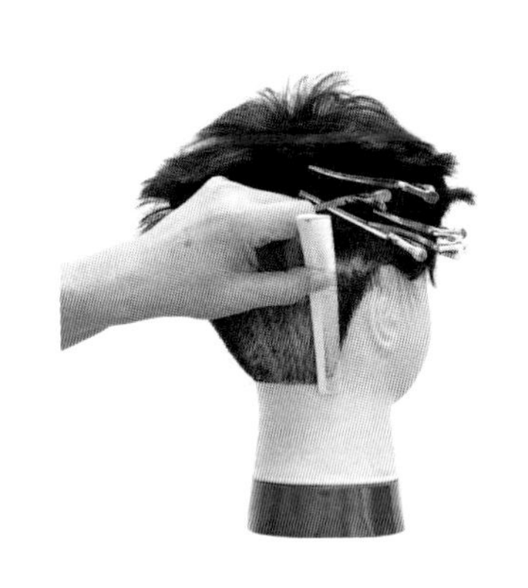

92 三角形弧度推剪修飾後之效果

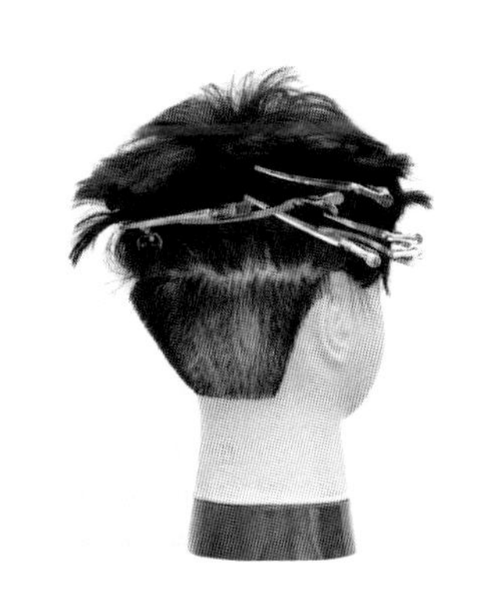

93 推剪區右側，三角形弧度推剪修飾後之效果。

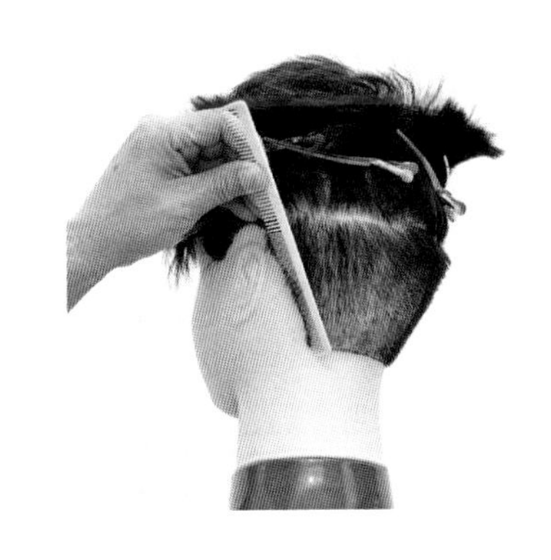

94 使用細薄剪髮梳，在左頸側線以斜向控制剪髮梳的推剪角度，並穩住剪髮梳。

95 推剪修飾頸側線之髮長

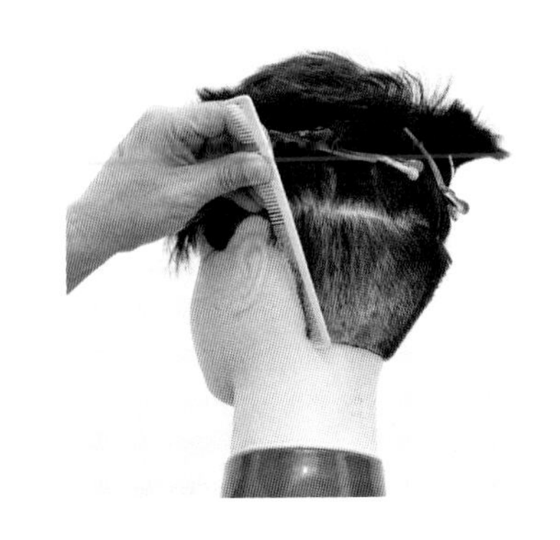

96 以斜向控制剪髮梳推剪修飾後之效果

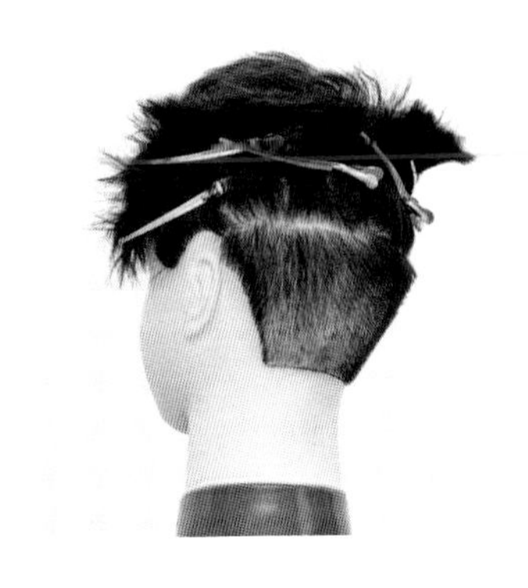

97 左頸側線推剪修飾後平滑乾淨之效果

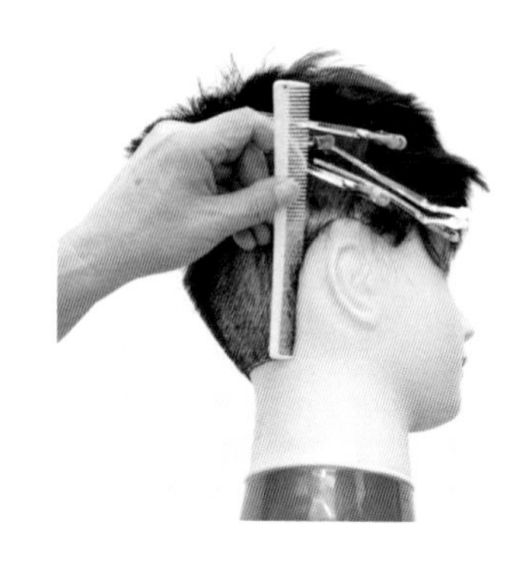

98 使用細薄剪髮梳，在右頸側線以斜向控制剪髮梳的推剪角度，穩住剪髮梳。

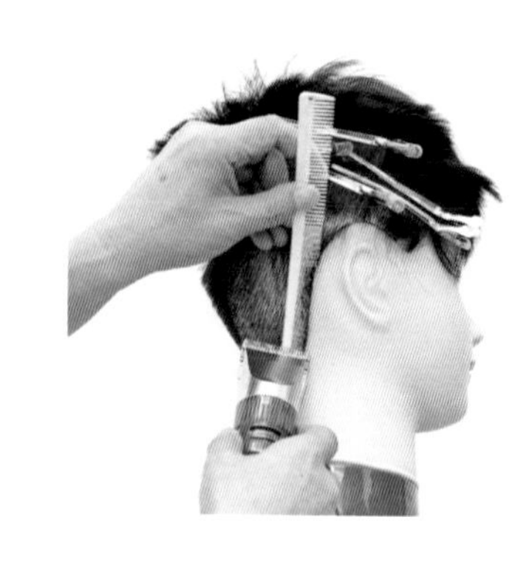

99 推剪修飾頸側線之髮長

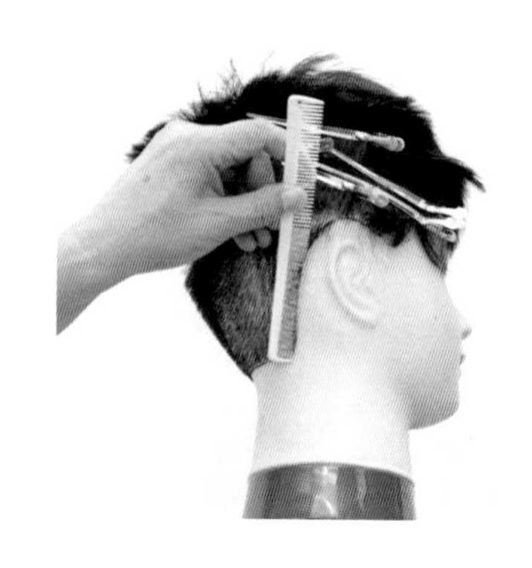

100 以斜向控制剪髮梳推剪修飾後之效果

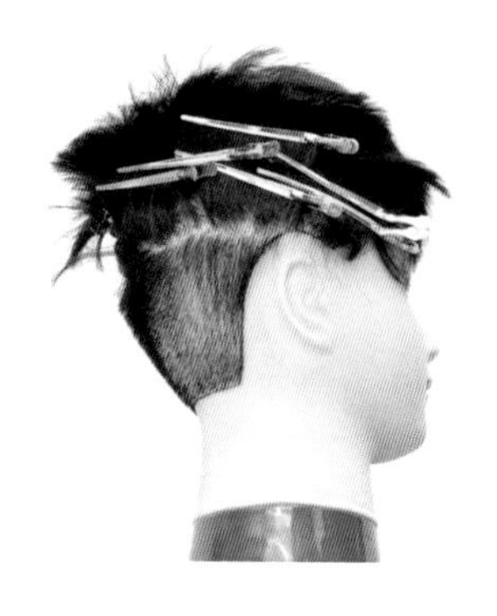

101 右頸側線推剪修飾後平滑乾淨之效果

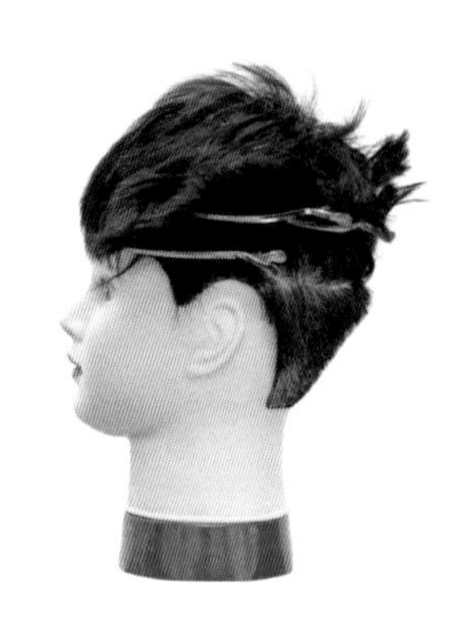

102 完成推剪修飾第 1 設計區塊下外輪廓形成很平滑弧度

103 黃思恒編製數位美髮影片 - 短髮均等層次 + 推剪 -3- 第一設計區塊縱梳縱推修飾去角（片長：2 分 24 秒）。

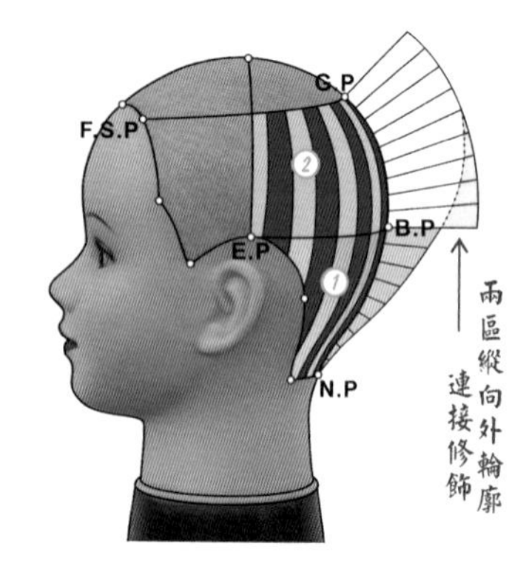

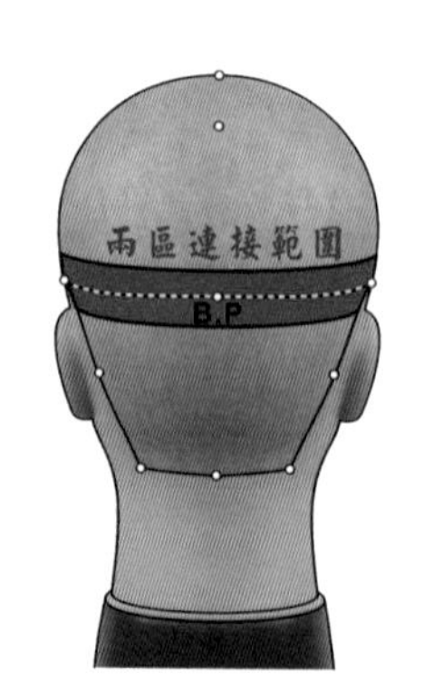

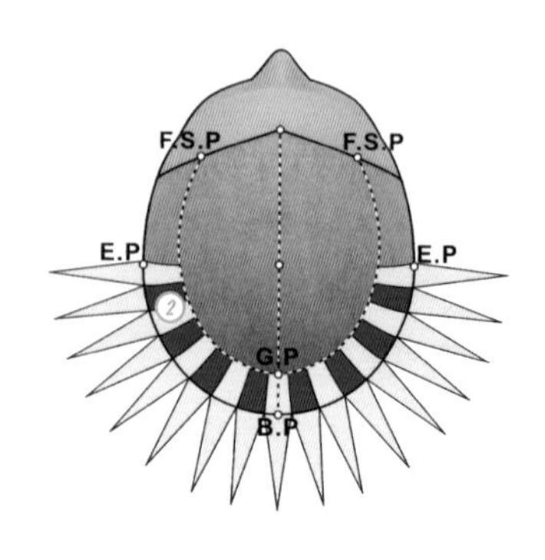

104 「推剪區」及「均等層次區」兩區外輪廓縱向連接修飾，以「推剪區」頂部髮長爲引導長度，修飾「均等層次區」使後頭部縱向弧度向上平滑順接，及應用縱髮片、移動式引導、等腰三角型裁剪的幾何結構設計圖。

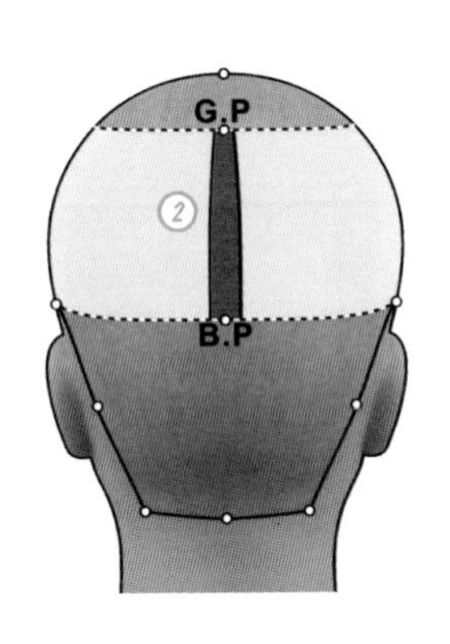

105 第 2 區塊連接修飾剪髮，劃分縱髮片的幾何結構設計圖。

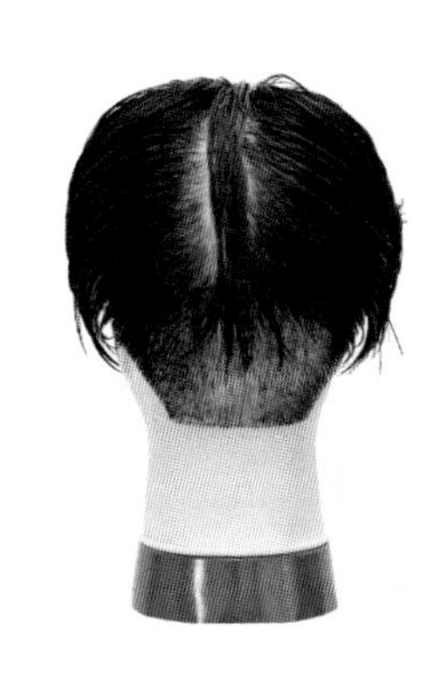

106 第 2 區塊在正中線劃分縱髮片，作爲上下兩區連接修飾的引導髮片。

107 提拉等腰三角型的縱髮片

108 以推剪區頂部髮長爲引導長度，連接修飾均等層次區使後頭部縱向弧度向上順接。

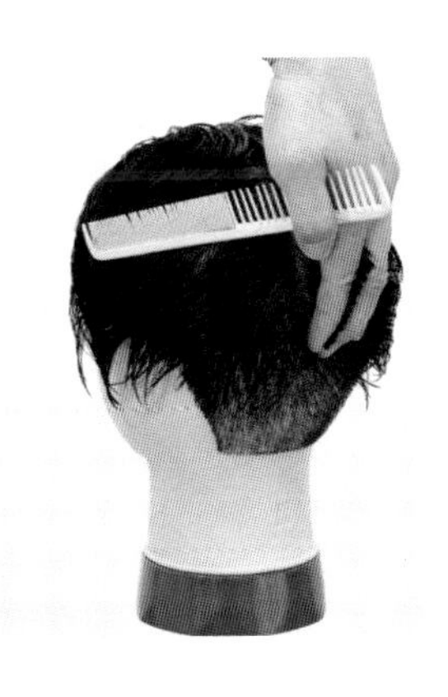

109 完成第 1 片連接修飾的引導髮片，使後頭部的重量線及弧度形成向上推移之效果。

110 第 2 片，重複提拉等腰三角型的縱髮片。

111 以第 1 片的髮長作爲引導，連接修飾均等層次區使後頭部縱向弧度向上順接。

112 完成第 2 片連接修飾

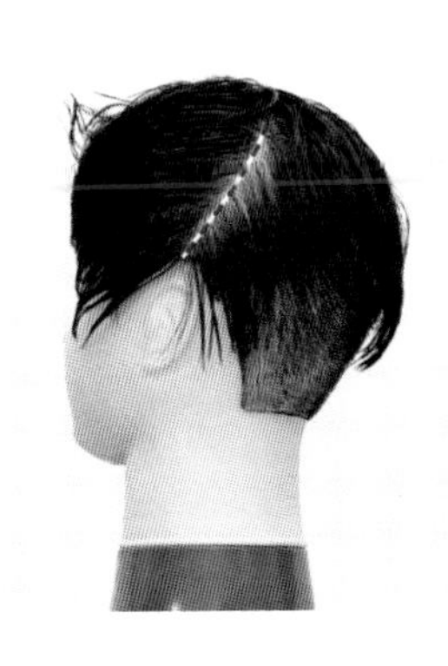

113 完成第 1 ～ 2 片連接修飾均等層次區，後頭部縱向弧度形成向上順接。

114 第 3 片，提拉外傾梳的逆斜髮片。

115 以第2片的髮長作爲引導，進行連接修飾均等層次區。

116 完成第 3 片連接修飾

117 側頭部向前平滑順接形成耳際逆斜外輪廓，後頭部縱向弧度形成向上順接。

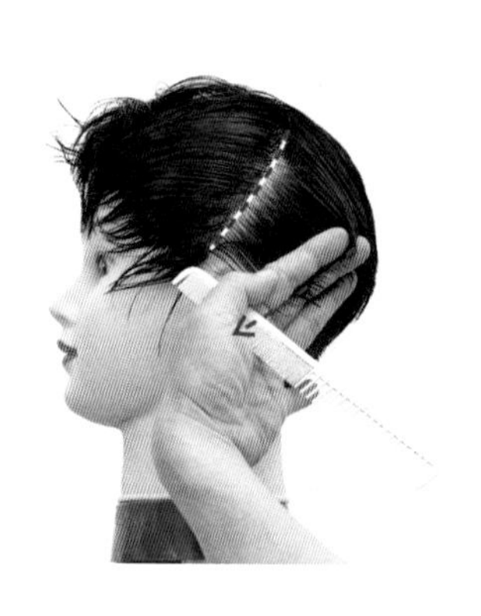

118 第 4 片，重複提拉外傾梳的逆斜髮片。

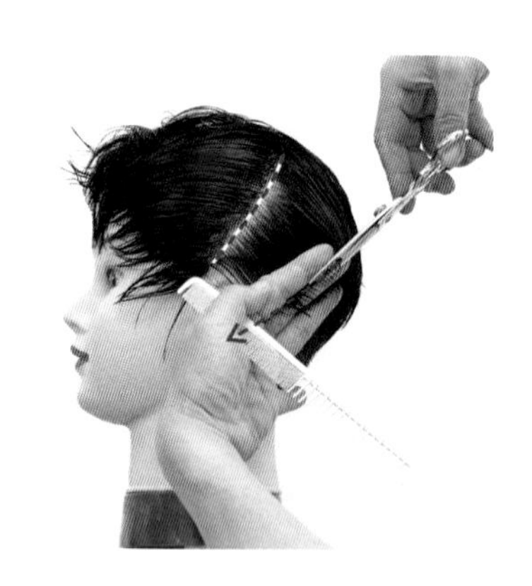

119 以第3片的髮長作爲引導，進行連接修飾均等層次區。

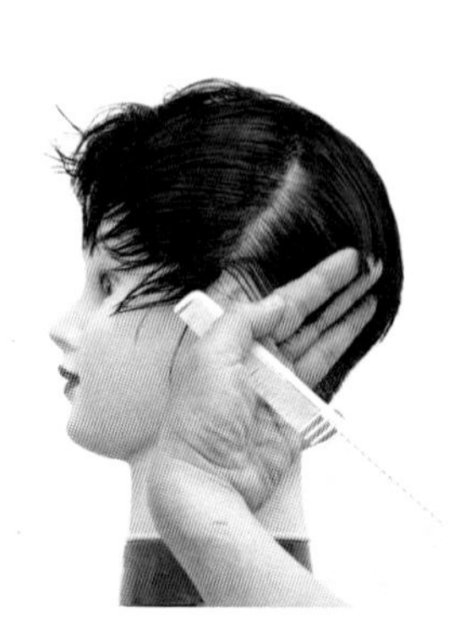

120 完成第 4 片連接修飾

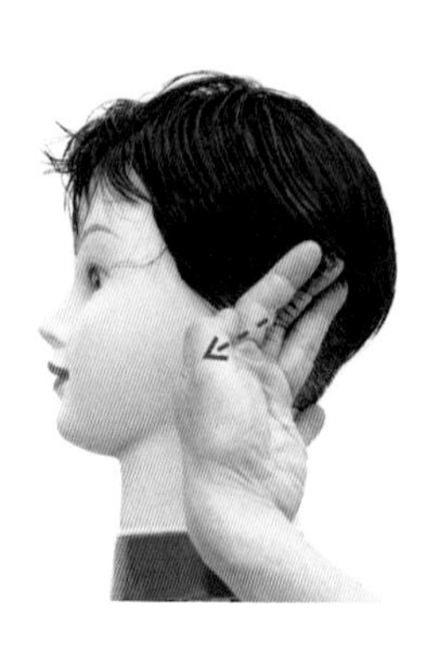

121 第 5 片，重複提拉外傾梳的逆斜髮片。

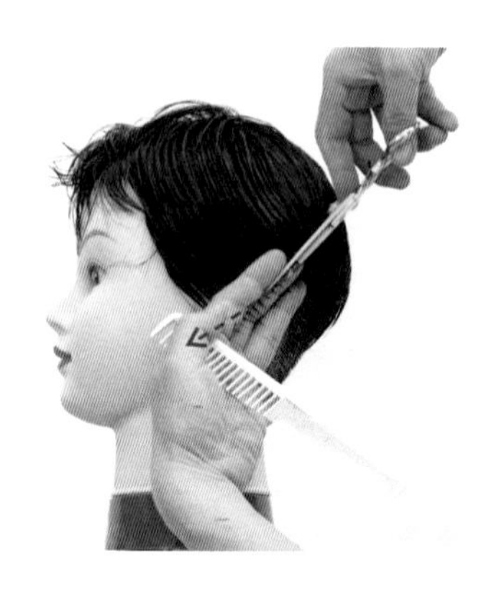

122 以第4片的髮長作爲引導，進行連接修飾均等層次區。

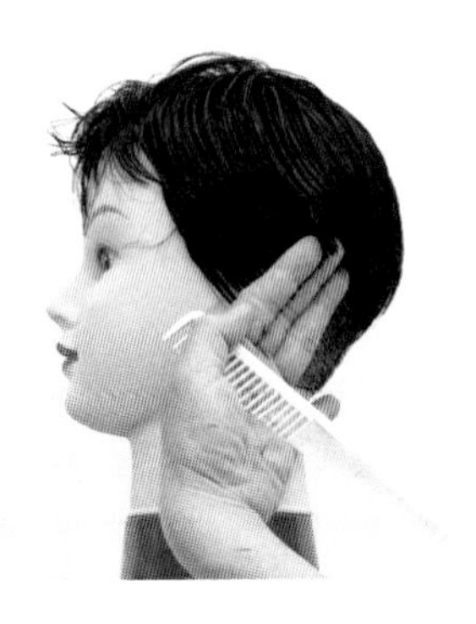

123 完成第 5 片連接修飾

124 左側頭部平滑順接耳際逆斜外輪廓，後頭部向上順接縱向弧度。

125 短髮均等層次＋推剪 -4- 第 1 ～ 2 設計區，外輪廓連接裁剪（片長：2 分 55 秒）。

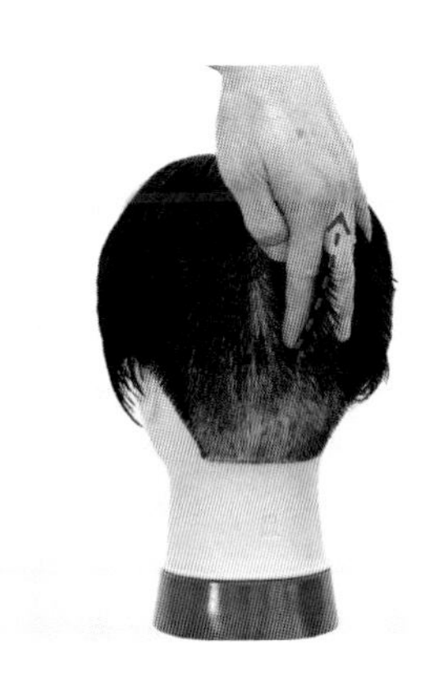

126 右側第 2 片，重複提拉等腰三角型的縱髮片。

127 以第 1 片的髮長作爲引導，連接修飾均等層次區使後頭部縱向弧度向上順接。

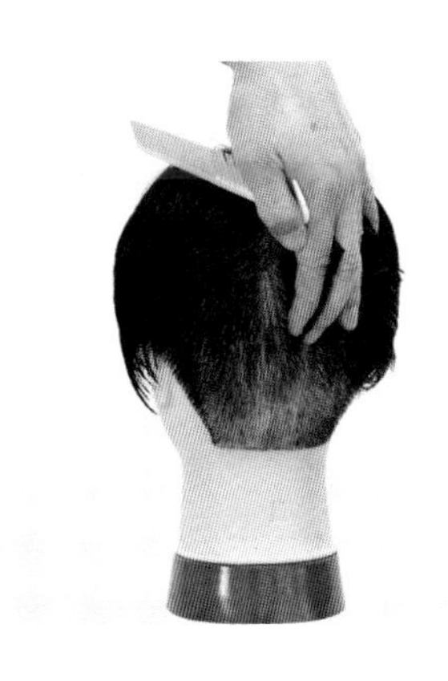

128 完成右側第 2 片連接修飾

129 完成右側第 1 ～ 2 片連接修飾均等層次區，後頭部縱向弧度形成向上順接。

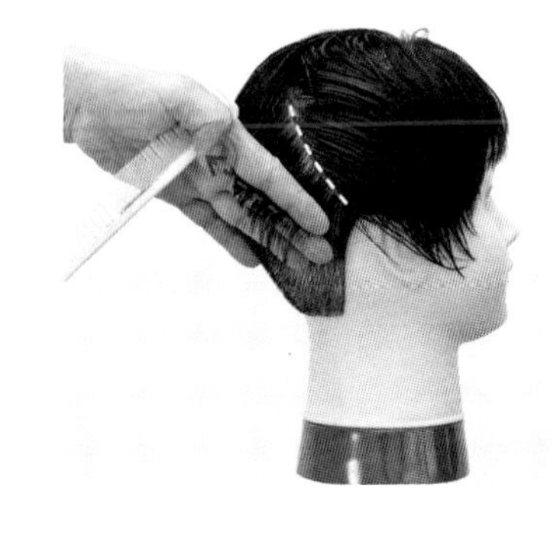

130 右側第 3 片，提拉外傾梳的逆斜髮片

131 以右側第 2 片的髮長作爲引導，進行連接修飾均等層次區。

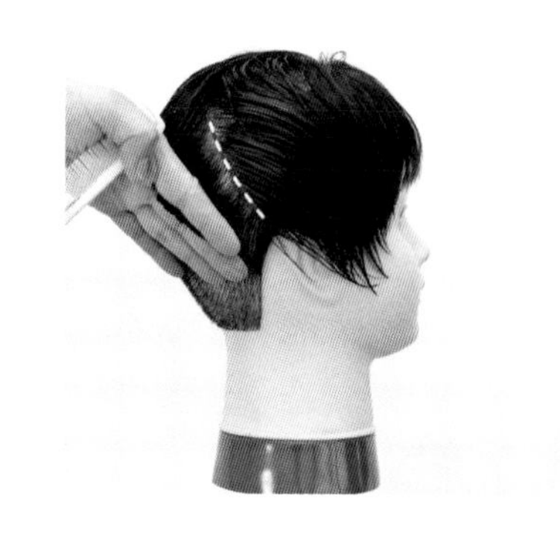

132 完成右側第 3 片連接修飾

133 側頭部向前平滑順接形成耳際逆斜外輪廓，後頭部縱向弧度形成向上順接。

134 右側第 4 片，提拉外傾梳的逆斜髮片。

135 以右側第 3 片的髮長作爲引導，進行連接修飾均等層次區。

136 完成右側第 4 片連接修飾

137 右側頭部向前平滑順接形成耳際逆斜外輪廓，後頭部縱向弧度形成向上順接。

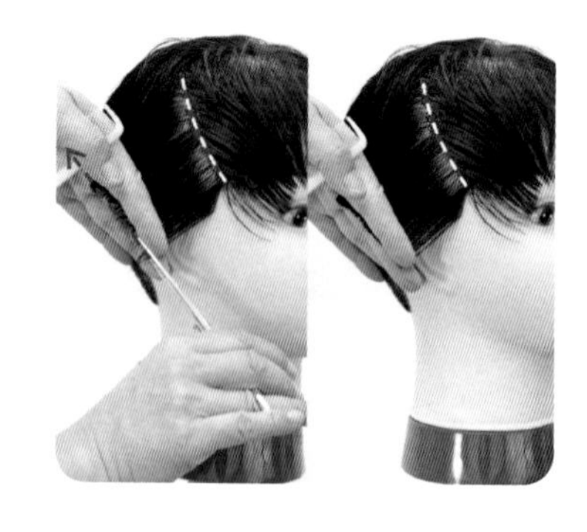

138 右側第 5 片，提拉外傾梳的逆斜髮片，以右側第 4 片的髮長作爲引導，進行連接修飾均等層次區。

139 右側頭部平滑順接耳際逆斜外輪廓，後頭部向上順接縱向弧度

140 短髮均等層次 + 推剪 -5- 第 1 ～ 2 設計區，外輪廓連接裁剪（片長：3 分 28 秒）。

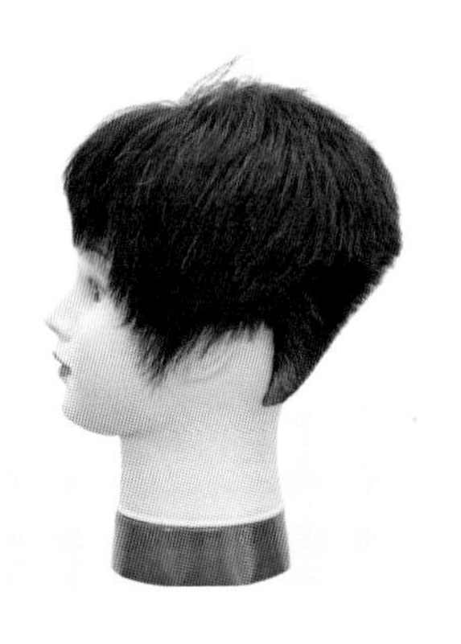

141 將髮量吹乾，檢視髮型外輪廓弧度之原形。

142 在左側部使用斜梳弧推技法，細部修飾外輪廓弧度。

143 在左側部使用斜梳弧推技法，細部修飾外輪廓弧度。

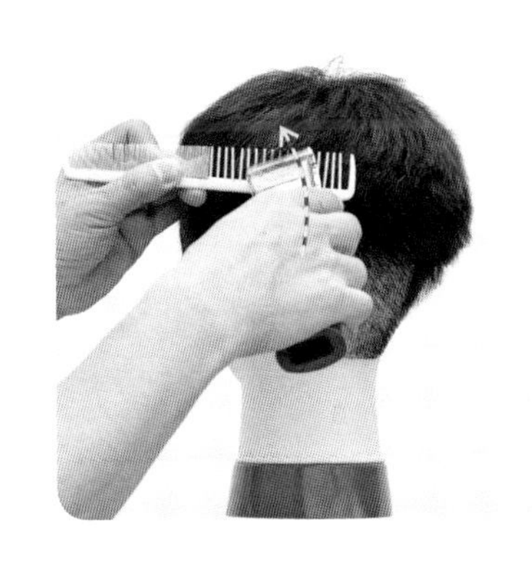

144 在左側部使用斜梳弧推技法，細部修飾外輪廓弧度。

145 在右側部使用斜梳弧推技法，細部修飾外輪廓弧度。

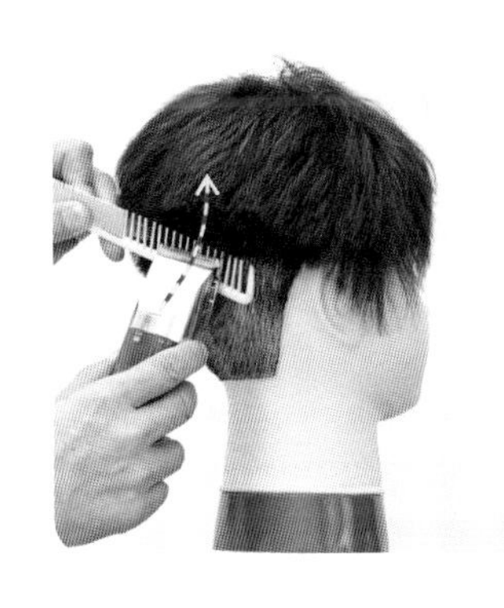

146 在右側部使用斜梳弧推技法，細部修飾外輪廓弧度。

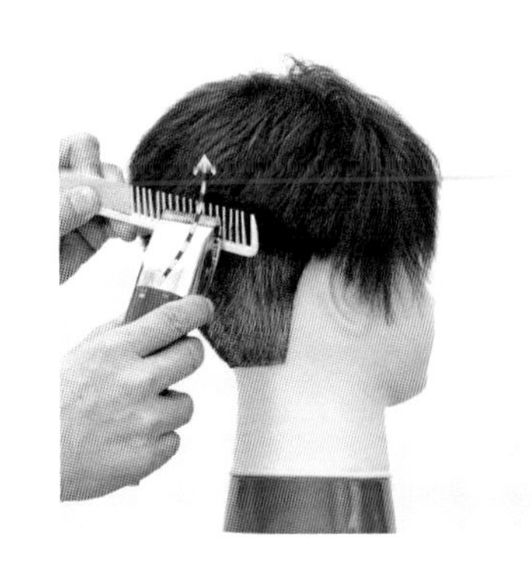

147 在右側部使用斜梳弧推技法，細部修飾外輪廓弧度。

148 在右側部使用斜梳弧推技法，細部修飾外輪廓弧度。

149 短髮均等層次＋推剪 -5 教材 - 第 1 ～ 2 設計區，外輪廓連接修飾（片長：1 分 48 秒）。

150 在右側部使用斜梳弧推技法，細部修飾外輪廓弧度。

151 在右側部使用斜梳弧推技法，細部修飾外輪廓弧度。

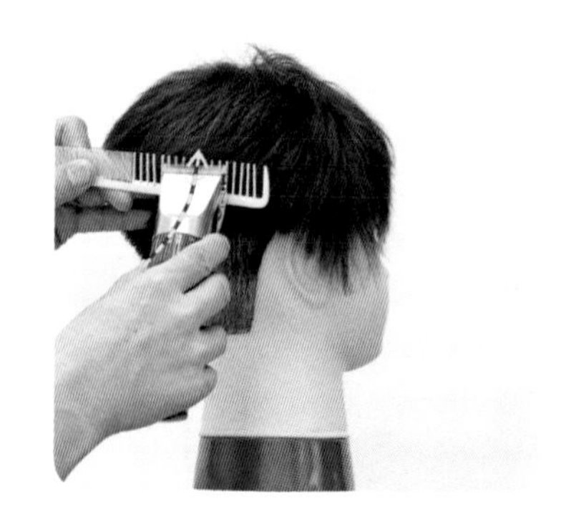

152 在右側部使用斜梳弧推技法，細部修飾外輪廓弧度。

153 在右側部使用斜梳弧推技法，細部修飾外輪廓弧度。

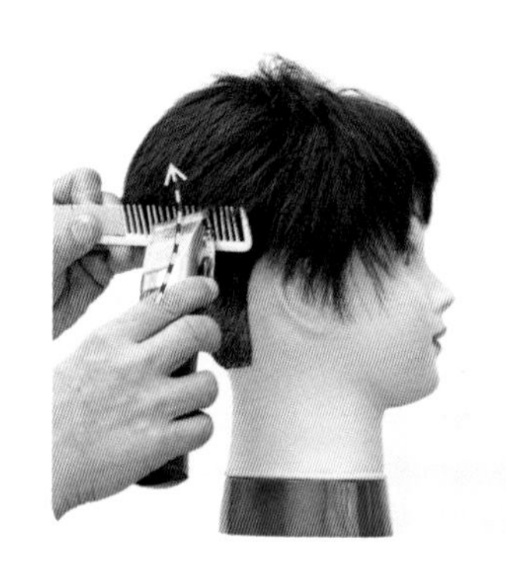

154 在右側部使用斜梳弧推技法，細部修飾外輪廓弧度。

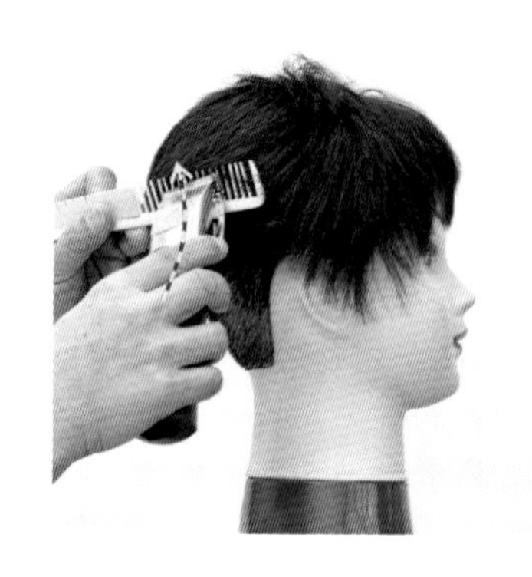

155 在右側部使用斜梳弧推技法，細部修飾外輪廓弧度。

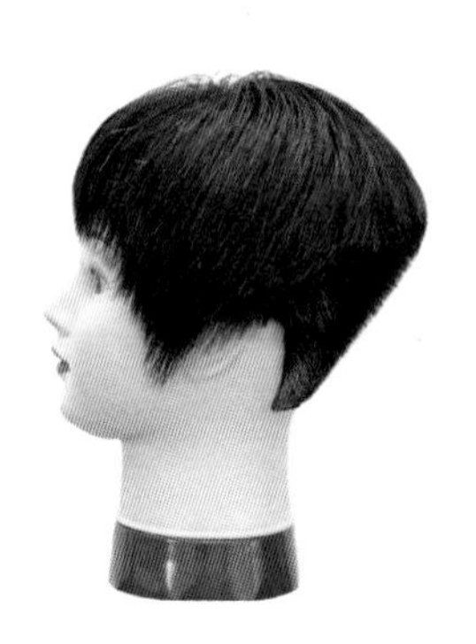

156 外輪廓弧度細部修飾完成 - 左側

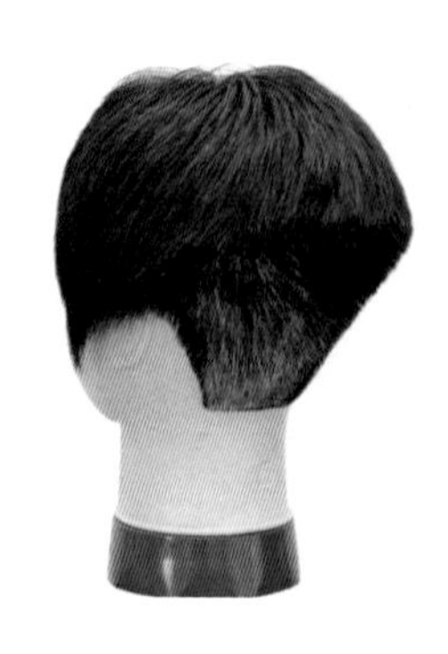

157 外輪廓弧度細部修飾完成 - 後面

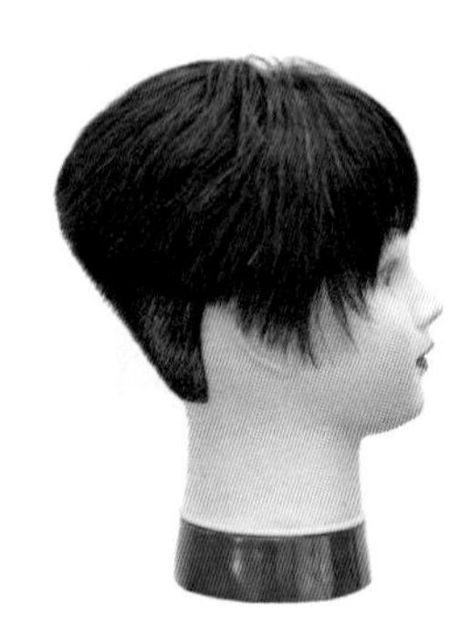

158 外輪廓弧度細部修飾完成 - 右側

8 第八章

簡潔時尚不對稱香菇頭剪髮

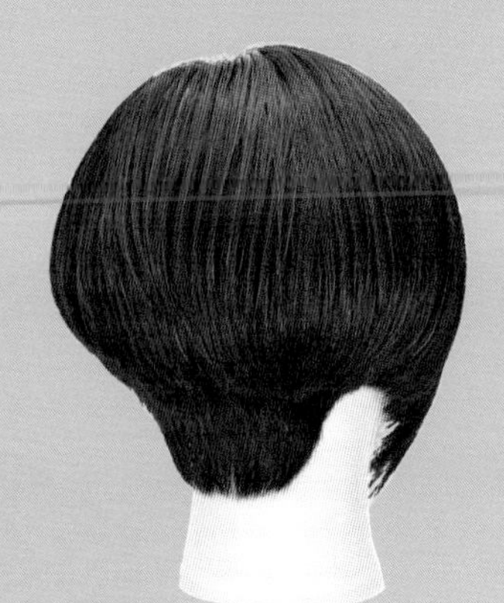

RQ8-1
不對稱香菇頭剪髮 14-造型完成（片長：1分30秒）

RQ8-2
不對稱香菇頭剪髮 15-造型完成（片長：1分52秒）

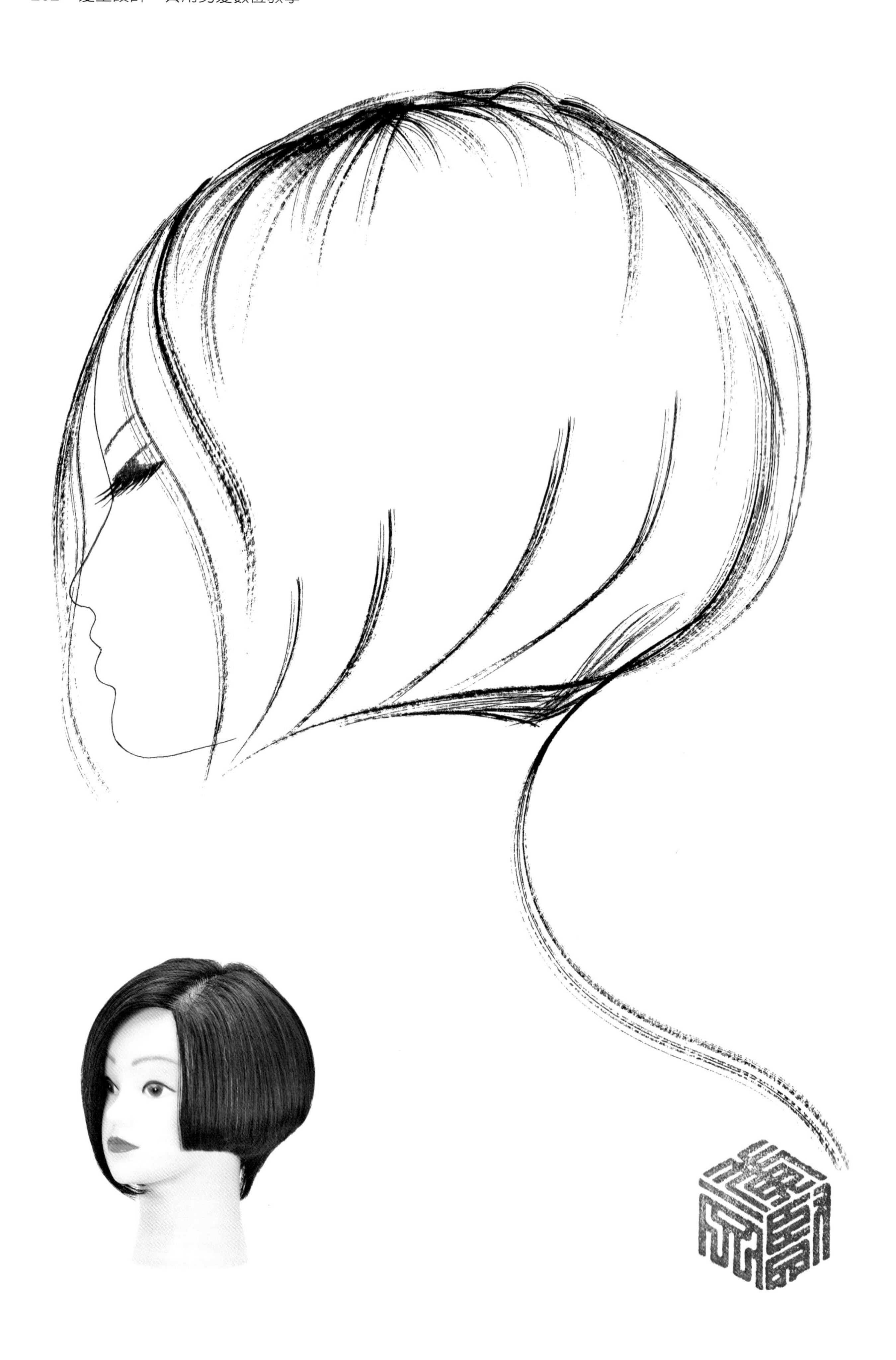

8-1 不對稱香菇頭剪髮－設計概論

香菇頭剪髮 - Mushroom cut 也是 Bob 髮型的其中一種類型之一，因其長度蓬鬆就像香菇一樣，所以就有這樣的稱呼，也有人稱為「Bowl cut」。本款設計為改變傳統香菇頭圓形的裁剪線，融入以下兩項創意設計：

(1) 本款剪髮是 Bob 低層次結合高層次，採用對比技法的綜合髮型，在水平線以下劃分為高層次區，技術上應用橫髮片提拉高角度裁剪，在後下頭部將產生凹型曲線的設計效果，在水平線以上劃分為低層次區，技術上應用縱髮片提拉低角度裁剪，在水平線以上將逐漸向上堆疊出凸型曲線的豐厚設計效果，此項上凸下凹、上豐厚下輕柔。

(2) 在兩側臉頰融入長度不對稱的元素不僅幫助修飾臉型，也讓造型更有年輕及時尚的風格。

1. 形狀－Form：

如圖 8-1，在水平線以下為高層次區的凹型曲線，在頸側、頸背外輪廓產生輕柔的設計效果，改變傳統香菇頭頸側、頸背外輪廓正斜圓形的裁剪線。在水平線以上為低層次區的凸型曲線，仍維持傳統香菇頭豐厚的曲線弧度。

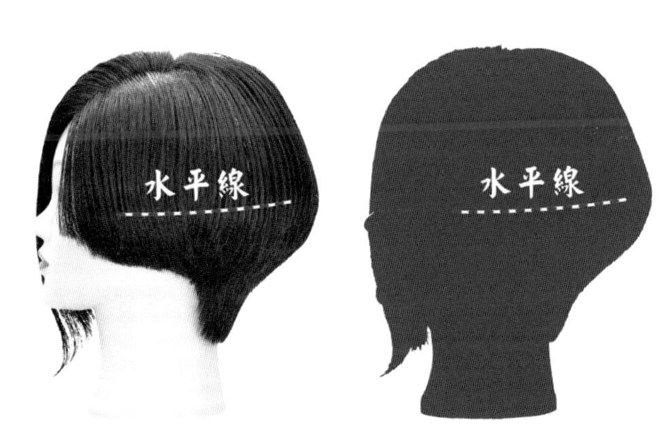

圖 8-1

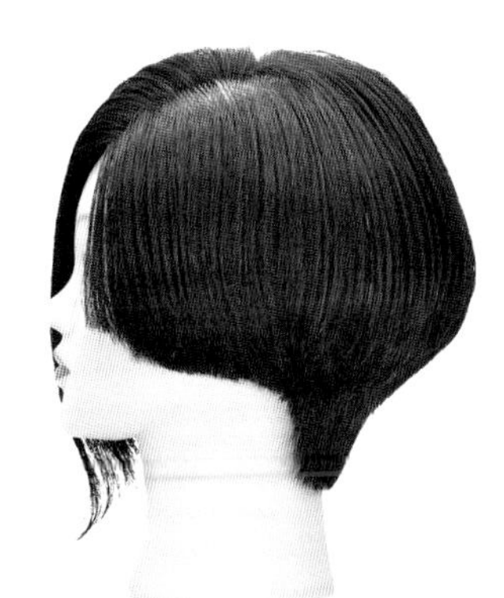

圖 8-2

如圖 8-2 由於採左側分線，在側中線之前兩側臉頰開始融入長度不對稱的裁剪設計，所以側中線之後仍為對稱性的豐厚造型（如圖 8-2 左 2），但是側中線之前左側臉際形成正斜輪廓仍保留豐厚的曲線弧度（如圖 8-2 右 1），右側臉際則為逆斜輪廓，並在外輪廓最前端形成尖角，成為髮型設計及修飾臉型獨特的焦點（如圖 8-2 左 1、右 2）。

2. 結構－ Structure：

在水平線以下爲高層次區的凹型裁剪設計，從縱向結構分析而言，將設計區塊髮量經由橫髮片集中裁剪（如圖 8-4 左），以區塊髮長幾何結構而言，整區髮量在展開時可看出髮長之漸變，圓弧頭形提拉 90 度位置的髮長最短，然後漸變至上下兩端的髮長最長（如圖 8-4 中），整區髮量在自然落下堆疊時，後下頭部將呈現出縱向凹型弧度輪廓之效果（如圖 8-4 右），左右頸側外輪廓則呈現正斜凹型弧度輪廓之效果（如圖 8-3）。

圖 8-3

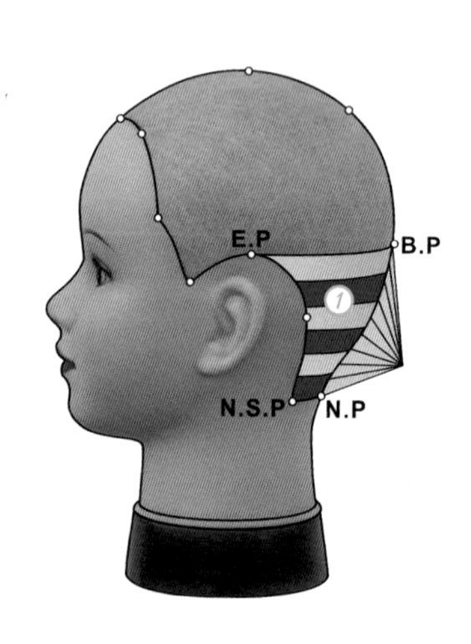

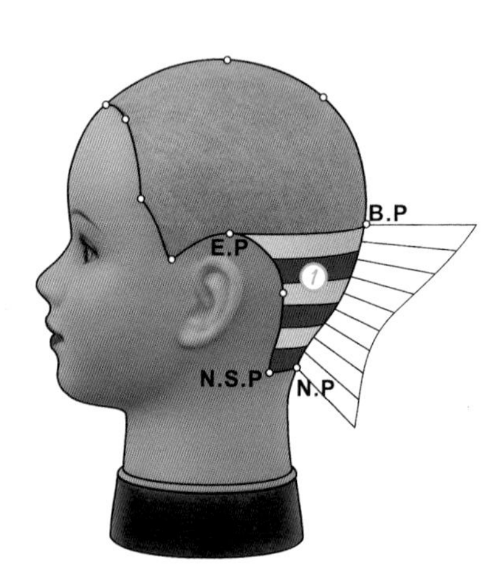

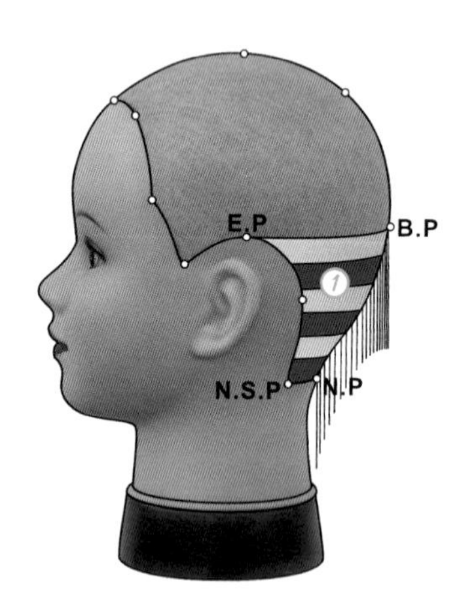

圖 8-4

從橫向結構分析而言，將橫髮片劃分成細小分段髮片（如圖 8-5 左）使手指易於挾髮操控，分段髮片裁剪過程都以提拉 0 度、垂直分配 -Perpendicular Distribution、平行於分區劃分線進行裁剪 -Sculpt parallel（如圖 8-5 中），因此在水平線以下橫向同等高任何位置，將成爲平行於分區劃分線左右均長的圓弧設計，若無特異毛流之影響，分區線外輪廓會複製分區線的橫向頭型，頸背外輪廓線也會複製頸背線的橫向頸型（如圖 8-5 右）。

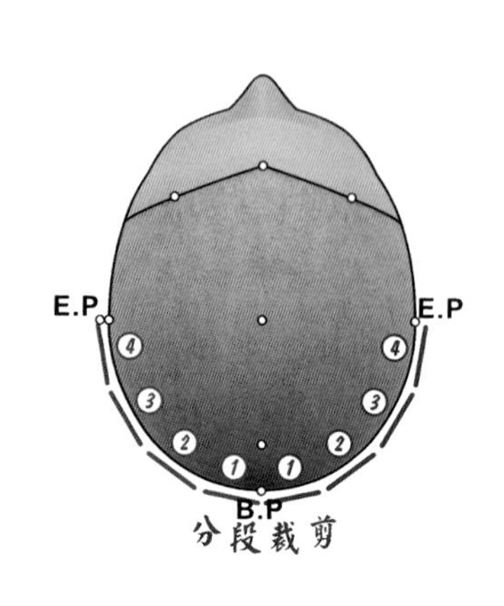

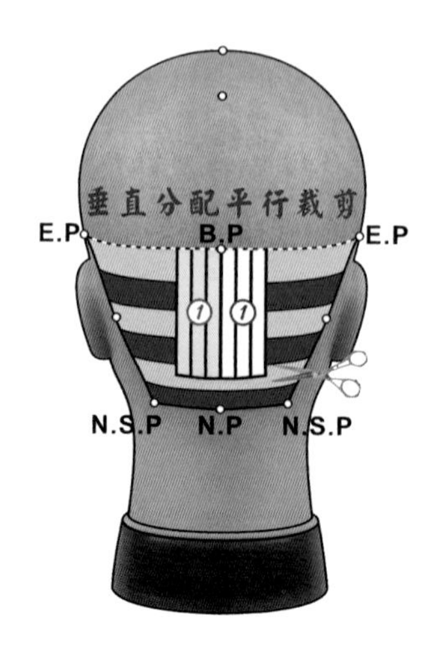

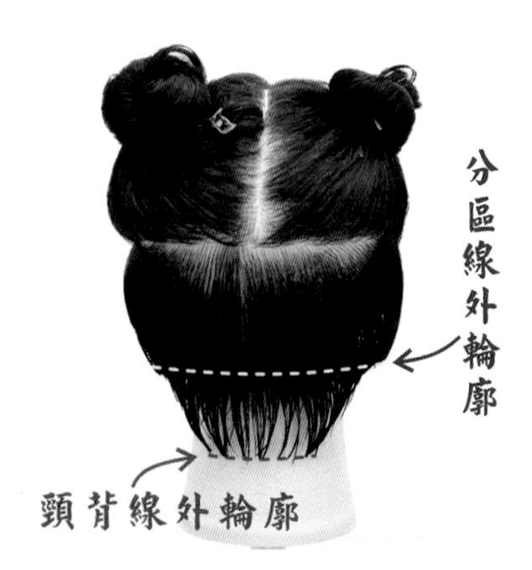

圖 8-5

第 2 設計區爲呈現兩側臉頰長度不對稱的設計造型，所以在技術結構採用不同的操作技法，左側前頭部和後頭部相同採用，縱髮片、移動式引導、等腰三角型、提拉 0 度、切口 90 度（如圖 8-6 左、中），使髮量逐漸向上堆疊出凸型曲線的豐厚設計效果，橫向髮長將呈現出左右均長的圓弧設計。

右側前頭部採用，逆斜髮片、移動式引導、下外傾梳、提拉 0 度、切口不平行逆斜裁剪（如圖 8-6 右），使髮量在最前端仍維持低層次又豐厚的尖形輪廓

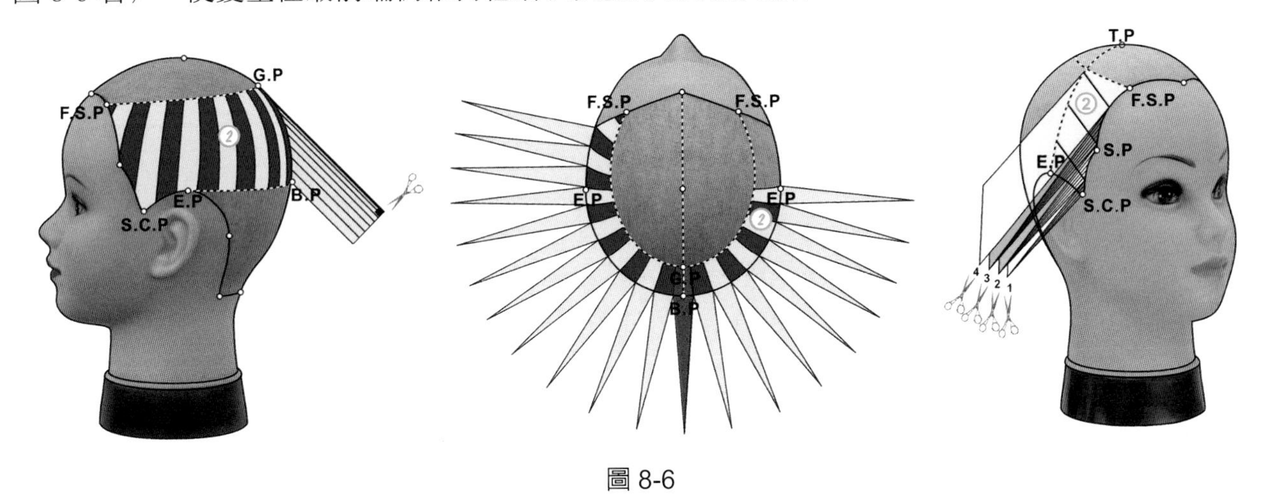

圖 8-6

3. 紋理－ Texture：

第 1 設計區以全區髮量作爲橫髮片、提拉 0 度裁剪的高層次，高層次面積的大小和橫髮片提拉角度成正比，使頸背橫向外輪廓線將形成活潑輕柔之效果（如圖 8-7）。第 2 設計區爲劃分縱髮片、提拉 0 度裁剪的低層次，使後頭部縱向外輪廓將形成豐厚的凸型曲線，紋理更加穩定厚重。側中線以前兩側前頭部爲左側分線，不對稱髮長低層次的設計，由於右側髮長較長又形成逆斜輪廓，將使右臉頰前端髮緣髮量過重，因此爲平衡兩側不對稱髮長及髮量，需要在右前側髮長進行鋸齒狀調量，將使右臉頰前端髮緣髮量形成透光輕柔、前端髮緣逆斜輪廓更爲尖細（如圖 8-7 前側）。

QR8-8
黃思恒編製數位美髮影片 - 不對稱香菇頭剪髮 10-1（片長：1 分 59 秒）內容：第 3 設計區 U 型區的髮量是覆蓋髮型外表紋理最廣的區塊，為劃分定點放射髮片、提拉 0 度、以鋸齒狀裁剪（Point Cutting）（如圖 8-8）的低層次，將使髮型的髮尾在最外表形成柔軟的弧度及紋理。

圖 8-8

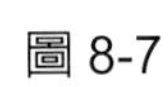

圖 8-7

8-2 不對稱香菇頭剪髮 - 操作過程解析

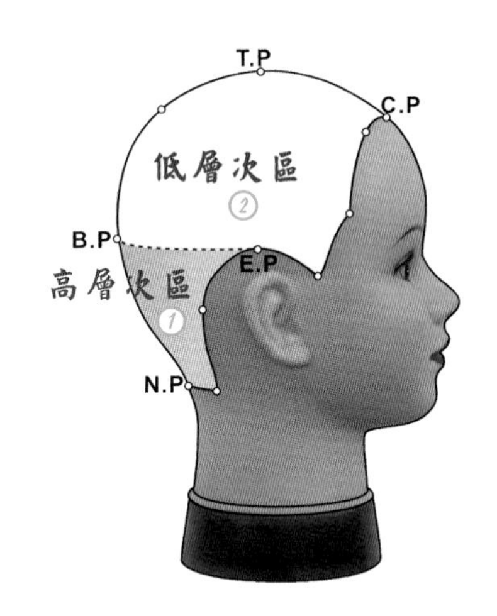

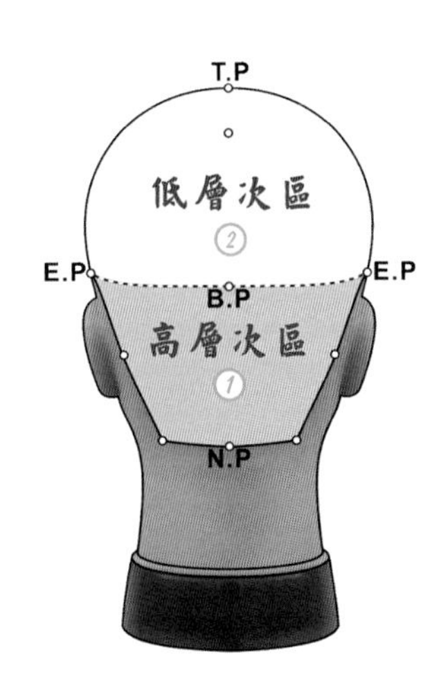

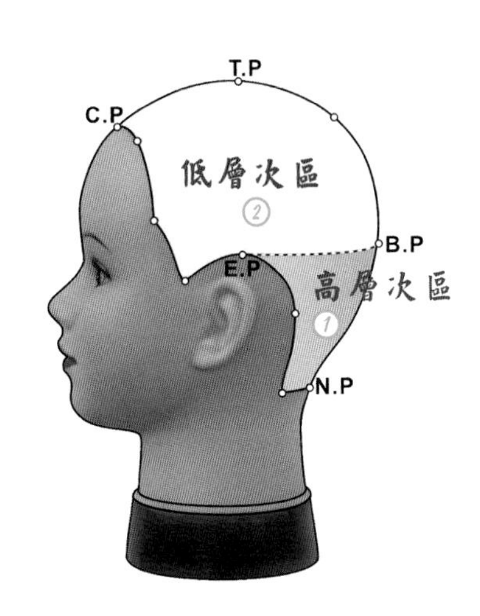

1 全部結構設計圖總共分為兩區，主要在認識如何結合低層次區及高層次區兩大分區（Section），解剖髮型裁剪過程的結構（Structure），分析高層次區如何運用橫髮片（Horizontal slice）裁剪，掌握後下頭部「縱向」高層次的曲線弧度與「橫向」等長的變化，及分析低層次區如何運用縱髮片（Vertical slice）裁剪，掌握上頭部「縱向」低層次的曲線弧度與「橫向」等長或不等長的變化，使裁剪前即可掌握裁剪設計目標-形的外輪廓，並熟悉頭部 15 個基準點的正確位置與應用。各區塊範圍如上圖 15 個基準點的連線內容，其 1、2 編號也代表其剪髮操作順序。

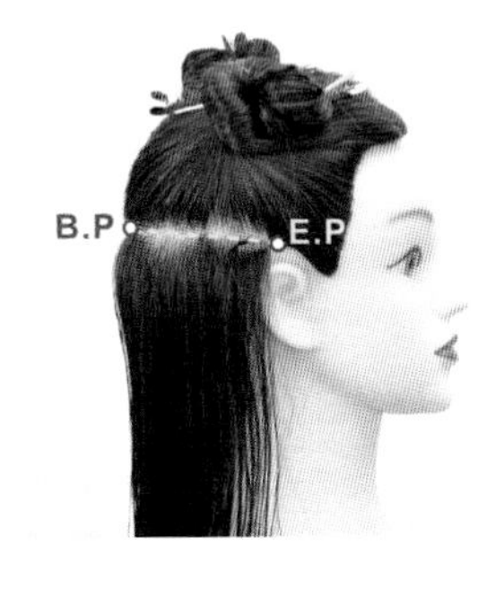

2 依結構設計圖的分區構想，由 B.P 連線到右側 E.P 劃分水平線。

3 依結構設計圖的分區構想，由 B.P 連線到左（右）側 E.P 劃分水平線。

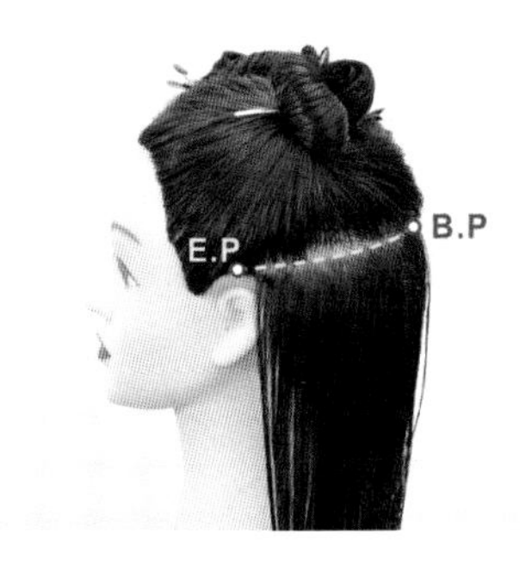

4 依結構設計圖的分區構想，由 B.P 連線到左側 E.P 劃分水平線。

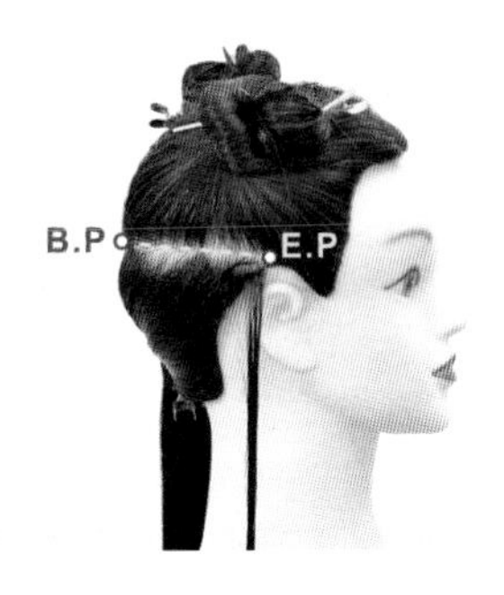

5 從右 E.P 劃分出一束髮量

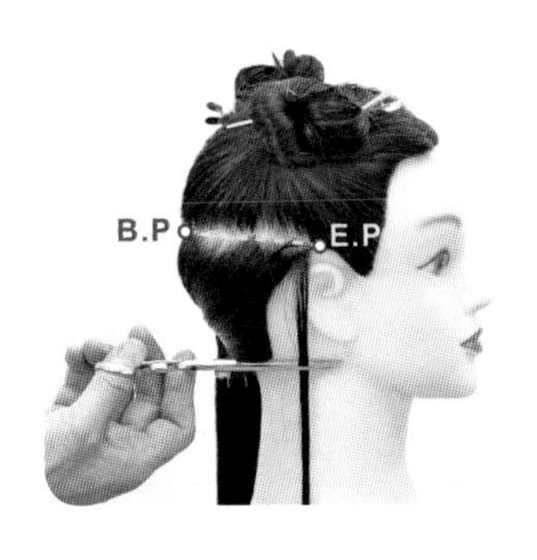

6 裁剪 E.P 髮束作為設計之引導髮長

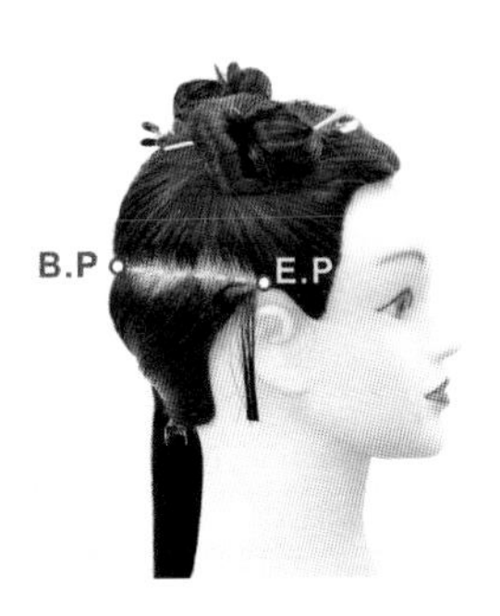

7 以下巴之輪廓線，作為設計目標之引導髮長。

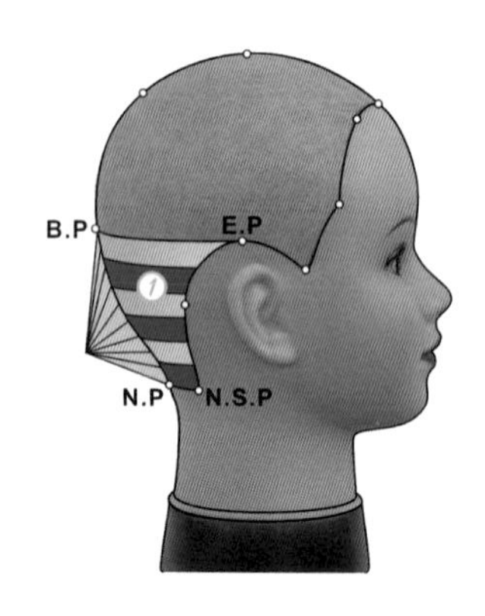

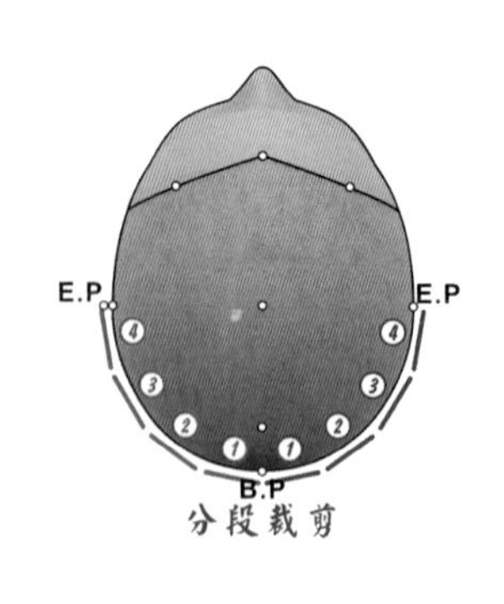

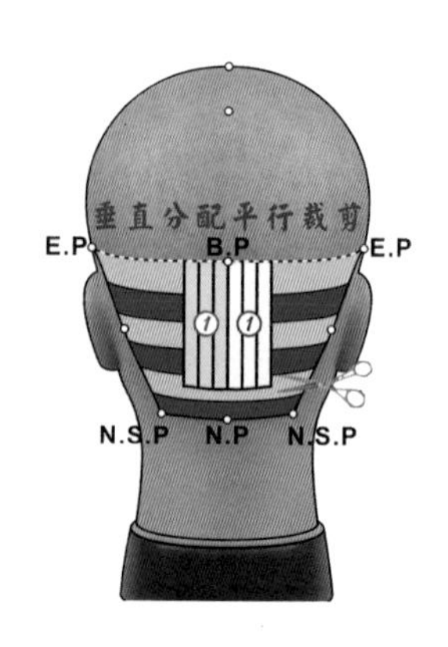

8 第1設計區塊，依設計構想劃分的幾何結構設計圖，以全區髮量上下集中作爲橫髮片（如上圖左），髮片橫向劃分爲若干段（如上圖中），以垂直分配在水平劃分線提拉0度，切口和水平劃分線平行裁剪（如上圖右）。

9 以橫髮片將全區髮量上下集中，以E.P髮束做爲裁剪設計之引導髮長。

10 髮片垂直分配在水平劃分線提拉0度，切口和水平劃分線平行裁剪。

11 第1分段和水平劃分線平行裁剪完成

12 第2分段，重複以橫髮片將全區髮量上下集中，以第1分段爲裁剪設計之引導髮長，剪髮梳和水平劃分線平行。

13 髮片垂直分配在水平劃分線提拉0度，切口和水平劃分線平行裁剪。

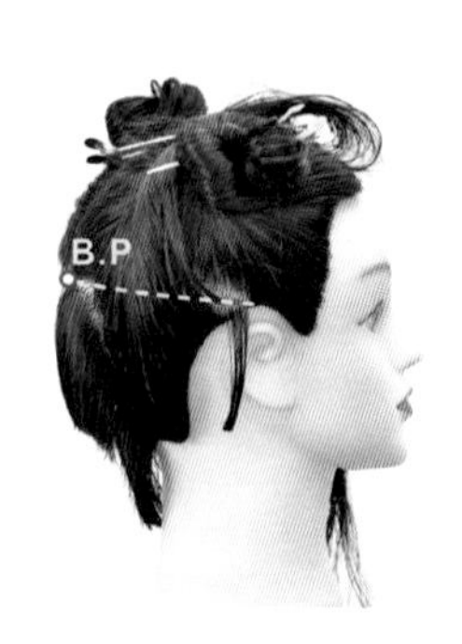

14 第1～2分段裁剪完成，後下頭部形成內凹的弧形曲線

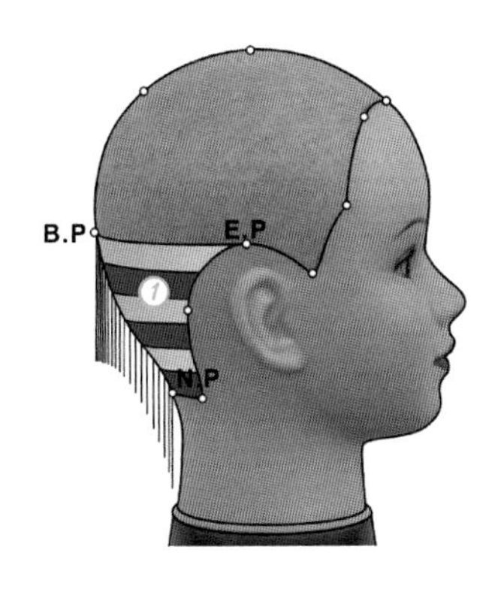

15 後下頭部內凹弧形曲線的幾何結構設計圖。

16 不對稱香菇頭剪髮 2- 劃分橫髮片，固定式引導，提拉零度，垂直分配平行裁剪（片長：2 分 22 秒）

17 第 3 分段，重複以橫髮片將全區髮量上下集中，以第 2 分段爲裁剪設計之引導髮長，剪髮梳和水平劃分線平行。

18 髮片垂直分配在水平劃分線提拉 0 度，切口和水平劃分線平行裁剪。

19 第 3 分段和水平劃分線平行裁剪完成

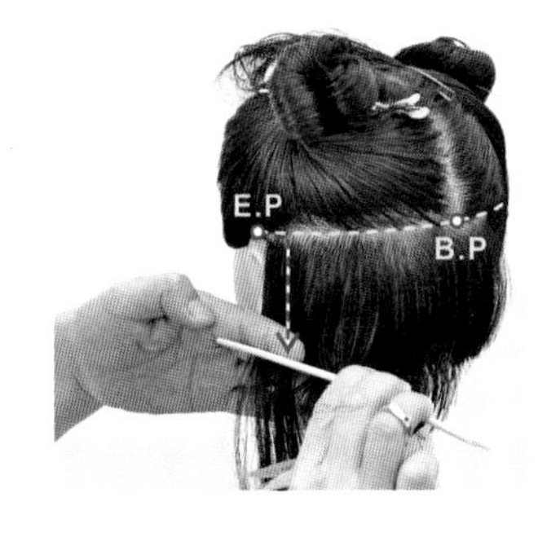

20 第 4 分段，重複以橫髮片將全區髮量上下集中，以第 3 分段爲裁剪設計之引導髮長，剪髮梳和水平劃分線平行。

21 髮片垂直分配在水平劃分線提拉 0 度，切口和水平劃分線平行裁剪。

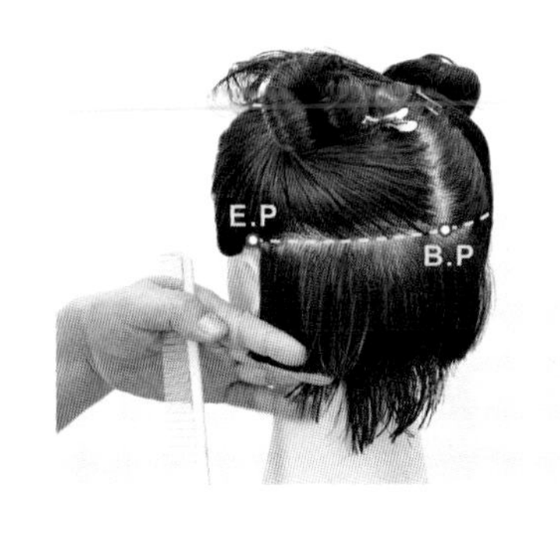

22 第 4 分段和水平劃分線平行裁剪完成

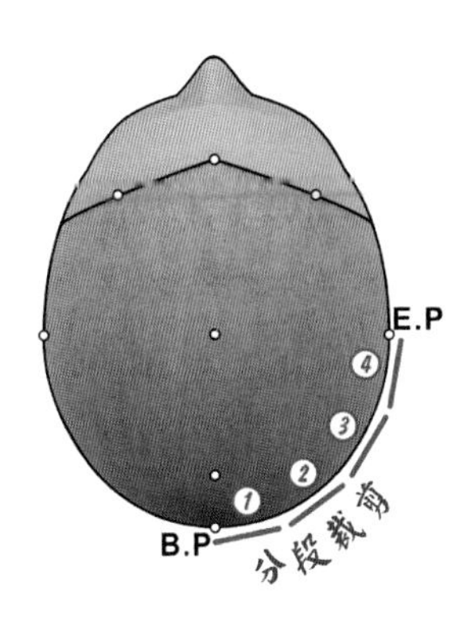

23 後下頭部右側，橫髮片分段裁剪的幾何結構設計圖。

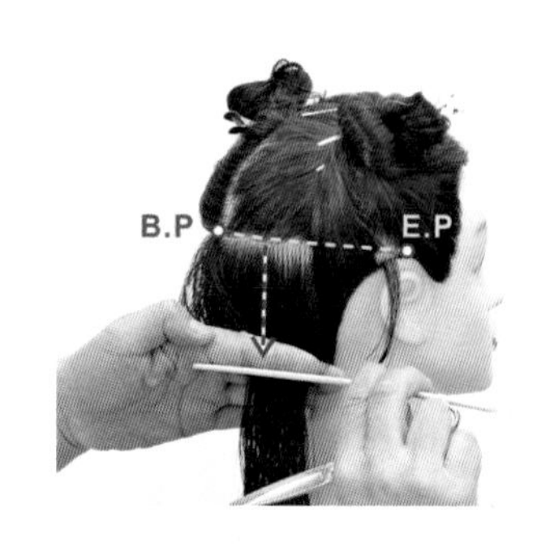

24 右側第 2 分段，重複以橫髮片將全區髮量上下集中，以第 1 分段爲裁剪設計之引導髮長，剪髮梳和水平劃分線平行。

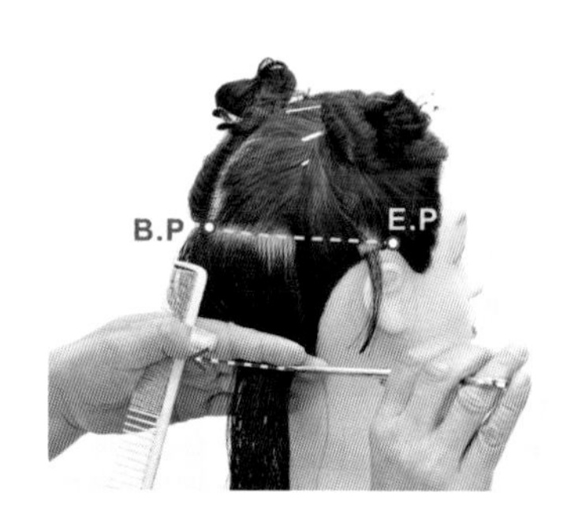

25 髮片垂直分配在水平劃分線提拉 0 度，切口和水平劃分線平行裁剪。

26 右側第 2 分段和水平劃分線平行裁剪完成

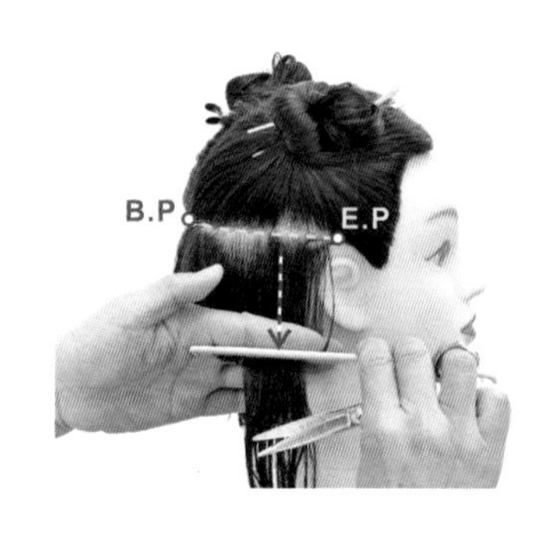

27 右側第 3 分段，重複以橫髮片將全區髮量上下集中，以第 2 分段爲裁剪設計之引導髮長，剪髮梳和水平劃分線平行。

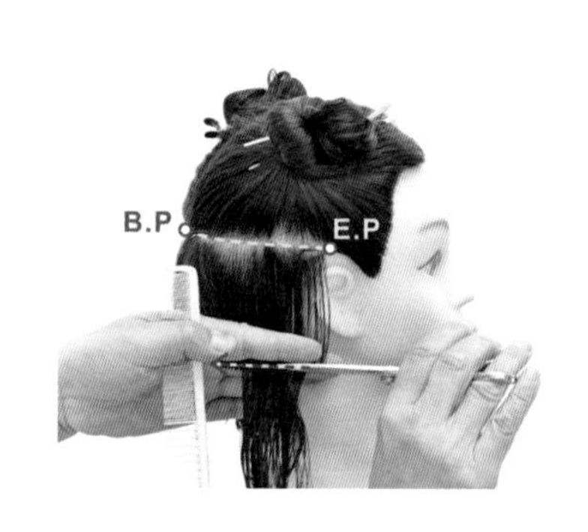

28 髮片垂直分配在水平劃分線提拉 0 度，切口和水平劃分線平行裁剪。

29 右側第 3 分段和水平劃分線平行裁剪完成

30 不對稱香菇頭剪髮 - 劃分橫髮片，固定式引導，提拉零度，垂直分配平行裁剪（片長：2 分 37 秒）。

31 使用小鋸齒狀技法（point-cutting）修飾頸背外輪廓線

32 使用小鋸齒狀技法（point-cutting）修飾頸背外輪廓線

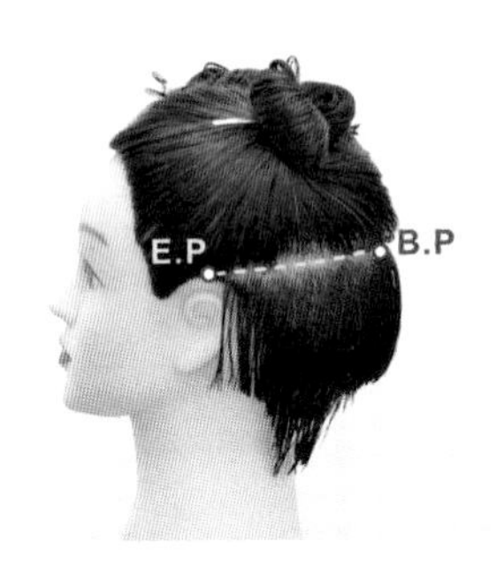

33 第 1 設計區塊裁剪完成之效果 - 左側

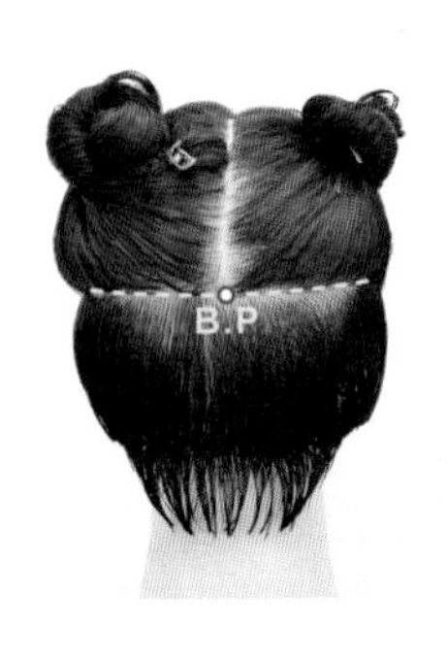

34 第 1 設計區塊裁剪完成之效果 - 後面

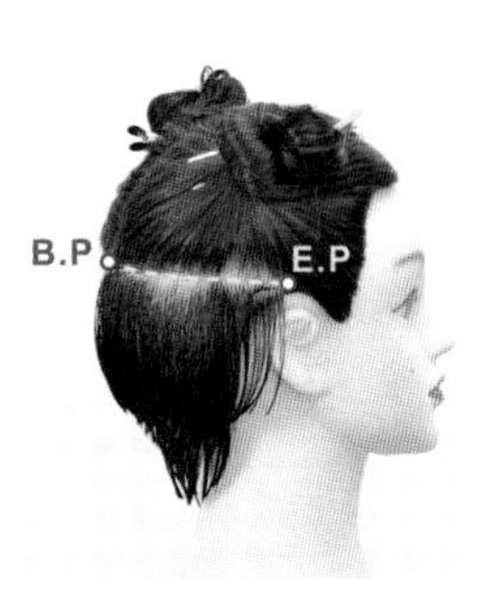

35 第 1 設計區塊裁剪完成之效果 - 右側

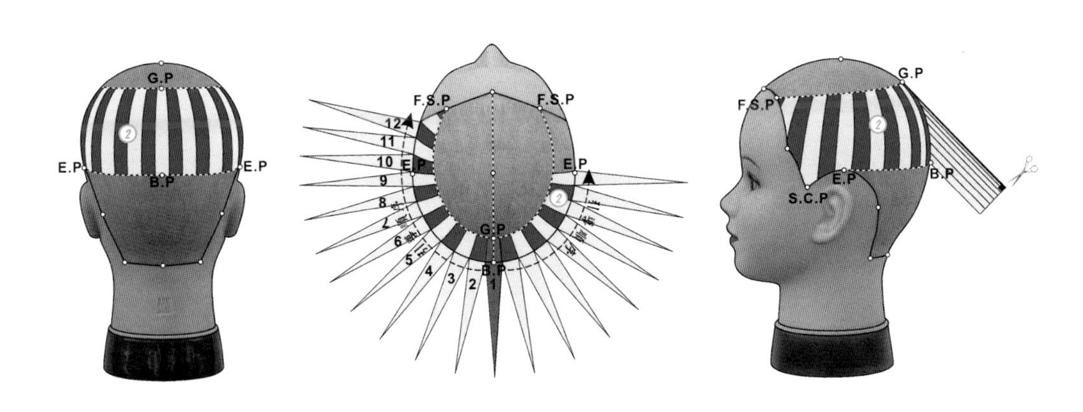

36 第 2 設計區塊的幾何結構設計圖（右側前頭部除外），劃分縱髮片（如上圖左）、移動式引導、等腰三角型（如上圖中）、提拉 0 度、切口 90 度裁剪（如上圖右）。

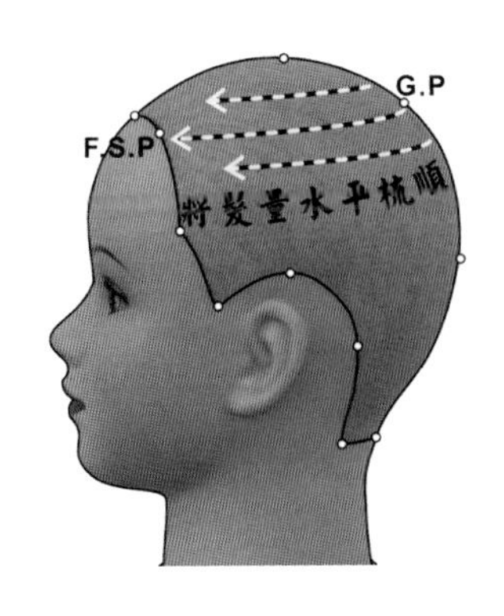

37 左側 U 型線劃分的幾何結構設計圖

38 將剪髮梳持垂直，從正中線開始，將左側 U 型線上下約 2 ～ 3 公分範圍內的髮量，向前貼頭皮水平梳順。

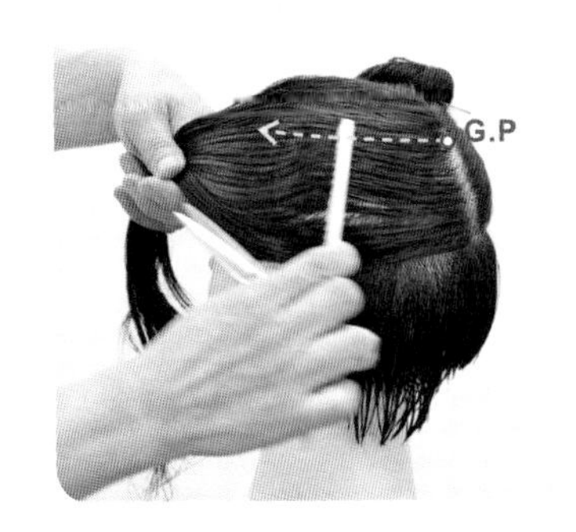

39 從 G.P 點開始，順毛流向前劃分連接左 F.S.P 點。

40 第 2 設計區塊劃分 U 型線劃分完成 - 正面效果

41 第 2 設計區塊劃分 U 型線劃分完成 - 左側效果

42 第 2 設計區塊劃分 U 型線劃分完成 - 後面效果

43 不對稱香菇頭剪髮 - 第 2 設計區塊劃分 U 型線（片長：2 分 16 秒）。

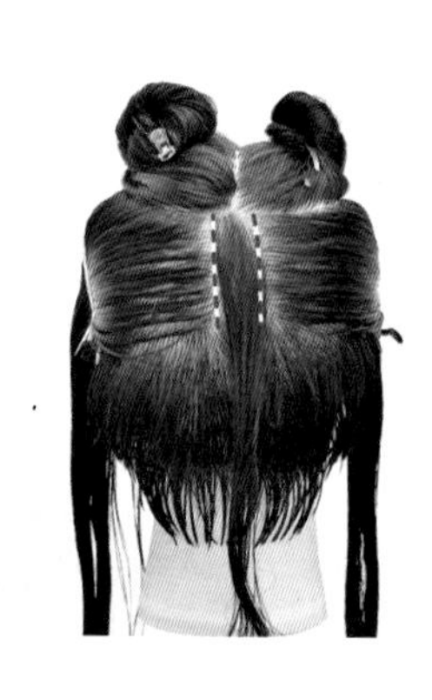

44 在正中線劃分出約 2 公分厚度的縱髮片，作爲第 2 區塊裁剪設計的引導髮片。

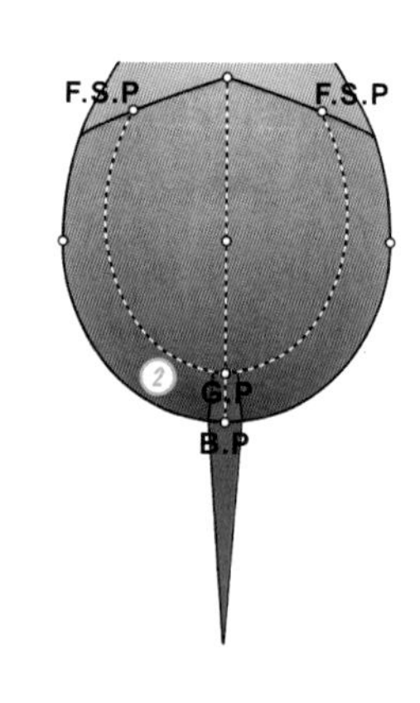

45 引導髮片爲等腰三角型的幾何結構設計圖

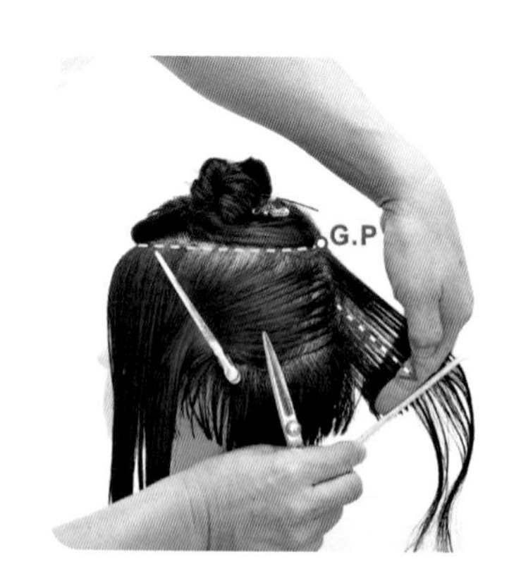

46 髮片在 G.P 點提拉約 0 度，切口約 90 度裁剪，連接 B.P 點髮長

47 引導髮片完成裁剪

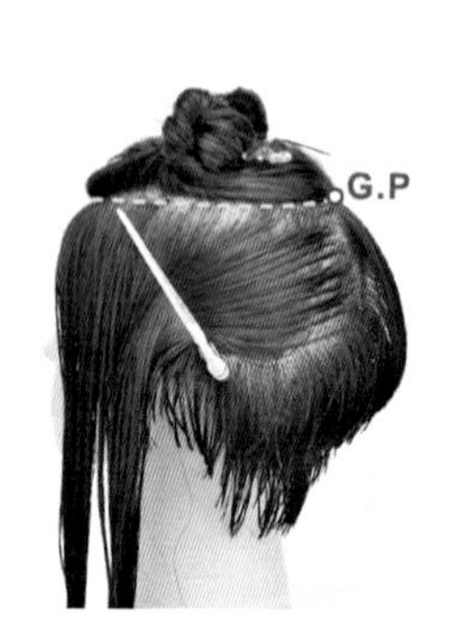

48 第 1 ～ 2 設計區塊髮量堆疊的效果

49 不對稱香菇頭剪髮 5- 第 2 設計區引導髮片，劃分縱髮片，移動式引導，等腰三角型，提拉 0 度，切口 90 度裁剪（片長：1 分 41 秒）

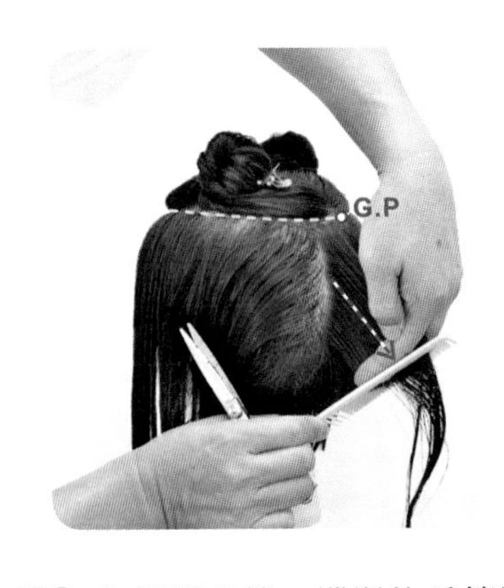

50 左側劃分第 2 縱髮片爲等腰三角型，在 U 型線提拉約 0 度。

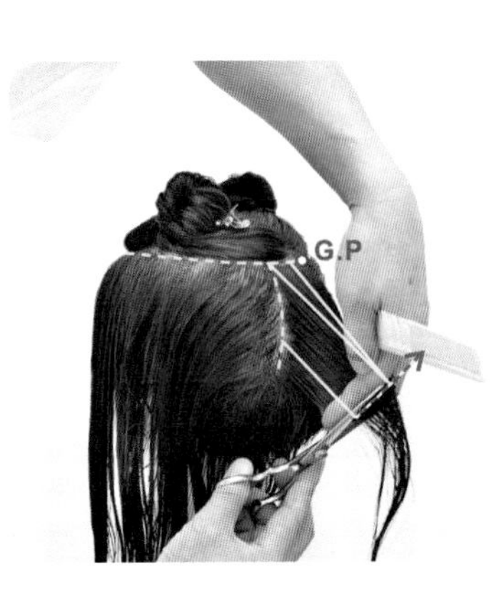

51 切口約 90 度，依據第 1 縱髮片引導裁剪。

52 第 2 縱髮片裁剪完成

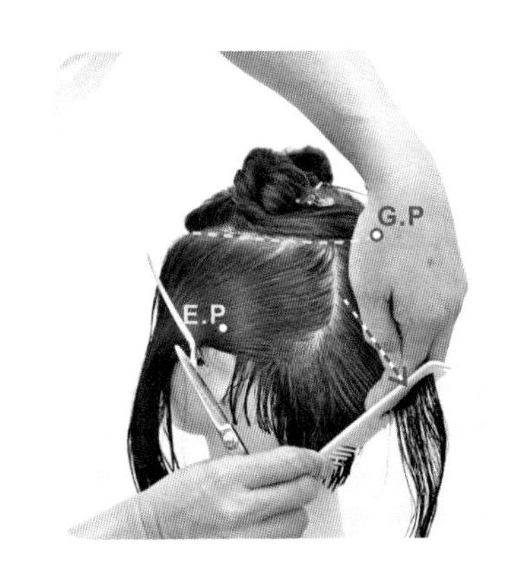

53 左側劃分第 3 縱髮片爲等腰三角型，在 U 型線提拉約 0 度。

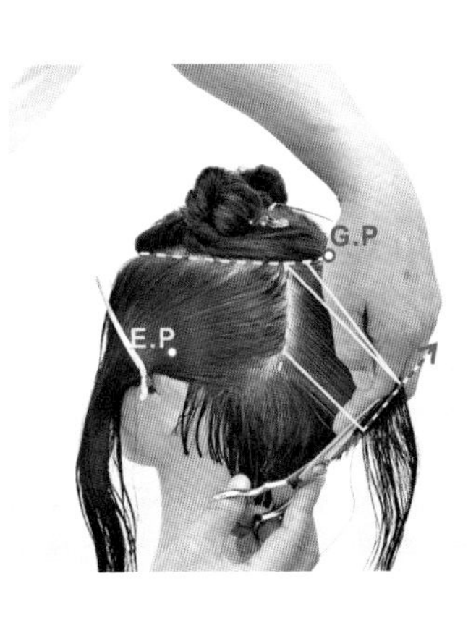

54 切口約 90 度，依據第 2 縱髮片引導裁剪。

55 第 3 縱髮片裁剪完成

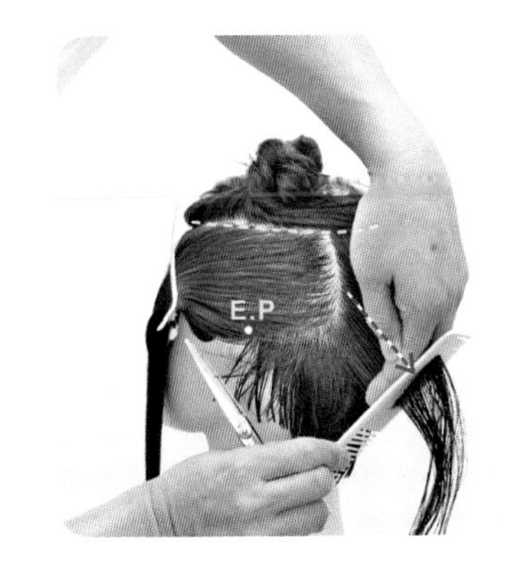

56 左側劃分第 4 縱髮片爲等腰三角型，在 U 型線提拉約 0 度。

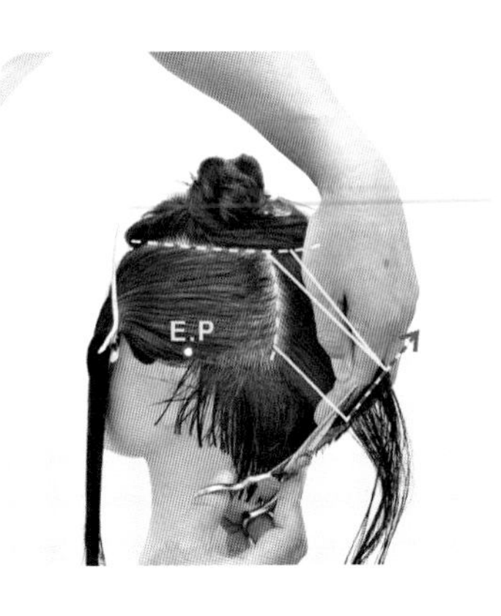

57 切口約 90 度，依據第 3 縱髮片引導裁剪。

58 第 4 縱髮片裁剪完成

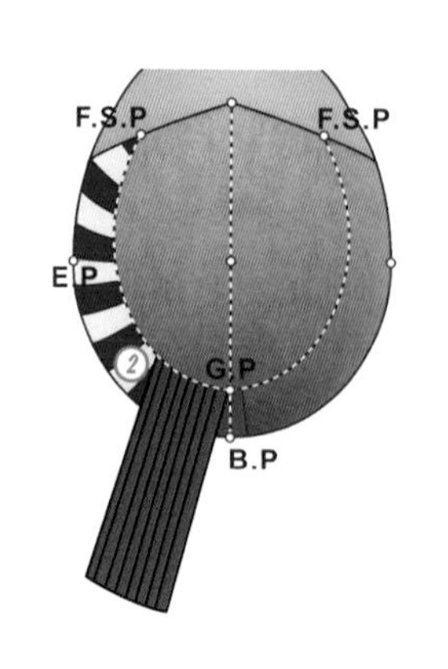

59 十字交叉檢查法的幾何結構設計圖，檢查連續裁剪的縱髮片，以確認橫向外輪廓的精密度。

60 十字交叉檢查：以剪髮梳橫向平行於 U 型線，分取髮片約 2 公分厚度。

61 十字交叉檢查：剪髮梳橫向平行於 U 型線，向前劃分約 2 公分髮片厚，剪髮梳向上梳取髮片。

62 十字交叉檢查：橫髮片垂直分配以原來提拉角度提拉

63 十字交叉檢查：橫髮片外輪廓會和 U 型線形成圓弧平行，即表示橫向髮長等長

64 不對稱香菇頭剪髮 6- 第 2 設計區左後側，劃分縱髮片，移動式引導，等腰三角型，提拉 0 度，切口 90 度裁剪（片長：2 分 30 秒）。

65 左側劃分第 5 縱髮片爲等腰三角型，在 U 型線提拉約 0 度。

66 切口約 90 度，依據第 4 縱髮片引導裁剪。

67 第 5 縱髮片切口約 90 度裁剪後的效果

68 左側劃分第 6 縱髮片爲等腰三角型，在 U 型線提拉約 0 度。

69 切口約 90 度，依據第 5 縱髮片引導裁剪。

70 第 6 縱髮片切口約 90 度裁剪後的效果

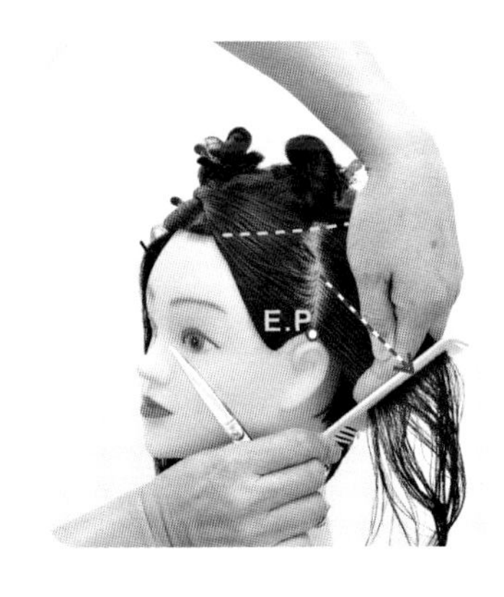

71 左側劃分第 7 縱髮片爲等腰三角型，在 U 型線提拉約 0 度。

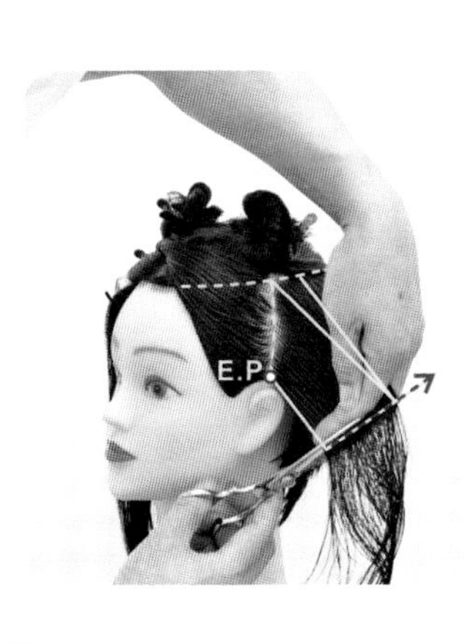

72 切口約 90 度，依據第 6 縱髮片引導裁剪。

73 第 7 縱髮片切口約 90 度裁剪後的效果

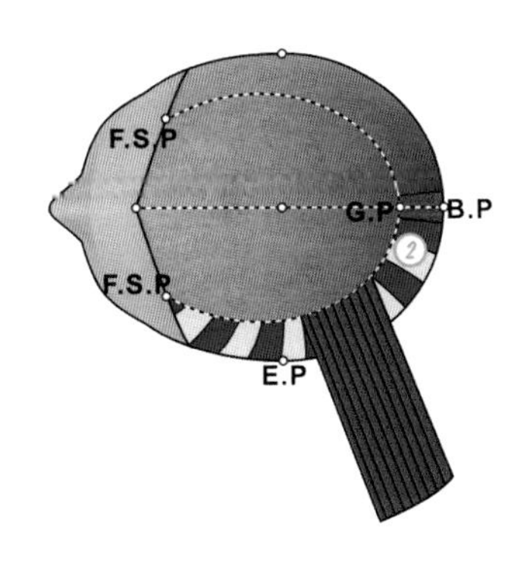

74 十字交叉檢查法的幾何結構設計圖，檢查連續裁剪的 5、6、7 縱髮片，以確認橫向外輪廓的精密度。

75 十字交叉檢查：以剪髮梳橫向平行於 U 型線，分取髮片約 2 公分厚度。

76 十字交叉檢查：剪髮梳橫向平行於 U 型線，向前劃分約 2 公分髮片厚。

77 十字交叉檢查：剪髮梳向上梳取髮片

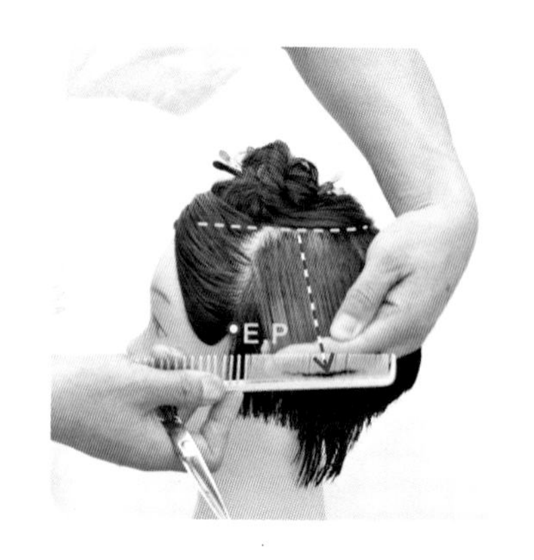

78 十字交叉檢查：橫髮片垂直分配以原來提拉角度提拉

79 十字交叉檢查：橫髮片外輪廓會和 U 型線形成圓弧平行，即表示橫向髮長等長。

80 第 2 區後頭部劃分縱髮片，移動式引導，等腰三角型，提拉 0 度，切口 90 度裁剪後效果。

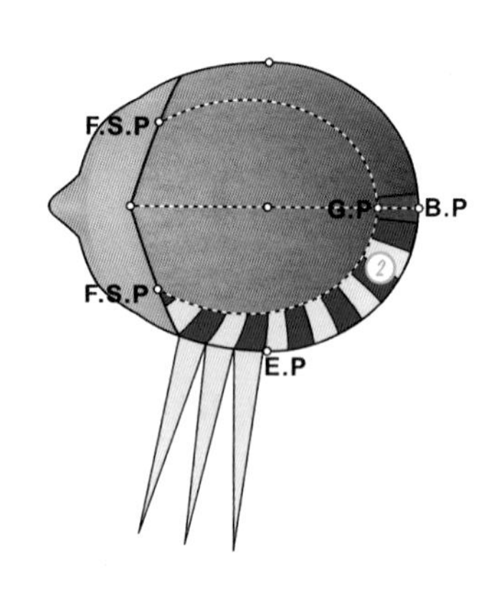

81 劃分縱髮片，移動式引導，等腰三角型髮片的幾何結構設計圖。

82 左側劃分第 8 縱髮片爲等腰三角型，在 U 型線提拉約 0 度。

83 切口約 90 度，依據第 7 縱髮片引導裁剪。

84 劃分第 8 縱髮片切口約 90 度裁剪後的效果。

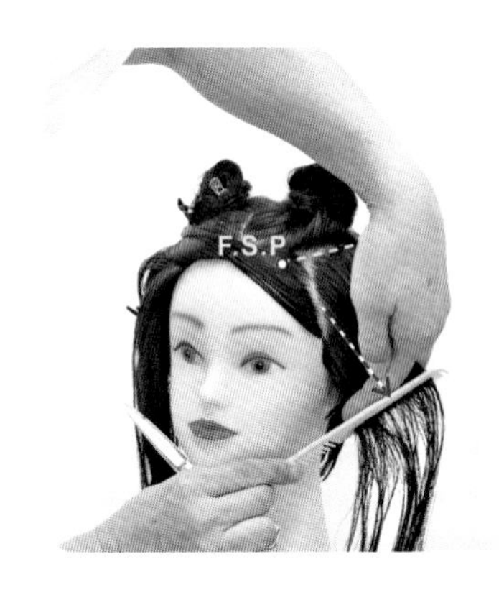

85 左側劃分第 9 縱髮片爲等腰三角型，在 U 型線提拉約 0 度。

86 切口約 90 度，依據第 8 縱髮片引導裁剪。

87 第 9 縱髮片切口約 90 度裁剪後的效果

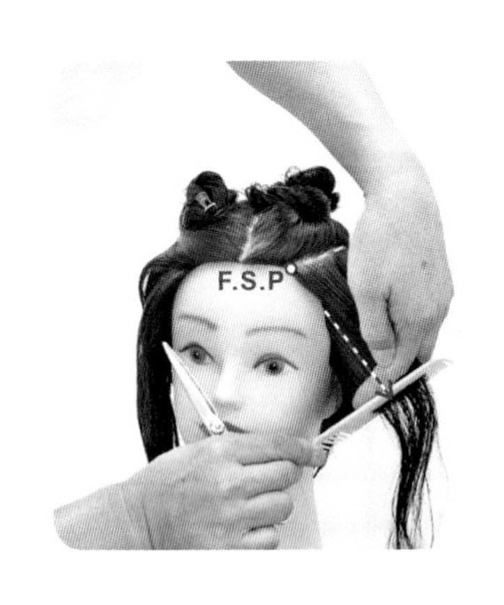

88 左側劃分第 10 縱髮片爲等腰三角型，在 U 型線提拉約 0 度。

89 切口約 90 度，依據第 9 縱髮片引導裁剪。

90 第 10 縱髮片切口約 90 度裁剪後的效果

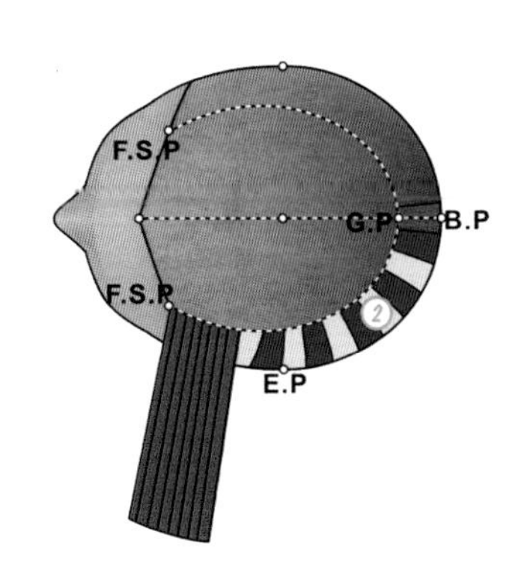

91 十字交叉檢查法的幾何結構設計圖，檢查連續裁剪的 8、9、10 縱髮片，以確認橫向外輪廓的精密度。

92 十字交叉檢查：以剪髮梳橫向平行於 U 型線，分取髮片約 2 公分厚度。

93 十字交叉檢查：剪髮梳橫向平行於 U 型線，向前劃分約 2 公分髮片厚。

94 十字交叉檢查：依原來角度橫髮片提拉，橫髮片外輪廓會和 U 型線形成圓弧平行，即表示橫向髮長等長。

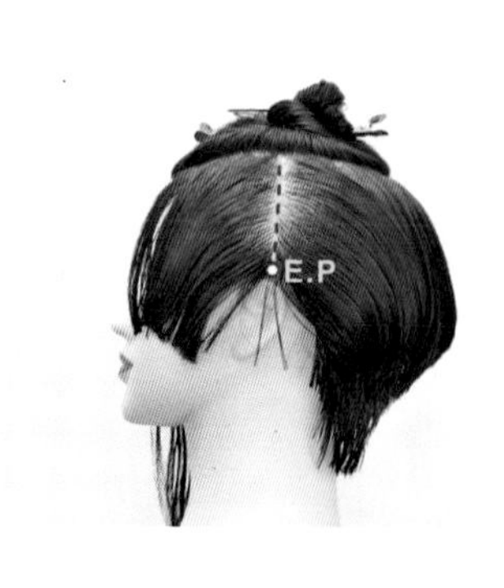

95 在左側頭部劃分側中線

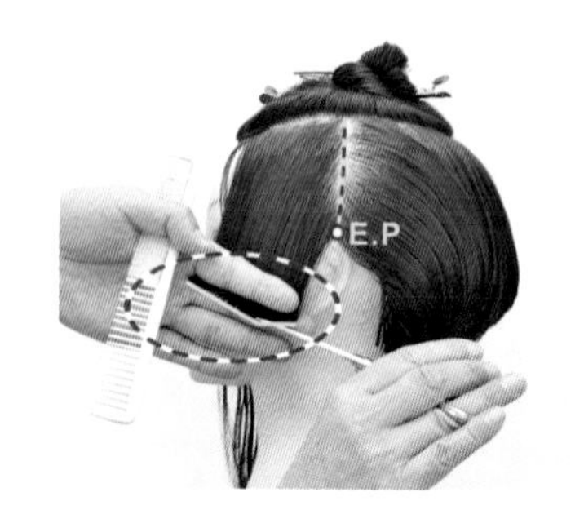

96 將左側前頭部髮量向前約 15 度梳順，向上提拉約 15 度，以 E.P 點髮長爲引導，修飾 S.C.P 三角區之髮長。

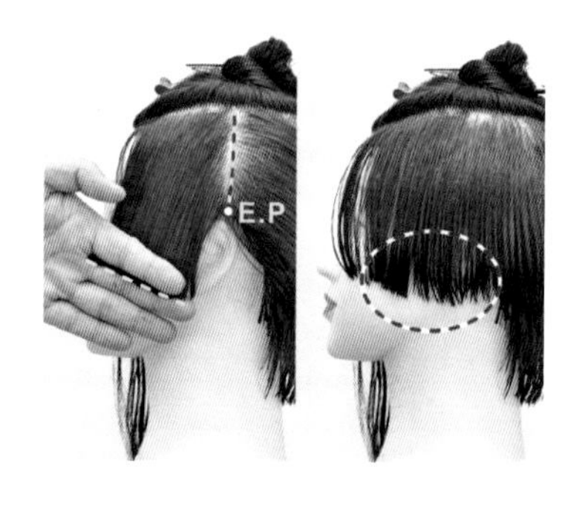

97 完成修飾 S.C.P 三角區之髮長，外輪廓形成平滑的效果

98 不對稱香菇頭剪髮 6-2- 第 2 設計區左前側， 劃分縱髮片， 移動式引導， 等腰三角型， 提拉 0 度，切口 90 度裁剪（片長：4 分 15 秒）

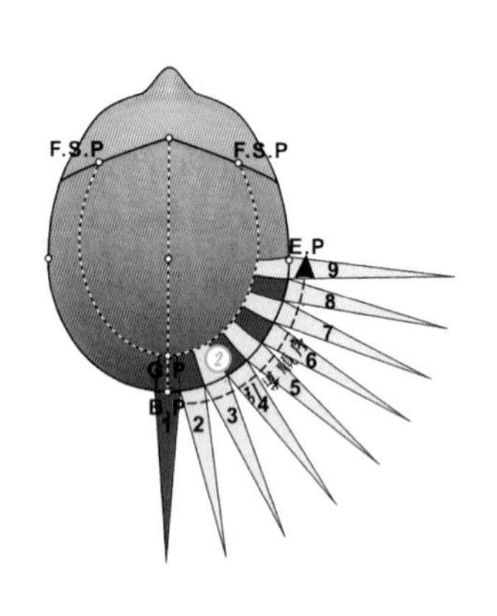

99 右側頭部劃分縱髮片，移動式引導，等腰三角型髮片的幾何結構設計圖。

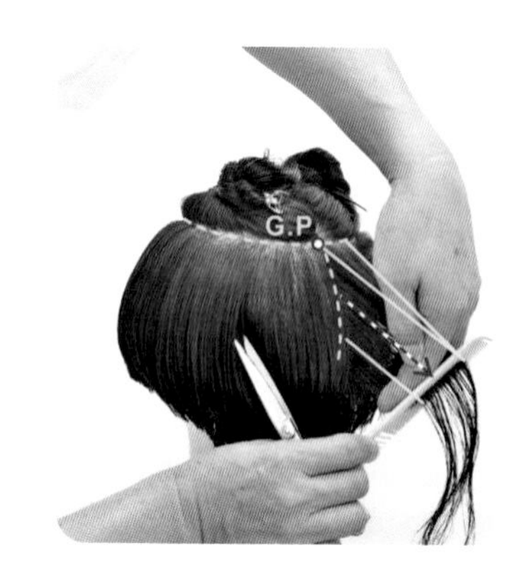

100 右側劃分第 2 縱髮片爲等腰三角型，在 U 型線提拉約 0 度。

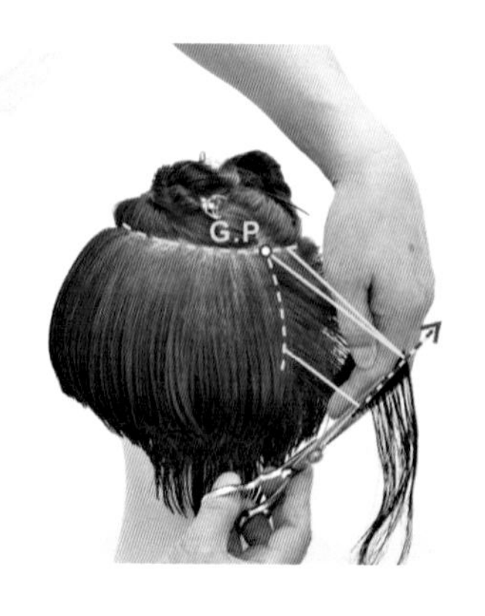

101 切口約 90 度，依據第 1 縱髮片引導裁剪。

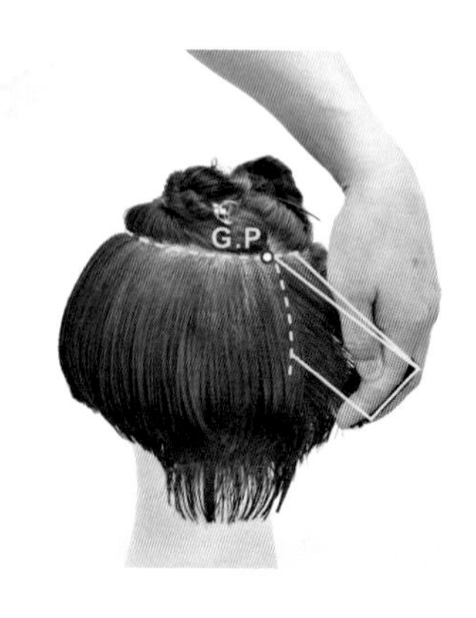

102 第 2 縱髮片切口約 90 度裁剪後的效果

103 右側劃分第 3 縱髮片爲等腰三角型，在 U 型線提拉約 0 度。

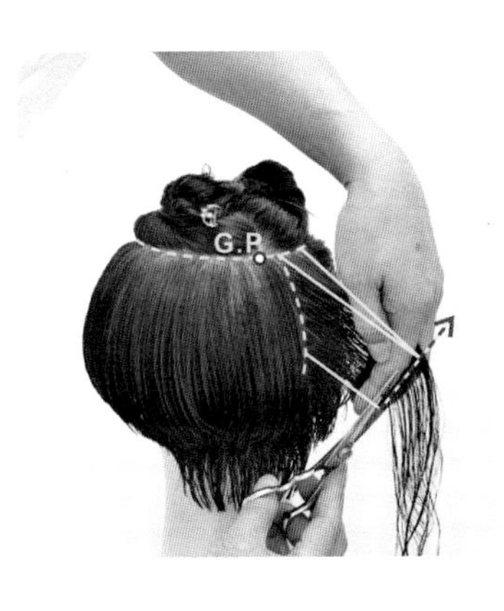

104 切口約 90 度，依據第 2 縱髮片引導裁剪。

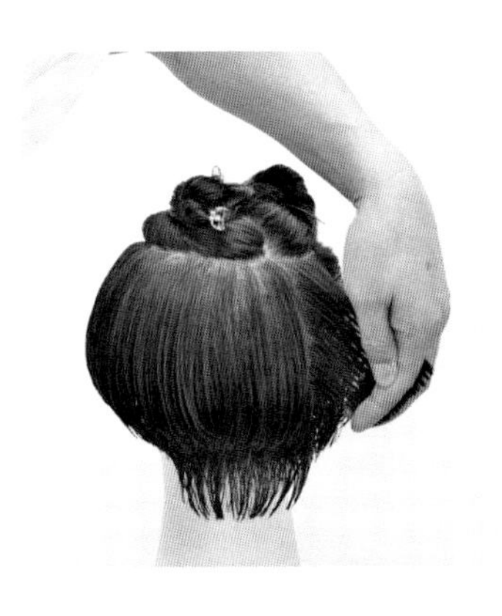

105 劃分第 3 縱髮片切口約 90 度裁剪後的效果

106 再重複 103 ～ 105 的操作步驟，裁剪到右側中線 E.P 點爲。

107 不對稱香菇頭剪髮 7- 第 2 設計區塊右後側， 劃分縱髮片， 移動式引導， 等腰三角型， 提拉 0 度，切口 90 度裁剪（片長：2 分 30 秒）。

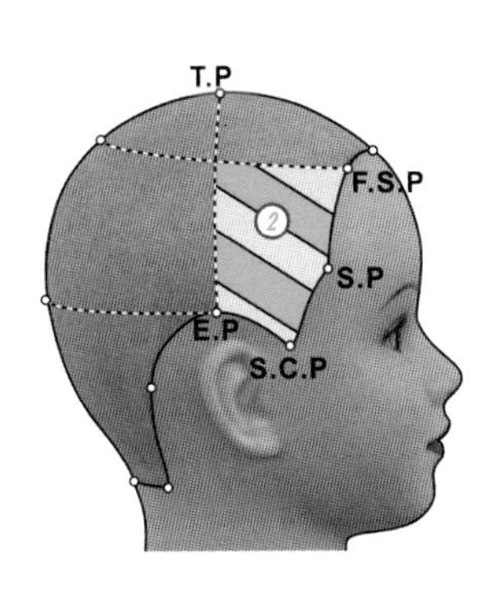

108 右側前頭部，劃分爲若干逆斜髮片的幾何結構設計圖。

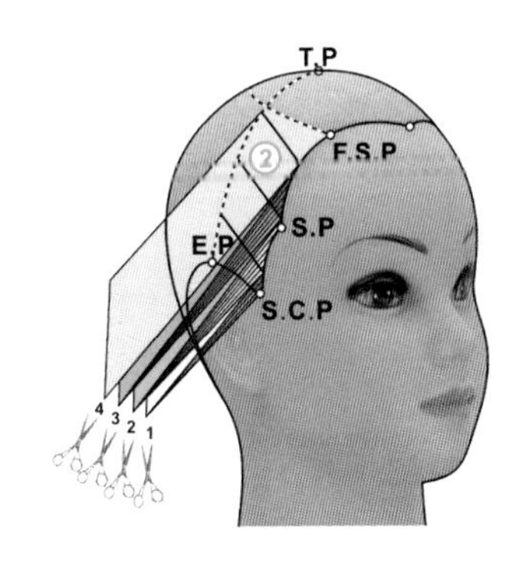

109 劃分逆斜髮片、移動式引導、提拉 0 度、切口連接 E.P 點及右臉際不對稱髮長的幾何結構設計圖。

110 右側前頭部，劃分第 1 逆斜髮片，設定右臉際不對稱髮長。

111 右臉際不對稱髮長設定完成，和右側中線 E.P 點髮長之對照。

112 劃分第 1 逆斜髮片、外傾梳、以劃分線提拉 0 度、切口連接 E.P 點及右臉際不對稱髮長。

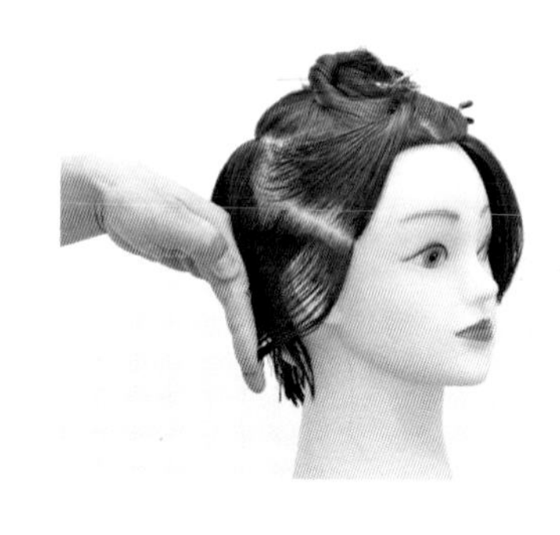

113 第 1 逆斜髮片裁剪完成

114 右側前頭部外輪廓效果，連接 E.P 點及右臉際不對稱髮長，成為後續裁剪的引導髮長。

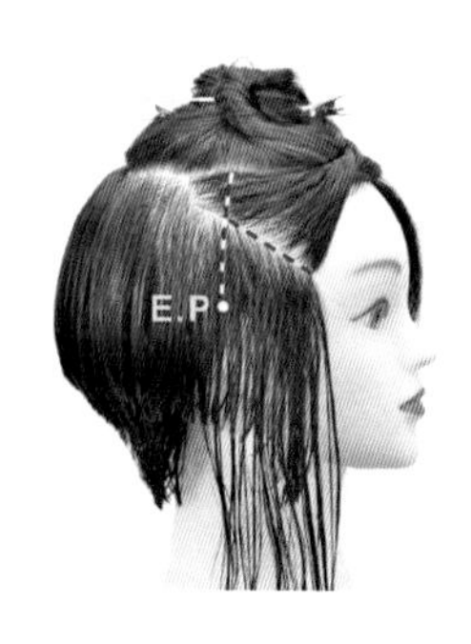

115 劃分第 2 逆斜髮片

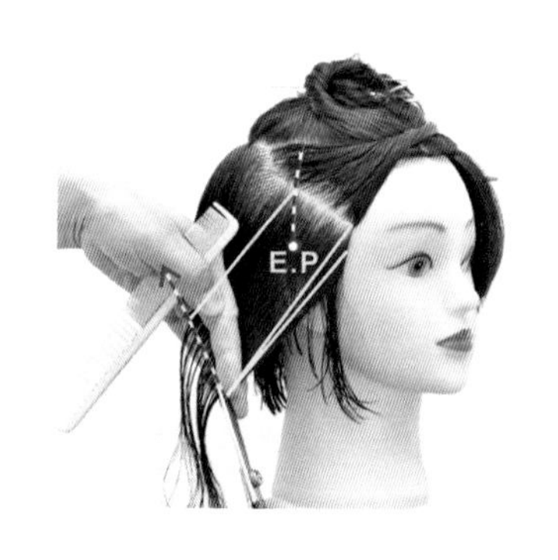

116 第 2 逆斜髮片以外傾梳、劃分線提拉 0 度、切口依第 1 引導髮長裁剪。

117 第 2 逆斜髮片裁剪完成

118 劃分第 3 逆斜髮片

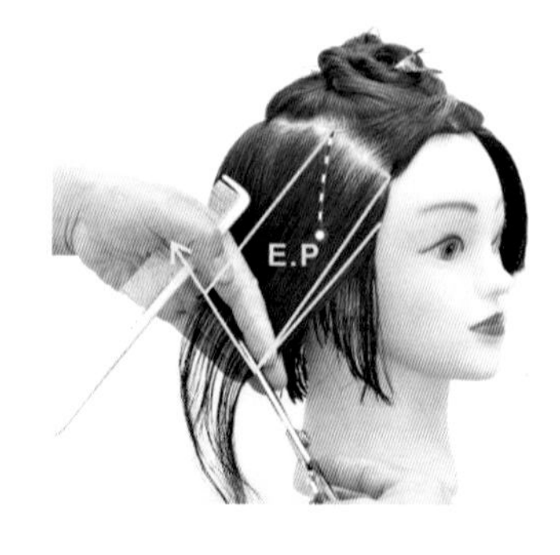

119 第 3 逆斜髮片以外傾梳、劃分線提拉 0 度、切口依第 2 引導髮長裁剪。

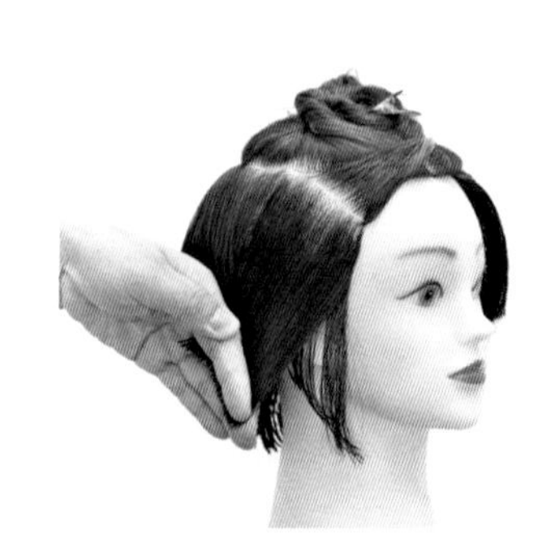

120 第 3 逆斜髮片裁剪完成

121 劃分第 4 逆斜髮片

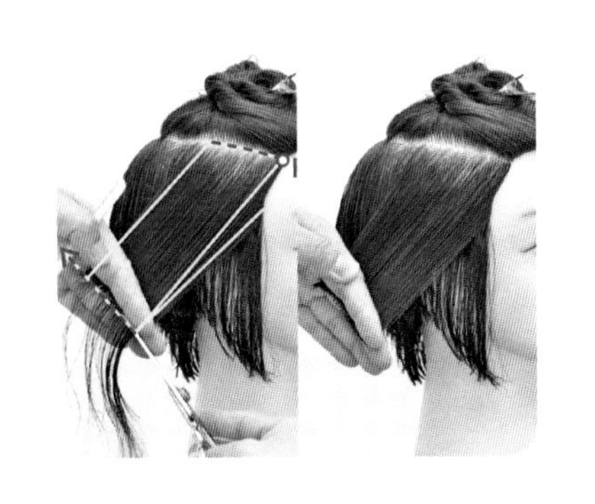

122 第 4 逆斜髮片以外傾梳、劃分線提拉 0 度、切口依第 3 引導髮長裁剪。

123 不對稱香菇頭剪髮 8- 第 2 設計區塊右前側， 劃分逆協髮片，固定式引導，提拉 0 度，切口順接前後髮長裁剪（片長：2 分 42 秒）

124 第 2 設計區塊裁剪完成 - 右側

125 第 2 設計區塊裁剪完成 - 前面

126 第 2 設計區塊裁剪完成 - 左側

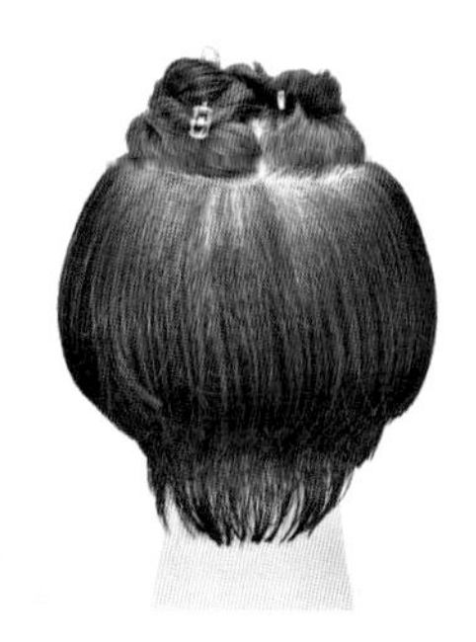

127 第 2 設計區塊裁剪完成 - 後面

128 設定不對稱左側劃分線

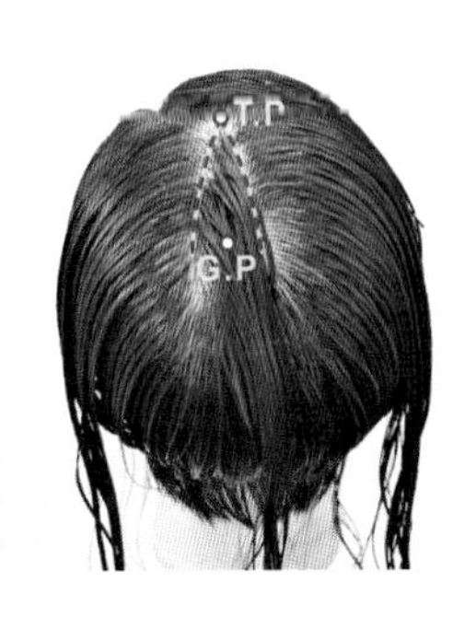

129 以 T.P 點劃分定點放射、等腰三角型髮片。

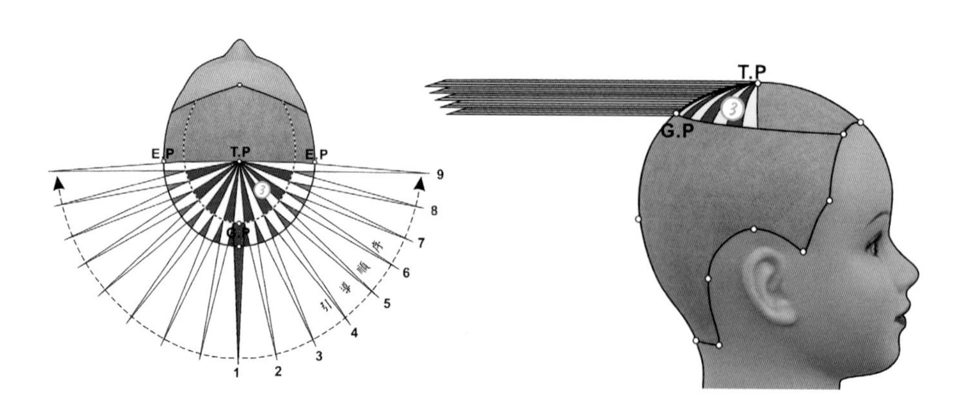

130 第 3 設計區塊的幾何結構設計圖，髮片劃分爲定點放射、使用移動式引導、等腰三角型（如上圖右）、在 T.P 點約提拉 0 度、鋸齒狀（Point cutting）裁剪（如上圖左）。

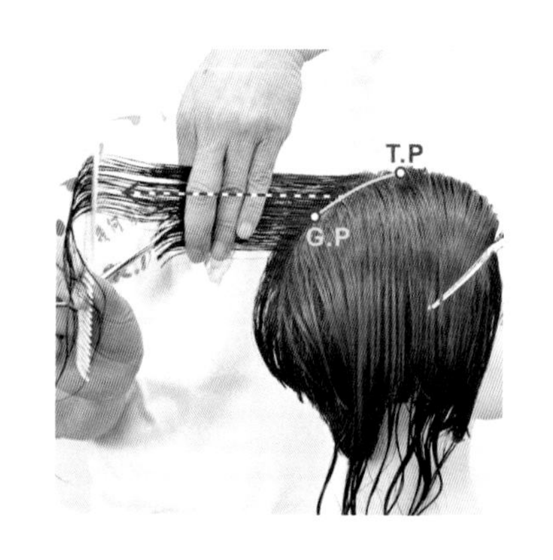

131 第 1 髮片劃分爲定點放射髮片、等腰三角型、在 T.P 點約提拉 0 度。

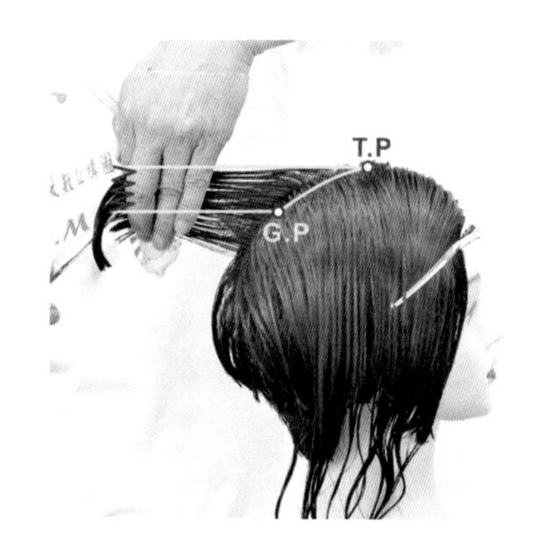

132 以 G.P 點爲引導髮長，鋸齒狀裁剪。

133 鋸齒狀裁剪後作爲第 1 引導髮片及髮尾輕柔之效果

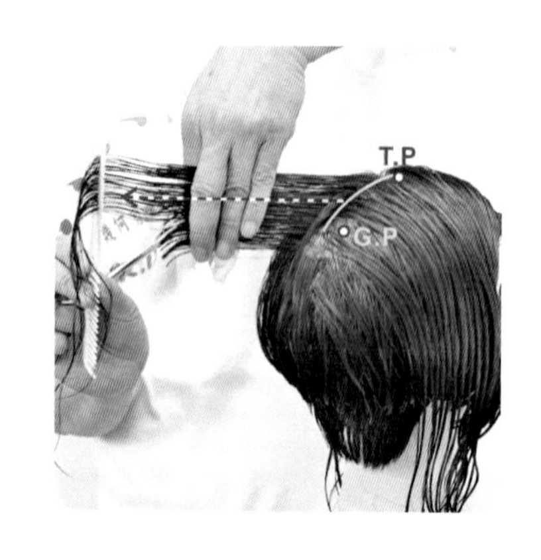

134 左側第 2 髮片劃分爲定點放射髮片、等腰三角型、在 T.P 點約提拉 0 度。

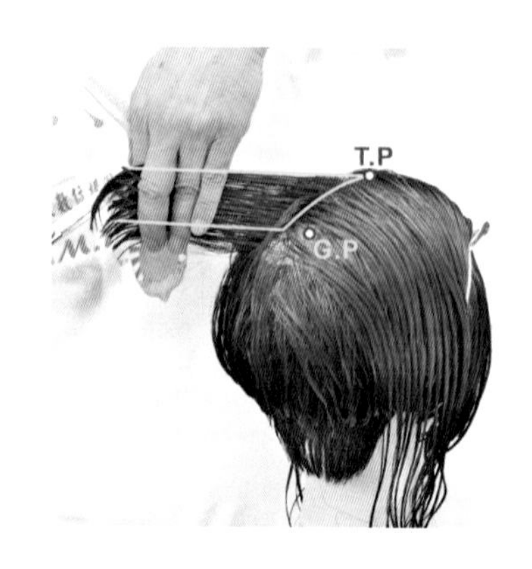

135 以第 1 引導髮片爲引導髮長，鋸齒狀裁剪。

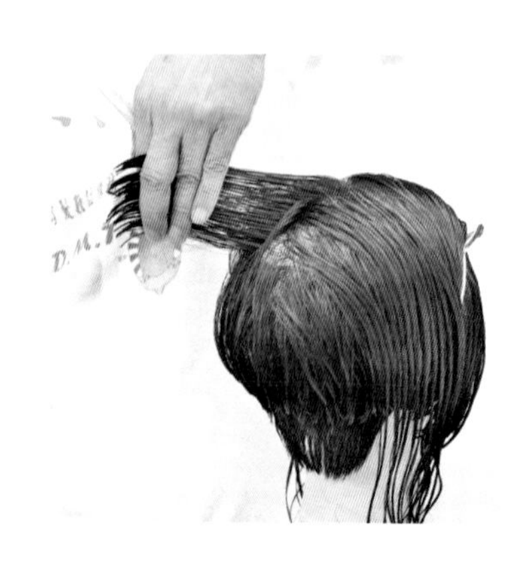

136 左側第 2 髮片裁剪後髮尾輕柔之效果

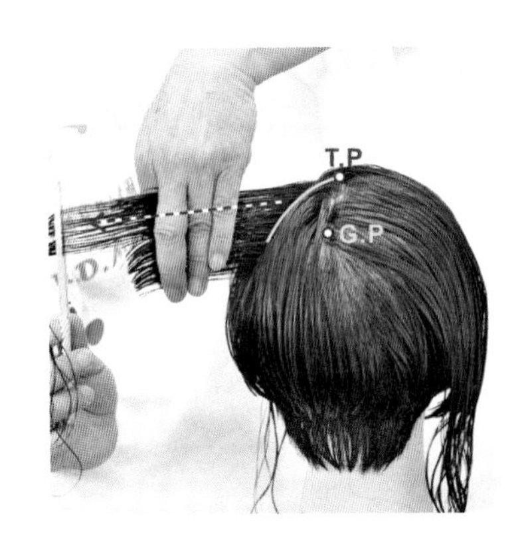

137 左側第 3 髮片劃分爲定點放射髮片、等腰三角型、在 T.P 點約提拉 0 度。

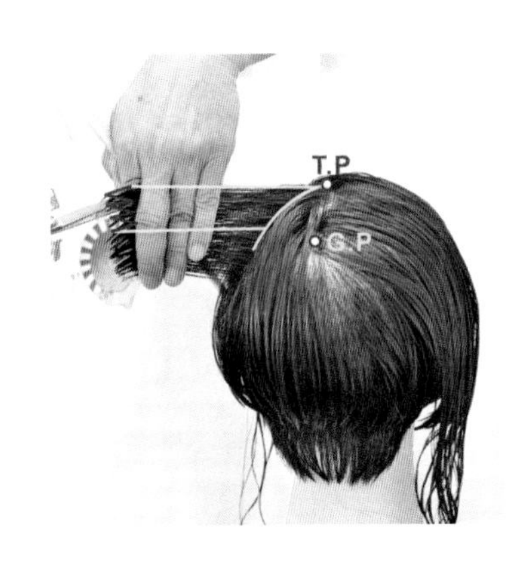

138 以第 2 引導髮片爲引導髮長，鋸齒狀裁剪。

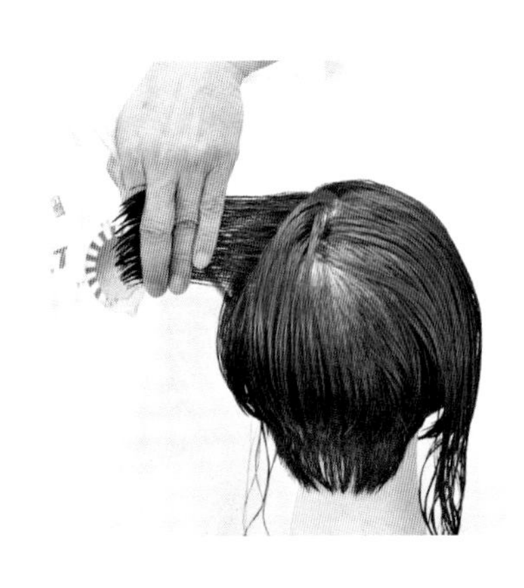

139 左側第 3 髮片裁剪後髮尾輕柔之效果

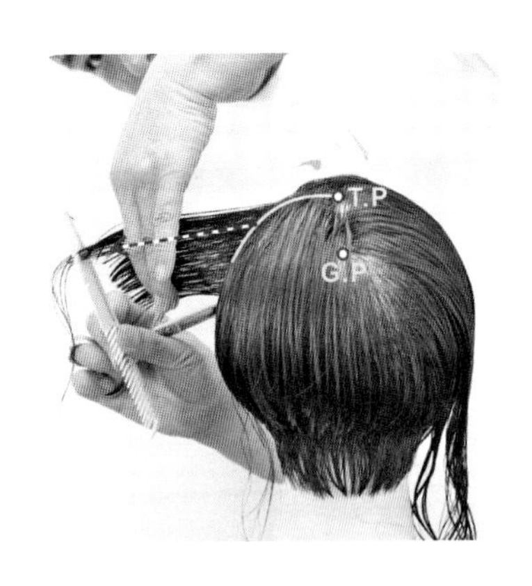

140 左側第 5 髮片劃分爲定點放射髮片、等腰三角型、在 T.P 點約提拉 0 度。

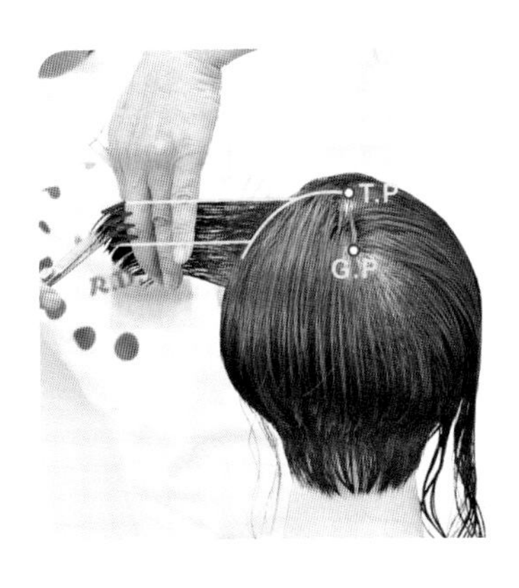

141 以第 4 引導髮片爲引導髮長，鋸齒狀裁剪。

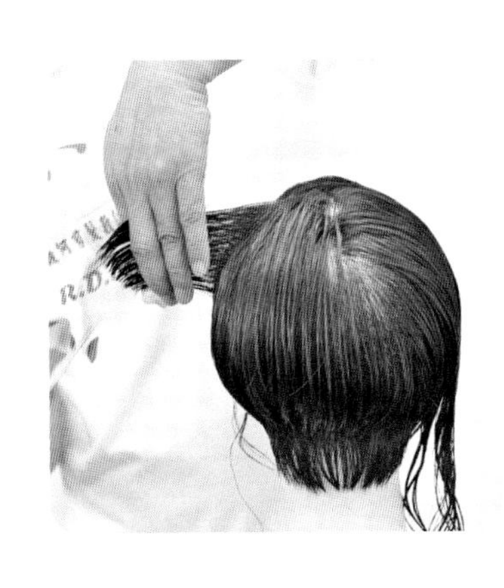

142 左側第 5 髮片裁剪後髮尾輕柔之效果

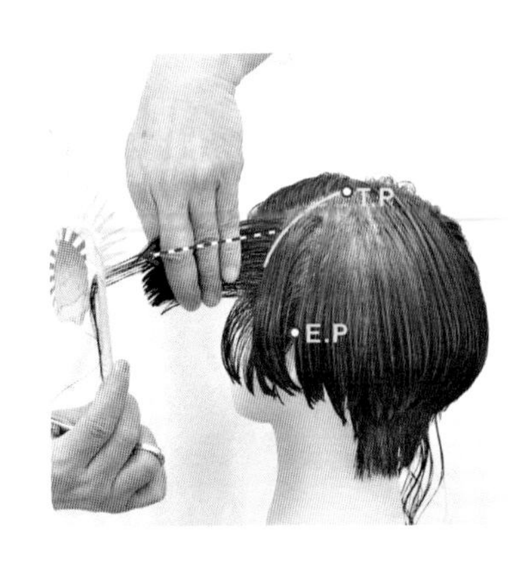

143 左側第 8 髮片劃分爲定點放射髮片、等腰三角型、在 T.P 點約提拉 0 度。

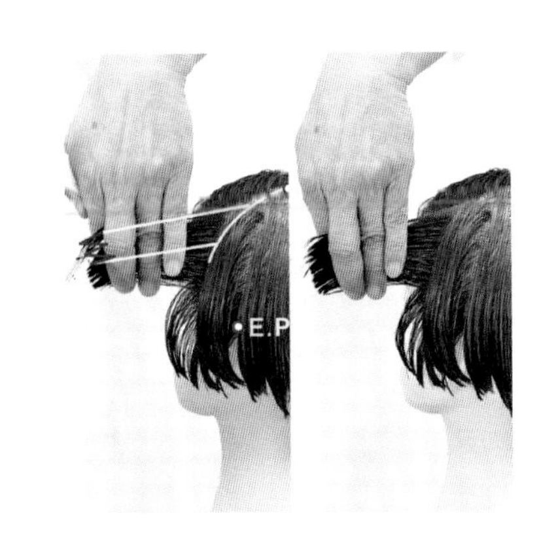

144 以第 7 引導髮片爲引導髮長，鋸齒狀裁剪後，髮尾輕柔之效果。

145 不對稱香菇頭剪髮 10- 第 3 設計區塊左側，劃分定點放射髮片、移動式引導、等腰三角型， 提拉 0 度、鋸齒狀裁剪（片長：2 分 45 秒）

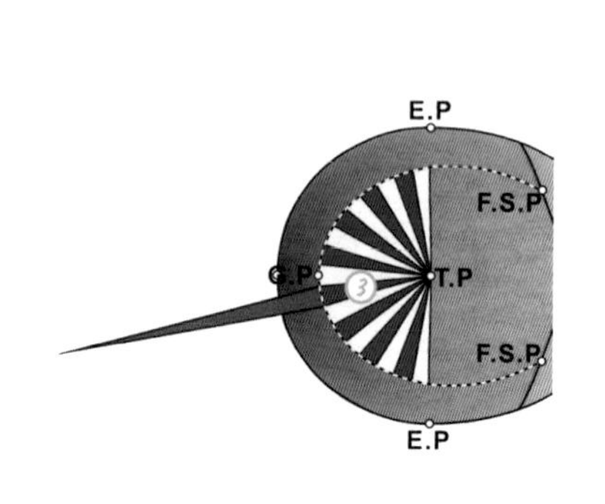

146 右側第 2 髮片 - 以 T.P 點劃分定點放射、等腰三角型髮片的幾何結構設計圖。

147 右側第 2 髮片劃分為定點放射髮片、等腰三角型、在 T.P 點提拉約 0 度。

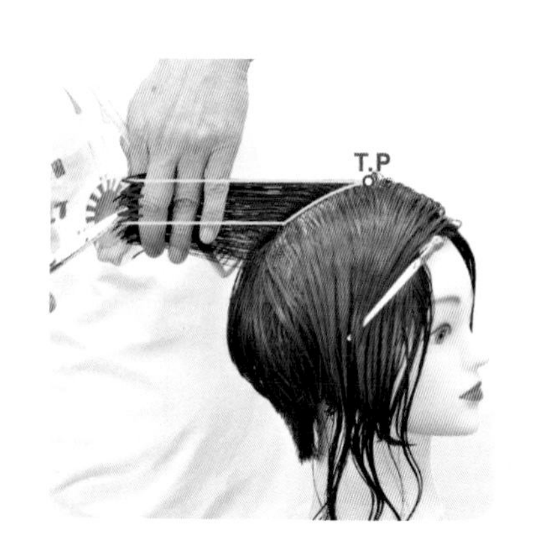

148 以第 1 引導髮片為引導髮長，鋸齒狀裁剪。

149 右側第 2 髮片裁剪後髮尾輕柔之效果

150 十字交叉檢查：以剪髮梳橫向平行於 U 型線，分取第 3 區的髮量。

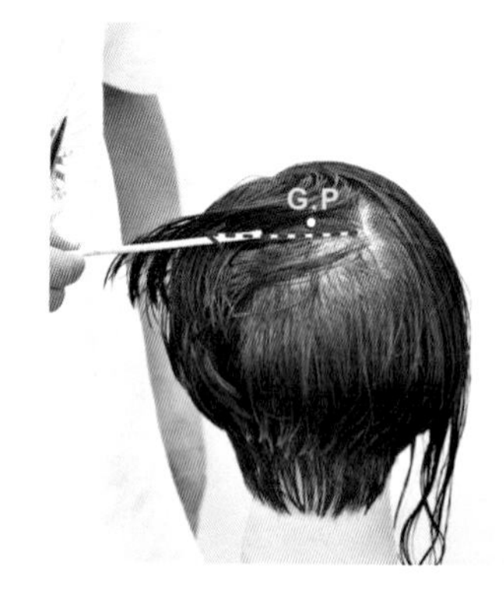

151 十字交叉檢查：剪髮梳橫向平行於 U 型線，向左分取第 3 區的髮量。

152 十字交叉檢查：橫髮片垂直分配以原來提拉角度提拉，橫髮片外輪廓會和 U 型線形成圓弧平行，即表示橫向髮長等長。

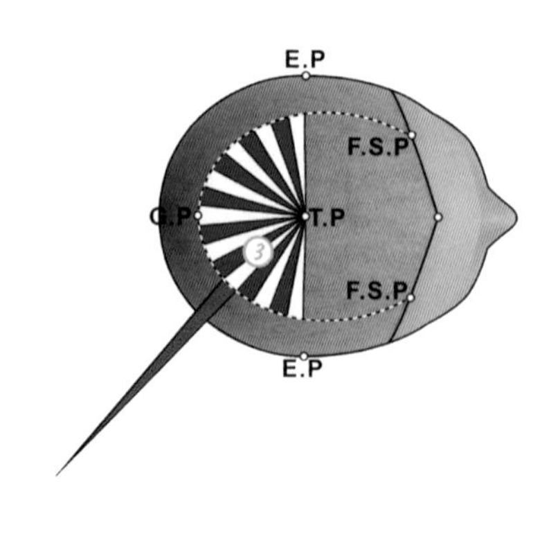

153 右側髮片 - 以 T.P 點劃分定點放射、等腰三角型髮片的幾何結構設計圖。

154 右側第 5 髮片劃分為定點放射髮片、等腰三角型、在 T.P 點提拉約 0 度。

155 右側第5髮片裁剪後髮尾輕柔之效果

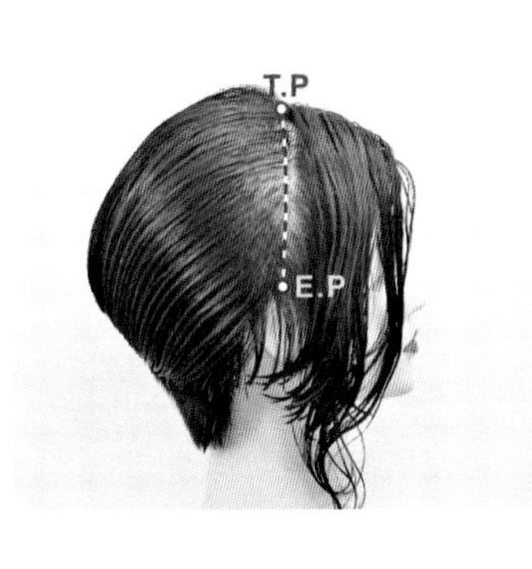

156 第3設計區塊右側後頭部，裁剪完成髮量堆疊之效果。

157 不對稱香菇頭剪髮 11- 第3設計區塊右側後頭部，髮片劃分定點放射髮片、移動式引導、等腰三角型、T.P 提拉0度、鋸齒狀裁剪（片長：2分22秒）。

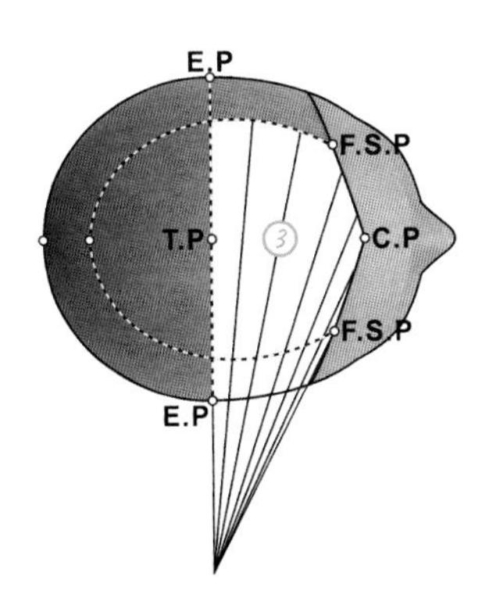

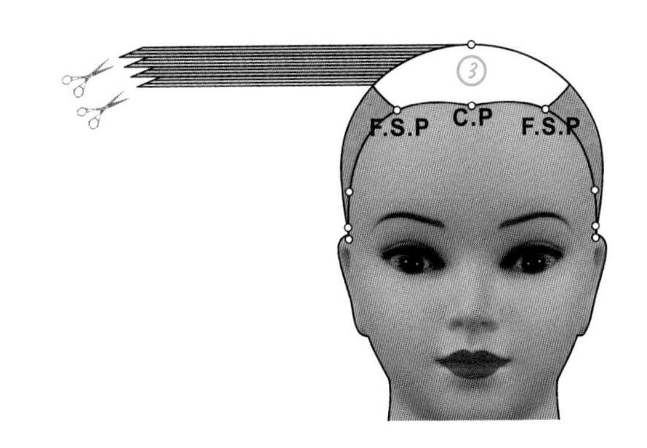

158 第3設計區塊前頭部的幾何結構設計圖，髮片劃分爲縱髮片、以側中線髮長爲引導、後直角三角型（如上圖右）、提拉約0度、鋸齒狀裁剪（如上圖左）。

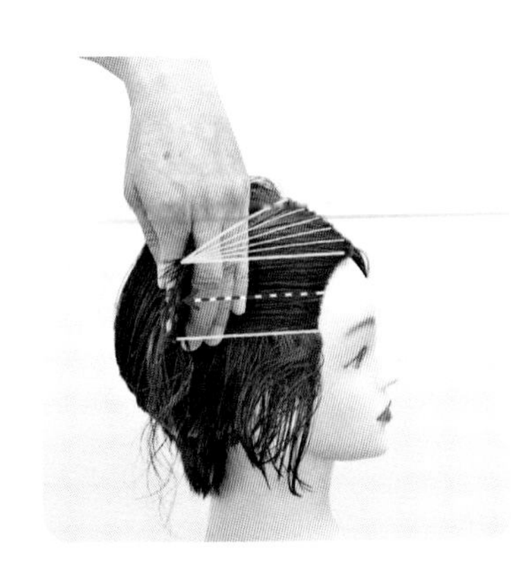

159 前頭部整區塊髮量劃分爲縱髮片、以側中線髮長爲引導、後直角三角型。

160 前頭部整區塊髮量劃分爲縱髮片、以側中線髮長爲引導、後直角三角型、提拉約0度。

161 以側中線髮長爲引導、後直角三角型、提拉約0度、鋸齒狀裁剪。

162 前頭部整區塊髮量裁剪後，髮尾輕柔之效果。

163 十字交叉檢查：以剪髮梳橫向平行於 U 型線，向後分取前頭部的髮量。

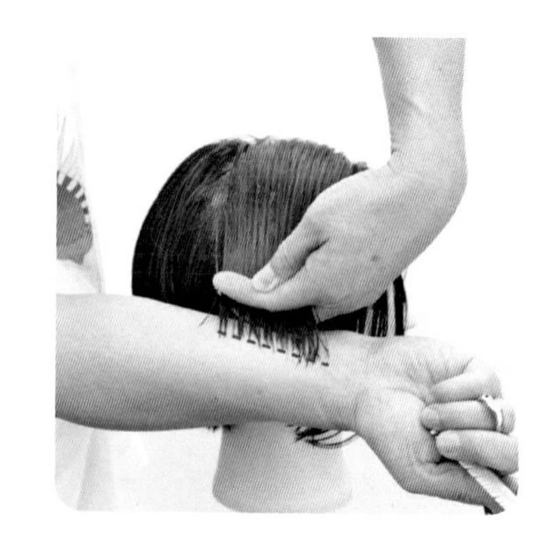

164 十字交叉檢查：橫髮片垂直分配以原來提拉角度提拉，因後直角三角型縱髮片裁剪，外輪廓會形成往前漸長。

165 不對稱香菇頭剪髮 12- 第 3 設計區塊前側，劃分縱髮片、固式引導、後直角三角型、T.P 提拉 0 度、鋸齒狀裁剪（片長:1 分 16 秒）。

166 不對稱香菇頭剪髮 13- 右前側進行髮量調整，劃分縱髮片、鋸齒狀在髮長中間進行髮量調整（片長：2 分 38 秒）。

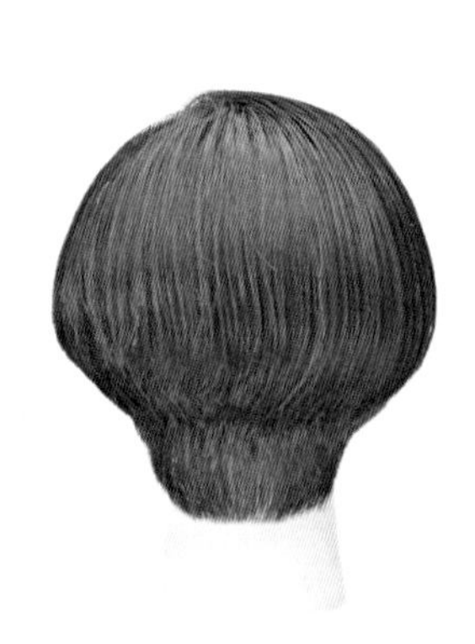

167 裁剪及髮量調整完成後效果 - 後面

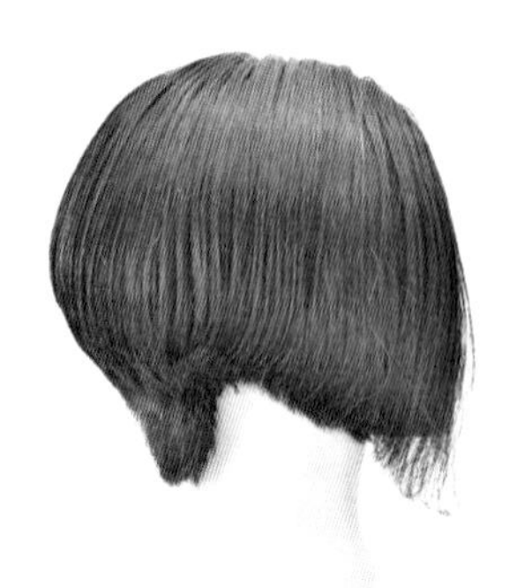

168 裁剪及髮量調整完成後效果 - 右側

169 裁剪及髮量調整完成後效果 - 前面

170 裁剪及髮量調整完成後效果 - 左側

QR9-1
不對稱龐克 +
推剪 16- 造型
完成（片長：
1 分 39 秒）

第九章

年輕時尚－
不對稱龐克 + 推剪

QR9-2
不對稱龐克 +
推剪 15- 造型
完成（片長：
1 分 56 秒）

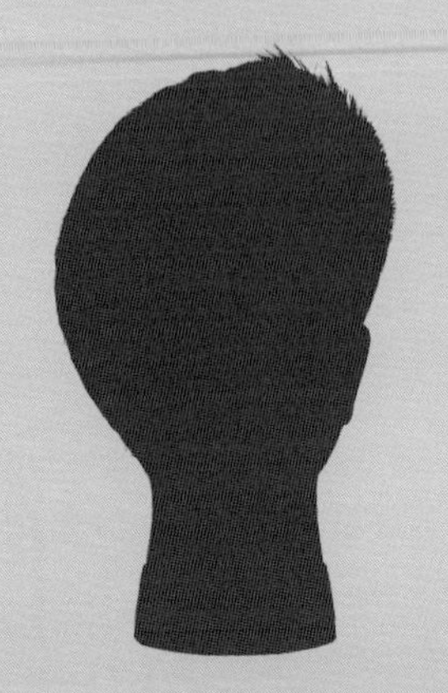

9-1 不對稱龐克 + 推剪－設計概論

龐克（Punk）是時尚流行文化中的一種風格，起源可追溯到美國 1960 末期及 1970 年代英國倫敦的街頭流行文化，龐克族藉由雜亂、無序、粗野、原始的音樂形式，表達對當時社會環境、經濟蕭條的反叛訴求，拒絕主流價值的約制綑綁，後來擴及影響到思想、時尚、社會、文化等層面，進而逐漸凝聚爲一套特有的核心價值信念與符號體系，因而整合音樂形式、藝術創作、與服飾風格而形成「龐克次文化」。本款龐克髮型設計改變早期把兩旁頭髮剃光、只留下正中線硬挺刺狀頭髮的裁剪設計，轉而融入以下 3 項裁剪技法，結合判逆精神，創作龐克新風貌的剪髮設計：

(1) 不對稱造型設計 - 不對稱形式更能凸顯年輕人叛逆個性、炫耀自我價值的風格。

(2) 以漸層推剪技法取代兩旁剃光頭髮的設計 - 此技法可以使用簡單的方法就可完成流行的風格，並呈現乾淨、俐落的外觀及非常整齊的弧度，取代剃光頭髮的悲情文化造型。

(3) 以局部刺蝟設計取代正中線硬挺刺狀頭髮的裁剪設計 -「刺蝟頭」維護簡單易於整理，可以展現自我帥氣與酷感，也適合正式和休閒場合。

1. 形狀－ Form：

本款不對稱龐克的造型設計，在右側頭部從鬢角應用漸層推剪技法，產生簡潔俐落的硬挺弧度（如圖 9-1 左 1、右 2），並讓髮長逐漸向上變長經過右側上頭部、前額臉際、後上頭部，此操作過程應用鋸齒狀挑剪技法，讓頭髮產生刺蝟堅挺的獨特風格（如圖 9-1 左 1、右 1），然後再讓髮長逐漸向左側頭部鬢角變長，並沿下巴輪廓線裁剪成爲輕柔又服貼的逆斜式羽毛（如圖 9-1 左 1、右 1）。所以本款造「型」兼俱如下對比式的設計效果：

圖 9-1

(1) 左側簡潔的平滑輪廓「對比」右上頭部刺蝟透光的不規則輪廓（如上圖左 2）。

(2) 右側推剪式的硬挺髮尾「對比」左側逆斜式的輕柔髮尾。

(3) 右上頭部刺蝟向上髮流「對比」左側頭部服貼逆斜髮流。

(4) 後下頭部簡潔俐落的硬挺弧度「對比」前額瀏海由刺蝟轉羽毛的圓弧角度變化。

2. 結構－ Structure：

第一設計區塊的劃分即爲左右不對稱的設計（如圖 9-2），從分析髮型的縱向結構而言，設計區塊的最下端爲頸側線及頸背線，這兩者雖然都是不同形狀的輪廓線，但是都以相同的 0 公分髮長開始往上推剪（如圖 9-2 中、右推剪最下端），設計區塊的最上端雖然是不同高度的斜向分區線，但是都以相同大約 2 公分的設計髮長結束推剪（如圖 9-2 中、右推剪最上端），所以應用推剪梳連結上下端的角度控制就特別重要。

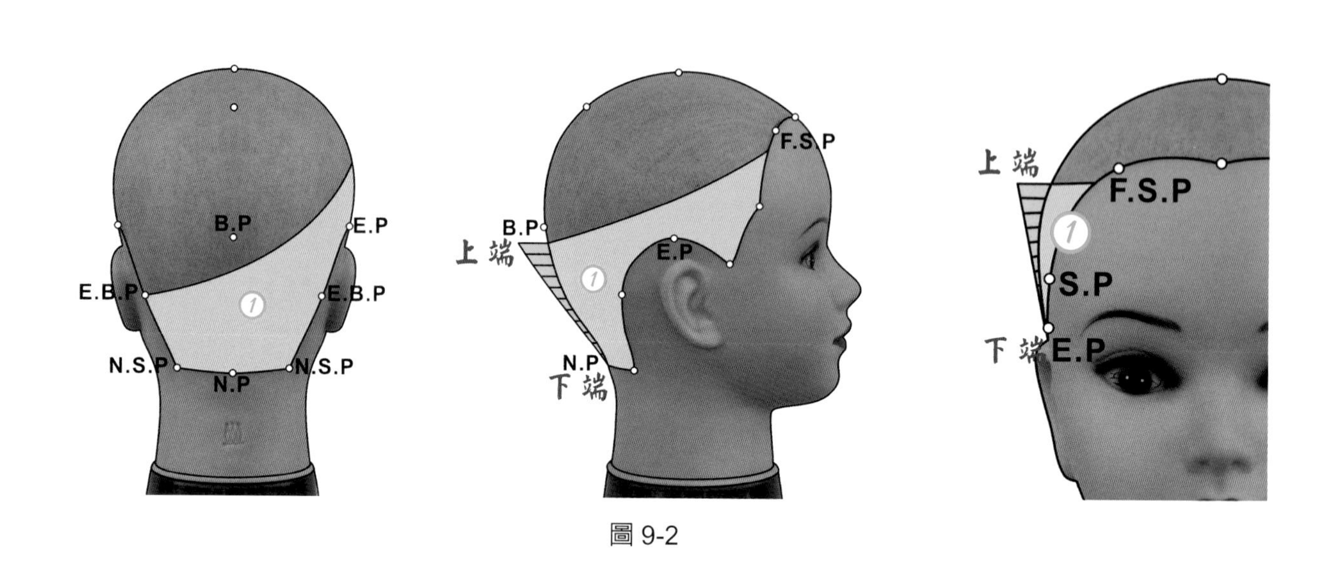

圖 9-2

第二設計區塊的瀏海及冠頂區亦爲左右不對稱的設計（如圖 9-3 中、右），從分析髮型的橫向結構而言，首先以髮長能夠豎立起來爲目標，設定右前側點髮長作爲冠頂區裁剪的引導髮長（如圖 9-3 左），然後再將前上頭部的髮量依序以縱髮片、固定式引導、右外傾梳裁剪（如圖 9-3 中），裁剪後將使前上頭部髮量由右至左逐漸變長、髮長由右前側點豎立至左臉際服貼，形成不對稱瀏海的臉際外輪廓（如圖 9-3 右）。

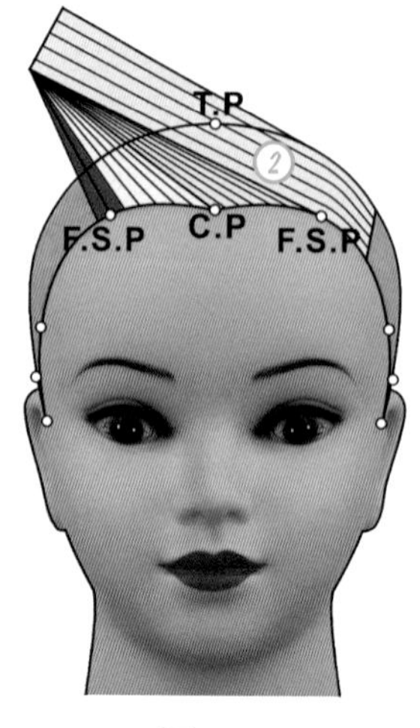

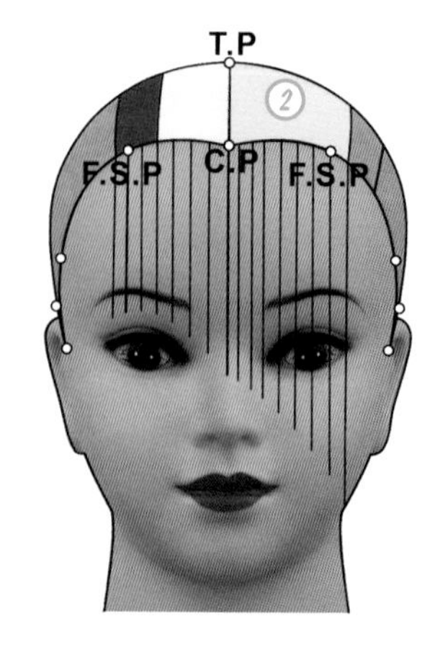

圖 9-3

第二設計區塊左側前頭部採用，逆斜髮片、移動式引導、下外傾梳、提拉 0 度、切口不平行逆斜裁剪（如圖 9-4 左），使髮長外輪廓形成逆斜大約和下巴輪廓線平行，最前端鬢角髮長結構則形成逆斜的尖形外輪廓（如圖 9-4 右 2），因此和右側推剪的鬢角髮長結構（如圖 9-4 右 1）形成強烈的對比效果。

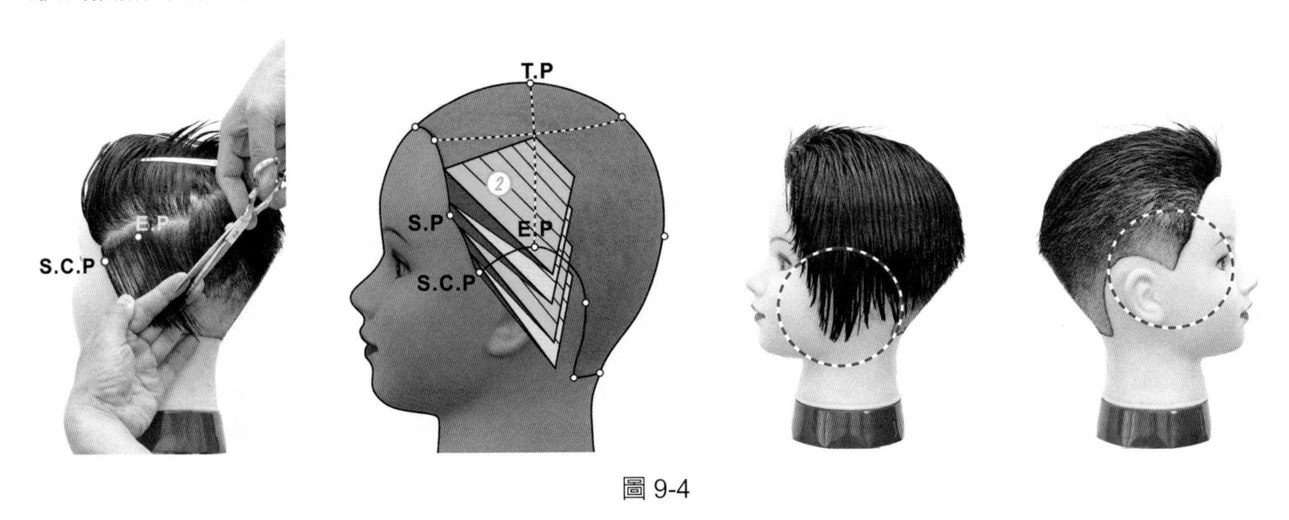

圖 9-4

3. 紋理－ Texture：

「刺蝟頭」就是將頭髮裁剪成豎立，有如刺蝟尖狀似的短髮，使髮束立體分明格外有型，並會在髮型的外輪廓產生參差不齊漸層的透光感（如圖 9-5 右 1），所以刺蝟狀的豎立短髮不必裁剪成很規則的紋理，有一些凌亂的頭髮更能創造獨特的龐克風格。

本款不對稱龐克的造型設計，選定右側「推剪區」和上頭部「層次區」的連接區（如圖 9-5 右 2），進行刺蝟效果的造型設計，操作上在連接區近髮根的部位使用鋸齒狀挑剪式調量技法，從髮根支撐起參差不齊的髮束。

左側臉際由於髮長漸長髮流形成服貼，耳際逆斜的外輪廓線因髮量堆疊較爲豐厚，爲平衡兩側外輪廓的重量感，操作上在外輪廓髮長中間的部位使用鋸齒狀調量技法，使外輪廓產生漸層的透光感，使髮量形成服貼又輕柔的羽毛式造型（如圖 9-5 右 1）。

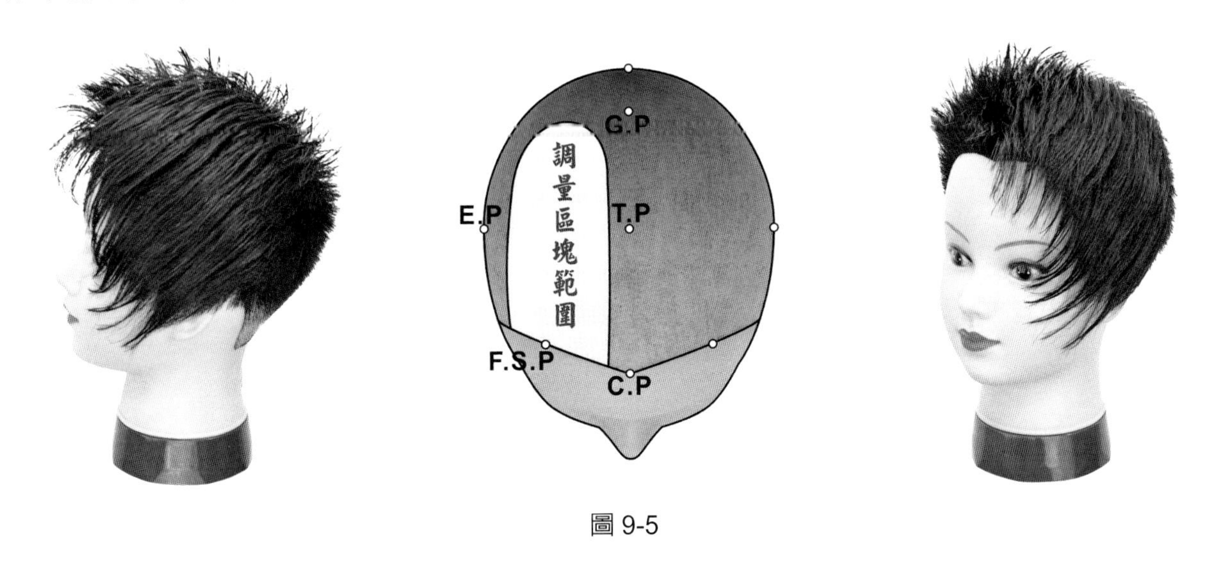

圖 9-5

不對稱龐克＋推剪－操作過程解析

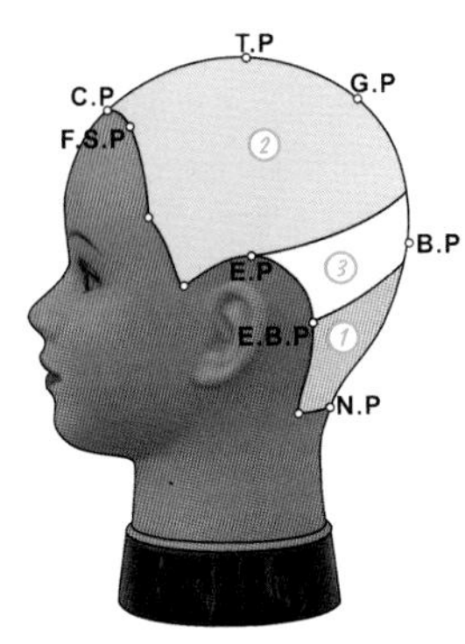

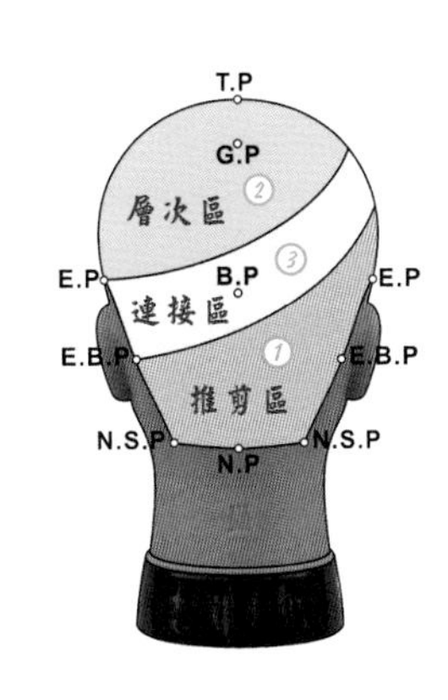

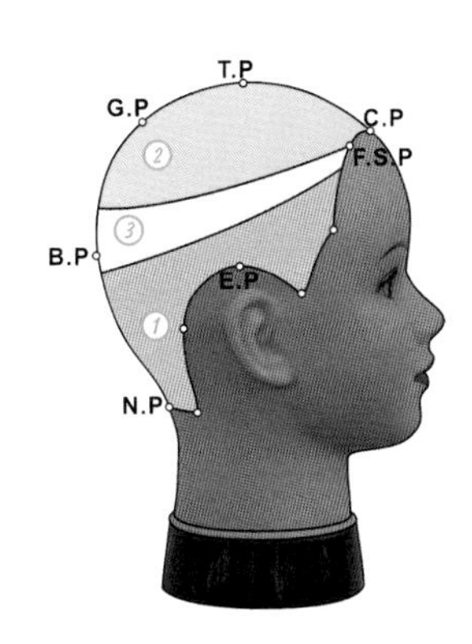

1　全部結構設計圖總共分爲 3 區，主要在認識高層次區、推剪區、連結區，解剖髮型裁剪過程的結構，分析各區的設計架構如何運用縱髮片、斜髮片及推剪技法，掌握「縱向」與「橫向」的變化，使裁剪前即可掌握裁剪設計目標 - 形的外輪廓，並熟悉頭部 15 個基準點的正確位置與應用。各區塊範圍如上圖 15 個基準點的連線內容，其 1、2、3 編號也代表其剪髮操作順序。

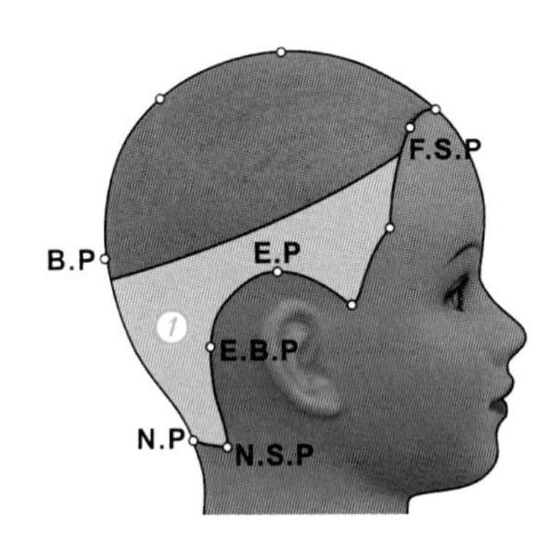

2　第 1 設計區塊，由前往後呈現正斜不對稱劃分的幾何結構設計圖。

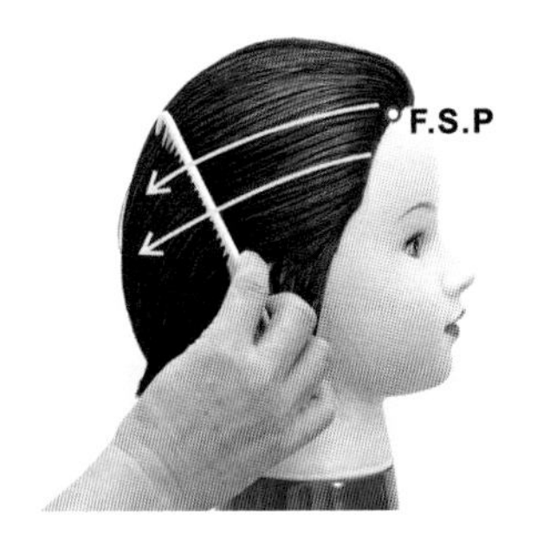

3　將剪髮梳持斜向，從右臉際開始將右側的髮量，正斜向後貼頭皮梳順。

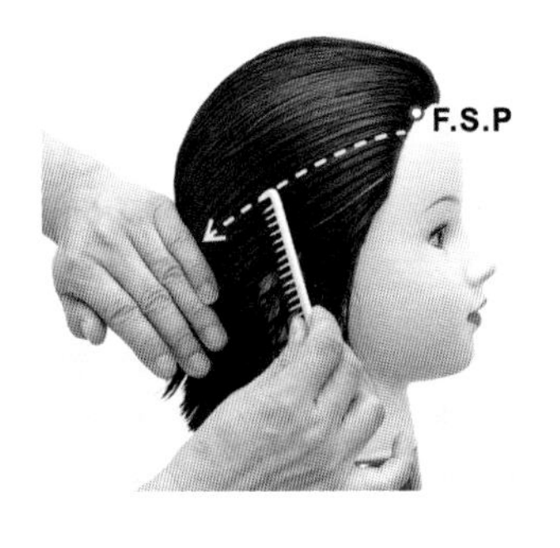

4　從右臉際約 F.S.P 點下方爲起點順毛流正斜劃分

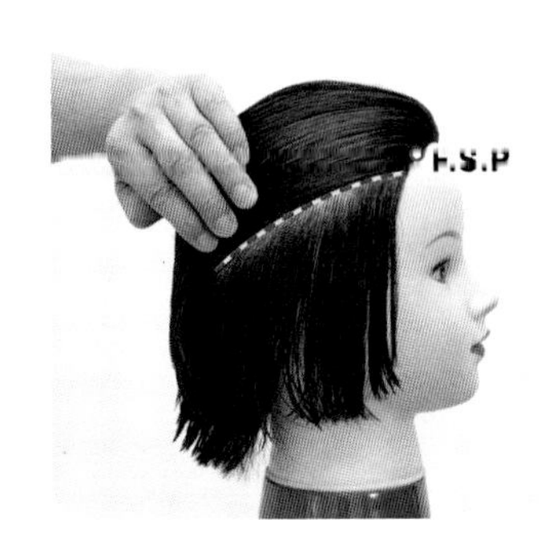

5　劃分出第 1 段正斜分區線

6　再將右側後方的髮量，順毛流正斜向後貼頭皮梳順。

7　接續第一段正斜分區線

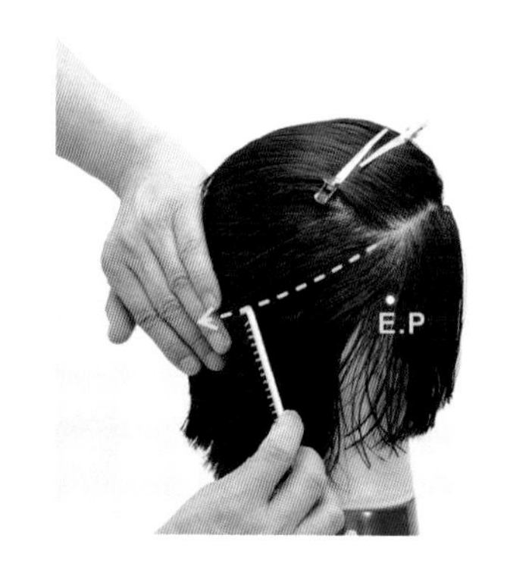

8 再順毛流正斜劃分

9 劃分出第 2 段正斜分區線

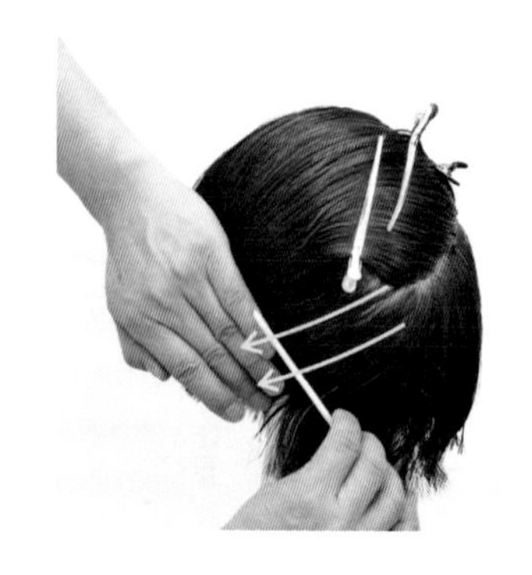

10 再將後方的髮量，順毛流正斜向後貼頭皮梳順。

11 再順毛流正斜劃分

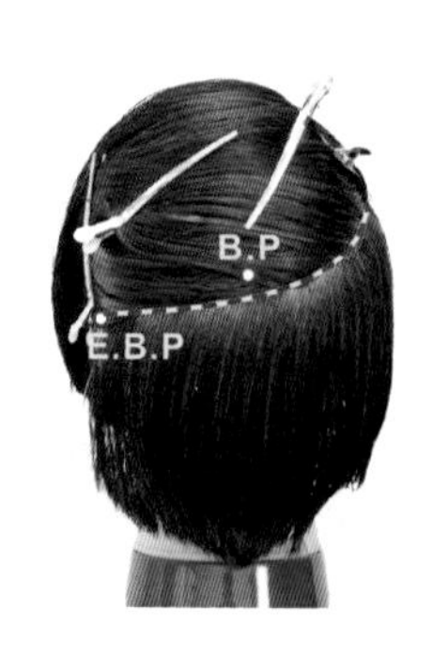

12 正斜劃分至左頸側線約 E.B.P 點

13 不對稱龐克＋推剪 1- 第 1 設計區劃分（片長：2 分 06 秒）。

14 第 1 設計區，完成正斜線的劃分 - 左側。

15 第 1 設計區，完成正斜線的劃分 - 前面。

16 第 1 設計區，完成正斜線的劃分 - 右側。

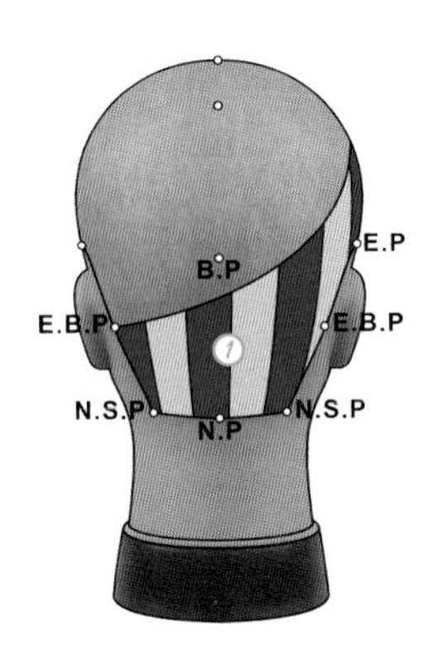

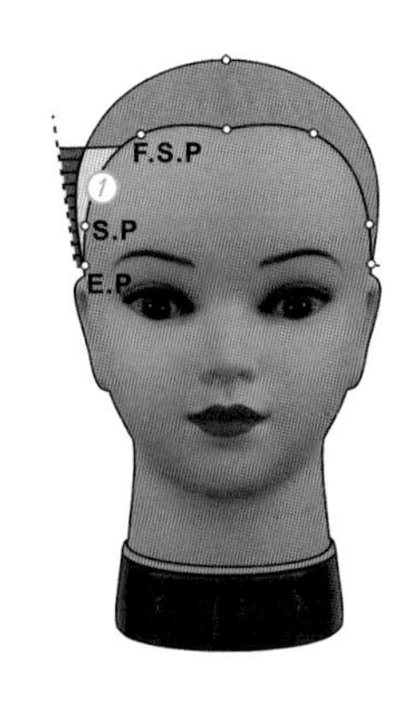

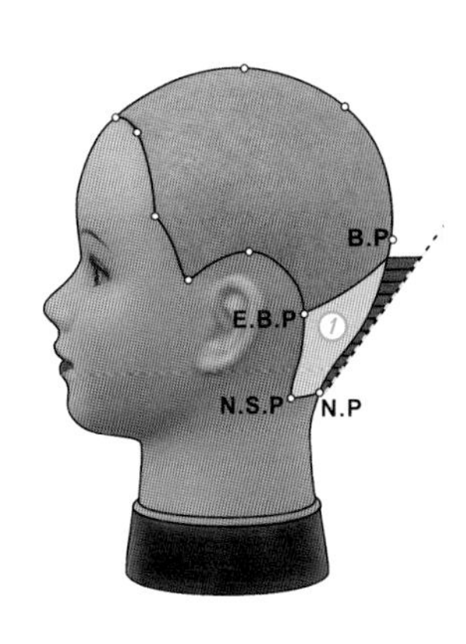

17 第 1 設計區塊劃分縱髮片（如上圖左）及底部 0 公分到頂部目標髮長約 2 公分，縱向外輪廓推剪（如上圖中、右）的幾何結構設計圖。

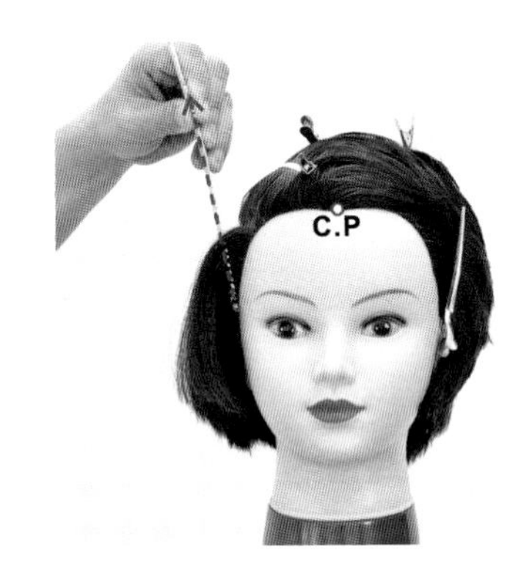

18 右側頭部第 1 髮片，從髮根將髮束梳成 90 度，以縱向控制剪髮梳的推剪角度，並穩住剪髮梳。

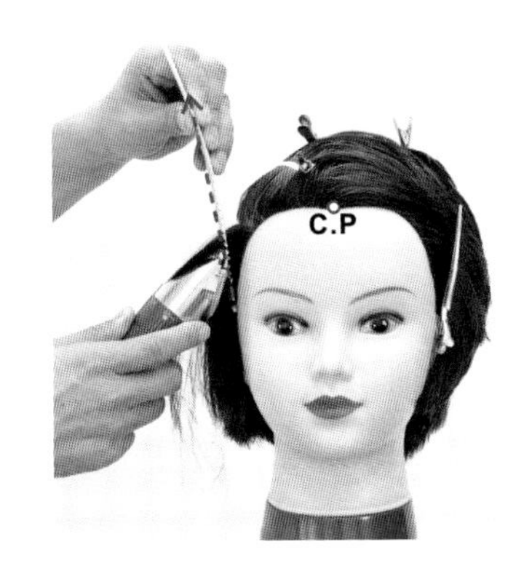

19 再以「縱梳縱推」技法將突出於剪髮梳的髮尾去除

20 右側頭部第 1 髮片，「縱梳縱推」髮尾去除後成爲第 1 髮片引導髮長之效果。

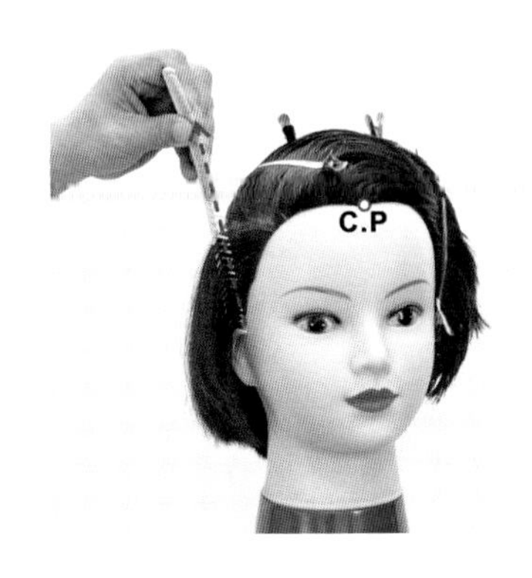

21 右側頭部第 2 髮片，從髮根將髮束梳成 90 度，以縱向控制剪髮梳的推剪角度，並穩住剪髮梳。

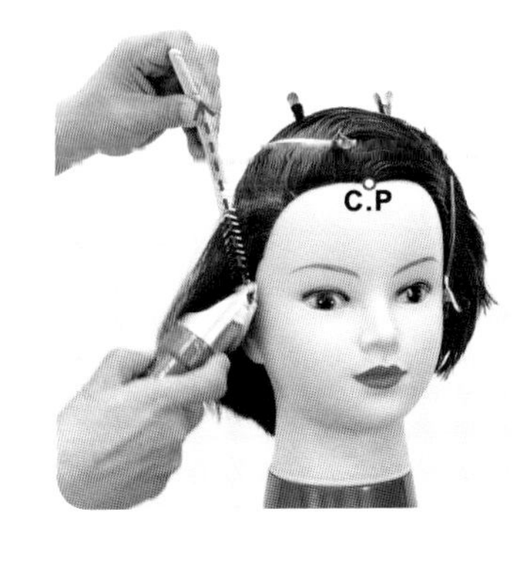

22 再以「縱梳縱推」技法將突出於剪髮梳的髮尾去除

23 右側頭部第 2 髮片，「縱梳縱推」髮尾去除後成爲引導髮長之效果。

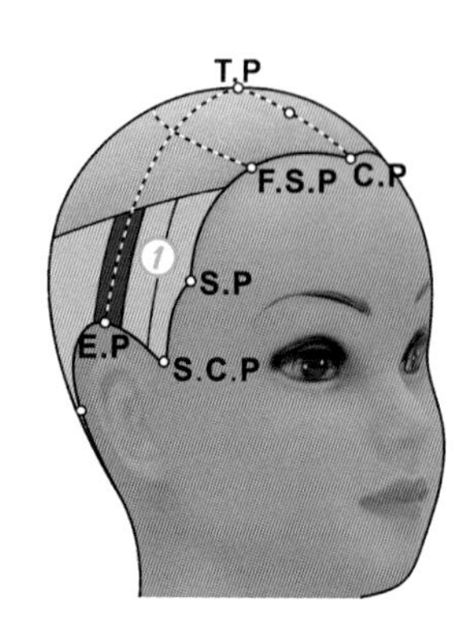

24 第 1 設計區塊劃分第 3 縱髮片的幾何結構設計圖

25 右側頭部第 3 髮片，從髮根將髮束梳成 90 度，以縱向控制剪髮梳的推剪角度，並穩住剪髮梳，再以「縱梳縱推」技法，依第 2 引導髮長將突出於剪髮梳的髮尾去除。

26 右側頭部第 3 髮片，「縱梳縱推」髮尾去除後成爲引導髮長之效果。

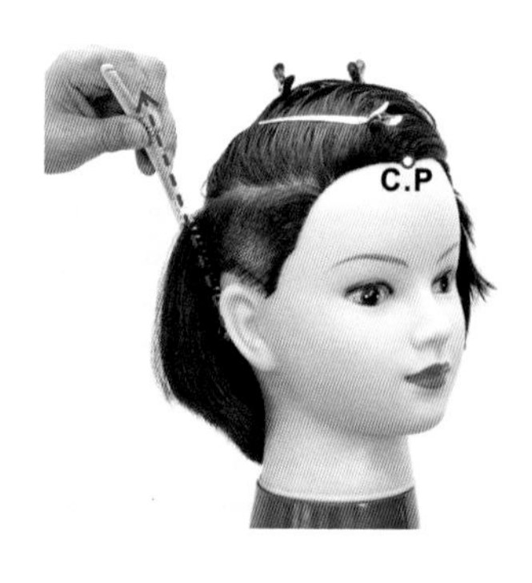

27 右側頭部第 4 髮片，從髮根將髮束梳成 90 度，以縱向控制剪髮梳的推剪角度，並穩住剪髮梳。

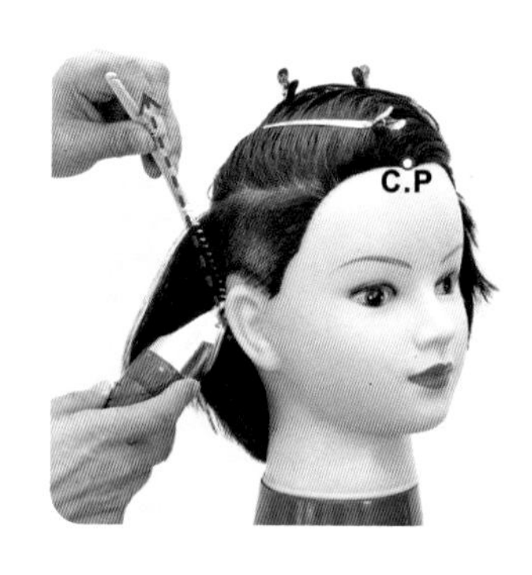

28 再以「縱梳縱推」技法，依第 3 引導髮長將突出於剪髮梳的髮尾去除。

29 右側頭部第 4 髮片，「縱梳縱推」髮尾去除後成爲引導髮長之效果。

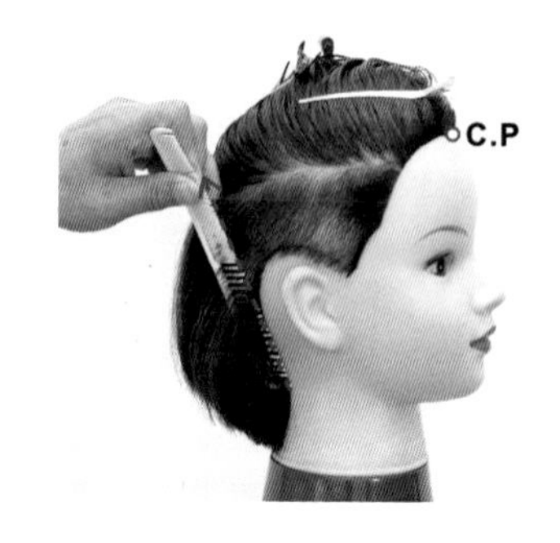

30 右側頭部第 5 髮片，從髮根將髮束梳成 90 度，以縱向控制剪髮梳的推剪角度，並穩住剪髮梳。

31 再以「縱梳縱推」技法，依第 4 引導髮長將突出於剪髮梳的髮尾去除。

32 右側頭部第 5 髮片，「縱梳縱推」髮尾去除後成爲引導髮長之效果。

33 右側頭部第 6 髮片，從髮根將髮束梳成 90 度，以縱向控制剪髮梳的推剪角度，並穩住剪髮梳。

34 再以「縱梳縱推」技法，依第 5 引導髮長將突出於剪髮梳的髮尾去除。

35 右側頭部第 6 髮片，「縱梳縱推」髮尾去除後成爲引導髮長之效果。

36 後頭部第 8 髮片，從髮根將髮束梳成 90 度，以縱向控制剪髮梳的推剪角度，並穩住剪髮梳。

37 再以「縱梳縱推」技法，依第 7 引導髮長將突出於剪髮梳的髮尾去除。

38 後頭部第 8 髮片，「縱梳縱推」髮尾去除後成爲引導髮長之效果。

39 後頭部第 9 髮片，從髮根將髮束梳成 90 度，以縱向控制剪髮梳的推剪角度，並穩住剪髮梳。

40 再以「縱梳縱推」技法，依第 8 引導髮長將突出於剪髮梳的髮尾去除。

41 後頭部第 9 髮片，「縱梳縱推」髮尾去除後成爲引導髮長之效果。

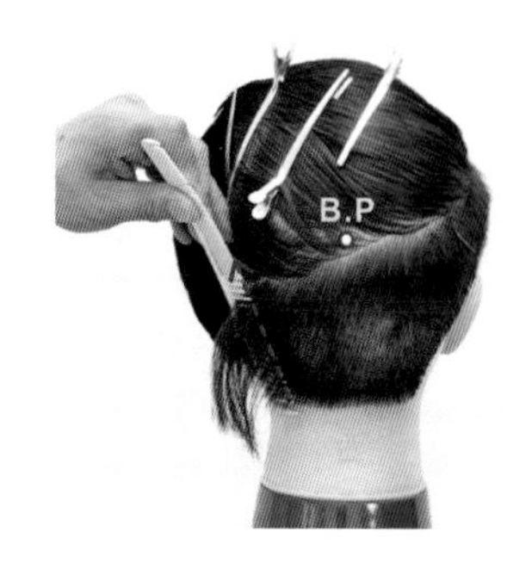

42 後頭部第 10 髮片，從髮根將髮束梳成 90 度，以縱向控制剪髮梳的推剪角度，並穩住剪髮梳。

43 再以「縱梳縱推」技法，依第 9 引導髮長將突出於剪髮梳的髮尾去除。

44 不對稱龐克 + 推剪 2- 以『縱梳縱推』技法，將突出於剪髮梳的髮尾去除（片長：3 分 27 秒）。

45 在第 1 設計區塊右側鬢角，以「縱梳縱推」技法，修飾縱向及橫向輪廓。

46 在第 1 設計區塊右頸側，以「縱梳縱推」技法，修飾縱向及橫向輪廓

47 在第 1 設計區塊頸背，以「縱梳縱推」技法，修飾縱向及橫向輪廓。

48 在第 1 設計區塊頸背，以「縱梳縱推」技法，修飾縱向及橫向輪廓。

49 在第 1 設計區塊左頸側，以「縱梳縱推」技法，修飾縱向及橫向輪廓。

50 不對稱龐克 + 推剪 3- 第 1 區縱梳縱推技法，修飾縱向及橫向輪廓（片長：1 分 50 秒）。

51 第 1 設計區塊「縱梳縱推」完成後之效果 - 左側。

52 第 1 設計區塊「縱梳縱推」完成後之效果 - 後面。

53 第 1 設計區塊「縱梳縱推」完成後之效果 - 右側。

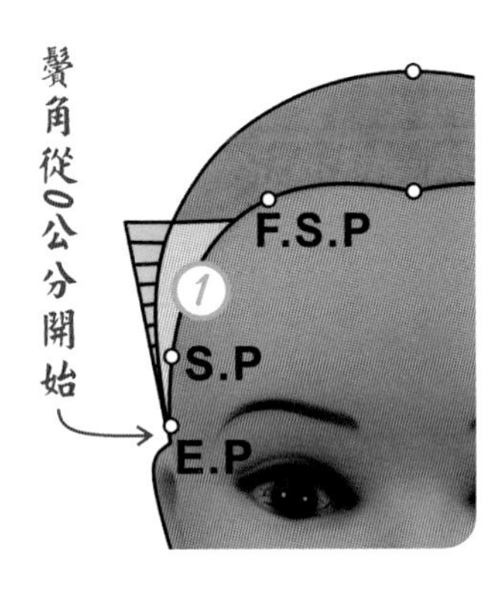

54 從第 1 設計區塊底部，修飾髮長從 0 公分開始向頂部漸長的幾何結構設計圖。

55 以「Free hand clipper」技法，從鬢角由下往上縱推。

56 以「Free hand clipper」技法，從鬢角在耳際由前往後弧推。

57 以「Free hand clipper」技法，從鬢角在耳際由前往後弧推。

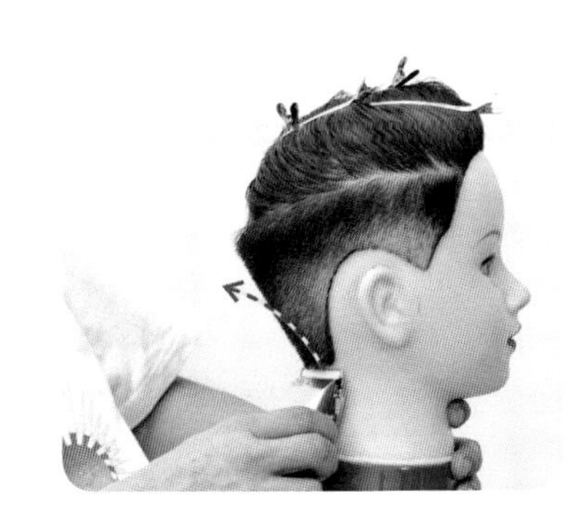

58 以「Free hand clipper」技法，從右頸側點在右頸側線由下往上弧推。

59 以「Free hand clipper」技法，從右頸側點在右頸側線由下往上弧推。

60 以「Free hand clipper」技法，從右頸側點在右頸側線由下往上弧推。

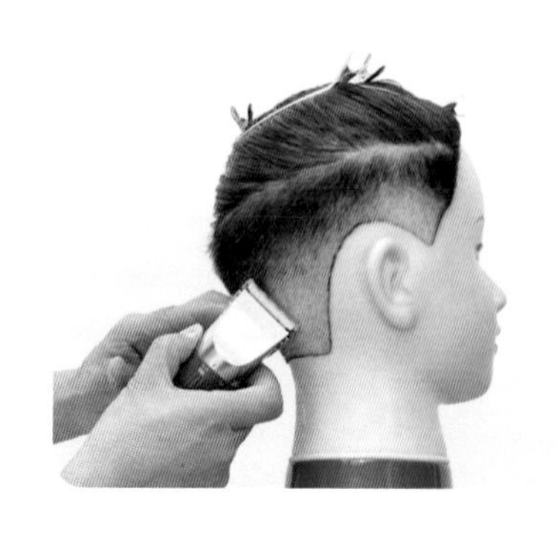

61 重複修飾使頸側、頸背弧度呈現平滑效果。

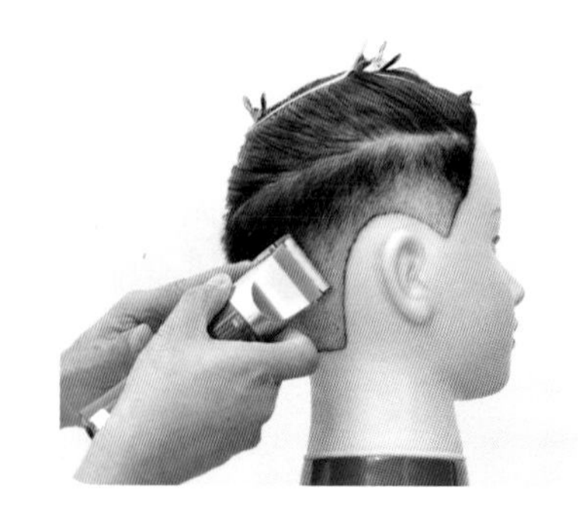

62 重複修飾使頸側、頸背弧度呈現平滑效果。

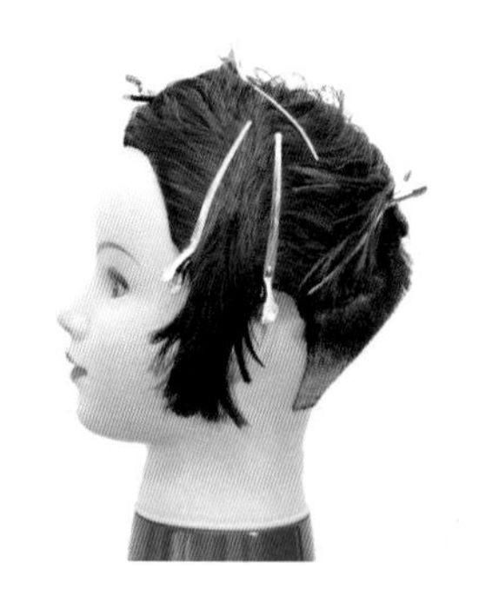

63 第1設計區塊頸側、頸背，修飾完成後之效果 - 左側。

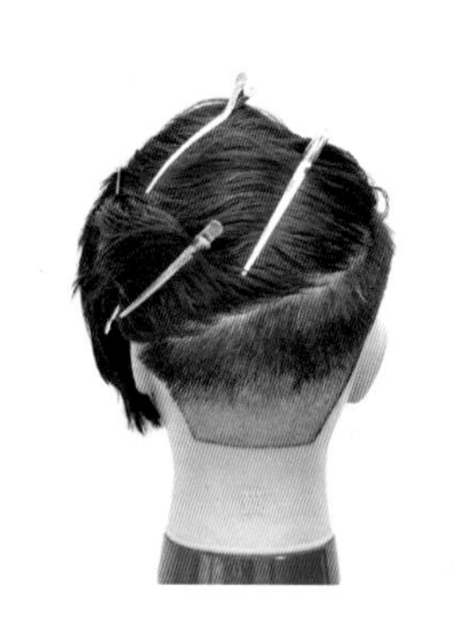

64 第1設計區塊頸側、頸背，修飾完成後之效果 - 左側。

65 第1設計區塊鬢角、頸側、頸背，修飾完成後之效果 - 左側。

66 不對稱龐克＋推剪4- 第1區鬢角、頸側、頸背使用Freehand技法，推剪縱向外輪廓（片長：3分16秒）。

67 第1設計區塊，鬢角推剪修飾前、後對照之效果。

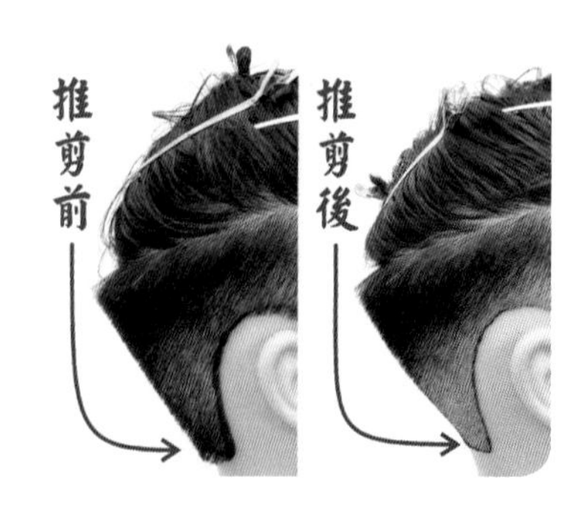

68 第1設計區塊，頸背線推剪修飾前、後對照之效果。

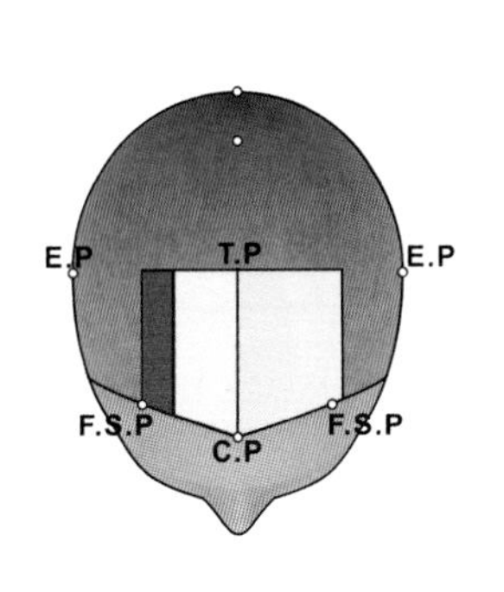

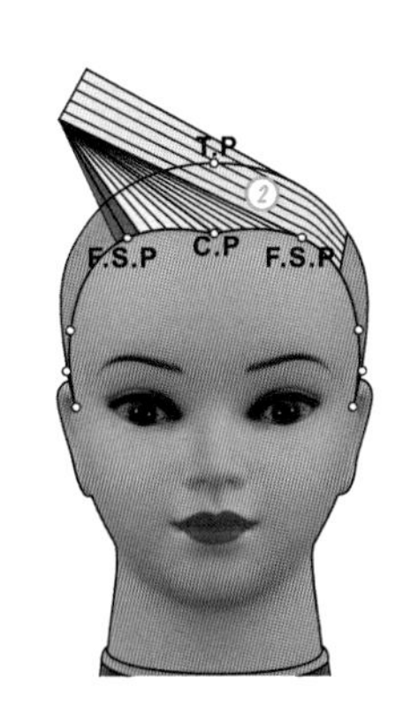

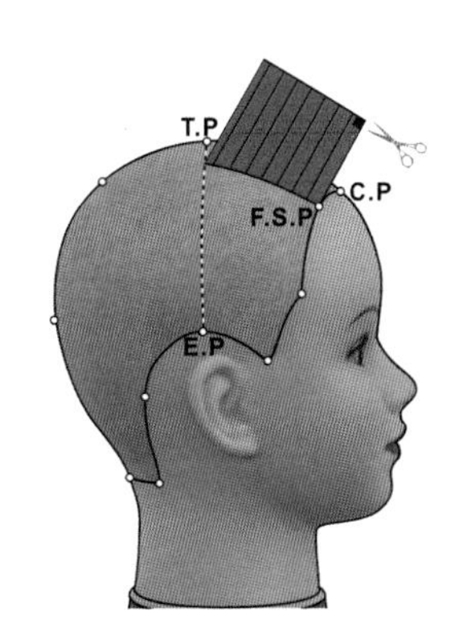

69 第 2 設計區塊劃分縱髮片（如上圖左）、固定式引導、外傾梳髮片（如上圖中）、提拉約 60 度、切口 90 度（如上圖右）的幾何結構設計圖。

70 劃分右前側點一束髮量

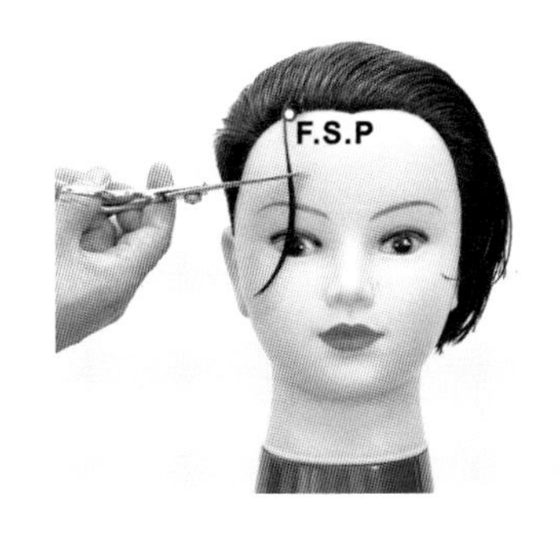

71 以髮長能夠豎立起來為目標，設定右前側點髮長。

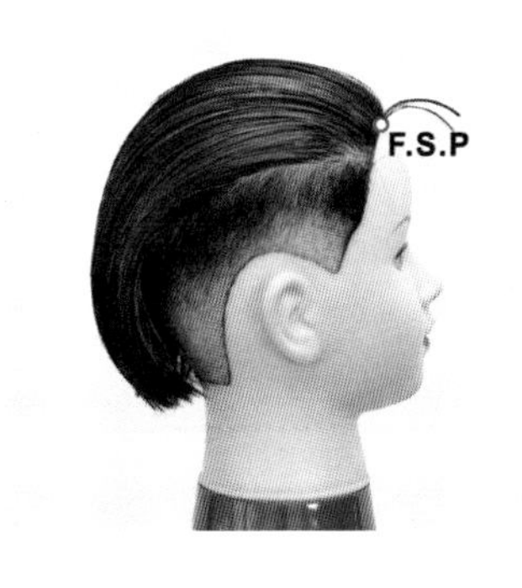

72 右前側點髮長設定完成後之效果

73 依右前側點劃分縱髮片作為引導髮長

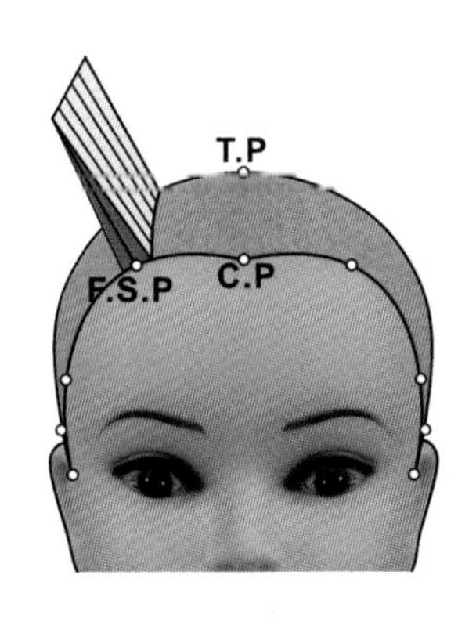

74 依右前側點劃分等腰三角型縱髮片，作為引導髮片的幾何結構設計圖。

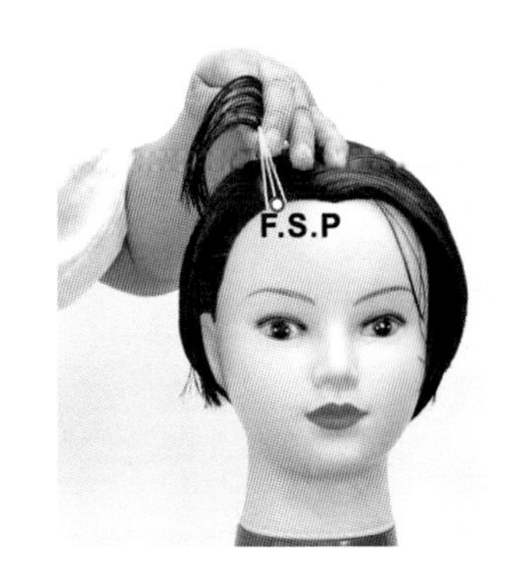

75 依右前側點劃分等腰三角型縱髮片，作為引導髮片。

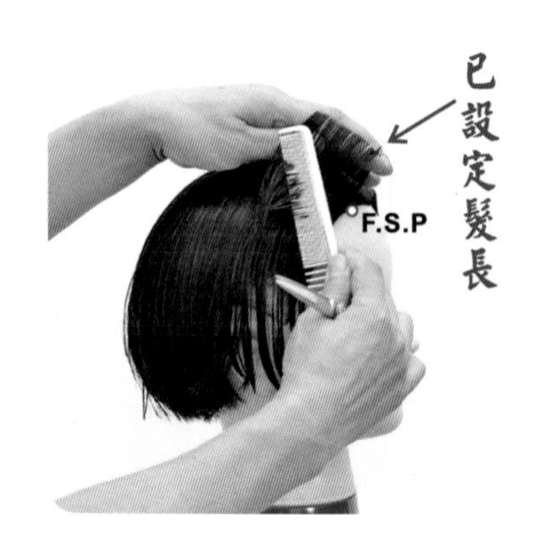

76 依右前側點設定髮長作爲引導

77 髮片在 T.P 點提拉約 60 度、切口 90 度裁剪。

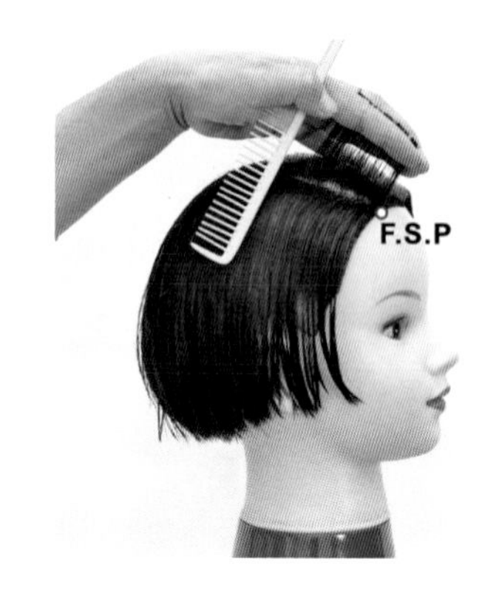

78 髮片第 1 分段裁剪完成後之效果，作爲引導髮片。

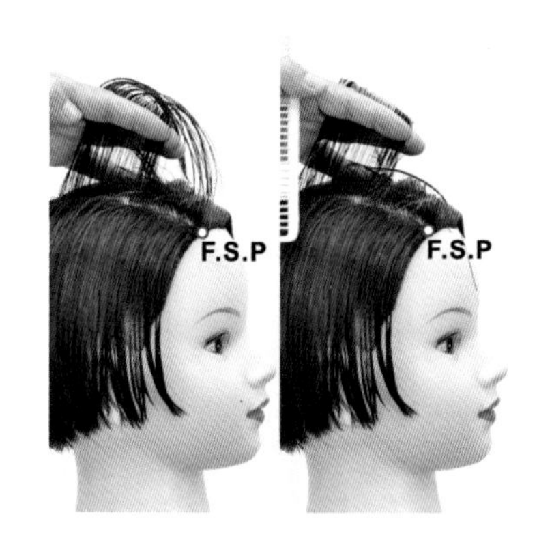

79 髮片第 2 分段依第 1 分段，提拉約 60 度、切口 90 度裁剪。

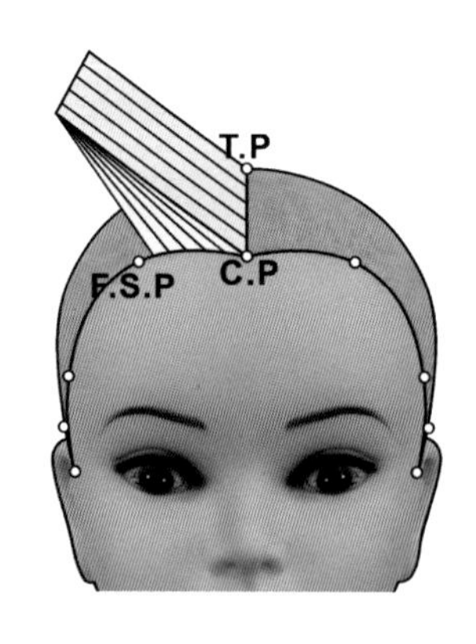

80 劃分第 2 縱髮片爲外傾梳髮片的幾何結構設計圖

81 劃分第 2 縱髮片爲外傾梳髮片、提拉約 60 度、切口 90 度，依第 1 引導髮片裁剪。

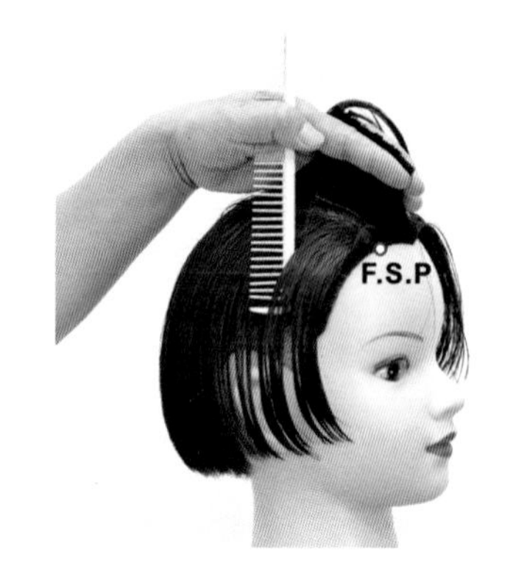

82 第 2 縱髮片第 1 分段，裁剪完成後之效果。

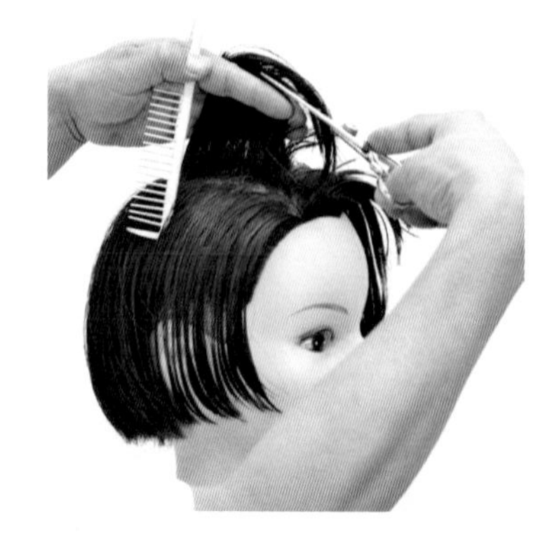

83 第 2 縱髮片第 2 分段，依第 1 分段，提拉約 60 度、切口 90 度裁剪。

84 第 2 縱髮片第 2 分段，裁剪完成後之效果。

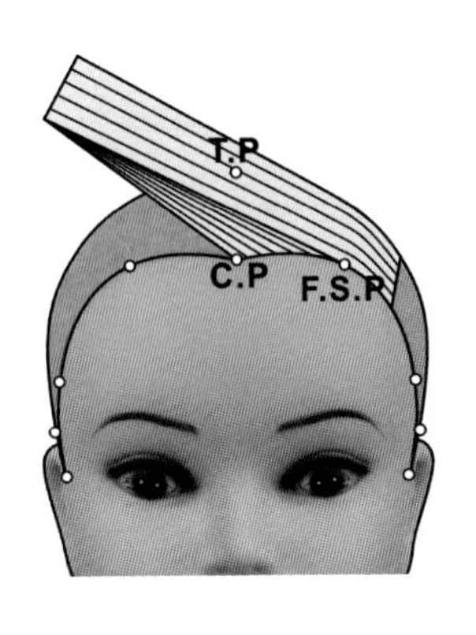

85 劃分第 3 縱髮片爲外傾梳髮片的幾何結構設計圖

86 劃分第 3 縱髮片爲外傾梳髮片

87 提拉約 60 度、切口 90 度，依第 1 髮片固定引導裁剪。

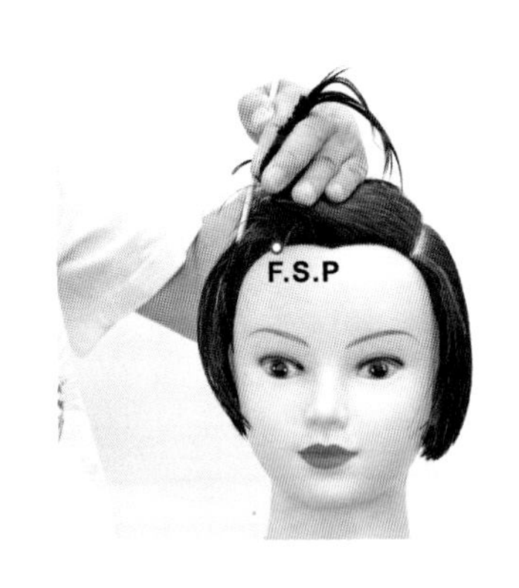

88 第 3 縱髮片第 1 分段，裁剪完成後之效果。

89 劃分第 3 縱髮片第 2 分段

90 依第 1 分段，提拉約 60 度、切口 90 度裁剪及完成後之效果。

91 不對稱龐克＋推剪 5- 第 2 設計區前頭部劃分縱髮片、固定式引導、外傾梳、提拉約 60 度、切口 90 度裁剪（片長：3 分 59 秒）。

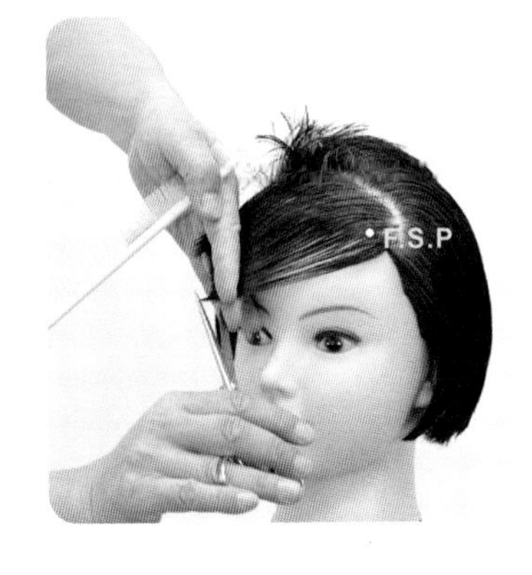

92 在左臉際劃分斜髮片，以偏移分配法裁剪，修飾不對稱斜瀏海的臉際外輪廓。

93 左臉際斜瀏海不對稱外輪廓第 1 分段，裁剪完成後之效果。

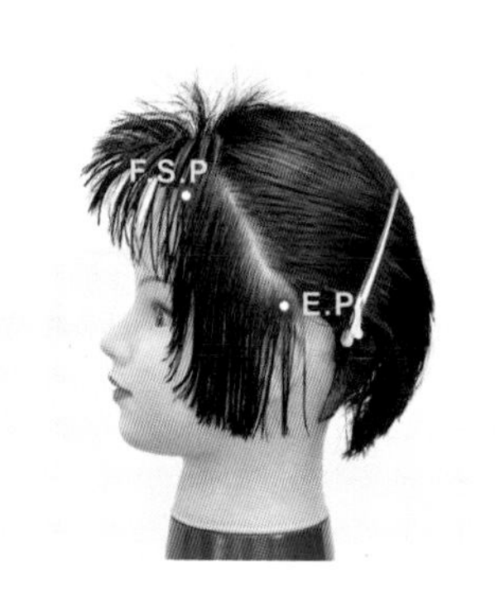

94 繼續在左臉際劃分斜髮片第2分段至E.P點

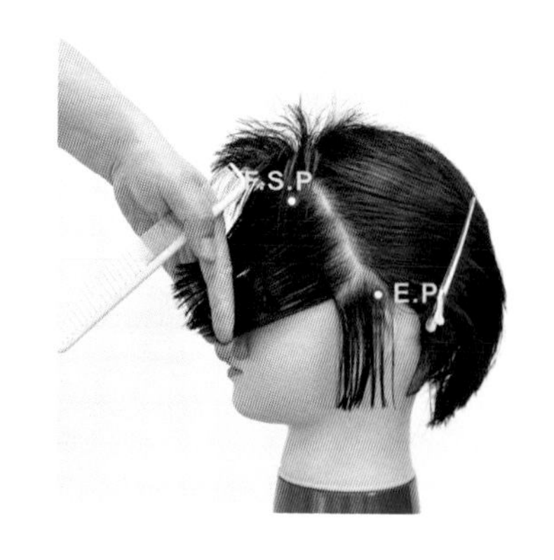

95 第2分段設定連接至S.C.P點

96 第2分段以偏移分配法鋸齒狀裁剪

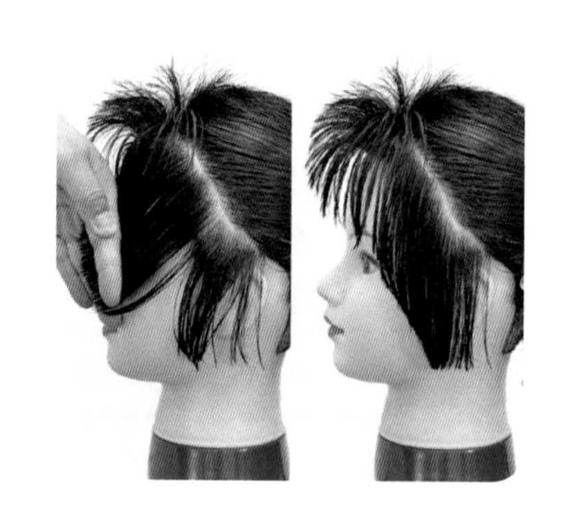

97 鋸齒狀裁剪完成形成左臉際斜瀏海不對稱外輪廓

98 檢查前額臉際斜瀏海不對稱外輪廓。

99 不對稱龐克＋推剪6-在左臉際劃分斜髮片，以偏移分配法修飾不對稱斜瀏海的臉際外輪廓（片長：2分28秒）

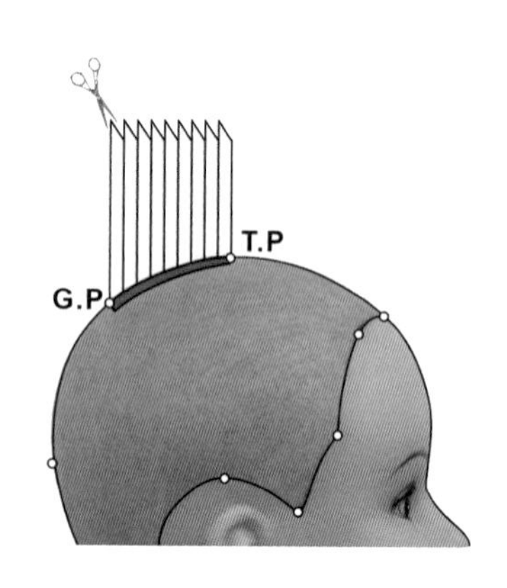

100 第2設計區塊，後上頭部劃分縱髮片、提拉向上、鋸齒狀裁剪的幾何結構設計。

101 第2設計區塊，後上頭部劃分縱髮片、提拉向上。

102 依T.P點的髮長作爲引導，在髮尾鋸齒狀裁剪。

103 髮尾鋸齒狀裁剪完成後之效果，作為固定引導髮片。

104 第2設計區塊，後上頭部劃分第2縱髮片、提拉向上。

105 依第1引導髮片，在髮尾鋸齒狀裁剪。

106 第2縱髮片髮尾鋸齒狀裁剪完成後之效果

107 不對稱龐克＋推剪7-第2區劃分縱髮片、固定式引導、右外傾梳髮片、提拉垂直向上、鋸齒狀裁剪（片長：1分42秒）。

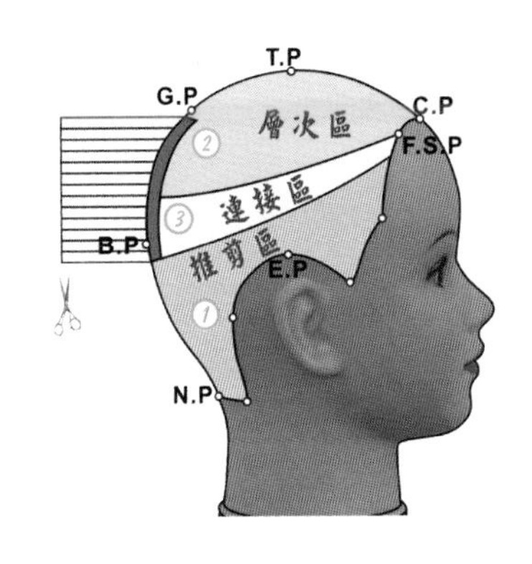

108 第3設計區塊後頭部，劃分縱髮片連接第1、2設計區塊的幾何結構設計圖。

109 第3設計區塊後頭部，劃分第1縱髮片。

110 裁剪連接第1、2設計區塊髮長。

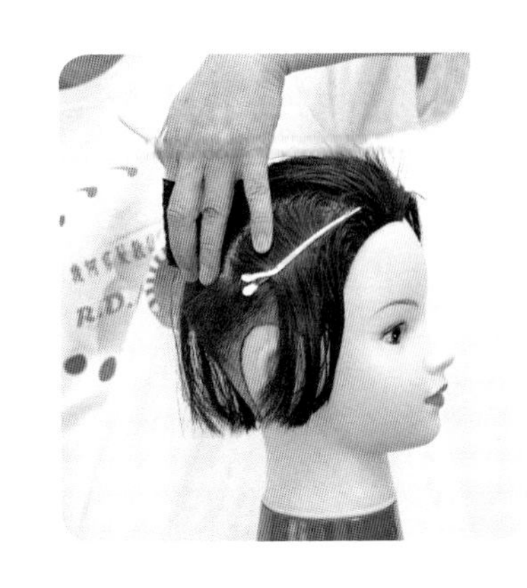

111 劃分第1縱髮片剪完成後之效果

112 第 3 設計區塊後頭部，劃分第 2 縱髮片裁剪。

113 第 3 設計區塊後頭部，劃分第 3 縱髮片。

114 裁剪連接第 1、2 設計區塊髮長。

115 第 3 設計區塊後頭部，劃分第 4 縱髮片。

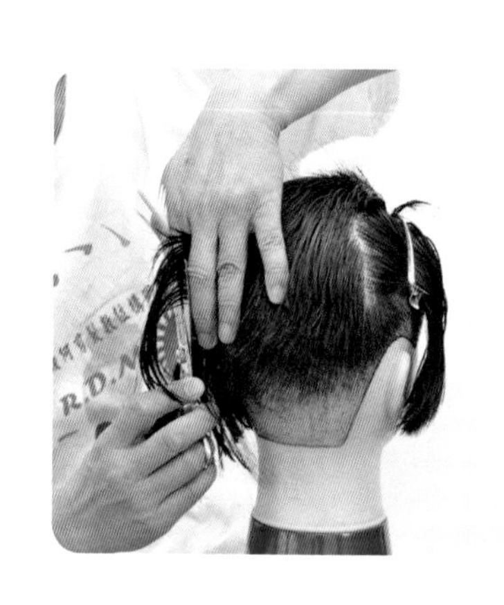

116 裁剪連接第 1、2 設計區塊髮長。

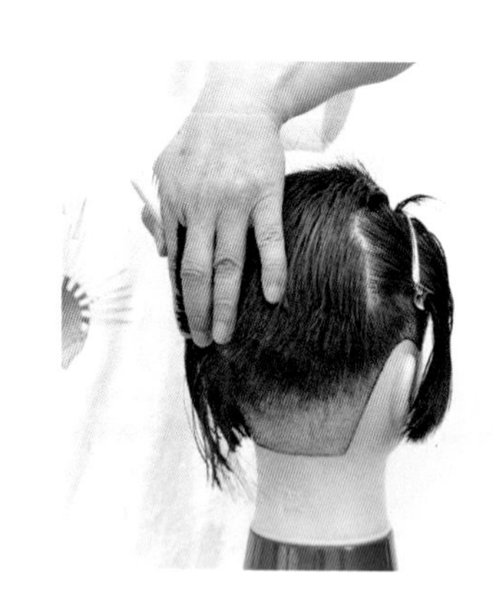

117 劃分第 4 縱髮片剪完成後之效果

118 不對稱龐克 + 推剪 8- 後上頭部方型剪法（片長：1 分 45 秒）。

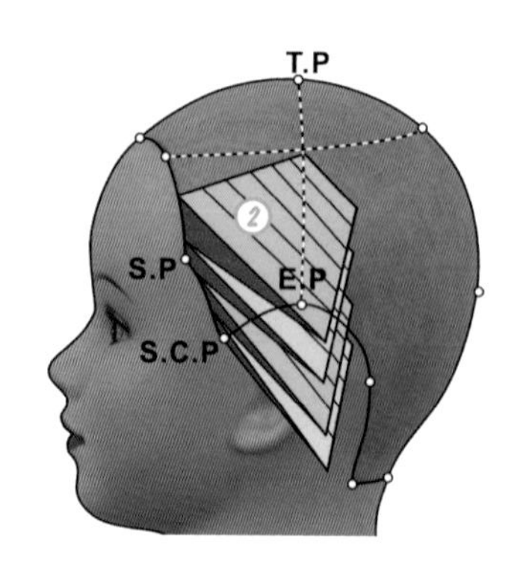

119 第 2 設計區塊左側前頭部，劃分逆斜髮片、移動式引導、偏移分配的幾何結構設計圖。

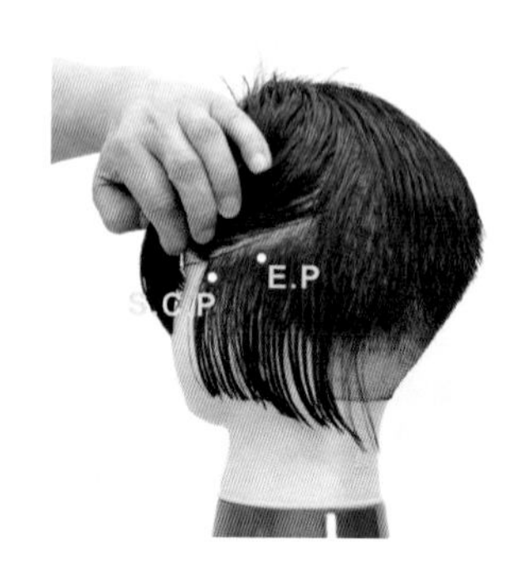

120 第 2 設計區塊左側前頭部，劃分第 1 逆斜髮片

121 第1逆斜髮片第1分段，外傾梳髮片、偏移分配、提拉0度、切口連接S.C.P點髮長。

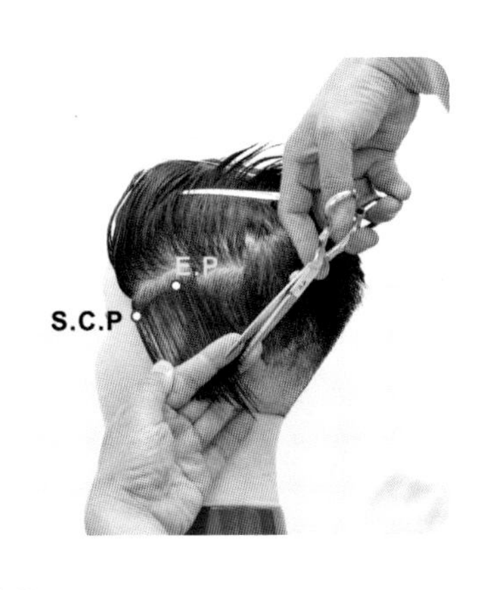

122 第1逆斜髮片第2分段，外傾梳髮片、偏移分配、提拉0度、切口連接S.C.P點髮長。

123 第1逆斜髮片裁剪完成後之效果，作爲引導髮片。

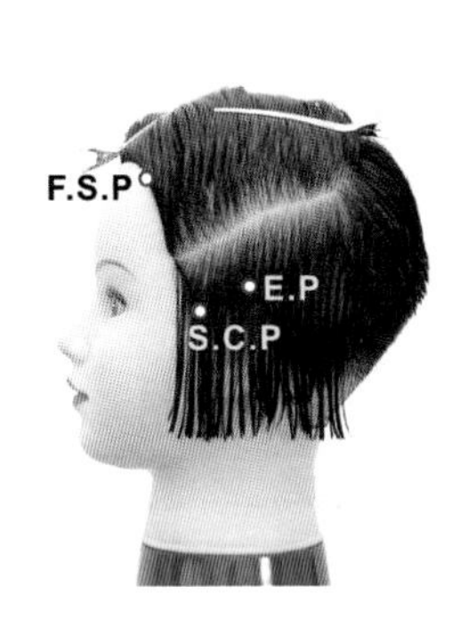

124 第2設計區塊左側前頭部，劃分第2逆斜髮片。

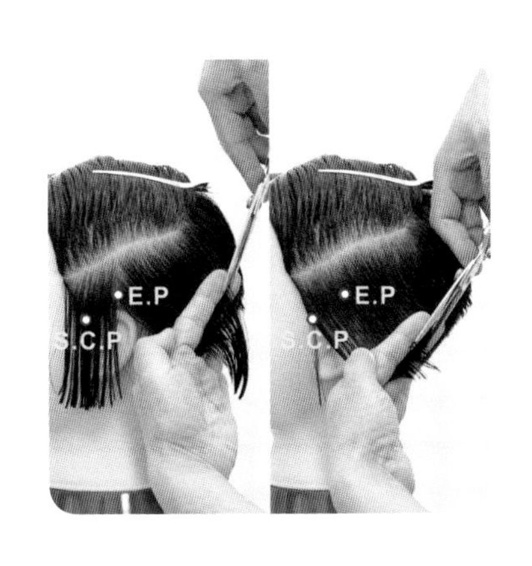

125 第2逆斜髮片第1、2分段，外傾梳髮片、偏移分配、提拉0度、切口依第1引導髮片裁剪。

126 第2逆斜髮片裁剪完成後之效果

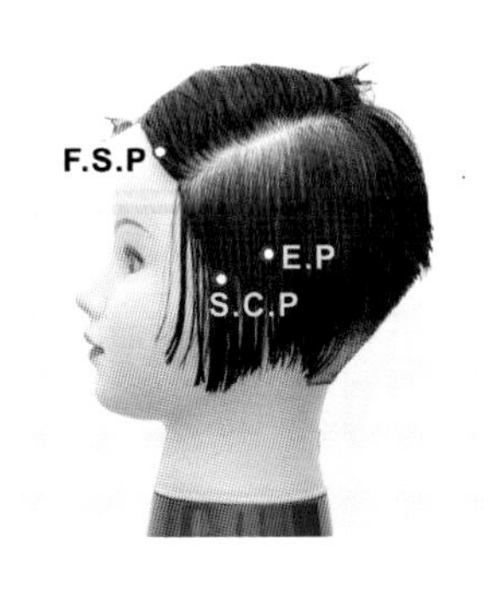

127 第2設計區塊左側前頭部，劃分第3逆斜髮片。

128 第3逆斜髮片第1、2分段，外傾梳髮片、偏移分配、提拉0度、切口依第2引導髮片裁剪。

129 不對稱龐克＋推剪9-左側頭部漸長剪法（片長：1分56秒。

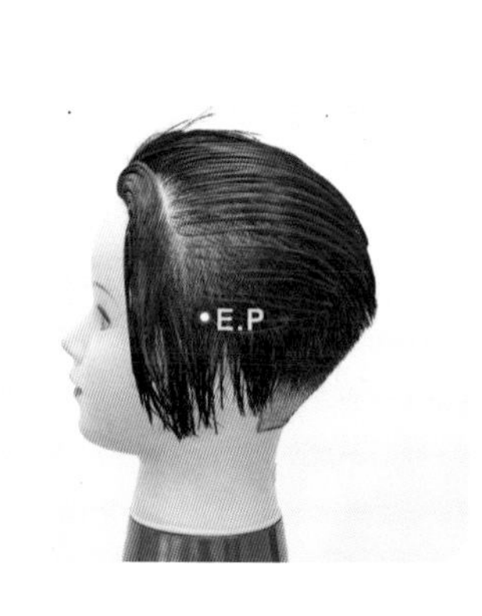

130 第2設計區塊左側前頭部，在臉際劃分第1縱髮片。

131 以鋸齒狀技法在髮尾修飾外輪廓

132 第1縱髮片以鋸齒狀技法修飾外輪廓，完成後之效果。

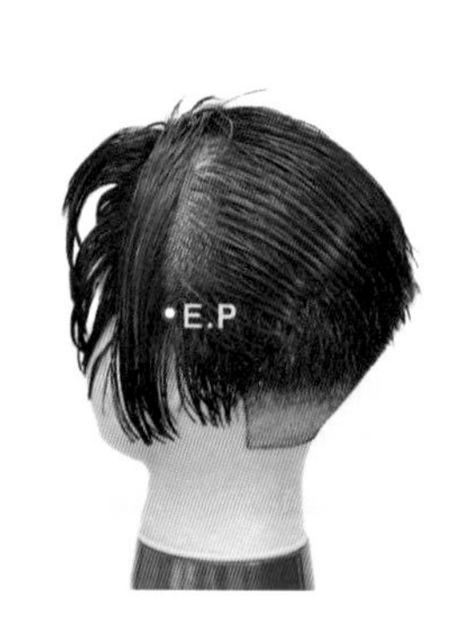

133 第2設計區塊左側前頭部，劃分第2縱髮片。

134 以鋸齒狀技法在髮尾修飾外輪廓

135 第2縱髮片以鋸齒狀技法修飾外輪廓，完成後之效果。

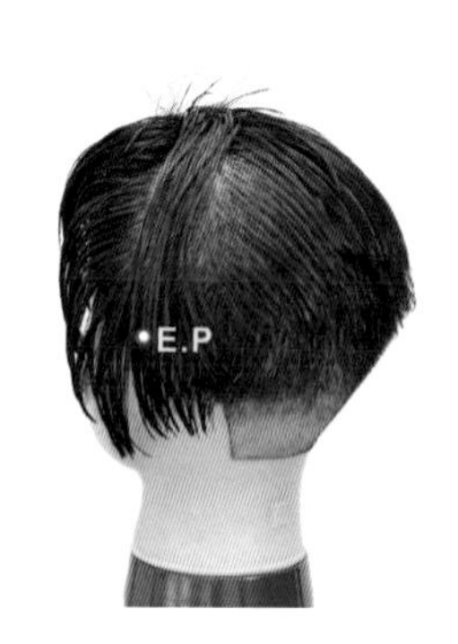

136 第2設計區塊左側前頭部，劃分第3縱髮片。

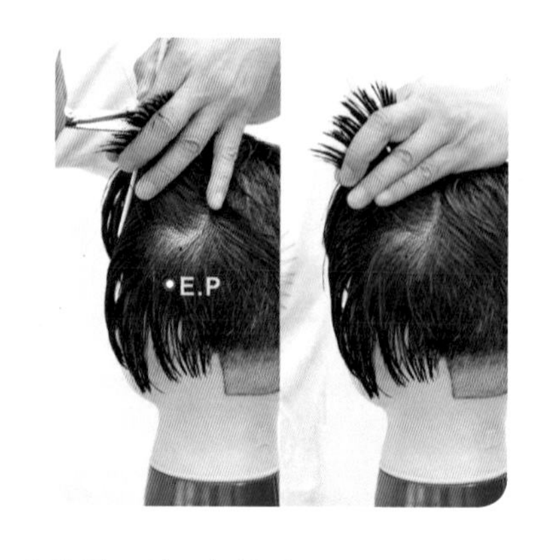

137 以鋸齒狀技法在髮尾修飾外輪廓，及修飾完成後之效果。

138 不對稱龐克＋推剪10-左側頭部修飾外輪廓（片長：2分01秒）。

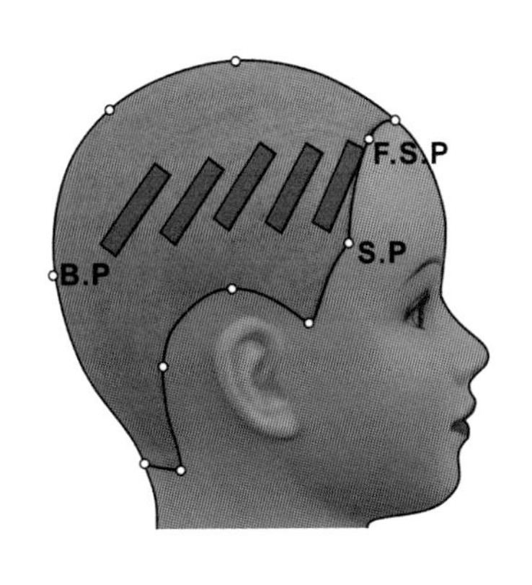

139 第 3 設計區塊右側頭部，劃分正斜髮片裁剪連接第 1、2 設計區塊髮長的幾何結構設計。

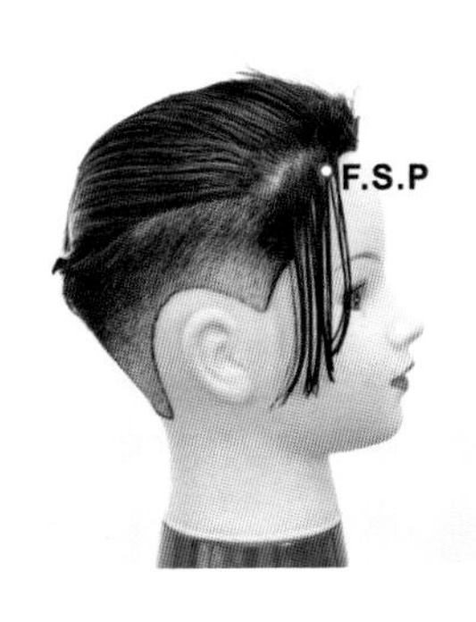

140 第 3 設計區塊右側頭部，劃分第 1 正斜髮片。

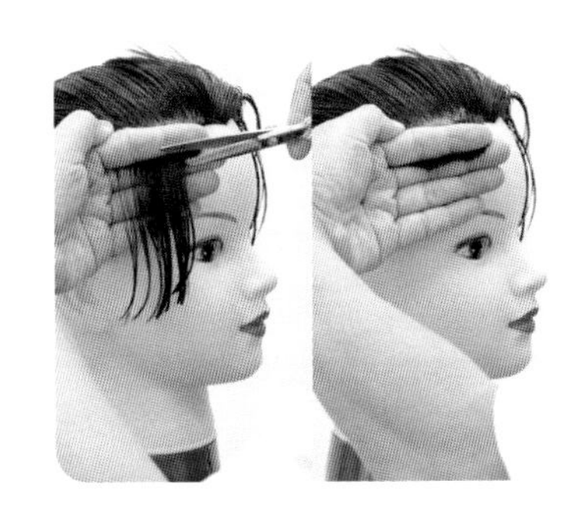

141 裁剪連接第 1、2 設計區塊髮長。

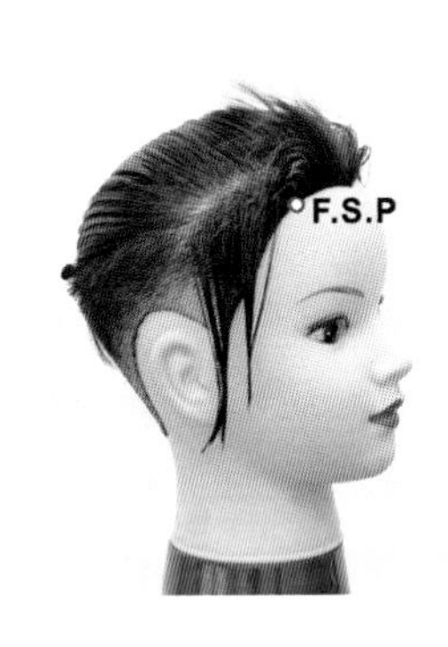

142 第 3 設計區塊右側頭部，劃分第 2 正斜髮片。

143 裁剪連接第 1、2 設計區塊髮長

144 第 2 正斜髮片裁剪連接完成後之效果

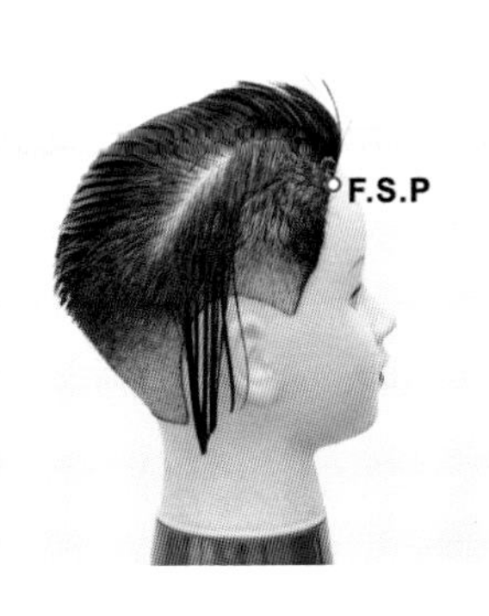

145 第 3 設計區塊右側頭部，劃分第 3 正斜髮片。

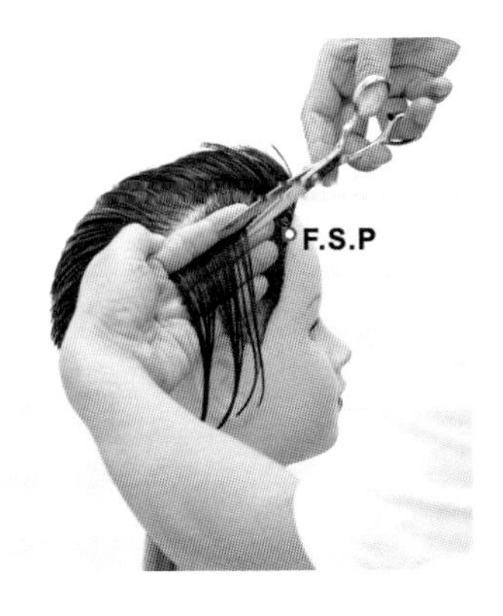

146 裁剪連接第 1、2 設計區塊髮長。

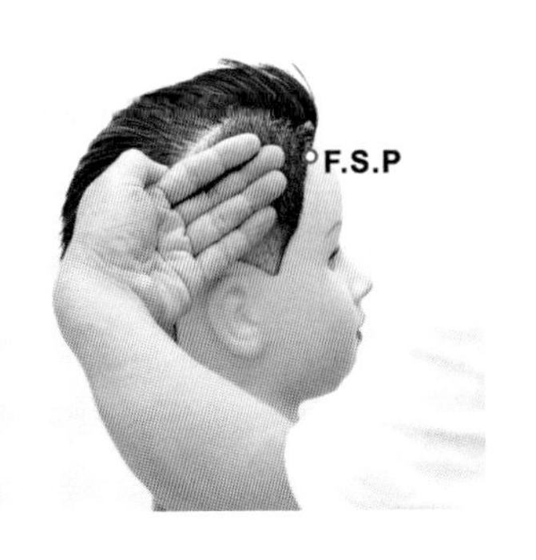

147 第 3 正斜髮片裁剪連接完成後之效果

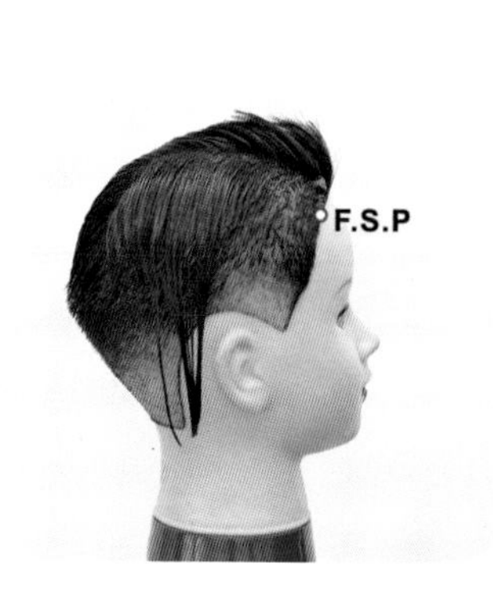

148 第 3 設計區塊右側頭部，劃分第 4 正斜髮片。

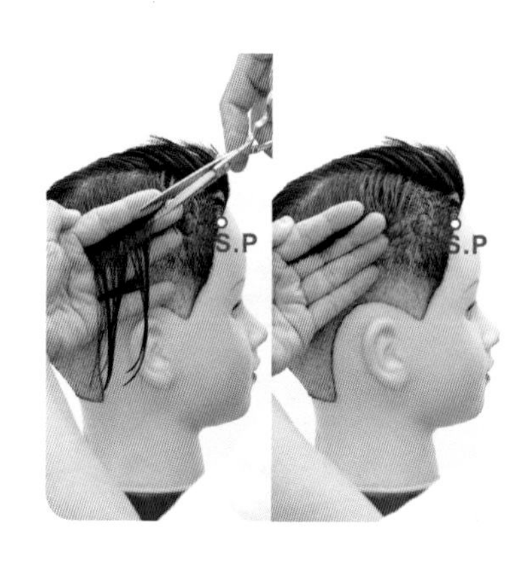

149 裁剪連接第 1、2 設計區塊髮長及連接完成後之效果。

150 劃分『橫髮片』檢查橫向外輪廓果

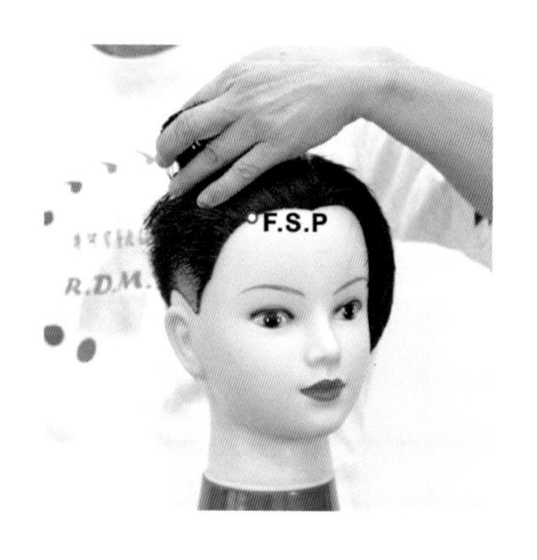

151 劃分『縱髮片』檢查縱向外輪廓

152 不對稱龐克 + 推剪 11- 右側頭部修飾外輪廓（片長: 4 分 05 秒）

153 不對稱龐克＋推剪，裁剪完成 - 前面。

154 不對稱龐克＋推剪，裁剪完成 - 左側。

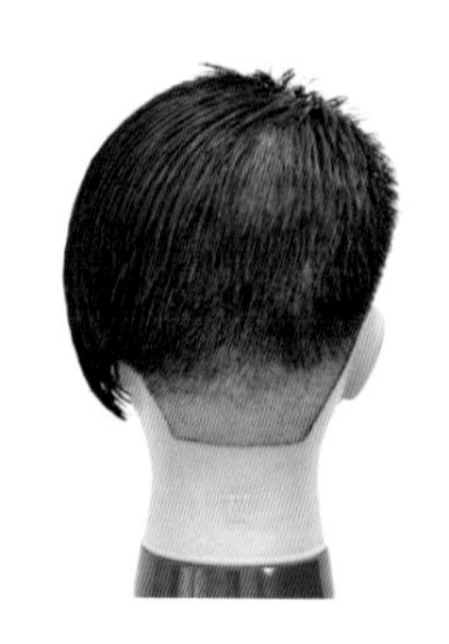

155 不對稱龐克＋推剪，裁剪完成 - 後面。

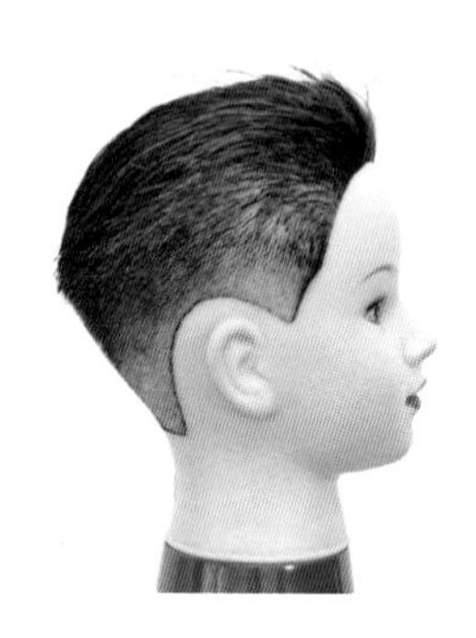

156 不對稱龐克＋推剪，裁剪完成 - 右側。

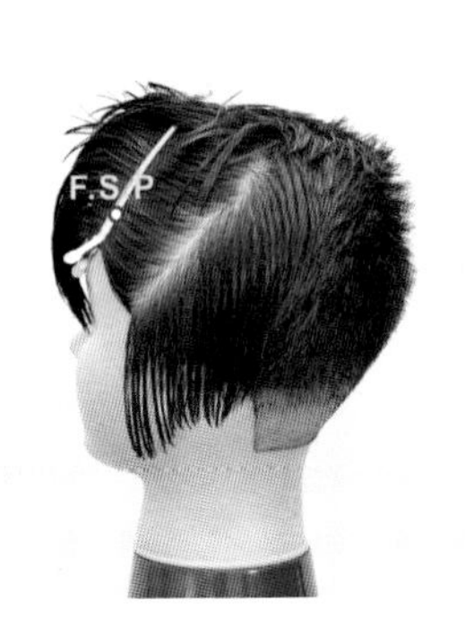

157 第2設計區塊左側前頭部，劃分第1逆斜髮片

158 第1逆斜髮片第1分段在髮長中間，以內部高層次鋸齒狀調量技法調整髮量。

159 第1逆斜髮片第2分段在髮長中間，以內部高層次鋸齒狀調量技法調整髮量。

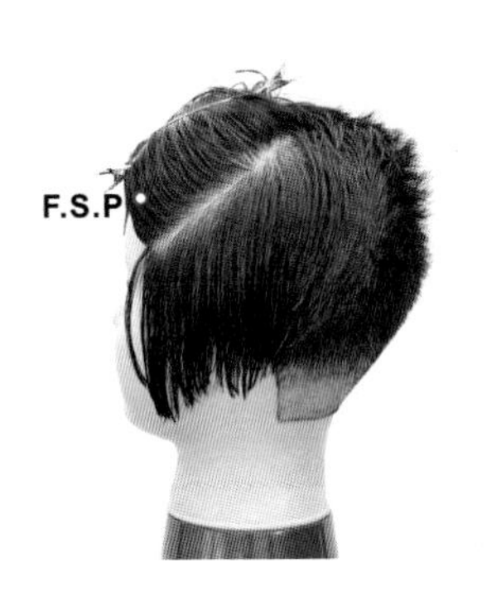

160 第2設計區塊左側前頭部，劃分第2逆斜髮片

161 第2逆斜髮片第1分段在髮長中間，以內部高層次鋸齒狀調量技法調整髮量。

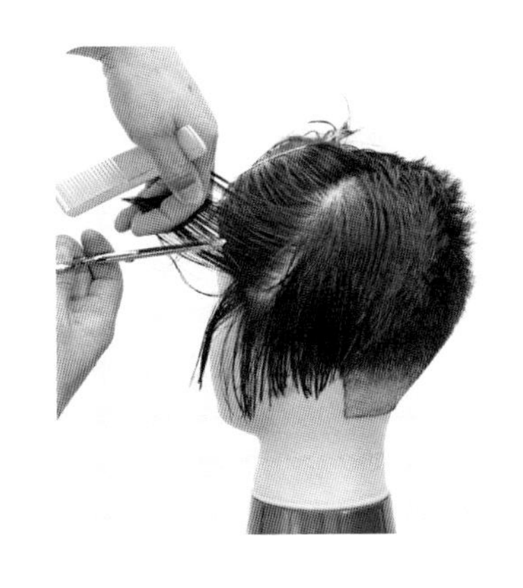

162 第2逆斜髮片第2分段在髮長中間，以內部高層次鋸齒狀調量技法調整髮量。

163 第2設計區塊左側前頭部，劃分第3逆斜髮片。

164 第2逆斜髮片第1、2分段在髮長中間，以內部高層次鋸齒狀調量技法調整髮量。

165 不對稱龐克＋推剪12-左側前頭部髮中鋸齒狀調量（片長：2分26秒）。

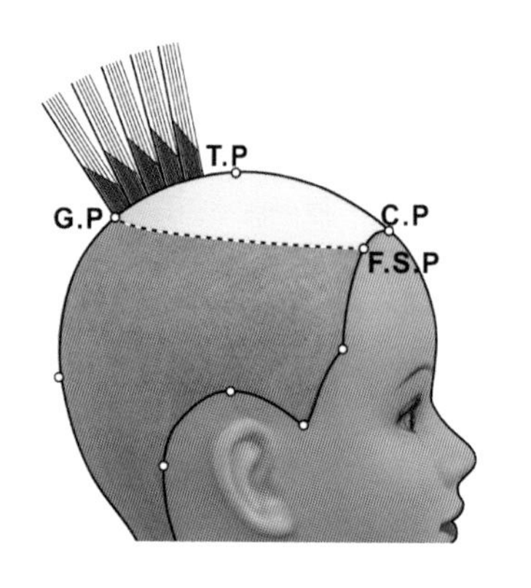

166 第2區上頭部，在「髮根」以挑剪式調量技法進行髮量調整，使形成刺蝟效果。

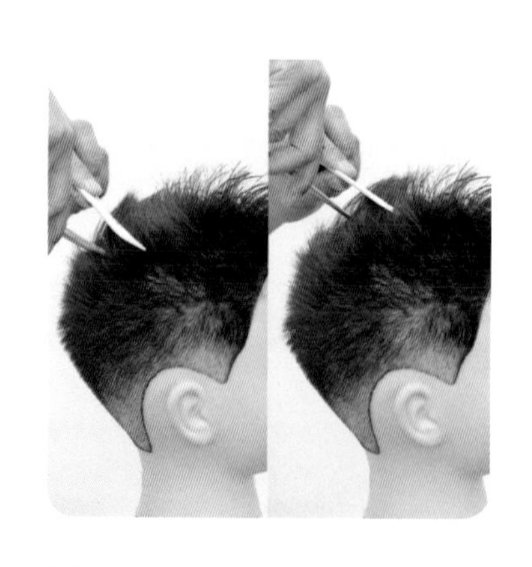

167 第2區上頭部，在「髮根」以挑剪式調量技法進行髮量調整，使形成刺蝟效果。

168 第2區上頭部，在「髮根」以挑剪式調量技法進行髮量調整，使形成刺蝟效果。

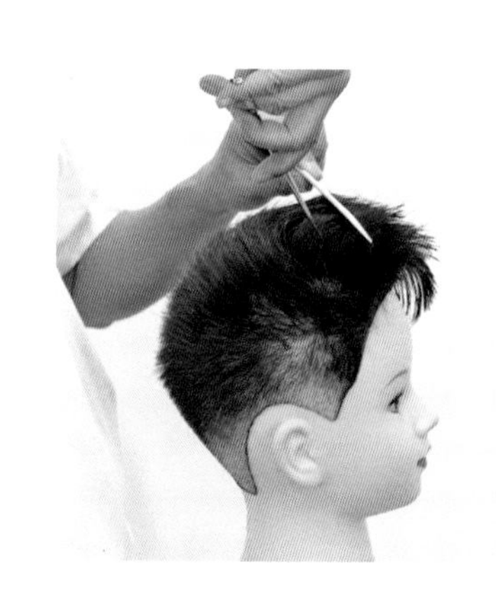

169 第2區上頭部，在「髮根」以挑剪式調量技法進行髮量調整，使形成刺蝟效果。

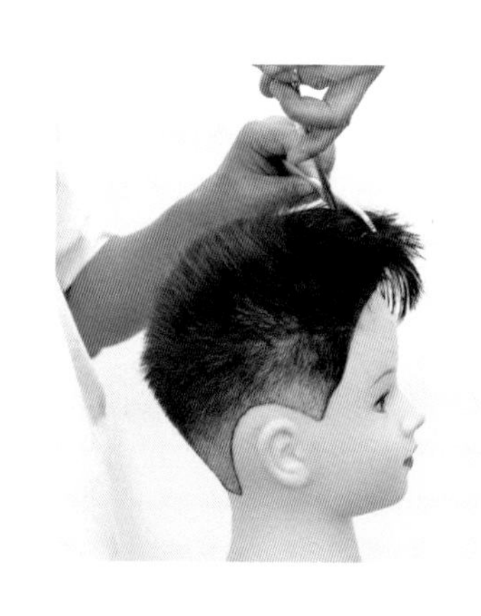

170 第2區上頭部，在「髮根」以挑剪式調量技法進行髮量調整，使形成刺蝟效果。

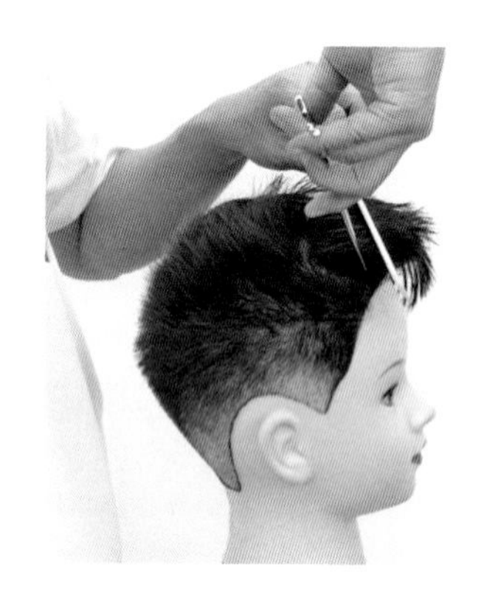

171 第2區上頭部，在「髮根」以挑剪式調量技法進行髮量調整，使形成刺蝟效果。

172 不對稱龐克＋推剪13-上頭部髮根鋸齒狀挑剪調量（片長：2分26秒）。

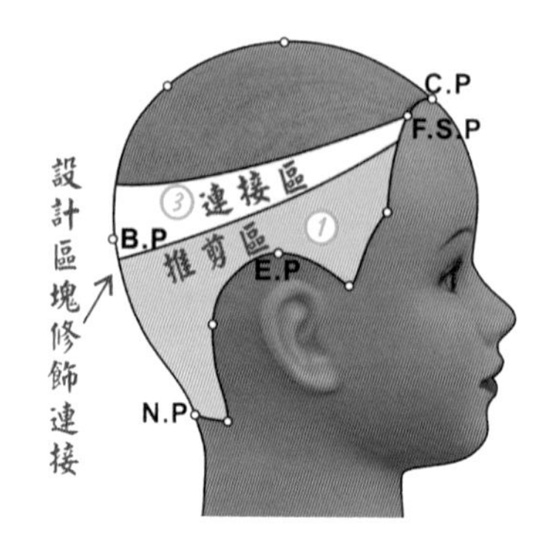

173 在第1、3設計區連接區外輪廓，以「斜梳弧推」技法修飾去角的幾何結構設計圖。

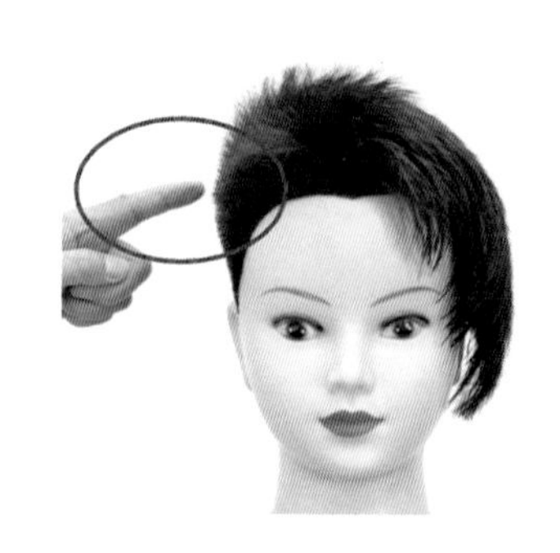

174 在第1、3設計區連接區外輪廓，以「斜梳弧推」技法修飾去角的部位。

175 在第 1、3 設計區側頭部連接區外輪廓，以「斜梳弧推」技法修飾去角。

176 在第 1、3 設計區側頭部連接區外輪廓，以「斜梳弧推」技法修飾去角。

177 在第 1、3 設計區側頭部連接區外輪廓，以「斜梳弧推」技法修飾去角。

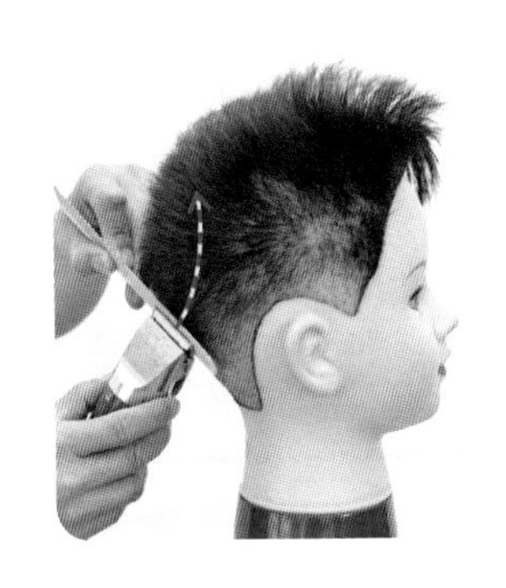

178 在第 1、3 設計區後側頭部連接區外輪廓，以「斜梳弧推」技法修飾去角。

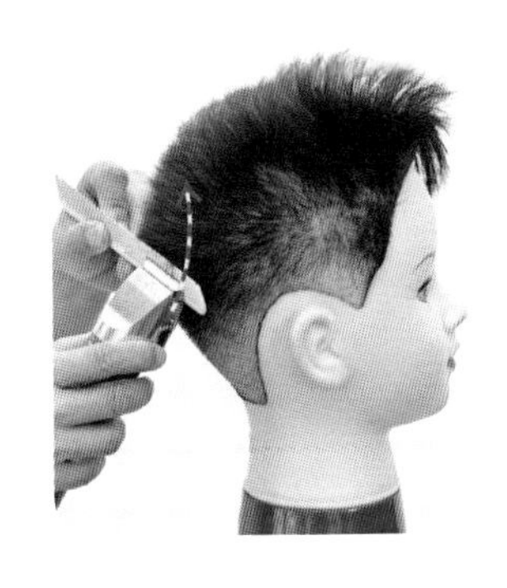

179 在第 1、3 設計區後側頭部連接區外輪廓，以「斜梳弧推」技法修飾去角。

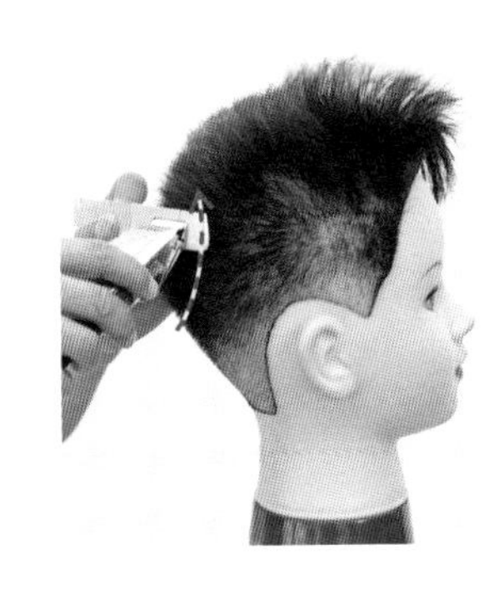

180 在第 1、3 設計區後側頭部連接區外輪廓，以「斜梳弧推」技法修飾去角。

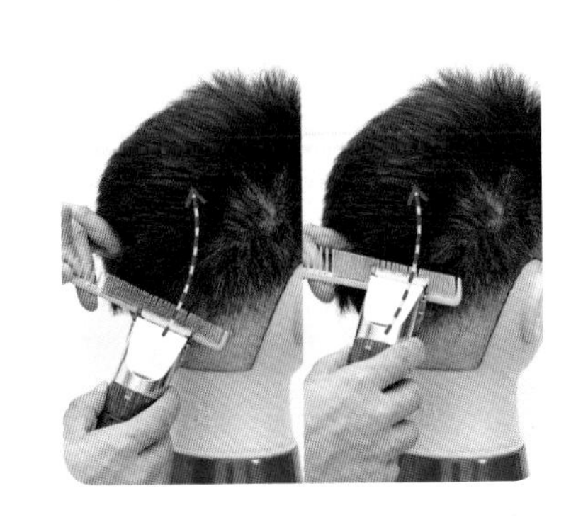

181 在第 1、3 設計區後頭部連接區外輪廓，以「斜梳弧推」技法修飾去角。

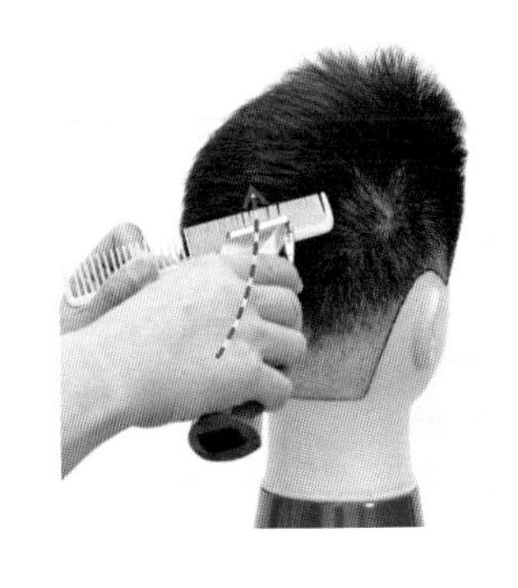

182 在第 1、3 設計區後頭部連接區外輪廓，以「斜梳弧推」技法修飾去角。

183 不對稱龐克＋推剪 14- 斜梳弧推修飾去角（片長：3 分 15 秒）。

184 不對稱龐克＋推剪 - 造型完成 1

185 不對稱龐克＋推剪 - 造型完成 2

186 不對稱龐克＋推剪 - 造型完成 3

10

第十章

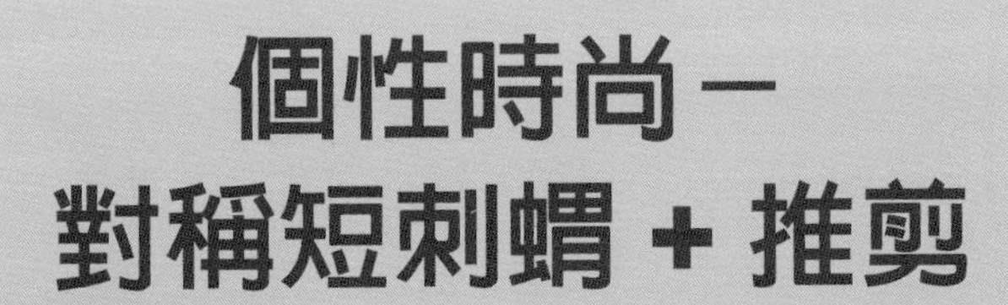

個性時尚－對稱短刺蝟＋推剪

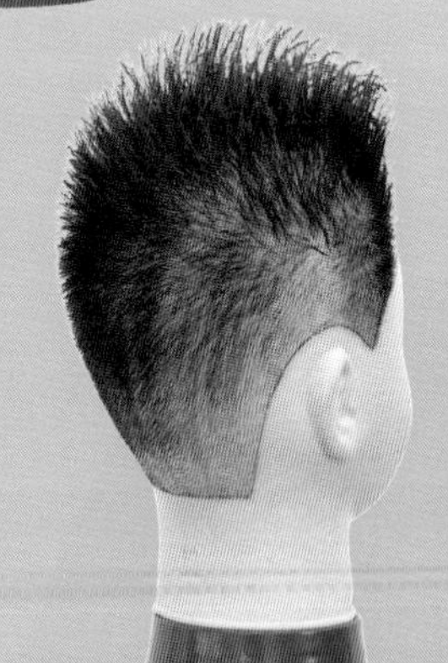
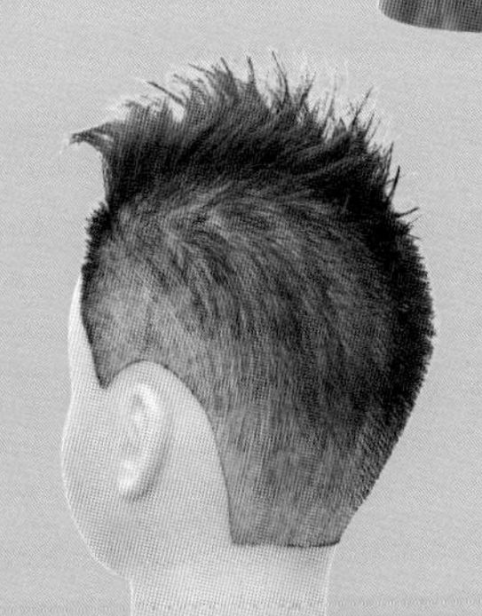

QR10-1
對稱短刺蝟頭＋推剪 -12- 造型完成（片長：1 分 47 秒）

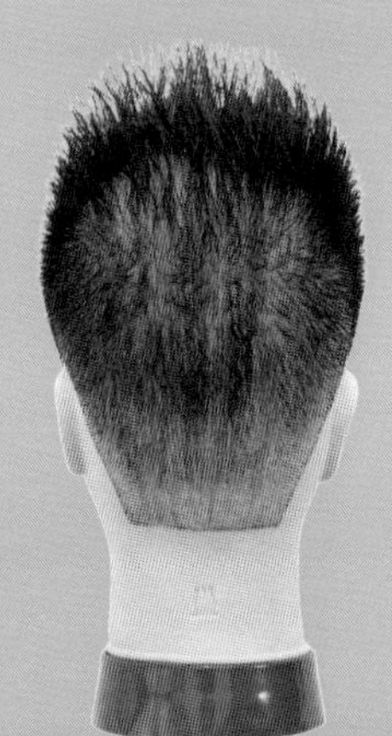
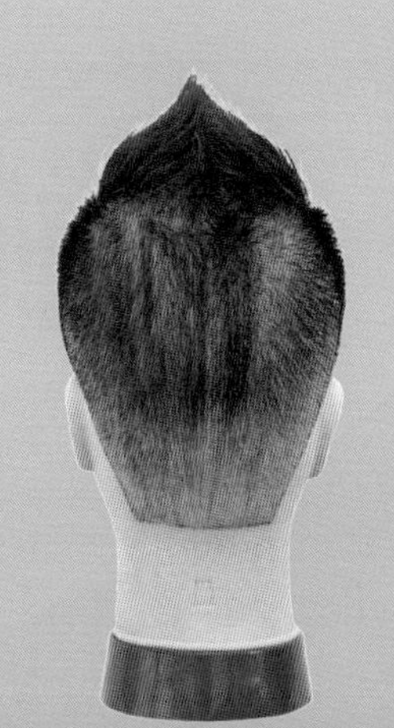

QR10-2
對稱短刺蝟頭＋推剪 -14- 造型完成（片長：1 分 46 秒）

10-1 對稱短刺蝟＋推剪－設計概論

刺蝟頭剪髮 -Spiky haircut 是一款將 U 型區頭髮豎立起來的短髮造型，強調髮尾尖銳向上的刺蝟感，大多數髮型設計師和流行趨勢觀察家曾表示，在現代社會中「Spiky style」的靈感是來至於 70 年代的「Punk」運動，這種街頭文化、個性又粗獷的髮型流傳至今，雖然經過每一世代的修改和微調，但是尖的頭髮和乾淨的裁剪外觀仍是最常見的特徵及風格。

就髮型適用對象而言，刺蝟髮型對於男性和女性都是一款很容易創作和維護的造型，其多變化的造型特色，更可以讓人看起來大膽、前衛、時髦、優雅，在任何時間憑藉造型產品和稍許時間，就可以完成亮麗動人的造型。

本款設計，融入以下兩項創意設計：

(1) Fade haircut- 這是推剪造型的統稱，意思就是第 1 設計區塊，從頸背、兩側髮際設計髮長從皮膚 0 公分開始，然後向頭頂部逐漸變長的推剪造型，在剪髮技法上綜合應用很多類型的推剪技法：例如縱梳縱推、Free hand clipper、斜梳斜推、斜梳弧推、托式推剪等。

(2) Spiky haircut- 這是第 2 設計區塊，從頭頂部設計髮尾產生尖銳向上如刺蝟感又透光性的造型，在剪髮技法上綜合應用很多類型的調量技法，例如：挑剪式調量、梳剪式調量等。

1. 形狀－ Form：

如圖 10-1，在髮型第 1 設計區塊由於應用「Fade haircut」，在「Fade line」以下形成髮長緊貼於皮膚很乾淨又平滑的外輪廓造型，在「Fade line」以上形成髮長逐漸向頭頂部變長，髮型從側面觀察「Fade haircut」會使後頭部的縱向輪廓更有立體感（如圖 10-1 左 2）。在髮型第 2 設計區塊應用「Spiky haircut」使頭頂部髮長形成長短參差又透光的外輪廓造型，髮型無論從正面（如圖 10-1 右 2）或側面觀察，都有拉長縱向造型的效果。

圖 10-1

2. 結構－ Structure：

第 1 設計區塊於髮際線以上約 3 公分設定「fade line」，並環繞頭部於頸背及兩側耳際（如圖 10-2），這將決定一個推剪髮型的弧度從髮際皮膚 0 公分轉變到另一個髮長的位置，此位置可因顧客喜好而改變。因此以區塊髮長幾何結構而言，「fade line」就位於兩種髮長結構的交界點，「fade line」之下的區塊髮長爲 0 公分，採用 Free hand clipper 技法操作，使髮長完全緊貼於皮膚，「fade line」之上的區塊髮長採用移動式引導、縱梳縱推技法操作，形成髮長往第 1 設計區塊頂部逐漸變長（如圖 10-2），第 1 設計區塊如此的推剪技法常見於男性推剪造型。

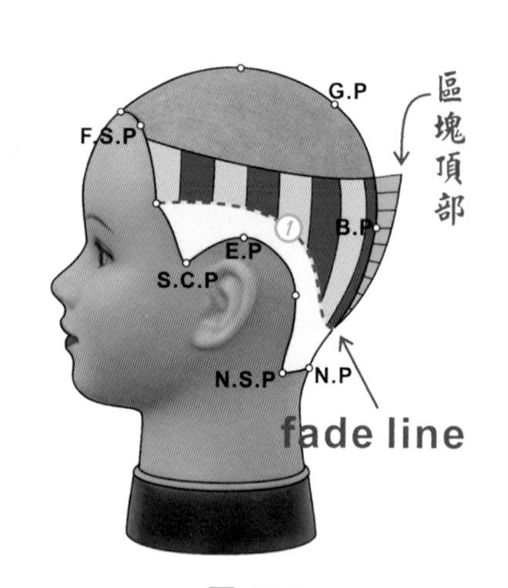

圖 10-2

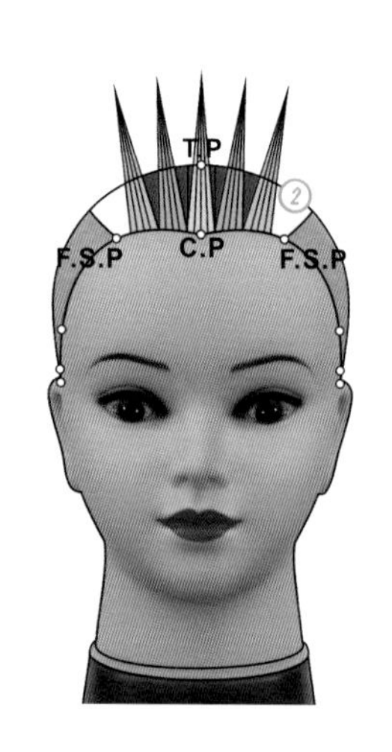

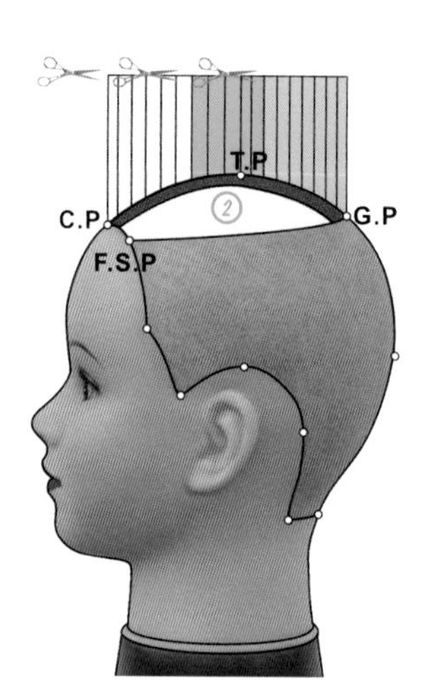

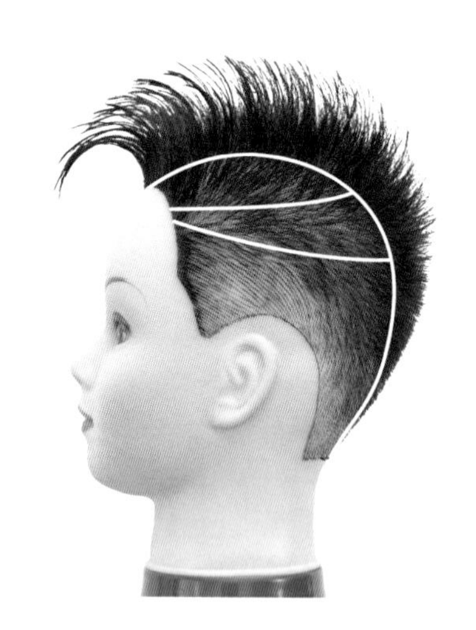

圖 10-3

刺蝟造型設定於第 2 設計區塊，裁剪時劃分縱髮片、移動式引導、等腰三角型（如圖 10-3 左）、提拉垂直向上、切口呈水平分段裁剪（如圖 10-3 中），以區塊髮長幾何結構而言，整區髮量在左右展開時會形成均長效果，前後展開時可看出 T.P 的髮長最短，然後往前及往後逐漸變長（如圖 10-3 右），讓頂部刺蝟造型的前額增加柔軟曲線、後上頭部 G.P 部位漸增髮長以堆疊出量感。

第 3 設計區塊是推剪區和刺蝟區的連接區，裁剪時劃分縱髮片（側中線以後則轉爲定點放射髮片）、移動式引導、等腰三角型（如圖 10-4）、提拉水平、切口 90 度裁剪（如圖 10-5），以區塊髮長幾何結構

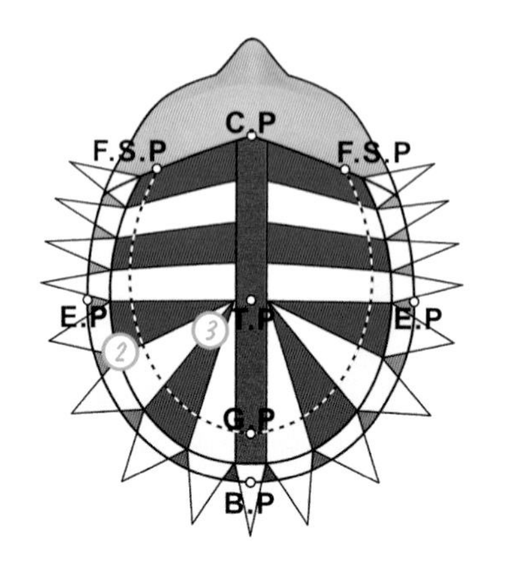

圖 10-4

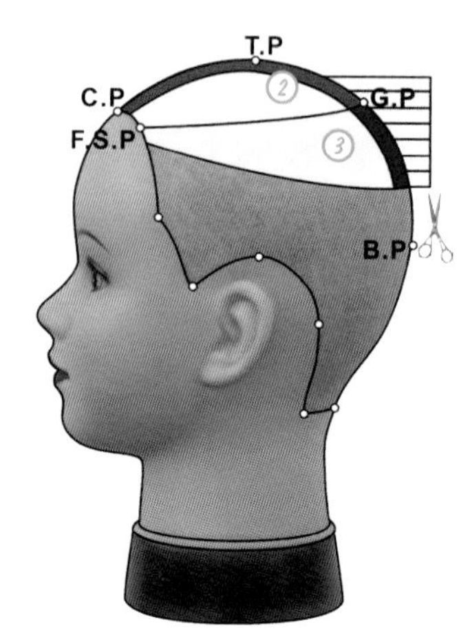

圖 10-5

而言，整區髮量在橫向展開時會形成左右均長效果，上下展開時會形成上長下短效果，第 3 設計區塊頭部左右兩側髮長結構，在橫向展開及上下展開時也是如此的效果（如圖 10-6）。

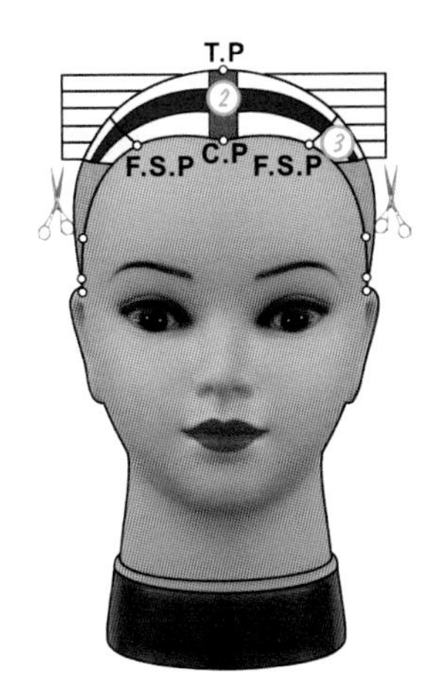

圖 10-6

3. 紋理－ Texture：

第 1 設計區塊由於應用「Fade haircut」，通常以乾髮狀態之下進行推剪，在「Fade line」以下之推剪使髮長緊貼於皮膚（如圖 10-7），因此不會受毛流 Hair movement、髮際線 Hairline、髮質之影響，完成後會在髮際邊緣形成乾淨俐落的頭型原曲線，在「Fade line」以上之縱梳縱推使髮長逐漸向區塊頂部變長，設計的外輪廓逐漸凸顯造型的弧度，因此該區頭髮會形成豎立之質感（如圖 10-7），所以控制剪髮梳的推剪角度、髮質的粗細、毛流、頭髮長度等等，對外輪廓造型有絕對之影響性。

第 2 設計區塊是頭髮最長的刺蝟造型區，更是推剪髮型多元變化的主軸，例如：外輪廓是否連接？造型的髮流方向為何？是否分線？頭髮是否進行調量？頭髮長度為何？等等因素都是影響髮型紋理的變數。本款髮型在此區以鋸齒狀「挑剪式調量」技法，將打薄剪刀的尖頭朝向近髮根的內部挑剪掉少量的頭髮，因此外輪廓會產生髮尾漸層透光、髮量稀疏的質感。

第 3 設計區塊是刺蝟區和推剪區之間的連接區，也就是外輪廓從明顯的弧度連接到漸層透光的區塊（如圖 10-8 左 1），因此應用「梳剪式調量」進行微型調量，就設計變化而言此區也可以設計不和第 2 設計區連接，以套件推剪成均等的效果（如圖 10-8 右 1 右 2），繼續凸顯第 1 設計區塊外輪廓明顯的弧度及豎立之質感。

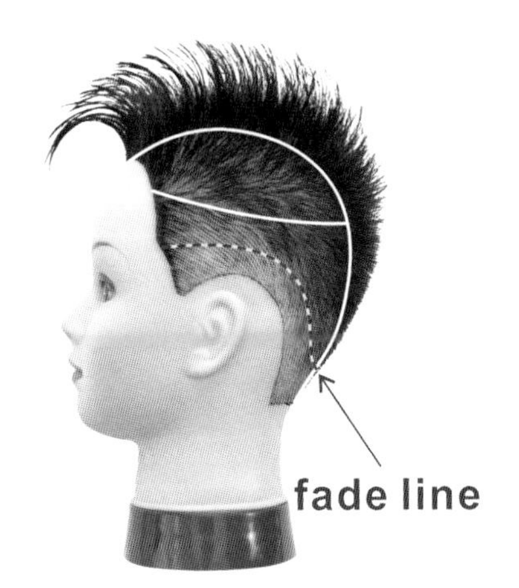

圖 10-7

圖 10-8

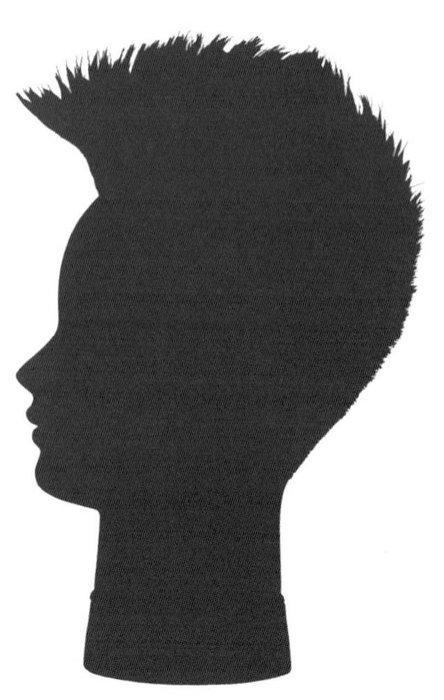

10-2 對稱短刺蝟＋推剪－操作過程解析

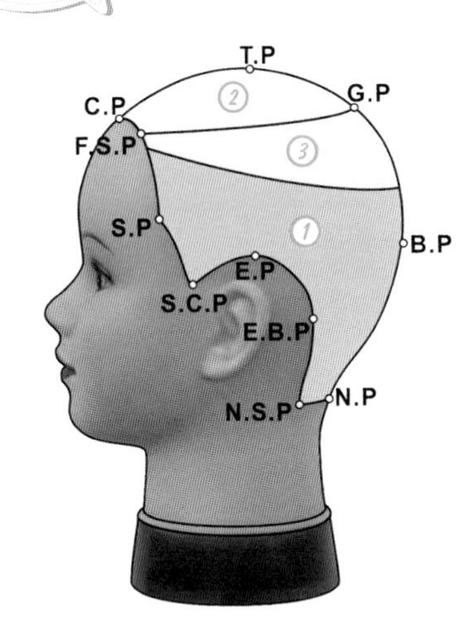

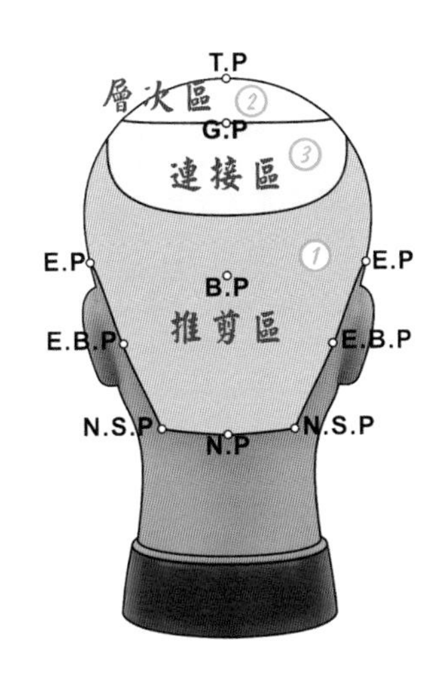

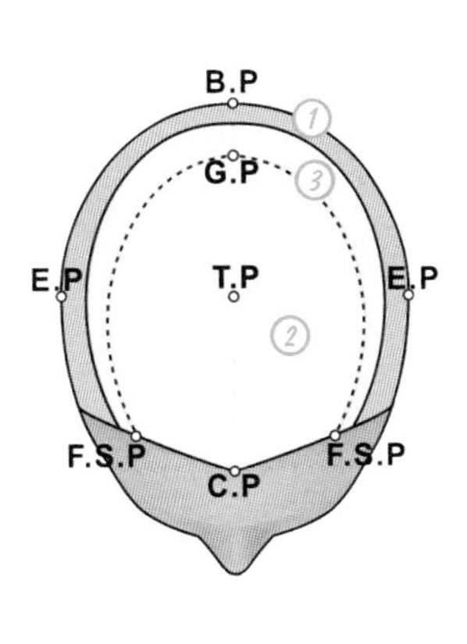

1 全部結構設計圖總共分為 3 區，主要在認識高層次區（刺蝟區）、推剪區、連結區，解剖髮型裁剪過程的結構，分析各區的設計架構如何運用縱髮片及推剪技法，掌握「縱向」與「橫向」的變化，使裁剪前即可掌握裁剪設計目標 - 形的外輪廓，並熟悉頭部 15 個基準點的正確位置與應用。各區塊範圍如上圖 15 個基準點的連線內容，其 1、2、3 編號也代表其剪髮操作順序。

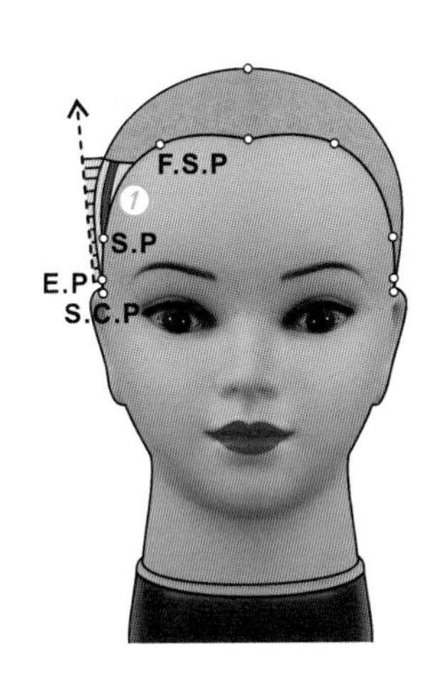

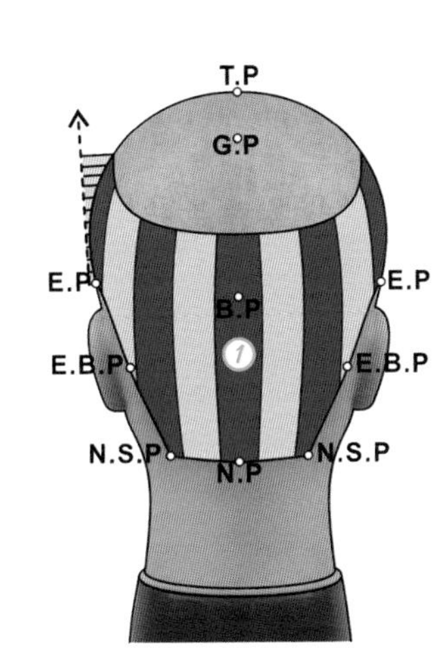

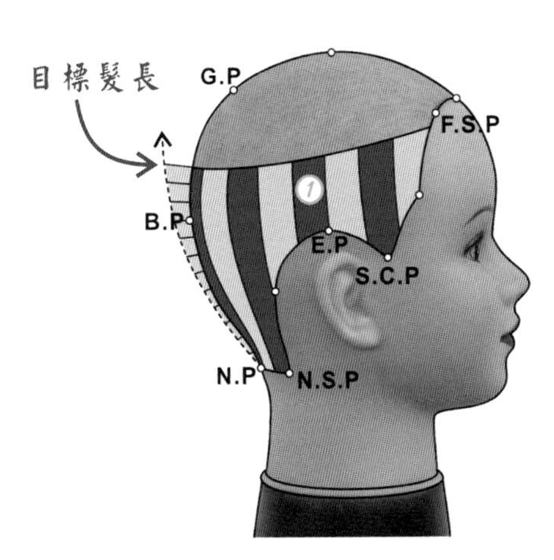

2 第 1 設計區塊，依設計構想劃分的幾何結構設計圖，全區髮量劃分為若干縱髮片（如上圖），裁剪梳下端服貼臉際，上端控制在目標髮長（如上圖右），每片髮片以「縱梳縱推」技法，移動式引導髮長，將突出於剪髮梳的髮尾去除。

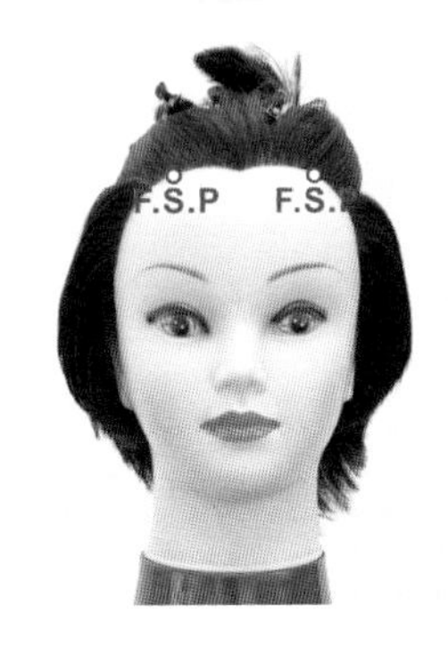

3 第 1 設計區塊劃分 - 前面

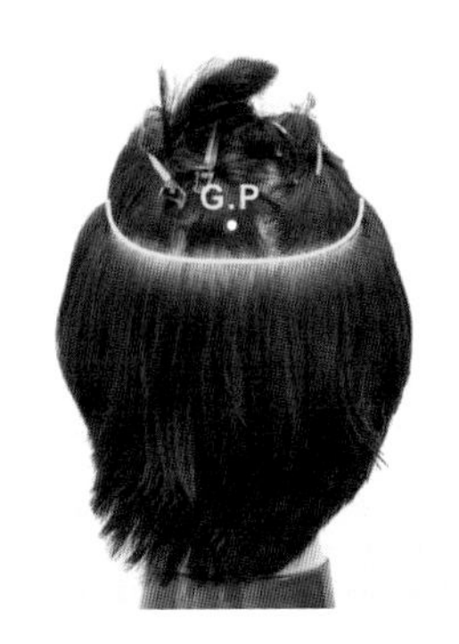

4 第 1 設計區塊劃分 - 後面

5 第 1 設計區塊劃分 - 右側

6 第 1 縱髮片，剪髮梳下端服貼髮際線，上端控制在目標髮長。

7 以「縱梳縱推」技法，將突出於剪髮梳的髮尾去除。

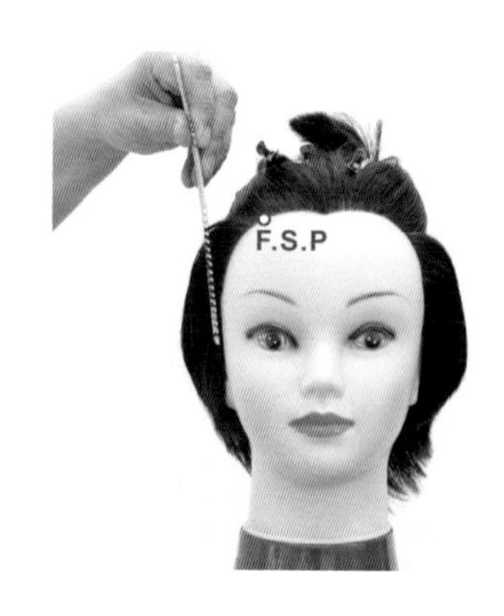

8 第 1 縱髮片推剪完成，成爲第 1 引導髮片。

9 第 2 縱髮片，剪髮梳下端服貼髮際線，上端控制在目標髮長。

10 以「縱梳縱推」技法，依據第 1 縱髮片引導將突出於剪髮梳的髮尾去除。

11 第 2 縱髮片推剪完成，成爲第 2 引導髮片。

12 第 4 縱髮片，剪髮梳下端服貼髮際線，上端控制在目標髮長。

13 以「縱梳縱推」技法，依據第 3 縱髮片引導將突出於剪髮梳的髮尾去除。

14 第 4 縱髮片推剪完成，成爲第 4 引導髮片。

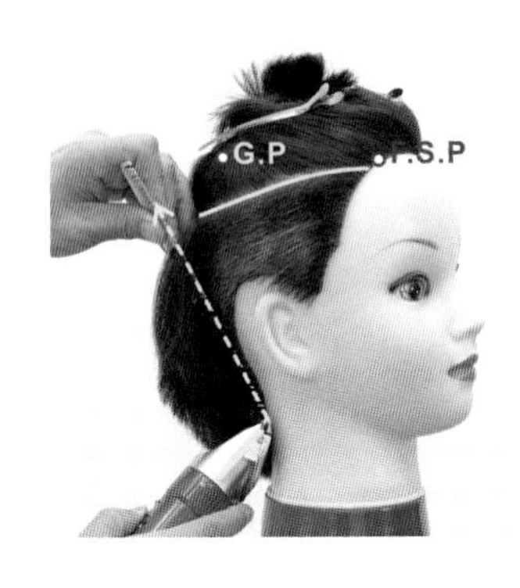

15 第 5 縱髮片，裁剪梳下端服貼髮際線，上端控制在目標髮長。

16 以「縱梳縱推」技法，依據第 4 縱髮片引導將突出於剪髮梳的髮尾去除。

17 第 5 縱髮片推剪完成成爲第 5 引導髮片

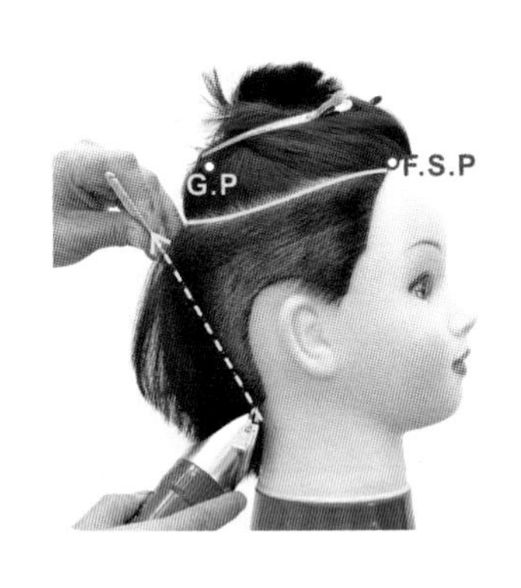

18 第 6 縱髮片，裁剪梳下端服貼髮際線，上端控制在目標髮長。

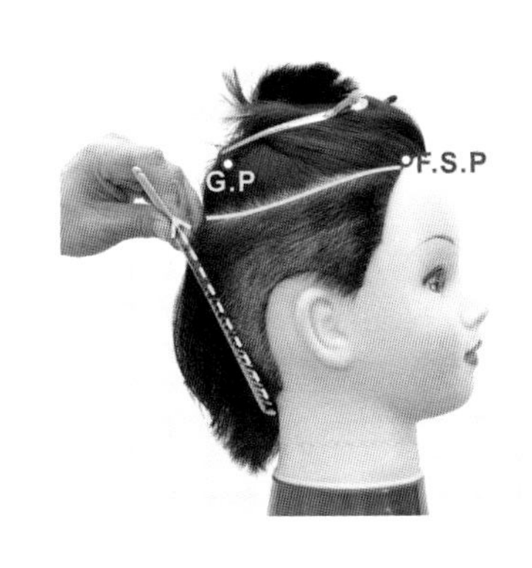

19 以「縱梳縱推」技法，依據第 5 縱髮片引導將突出於剪髮梳的髮尾去除。

20 第 6 縱髮片推剪完成，成爲第 6 引導髮片。

21 第 7 縱髮片，裁剪梳下端服貼髮際線，上端控制在目標髮長。

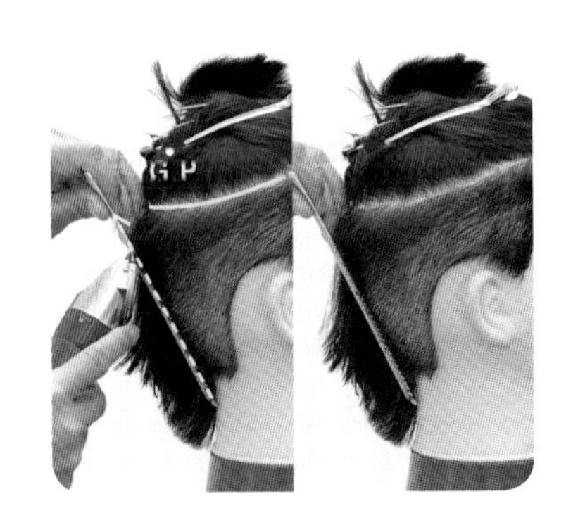

22 再以「縱梳縱推」技法，依據第 6 縱髮片引導將突出於剪髮梳的髮尾去除。

23 對稱短刺蝟頭＋推剪 1- 第 1 設計區右側，以『縱梳縱推』技法，將突出於剪髮梳的髮尾去除（片長：2 分 25 秒）

24 左側劃分第 1 縱髮片的幾何結構設計圖

25 剪髮梳下端服貼髮際線，上端控制在目標髮長，注意剪髮梳控制左右兩側推剪角度要相同，再以「縱梳縱推」技法，將突出於剪髮梳的髮尾去除。

26 左側第 1 縱髮片推剪完成，成為第 1 引導髮片。

27 左側第 2 縱髮片，裁剪梳下端服貼髮際線，上端控制在目標髮長。

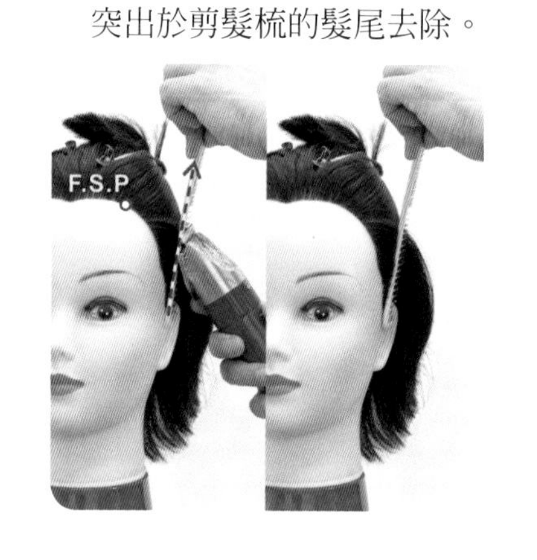

28 以「縱梳縱推」技法，依據第 1 縱髮片引導將突出於剪髮梳的髮尾去除。

29 左側第 2 縱髮片推剪完成，成為第 2 引導髮片。

30 左側第 3 縱髮片，裁剪梳下端服貼髮際線，上端控制在目標髮長。

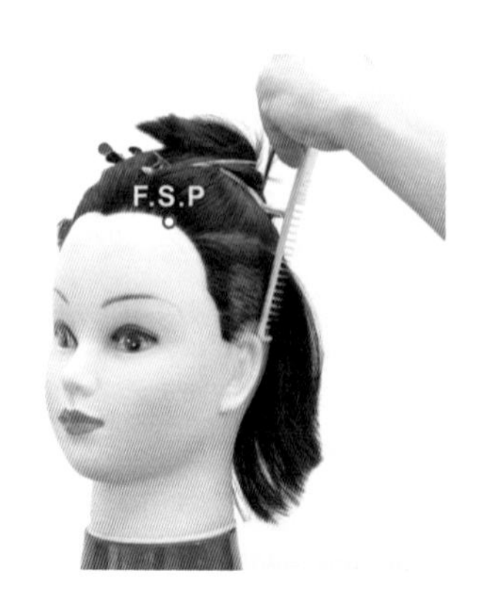

31 以「縱梳縱推」技法，依據第 2 縱髮片引導將突出於剪髮梳的髮尾去除。

32 左側第 3 縱髮片推剪完成，成為第 3 引導髮片。

33 左側第 4 縱髮片，剪髮梳下端服貼髮際線，上端控制在目標髮長。

34 以「縱梳縱推」技法，依據第 3 縱髮片引導將突出於剪髮梳的髮尾去除。

35 左側第 4 縱髮片推剪完成，成爲第 4 引導髮片。

36 左側第 5 縱髮片，剪髮梳下端服貼髮際線，上端控制在目標髮長。

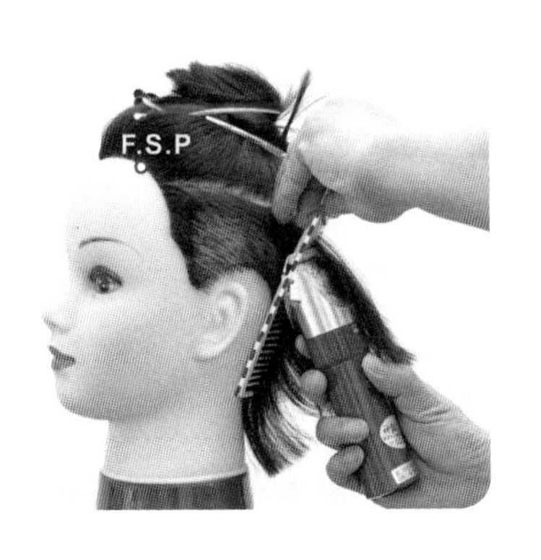

37 以「縱梳縱推」技法，依據第 4 縱髮片引導將突出於剪髮梳的髮尾去除。

38 左側第 5 縱髮片推剪完成，成爲第 5 引導髮片。

39 左側第 6 縱髮片，剪髮梳下端服貼髮際線，上端控制在目標髮長。

40 再以「縱梳縱推」技法，依據第 5 縱髮片引導將突出於剪髮梳的髮尾去除。

41 左側第 6 縱髮片推剪完成

42 左側第 7 縱髮片，剪髮梳下端服貼髮際線，上端控制在目標髮長。

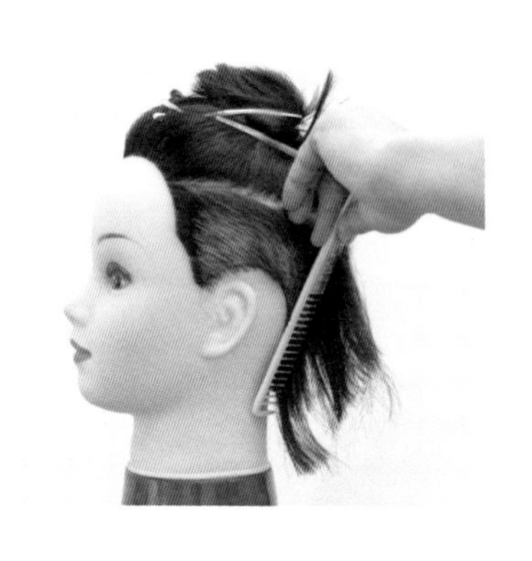

43 再以「縱梳縱推」技法，依據第 6 縱髮片引導將突出於剪髮梳的髮尾去除。

44 左側第 7 縱髮片推剪完成

45 左側第 8 縱髮片，剪髮梳下端服貼髮際線，上端控制在目標髮長。

46 再以「縱梳縱推」技法，依據第 7 縱髮片引導將突出於剪髮梳的髮尾去除。

47 左側第 8 縱髮片推剪完成

48 左側第 9 縱髮片，剪髮梳下端服貼髮際線，上端控制在目標髮長。

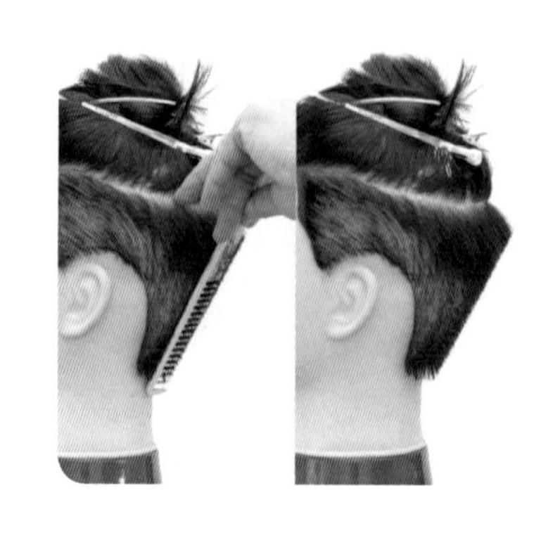

49 再以「縱梳縱推」技法，依據左、右側的縱髮片引導，將突出於剪髮梳的髮尾去除。

50 對稱短刺蝟頭＋推剪 2- 第 1 設計區塊左側，以『縱梳縱推』技法，將突出於剪髮梳的髮尾去除（片長：2 分 04 秒）。

51 第 1 分段，剪髮梳由縱向外輪廓弧度線反向延申至頸背線。

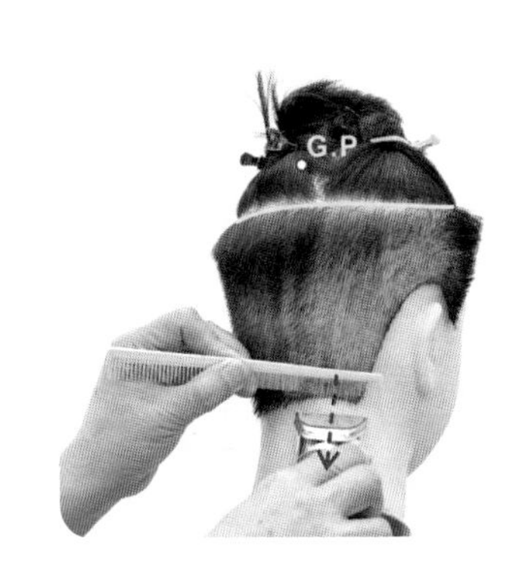

52 以「橫梳反向縱推」技法，將突出於剪髮梳的髮尾去除。

53 第 1 分段「橫梳反向縱推」裁剪後效果

54 第 2 分段，剪髮梳由縱向外輪廓弧度線反向延申至頸背線。

55 以「橫梳反向縱推」技法，將突出於剪髮梳的髮尾去除。

56 第 2 分段「橫梳反向縱推」裁剪後效果

57 第 3 分段，重複再以「橫梳反向縱推」技法，將突出於剪髮梳的髮尾去除。

58 第 4 分段，重複再以「橫梳反向縱推」技法，將突出於剪髮梳的髮尾去除。

59 對稱短刺蝟頭＋推剪 3-1- 第 1 設計區塊頸背，以順向『橫梳縱推』技法，將突出於剪髮梳的髮尾去除（片長：1 分 33 秒）。

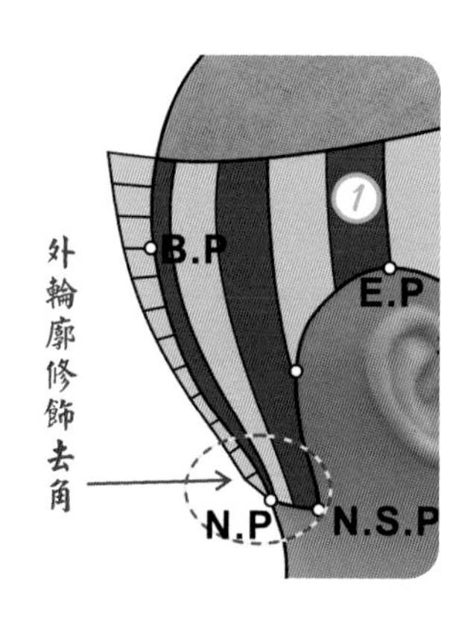

60 頸背縱向外輪廓弧度線修飾去角的幾何結構設計圖

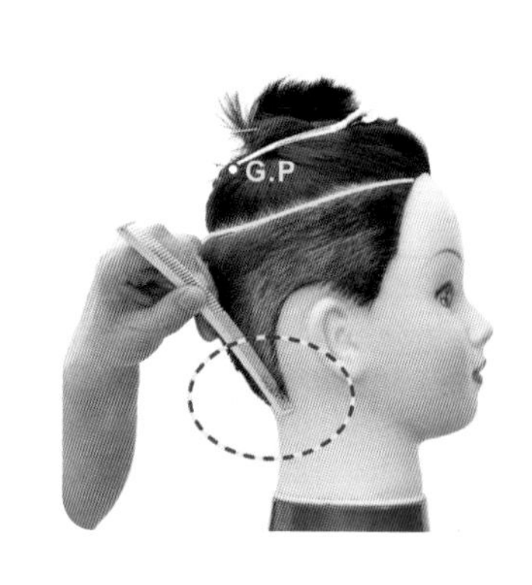

61 以剪髮梳縱向梳出頸背的微小三角形外輪廓弧度

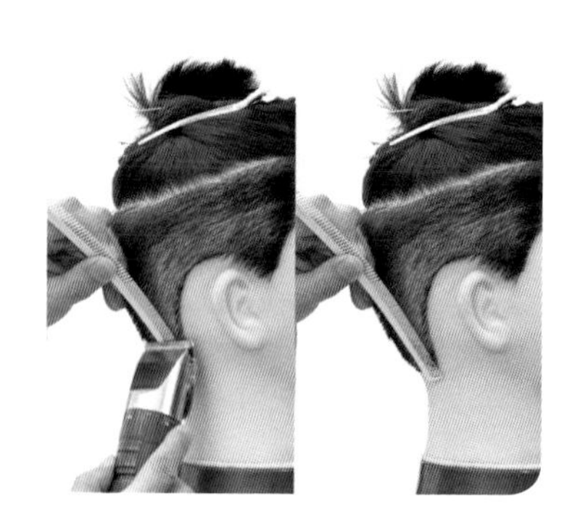

62 以「縱梳縱推」技法，將突出於剪髮梳的三角形髮尾去除。

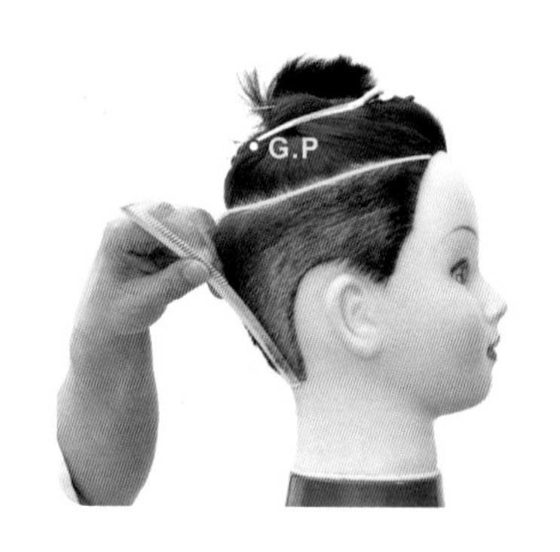

63 以剪髮梳縱向梳出頸背的微小三角形外輪廓弧度

64 以「縱梳縱推」技法，將突出於剪髮梳的三角形髮尾去除。

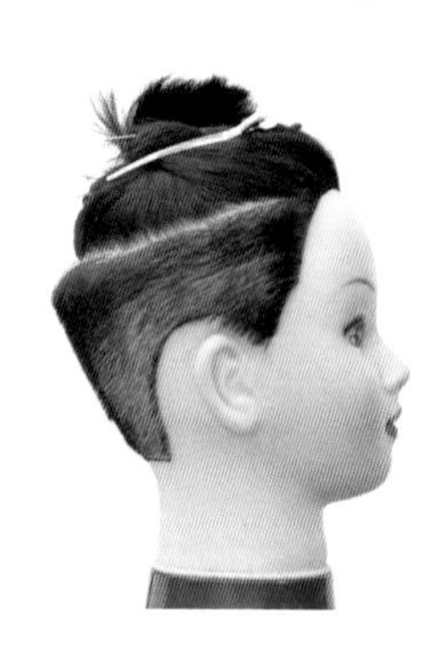

65 外輪廓弧度線修飾去角後效果

66 以剪髮梳縱向梳出頸背的微小三角形外輪廓弧度，再以「縱梳縱推」技法，將突出於剪髮梳的三角形髮尾去除。

67 外輪廓弧度線修飾去角後效果

68 對稱短刺蝟頭＋推剪 4- 第 1 設計區塊，頸背縱向外輪廓弧度修飾去角（片長：2 分 35 秒）。

69 頸背縱向外輪廓弧度線修飾去角完成 - 左側

70 頸背縱向外輪廓弧度線修飾去角完成 - 後面

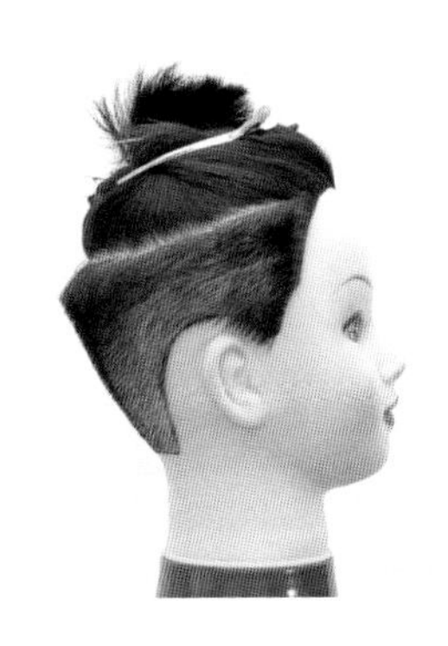

71 頸背縱向外輪廓弧度線修飾去角完成 - 右側

72 頸背縱向外輪廓弧度線修飾第 2 類 - 以「free hand」推剪技法，從頸背線將電推剪如鐘擺模式縱向往上推剪。

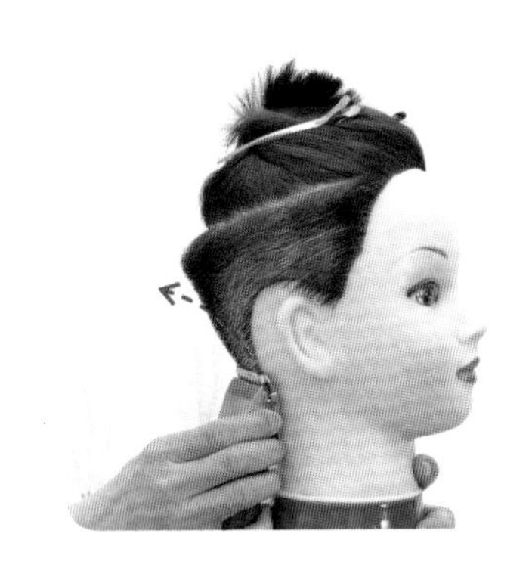

73 如鐘擺模式縱向往上推剪的連續動作 2

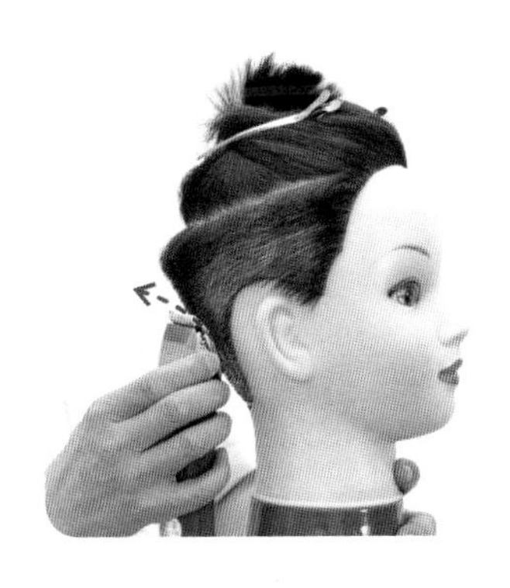

74 如鐘擺模式縱向往上推剪的連續動作 3

75 以「free hand」推剪技法，從頸背線將電推剪如鐘擺模式縱向往上推剪。

76 如鐘擺模式縱向往上推剪的連續動作 2

77 如鐘擺模式縱向往上推剪的連續動作 3

78 如鐘擺模式縱向往上推剪的連續動作 4

79 對稱短刺蝟頭 + 推剪 5-1- 頸背外輪廓 free hand（片長：1 分 13 秒）。

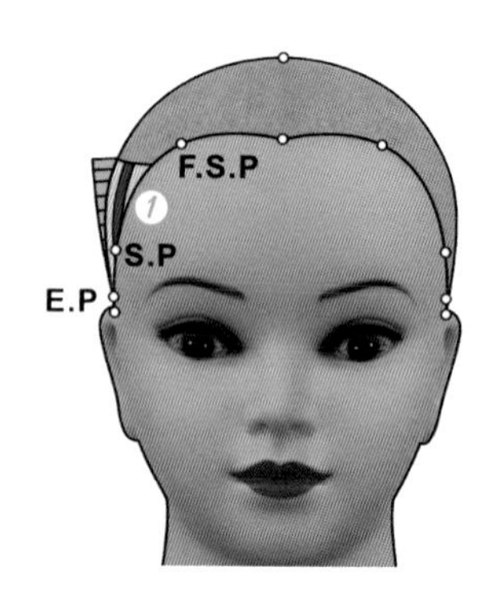

80 第 1 設計區塊，右側耳際外輪廓推剪的幾何結構設計圖

81 以「free hand」推剪技法，從鬢角髮際線將電推剪如鐘擺模式縱向往上推剪。

82 如鐘擺模式縱向往上推剪的連續動作 2

83 如鐘擺模式縱向往上推剪的連續動作 3

84 以「托式」推剪技法，控制電推剪傾斜角度，從耳際線弧形由前往後推剪的連續動作 1。

85 以「托式」推剪技法，控制電推剪傾斜角度，從耳際線弧形由前往後推剪的連續動作 2。

86 以「托式」推剪技法，控制電推剪傾斜角度，從耳際線弧形由前往後推剪的連續動作 3。

87 以「托式」推剪技法，控制電推剪傾斜角度，從耳際線弧形由後往前推剪的連續動作 1。

88 以「托式」推剪技法，控制電推剪傾斜角度，從耳際線弧形由後往前推剪的連續動作 2。

89 以「托式」推剪技法，控制電推剪傾斜角度，從耳際線弧形由後往前推剪的連續動作 3。

90 對稱短刺蝟頭＋推剪 5-2- 右側耳際外輪廓 free hand（片長：1 分 52 秒）。

91 左側鬢角髮際線以「free hand」推剪技法，從鬢角髮際線將電推剪如鐘擺模式縱向往上推剪，請參考右側耳際外輪廓推剪步驟 81 ～ 83。

92 左側耳際外輪廓以「托式」推剪技法，控制電推剪傾斜角度，從耳際線弧形推剪，請參考右側耳際外輪廓推剪步驟 84 ～ 89。

93 第 1 設計區塊推剪完成 - 左側

94 第 1 設計區塊推剪完成 - 前面

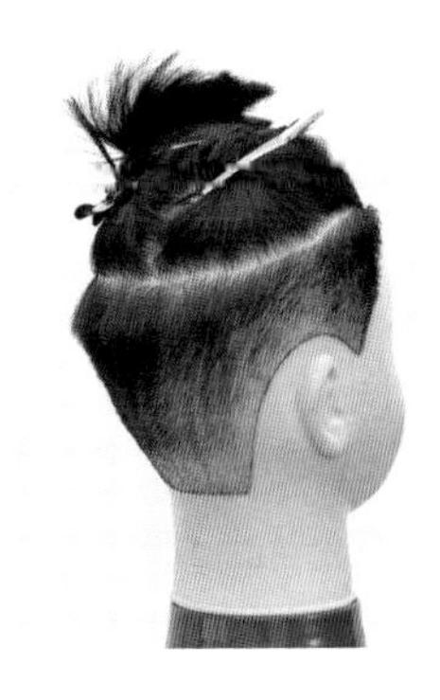

95 第 1 設計區塊推剪完成 - 右側

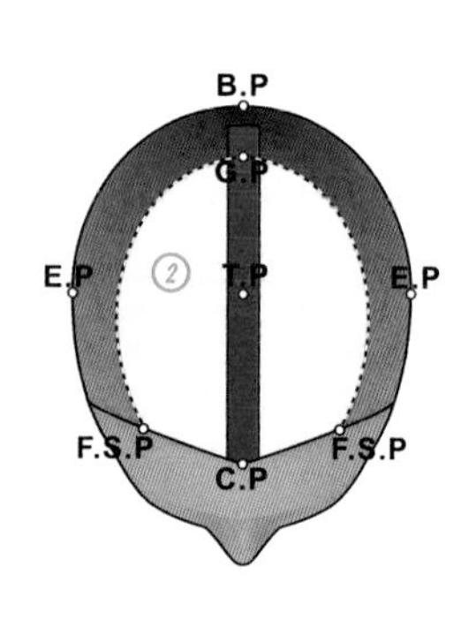

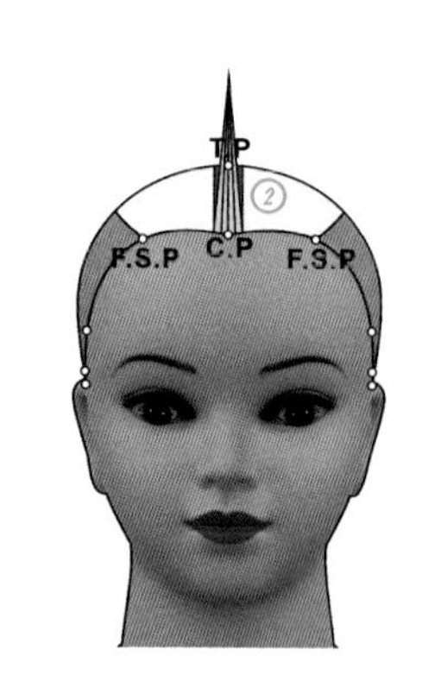

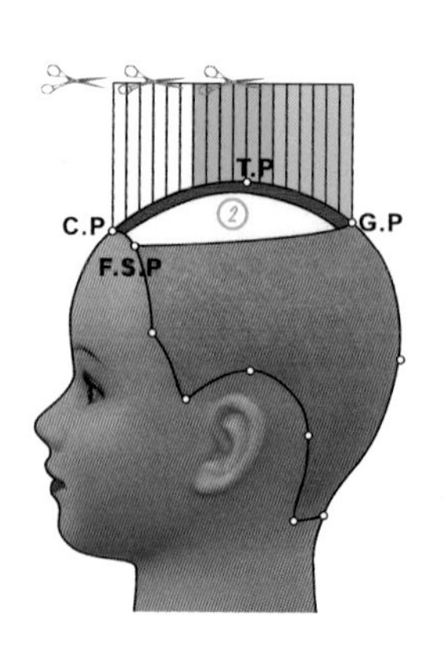

96 第 2 設計區塊，依設計構想劃分的幾何結構設計圖，在正中線劃分約 2 公分寬的縱向髮片（如上圖左），作爲頂部髮長的引導，以等腰三角型髮片（如上圖中）提拉垂直向上，切口約 90 度分段裁剪（如上圖右）。

97 第 2 設計區塊在正中線劃分約 2 公分寬的縱髮片

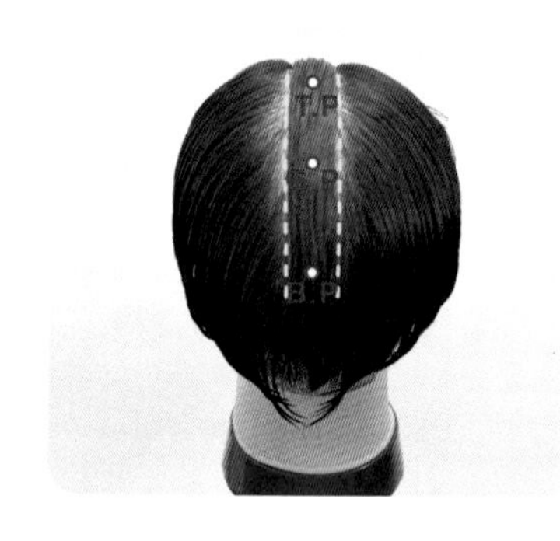

98 第 2 設計區塊在正中線劃分約 2 公分寬的縱髮片 - 後面

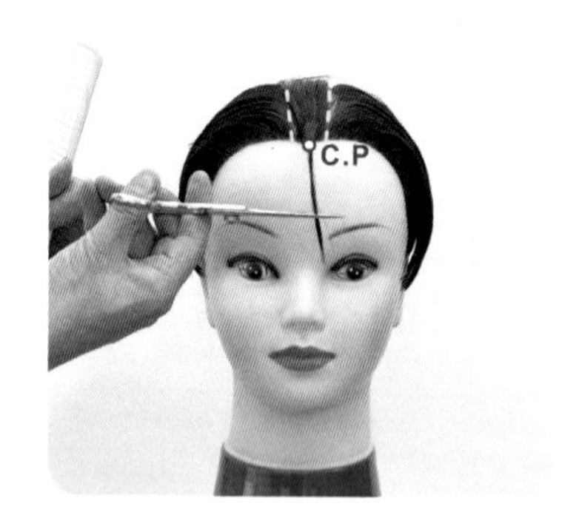

99 在 C.P 點分取小束髮量設定前額髮長

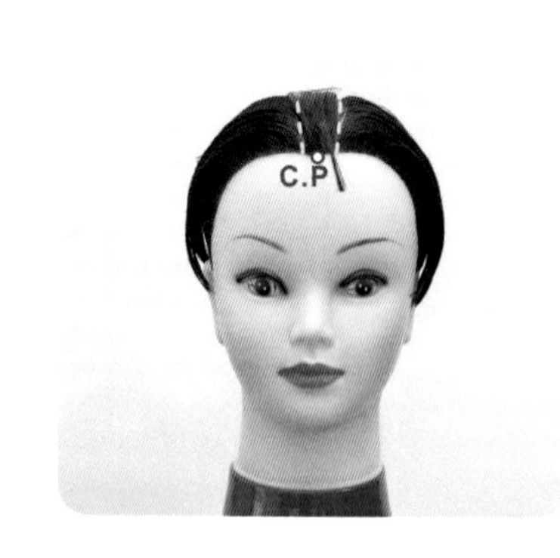

100 前額髮長設定完成

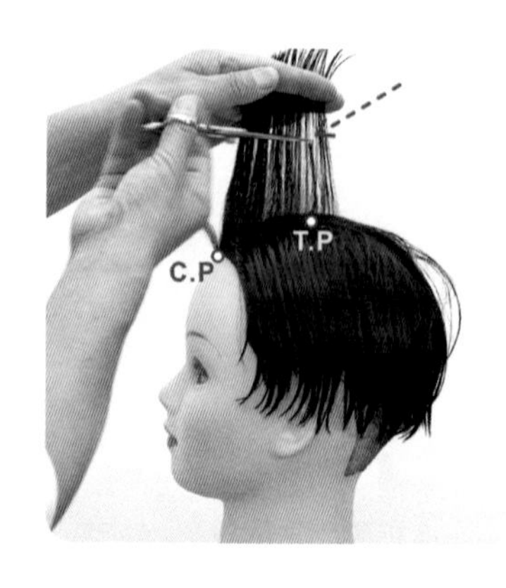

101 正中線劃分的縱髮片提拉垂直向上，設定 T.P 點髮長。

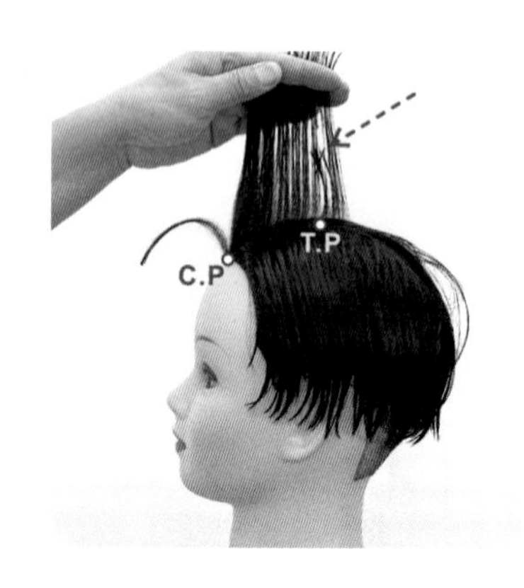

102 T.P 點髮長設定完成。

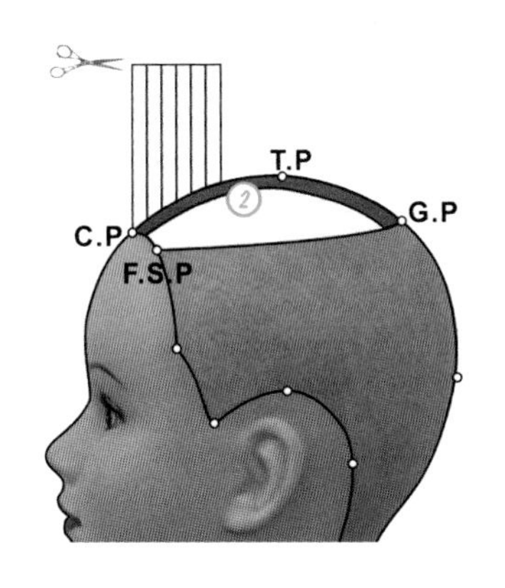

103 正中線劃分縱髮片以等腰三角型髮片提拉垂直向上，切口約 90 度第 1 分段裁剪的幾何結構設計圖。

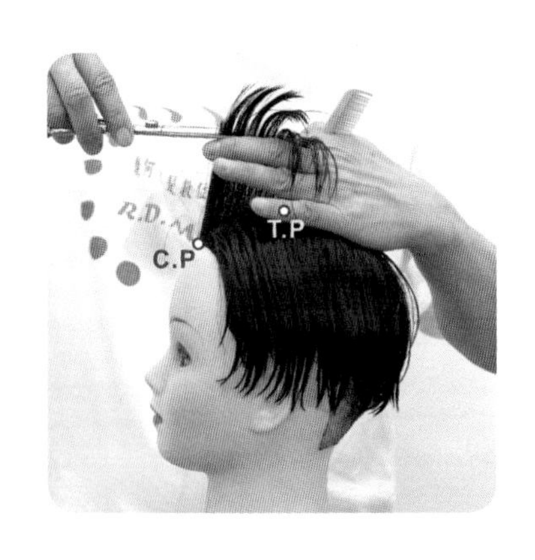

104 正中線劃分縱髮片以等腰三角型髮片提拉垂直向上，切口約 90 度第 1 分段裁剪。

105 第 1 分段裁剪完成

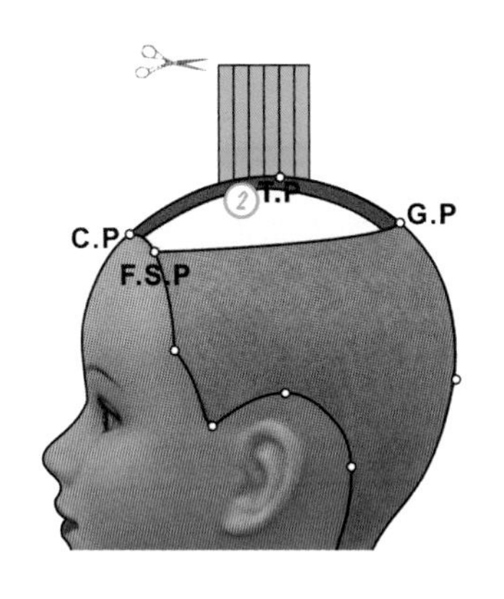

106 正中線劃分縱髮片以等腰三角型髮片提拉垂直向上，切口約 90 度第 2 分段裁剪的幾何結構設計圖。

107 正中線劃分縱髮片以等腰三角型髮片提拉垂直向上，切口約 90 度第 2 分段裁剪。

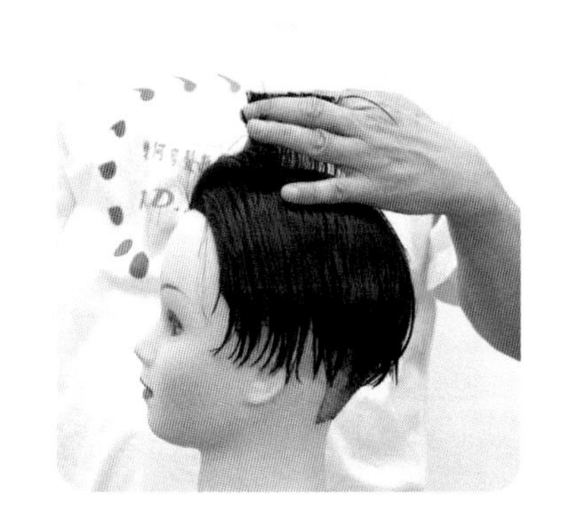

108 第 2 分段裁剪完成

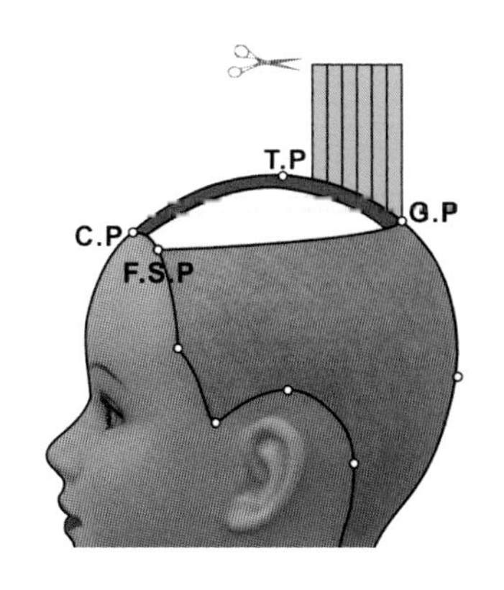

109 正中線劃分縱髮片以等腰三角型髮片提拉垂直向上，切口約 90 度第 3 分段裁剪的幾何結構設計圖。

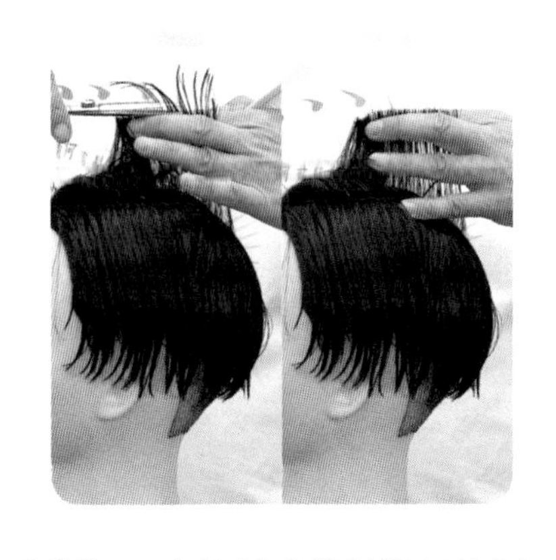

110 正中線劃分縱髮片以等腰三角型髮片提拉垂直向上，切口約 90 度第 3 分段裁剪完成。

111 對稱短刺蝟頭＋推剪 7- 正中線引導髮片以定向分配裁剪（片長：2 分 29 秒）。

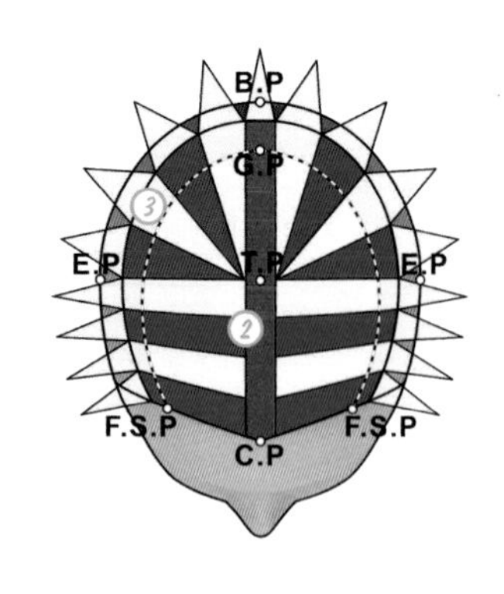

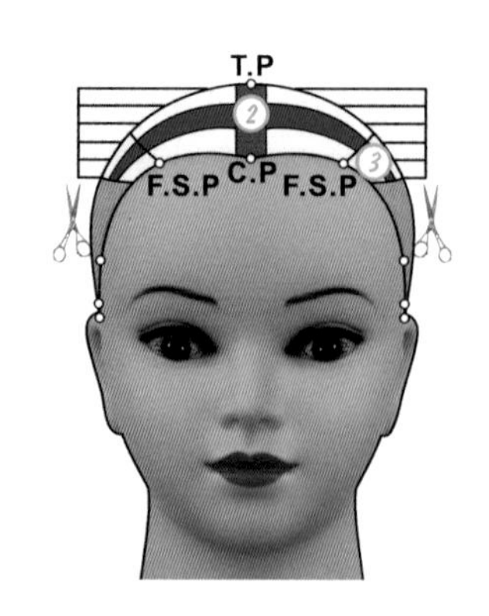

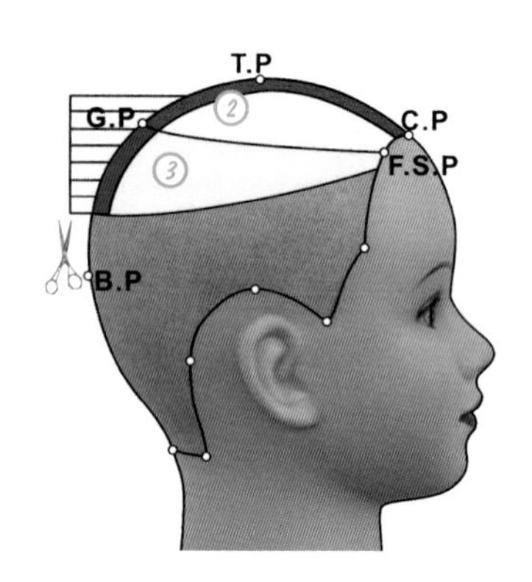

112 第 2、3 設計區塊，依設計構想劃分的幾何結構設計圖，劃分縱髮片及定點放射髮片、以移動式引導、等腰三角型髮片（如上圖左）、提拉水平、切口約 90 度裁剪（如上圖中、右）。

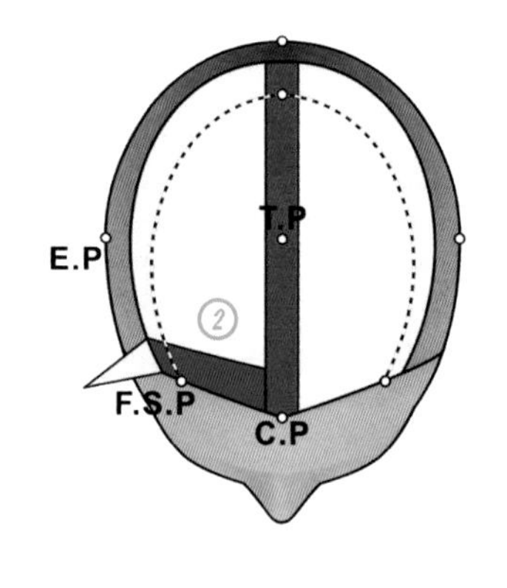

113 在臉際右側劃分第 1 縱髮片、等腰三角型的幾何結構設計圖。

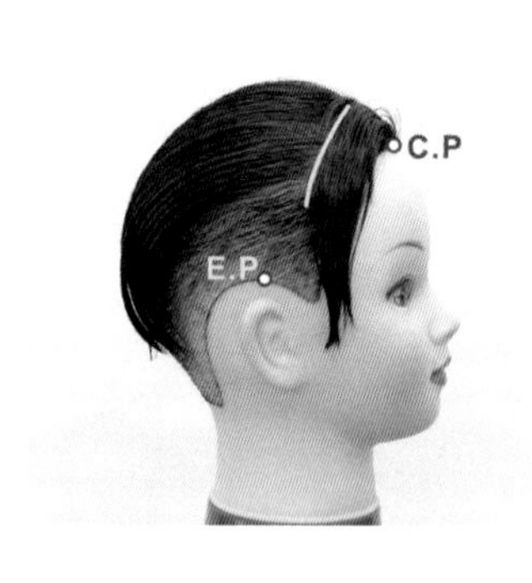

114 在臉際右側劃分第 1 縱髮片

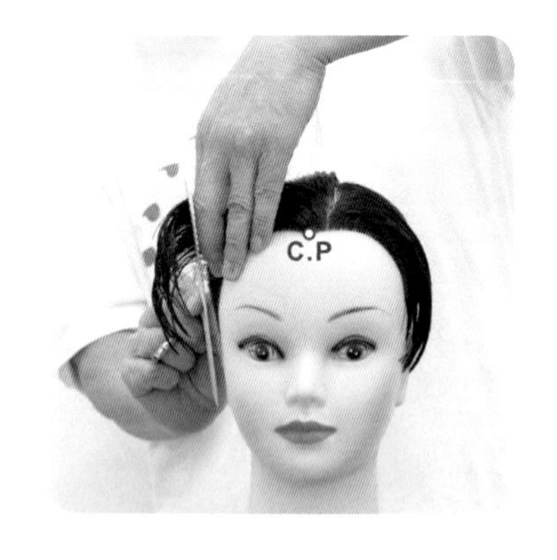

115 等腰三角型髮片、提拉水平

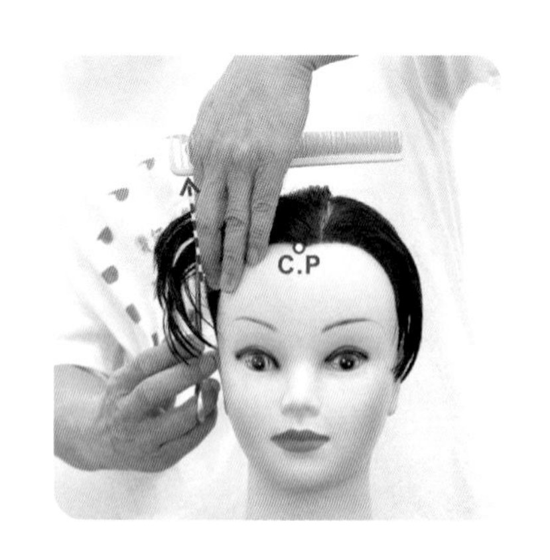

116 切口約 90 度，連接推剪區上端髮長裁剪。

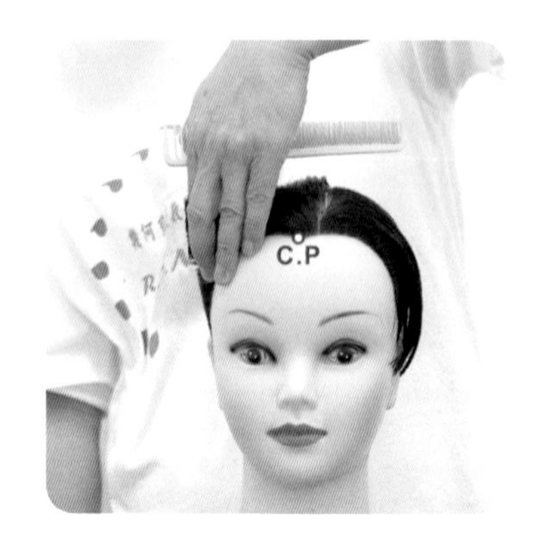

117 第 1 縱髮片裁剪完成

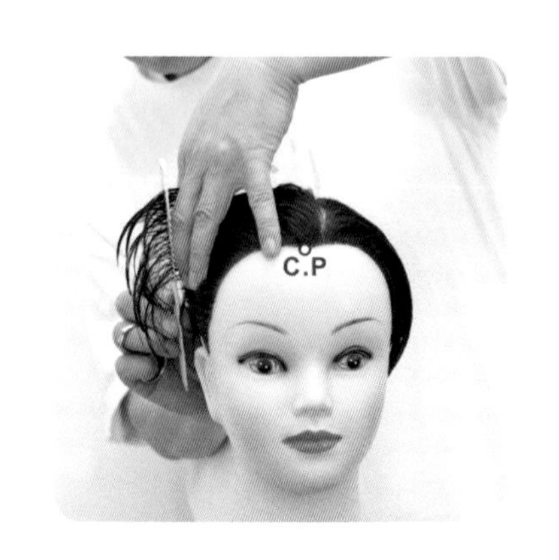

118 劃分第 2 縱髮片、等腰三角型髮片、提拉水平。

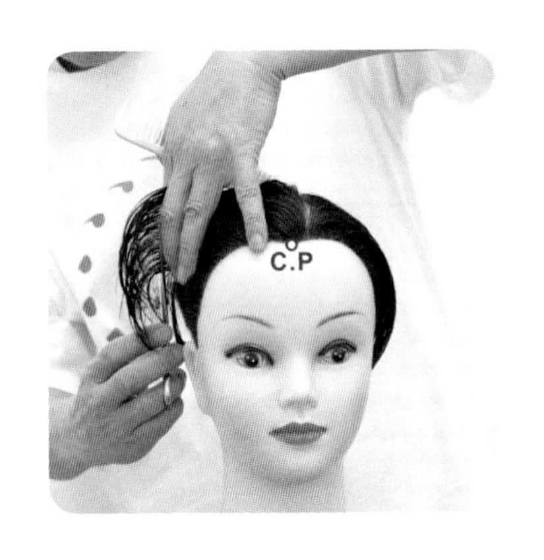

119 切口約 90 度，連接推剪區上端髮長裁剪。

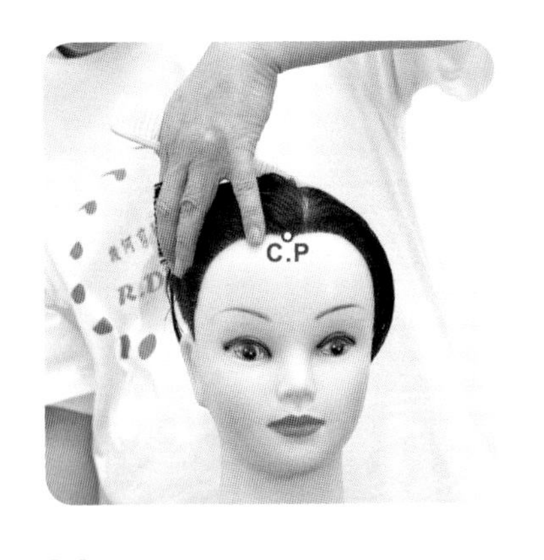

120 第 2 縱髮片裁剪完成

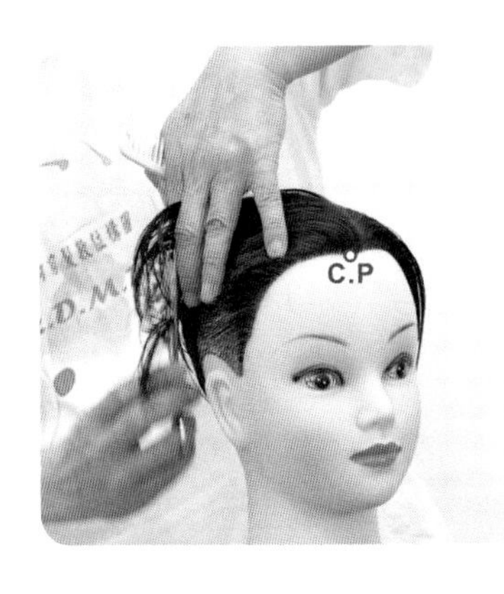

121 劃分第 4 縱髮片、等腰三角型髮片、提拉水平。

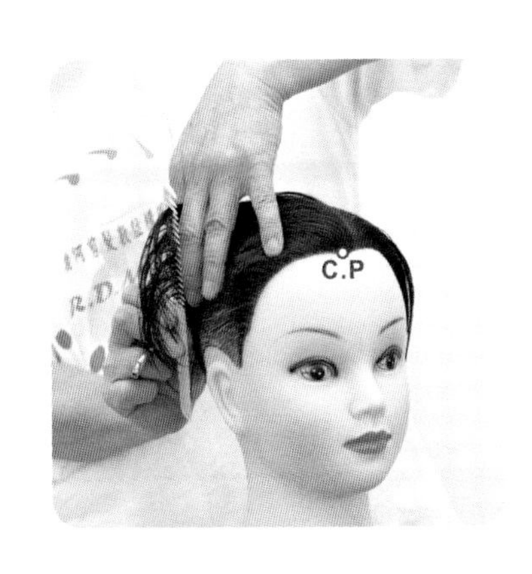

122 切口約 90 度，連接推剪區上端髮長裁剪。

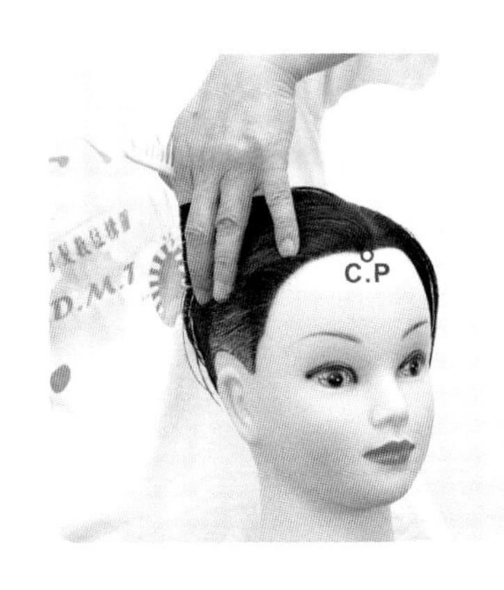

123 第 4 縱髮片裁剪完成

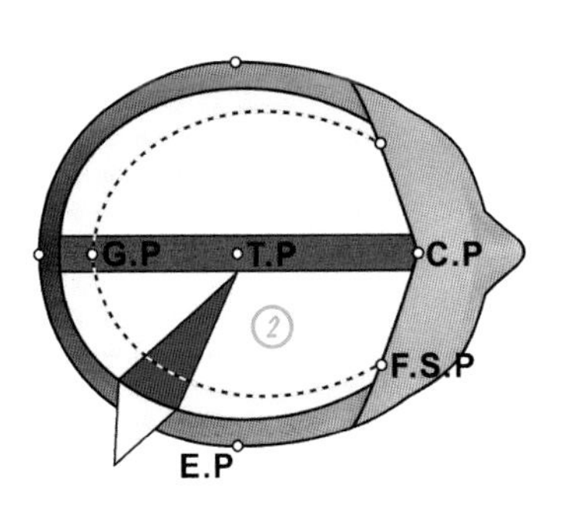

124 劃分第 6 縱髮片、等腰三角型的幾何結構設計圖。

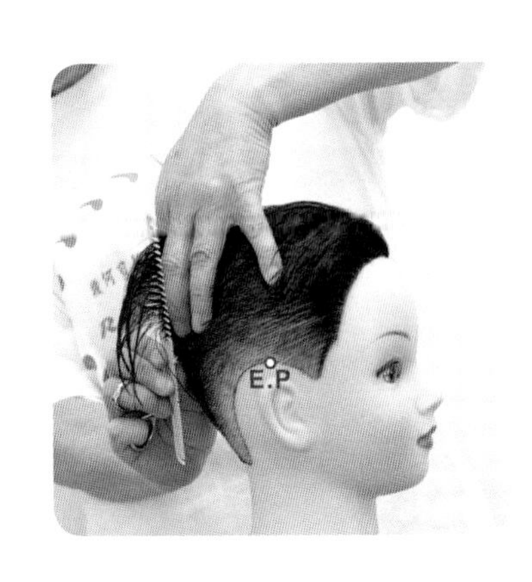

125 劃分第 6 縱髮片、等腰三角型髮片、提拉水平。

126 切口約 90 度，連接推剪區上端髮長裁剪。

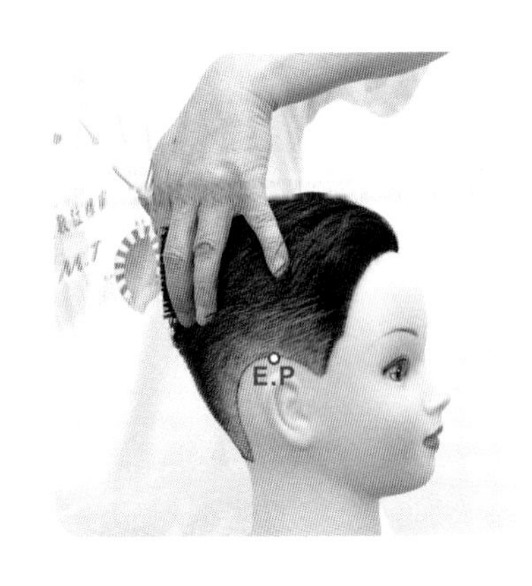

127 第 6 縱髮片裁剪完成

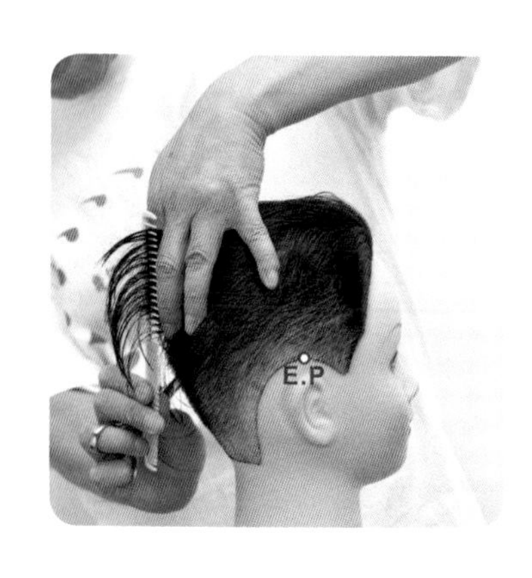

128 劃分第 7 縱髮片、等腰三角型髮片、提拉水平 90 度裁剪。

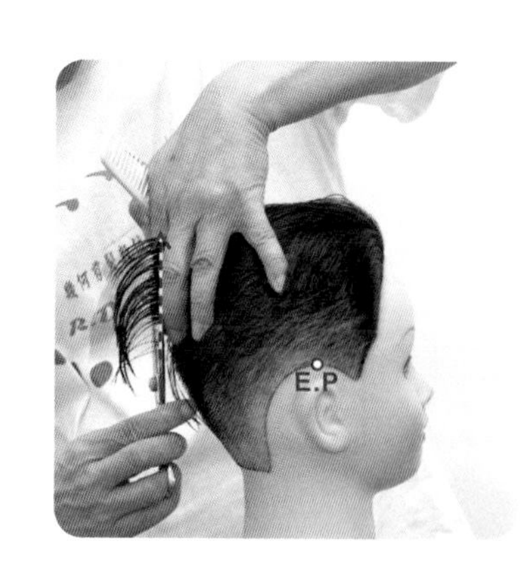

129 切口約 90 度，連接推剪區上端髮長裁剪。

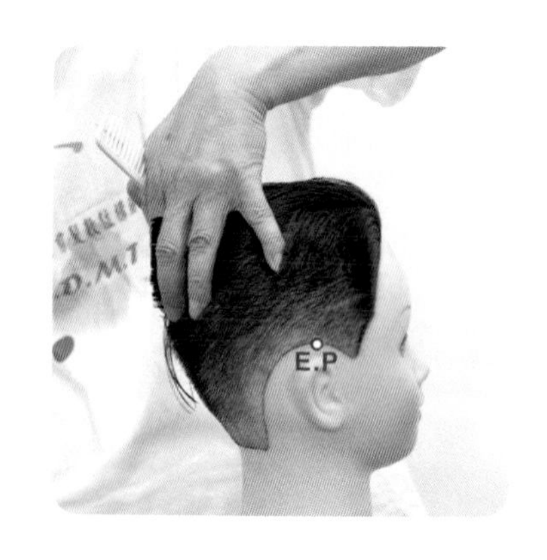

130 第 7 縱髮片裁剪完成

131 對稱短刺蝟頭 + 推剪 8- 冠頂區右側頭部以定向分配裁剪（片長：2 分 29 秒）。

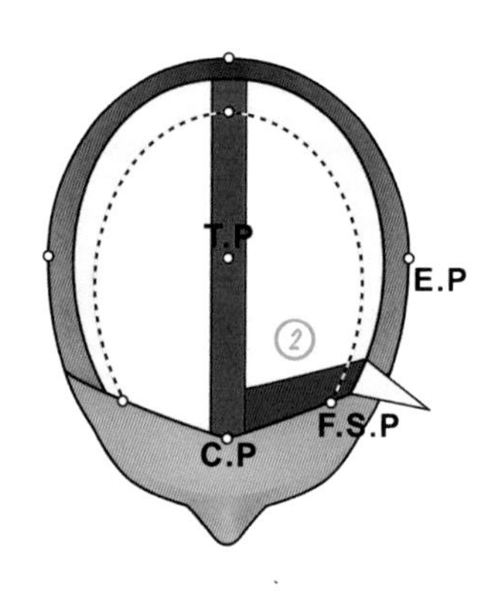

132 在臉際右側劃分第 1 縱髮片

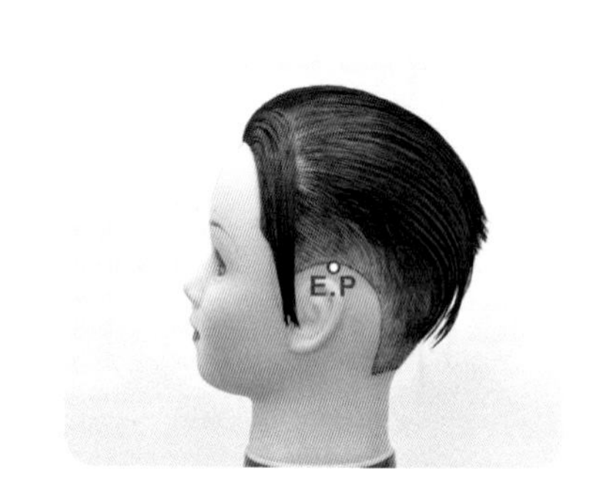

133 在臉際左側劃分第 1 縱髮片

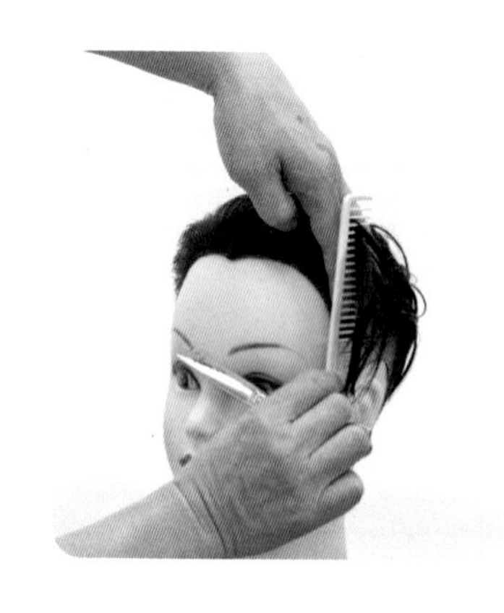

134 等腰三角型髮片、提拉水平。

135 切口約 90 度，連接推剪區上端髮長裁剪。

136 第 1 縱髮片裁剪完成，第 2、3 區左側頭部其餘裁剪步驟，請參考右側頭部裁剪步驟 114 ～ 131 的說明內容。

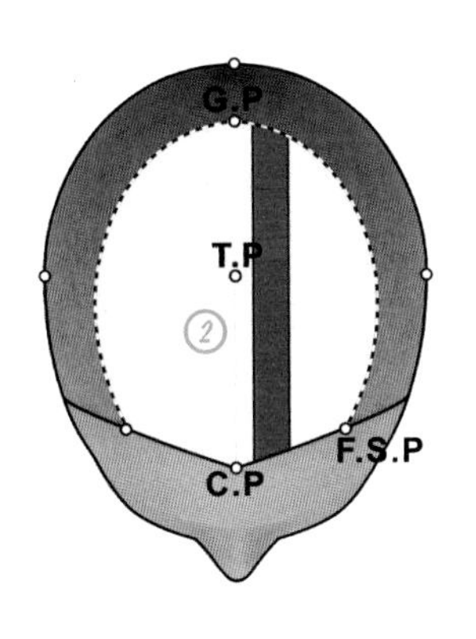

137 第 2 區左側劃分第 2 縱髮片的幾何結構設計圖

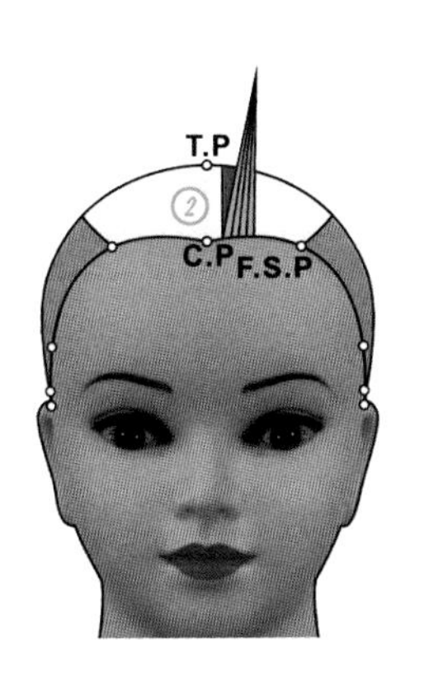

138 第 2 區左側提拉等腰三角型髮片的幾何結構設計圖

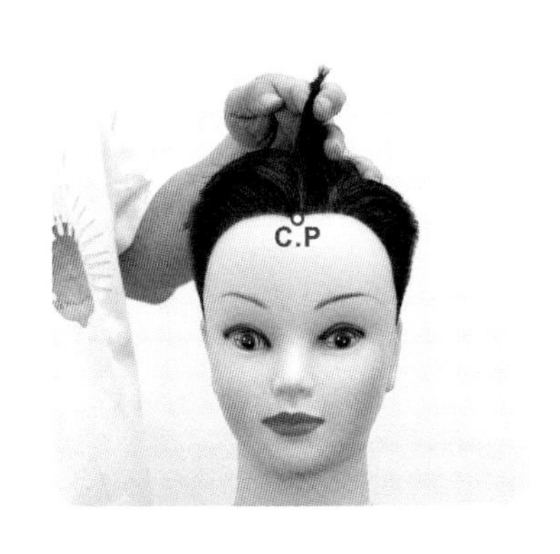

139 第 2 區左側劃分第 2 縱髮片、提拉等腰三角型。

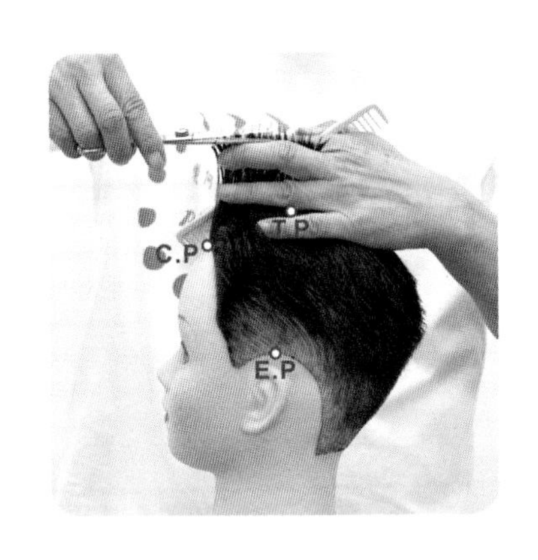

140 髮片提拉垂直向上，切口約 90 度，第 1 分段依據正中線引導髮片裁剪。

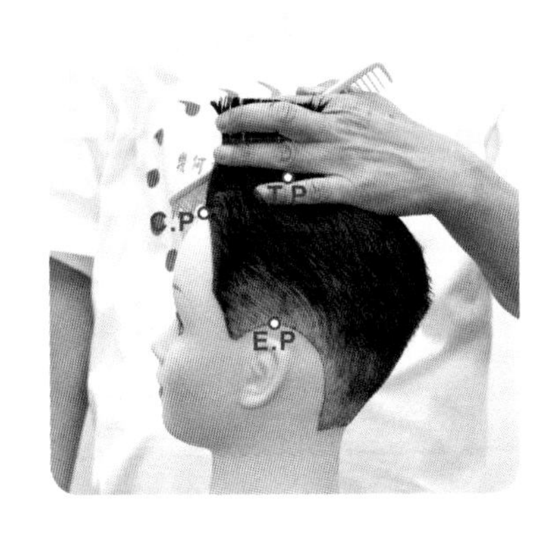

141 第 2 縱髮片第 1 分段裁剪完成

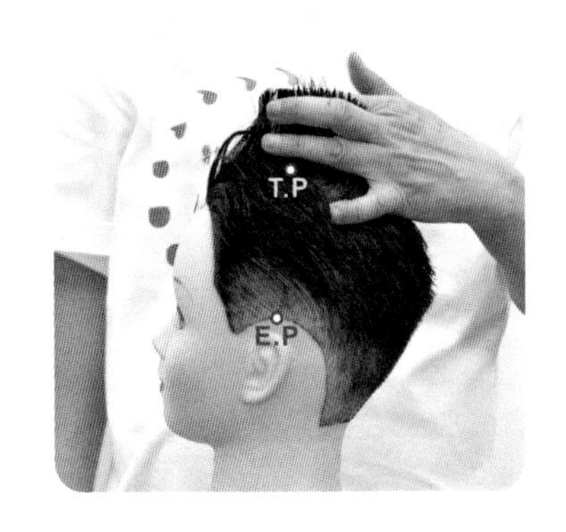

142 劃分第 2 縱髮片、等腰三角型

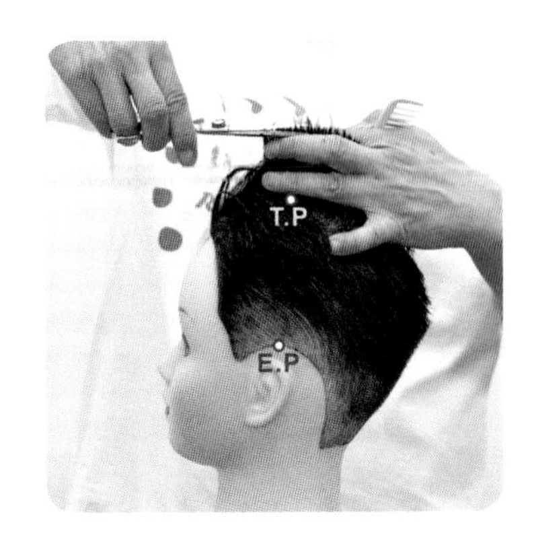

143 提拉垂直向上，切口約 90 度，第 2 分段依據正中線引導髮片裁剪。

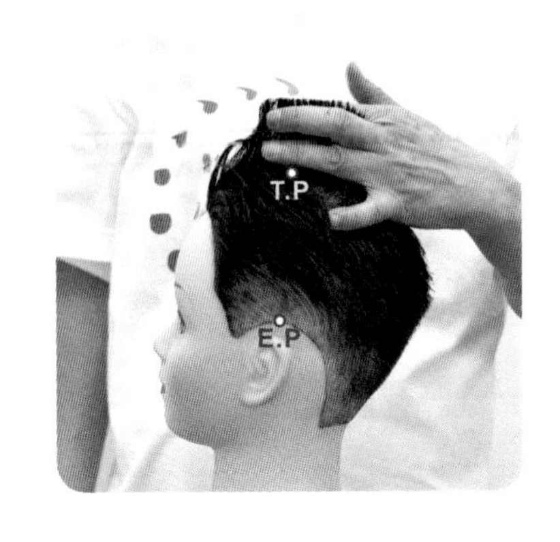

144 第 2 縱髮片第 2 分段裁剪完成

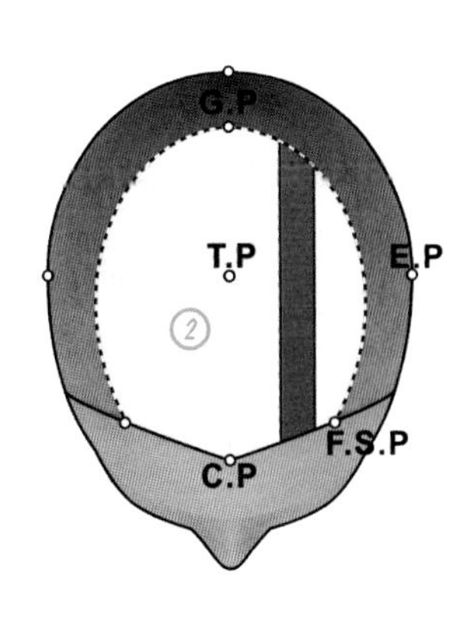

145 第 2 區左側劃分第 3 縱髮片的幾何結構設計圖

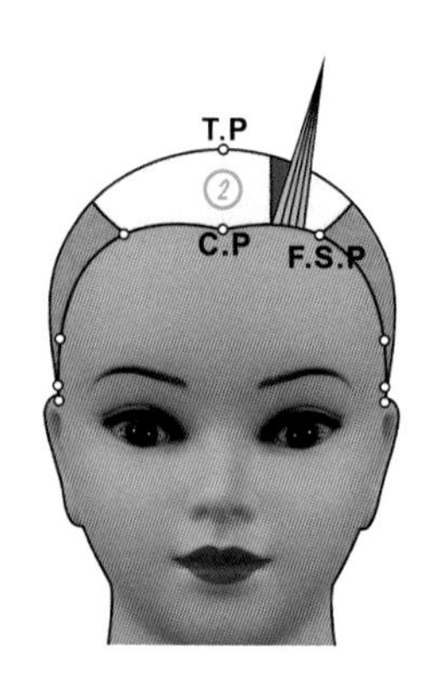

146 第 2 區左側提拉等腰三角型髮片的幾何結構設計圖

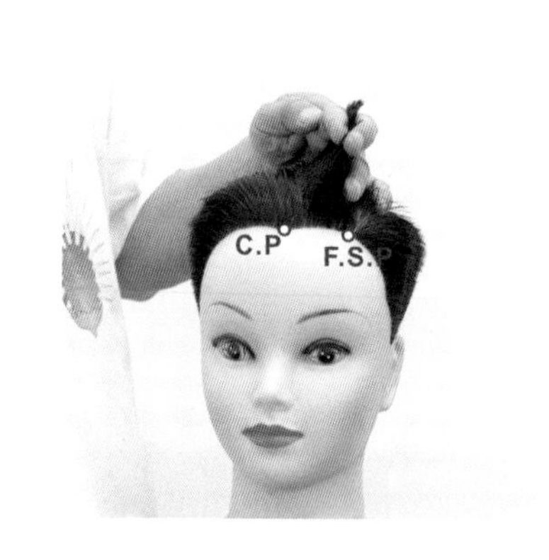

147 第 2 區左側劃分第 3 縱髮片、提拉等腰三角型。

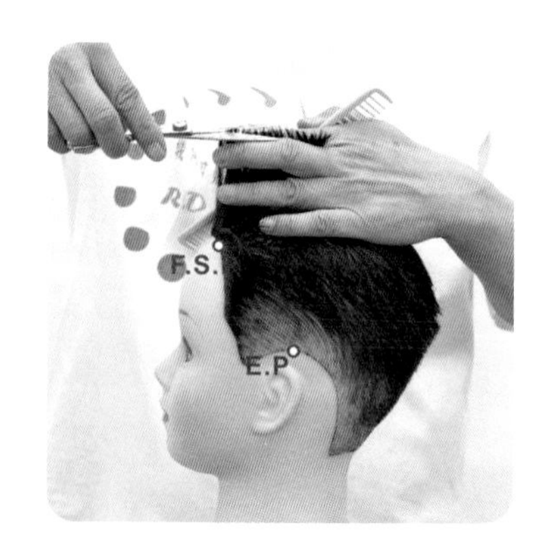

148 髮片提拉垂直向上，切口約 90 度，第 1 分段依據正中線引導髮片裁剪。

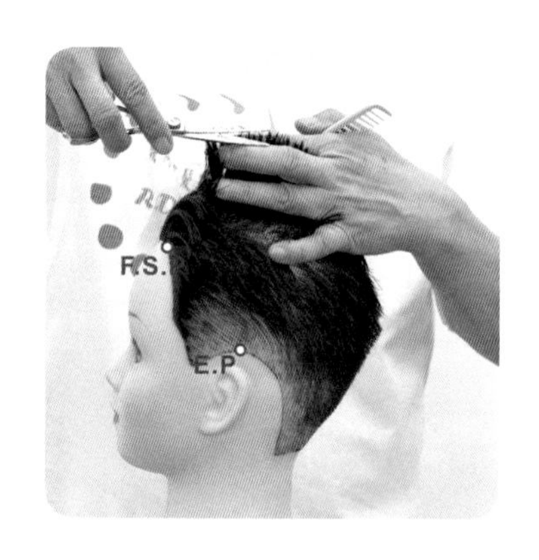

149 髮片提拉垂直向上，切口約 90 度，第 2 分段依據正中線引導髮片裁剪。

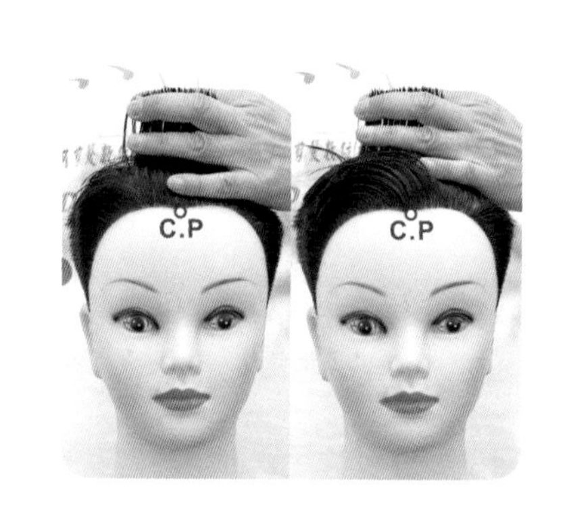

150 以橫髮片進行十字交叉檢查，第 2 區右側裁剪步驟，請參考第 2 區左側裁剪步驟 137～149 的說明內容。

151 對稱短刺蝟頭 + 推剪 -9- 以縱髮片、移動式引導、 等腰髮片、提拉垂直向上、切口 90 度裁剪（片長：2 分 35 秒）。

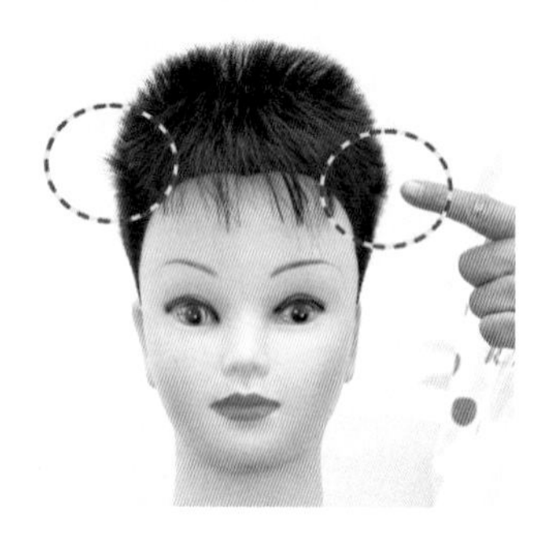

152 乾髮狀態下，觀察外輪廓需要修飾去角的部位

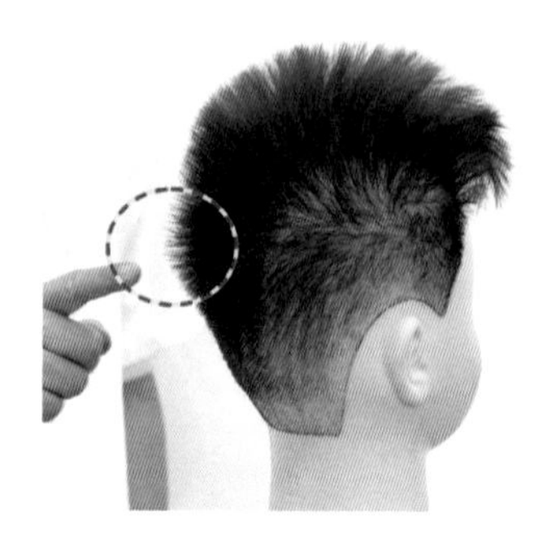

153 乾髮狀態下，觀察外輪廓需要修飾去角的部位

154 乾髮狀態下，觀察外輪廓需要修飾去角的部位

155 以「斜梳弧推」技法，在外輪廓進行修飾去角的連續動作 1。

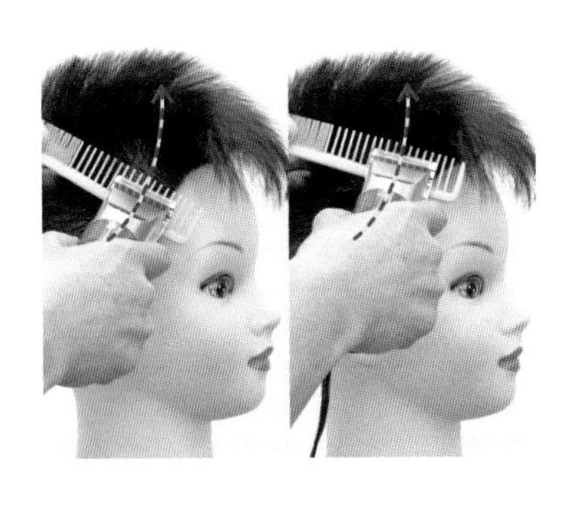

156 以「斜梳弧推」技法，在外輪廓進行修飾去角的連續動作 2～3。

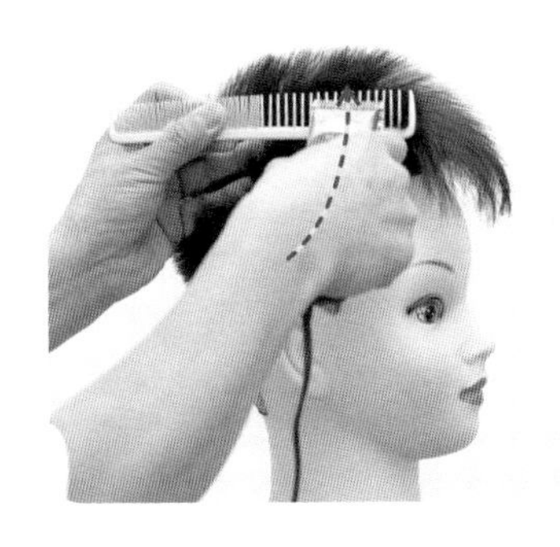

157 以「斜梳弧推」技法，在外輪廓進行修飾去角的連續動作 4。

158 以「橫梳縱推」技法，在外輪廓進行修飾去角的連續動作 1。

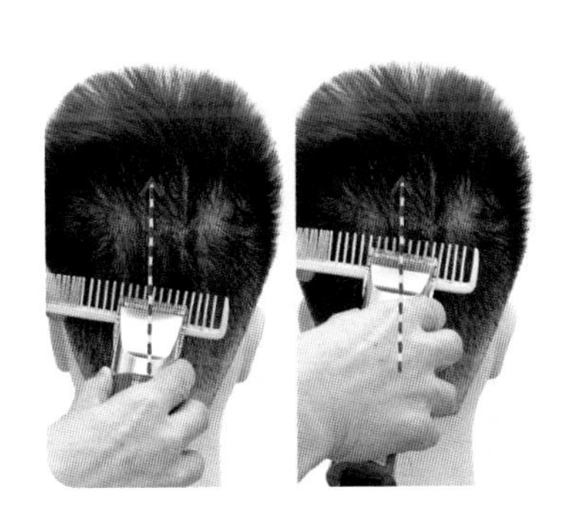

159 以「橫梳縱推」技法，在外輪廓進行修飾去角的連續動作 2～3。

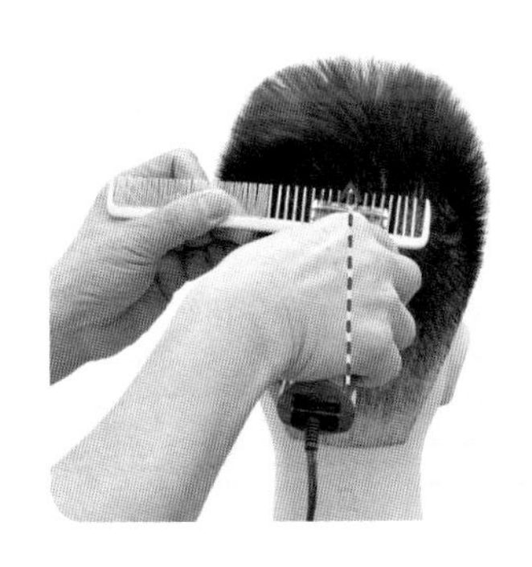

160 以「橫梳縱推」技法，在外輪廓進行修飾去角的連續動作 4。

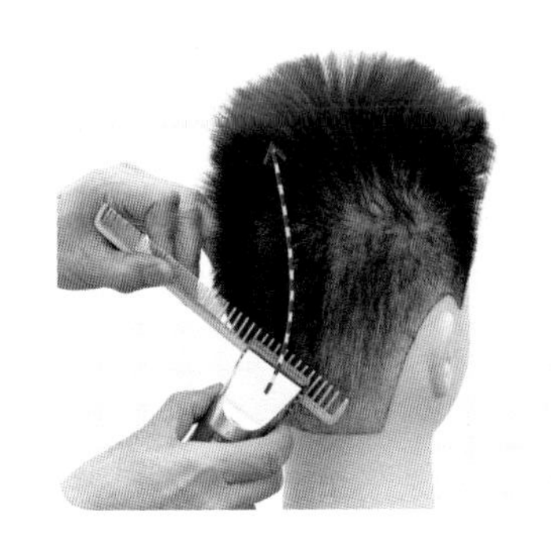

161 以「斜梳弧推」技法，在外輪廓進行修飾去角的連續動作 1。

162 以「斜梳弧推」技法，在外輪廓進行修飾去角的連續動作 2～3。

163 以「斜梳弧推」技法，在外輪廓進行修飾去角的連續動作 4。

164 以「斜梳弧推」技法，在外輪廓進行修飾去角的連續動作 1。

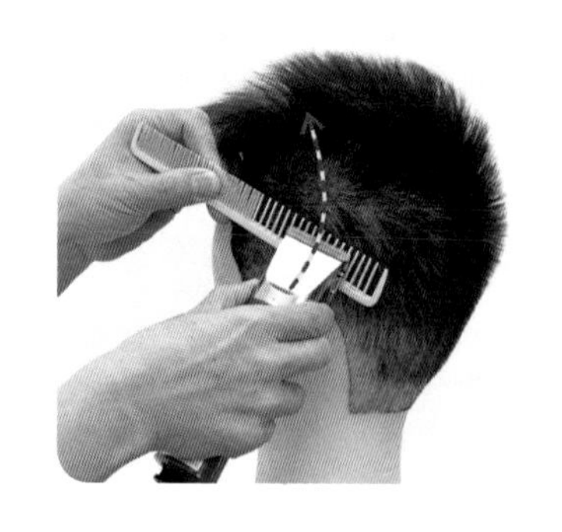

165 以「斜梳弧推」技法，在外輪廓進行修飾去角的連續動作 2。

166 以「斜梳弧推」技法，在外輪廓進行修飾去角的連續動作 3。

167 以「斜梳弧推」技法，在外輪廓進行修飾去角的連續動作 4。

168 對稱短刺蝟頭 + 推剪 -10-應用斜梳弧推技法，對整體弧度修飾去角（片長：2 分 15 秒）。

169 對稱短刺蝟頭 + 推剪 -10-應用橫梳縱推技法，對整體弧度修飾去角（片長：1 分 48 秒）。

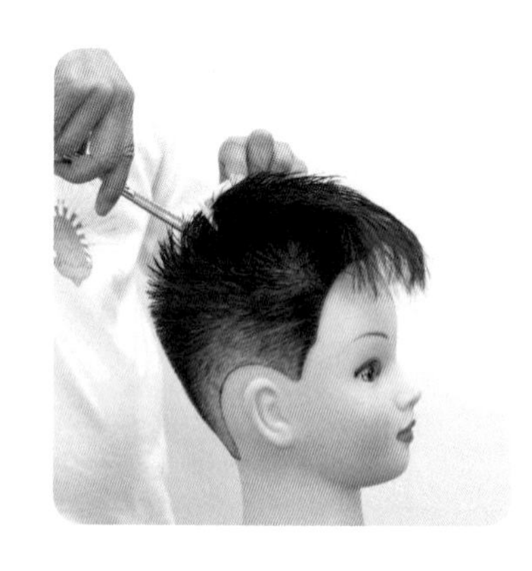

170 使用打薄刀，以鋸齒狀「挑剪式調量」技法，在接近髮根部位進行髮量調整的連續動作 1。

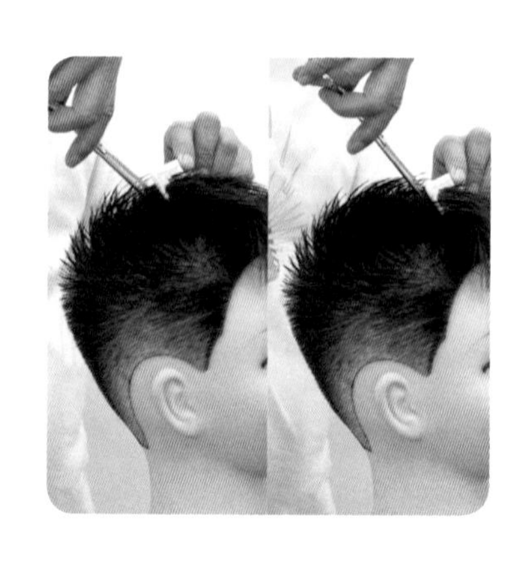

171 使用打薄刀，以鋸齒狀「挑剪式調量」技法，在接近髮根部位進行髮量調整的連續動作 2～3。

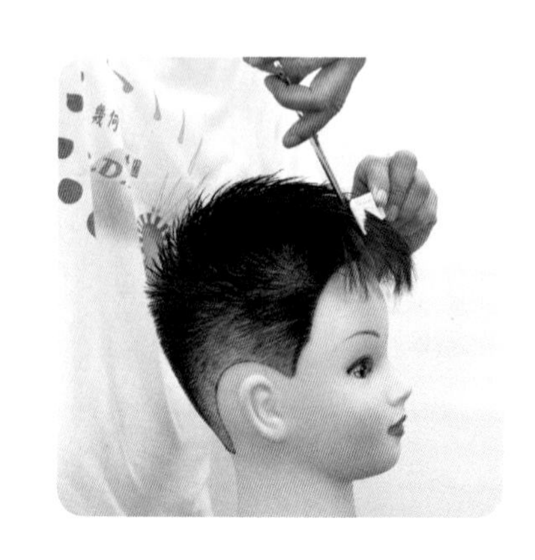

172 使用打薄刀，以鋸齒狀「挑剪式調量」技法，在接近髮根部位進行髮量調整的連續動作 4。

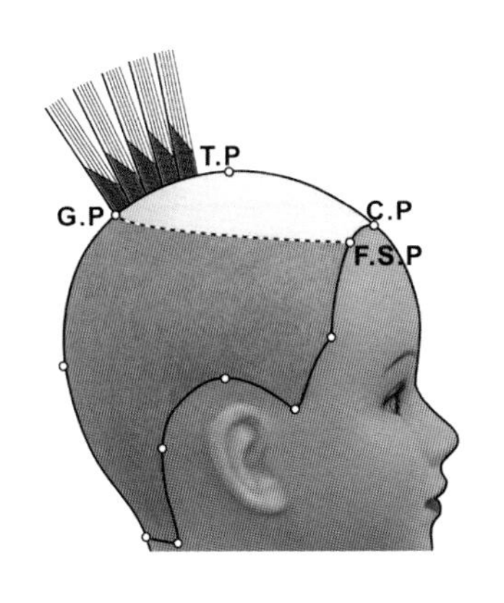

173 使用打薄刀，以鋸齒狀「挑剪式調量」技法，在接近髮根部位進行髮量調整的的幾何結構設計圖。

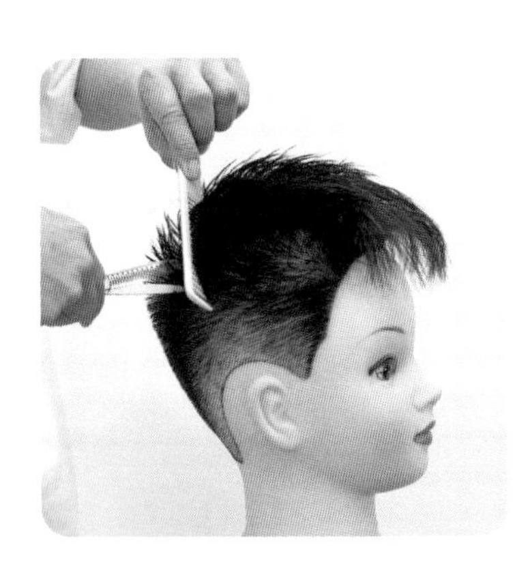

174 使用打薄刀，以鋸齒狀「挑剪式調量」技法，在接近髮根部位進行髮量調整的連續動作 1。

175 使用打薄刀，以鋸齒狀「挑剪式調量」技法，在接近髮根部位進行髮量調整的連續動作 2。

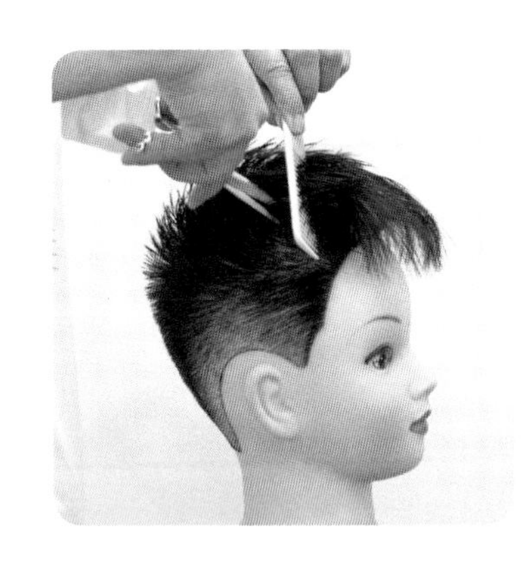

176 使用打薄刀，以鋸齒狀「挑剪式調量」技法，在接近髮根部位進行髮量調整的連續動作 3。

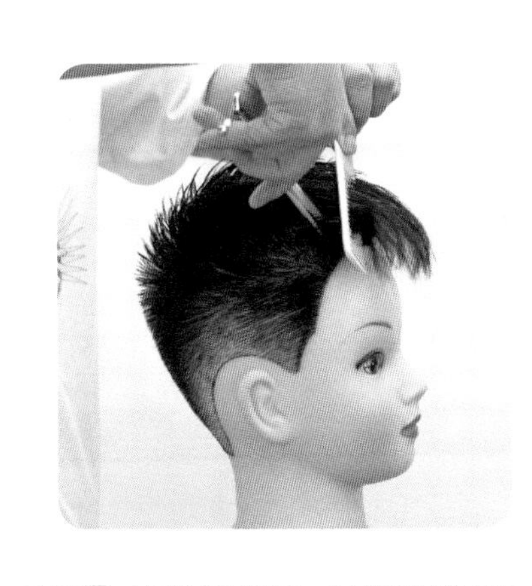

177 使用打薄刀，以鋸齒狀「挑剪式調量」技法，在接近髮根部位進行髮量調整的連續動作 4。

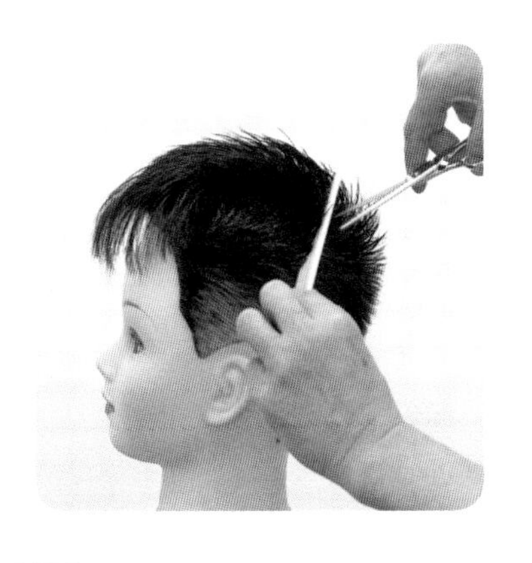

178 使用打薄刀，以鋸齒狀「挑剪式調量」技法，在接近髮根部位進行髮量調整的連續動作 1。

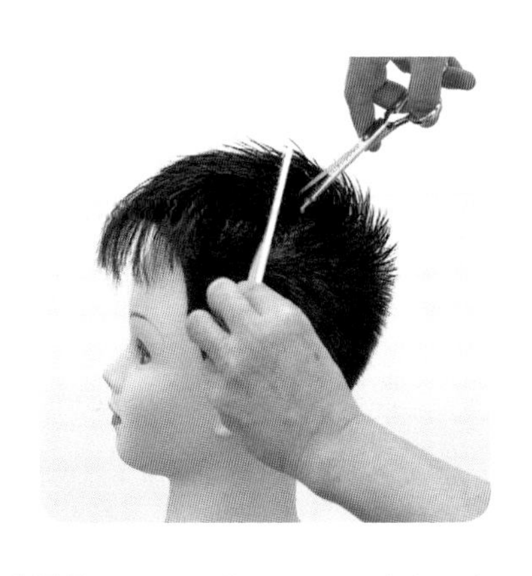

179 使用打薄刀，以鋸齒狀「挑剪式調量」技法，在接近髮根部位進行髮量調整的連續動作 2。

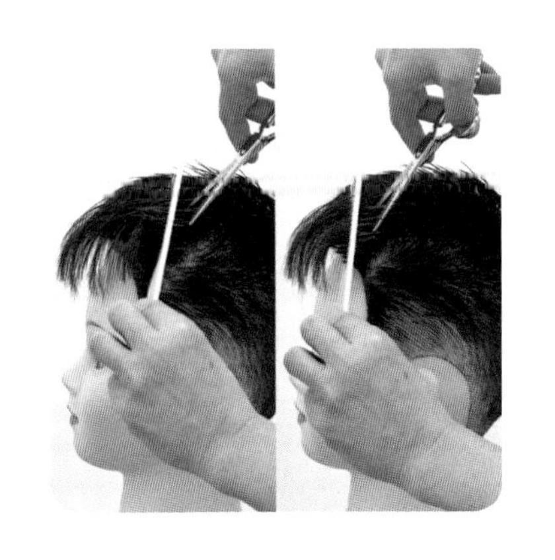

180 使用打薄刀，以鋸齒狀「挑剪式調量」技法，在接近髮根部位進行髮量調整的連續動作 3 ～ 4。

181 黃思恒編製數位美髮影片 - 對稱短刺蝟頭＋推剪 -11- 在 2、3 區以鋸齒狀挑剪式調量技法進行髮量調整（片長：2 分 23 秒）。

182 對稱短刺蝟＋剪髮 - 造型完成 1

183 對稱短刺蝟＋剪髮 - 造型完成 2

184 對稱短刺蝟＋剪髮 - 造型完成 3

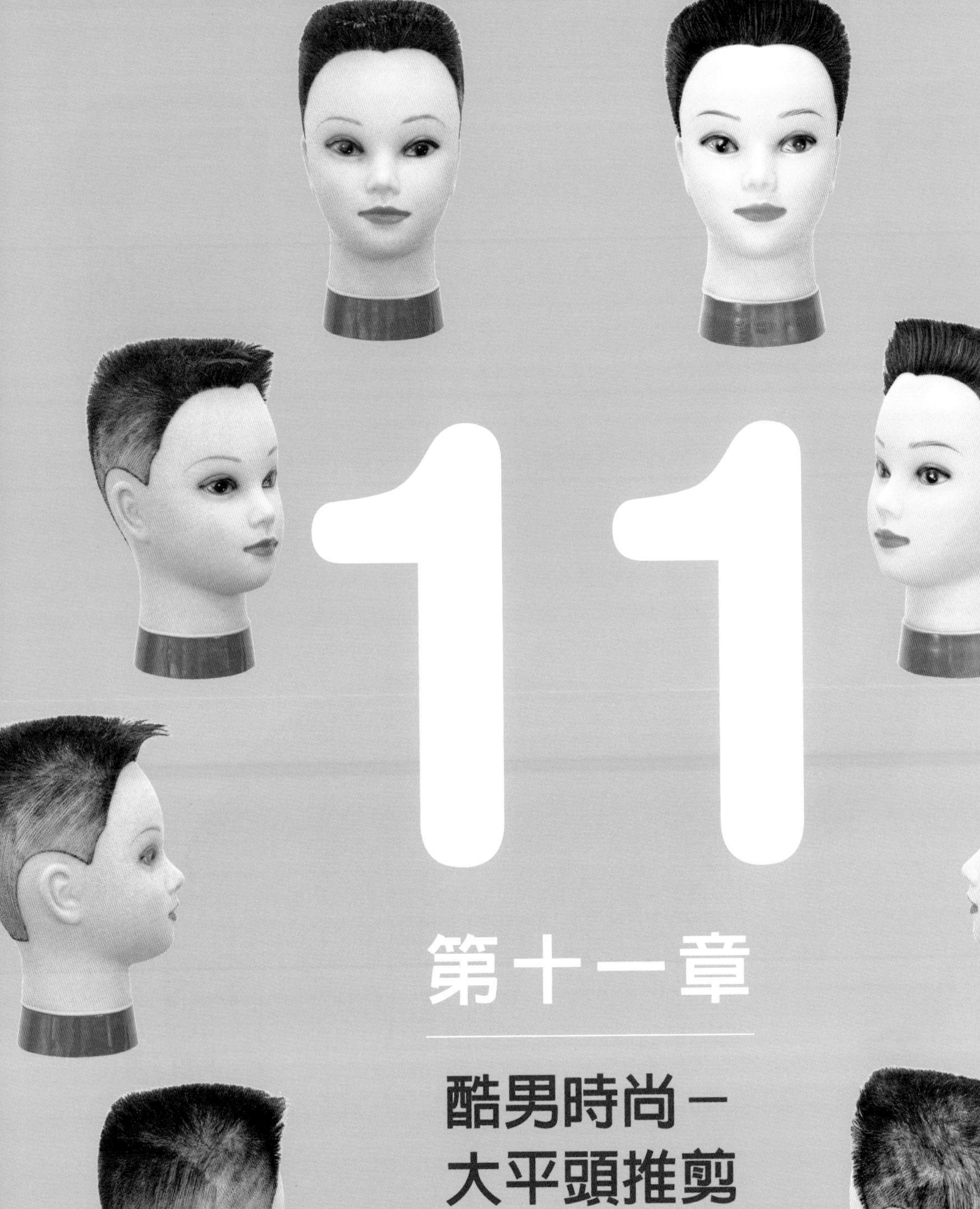

11 第十一章

酷男時尚－大平頭推剪

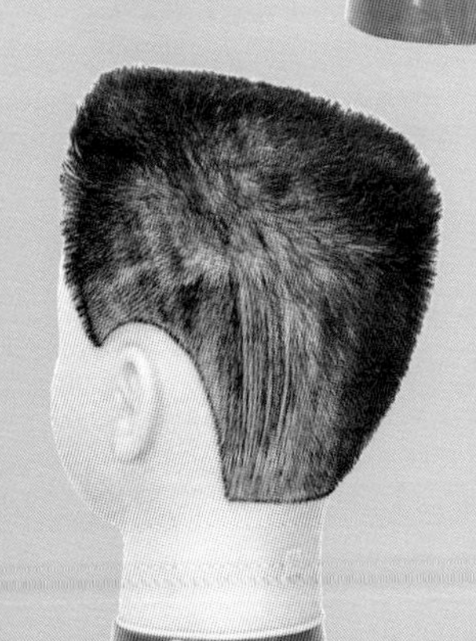

QR11-1
大平頭推剪 1-造型完成（片長：1 分 39 秒）

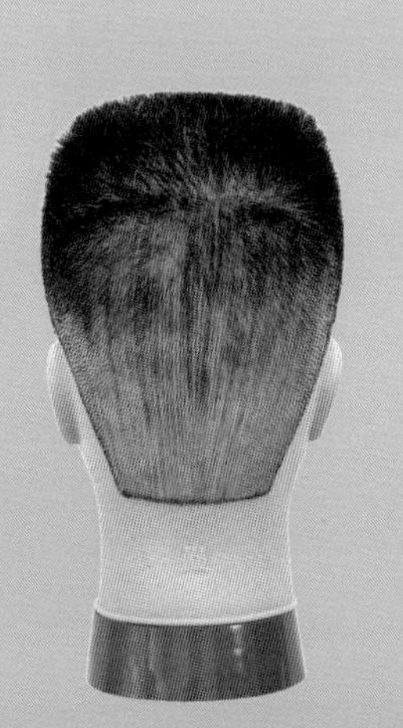

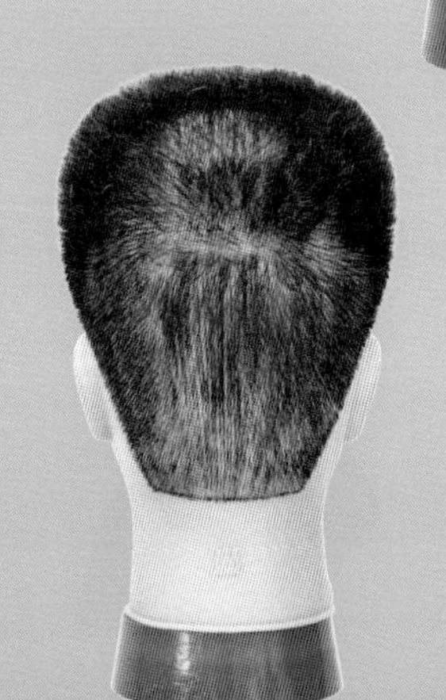

QR11-2 大平頭推剪 2- 造型完成（片長：1 分 35 秒）

大平頭推剪－設計概論

「大平頭」推剪是一種短的剪髮類型，英文名稱爲「Flat Top」，在 1950 年至 1960 年代的美國，這是年輕男性、髮運動員和名人中最受歡迎的髮型。顧名思義「大平頭」是頂部完全平坦，頂部的頭髮通常是修剪到約一英寸並且直立形成類似一層平台，這個平台可設計不同的變化，可以是水平、向上或向下的傾斜，側面和背面的頭髮通常剪成逐漸變短。

因爲要在弧形的頭頂部形成整個平台，「大平頭」髮型最適合擁有濃密、粗硬、直髮的人，並且頭的最頂端通常是要設定成最短，而頂端之外的頭髮需要推剪成不同長度，所以熟練「大平頭」髮型將會非常理解男性剪髮背後的原則，亦即在一個圓形物體上進行方形剪髮及轉角修剪重量的一個概念。

本款髮型將以區塊組合概念進行設計，在推剪區塊應用三類技術如下：

第 1 區：剃剪區，以 Free hand clipper 技法將頸背、兩側髮際頭髮完全剃除。

第 2 區：推剪區，以「縱梳縱推」技法銜接第 1 區，將頭部背面、兩側以垂直推剪形成髮型的垂直面，此兩區銜接的臨界點即爲「Fade line」。

第 3 區：平頂區，以「橫梳橫推」技法讓頂部形成水平面，第 2 區垂直面和第 3 區水平面此兩區銜接的臨界點，以「斜梳弧推」技法爲轉角修剪重量。

1. 形狀－ Form：

從前面髮際線到後部的 G.P 點，推剪成近似方形的平頂，由不同的角度看起來會呈現不一樣的外型，它可能有尖形或圓形的邊緣（如圖 11-1）。如下四圖分析：第 1 區在「Fade line」以下爲推光髮量的剃剪區，此區的頭形即爲外輪廓造型。第 2 區在「Fade line」以上，以髮梳垂直向上推剪，因此形成垂直面的外輪廓造型。第 3 區在 U 型線以上，T.P 點的髮長設計會形成不同的風格，若頂部短到可以看見中間的皮膚，則會形成 military style 類似於一個馬蹄形的頭環。

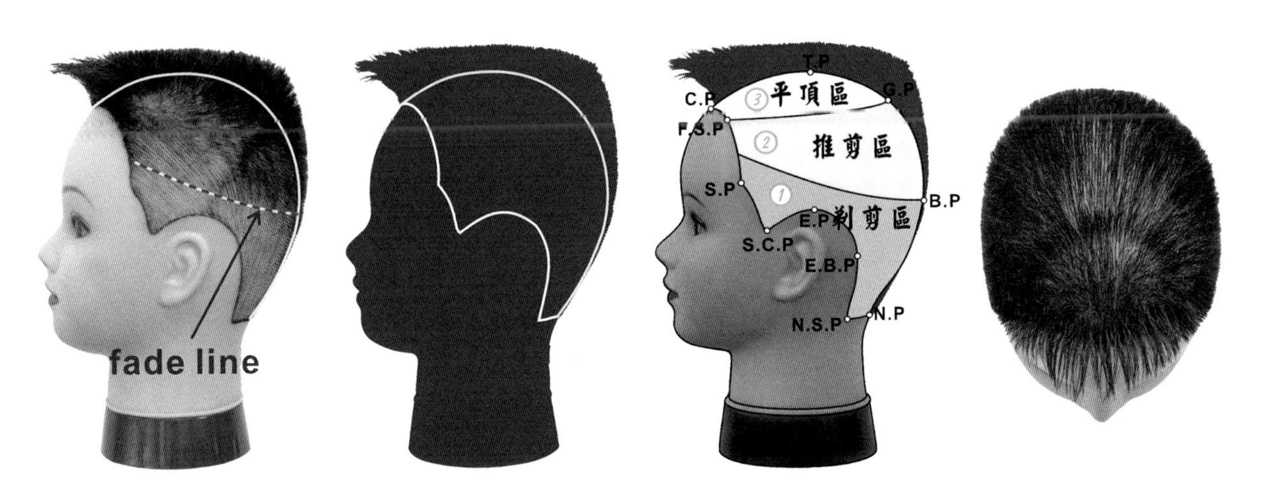

圖 11-1

2. 結構－ Structure：

第 1 設計區塊（如圖 11-2）是整區剃除髮量的設計，此區的髮長為 0 公分完全緊貼於皮膚，因此頭形即為外輪廓造型，髮長結構最為單一簡潔。

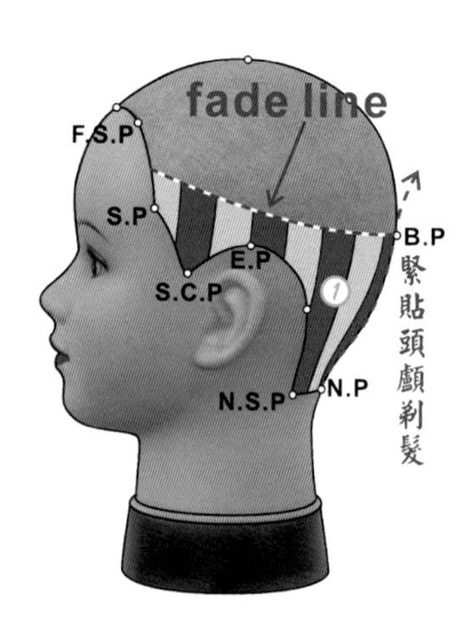

圖 11-2

以區塊髮長幾何結構而言，第 2 設計區塊和第 1 設計區塊的交界點稱為「fade line」（如圖 11-3 左），在「fade line」之上的區塊髮長往頭頂部逐漸變長，整區以「縱梳縱推」技法環繞頭部於後頭部及兩側（如圖 11-3 中、右）垂直向上進行推剪，因此上長下短的髮長結構會形成垂直面的外輪廓（如圖 11-3 左）。

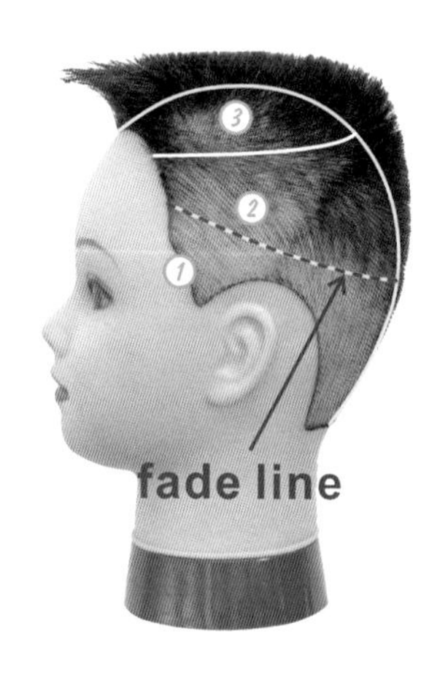

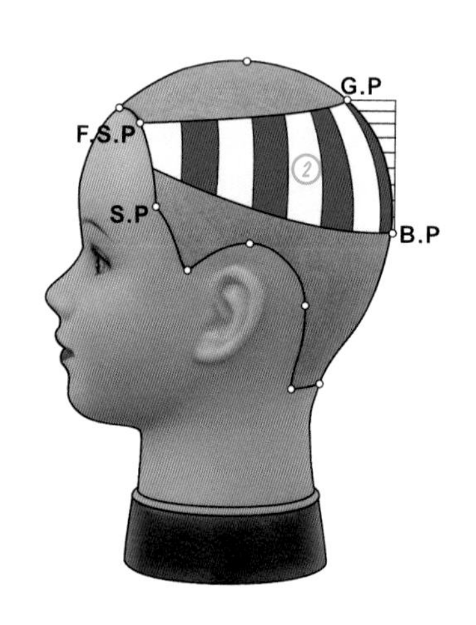

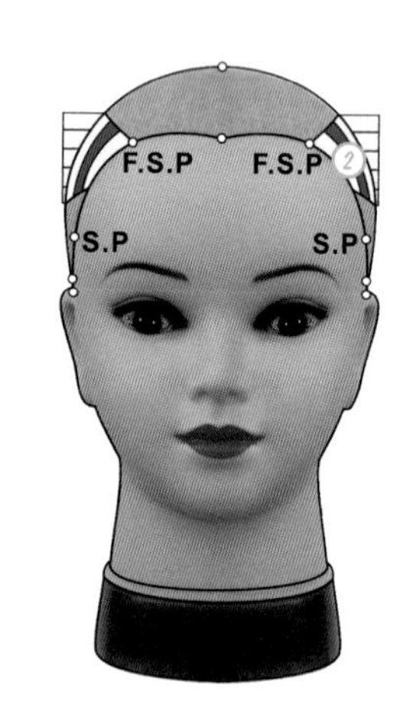

圖 11-3

第 3 設計區塊是從外觀使上頭部看起來形成平台的設計（如圖 11-3 左），因此推剪時必須考量頭形、髮質、毛流、髮量之條件，所以推剪時必須將剪髮梳保持水平，髮量垂直向上梳並微向 T.P 點內傾（如圖 11-4），使髮長結構在 T.P 點最短往外圍逐漸變長，才會在頭頂形成近似水平面的平台。

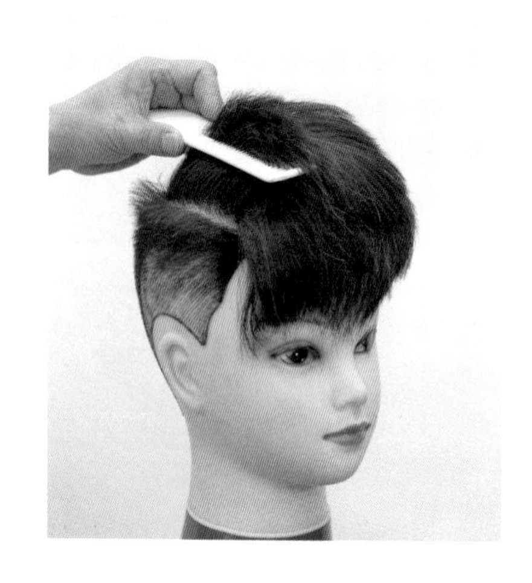
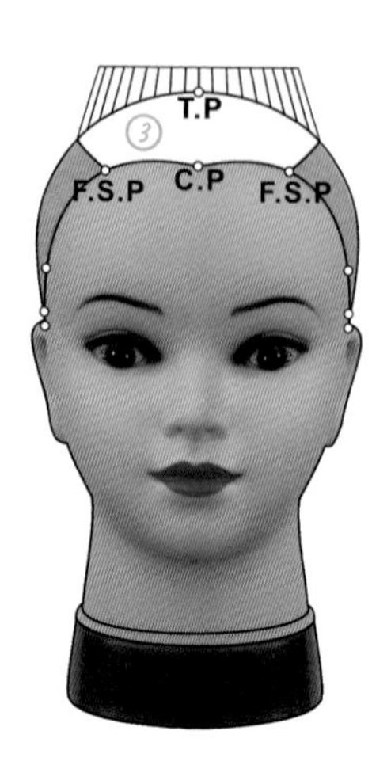

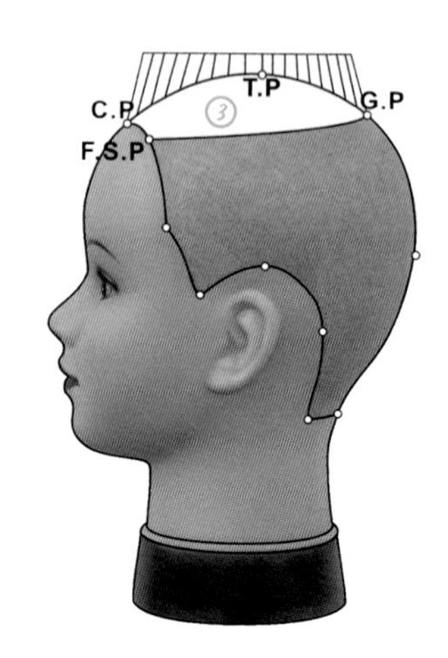

圖 11-4

以區塊髮長幾何結構而言，第 2 設計區塊和第 3 設計區塊的交界點，是上頭部平台最外圍的輪廓，也是髮型頭頂水平面和兩側、後面垂直面會合所形成的轉角（如圖 11-5 右），因此是否要修剪轉角的形狀可因人而異，本設計以「斜梳弧推」技法（如圖 11-5 左）修剪兩側、後面轉角，使造型在不同位置的轉角都略成圓弧（如圖 11-5 中）。

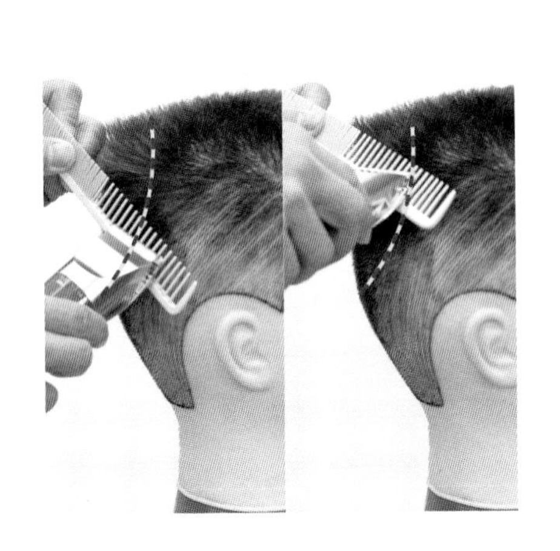

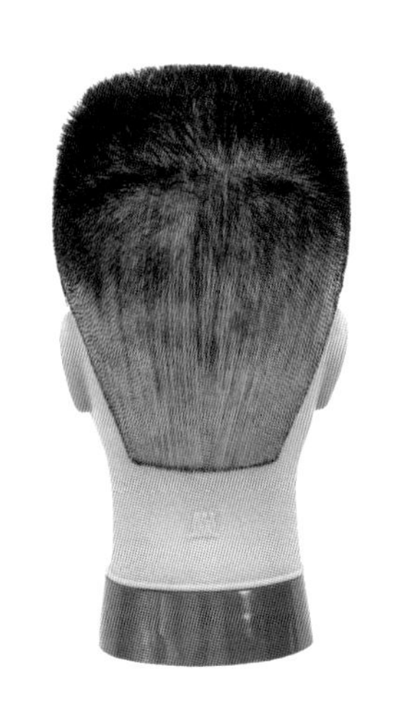

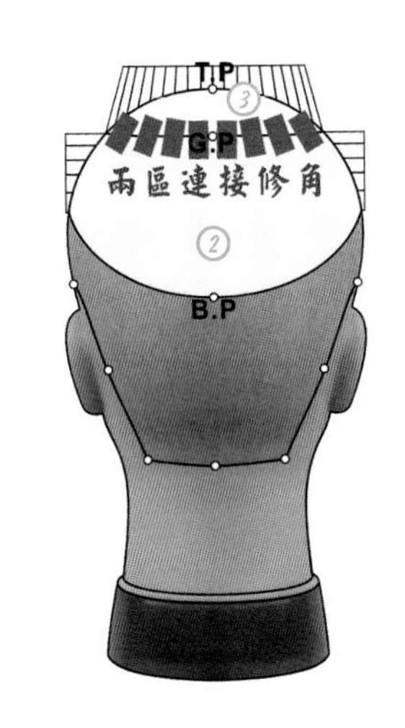

圖 11-5

3. 紋理－ Texture：

第 1 設計區塊在「Fade line」以下之推剪，設計 0 公分髮長緊貼於皮膚（如圖 11-6），因此完成後會形成乾淨俐落又平滑的頭型原輪廓。

第 2 設計區塊是從區塊底部 0 公分開始垂直向上推剪使髮長逐漸向區塊頂部變長，外輪廓凸顯造型的垂直弧度，因此形成鮮明的角度、和硬挺豎立之線條（如圖 11-6）。

第 3 設計區塊是「Flat Top」最明顯的區塊，頂部的頭髮被剪成豎起來，形成好像一個平台，因此粗曠的線條和角度是此區塊最明顯的特徵（如圖 11-6）。

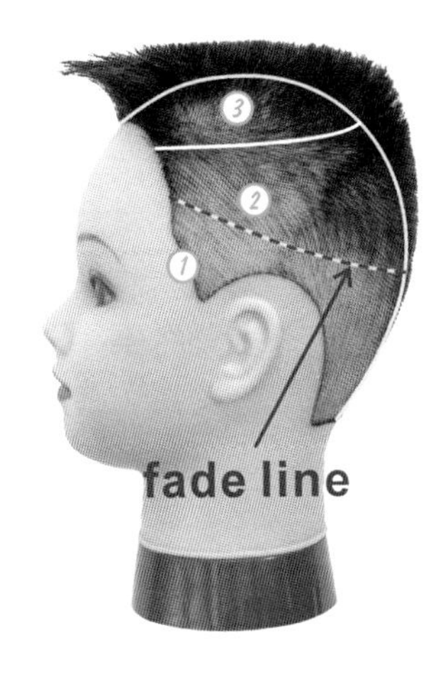

圖 11-6

綜合而言「Flat Top」是男性髮型基本的剪髮類型之一。也是當今許多現代化短髮的基礎。這款髮型由於其鮮明的輪廓、線條和角度，凸顯出強烈的職業規範，嚴僅的生活態度，和強健體能的形象，現在許多軍人、警察、運動者和專業的工作人士仍然展現這種樣貌。

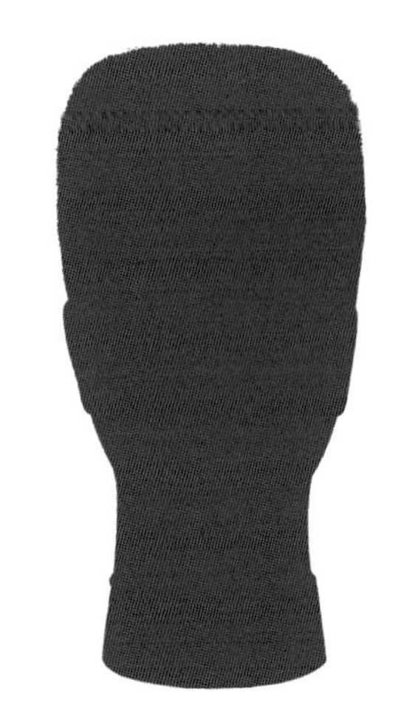

圖 11-7

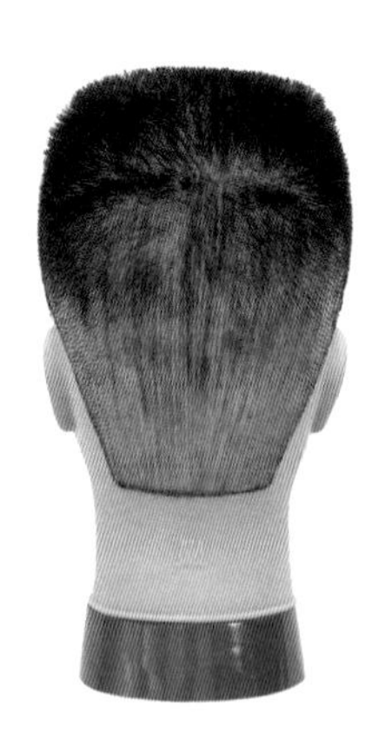

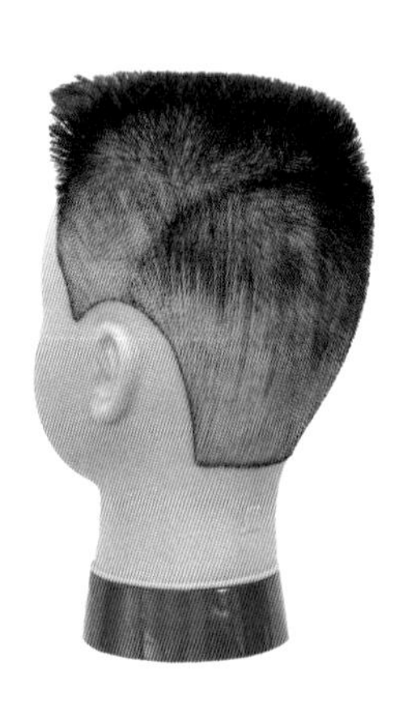

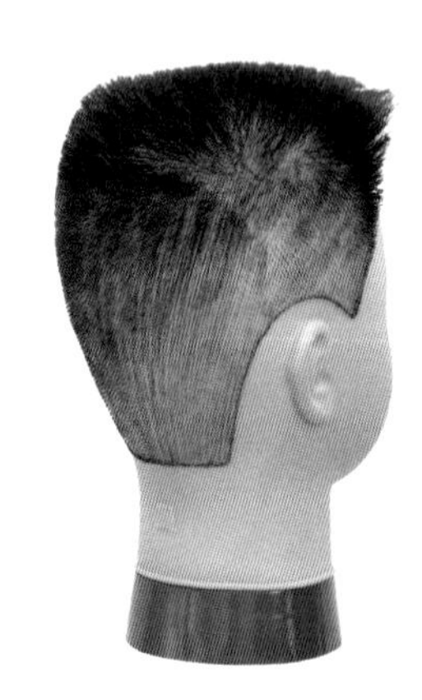

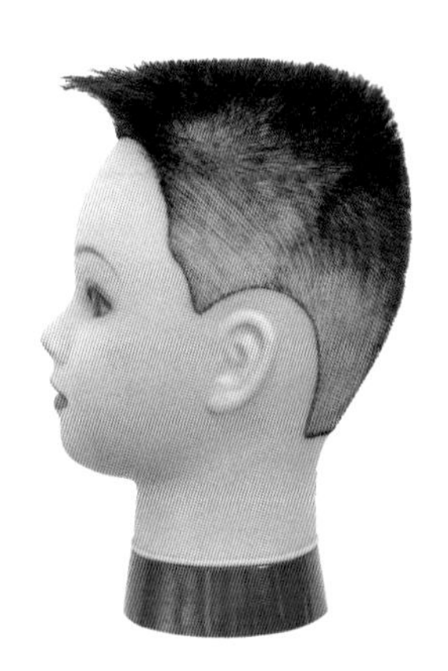

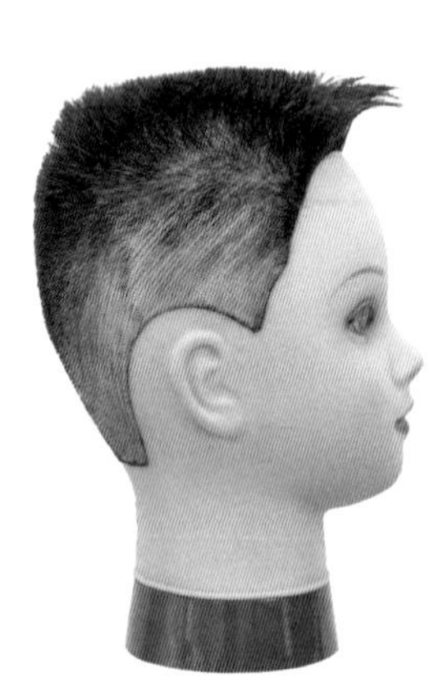

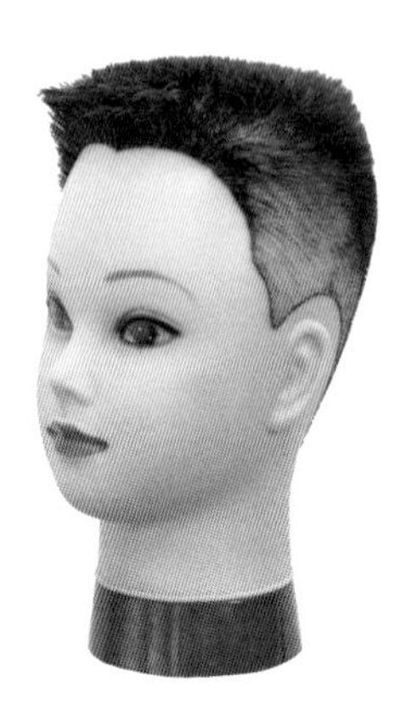

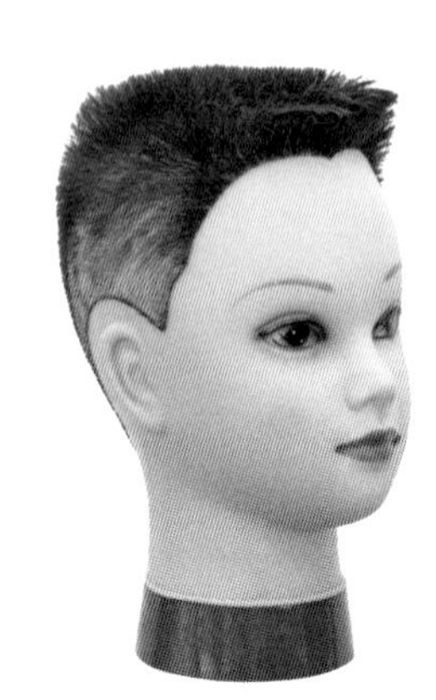

11-2 大平頭推剪－操作過程解析

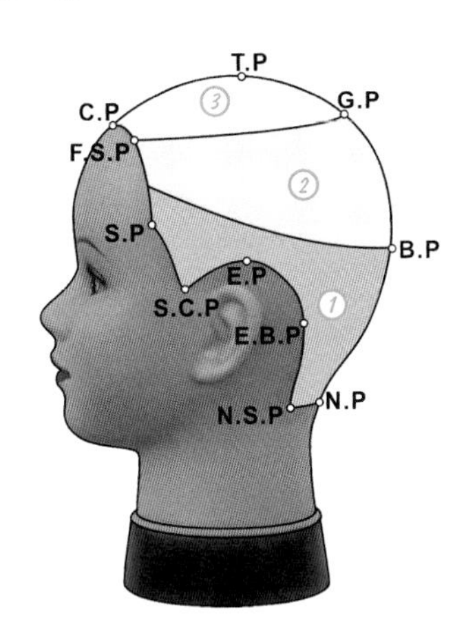

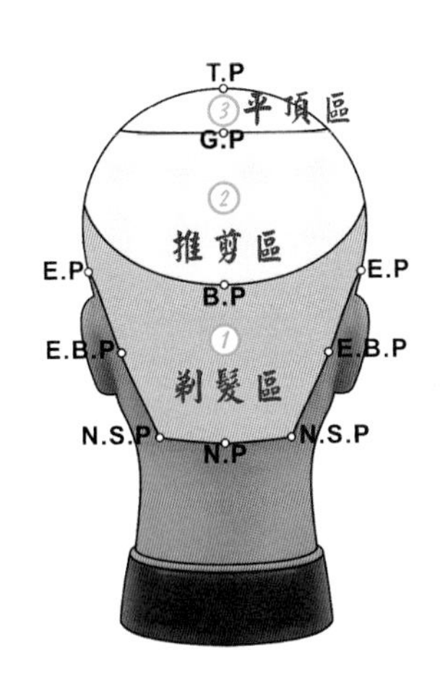

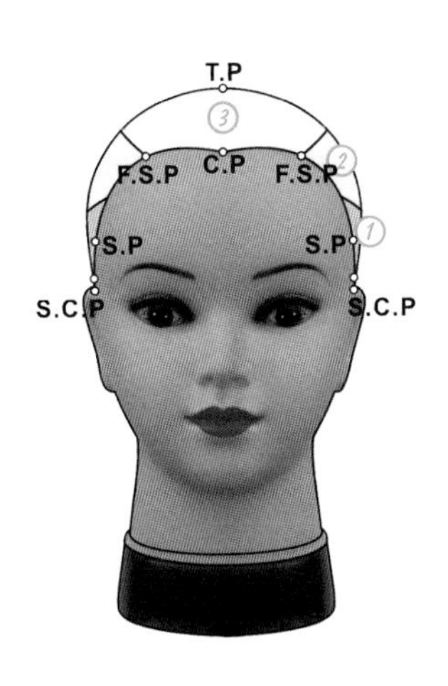

1 全部結構設計圖總共分為 3 區，主要在認識平頂區、推剪區、剃髮區，解剖髮型裁剪過程的結構，分析各區的設計架構如何運用縱髮片及推剪技法，掌握「縱向」與「橫向」的變化，使裁剪前即可掌握裁剪設計目標 - 形的外輪廓，並熟悉頭部 15 個基準點的正確位置與應用。各區塊範圍如上圖 15 個基準點的連線內容，其 1、2、3 編號也代表其剪髮操作順序。

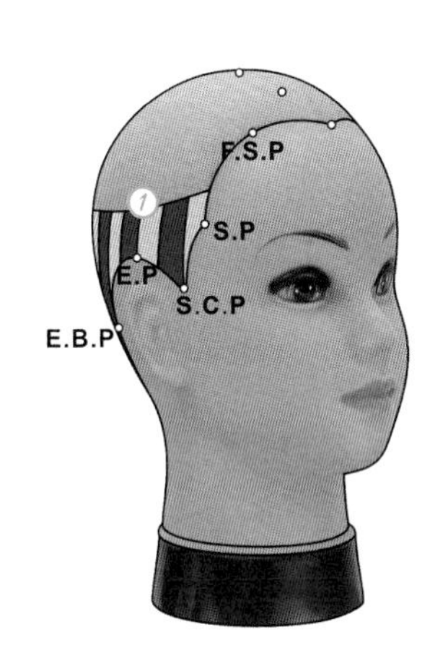

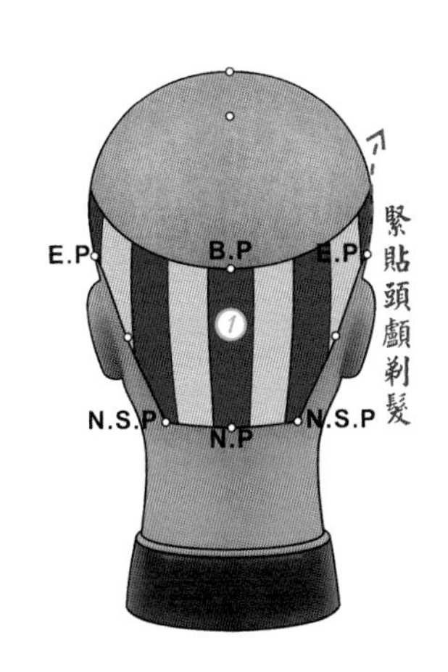

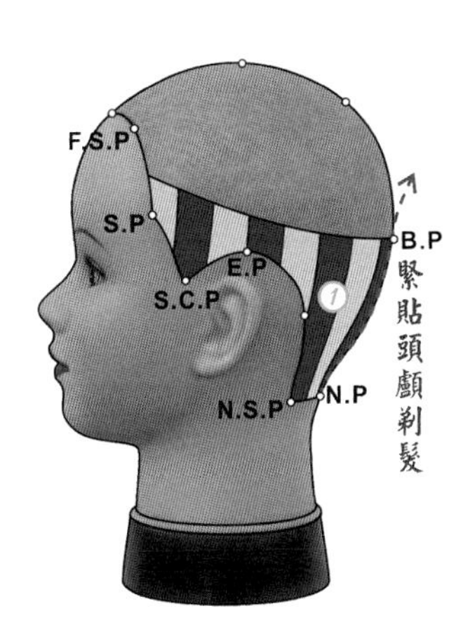

2 第 1 設計區塊，依設計構想劃分的幾何結構設計圖，全區髮量劃分為若干縱髮片（如上圖），推剪時以「free hand」技法服貼於頭顱，垂直向上將整區頭髮剃除。

3 第 1 設計區塊劃分 - 前面。

4 第 1 設計區塊劃分 - 後面。

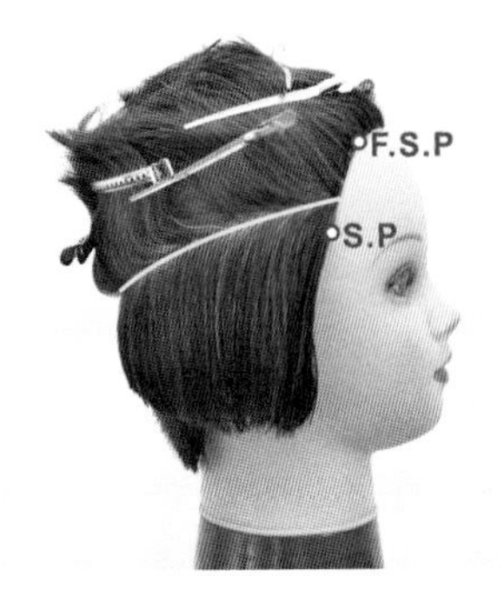

5 第 1 設計區塊劃分 - 右側。

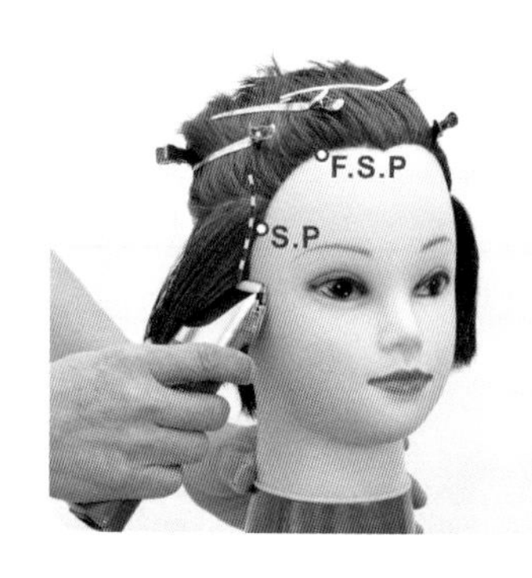

6 第 1 縱髮片，電推剪服貼於髮際線之下。

7 以「free hand」技法，垂直向上推剪。

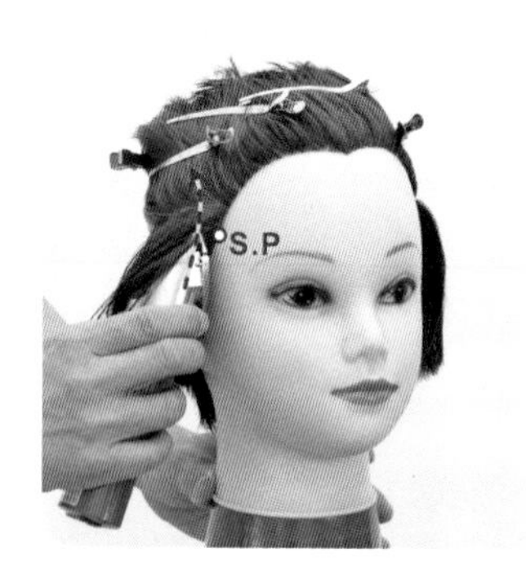

8 延頭顱弧度至區塊上端將頭髮剃除。

9 第 2 縱髮片，電推剪服貼於髮際線之下。

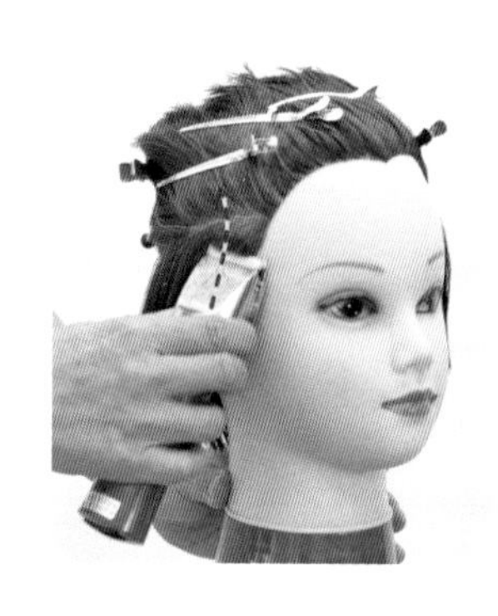

10 以「free hand」技法，垂直向上推剪。

11 延頭顱弧度至區塊上端將頭髮剃除。

12 第 4 縱髮片，電推剪服貼於髮際線之下。

13 以「free hand」技法，垂直向上推剪。

14 延頭顱弧度至區塊上端將頭髮剃除。

15 第 5 縱髮片，電推剪服貼於髮際線之下。

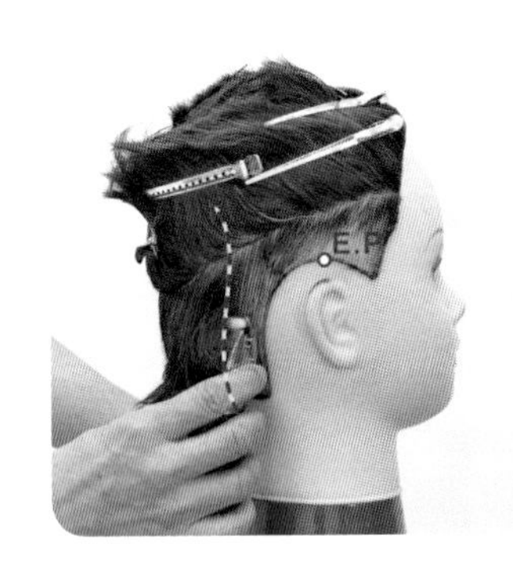

16 以「free hand」技法，垂直向上推剪。

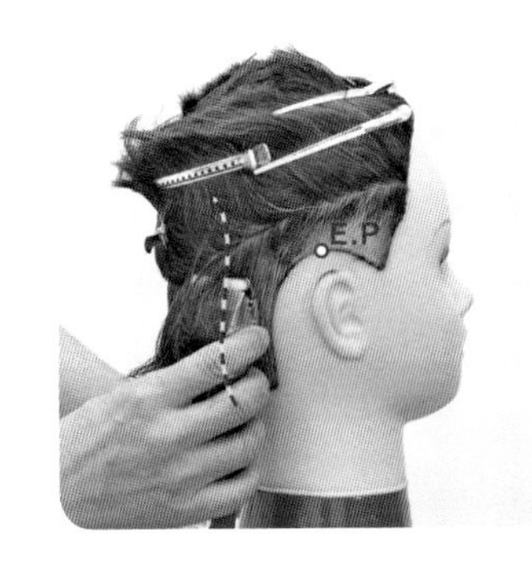

17 延頭顱弧度至區塊上端將頭髮剃除。

18 第 6 縱髮片，電推剪服貼於髮際線之下。

19 以「free hand」技法，垂直向上推剪。

20 延頭顱弧度至區塊上端將頭髮剃除。

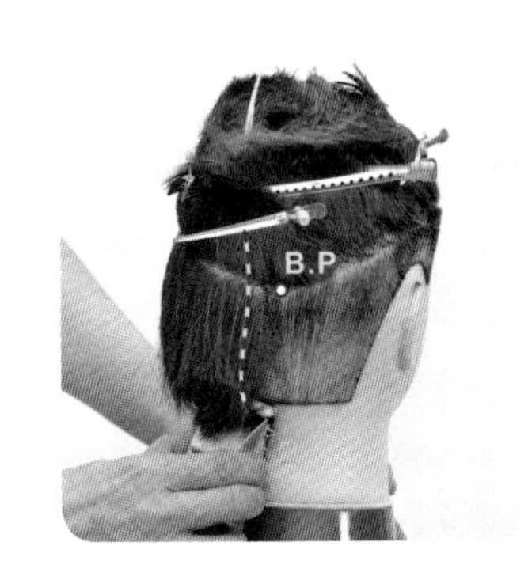

21 第 7 縱髮片，電推剪服貼於髮際線之下。

22 以「free hand」技法，垂直向上推剪。

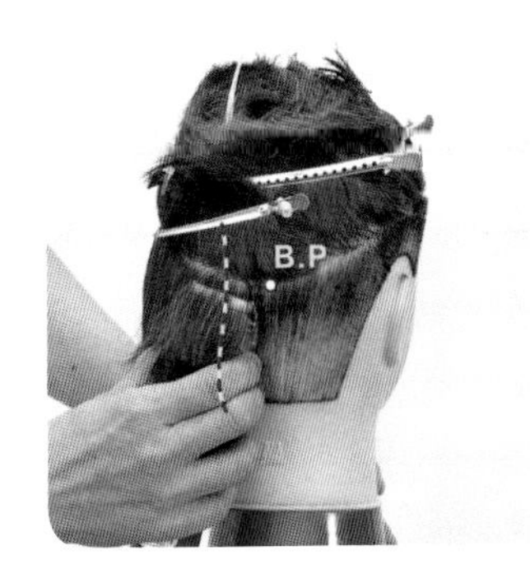

23 延頭顱弧度至區塊上端將頭髮剃除。

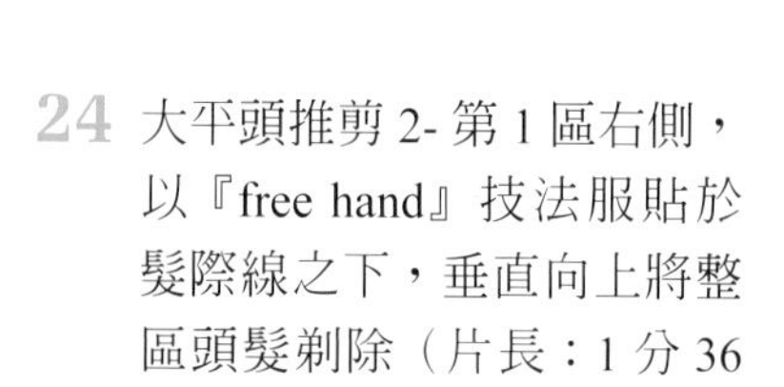

24 大平頭推剪 2- 第 1 區右側，以『free hand』技法服貼於髮際線之下，垂直向上將整區頭髮剃除（片長：1 分 36 秒）。

25 大平頭推剪 3- 第 1 區左側，以『free hand』技法服貼於髮際線之下，垂直向上將整區頭髮剃除（片長：2 分 20 秒）。

26 第 1 設計區塊剃髮完成 - 前面。

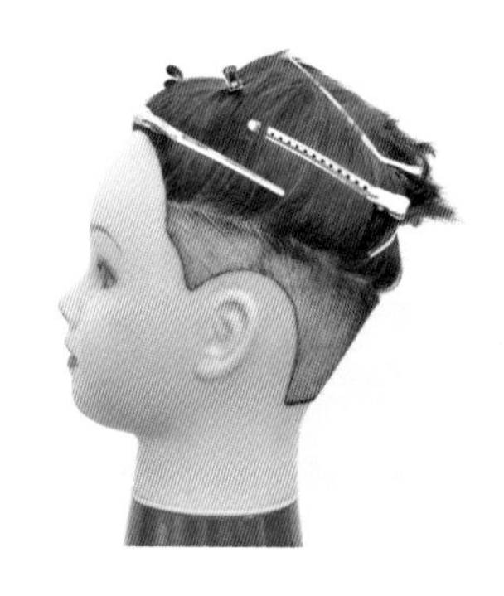

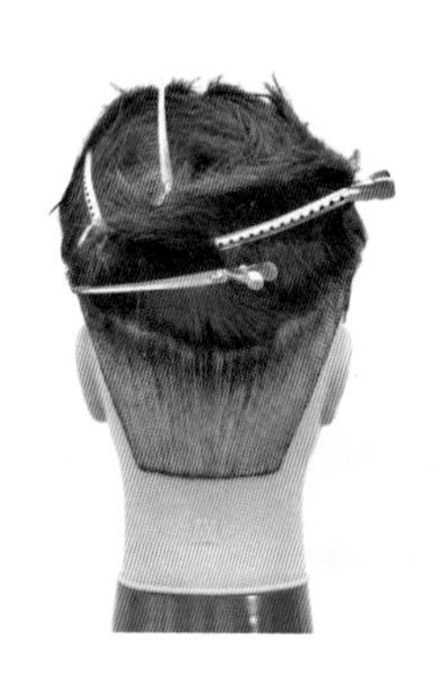

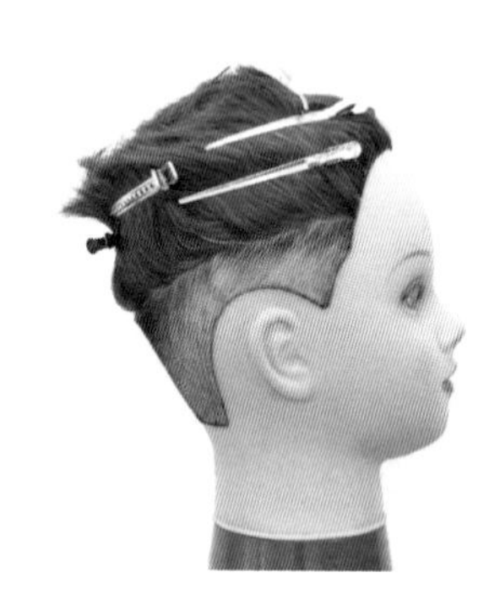

27 第 1 設計區塊剃髮完成 - 左側。

28 第 1 設計區塊剃髮完成 - 後面。

29 第 1 設計區塊剃髮完成 - 右側。

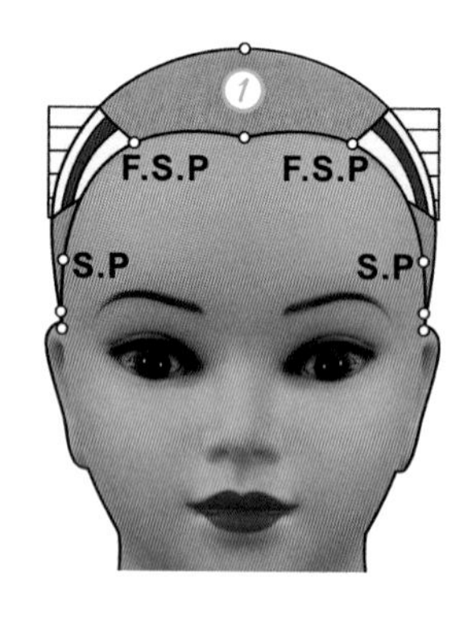

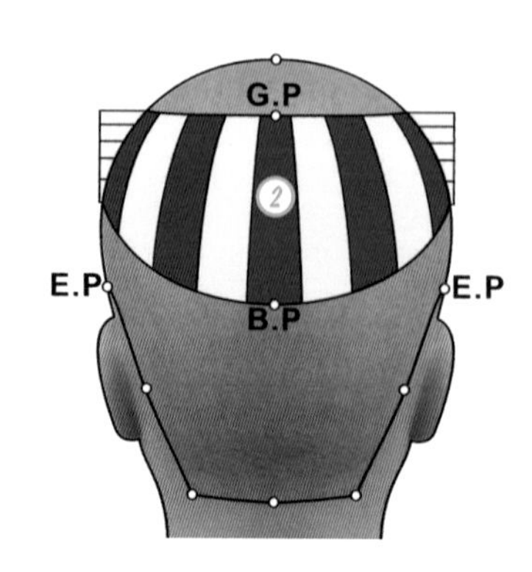

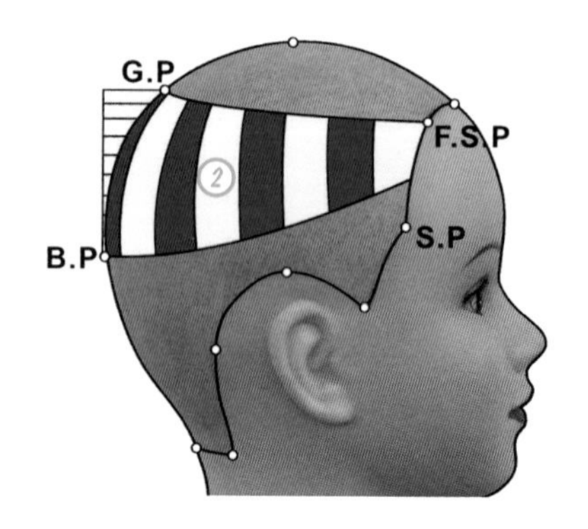

30 第 2 設計區塊劃分爲若干垂直髮片，剪髮梳在區塊下端服貼於頭顱，以「縱梳縱推」技法，將整區頭髮垂直向上推剪的幾何結構設計圖。

31 第 2 設計區塊劃分完成 - 前面。

32 第 2 設計區塊劃分完成 - 後面。

33 第 2 設計區塊劃分完成 - 左側。

34 第 1 縱髮片，剪髮梳垂直在區塊下端服貼於頭顱。

35 以「縱梳縱推」技法，垂直向上推剪。

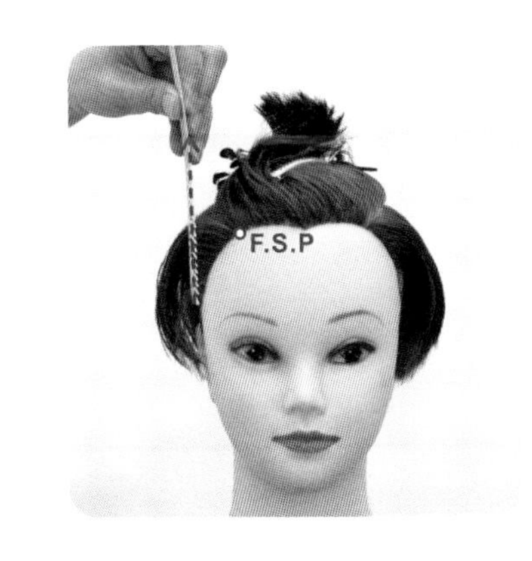

36 第 1 縱髮片推剪完成。

37 第 2 縱髮片，剪髮梳垂直在區塊下端服貼於頭顱。

38 以「縱梳縱推」技法，垂直向上推剪。

39 第 2 縱髮片推剪完成。

40 第 4 縱髮片，剪髮梳垂直在區塊下端服貼於頭顱。

41 以「縱梳縱推」技法，垂直向上推剪。

42 第 4 縱髮片推剪完成。

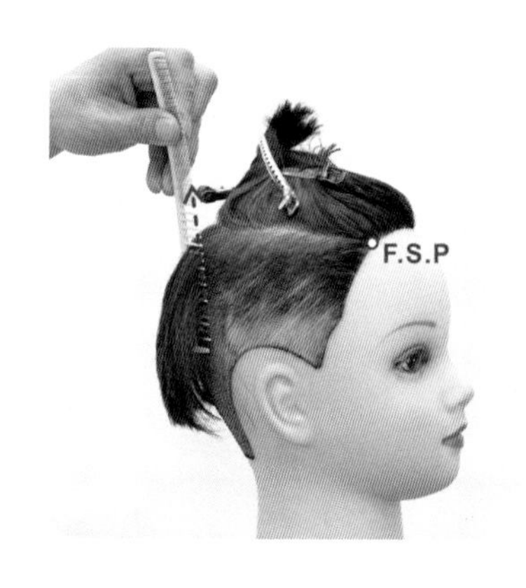

43 第 5 縱髮片，剪髮梳垂直在區塊下端服貼於頭顱。

44 以「縱梳縱推」技法，垂直向上推剪。

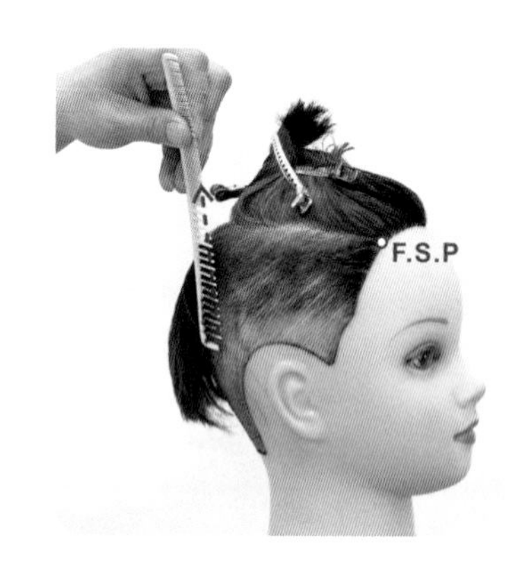

45 第 5 縱髮片推剪完成。

46 第 6 縱髮片，剪髮梳垂直在區塊下端服貼於頭顱。

47 以「縱梳縱推」技法，垂直向上推剪。

48 第 6 縱髮片推剪完成。

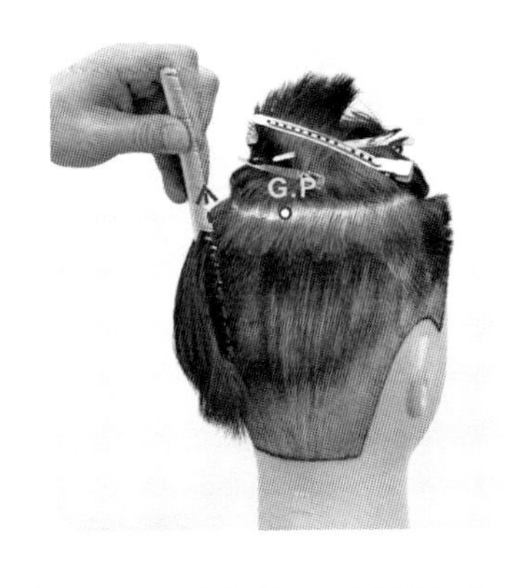

49 第 8 縱髮片，剪髮梳垂直在區塊下端服貼於頭顱。

50 以「縱梳縱推」技法，垂直向上推剪。

51 第 8 縱髮片推剪完成。

52 第 9 縱髮片，剪髮梳垂直在區塊下端服貼於頭顱。

53 以「縱梳縱推」技法，垂直向上推剪。

54 第 9 縱髮片推剪完成。

55 第 10 縱髮片，剪髮梳垂直在區塊下端服貼於頭顱。

56 以「縱梳縱推」技法，垂直向上推剪。

57 第 10 縱髮片推剪完成。

58 第 12 縱髮片，剪髮梳垂直在區塊下端服貼於頭顱。

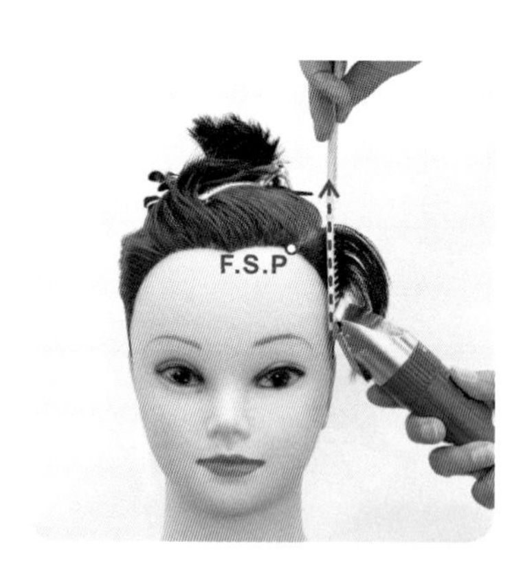

59 以「縱梳縱推」技法，垂直向上推剪的連續動作 1。

60 以「縱梳縱推」技法，垂直向上推剪的連續動作 2。

61 以「縱梳縱推」技法，垂直向上推剪的連續動作。

62 第 12 縱髮片推剪完成。

63 大平頭推剪 4- 第 2 設計區塊推剪，剪髮梳在區塊下端服貼於頭顱，以『縱梳縱推』技法 ，將整區頭髮垂直向上推剪（片長：2 分 45 秒）。

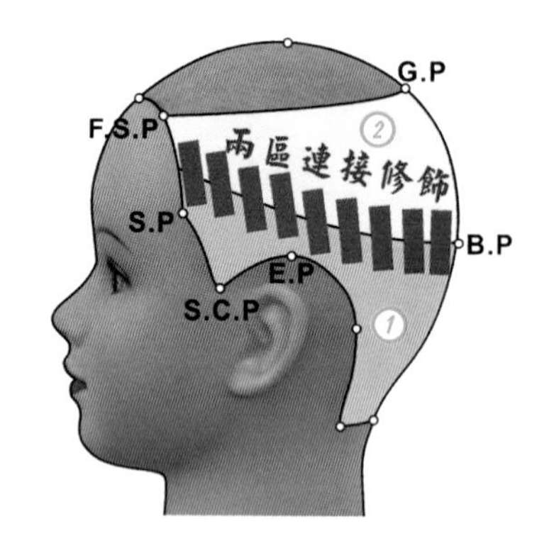

64 第 1 ～ 2 兩區外輪廓連接修飾的幾何結構設計圖

65 第 1 ～ 2 兩區外輪廓弧度以「斜梳斜推」技法連接修飾的連續動作 1

66 第 1 ～ 2 兩區外輪廓弧度以「斜梳斜推」技法連接修飾的連續動作 2

67 第 1 ～ 2 兩區外輪廓弧度以「斜梳斜推」技法連接修飾的連續動作 3

68 第 1 ～ 2 兩區外輪廓弧度以「縱梳縱推」技法連接修飾的連續動作 1

69 第 1 ～ 2 兩區外輪廓弧度以「縱梳縱推」技法連接修飾的連續動作 2

70 第 1 ～ 2 兩區外輪廓弧度以「斜梳弧推」技法連接修飾的連續動作 1

71 第 1 ～ 2 兩區外輪廓弧度以「斜梳弧推」技法連接修飾的連續動作 2

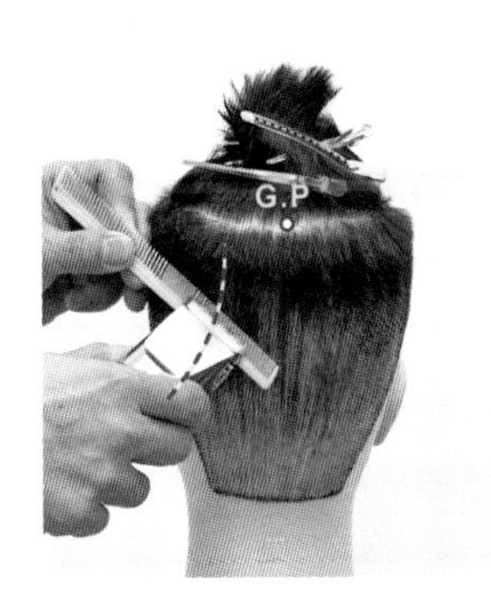

72 第 1 ～ 2 兩區外輪廓弧度以「斜梳弧推」技法連接修飾的連續動作 3

73 第 1 ～ 2 兩區外輪廓弧度以「斜梳弧推」技法連接修飾的連續動作 4

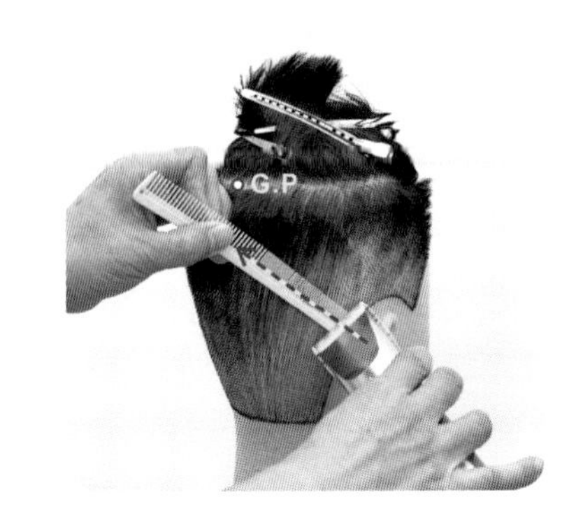

74 第 1 ～ 2 兩區外輪廓弧度以「斜梳斜推」技法連接修飾的連續動作 1

75 第 1 ～ 2 兩區外輪廓弧度以「斜梳斜推」技法連接修飾的連續動作 2

76 第 1 ～ 2 兩區外輪廓弧度以「斜梳斜推」技法連接修飾的連續動作 3

77 大平頭推剪 5- 第 1 ～ 2 兩區以『縱梳縱推』技法，連接修飾外輪廓弧度（片長：2 分 18 秒）。

78 第 1 ～ 2 兩區外輪廓弧度修飾完成 - 前面

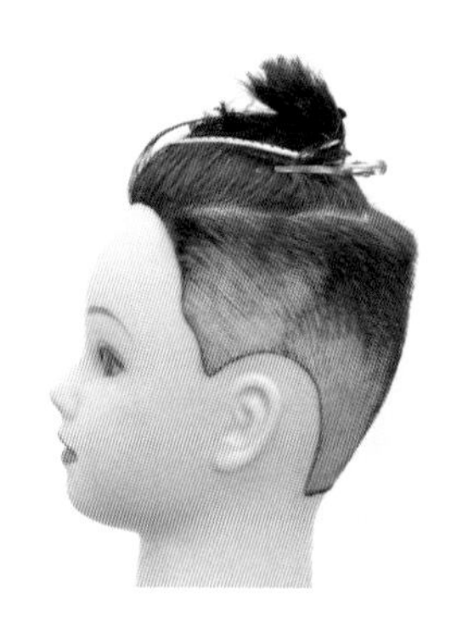

79 第 1 ～ 2 兩區外輪廓弧度修飾完成 - 左側

80 第 1 ～ 2 兩區外輪廓弧度修飾完成 - 後面

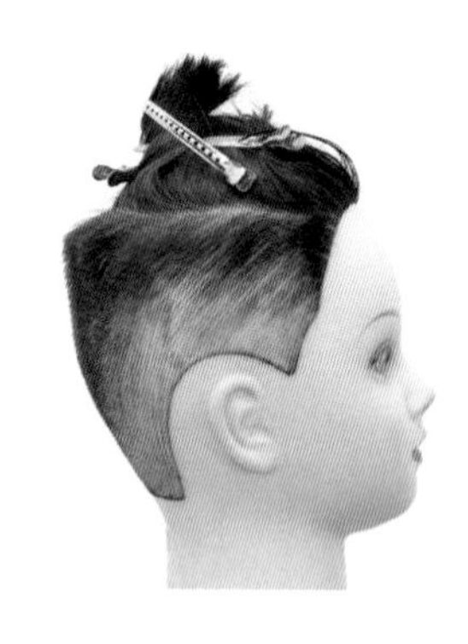

81 第 1 ～ 2 兩區外輪廓弧度修飾完成 - 右側

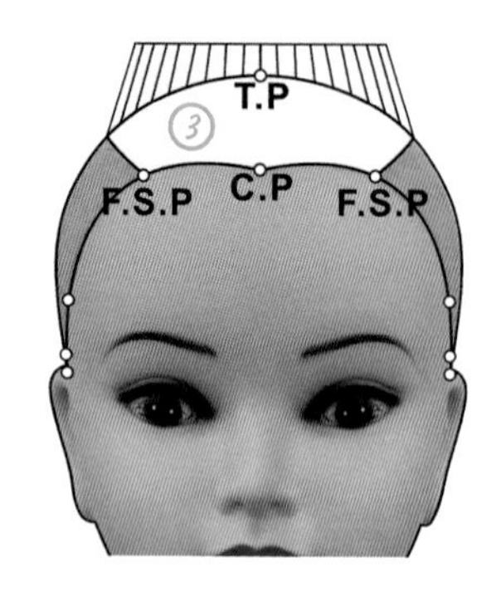

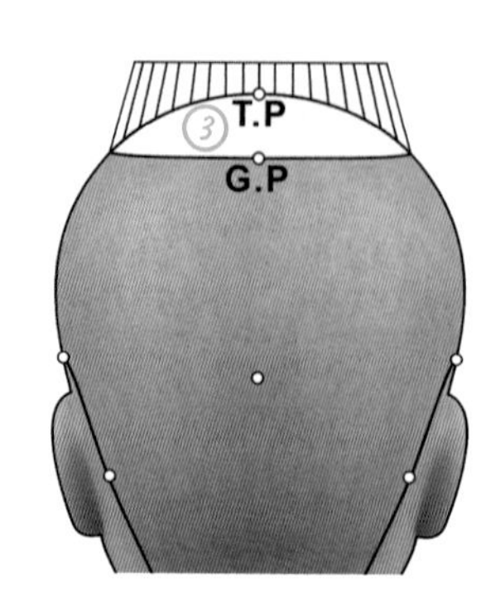

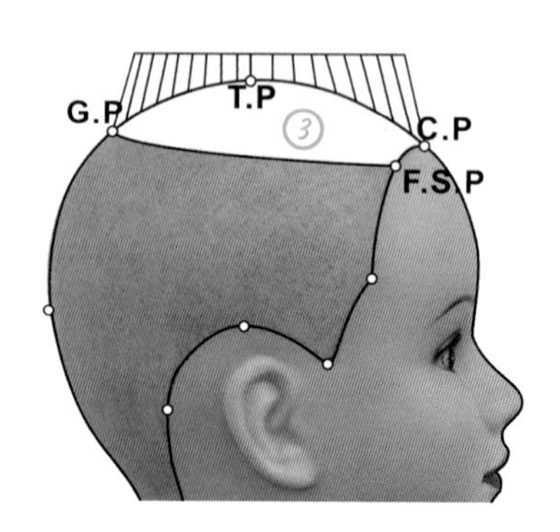

82 第 3 設計區塊劃平頂區推剪，以「橫梳橫推」技法，將頭髮梳垂直向上，區塊周圍的髮量微向頂部傾斜，然後水平推剪的幾何結構設計圖。

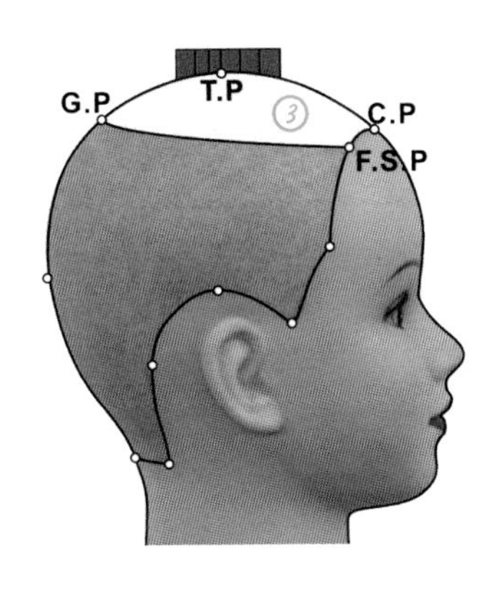

83 設定 T.P 爲引導髮長的幾何結構設計圖

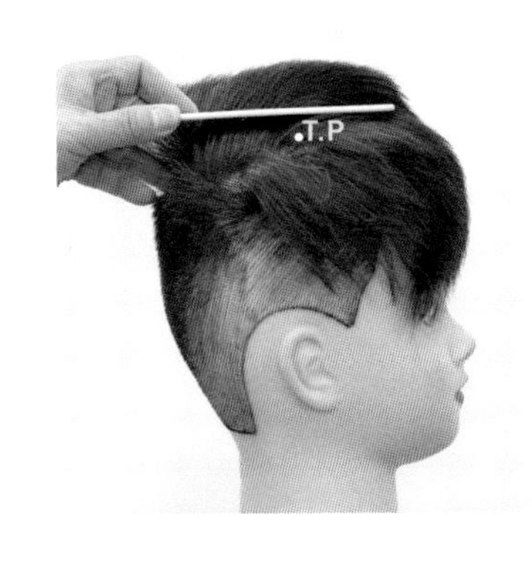

84 剪髮梳保持水平，設定 T.P 爲固定引導髮長 - 側面圖。

85 剪髮梳保持水平，設定 T.P 爲固定引導髮長 - 前面圖。

86 剪髮梳保持水平，設定 T.P 爲固定引導髮長 - 右前側圖。

87 將頭髮梳垂直向上，剪髮梳保持水平，以「橫梳橫推」技法，水平推剪的連續動作 1。

88 將頭髮梳垂直向上，剪髮梳保持水平，以「橫梳橫推」技法，水平推剪的連續動作 2。

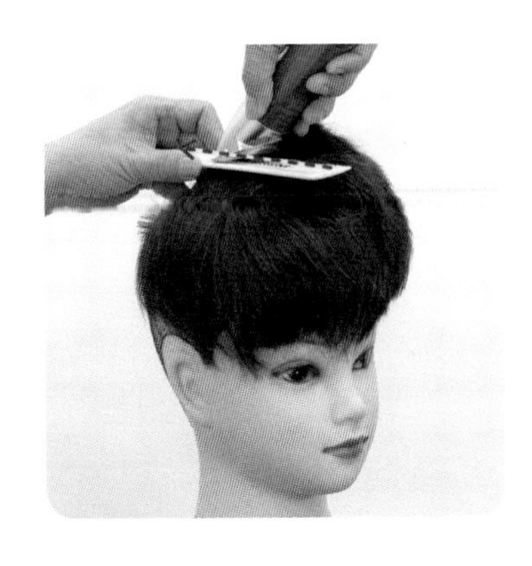

89 將頭髮梳垂直向上，剪髮梳保持水平，以「橫梳橫推」技法，水平推剪的連續動作 3。

90 將頭髮梳垂直向上，剪髮梳保持水平，以「橫梳橫推」技法，水平推剪的連續動作 4。

91 設定 T.P 爲引導髮長，水平推剪完成。

92 將右側髮量梳垂直向上並微向引導髮長左斜

93 剪髮梳保持水平，以「橫梳橫推」技法，水平推剪的連續動作。

94 以「橫梳橫推」技法，水平推剪完成。

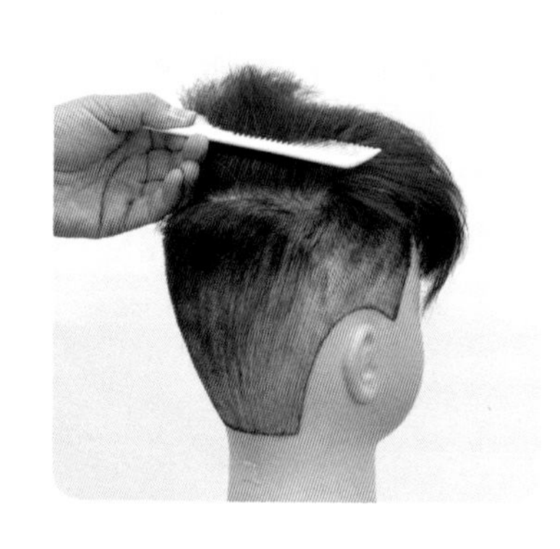

95 將後面髮量梳垂直向上並微向引導髮長前斜

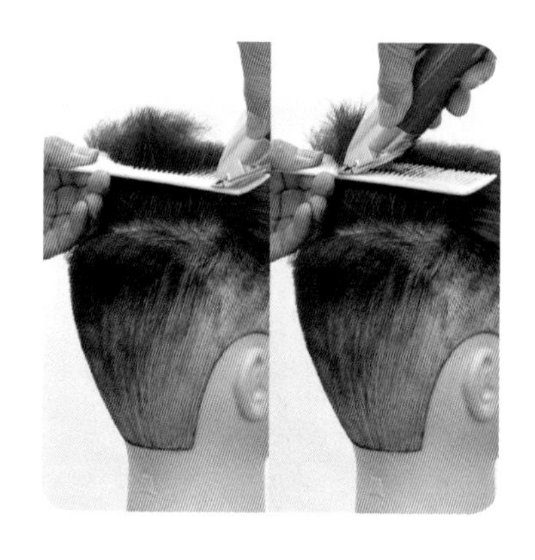

96 剪髮梳保持水平，以「橫梳橫推」技法，水平推剪的連續動作。

97 以「橫梳橫推」技法，水平推剪完成。

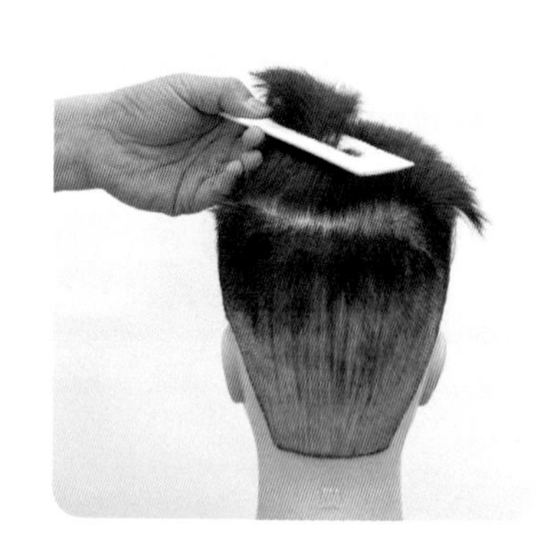

98 將左側髮量梳垂直向上並微向引導髮長右斜

99 剪髮梳保持水平，以「橫梳橫推」技法，水平推剪的連續動作。

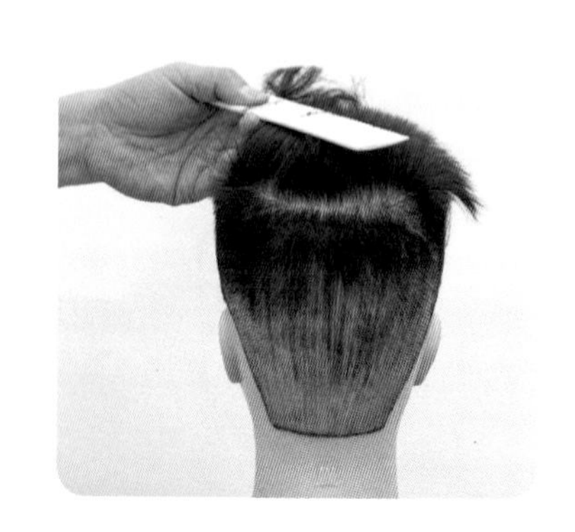

100 以「橫梳橫推」技法，水平推剪完成。

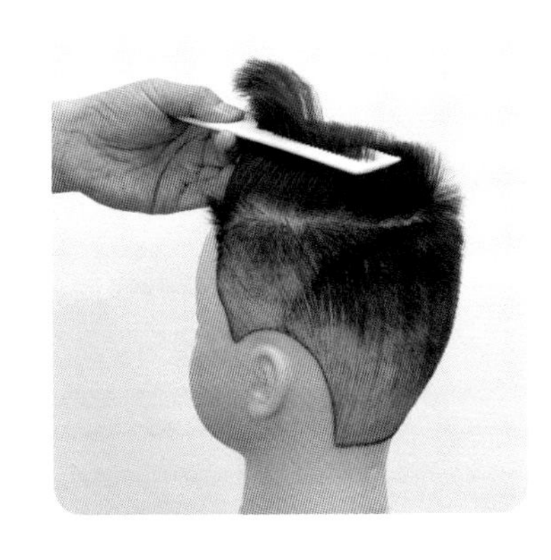

101 將左側髮量梳垂直向上並微向引導髮長右斜

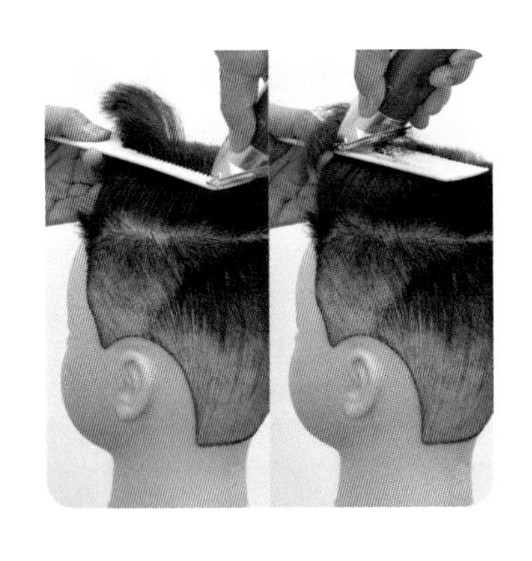

102 剪髮梳保持水平，以「橫梳橫推」技法，水平推剪的連續動作。

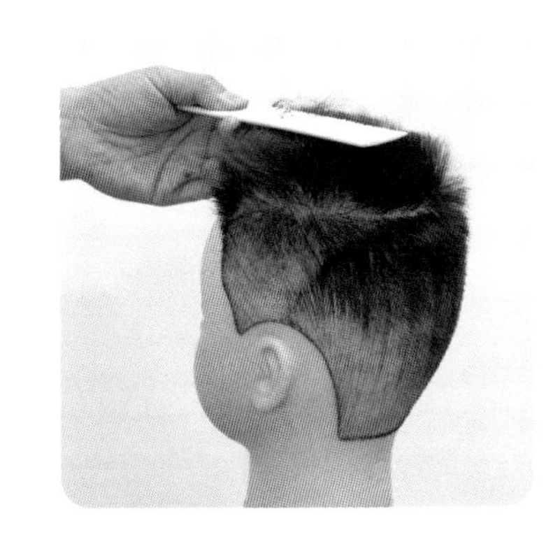

103 以「橫梳橫推」技法，水平推剪完成。

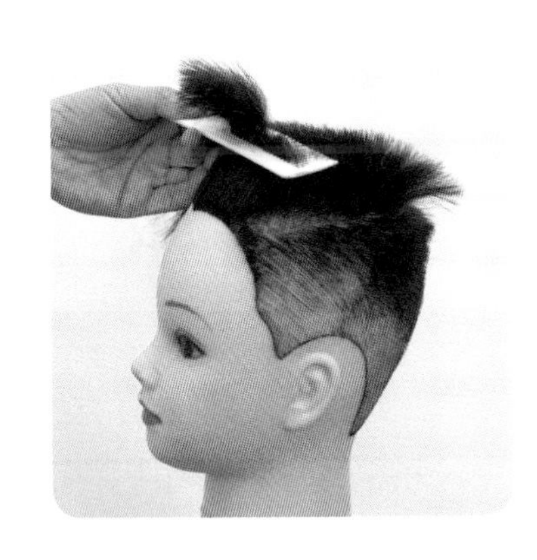

104 將前面髮量梳垂直向上並微向引導髮長後斜

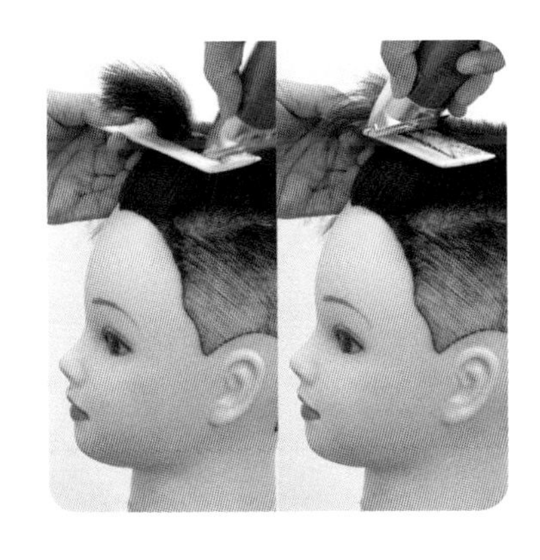

105 剪髮梳保持水平，以「橫梳橫推」技法，水平推剪的連續動作。

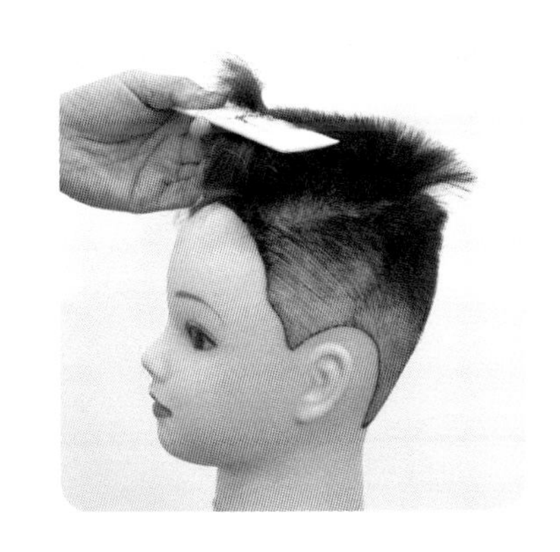

106 以「橫梳橫推」技法，水平推剪完成。

107 將前面髮量梳垂直向上並微向引導髮長後斜

108 剪髮梳保持水平，以「橫梳橫推」技法，水平推剪的連續動作。

109 以「橫梳橫推」技法，水平推剪完成。

110 平頂區局部修飾，以「橫梳橫推」技法，水平推剪的連續動作 1。

111 平頂區局部修飾，以「橫梳橫推」技法，水平推剪的連續動作 2。

112 平頂區局部修飾，以「橫梳橫推」技法，水平推剪的連續動作 3。

113 大平頭推剪 8- 第 3 區以『橫梳橫推』技法平頂推剪（片長：2 分 02 秒）。

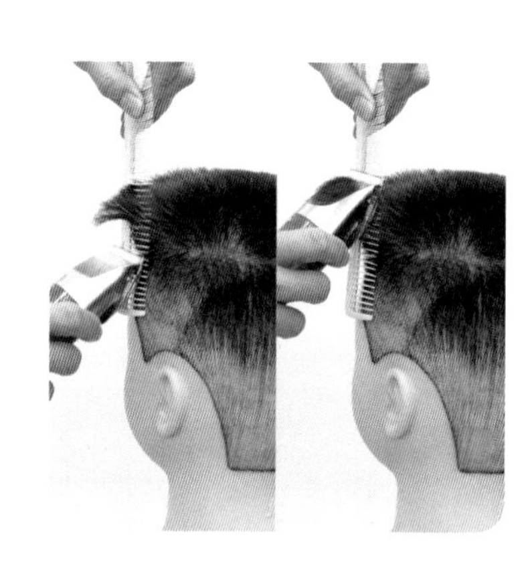

114 平頂區側面局部修飾，以「縱梳縱推」技法，垂直推剪的連續動作 1。

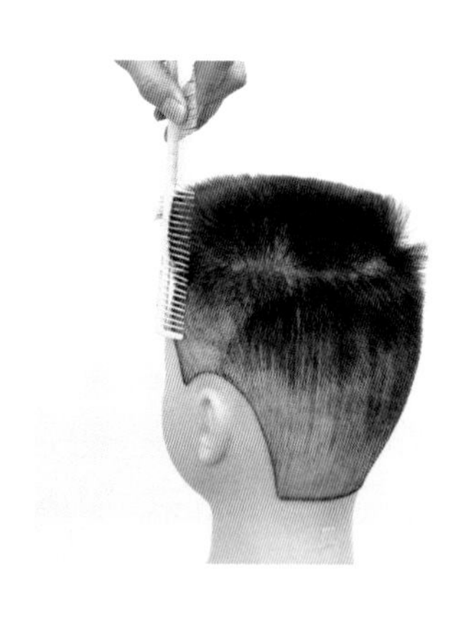

115 平頂區側面局部修飾，以「縱梳縱推」技法，垂直推剪的連續動作 2。

116 平頂區局部修飾，以「橫梳橫推」技法，水平推剪的連續動作 1。

117 平頂區局部修飾，以「橫梳橫推」技法，水平推剪的連續動作 2。

118 平頂區局部修飾，以「橫梳橫推」技法，水平推剪的連續動作 3。

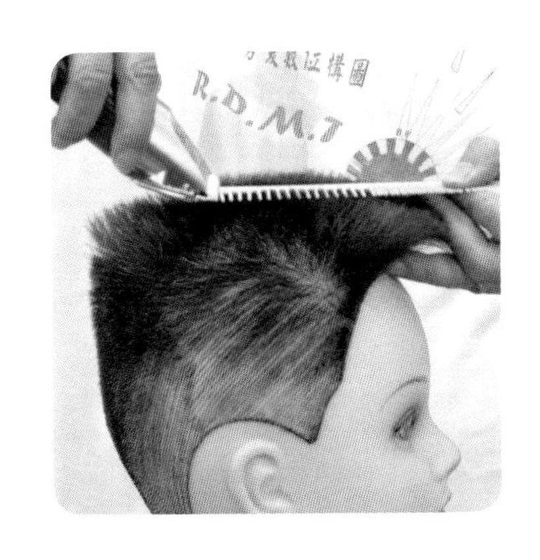

119 平頂區局部修飾，以「橫梳橫推」技法，水平推剪的連續動作 1。

120 平頂區局部修飾，以「橫梳橫推」技法，水平推剪的連續動作 2、3。

121 大平頭推剪 9- 第 3 區垂直面以『縱梳縱推』技法在垂直面細部修飾，以『橫梳橫推』技法在平頂面細部修飾（片長:2分09秒）。

122 第 2 ～ 3 兩區右側頭部外輪廓方角，以「斜梳弧推」技法修飾的連續動作 1。

123 第 2 ～ 3 兩區右側頭部外輪廓方角，以「斜梳弧推」技法修飾的連續動作 2。

124 第 2 ～ 3 兩區右側頭部外輪廓方角，以「斜梳弧推」技法修飾的連續動作 3。

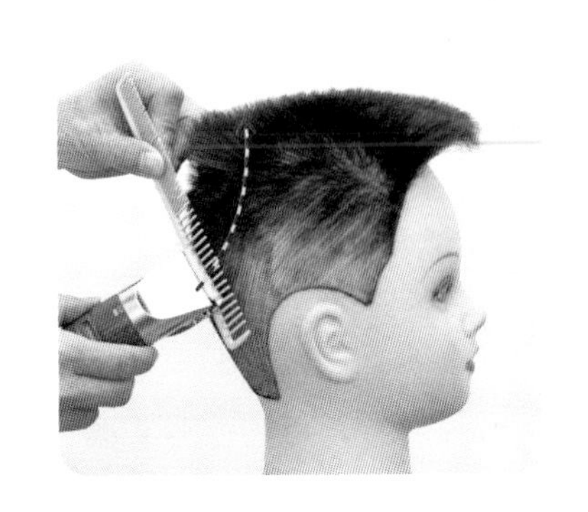

125 第 2 ～ 3 兩區右後側頭部外輪廓方角，以「斜梳弧推」技法修飾的連續動作 1。

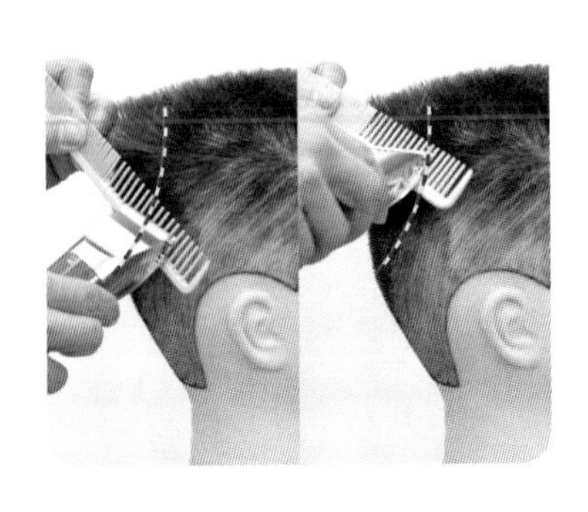

126 第 2 ～ 3 兩區右後側頭部外輪廓方角，以「斜梳弧推」技法修飾的連續動作 2。

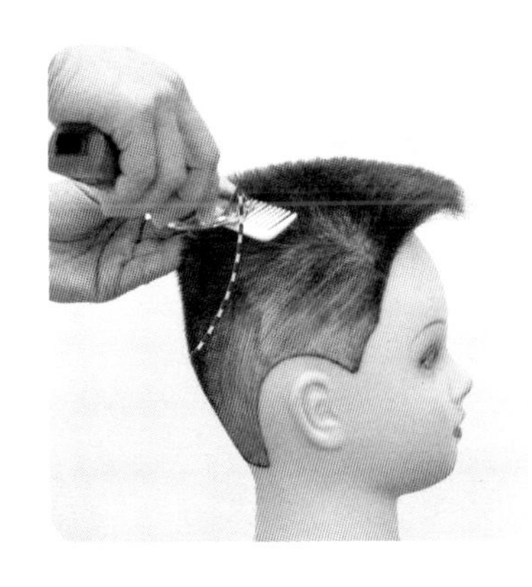

127 第 2 ～ 3 兩區右後側頭部外輪廓方角，以「斜梳弧推」技法修飾的連續動作 3。

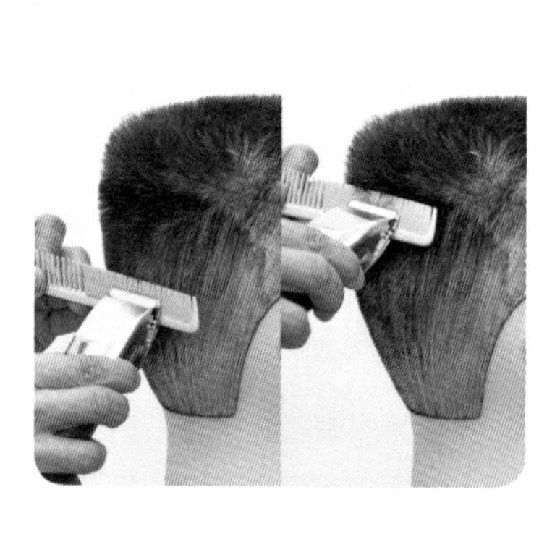

128 第 2 ～ 3 兩區後頭部外輪廓方角，以「橫梳縱推」技法修飾的連續動作 1。

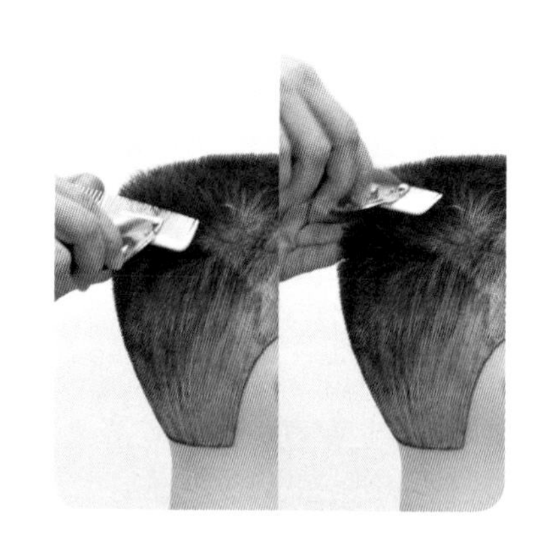

129 第 2 ～ 3 兩區後頭部外輪廓方角，以「橫梳縱推」技法修飾的連續動作 2。

130 大平頭推剪 10-2- 第 2 ～ 3 區以『斜梳弧推』技法，連接修飾轉角弧度（片長：1 分 47 秒）。

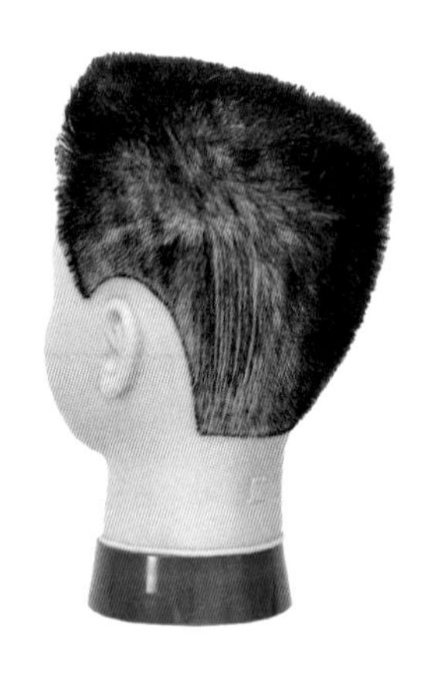

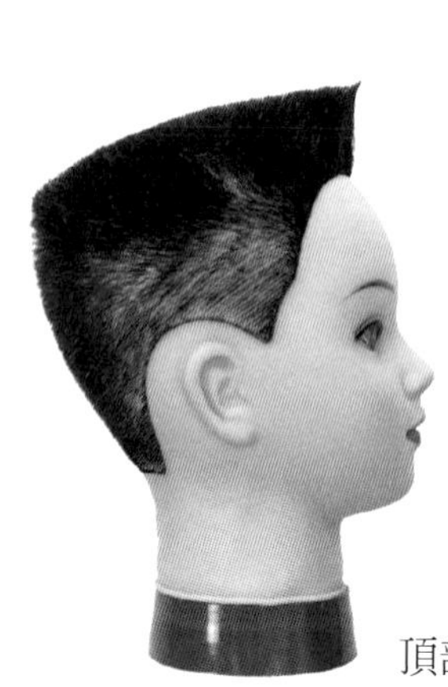

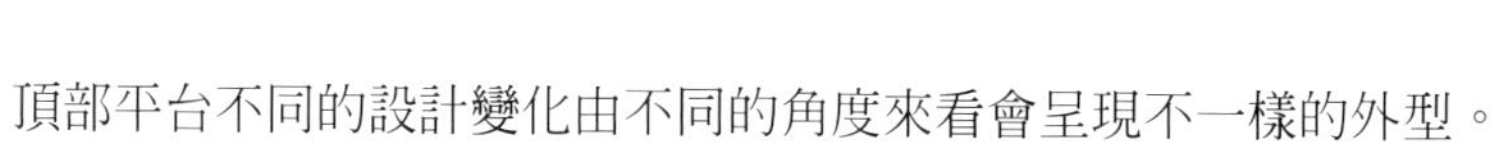

頂部平台不同的設計變化由不同的角度來看會呈現不一樣的外型。

12

第十二章

摩登時尚－Quiff 剪髮

QR12-1
Quiff 剪髮 14-造型完成（片長：1 分 47 秒）

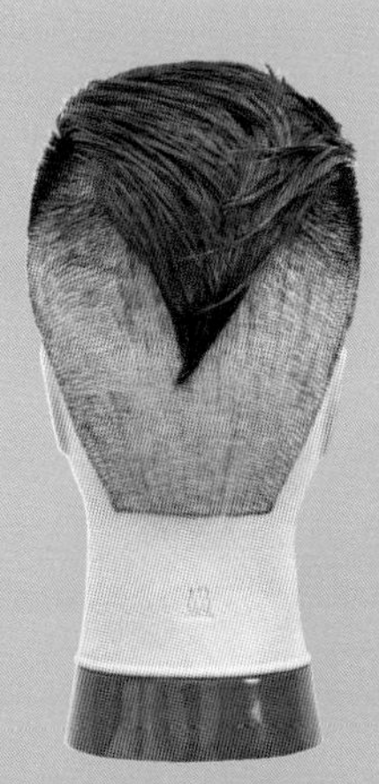

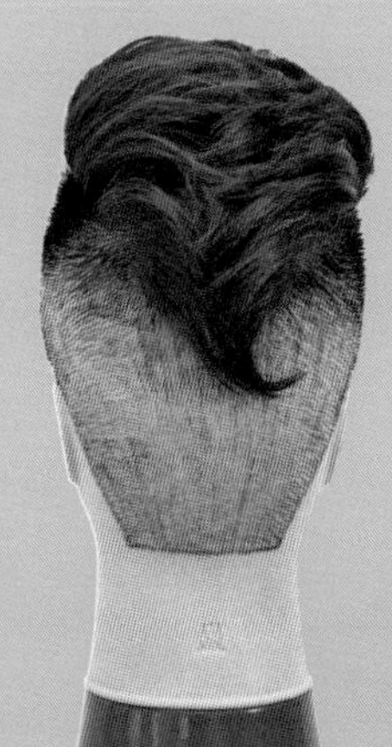

QR12-2
Quiff 剪髮 15-造型完成 2（片長：1 分 46 秒）

12-1 Quiff 剪髮－設計概論

「Quiff」在英國是一個流行時尚當紅的專業名詞，用來描述一款前額頭髮很有特色的向上梳並且向後梳的髮型，在美國 50 年代因爲受到很多的鄉村搖滾音樂家如：貓王艾維斯普利斯萊（Elvis Presley）和知名偶像如：洛克哈德森（Rock Hudson）、詹姆斯狄恩（James Dean）的歡迎而成名，由貓王創造出來的「icon」也曾重新流行於 80 年代及 90 年代，從那時到現在一直擁有絡繹不絕的忠實粉絲，多年來「Quiff」已經變化出很多種造型風格，成爲極爲多元性的男性髮型，該造型可以訴求髮型是整齊工整的 slick、傳統的 classic、狂野的 messy、搖滾性感的 Rock n' Roll sex。

依據英文「維基百科」解釋，「Quiff」是一款結合 50 年代蓬巴杜 pompadour 髮型、50 年代的平頂 flattop 髮型、有時是一款莫霍克 mohawk 髮型。而中文「維基百科」解釋，「Quiff」是一款髮型梳得像鴨尾巴的樣子，前面的頭髮稍微地往上立或是稍微弄成蓬鬆的髮型，也被稱做油頭、飛機頭或浪子頭。在美國叫做「pompadour」，英國則叫做「Quiff」，日本稱之爲「リーゼント」，由此可見此款髮型讓設計師在創意設計過程中，可蘊含很多元的文化元素及造型技法。

1. 形狀－ Form：

圖 12-1 是同一款剪髮應用不同造型後之比較圖，左圖 1 是蓬巴杜波浪捲髮狀篷鬆式的造型，右圖 2 是同款剪髮 slick 整齊工整的造型，左圖 2 及右圖 1 是同款剪髮不同造型作品之「側影圖」，在同款剪髮兩側和後面的頭髮相同會被剃剪極短緊貼頭皮，應用不同造型兩相比較模式之下，突顯高低、體積造型形狀相當大的差異性。左圖 1 是結合頭頂蓬巴杜波浪捲髮狀篷鬆式的造型，將頭髮往上梳並在前額形成一個大量體積、形狀高低強烈對比的髮型，讓造型更加搶眼和前衛，這看起來特別適合圓形臉。如右圖 2 將前額頭髮往後梳，在上頭部形成一個整齊工整又服貼的造型，因爲頂部保留著高度和寬度的平衡，讓造型兼具優雅與保守，這看起來適合大多數臉形。

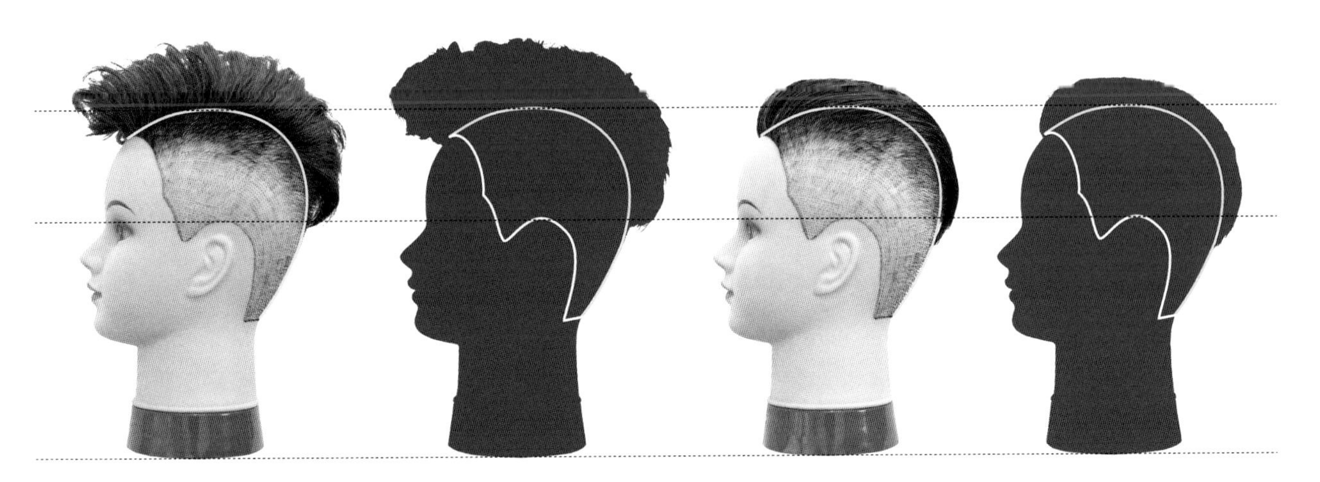

圖 12-1

2. 結構－ Structure：

「Quiff」以髮長結構而言，其實是非常簡潔的髮型，因爲只要將頭髮以 3：7 黃金比率分爲兩區 , 上頭部爲 1 區，兩側及後頭部爲 1 區，兩區之間的髮長結構是可以不連接的。但以剪髮操作技法而言，仍以劃分 3 個設計區塊（如圖 12-2 中），再依不同區塊對應不同的剪髮技術來說明設計的髮長結構。

第 1 設計區塊（如圖 12-2 右）是整區剃除髮量的設計，此區的髮長爲 0 公分完全緊貼於皮膚，因此頭形即爲外輪廓造型，髮長結構最爲單一簡潔。第 2 設計區塊是 Quiff 髮型可以進行多元變化的區塊，尤其是黑色頭髮的東方人，爲了使兩側與後頭部的推剪更有層次感，設定「fade line」的位置就是重點，本髮型的示範操作設定「fade line」位於第 2 設計區塊（如圖 12-2 左），在頭型往上圓弧之處產生漸長層次，推剪時設計區塊頂端縱向輪廓略爲圓弧（如圖 12-2 中），並在此設計區塊頂端保留約 1.5 公分，形成橫向等長的設計（如圖 12-2 右）。

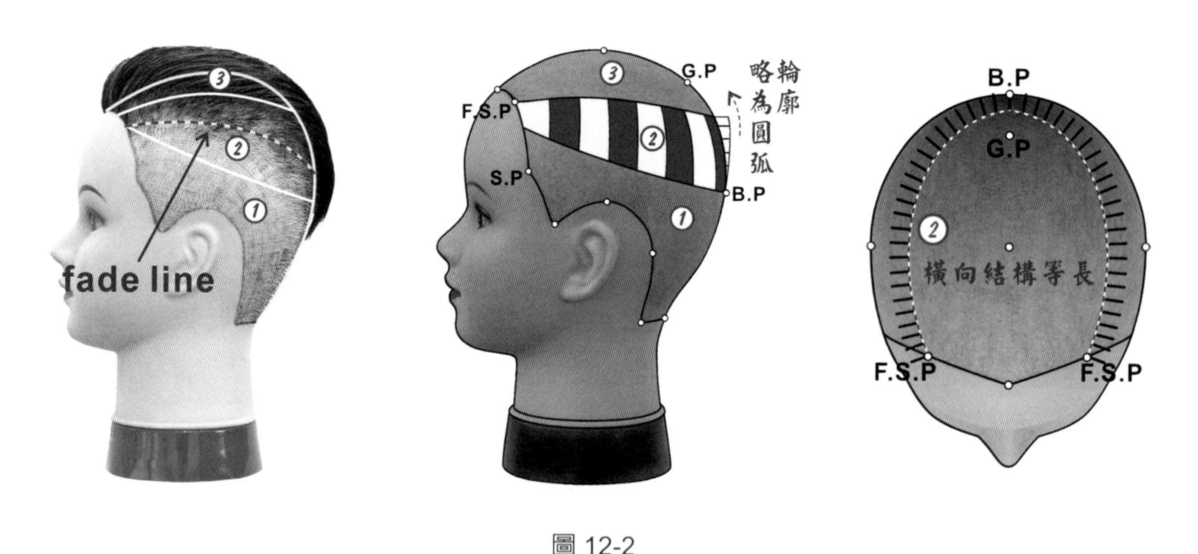

圖 12-2

第 3 設計區塊髮長是由後往前漸增的設計，髮長的設定也允許和第 2 設計區塊不連接的設計（如圖 12-3）。

第 3 設計區塊：髮長由後往前漸增的設計，使往上往後吹整造型時能在前額增加體積量感。

第 2 設計區塊：髮長在兩區如此長、短不連接的對比結合，更能在造型上更爲搶眼與前衛。

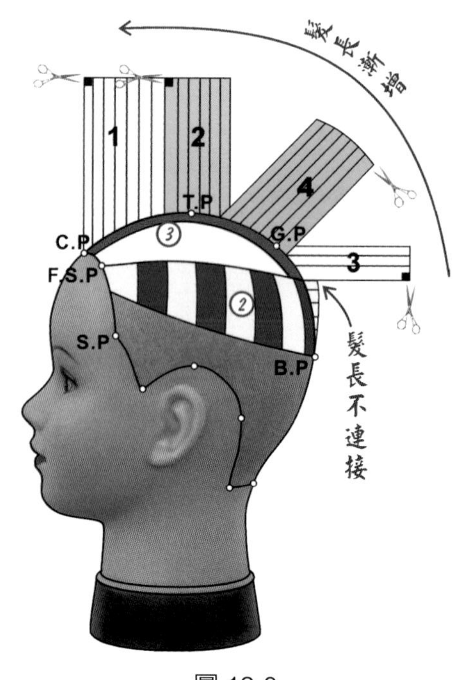

圖 12-3

以區塊髮長橫向幾何結構而言，第 3 設計區塊設計是結合「移動式引導」及「等腰三角型髮片」（如圖 12-4），使往上往後吹整造型時不至於在區塊邊緣堆積過多的髮量。

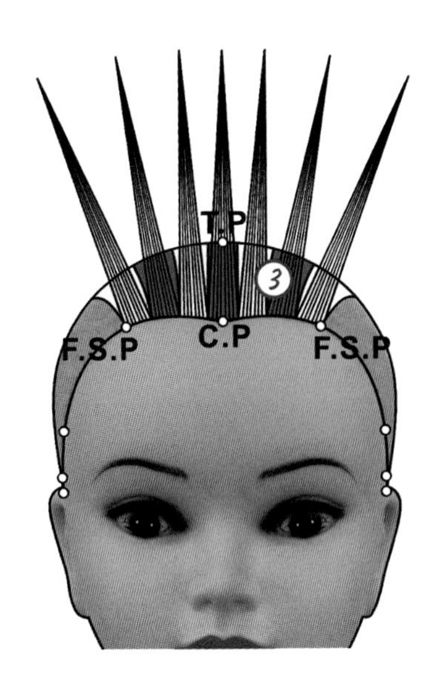

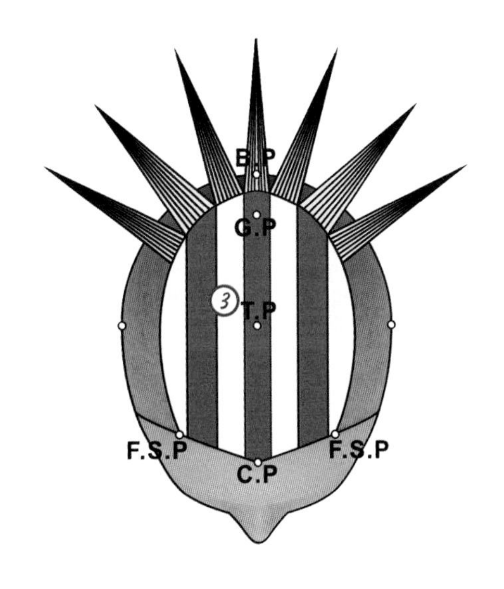

圖 12-4

3. 紋理－ Texture：

髮型的紋理是 Quiff 髮型最大的特色，不僅可以應用剪髮技法創造髮型的紋理，更可以在往上往後吹整造型時也可以創造髮型不同的紋理設計（如圖 12-5）。

本造型在「Fade line」以下之設計區塊，設計 0 公分髮長緊貼於皮膚（如圖 12-5），因此完成後會形成乾淨俐落又平滑的頭型原輪廓，在「Fade line」以上之設計區塊，髮長推剪成漸長效果，使皮膚和髮長交錯變化之間的「顏色」及「髮長」也有層次感（如圖 12-5），第 3 設計區塊是髮長保留及往上梳整髮量堆積最明顯的區塊，應用造型產品可梳整成服貼或蓬鬆的造型（如圖 12-5），本造型裁剪過程中不僅在此區外輪廓進行點剪（亦稱鋸齒狀裁剪），更在髮長中進行鋸齒狀調量，這在傳統造型的 Quiff 髮型可以符合工整服貼的效果，在前衛造型的 Quiff 髮型亦可以符合蓬鬆、狂野的效果。

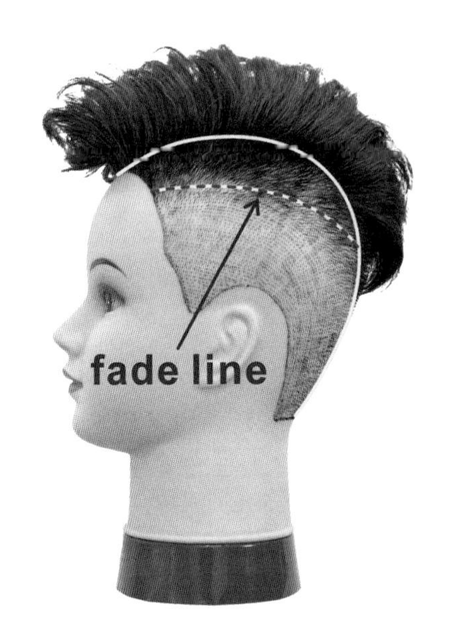

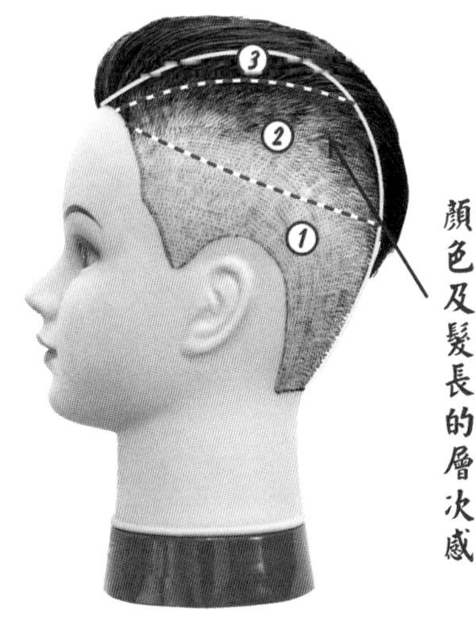

圖 12-5

12-2 Quiff 剪髮－操作過程解析

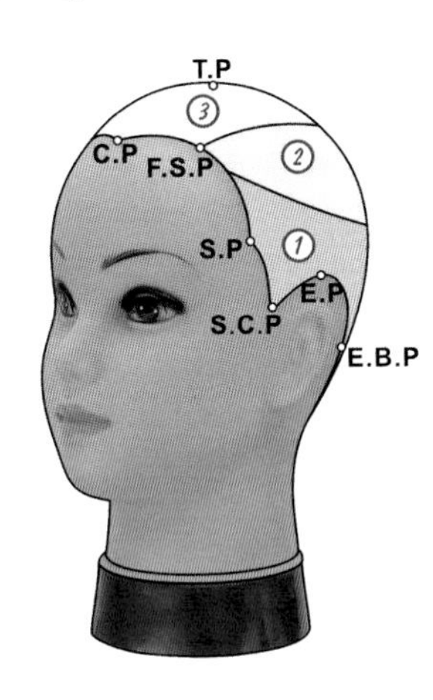

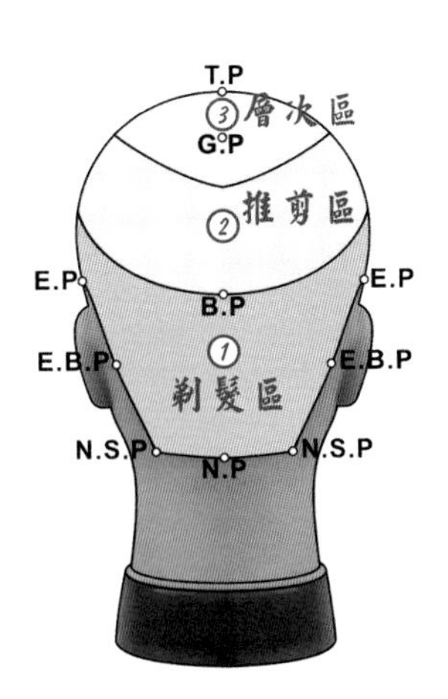

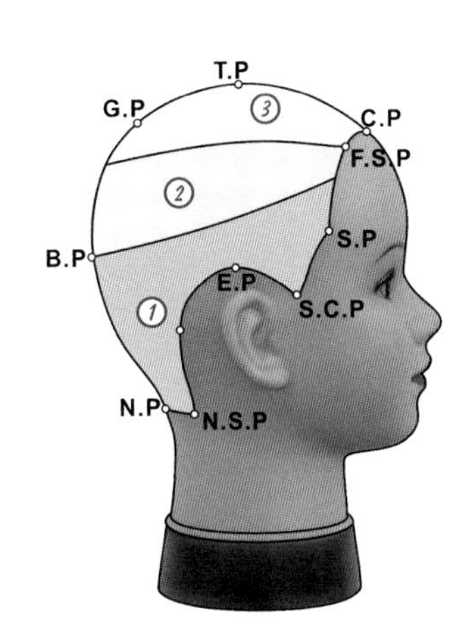

1　全部結構設計圖總共分為 3 區，主要在認識層次區、推剪區、剃髮區，解剖髮型裁剪過程的結構，分析各區的設計架構如何運用縱髮片及推剪技法，掌握「縱向」與「橫向」的變化，使裁剪前即可掌握裁剪設計目標 - 形的外輪廓，並熟悉頭部 15 個基準點的正確位置與應用。各區塊範圍如上圖 15 個基準點的連線內容，其 1、2、3 編號也代表其剪髮操作順序。

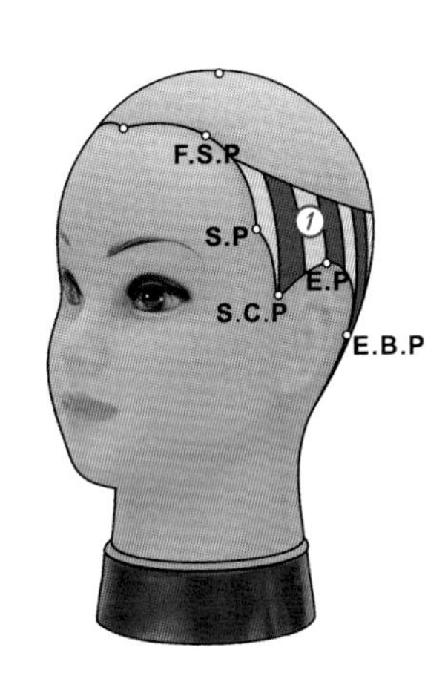

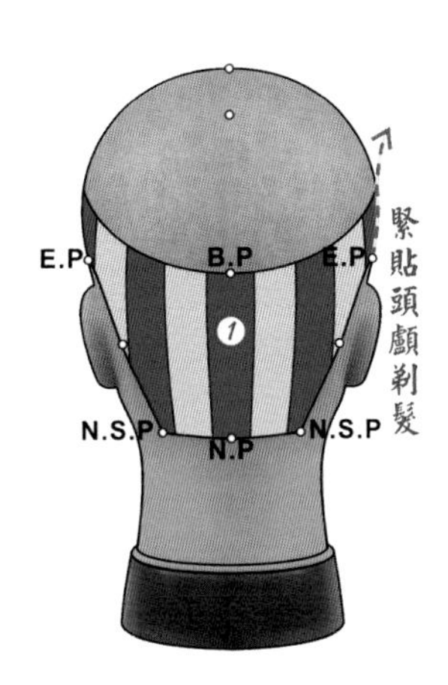

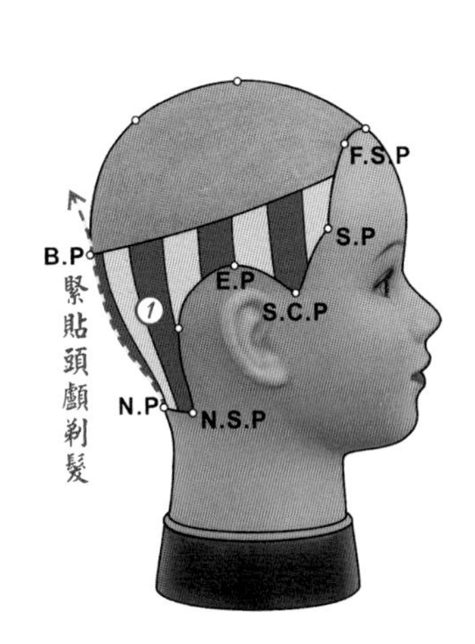

2　第 1 設計區塊，依設計構想劃分的幾何結構設計圖，全區髮量劃分為若干縱髮片（如上圖），推剪時以「free hand」技法服貼於頭顱，垂直向上將整區頭髮剃除。

3　第 1 設計區塊劃分 - 前面

4　第 1 設計區塊劃分 - 後面

5　第 1 設計區塊劃分 - 右側

6 第 1 縱髮片，電推剪服貼於髮際線之下。

7 以「free hand」技法，垂直向上推剪。

8 延頭顱弧度至區塊上端將頭髮剃除

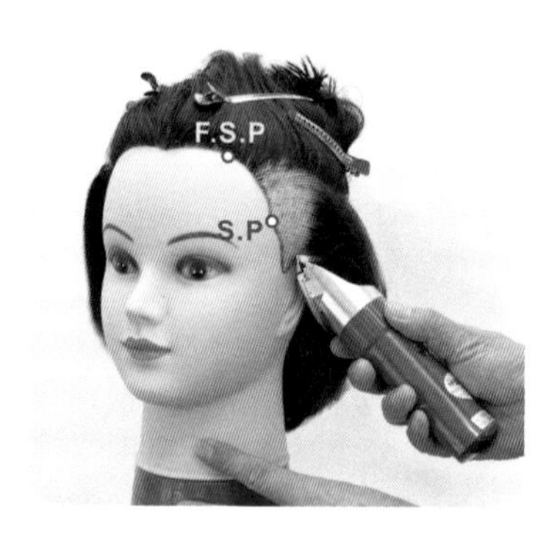

9 第 2 縱髮片，電推剪服貼於髮際線之下。

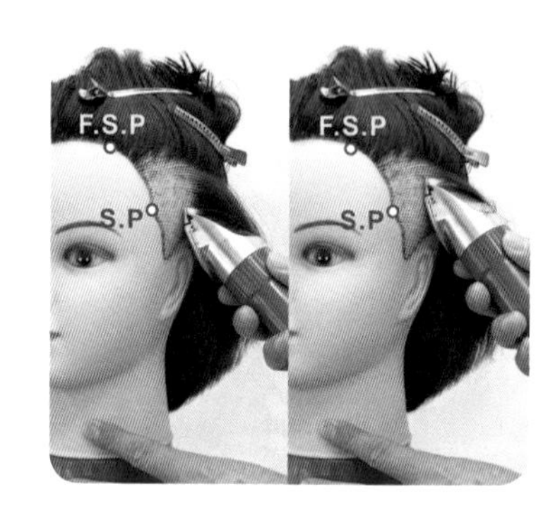

10 以「free hand」技法，垂直向上推剪。

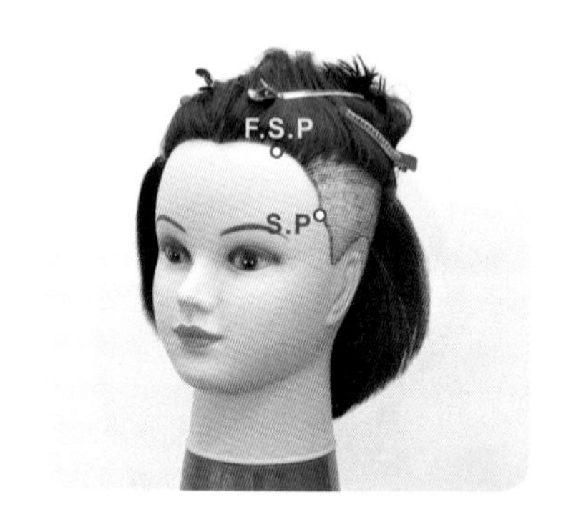

11 延頭顱弧度至區塊上端將頭髮剃除

12 第 4 縱髮片，電推剪服貼於髮際線之下。

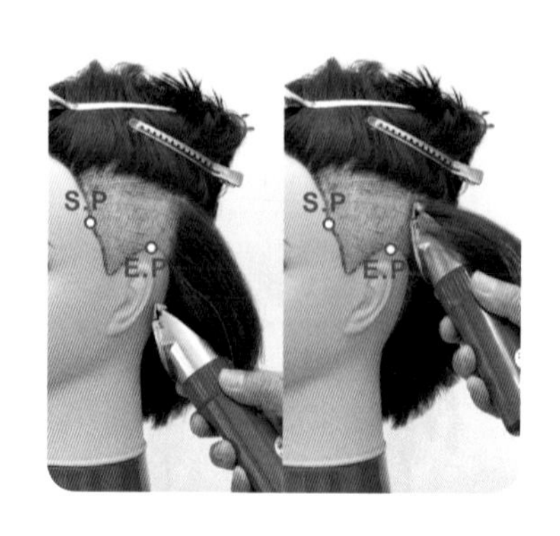

13 以「free hand」技法，垂直向上推剪。

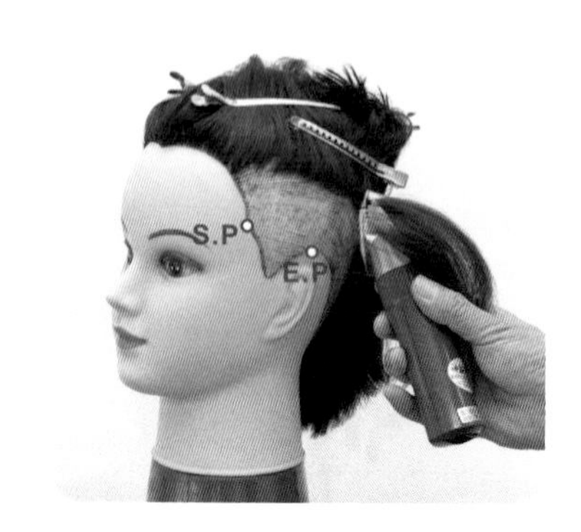

14 延頭顱弧度至區塊上端將髮剃除

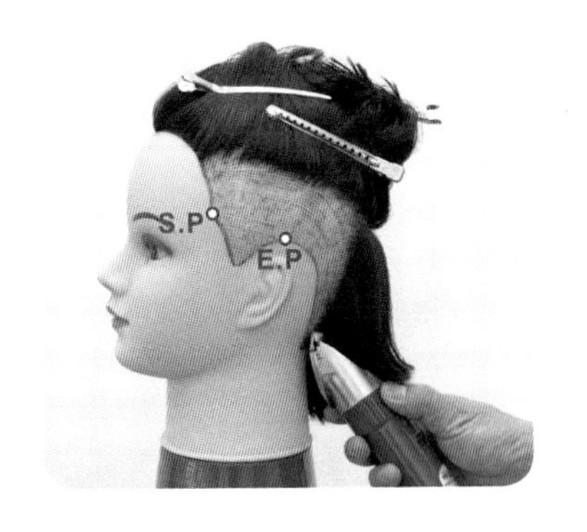

15 第 6 縱髮片，電推剪服貼於髮際線之下。

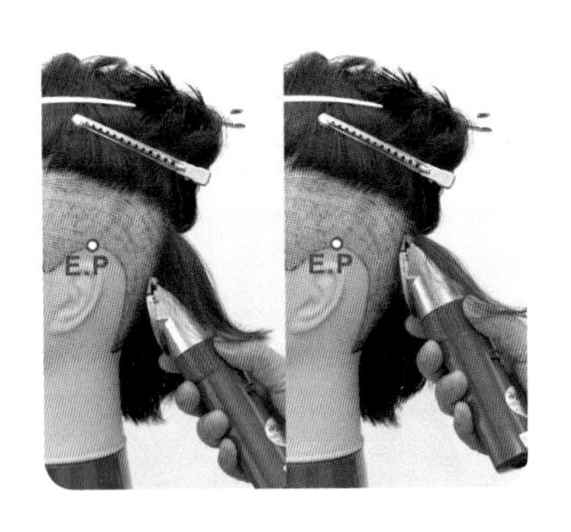

16 以「free hand」技法，垂直向上推剪。

17 延頭顱弧度至區塊上端將頭髮剃除

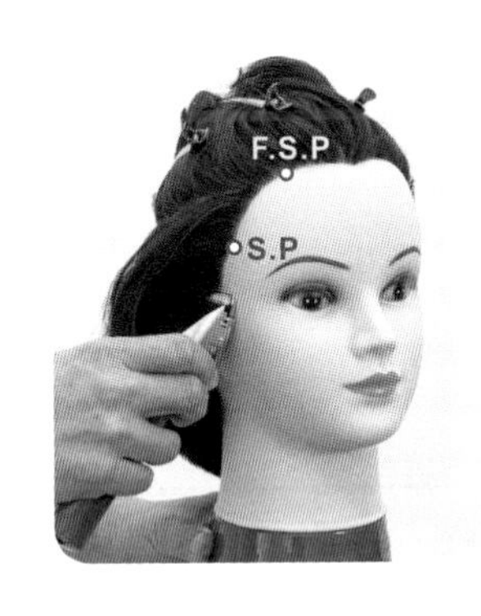

18 右側第 1 縱髮片，電推剪服貼於髮際線之下。

19 以「free hand」技法，垂直向上推剪。

20 延頭顱弧度至區塊上端將頭髮剃除

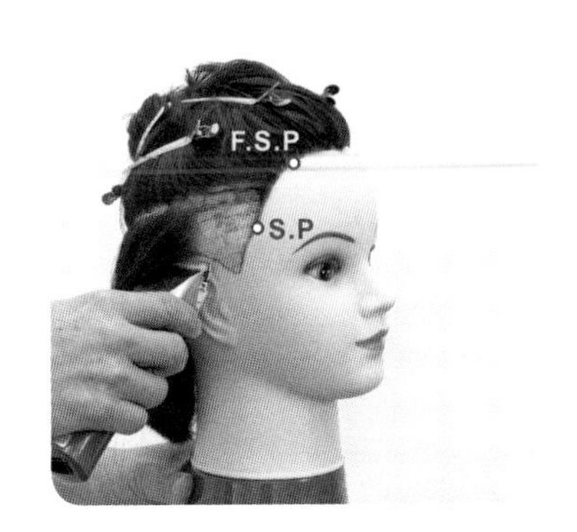

21 右側第 3 縱髮片，電推剪服貼於髮際線之下。

22 以「free hand」技法，垂直向上推剪。

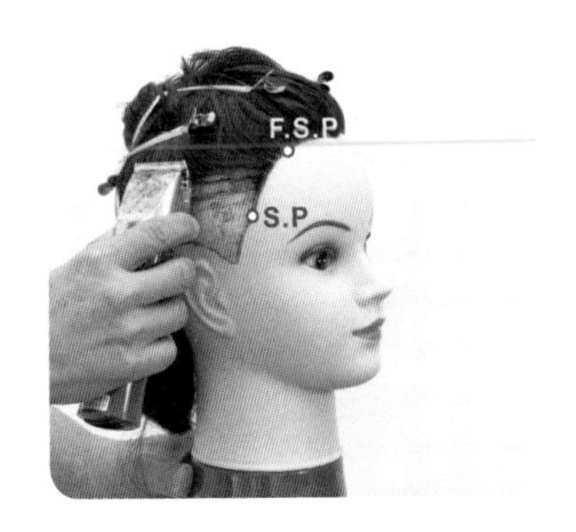

23 延頭顱弧度至區塊上端將頭髮剃除

24 Quiff 剪髮 2- 第 1 設計區塊，以『free hand』技法緊貼頭顱剃髮『縱推』（片長：2 分 02 秒）。

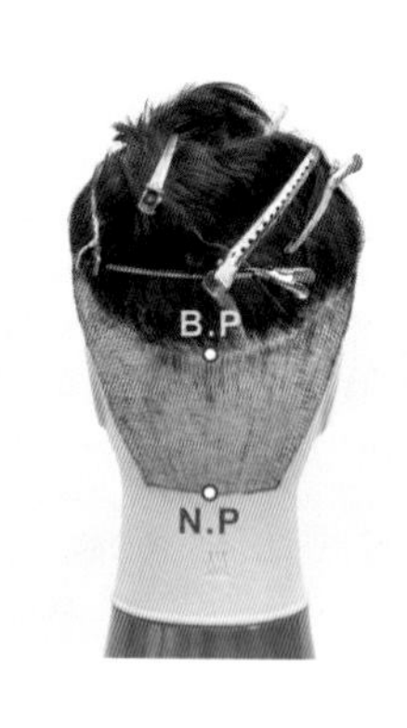

25 第 1 設計區塊將頭髮剃除完成 - 後面

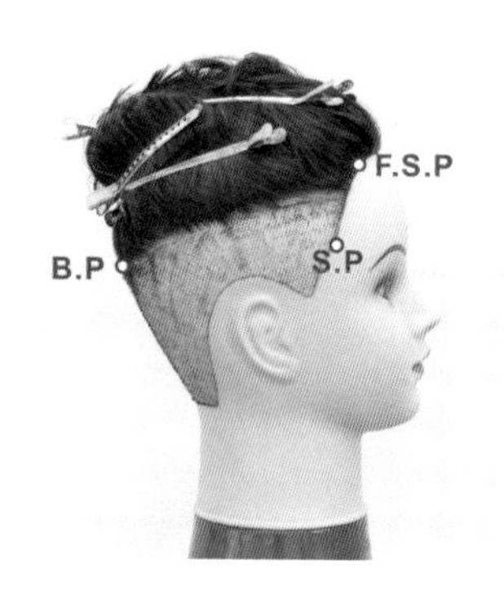

26 第 1 設計區塊將頭髮剃除完成 - 右側

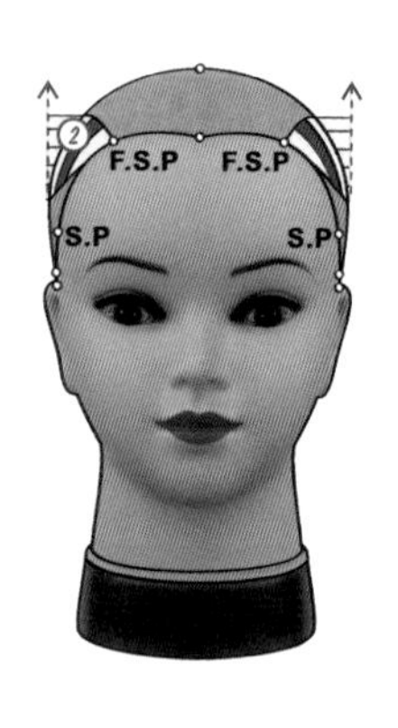

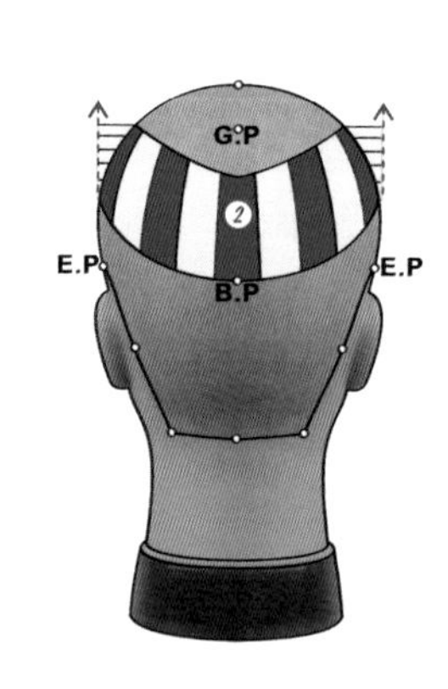

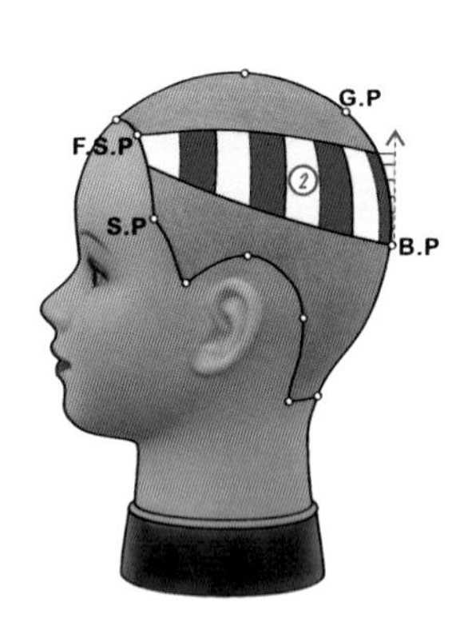

27 第 2 設計區塊，依設計構想劃分的幾何結構設計圖，全區髮量劃分為若干縱髮片（如上圖），推剪時以「縱梳縱推」技法，將剪髮梳服貼於區塊下端頭顱，垂直向上推剪。

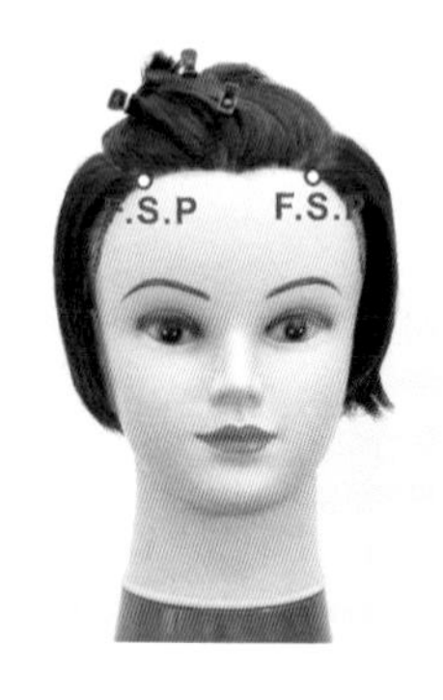

28 第 2 設計區塊劃分 - 前面

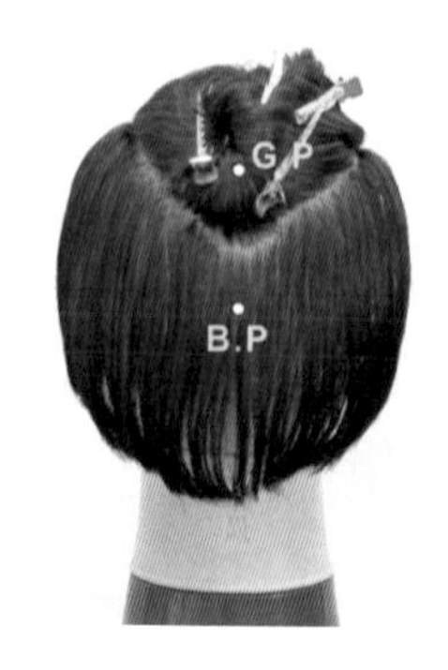

29 第 2 設計區塊劃分 - 後面

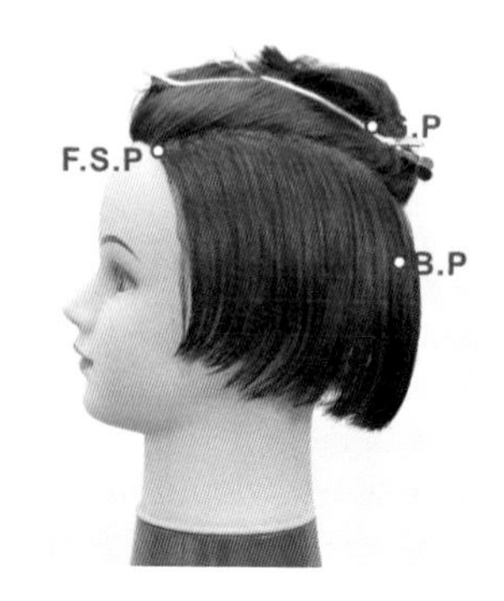

30 第 2 設計區塊劃分 - 左側

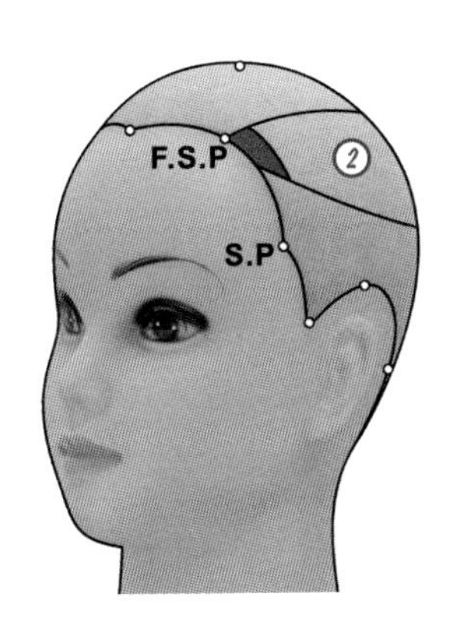

31 第 2 設計區塊，左側劃分第 1 縱髮片的幾何結構設計圖。

32 將剪髮梳持垂直從髮根梳起髮片

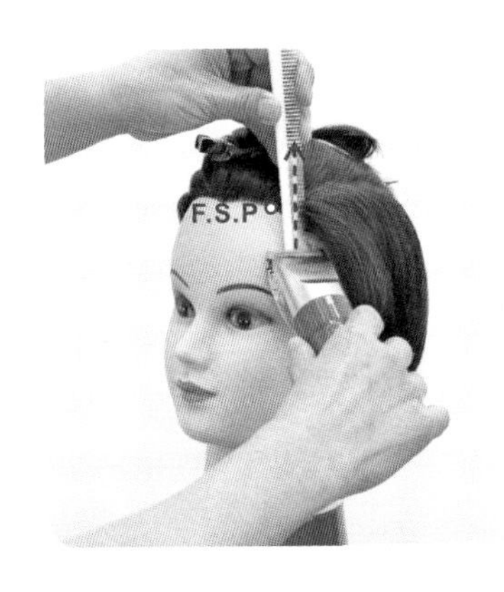

33 將剪髮梳服貼於區塊下端頭顱

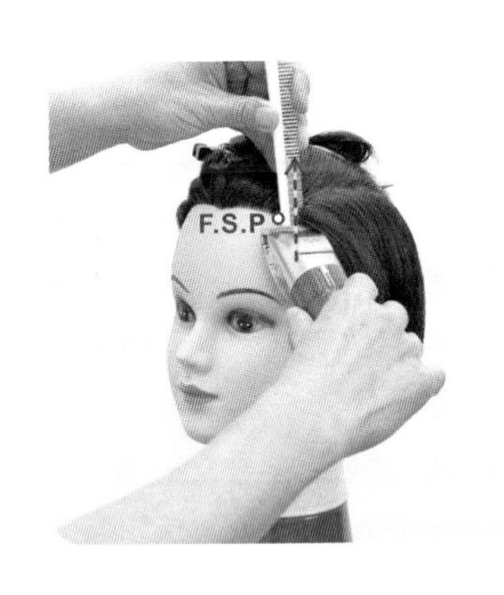

34 以「縱梳縱推」技法，垂直向上推剪。

35 左側第 1 縱髮片推剪完成

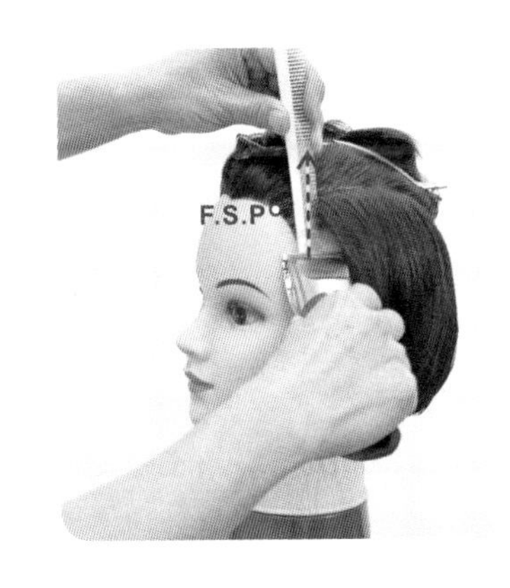

36 第 2 縱髮片，剪髮梳持垂直從髮根梳起髮片後，將剪髮梳服貼於區塊下端頭顱。

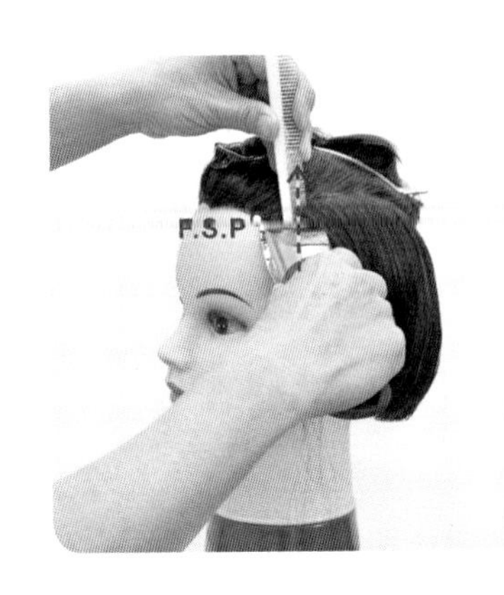

37 以「縱梳縱推」技法，垂直向上推剪。

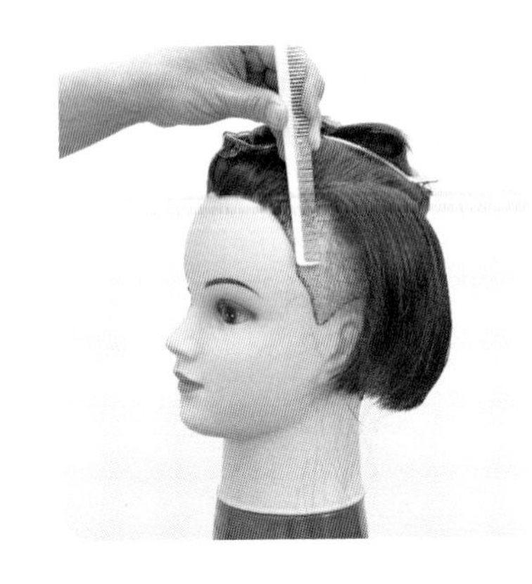

38 左側第 2 縱髮片推剪完成

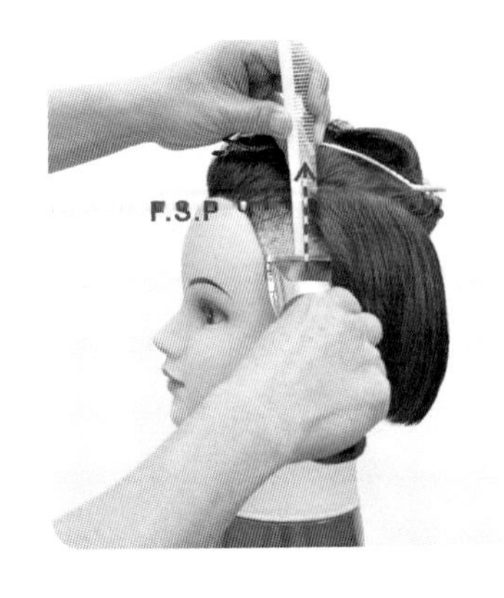

39 第 3 縱髮片，剪髮梳持垂直從髮根梳起髮片後，將剪髮梳服貼於區塊下端頭顱。

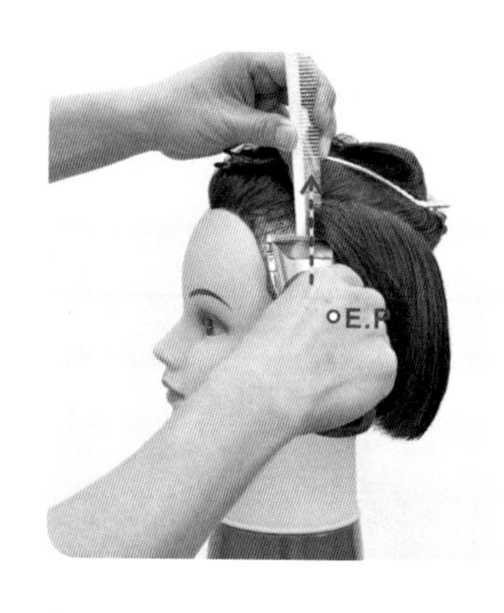

40 以「縱梳縱推」技法，垂直向上推剪的連續動作 1。

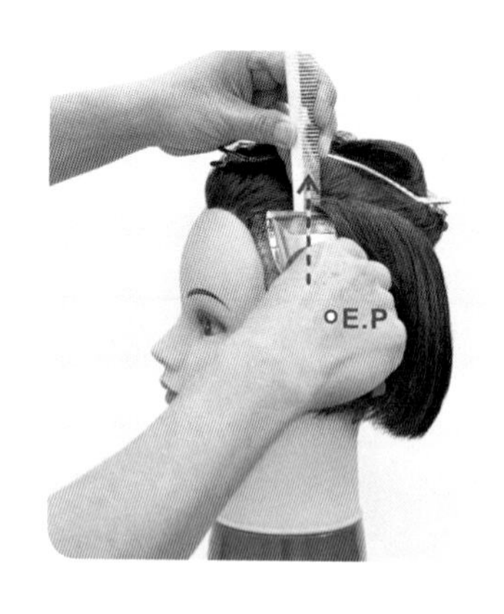

41 以「縱梳縱推」技法，垂直向上推剪的連續動作 2。

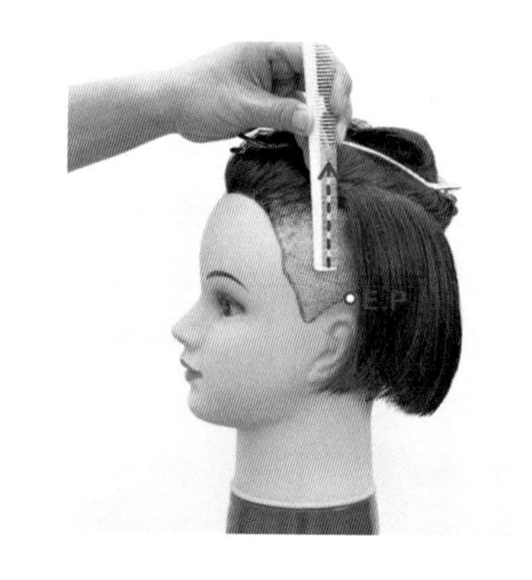

42 左側第 3 縱髮片推剪完成

43 第 4 縱髮片，剪髮梳持垂直從髮根梳起髮片後，將剪髮梳服貼於區塊下端頭顱。

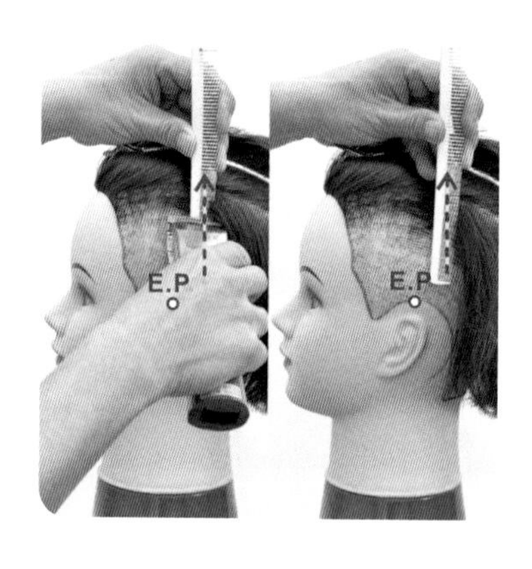

44 以「縱梳縱推」技法，垂直向上推剪。

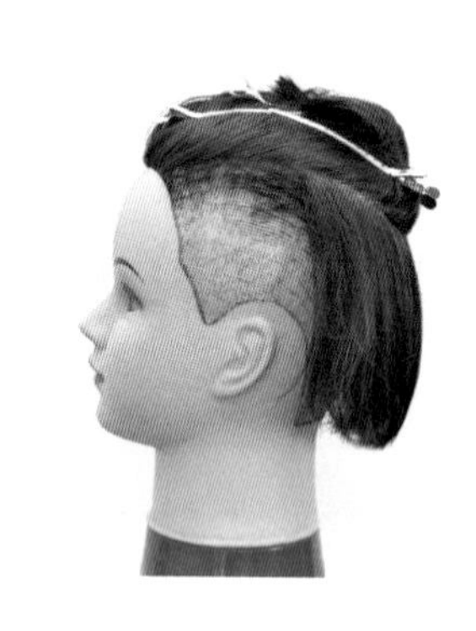

45 第左側第 4 縱髮片推剪完成

46 第 5 縱髮片，剪髮梳持垂直從髮根梳起髮片後，將剪髮梳服貼於區塊下端頭顱。

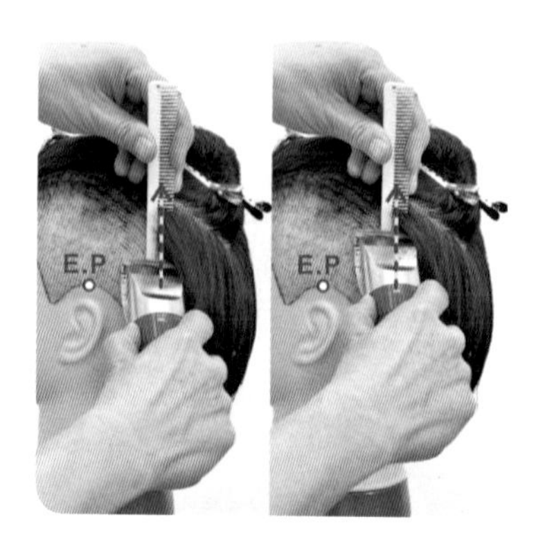

47 以「縱梳縱推」技法，垂直向上推剪。

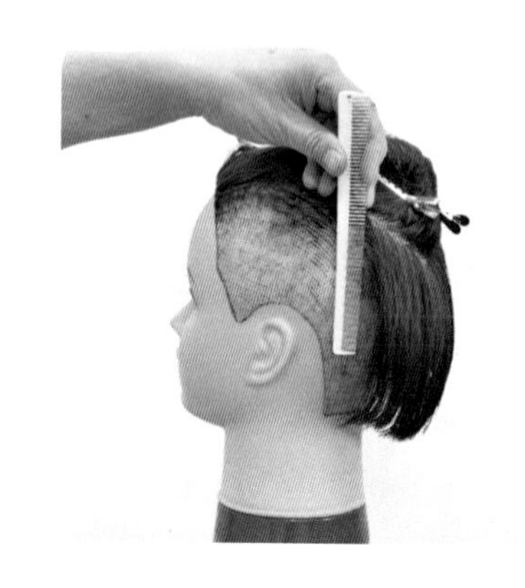

48 左側第 5 縱髮片推剪完成

49 第 6 縱髮片，剪髮梳持垂直從髮根梳起髮片後，將剪髮梳服貼於區塊下端頭顱。

50 以「縱梳縱推」技法，垂直向上推剪。

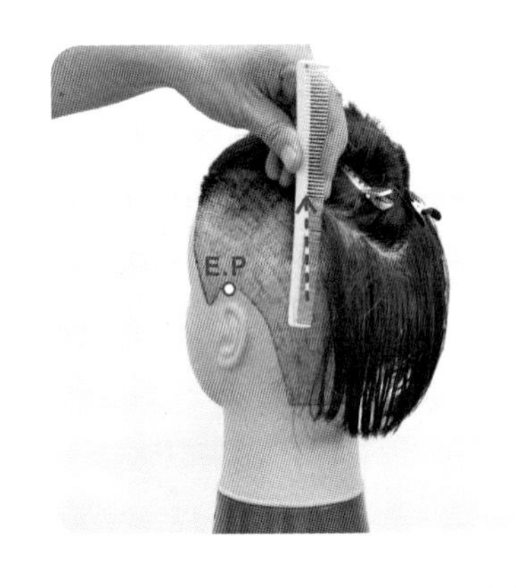

51 以「縱梳縱推」技法，垂直向上推剪。

52 左側第 6 縱髮片推剪完成

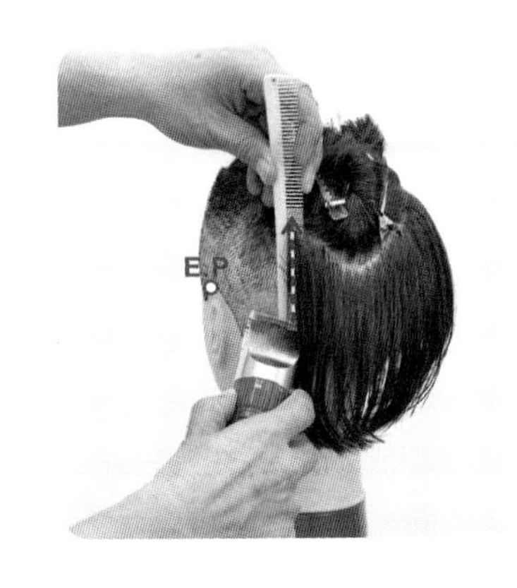

53 第 7 縱髮片，剪髮梳持垂直從髮根梳起髮片後，將剪髮梳服貼於區塊下端頭顱。

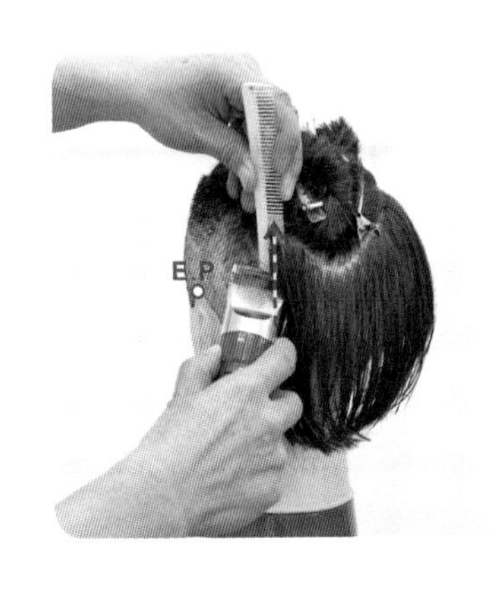

54 以「縱梳縱推」技法，垂直向上推剪。

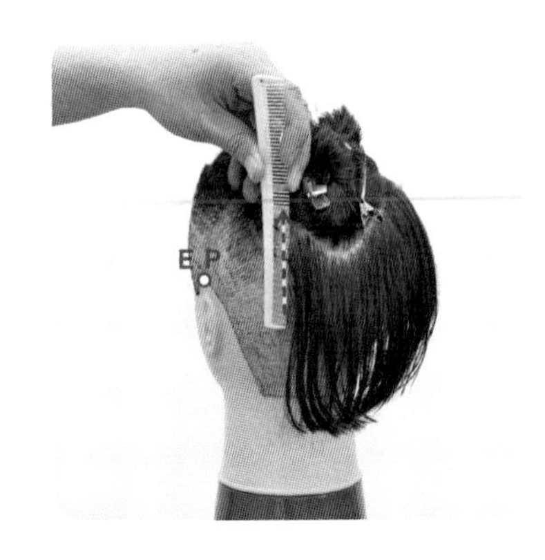

55 以「縱梳縱推」技法，垂直向上推剪。

56 左側第 7 縱髮片推剪完成

57 Quiff 剪髮 5- 第 2 設計區塊縱梳縱推 - 左側（片長：1 分 20 秒）。

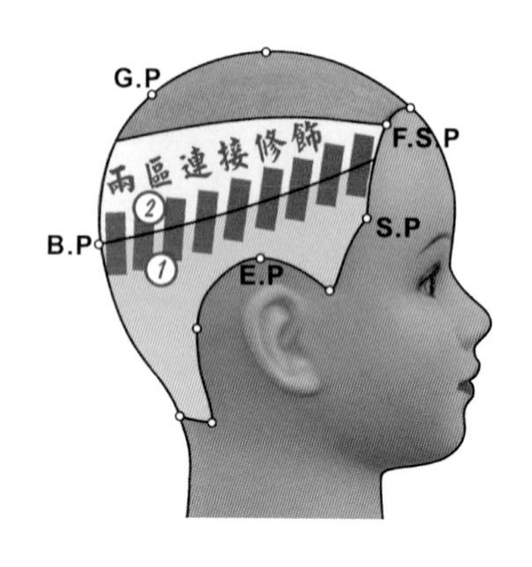

58 第 1 ～ 2 兩區外輪廓連接修飾的幾何結構設計圖，兩區連接線也稱爲「fade line」。

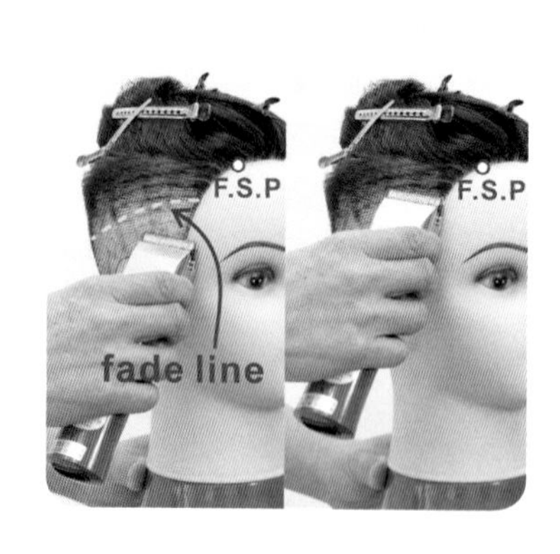

59 第 1 ～ 2 兩區外輪廓連接修飾「free hand」推剪技法，如鐘擺模式縱向往上推剪的連續動作 1。

60 第 1 ～ 2 兩區外輪廓連接修飾「free hand」推剪技法，如鐘擺模式縱向往上推剪的連續動作 2。

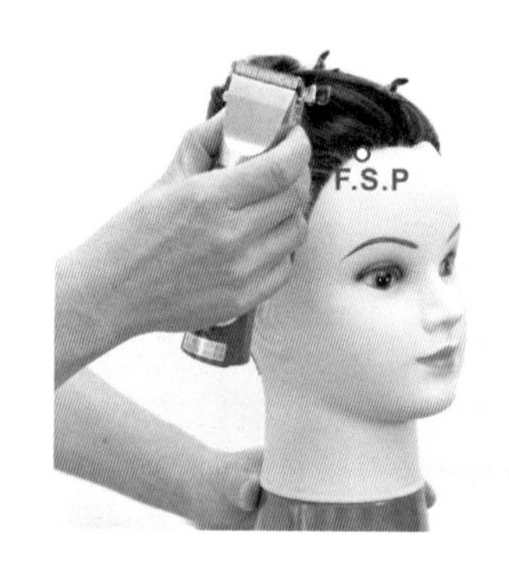

61 第 1 ～ 2 兩區外輪廓連接修飾「free hand」推剪技法，如鐘擺模式縱向往上推剪的連續動作 3。

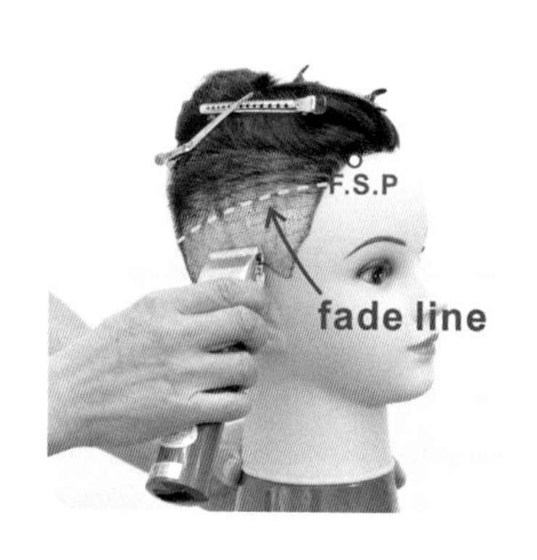

62 繼續如鐘擺模式縱向往上推剪的連續動作 1

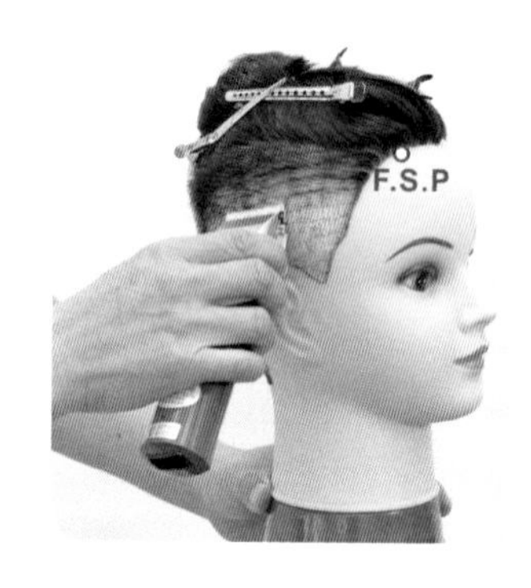

63 繼續如鐘擺模式縱向往上推剪的連續動作 2

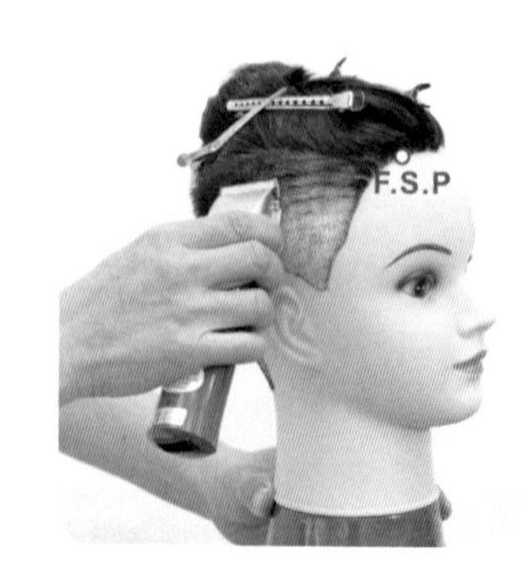

64 繼續如鐘擺模式縱向往上推剪的連續動作 3

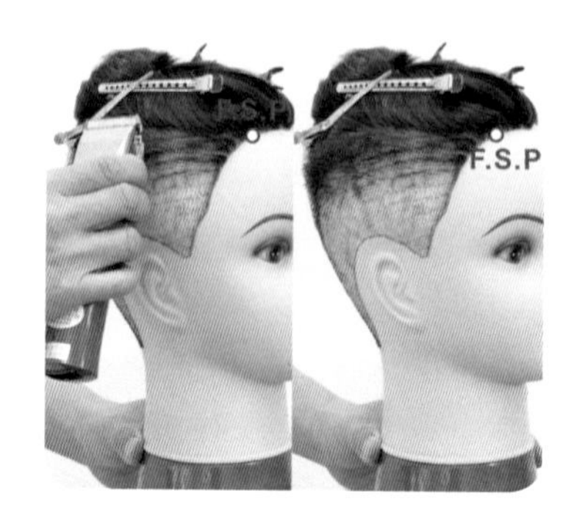

65 依以上模式，將第 1 ～ 2 兩區全部外輪廓連接修飾完成。

66 Quiff 剪髮 7- 第 1 ～ 2 兩區外輪廓連接修飾（片長：1 分 54 秒）。

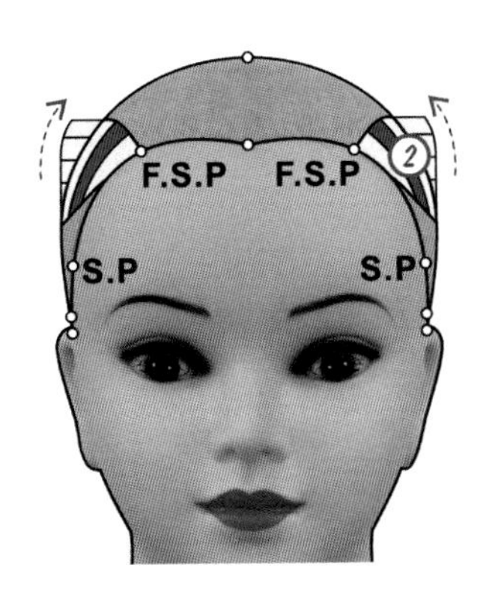

67 第 2 設計區塊修飾頂端橫向外輪廓的幾何結構設計圖 - 兩側

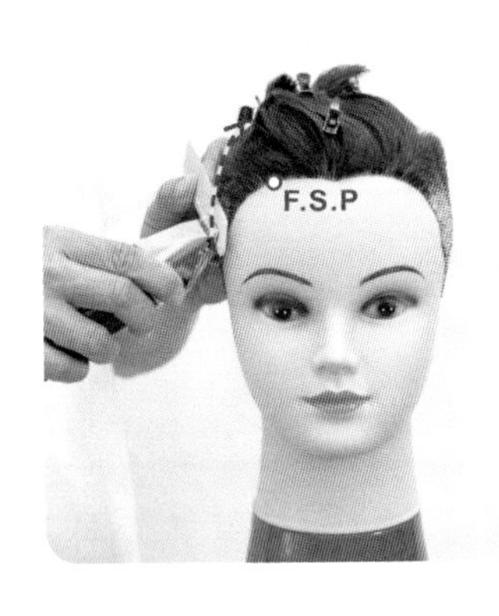

68 第 2 設計區塊以「橫梳縱推」技法，修飾頂端縱向及橫向外輪廓的連續動作 1

69 第 2 設計區塊以「橫梳縱推」技法，修飾頂端縱向及橫向外輪廓的連續動作 2 ～ 3

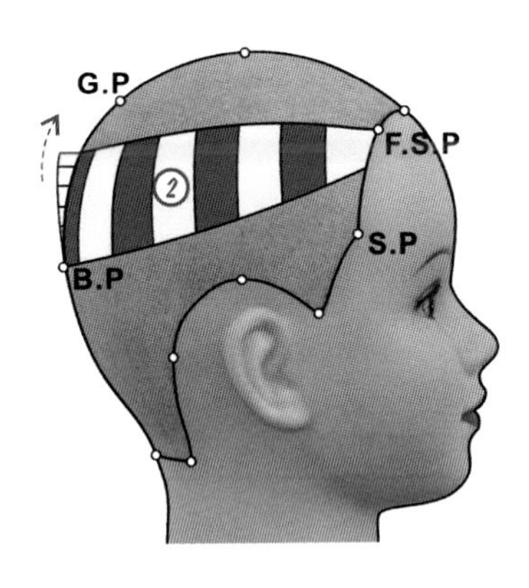

70 第 2 設計區塊修飾頂端橫向外輪廓的幾何結構設計圖 - 後面

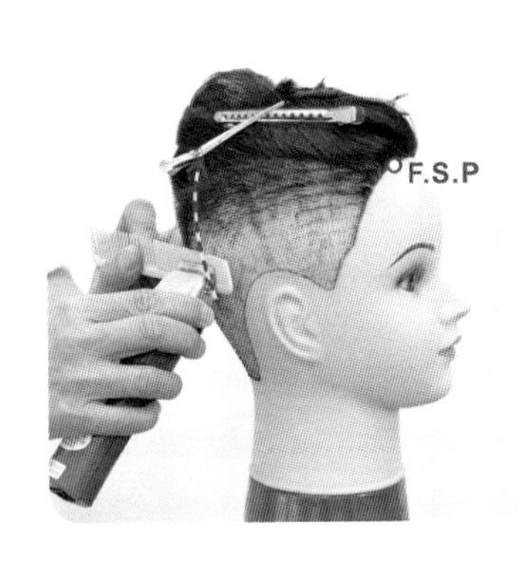

71 第 2 設計區塊以「橫梳縱推」技法，修飾頂端縱向及橫向外輪廓的連續動作 1

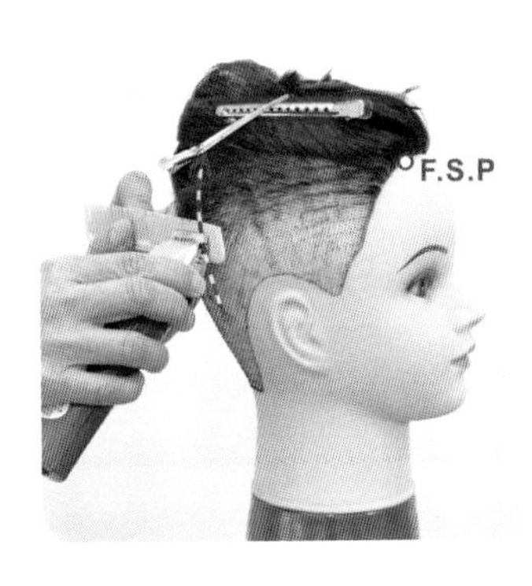

72 第 2 設計區塊以「橫梳縱推」技法，修飾頂端縱向及橫向外輪廓的連續動作 2

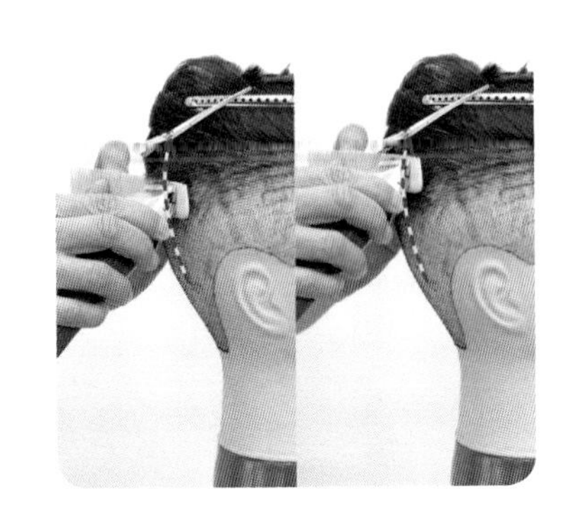

73 第 2 設計區塊以「橫梳縱推」技法，修飾頂端縱向及橫向外輪廓的連續動作 3 ～ 4

74 第 2 設計區塊修飾完成 - 右側

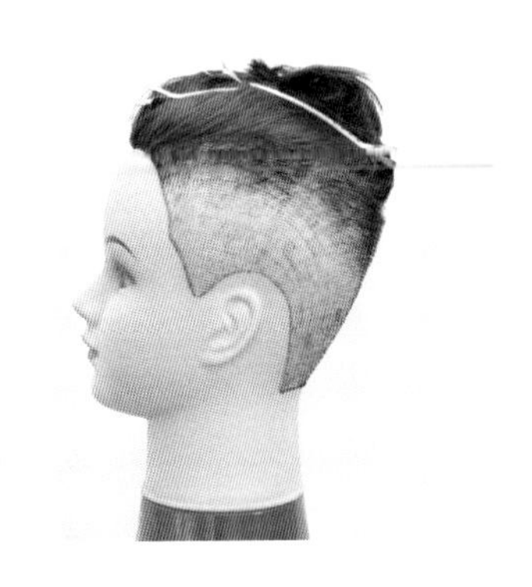

75 第 2 設計區塊修飾完成 - 左側

76 第 2 設計區塊修飾完成 - 前面

77 第 2 設計區塊修飾完成 - 後面

78 Quiff 剪髮 8- 第 2 設計區塊，修飾上端縱向及橫向外輪廓（片長：2 分 11 秒）。

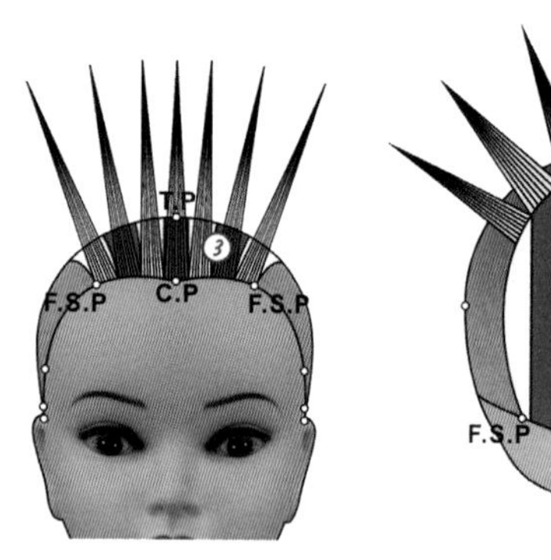

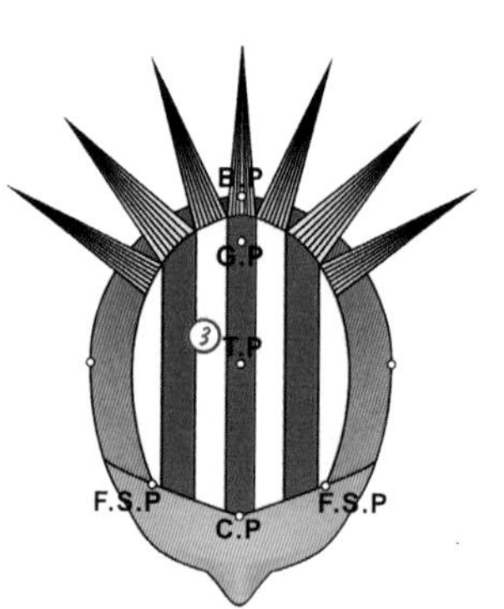

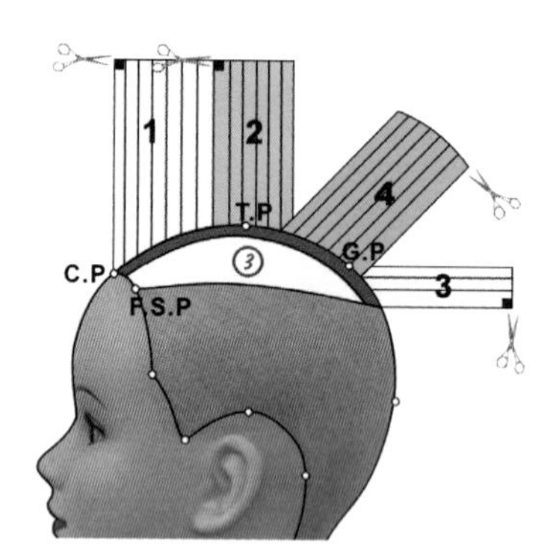

79 第 3 設計區塊，依設計構想劃分的幾何結構設計圖，全區髮量劃分爲若干縱髮片、移動式引導、等腰三角型（如上圖左、中）、前頭部以「方向分配」法，將髮片分 2 段（1、2）提拉垂直向上水平裁剪，後頭部髮長則爲由下往上漸長分 2 段（3、4）的裁剪設計（如上圖右）。

80 第 3 設計區塊將髮量梳順 - 前面

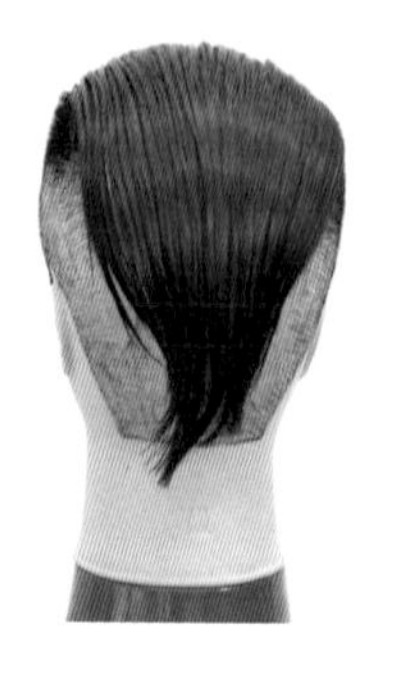

81 第 3 設計區塊將髮量梳順 - 後面

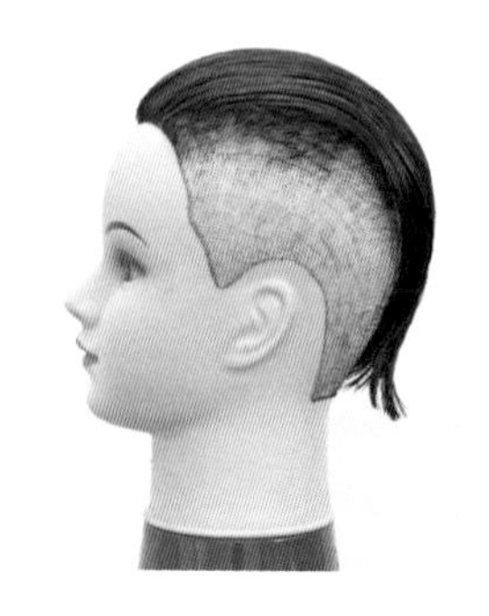

82 第 3 設計區塊將髮量梳順 - 左側

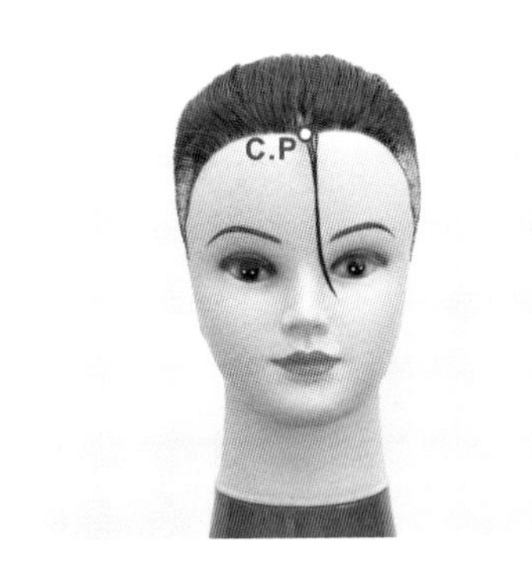

83 在中心點劃分一小束髮量

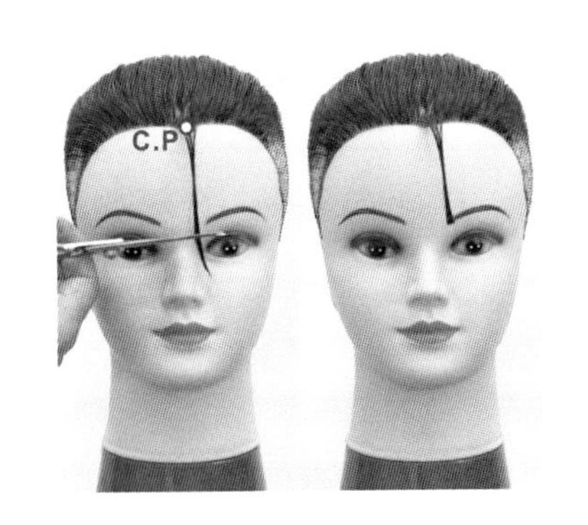

84 在髮束自然垂落狀態下裁剪，設定前額髮長。

85 在第 3 設計區塊正中線，劃分約 2 公分厚度的縱髮片。

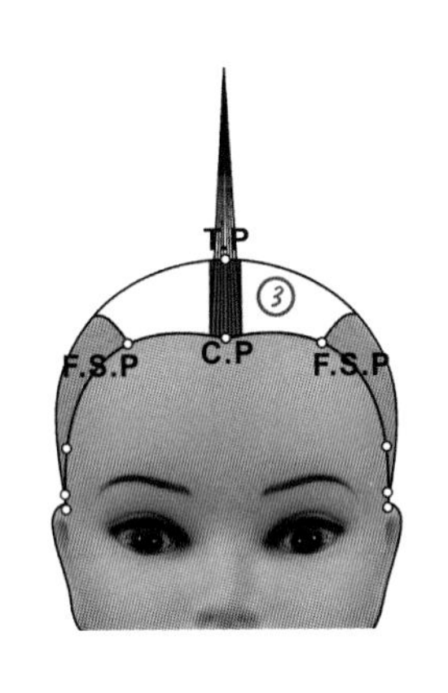

86 在第 3 設計區塊正中線，提拉等腰三角型髮片的幾何結構設計圖。

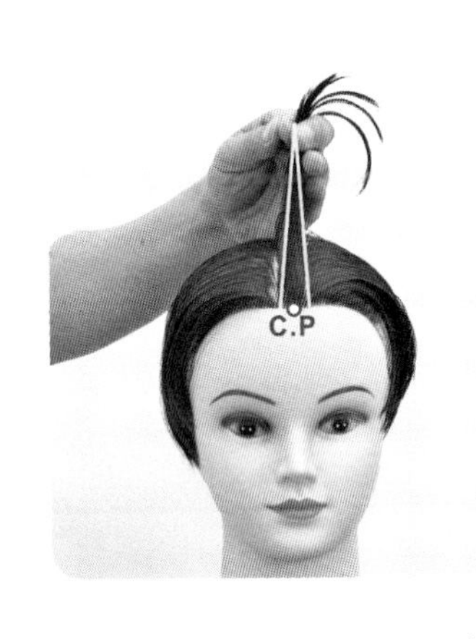

87 在第 3 設計區塊正中線，提拉等腰三角型的縱髮片。

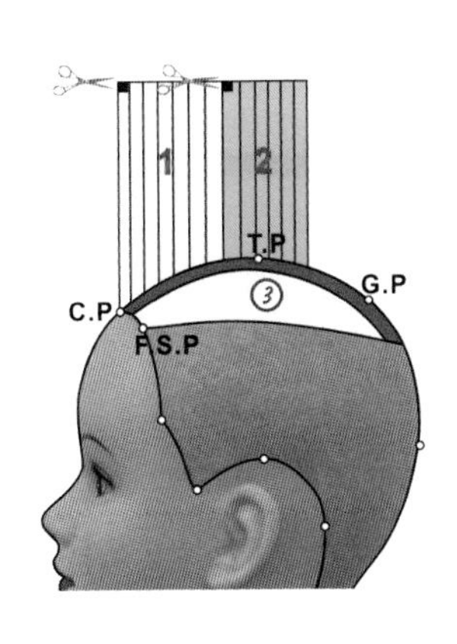

88 前頭部以「方向分配」法，將髮片分 2 段（1、2）提拉垂直向上，水平裁剪的幾何結構設計圖。

89 第 1 段以「方向分配」法，將髮片提拉垂直向上，水平裁剪。

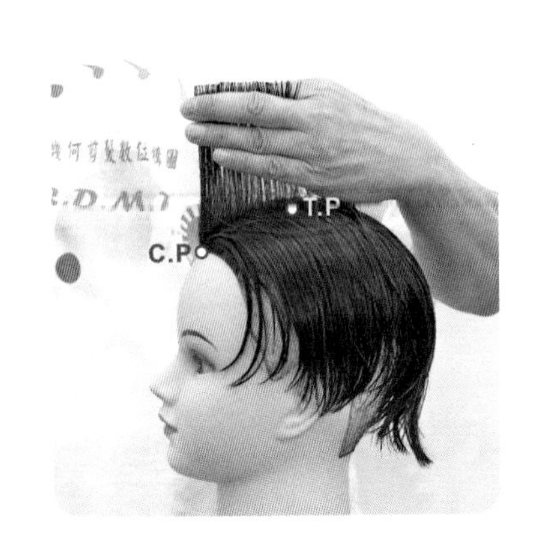

90 第 1 段髮片裁剪完成

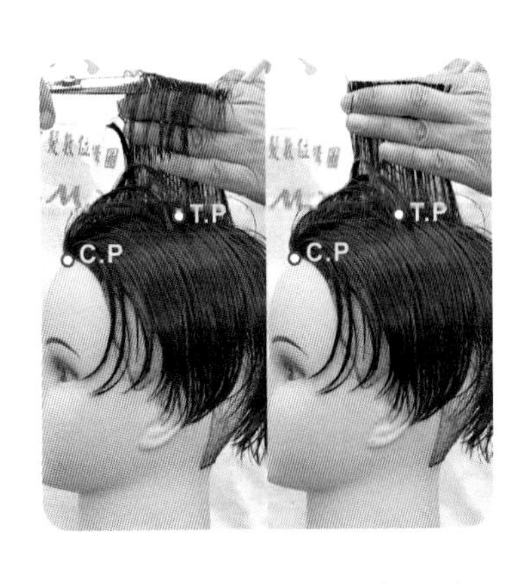

91 第 2 段以「方向分配」法，將髮片提拉垂直向上，水平裁剪連續動作。

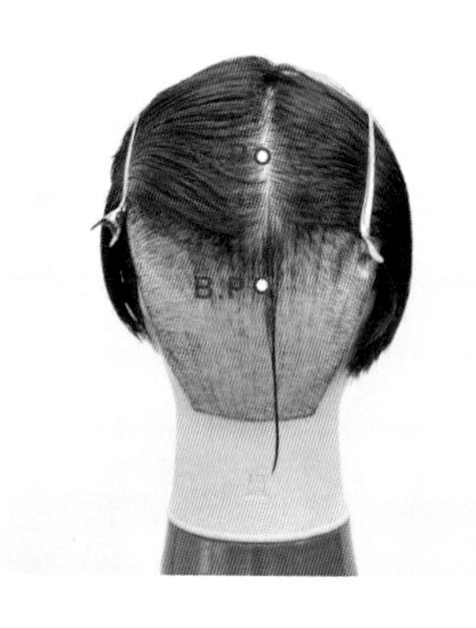

92 在第 3 設計區塊後頭部下端的正中線，劃分一小束髮量。

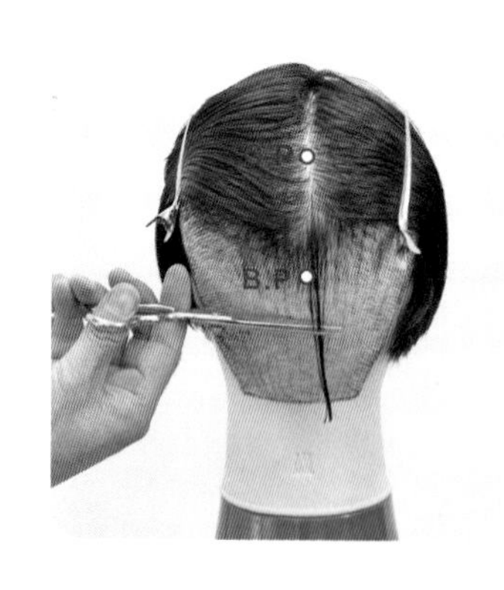

93 在髮束自然垂落狀態下裁剪，設定髮長。

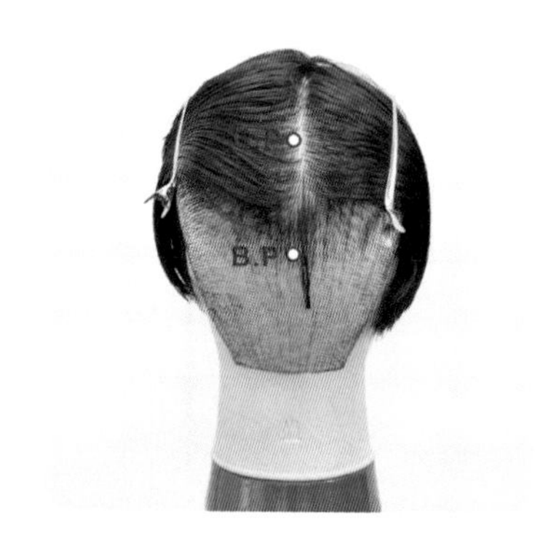

94 設定髮長完成

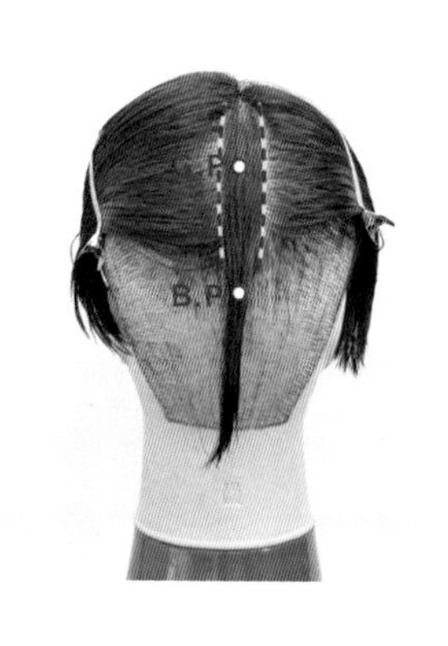

95 延續第 3 設計區塊前頭部正中線，劃分約 2 公分厚度的縱髮片。

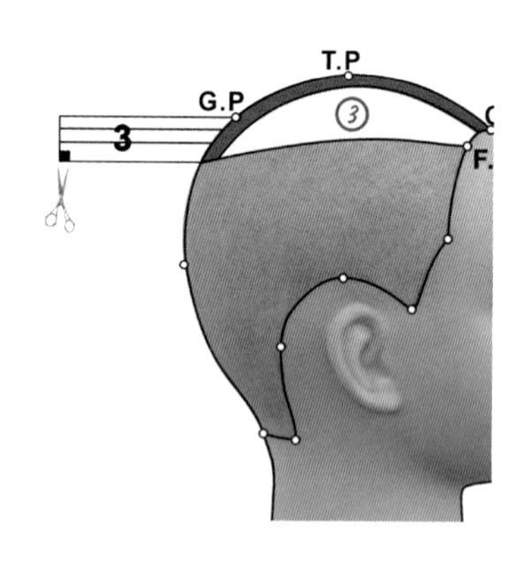

96 以「方向分配」法，將後頭部髮片（第 3 段）提拉水平，垂直裁剪的幾何結構設計圖。

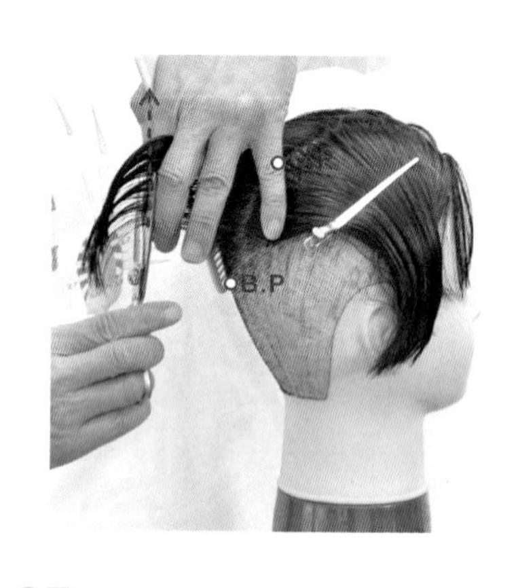

97 以「方向分配」法，將後頭部髮片（第 3 段）提拉水平及等腰三角型，依設定髮長垂直裁剪的連續動作 1。

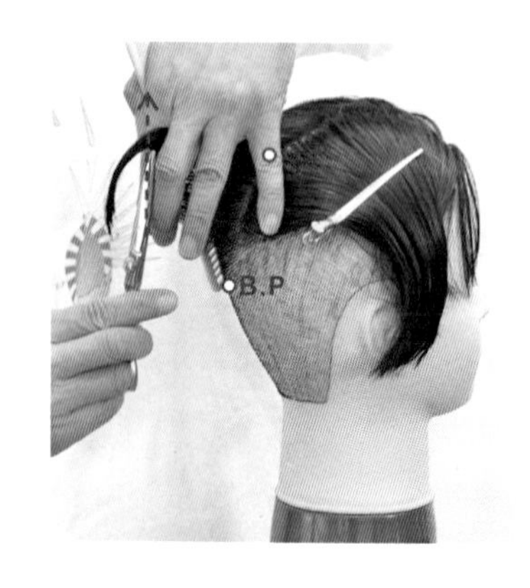

98 以「方向分配」法，將後頭部髮片（第 3 段）提拉水平及等腰三角型，依設定髮長垂直裁剪的連續動作 2。

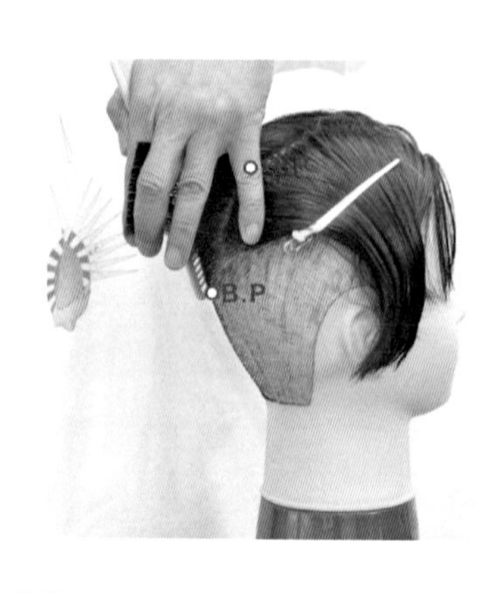

99 後頭部髮片（第 3 段）提拉水平及等腰三角型，垂直裁剪完成。

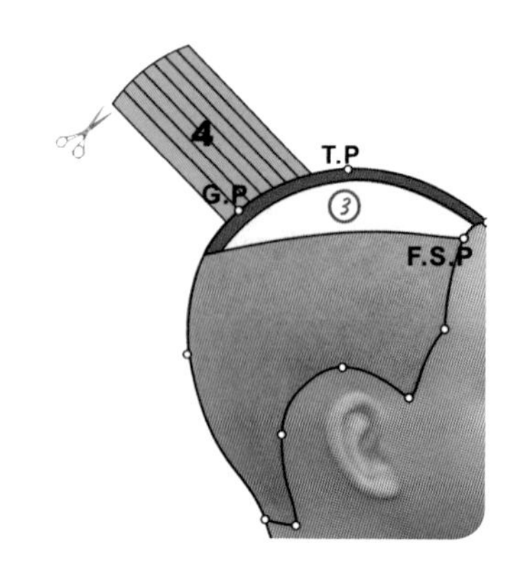

100 在正中線以縱髮片將後頭部髮片（第 4 段）提拉約 90 度，和前頭部髮長連接裁剪的幾何結構設計圖。

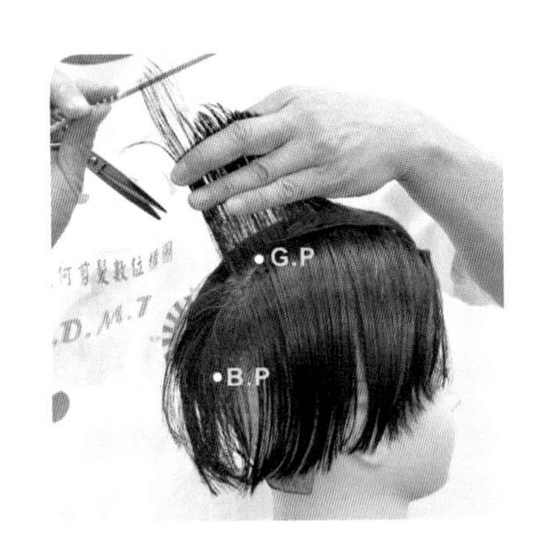

101 在正中線以縱髮片將後頭部髮片（第 4 段）提拉約 90 度。

102 和前頭部髮長連接裁剪

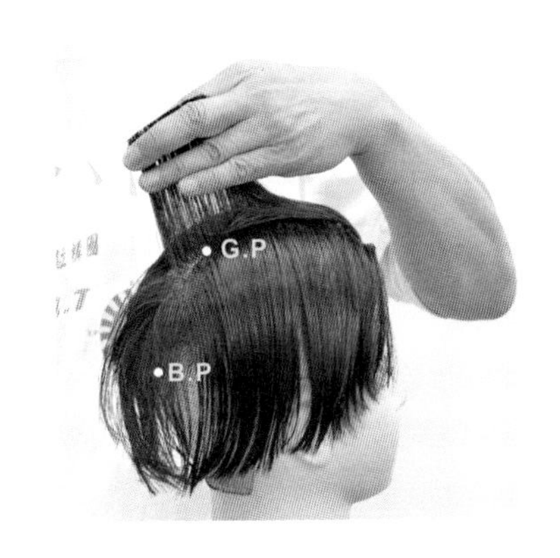

103 和前頭部髮長連接裁剪完成

104 Quiff 剪髮 9- 第 3 設計區塊引導髮片以『方向分配』法裁剪（片長：2 分 01 秒）。

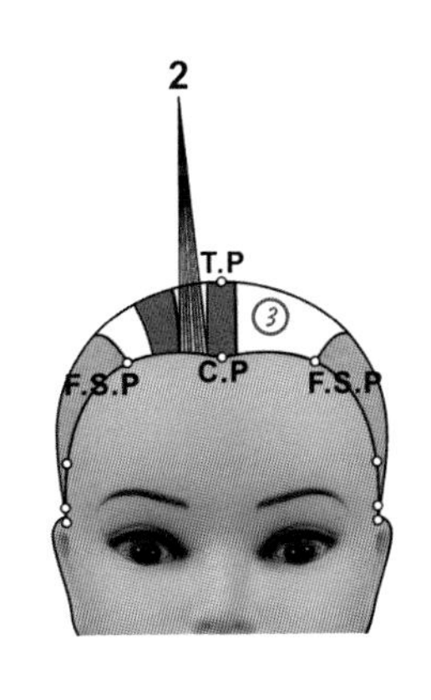

105 前頭部右側第 2 髮片，以正中線髮片爲引導，提拉等腰三角型髮片的幾何結構。

106 前頭部右側第 2 髮片，以正中線髮片爲引導，提拉等腰三角型髮片。

107 前頭部右側第 2 髮片，以正中線髮片爲引導，提拉等腰三角型髮片，水平裁剪的連續動作 1。

108 前頭部右側第 2 髮片，以正中線髮片爲引導，提拉等腰三角型髮片，水平裁剪的連續動作 2。

109 前頭部右側第 2 髮片裁剪完成

110 前頭部右側第 3 髮片，以第 2 髮片爲引導，提拉等腰三角型髮片，水平裁剪的連續動作 1。

111 前頭部右側第 3 髮片，以第 2 髮片爲引導，提拉等腰三角型髮片，水平裁剪的連續動作 2。

112 前頭部右側第 3 髮片裁剪完成

113 前頭部右側第 4 髮片，以第 3 髮片爲引導，提拉等腰三角型髮片，水平裁剪的連續動作 1。

114 前頭部右側第 4 髮片，以第 3 髮片爲引導，提拉等腰三角型髮片，水平裁剪的連續動作 2。

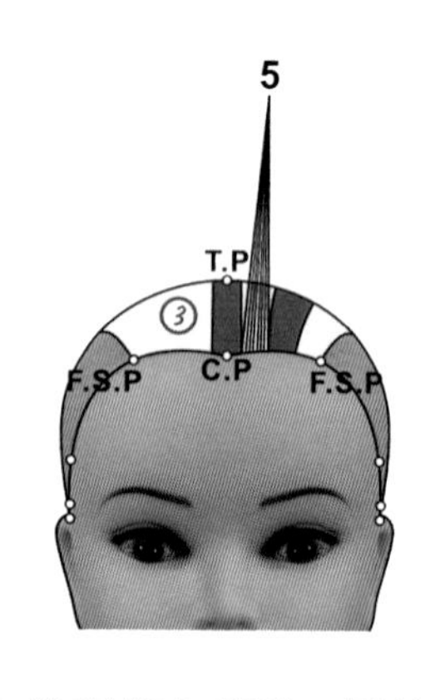

115 前頭部左側第 2 髮片，以正中線髮片爲引導，提拉等腰三角型髮片的幾何結構設計圖。

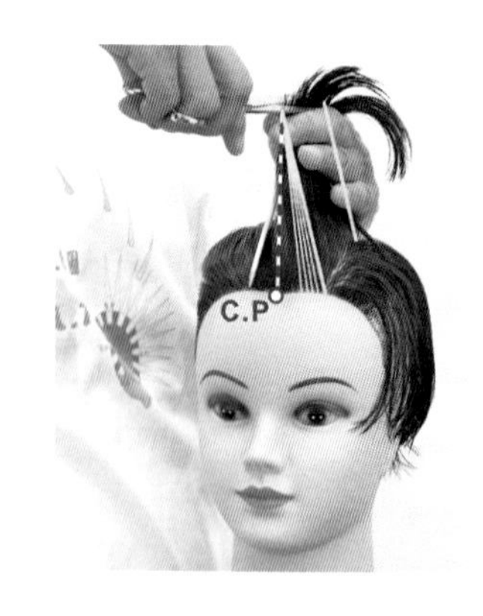

116 前頭部左側第 2 髮片，以正中線髮片爲引導，提拉等腰三角型髮片，水平裁剪的連續動作 1。

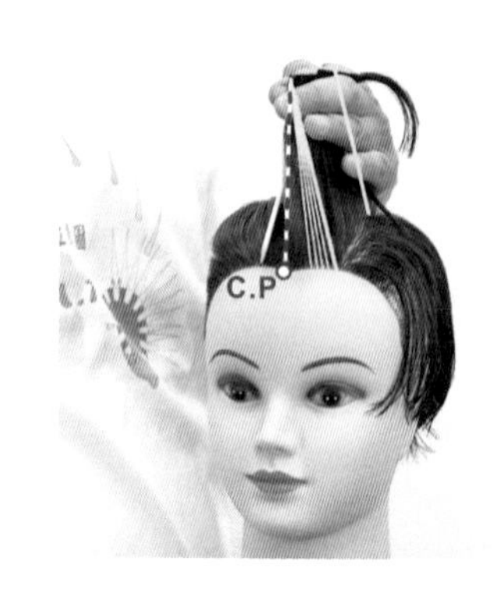

117 前頭部左側第 2 髮片，以正中線髮片爲引導，提拉等腰三角型髮片，水平裁剪。

118 前頭部左側第 3 髮片，以第 2 髮片爲引導，提拉等腰三角型髮片，水平裁剪的連續動作 1。

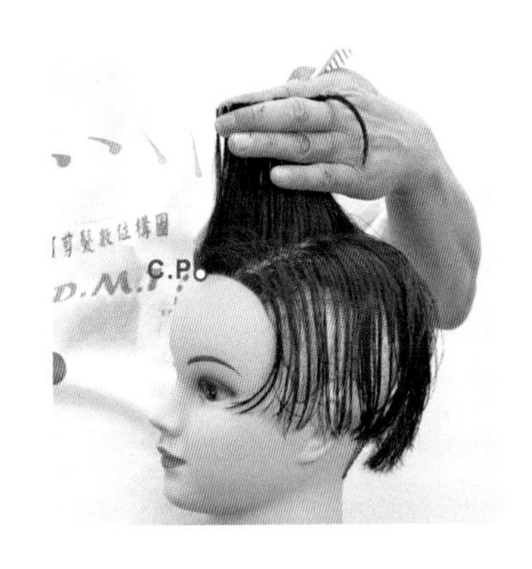

119 前頭部左側第 3 髮片，以第 2 髮片爲引導，提拉等腰三角型髮片，水平裁剪的連續動作 2。

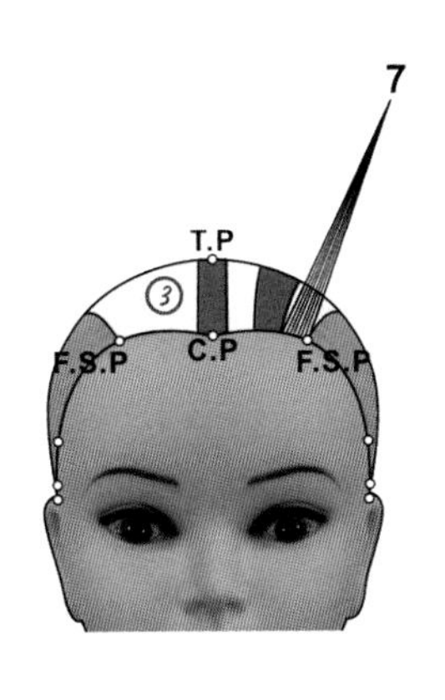

120 前頭部左側第 4 髮片，以第 3 髮片爲引導，提拉等腰三角型髮片的幾何結構設計圖。

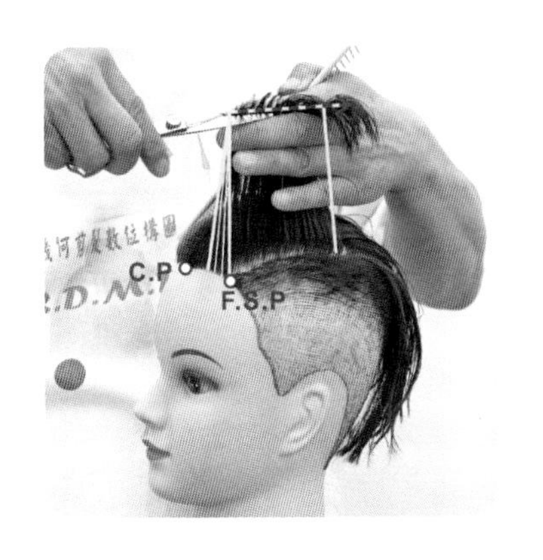

121 前頭部左側第 4 髮片，以第 3 髮片爲引導，提拉等腰三角型髮片，水平裁剪的連續動作 1。

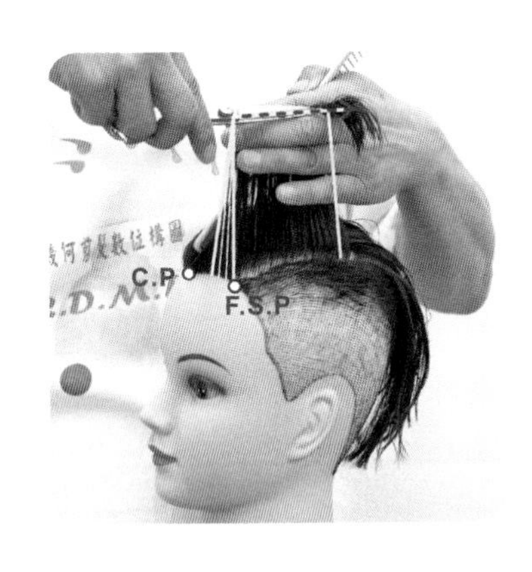

122 前頭部左側第 4 髮片，以第 3 髮片爲引導，提拉等腰三角型髮片，水平裁剪的連續動作 2。

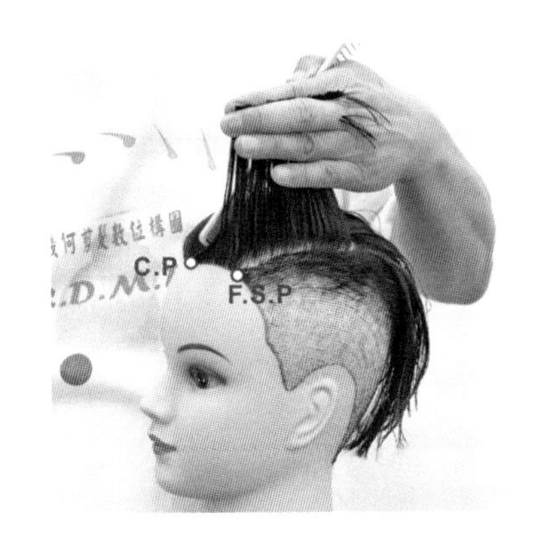

123 前頭部左側第 4 髮片裁剪完成

124 Quiff 剪髮 10- 第 3 設計區塊前頭部方型裁剪（片長：2 分 21 秒）。

125 右側臉際外輪廓十字交叉檢查

126 前額臉際外輪廓十字交叉檢查

127 左側臉際外輪廓十字交叉檢查

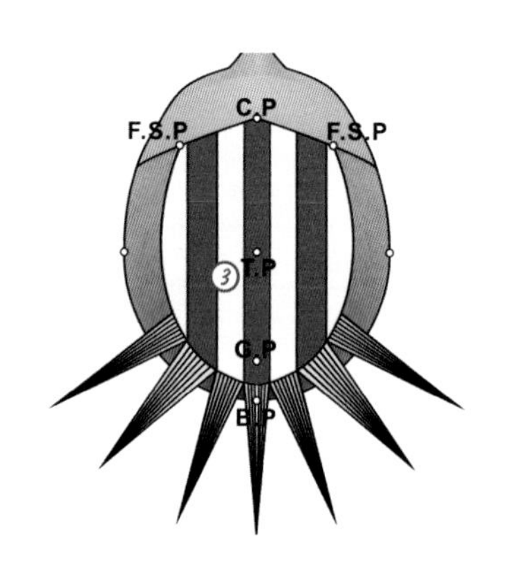

128 後頭部劃分縱髮片、移動式引導、等腰三角型髮片的幾何結構設計圖。

129 後頭部劃分第 1 縱髮片、等腰三角型。

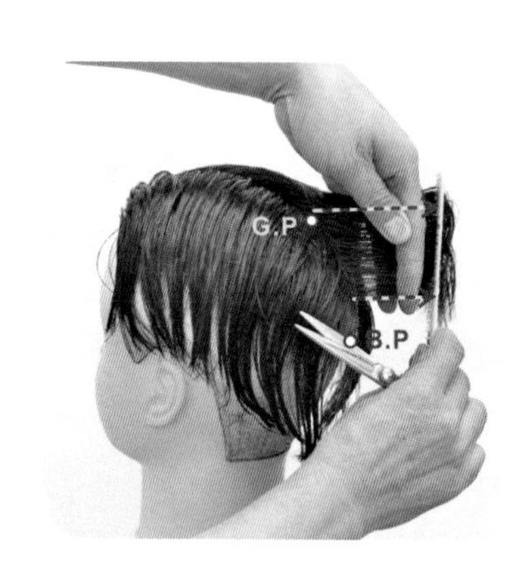

130 縱髮片提拉水平

131 垂直裁剪

132 後頭部第 1 縱髮片裁剪完成

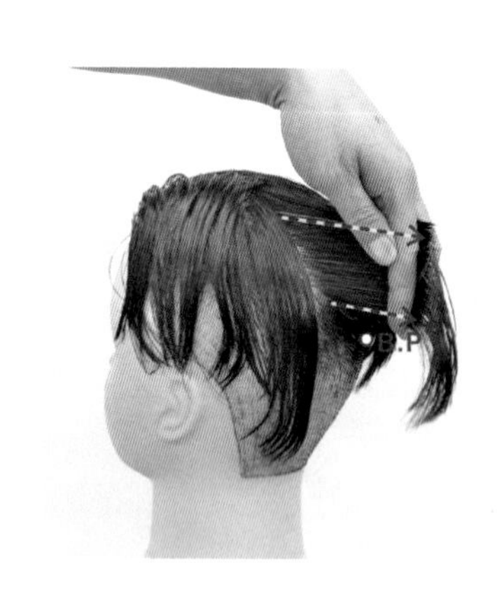

133 後頭部劃分第 2 縱髮片、等腰三角型。

134 縱髮片提拉水平、垂直裁剪。

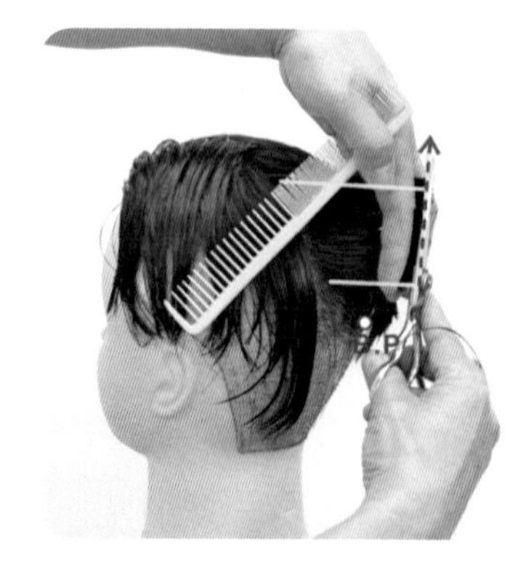

135 縱髮片提拉水平、垂直裁剪。

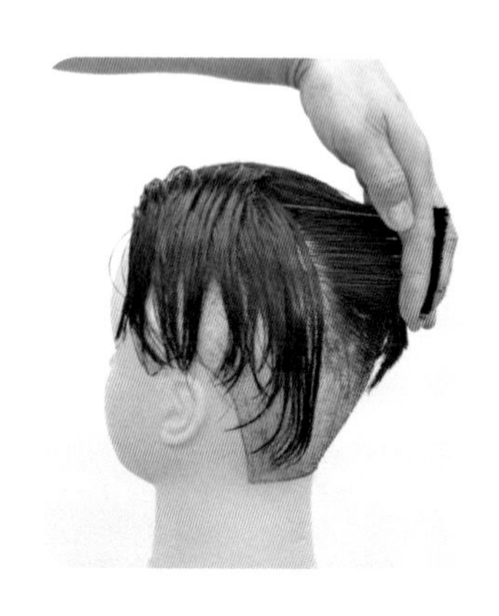

136 後頭部第 2 縱髮片裁剪完成。

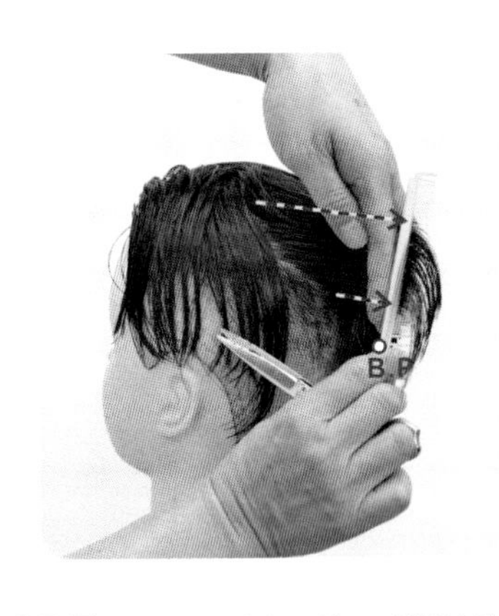

137 後頭部劃分第 3 縱髮片、等腰三角型。

138 縱髮片提拉水平、垂直裁剪。

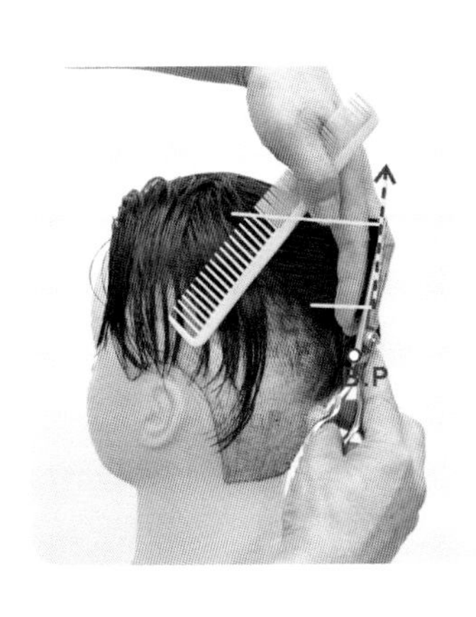

139 縱髮片提拉水平、垂直裁剪的連續動作 2。

140 後頭部第 3 縱髮片裁剪完成

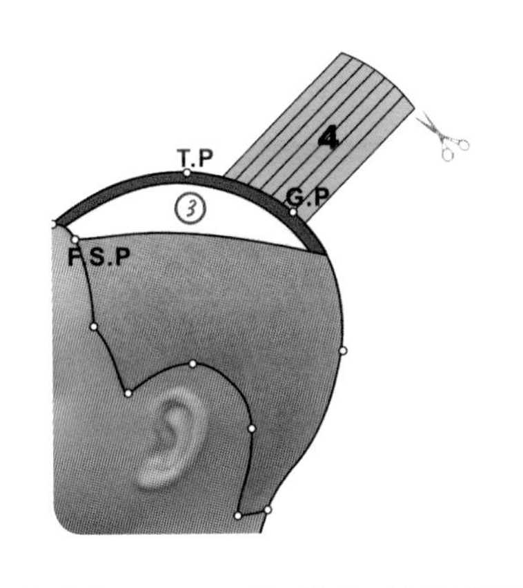

141 以縱髮片將後頭部髮片（第 4 段）提拉約 90 度，和前頭部髮長連接裁剪的幾何結構設計圖。

142 後頭部劃分第 2 縱髮片、等腰三角型、提拉約 90 度。

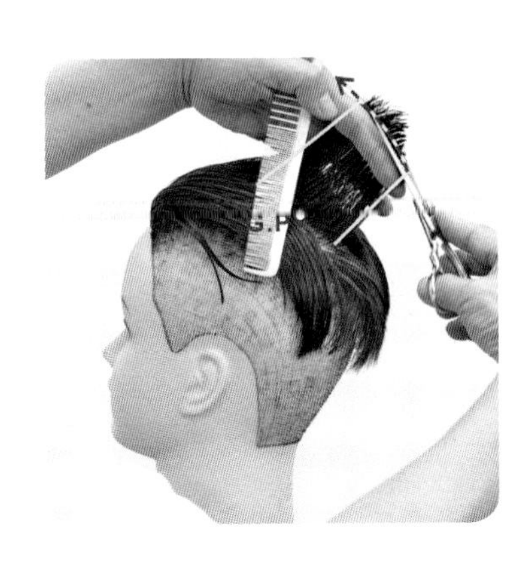

143 和前頭部髮長連接裁剪

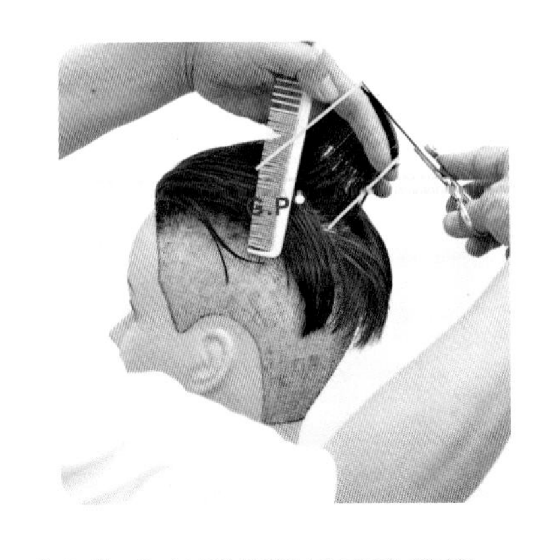

144 和前頭部髮長連接裁剪

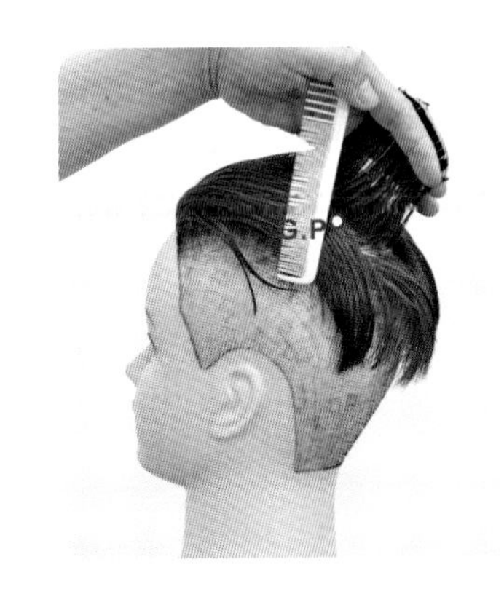

145 後頭部第 2 縱髮片裁剪完成

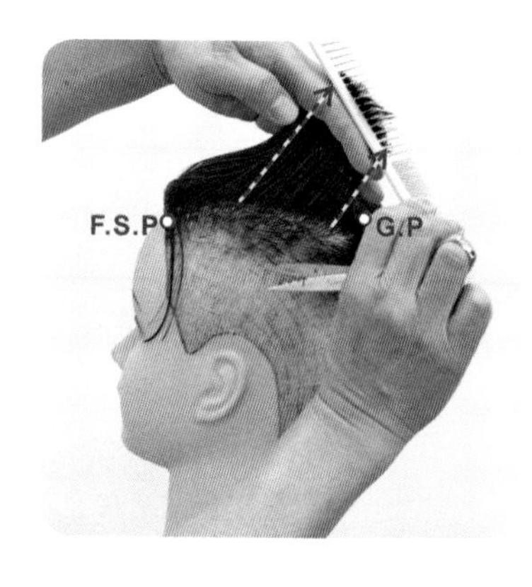

146 後頭部劃分第 4 縱髮片、等腰三角型、提拉約 90 度。

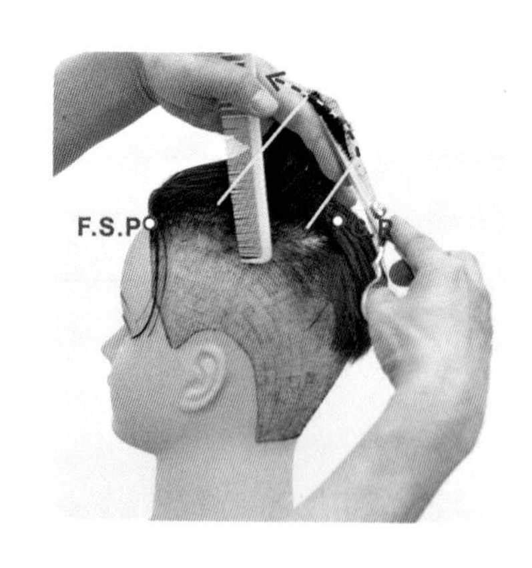

147 和前頭部髮長連接裁剪

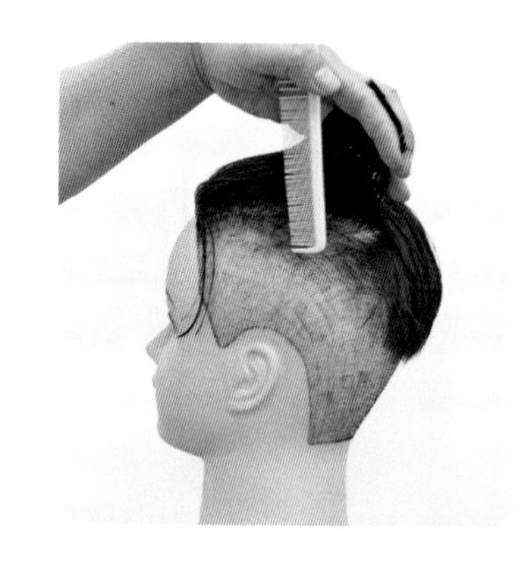

148 後頭部第 4 縱髮片裁剪完成

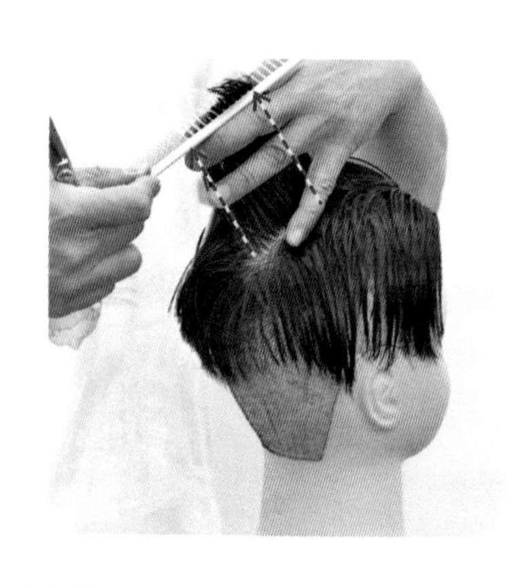

149 後頭部劃分第 5 縱髮片、等腰三角型、提拉約 90 度。

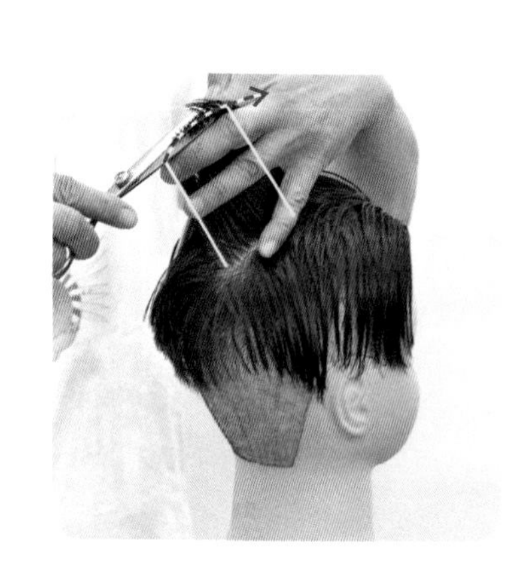

150 和前頭部髮長連接裁剪

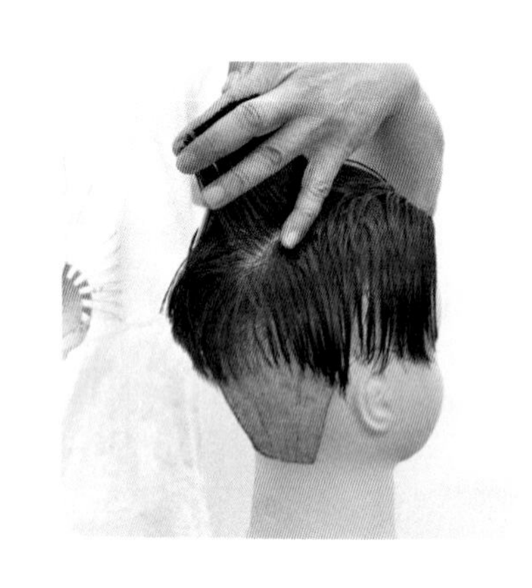

151 後頭部第 5 縱髮片裁剪完成

152 後頭部劃分第 6 縱髮片、等腰三角型、提拉約 90 度。

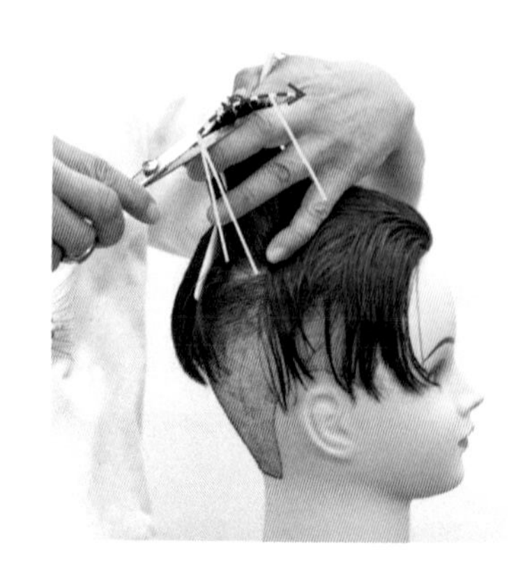

153 和前頭部髮長連接裁剪

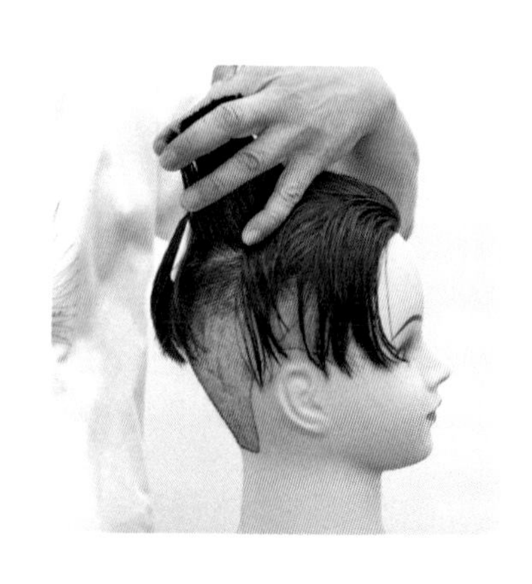

154 頭部第 6 縱髮片裁剪完成

155 Quiff 剪髮 11- 第 3 設計區塊後頭部漸長裁剪（片長：2 分 56 秒）。

156 在髮尾進行「point cut」消除髮量，讓外輪廓更爲柔和的連續動作 1。

157 在髮尾進行「point cut」消除髮量，讓外輪廓更爲柔和的連續動作 2。

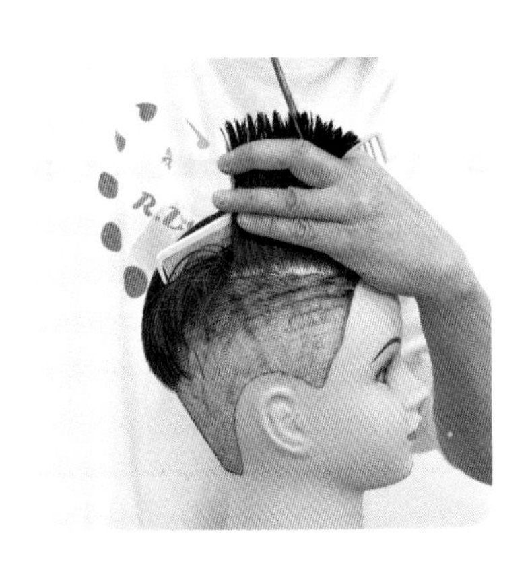

158 在髮尾進行「point cut」消除髮量，讓外輪廓更爲柔和的連續動作 3。

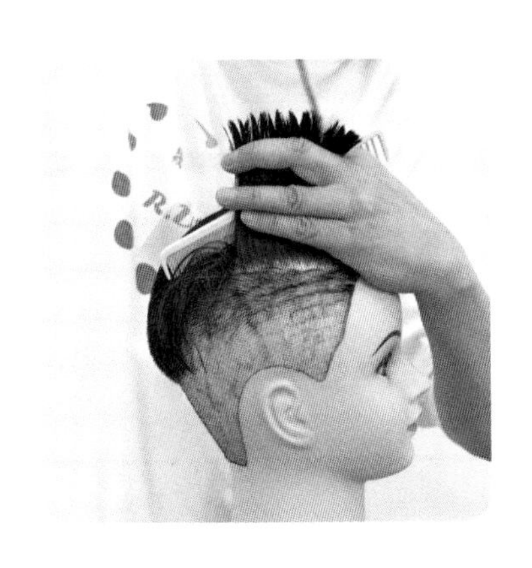

159 在髮尾進行「point cut」消除髮量，讓外輪廓更爲柔和的連續動作 4。

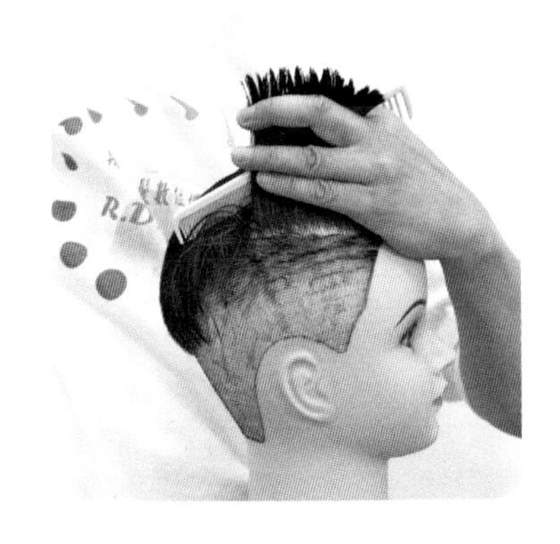

160 在髮尾進行「point cut」消除髮量，讓外輪廓更爲柔和的連續動作 5。

161 在髮尾進行「point cut」消除髮量，讓外輪廓更爲柔和的連續動作 1。

162 在髮尾進行「point cut」消除髮量，讓外輪廓更爲柔和的連續動作 2。

163 Quiff 剪髮 12- 第 3 設計區塊，在髮尾進行『鋸齒狀裁剪』（片長:2 分 11 秒）。

164 在髮長中間進行「鋸齒狀調量」，快速大量調整髮量結構的連續動作 1～1。

165 在髮長中間進行「鋸齒狀調量」，快速大量調整髮量結構的連續動作 1～2。

166 在髮長中間進行「鋸齒狀調量」，快速大量調整髮量結構的連續動作 2。

167 在髮長中間進行「鋸齒狀調量」，快速大量調整髮量結構的連續動作 3。

168 Quiff 剪髮 13- 第 3 設計區塊，在髮中進行『 鋸齒狀調量』（片長：2 分 08 秒）。

169 Quiff 裁剪完成 - 前面。

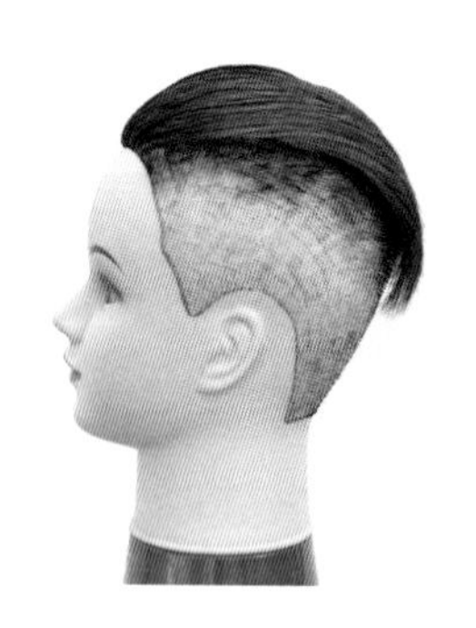

170 Quiff 裁剪完成 - 左側。

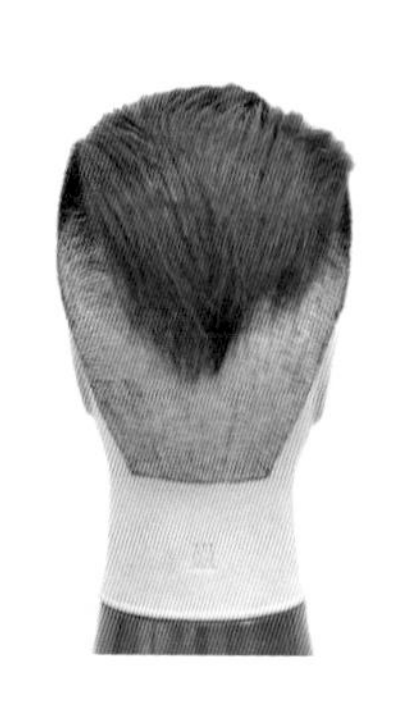

171 Quiff 裁剪完成 - 後面。

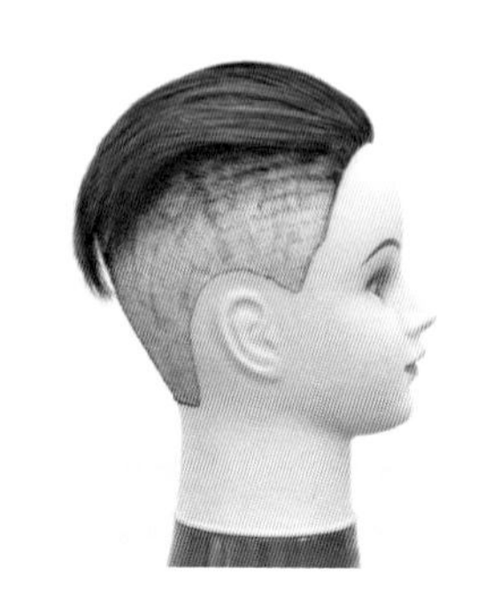

172 Quiff 裁剪完成 - 右側。

參考文獻

1. 丘永福，1992，造形原理，第二版，藝風堂
2. 史書華 編譯，2013，「免費線上課程」衝擊大學教育？取自網路天下雜誌 http://www.cw.com.tw/article/article.action?id=5050741
3. 行政院國家科學委員會，2008，數位學習國家型科技計畫結案評估報告，行政院國家科學委員會
4. 余民寧，1997，有意義的學習 - 概念構圖之研究，商鼎文化出版社，初版，臺北市
5. 安德魯 · 菲南 (2006)，當前藝術創作教育：數位媒體與科技對教學結構的衝擊，國際藝術教育學刊，1(4)，8 月 1 日，p.23~32，8 月 1 日
6. 李幼蒸，1997，語意符號學，初版，唐山出版社
7. 李薦宏，1997，形生活與設計，初版，亞太圖書出版社
8. 林崇宏，2001，設計原理：基礎造形理念與創意思考的探索，全華圖書，初版三刷，臺北市
9. 林崇宏，2006，基礎設計，初版，弘揚圖書有限公司
10. 林書堯，1996，基礎造形學，第三版，三民書局股份有限公司
11. 教育部獎勵大學教學卓越計畫，2016，103 學年度數位時代教學策略系列講座 (三)：雲端數位教材與翻轉教學，取自網路 http://www.csal.fcu.edu.tw/edu/PlanShow.aspx?PPno=38537
12. 張玉祥，2002，色彩構成：造型設計基礎，初版，中國輕工業出版社
13. 張忠明，2007，美學導論：一種對美學摘要式且歷史進程的說明，新陸書局股份有限公司
14. 葉國松，1995，平面設計之基礎構成，第二版，藝風堂
15. 朝倉直巳，1993，呂清夫譯，藝術。設計的平面構成，新形象出版事業有限公司
16. 黃思恒、朱維政 (2011)，剪髮結構圖數位化建構之研究 - 以髮型均等層次剪法為例，2011 造形與文創設計國際學術研討會，6 月 4 日，p.492-508，6 月
17. 黃思恒，2011，剪髮數位結構圖與實體髮型創意概念關聯性之研究，樹德科技大學應用設計研究所，碩士論文
18. 黃思恒，黃美慧，王財人，2015，女子美髮乙級技能檢定學術科教本，全華圖書，臺北市
19. 趙芳、張強，2008，藝術 · 型態 · 構成設計，初版，冶金工業出版社
20. 鄭志凱，2013，大學革命的關鍵戰略，取自網路天下雜誌 http://opinion.cw.com.tw/blog/profile/60/article/513
21. Jacques Maquet 賈克 · 瑪奎，2003，美感經驗 The Aesthetic Experience，武珊珊、王慧姬 譯，雄獅美術，初版，臺北市
22. Jane Goldsbro and Elaine White，2007，The Cutting Book: The Official Guide to Cutting at S/NVQ Levels 2 and 3，Thomson Learning，London
23. Jerome Bruner，1977，The Process of Education，Harvard University Press，USA
24. Nicholas Negroponte 尼葛洛龐帝，1995，數位革命，齊若蘭譯，天下文化，臺北市
25. PIVOT POINT，1992，科學髮型修剪方法基礎，PIVOT POINT INTERNATIONAL INC
26. Vidal Sassoon , Gerald Battle Welch , Luca P. Marighetti，1992，” Vidal Sassoon and the Bauhaus” ，Ostfildern Cantz，Germany

國家圖書館出版品預行編目（CIP）資料

髮型設計：實用剪髮數位教學 / 黃思恒等著. --
二版. -- 新北市：全華圖書, 民2018.04
面； 公分
ISBN 978-986-463-749-2（平裝）

1.美髮 2.髮型

425.5 107001337

髮型設計－實用剪髮數位教學（第二版）

發 行 人 陳本源
作 者 黃思恒、楊淑雅、李品軒、王財仁、孫中平、吳碧瓊、黃賢文、胡秀蘭
執行編輯 楊雯卉、林聖凱
封面設計 張珮嘉
出 版 者 全華圖書股份有限公司
郵政帳號 0100836-1號
印 刷 者 宏懋打字印刷股份有限公司
圖書編號 0823901
二版一刷 2018年7月
定 價 730元
I S B N 978-986-463-749-2
全華圖書 www.chwa.com.tw
全華網路書店 Open Tech www.opentech.com.tw
若您對書籍內容、排版印刷有任何問題，歡迎來信指導book@chwa.com.tw

臺北總公司（北區營業處）
地址：23671新北市土城區忠義路21號
電話：(02) 2262-5666
傳真：(02) 6637-3695、6637-3696

南區營業處
地址：80769高雄市三民區應安街12號
電話：(07) 381-1377
傳真：(07) 862-5562

中區營業處
地址：40256 臺中市南區樹義一巷26號
電話：(04) 2261-8485
傳真：(04) 3600-9806

（請由此線剪下）

讀者回函卡

填寫日期：　/　/

姓名：＿＿＿＿ 生日：西元＿＿年＿＿月＿＿日 性別：□男 □女

電話：（ ）＿＿＿＿ 傳真：（ ）＿＿＿＿ 手機：＿＿＿＿

e-mail：（必填）＿＿＿＿

註：數字零，請用 Φ 表示，數字 1 與英文 L 請另註明並書寫端正，謝謝。

通訊處：□□□□□＿＿＿＿

學歷：□博士 □碩士 □大學 □專科 □高中・職

職業：□工程師 □教師 □學生 □軍・公 □其他

學校／公司：＿＿＿＿ 科系／部門：＿＿＿＿

・需求書類：

□ A. 電子 □ B. 電機 □ C. 計算機工程 □ D. 資訊 □ E. 機械 □ F. 汽車 □ I. 工管 □ J. 土木

□ K. 化工 □ L. 設計 □ M. 商管 □ N. 日文 □ O. 美容 □ P. 休閒 □ Q. 餐飲 □ B. 其他

・本次購買圖書為：＿＿＿＿ 書號：＿＿＿＿

・您對本書的評價：

封面設計：□非常滿意 □滿意 □尚可 □需改善，請說明＿＿＿＿

內容表達：□非常滿意 □滿意 □尚可 □需改善，請說明＿＿＿＿

版面編排：□非常滿意 □滿意 □尚可 □需改善，請說明＿＿＿＿

印刷品質：□非常滿意 □滿意 □尚可 □需改善，請說明＿＿＿＿

書籍定價：□非常滿意 □滿意 □尚可 □需改善，請說明＿＿＿＿

整體評價：請說明＿＿＿＿

・您在何處購買本書？

□書局 □網路書店 □書展 □團購 □其他＿＿＿＿

・您購買本書的原因？（可複選）

□個人需要 □幫公司採購 □親友推薦 □老師指定之課本 □其他＿＿＿＿

・您希望全華以何種方式提供出版訊息及特惠活動？

□電子報 □ DM □廣告（媒體名稱＿＿＿＿）

・您是否上過全華網路書店？（www.opentech.com.tw）

□是 □否 您的建議＿＿＿＿

・您希望全華出版那方面書籍？＿＿＿＿

・您希望全華加強那些服務？＿＿＿＿

～感謝您提供寶貴意見，全華將秉持服務的熱忱，出版更多好書，以饗讀者。

全華網路書店 http://www.opentech.com.tw　客服信箱 service@chwa.com.tw

2011.03 修訂

親愛的讀者：

感謝您對全華圖書的支持與愛護，雖然我們很慎重的處理每一本書，但恐仍有疏漏之處，若您發現本書有任何錯誤，請填寫於勘誤表內寄回，我們將於再版時修正，您的批評與指教是我們進步的原動力，謝謝！

全華圖書　敬上

勘誤表

書號		書名		作者	
頁數	行數	錯誤或不當之詞句		建議修改之詞句	

我有話要說：（其它之批評與建議，如封面、編排、內容、印刷品質等・・・）